工程机械手册

HANDBOOK OF CONSTRUCTION MACHINERY

INDUSTRIAL TRUCK

工业车辆

主编　杨安国

副主编　薛白　毕胜

清華大学出版社
北京

内容简介

工业车辆是用于企业内部对成件货物进行装卸、堆垛、牵引或推顶以及短距离运输作业的各种无轨轮式搬运车辆，本书分为5篇，共19章，分别从概述、分类、典型产品的结构、原理及应用范围、主要产品技术规格及选型、安全使用规范、维护及常见故障等方面系统地介绍了各主要工业车辆产品，内容包括内燃平衡重式叉车、电动平衡重式叉车、集装箱空箱堆高机、集装箱正面吊运机、侧面式和多向叉车、电动仓储车辆、手动和半动力仓储车辆、电动牵引车、内燃牵引车、普通越野叉车、伸缩臂越野叉车、固定平台搬运车、电动游览车、站式电动牵引车、自动导引车等。

本书可为广大工程机械用户全面了解与正确使用工业车辆机械提供技术指导，为各类设备经商投资者提供有效帮助，也可供物料搬运工艺设计、产品设计、使用与维护等专业技术人员和相关大专院校师生学习、参考使用。

图书在版编目(CIP)数据

工程机械手册.工业车辆/杨安国主编.—北京：清华大学出版社，2023.10
ISBN 978-7-302-62526-1

Ⅰ.①工… Ⅱ.①杨… Ⅲ.①工程机械－技术手册 ②车辆工程－技术手册 Ⅳ.①TH2-62 ②U27-62

中国国家版本馆CIP数据核字(2023)第017665号

责任编辑：王　欣　赵从棉
封面设计：傅瑞学
责任校对：赵丽敏
责任印制：沈　露

出版发行：清华大学出版社
网　　址：http://www.tup.com.cn，http://www.wqbook.com
地　　址：北京清华大学学研大厦A座　　**邮　　编**：100084
社 总 机：010-83470000　　**邮　　购**：010-62786544
投稿与读者服务：010-62776969，c-service@tup.tsinghua.edu.cn
质量反馈：010-62772015，zhiliang@tup.tsinghua.edu.cn
印 装 者：三河市东方印刷有限公司
经　　销：全国新华书店
开　　本：185mm×260mm　　**印　张**：24.75　　**插　页**：5　　**字　　数**：663千字
版　　次：2023年10月第1版　　**印　　次**：2023年10月第1次印刷
定　　价：168.00元

产品编号：097649-01

《工程机械手册》编写委员会名单

主　编　石来德　周贤彪

副主编　（按姓氏笔画排序）

丁玉兰　马培忠　卞永明　刘子金　刘自明
杨安国　张兆国　张声军　易新乾　黄兴华
葛世荣　覃为刚

编　委　（按姓氏笔画排序）

卜王辉　王　锐　王　衡　王国利　王勇鼎
毛伟琦　孔凡华　史佩京　成　彬　毕　胜
刘广军　李　刚　李　青　李　明　安玉涛
吴立国　吴启新　张　珂　张丕界　张旭东
周　崎　周治民　孟令鹏　赵红学　郝尚清
胡国庆　秦倩云　徐志强　郭文武　黄海波
曹映辉　盛金良　程海鹰　傅炳煌　舒文华
谢正元　鲍久圣　薛　白　魏世丞　魏加志

《工程机械手册——工业车辆》编委会

主　编　杨安国

副主编　薛　白　毕　胜

编　委　（按姓氏拼音排序）

常方坡　葛立银　黄　锟　李少波　栾　英
罗文斌　任新雷　尚正海　孙庆宁　田　原
王　朋　温跃清　伍　斌　吴　猛　吴信丽
肖超海　杨德洲　杨东东　杨馨蕾　张冬林
张　丽　张　莉　张　瑜　赵娟娟　朱　坤
卓纳麟

总序

PREFACE

根据国家标准，我国的工程机械分为20个大类。工程机械在我国基础设施建设及城乡工业与民用建筑工程中发挥了很大作用，而且出口至全球200多个国家和地区。作为中国工程机械行业中的学术组织，中国工程机械学会组织相关高校、研究单位和工程机械企业的专家、学者和技术人员，共同编写了《工程机械手册》。首期10卷分别为《挖掘机械》《铲土运输机械》《工程起重机械》《混凝土机械与砂浆机械》《桩工机械》《路面与压实机械》《隧道机械》《环卫与环保机械》《港口机械》《基础件》。除《港口机械》外，已涵盖了标准中的12个大类，其中“气动工具”“掘进机械”“凿岩机械”合在《隧道机械》内，“压实机械”和“路面施工与养护机械”合在《路面与压实机械》内。在清华大学出版社出版后，获得用户广泛欢迎，斯普林格出版社购买了英文版权。

为了完整体现工程机械的全貌，经与出版社协商，决定继续根据工程机械型谱出版其他机械对应的各卷，包括《工业车辆》《混凝土制品机械》《钢筋及预应力机械》《电梯、自动扶梯和自动人行道》。在市政工程中，尚有不少小型机具，故此将“高空作业机械”和“装修机械”与之合并，同时考虑到我国各大中城市游乐设施亦很普遍，故也将其归并其中，出一卷《市政机械与游乐设施》。我国幅员辽阔，江河众多，改革开放后，在各大江大河及山间峡谷之上建设了很多大桥；与此同时，除建设了很多高速公路之外，还建设了很多高速铁路。不论是大桥还是高速铁路，都已经成为我国交通建设的名片，在我国实施“一带一路”倡议及支持亚非拉建设中均有一定的地位。在这些建设中，出现了自有的独特专用装备，因此，专门列出《桥梁施工机械》《铁路机械》及相关的《重大工程施工技术与装备》。我国矿藏很多，东北、西北、沿海地区有大量石油、天然气，山西、陕西、贵州有大量煤矿，铁矿和有色金属矿藏也不少。勘探、开采及输送均需发展矿山机械，其中不少是通用机械。我国在专用机械如矿井下作业面的开采机械、矿井支护、井下的输送设备及竖井提升设备等方面均有较大成就，故列出《矿山机械》一卷。农林机械在结构、组成、布局、运行等方面与工程机械均有相似之处，仅作业对象不一样，因此，在常用工程机械手册出版之后，再出一卷《农林牧渔机械》。工程机械使用环境恶劣，极易出现故障，维修工作较为突出；大型工程机械如盾构机，价格较贵，在一次地下工程完成后，需要转场，在新的施工现场重新装配建造，对重要的零部件也将实施再制造，因此专列一卷《维修与再制造》。一门以人为本的新兴交叉学科——人机工程学正在不断向工程机械领域渗透，因此增列一卷《人机工程学》。

上述各卷涉及面很广，虽撰写者均为相关领域的专家，但其撰写风格各异，有待出版后，在读者品读并提出意见的基础上，逐步完善。

石来德

2022年3月

前言

FOREWORD

工业车辆是用于企业内部对成件货物进行装卸、堆垛、牵引或推顶以及短距离运输作业的各种无轨轮式搬运车辆，是工程机械的重要分支，是物流行业的重要装备之一，普遍适用于港口、车站、货场、车间、仓库、油田及机场等场所，可以进入船舶和集装箱内进行作业，还广泛用于军事和特殊防爆及越野作业，并可以配备多种属具扩大其使用范围。随着物流技术的不断发展，以及国家工业化水平的不断提高，工业车辆产品使用范围将日益扩大，成为一种产量和规格最多的装卸仓储搬运机械。

中国工业车辆行业自 1953 年沈阳电工机械厂成功制造了我国第一台 2 t 蓄电池搬运车开始，走过了近 70 年的发展历程。近 70 年来，中国工业车辆行业与伟大祖国的经济发展紧密相连，经历了艰苦卓绝的创业历程。在此过程中，中国工业车辆经历了解放初期的测绘仿制到自行设计的初始创业年代、从技术引进到实现国产化的稳步发展时期、从依托国外技术到实现自主创新产品的快速发展历程，赢得了具有划时代意义的突破和成就。

中国作为全球工业车辆的产销大国，自 2009 年以后，中国工业车辆销量已连续 13 年位列世界第一。世界工业车辆统计报告显示，2021 年全球工业车辆总销售量达到 196.94 万台，同比增长 24.44%。2021 年中国工业车辆销量再创历史新高，机动工业车辆总销售量突破百万台大关。中国工业车辆行业步入了健康快速发展的轨道。

从未来趋势来看，随着国内经济结构的持续优化以及发展质量的不断提升，工业车辆行业市场需求在规模、结构和层次上仍有较大发展空间，中高端内燃叉车、电动新能源叉车及智能化、移动互联技术的深度应用将成为未来发展重点，同时经营租赁、融资租赁、配件服务、再制造等后市场增值服务业也将不断扩大，具备技术创新能力、高端制造能力、增值服务能力和国际化运营能力的优质企业将获得持续发展空间。

近 20 年来，工业车辆机械细分产品越来越多，用户数量也越来越多。展望未来，我国工业车辆机械的产量和用量将维持总量世界最大，并将获得更好的发展。目前各企业对各自产品的性能、技术指标及其安全使用维修的技术资料主要是随机器销售而发放给客户或使用者，个别企业或研发单位虽然也出版发行了综合某些单一产品的设计技术成果、设备维护、施工与管理的著作，但尚无一本针对工业车辆行业专业工作者较为系统、全面汇总介绍各种工业车辆机械产品的基本知识、产品选型、产品应用等内容的书籍。经中国工程机械工业协会工业车辆分会推荐，由安徽合力股份有限公司承担编撰《工程机械手册——工业车辆机械》（以下简称《工业车辆机械》）。

安徽合力股份有限公司在合肥成立了《工业车辆机械》编委会，经过多次意见征集、会议讨论，将本书内容分为 5 篇共 19 章。第 1 篇（第 1～8 章）：平衡重式叉车（Ⅰ类、Ⅳ类、Ⅴ类）；第 2 篇（第 9～10 章）：仓储车辆（Ⅱ类、Ⅲ类、Ⅷ类）；第 3 篇（第 11～13 章）：牵引车（Ⅵ类）；第 4 篇（第 14～15 章）：越野叉车（Ⅶ类）；第 5 篇（第 16～19 章）：其他车辆（Ⅸ类）。

本手册凝聚了所有参与人员的心血，也是他们几十年专业技术工作的结晶和精诚合作的体现。

本手册的主要特点如下：

（1）手册内容重点针对目前主流产品和新型工业车辆机械设备的典型结构及原理、应用范围、技术规格及选型、安全使用规范、常见故障与维护等方面的需要。

（2）编入手册的工业车辆机械产品门类齐全，囊括了目前主要工业车辆企业产品的相关信息和技术成果，可为广大设备需求者、相关管理人员和各类工业车辆机械产品技术开发、学习者提供参考，对从事工业车辆机械市场营销的人员也有学习、参考价值。

（3）注重技术标准和安全使用规范的引用。在编写各种工业车辆机械产品过程中重点介绍了其安全使用、常见故障与维护等内容，便于设备采购方、设备用户、设备供货方等之间的沟通交流，便于用户正确操作、安全使用、及时维护。

基于以上特点，本手册可为广大工业车辆机械设备用户全面了解和正确选用工业车辆产品提供技术指导，为各类工业车辆机械产品设计单位有效组织产品技术开发提供帮助，同时也可供大专院校师生和感兴趣的读者学习、参考。

值此书即将出版之际，谨向参与本手册的编写人员致以崇高的敬意，特别感谢同济大学石来德教授、《建设机械技术与管理》杂志社周贤彪社长在编撰过程中的关心与指导，同时对工业车辆协会张洁秘书长，清华大学出版社理工分社原社长张秋玲，以及清华大学出版社的王欣老师与赵从棉老师给予手册编纂工作的大力支持表示衷心的感谢。

由于本手册内容涉及面宽、产品类别多、机型各异、技术复杂，编写难度大，同时编者水平有限，书中疏漏和不妥之处难免，恳请广大读者予以批评指正。

编　者

2023 年 1 月

目录

CONTENTS

第0章　概论 ………………………… 1

0.1　工业车辆发展史 ……………………… 1
0.2　工业车辆的分类 ……………………… 7
参考文献 ………………………………… 15

第1篇　平衡重式叉车(Ⅰ类、Ⅳ类、Ⅴ类)

第1章　简介 ……………………………… 19

1.1　概述 ………………………………… 19
1.2　分类 ………………………………… 19
1.3　典型产品的结构原理及应用范围 ………………………………… 19
1.4　主要产品的技术参数 ……………… 20
1.4.1　结构参数 ………………………… 20
1.4.2　性能参数 ………………………… 21
1.5　叉车的负荷曲线 …………………… 21

第2章　内燃平衡重式叉车 ……………… 22

2.1　概述 ………………………………… 22
2.1.1　内燃平衡重式叉车的定义与功能 ………………………… 22
2.1.2　内燃平衡重式叉车的发展历程 …………………………… 22
2.1.3　国内外相关产品的技术现状及发展趋势 ………………… 23
2.2　内燃平衡重式叉车的分类 ………… 23
2.3　内燃平衡重式叉车的工作原理及组成 ………………………………… 23
2.3.1　整机系统的组成及架构 …… 23
2.3.2　动力系统的结构及组成 …… 24
2.3.3　传动系统的工作原理及组成 ……………………… 30
2.3.4　车身系统的结构及组成 …… 37
2.3.5　电气系统的工作原理、结构原理及组成 ……………………… 40
2.4　内燃平衡重式叉车的应用范围及选型 …………………………………… 46
2.5　内燃平衡重式叉车产品的使用及安全规范 ……………………………… 46

第3章　电动平衡重式叉车 ……………… 47

3.1　概述 ………………………………… 47
3.1.1　电动平衡重式叉车的定义与功能 ……………………………… 47
3.1.2　电动平衡重式叉车的发展历程 ……………………………… 47
3.1.3　国内外相关产品的技术现状及发展趋势 ……………………… 48
3.2　电动平衡重式叉车的分类 ………… 49
3.2.1　按动力源分类 ………………… 49
3.2.2　按操作方式分类 ……………… 49
3.2.3　按支承点数量分类 …………… 50
3.2.4　按驱动形式分类 ……………… 50
3.3　电动平衡重式叉车的工作原理及组成 ……………………………… 50
3.3.1　整机系统的组成及架构 …… 50
3.3.2　动力系统介绍 ………………… 50
3.3.3　驱动与传动系统介绍 ……… 57
3.3.4　车身系统的结构及组成 …… 59
3.3.5　电气系统介绍 ………………… 59
3.4　电动平衡重式叉车的应用范围及选型 ………………………………… 63

3.5 电动平衡重式叉车产品的使用及安全规范 …… 63

第4章 工作装置，液压、转向、制动系统及驱动桥 …… 64

4.1 概述 …… 64
4.2 叉车的工作装置 …… 64
4.2.1 概述 …… 64
4.2.2 工作装置的分类 …… 65
4.2.3 工作装置的结构特点及运动原理 …… 65
4.2.4 叉车门架的选型 …… 70
4.2.5 叉车属具 …… 71
4.2.6 工作装置的维护与保养 …… 72
4.3 叉车的液压系统 …… 73
4.3.1 叉车液压系统概述 …… 73
4.3.2 叉车的工况特点和对液压系统的要求 …… 73
4.3.3 典型叉车液压系统的组成及主要元件介绍 …… 74
4.3.4 叉车液压系统基本回路 …… 81
4.3.5 叉车液压系统工作原理介绍 …… 83
4.3.6 液压系统的维护保养、故障分析与排除方法 …… 84
4.4 叉车的转向系统及转向桥 …… 85
4.4.1 概述 …… 85
4.4.2 转向系统的组成及工作原理 …… 86
4.4.3 转向操纵系统 …… 86
4.4.4 全液压转向器 …… 86
4.4.5 转向桥的组成及工作原理 …… 86
4.4.6 三支点叉车的转向系统及工作原理 …… 88
4.4.7 转向系统使用注意事项、常见故障及排除方法 …… 89
4.5 叉车的制动系统 …… 91
4.5.1 概述 …… 91
4.5.2 制动系统的组成 …… 91
4.5.3 制动操纵机构的组成及工作原理(行车制动) …… 92
4.5.4 全液压动力制动系统的组成及工作原理 …… 93
4.5.5 制动执行机构的组成及工作原理(行车制动) …… 95
4.5.6 制动系统使用注意事项、常见故障及排除方法 …… 96
4.6 驱动桥 …… 97
4.6.1 概述 …… 97
4.6.2 减速器 …… 97
4.6.3 差速器 …… 97
4.6.4 制动器 …… 98
4.6.5 驱动桥的维护保养、常见故障与排除方法 …… 99

第5章 平衡重式叉车的应用选型、产品使用及安全规范 …… 100

5.1 平衡重式叉车的应用范围及选型 …… 100
5.1.1 应用范围 …… 100
5.1.2 选型原则、计算方案及选型案例 …… 100
5.2 平衡重式叉车产品的使用及安全规范 …… 104
5.2.1 正常作业条件 …… 104
5.2.2 拆装与运输 …… 104
5.2.3 安全使用规程 …… 104
5.2.4 维护与保养 …… 106

第6章 集装箱空箱堆高机 …… 108

6.1 概述 …… 108
6.2 集装箱空箱堆高机的主要构件及系统 …… 108
6.2.1 集装箱空箱堆高机车身系统 …… 109
6.2.2 集装箱空箱堆高机液压系统 …… 109
6.2.3 集装箱空箱堆高机电气系统 …… 111
6.2.4 集装箱空箱堆高机动力系统、传动系统 …… 113

6.2.5 集装箱空箱堆高机起重系统 …… 113
6.3 集装箱空箱堆高机的工况选型及安全使用守则 …… 116
6.3.1 工况选型 …… 116
6.3.2 安全操作规程 …… 116
6.4 集装箱空箱堆高机的操作及作业场景 …… 117
6.4.1 操作说明 …… 117
6.4.2 作业场景 …… 119
6.4.3 停机存放及运输吊装注意事项 …… 119
6.5 集装箱空箱堆高机的技术标准及规范 …… 119
6.6 集装箱空箱堆高机的维护保养、常见故障与排除方法 …… 119
6.6.1 维护与保养 …… 119
6.6.2 常见故障及排除方法 …… 124

第7章 集装箱正面吊运机 …… 128

7.1 概述 …… 128
7.1.1 定义和功用 …… 128
7.1.2 现状及发展趋势 …… 129
7.2 集装箱正面吊运机的主要构件及系统 …… 130
7.2.1 集装箱正面吊运机车身系统 …… 131
7.2.2 集装箱正面吊运机液压系统 …… 131
7.2.3 集装箱正面吊运机电气系统 …… 135
7.2.4 集装箱正面吊运机动力系统 …… 138
7.2.5 集装箱正面吊运机起重系统 …… 139
7.3 集装箱正面吊运机的工况选型及安全使用守则 …… 140
7.3.1 集装箱正面吊运机的工况选型 …… 140
7.3.2 集装箱正面吊运机的安全事项和操作安全规程 …… 141
7.4 集装箱正面吊运机的操作及作业场景 …… 145
7.4.1 操作说明 …… 145
7.4.2 作业场景 …… 147
7.4.3 停机存放及运输吊装注意事项 …… 147
7.5 集装箱正面吊运机的主要参数 …… 148
7.6 集装箱正面吊运机的技术标准及规范 …… 149
7.7 集装箱正面吊运机的维护保养、常见故障与排除方法 …… 149
7.7.1 维护与保养 …… 149
7.7.2 常见故障与排除方法 …… 151

第8章 侧面式和多向叉车 …… 157

8.1 概述 …… 157
8.1.1 侧面式和多向叉车的定义及主要用途 …… 157
8.1.2 侧面式和多向叉车的发展现状 …… 157
8.1.3 侧面式和多向叉车国内外的发展趋势 …… 158
8.2 产品分类 …… 158
8.2.1 按传动方式分类 …… 158
8.2.2 按动力分类 …… 159
8.2.3 按轮胎数量分类 …… 159
8.2.4 按吨位分类 …… 159
8.3 典型产品的结构、原理及应用范围 …… 159
8.3.1 典型产品的结构 …… 159
8.3.2 工作原理 …… 164
8.3.3 应用范围及使用环境 …… 165
8.4 主要产品的技术规格及选型 …… 166
8.4.1 主要产品型号 …… 166
8.4.2 产品的主要结构参数和性能参数 …… 166
8.4.3 产品选型 …… 166
8.5 安全使用规范、产品维护及常见故障与排除方法 …… 166

参考文献 …… 167

第2篇 仓储车辆(Ⅱ类、Ⅲ类、Ⅷ类)

第9章 电动仓储车辆 …… 171

9.1 概述 …… 171
9.1.1 定义和功用 …… 171
9.1.2 发展历程及现状 …… 171
9.1.3 发展趋势 …… 172
9.2 分类 …… 174
9.2.1 按作业方式分类 …… 174
9.2.2 按驾驶方式分类 …… 175
9.2.3 按电源种类分类 …… 176
9.3 典型的电动仓储车辆 …… 176
9.3.1 低起升固定站板或座驾式托盘搬运车 …… 176
9.3.2 高起升固定站板或座驾式堆垛车 …… 182
9.3.3 前移式叉车(货叉/门架) …… 182
9.3.4 侧向堆垛车 …… 192
9.3.5 高起升拣选车 …… 205
9.3.6 电动托盘搬运车 …… 216
9.3.7 电动托盘堆垛车 …… 224
9.3.8 低位拣选车 …… 233
9.3.9 步行式牵引车 …… 236

第10章 手动和半动力仓储车辆 …… 242

10.1 手动和半动力托盘搬运车 …… 242
10.1.1 概述 …… 242
10.1.2 分类 …… 242
10.1.3 典型产品结构 …… 242
10.1.4 工作原理 …… 243
10.1.5 主要技术规格 …… 243
10.1.6 选型 …… 244
10.1.7 安全使用规范 …… 244
10.1.8 维护与保养 …… 244
10.1.9 常见故障及排除方法 …… 244
10.2 手动托盘堆垛车 …… 245
10.2.1 概述 …… 245
10.2.2 分类 …… 245
10.2.3 典型产品结构 …… 245
10.2.4 工作原理 …… 245
10.2.5 主要技术参数 …… 246
10.2.6 选型 …… 246
10.2.7 常规操作流程 …… 247
10.2.8 维护与保养 …… 247
10.2.9 常见故障及排除方法 …… 248

第3篇 牵引车(Ⅵ类)

第11章 牵引车概论 …… 251

11.1 概述 …… 251
11.1.1 术语定义 …… 251
11.1.2 分类 …… 252
11.2 发展历程 …… 252
11.3 发展趋势 …… 253

第12章 电动牵引车 …… 254

12.1 典型产品结构、组成和工作原理 …… 254
12.1.1 工作原理 …… 254
12.1.2 系统组成 …… 254
12.2 技术参数 …… 259
12.2.1 基本参数 …… 259
12.2.2 技术要求 …… 260
12.3 选型 …… 262
12.3.1 选型原则 …… 262
12.3.2 用户案例 …… 262
12.4 安全使用规程 …… 263
12.4.1 工作场所与使用环境 …… 263
12.4.2 拆装与运输 …… 263
12.4.3 安全使用规范 …… 263
12.4.4 维护与保养 …… 265
12.5 常见故障及排除方法 …… 266

第13章 内燃牵引车 …… 268

13.1 典型产品结构、组成和工作原理 …… 268
13.1.1 工作原理 …… 268
13.1.2 系统组成 …… 268
13.2 技术参数 …… 272
13.2.1 基本参数 …… 272
13.2.2 技术要求 …… 272
13.3 选型 …… 274
13.3.1 选型原则 …… 274

13.3.2 车型介绍 …… 274
13.3.3 用户案例 …… 275
13.4 安全操作规程 …… 275
13.4.1 工作场所与使用环境 …… 275
13.4.2 拆装与运输 …… 276
13.4.3 安全使用规范 …… 276
13.4.4 维护与保养 …… 277
13.5 常见故障及排除方法 …… 282

参考文献 …… 284

第4篇 越野叉车(Ⅶ类)

第14章 普通越野叉车 …… 287

14.1 概述 …… 287
14.1.1 定义 …… 287
14.1.2 用途 …… 287
14.1.3 功能 …… 287
14.1.4 发展历程 …… 287
14.1.5 国内外发展趋势 …… 289
14.2 分类 …… 290
14.2.1 按吨位分类 …… 290
14.2.2 按动力形式分类 …… 290
14.2.3 按传动形式分类 …… 290
14.2.4 按驱动轮数量分类 …… 290
14.2.5 按底盘结构分类 …… 290
14.2.6 按工作装置分类 …… 291
14.3 典型普通越野叉车的总体结构组成、工作原理及主要构成部件 …… 292
14.3.1 总体结构组成 …… 292
14.3.2 工作原理 …… 292
14.3.3 主要构成部件 …… 292
14.4 技术参数 …… 297
14.4.1 性能参数 …… 297
14.4.2 结构参数 …… 298
14.4.3 动力参数 …… 298
14.5 选用原则 …… 299
14.6 安全操作规程 …… 299
14.6.1 安全使用规范 …… 299
14.6.2 维护与保养 …… 301
14.6.3 产品报废与翻新 …… 301
14.7 常见故障及排除方法 …… 302

第15章 伸缩臂越野叉车 …… 306

15.1 概述 …… 306
15.1.1 定义 …… 306
15.1.2 功能及应用 …… 306
15.1.3 发展历程 …… 306
15.1.4 国内外发展趋势 …… 308
15.2 分类 …… 308
15.2.1 按工作对象分类 …… 308
15.2.2 按规格大小分类 …… 308
15.2.3 按载荷吨位大小分类 …… 308
15.2.4 按动力装置分类 …… 308
15.2.5 按传动方式分类 …… 308
15.2.6 按车体结构分类 …… 308
15.3 伸缩臂越野叉车的总体结构组成、工作原理及主要构成部件 …… 309
15.3.1 总体结构组成 …… 309
15.3.2 工作原理 …… 309
15.3.3 主要构成部件 …… 309
15.4 技术参数 …… 318
15.5 选型原则 …… 322
15.6 安全操作规程 …… 322
15.6.1 安全使用规范 …… 322
15.6.2 维护与保养 …… 323
15.6.3 拆装与运输 …… 324
15.7 常见故障及排除方法 …… 325

参考文献 …… 329

第5篇 其他车辆(Ⅸ类)

第16章 固定平台搬运车 …… 333

16.1 固定平台搬运车概述 …… 333
16.1.1 固定平台搬运车的定义、功用和特点 …… 333
16.1.2 术语定义 …… 333

16.1.3 基本参数 …… 334
16.1.4 发展历程 …… 334
16.1.5 发展趋势 …… 334
16.1.6 技术要求 …… 334
16.2 固定平台搬运车的分类 …… 335
16.3 典型固定平台搬运车的结构组成和工作原理 …… 336
16.4 选型 …… 342
16.4.1 选型原则 …… 342
16.4.2 用户案例 …… 342
16.5 使用与维护 …… 342
16.5.1 工作场所与使用环境 …… 342
16.5.2 拆装与运输 …… 342
16.5.3 安全使用规范 …… 343
16.5.4 维护与保养 …… 343
16.6 常见故障与排除方法 …… 343

第 17 章 电动游览车 …… 345

17.1 概述 …… 345
17.1.1 功用 …… 345
17.1.2 术语定义和基本参数 …… 345
17.1.3 发展历程和发展趋势 …… 347
17.2 分类 …… 348
17.3 典型电动游览车的结构组成和工作原理 …… 348
17.3.1 结构组成 …… 348
17.3.2 工作原理 …… 348
17.4 选型 …… 355
17.4.1 选型原则 …… 355
17.4.2 用户案例 …… 356
17.5 使用与维护 …… 356
17.5.1 工作场所与使用环境 …… 356
17.5.2 拆装与运输 …… 356
17.5.3 安全使用规范 …… 356
17.5.4 维护与保养 …… 357
17.6 常见故障与排除方法 …… 358

第 18 章 站式电动牵引车 …… 360

18.1 概述 …… 360
18.1.1 定义和功用 …… 360
18.1.2 发展历程及现状 …… 360
18.1.3 发展趋势 …… 360
18.1.4 技术要求 …… 360
18.2 分类 …… 361
18.3 系统结构及工作原理 …… 361
18.4 用户案例 …… 363
18.5 驾驶、操作和日常维护 …… 363
18.5.1 牵引车的运输 …… 363
18.5.2 牵引车的存放 …… 363
18.5.3 牵引车的吊装 …… 364
18.5.4 新车的走合 …… 364
18.5.5 使用前的准备 …… 364
18.5.6 牵引车的操作 …… 364
18.5.7 牵引车的润滑 …… 365
18.5.8 日常保养 …… 365

第 19 章 自动导引车 …… 367

19.1 概述 …… 367
19.2 分类 …… 367
19.3 典型自动导引车的结构和工作原理 …… 367
19.3.1 结构 …… 367
19.3.2 工作原理 …… 368
19.4 主要技术规格 …… 368
19.5 选型 …… 369
19.5.1 选型原则 …… 369
19.5.2 用户案例 …… 370
19.6 安全使用规范 …… 370
19.6.1 人员安全要求 …… 370
19.6.2 环境安全要求 …… 371
19.6.3 安全作业要求 …… 371
19.6.4 车辆及系统软件安全要求 …… 371
19.7 维护与保养 …… 371
19.8 常见故障与排除方法 …… 372

附录 A 工业车辆标准汇编 …… 373

附录 B 工业车辆典型产品(以 HELI 产品为示例) …… 379

第0章

概　论

0.1 工业车辆发展史

19 世纪，货物通常以桶或箱的形式进行搬运或存储。以当时单一的吊装设备移动货物时，倾斜和下降货物常常很危险，且货物大小不一，考虑吊装设备，码垛预留的空间大。因此，货物运送效率不高，货物存储不经济。20 世纪初，随着货物运输数量级的提升，以及第一次和第二次世界大战的爆发，迫切地需要机器来代替人力进行装卸。1906 年，美国宾夕法尼亚州的铁路工人在阿尔图纳火车站通过在平板车上用电池驱动行李车来搬运行李。1915 年前后，可以垂直和水平驱动的便携式物料搬运设备被发明出来，用于满足战争后勤的需要。1917 年，克拉克开发了第一台自行式叉车(tructractor)，用于工厂内部长距离搬运物料，并以此打开市场。第一台叉车的诞生，大大改变了人类装卸、搬运货物的方式。20 世纪 30 年代的太平洋战争中，标准化托盘被美国军队推广使用，有效改善了货物搬运效率，同时促进了工业车辆的标准化。

纵观我国工业车辆行业的发展历程，大致可以划分为以下 3 个阶段。

1. 第一阶段——工业车辆行业初始创业时期(1953—1978 年)

中华人民共和国成立以后，1953 年开始实施第一个五年计划，经济建设蓬勃发展，港口码头、车站、仓库、货场和各类工矿企业加紧建设，其中物料装卸搬运设备必不可缺。工业车辆尤其是叉车，由于机动灵活、操作方便，非常适应成件货物的装卸搬运而受到人们的关注。"一五"期间，苏联援建的 156 项重点工程所需的起重运输机械设备由苏联提供，因此叉车也就被引入到我国。

为满足广大用户的需求，1953 年沈阳电工机械厂按照苏联产品仿制成功了我国第一台 2 t 蓄电池搬运车，1954 年仿制成功了我国第一台 1.5 t 三支点平衡重式蓄电池叉车；1958 年 6 月，大连机械制造一厂(大连叉车有限责任公司前身)仿制苏联 4003 型内燃平衡重式叉车，利用解放牌汽车的发动机、离合器、变速器、驱动桥、转向器等配套件及测绘仿制液压泵、多路阀、转向助力器等，成功地设计制造了我国第一台 5 t 内燃机械传动平衡重式叉车。1958 年 9 月，上海鸿翔兴船厂(该厂港机车间后并入上海港口机械厂)试制成功了 5 t 汽油机械传动平衡重式叉车；大连起重运输机械厂(宝鸡叉车制造公司前身)分别在 1959 年 7 月、1962 年 10 月研制成功了 1.5 t 蓄电池叉车和 5 t 内燃机械传动叉车；1962 年，抚顺机械二厂(抚顺市叉车总厂前身)研制成功了我国第一台 2 t 蓄电池叉车；1963 年，合肥起重运输机器厂(安徽叉车集团公司前身)研制成功了 5 t 汽油机械传动叉车；1963 年，大连起重机器厂仿制苏联 4043 型叉车设计了我国第一台 3 t

汽油机械传动叉车，后因部局调整产业布点，1965年将其转到了合肥起重运输机器厂、吉林汽车修配厂，1966年研制成功。

当时的计划经济时期，内燃叉车产品属于一机部（第一机械工业部的简称）三局归口管理，蓄电池叉车产品属于一机部七局、八局归口管理，在技术方面由一机部起重运输机械研究所归口管理。遵照一机部的指示，一机部起重运输机械研究所于1961年在运输机械研究室设置了叉车专业组，以协助部局管理叉车行业工作。1963年9月，一机部三局委托一机部起重运输机械研究所在北京主持召开了"叉车行业技术质量攻关战役计划审定会"，参加会议的有主要生产企业、科研院所的领导、主管科技人员和高等院校的教师。会议确定了新产品设计项目、产品质量工艺攻关项目和标准项目等计划，审查通过了由一机部起重运输机械研究所负责制定的"5 t内燃叉车技术条件"，并对各主机厂的产品进行了全面性能测定。

1963年9月，在北京举办的日本工业展览会上，日本TCM等公司的叉车系列产品为我国的叉车发展提供了很好的启示，推动了叉车新产品的研究、开发。一机部起重运输机械研究所与大连汽轮机厂（大连叉车有限责任公司前身）合作，于1965年试制出5 t液力传动叉车样机，并经关键零部件攻关试验研究后，于1967年5月设计、试制成功了我国第一台5 t液力传动叉车；1965年，一机部起重运输机械研究所与山西机器厂联合设计，试制成功了我国第一台1 t内燃叉车，1966年开始推广到铁道部所属企业生产；1966年，宝鸡铲车厂与武汉水运工程学院（后与其他院校合并成武汉理工大学）设计、试制成功了我国第一台2 t内燃叉车。1967年，镇江矿山机械厂（镇江叉车厂前身）设计、试制成功了0.5 t插腿式内燃叉车。1967年，一机部起重运输机械研究所、解放军总后勤部232部队与镇江矿山机械厂联合设计，并于1969年试制成功了我国第一台0.5 t内燃叉车。

1967年7月，由一机部三局主持，一机部起重运输机械研究所负责，在陕西省宝鸡市召开了叉车行业工作会议。一机部、铁道部、轻工部、交通部下属的有关科研院所、高等院校和叉车生产企业等的100多位代表参加了会议。会议研究了行业技术发展的有关事宜，确定由一机部起重运输机械研究所负责组织有关主机生产企业对5 t内燃平衡重式叉车进行统型更新设计，对叉车液压元件进行系列化设计，对行业产品质量进行巡回检查。会议期间展示了0.5～5 t内燃平衡重式叉车系列产品，并通过了新产品鉴定。此次会议是叉车行业第一次大规模的盛会，对叉车行业的形成和发展起到了积极的推动作用。

以上所述是我国第一代叉车的研制情况。第一代叉车生产的主要特点是：

（1）全国叉车生产的规模比较小，生产能力、制造水平不高，生产企业大多是兼业生产厂。

（2）以仿制苏联、日本的叉车为主，结合采用我国汽车现有配套件变更设计制造。

（3）除汽车的配套件（如发动机、驱动桥主传动器、转向器、散热器）外，其余的零部件均由主机厂自行制造，专业化水平低。

（4）产品通用化、标准化、系列化程度比较低。

（5）企业的设计力量很薄弱，主要依靠国外样机的仿制及科研院所、高校与企业联合设计。

一机部系统试制成功了0.5 t、1 t、2 t、3 t、5 t内燃平衡重式叉车，0.75 t、1 t、1.5 t、2 t电动叉车，受到各用户部门的欢迎。随着我国经济建设的发展，对叉车的需求也不断增加，从20世纪70年代初开始，一机部、铁道部、交通部下属的有关企业纷纷加入到叉车生产企业的行列。1969年北京运输机械厂开始生产3 t内燃平衡重式叉车。宝鸡铲车厂研制成功了我国第一台5 t内燃侧面叉车。1970年合肥重型机械厂研制成功了我国第一台3 t内燃侧面叉车。1971年天津运输机械厂开始生产2 t内燃平衡重式叉车。1972年上海交通装卸机械厂开始生产3 t柴油液力传动叉车，上海铁床厂（上海沪光机械厂前身）开始生产1 t内燃平衡重式叉车。1974年杭州通用机器厂、厦门铁工厂开始生产 3 t 内燃平衡重式叉车，靖江通用机械厂开始生产 2 t 内燃平衡重式叉车。1975 年锦州起重机械厂开始生产 1.5 t 内燃平衡重式叉车。大连铲车厂设计、试制成功了新一代的 5 t 液力传动叉车。北京铁路局装卸机械厂与北京工业学院（现北京理工大学）合作，试制成功了 10 t 内燃平衡重式叉车。1976 年山西机器厂试制成功了 CPQ-1Q 型全自由提升 1 t 集装箱叉车。宝鸡铲车厂研制成功了 CPCD16 型 16 t 柴油液力传动叉车。合肥重型机械厂研制成功了我国第一台 25 t 液力传动叉车。无锡市电瓶车厂试制成功了 0.5 t 高位拣选式蓄电池叉车。镇江林业机械厂试制成功了 3 t 侧面叉车。1977 年一机部起重运输机械研究所和常州工农钣焊厂联合研制成功了我国第一台 CK-30 型 30 t 集装箱跨运车。上海港口机械厂与上海海运学院（现上海海事大学）等单位联合设计、试制成功了 3 t 全自由提升液力传动叉车。

20 世纪 70 年代中期，我国生产工业车辆的企业增加了许多，生产图样也比较杂乱，为了规范内燃平衡重式叉车的生产，1975 年一机部重矿局颁发文件，由一机部起重运输机械研究所负责组织叉车行业 10 多个生产企业的 30 多名科技骨干，分别成立了 1 t、2 t、3 t 和 5 t 联合设计组，进行内燃平衡重式叉车统型设计。1976 年完成设计，1977 年完成试制，定型后成为我国叉车行业升级换代的新产品，一定程度上提高了系列化、通用化和标准化水平，降低了制造成本，维修保养更方便，对推动叉车行业的发展起到了积极的作用。1977 年 11 月，一机部重矿局在江苏省靖江县主持召开了统型设计的 2 t 内燃平衡重式叉车鉴定会，通过了样机鉴定。1978 年 12 月，一机部重矿局在山东省泰安市主持召开了全国叉车行业会议，参加会议的有各生产企业、科研院所和高等院校等单位的负责人和科研人员 200 多人，会议对叉车行业的发展进行了研讨，审查了一批叉车行业标准，对一机部起重运输机械研究所组织联合设计的 1 t、3 t、5 t 内燃平衡重式叉车统型设计试制的样机进行了鉴定。

经过 20 多年的努力，我国叉车工业从无到有，从初期的测绘、仿制、学习苏联、日本、美国及英国的叉车技术，发展到自行设计、制造 0.5～10 t 内燃平衡重式叉车系列产品及关键零部件，如发动机、液力变矩器、动力换挡变速器、高压齿轮泵、全液压转向器、多路阀、液压缸、轮胎和门架型钢等。到 20 世纪 70 年代中后期，初步形成了叉车主机生产制造体系和配套件专业化生产制造体系。主机生产企业位于我国的东北、华北、华东、西北及中南等地 14 个省份，生产布点基本合理。虽然叉车制造业的水平与国外主要工业国家相比仍有较大的差距，但基本满足了国民经济各部门对叉车的需求。

2. 第二阶段——工业车辆行业稳步发展时期（1979—2000 年）

1978 年 12 月，党的十一届三中全会以后，我国确定了以经济建设为中心的方针，改革开放已成为全国人民的共识，极大地促进了国民经济的稳定高速发展。在这种大好形势下，国家基础建设投资规模不断加大，给工业车辆行业的发展提供了新的历史性机遇。

1980 年，全国有大小 70 多个企业生产叉车，年产量约 8 000 台，小批量生产的方式制约了叉车制造业的发展。为增强实力，行业内许多企业探索性地组成联合体。1981 年 5 月，宝鸡叉车公司、北京市叉车总厂、山西机器厂、锦州起重机械厂、镇江叉车厂和宜昌叉车厂在江苏省镇江市成立华联叉车公司；同年 7 月，大连叉车总厂、杭州叉车厂、厦门叉车厂、湖南叉车总厂、靖江铲车厂在浙江省杭州市成立中联叉车公司；同年 8 月，合肥重型机械厂、上海沪光机械厂、苏州起重机械厂、天津运输机械厂在天津市成立中华联叉车公司。1982 年 10 月，“华联”“中联”“中华联”3 个叉车公司所属的 15 个生产厂和机械部起重运输机械研究所、工程机械试验场等联合成立中国叉车公司，总部设在江苏省镇江市。1982 年 6 月，沈阳电工机械厂、抚顺叉车总厂、咸阳长城电工机械厂、东方电工机械厂、上海电工机械厂、无锡电瓶车厂、沈阳电工专用设备研究所等在江苏省无锡市成立中国佳能蓄电池车公司。中国叉车公司和中国佳能蓄电池车公司组建后，通过开展联合销售活动，做好用户服务工作，组织企业集中考核，摸清叉车质量水平，推行联赛创优活动，抓好配套供应，搞好叉车更新设计等方面的工作，为行业发展做出了重要的贡献。

为加强叉车行业的科研力量，经机械部重矿局安排，1983 年 6 月在机械部北京起重运输机械研究所设置了工业车辆研究室，并在北京市叉车总厂内建成了工业车辆试验室。1987 年，机械部北京起重运输机械研究所成立叉车分所。

改革开放以后，"解放思想、实事求是"的指导思想深入人心，我国产业部门大大加强了与国外的交流和合作。通过对日本、美国等主要叉车企业的技术交流考察，大家充分认识到我国叉车的技术开发能力、制造水平与国外主要工业国家的差距非常明显。叉车生产的实际情况是，难以满足国民经济各部门的需求，主要依赖进口，又不适合我国的国情。为了加快工业车辆产业的发展，赶超世界先进水平，必须改变发展的思路，即应当提高发展的起点。

在我国鼓励技术引进政策的指导下，北京市叉车总厂抓住机遇，在一机部起重运输机械研究所的协助下，1980 年经一机部批准以补偿贸易方式从日本三菱重工株式会社引进了 1～5 t 内燃叉车系列全套技术图样、工艺文件、产品技术标准，这也成为我国叉车行业第一个技术引进项目。

1984 年，大连叉车总厂引进日本三菱重工株式会社 10～42 t 内燃平衡重式叉车和集装箱叉车制造技术。

1985 年，杭州叉车总厂引进德国 O&K 公司越野叉车、静压叉车、蓄电池叉车制造技术，但由于配套件难以落实，最终没能形成批量生产能力。

1985 年，湖南叉车总厂引进英国普勒班公司叉车防爆装置，填补了我国防爆叉车的空白。

1985 年 12 月，机械部组织合肥叉车厂和宝鸡叉车制造公司联合引进日本 TCM 公司 1～10 t 内燃平衡重式叉车制造技术。

1986 年，天津叉车总厂引进保加利亚巴尔干车辆公司 1.25～6.3 t 内燃平衡重式叉车技术。

在技术引进过程中，企业领导、科技骨干和工人赴国外企业技术考察、交流、学习、培训，取得了跨越式的进步和提高。机械部组织企业与科研所加强对引进技术的消化吸收，并与科研攻关相结合，引进企业严格按国外先进标准生产产品，并加强了工艺攻关，突破了大量的技术瓶颈；在加强对关键零部件试验研究的基础上，组织专业化生产，确保按引进技术生产的产品接近国际先进水平。

国民经济发展中，各行业对工业车辆的需求急剧上升，进口量也大幅提升。1981—1984 年，我国共进口叉车 7 200 台，这引起了机械部局领导的重视。1983 年 4 月，一机部重矿局主持在湖北省宜昌市召开的叉车技术工作会议，讨论和落实叉车行业"六五""七五"科技发展规划。会议确定在一机部重矿局领导下，由一机部起重运输机械研究所负责技术，中国叉车公司组织所属 14 个主机厂及主要配套件厂联合开展全国内燃平衡重式叉车系列更新设计工作。设计组分设大、中、小 3 个吨位设计小组，同时在大连、宝鸡、镇江展开工作，消化吸收引进国外的叉车产品先进技术。我国内燃平衡重式叉车达到 16 个起重量规格的 42 个品种。

设计工作从 1983 年 10 月开始，1984 年 11 月完成，1985 年转入样机试制阶段。为缩短试制周期，在保证可靠性的条件下，经考核全系列产品图样，选定了 7 个起重量规格的 18 个品种投入试制。1987 年 10 月，系列更新设计的内燃平衡重式叉车通过了由国家机械工业委员会工程农机局主持的国家级鉴定，其性能达到和接近国外先进水平，成为行业企业生产的主要车型，为叉车的发展奠定了技术基础。

到20世纪80年代末，我国叉车制造业已形成了相当规模的主机制造企业和零部件专业化生产企业。其中，中叉公司17家企业是内燃叉车行业中的主要骨干企业，叉车总产量为1.55万台/年，叉车产品销售额占全行业54家企业总额的84%。中国佳能公司8家企业叉车产量为917台/年，产品销售额为2 422万元/年，占全行业的3.7%。

进入20世纪90年代，伴随着市场经济的发展、产品的技术进步，在开拓市场、生产方式及经营策略方面的竞争越来越激烈，叉车生产企业两极分化。区域经济发展缓慢地区的企业，规模小，科研力量薄弱，制造能力不强，生产逐步萎缩，呈现下行的趋势。叉车是具有较高综合技术水平的机械产品，适合规模生产，因此在竞争中必然会向优势企业集中。安徽叉车集团有限责任公司的前身合肥叉车总厂，基础相对比较好，通过技术引进、消化吸收，不断开发新产品，增强了科技创新能力，提高了产品的技术水平。大规模的技术改造，使公司制造水平、能力又有大幅度的提升，工艺基本上达到数控化水平。公司进入国家大型一级企业行列，成为叉车行业科研、生产、出口的基地。大连叉车总厂在引进日本三菱重工大吨位叉车制造技术以后，也取得了发展优势，先后成功试制出42 t、45 t级集装箱叉车，基本上达到了替代进口的目标，在用户中获得良好的信誉，是我国叉车行业中的重点骨干企业、国家大型二级企业。杭州叉车总厂特别注重新产品的开发和产品质量，是我国叉车行业中最具发展潜力的企业之一。

在此期间，我国潜在的叉车市场吸引了许多外商到中国来投资、合资建厂，加大了叉车行业竞争的压力。德国林德(LINDE)集团与厦门叉车总厂于1993年12月合资创办林德厦门叉车有限公司，总投资17亿元，注册资金逐步增资为9亿元。公司主要产品包括1.2～18 t内燃平衡重式叉车、1.6～5 t电动平衡重式叉车、0.5～3 t托盘搬运叉车、1～1.6 t托盘堆垛叉车、1～2 t前移式叉车、牵引车、重型叉车、防爆叉车等。到1999年，厦门叉车总厂退出，林德厦门叉车有限公司成为德国独资公司。安徽叉车集团公司与日本TCM公司、西日本贸易公司合资创办了安徽TCM叉车有限公司，生产3.5 t以上内燃平衡重式叉车。北京市叉车总厂与韩国汉拿重工株式会社合资创办了北京汉拿工程机械有限公司，生产1～10 t内燃平衡重式叉车、0.5～3 t电动叉车。湖南叉车总厂与捷克德士达公司合资创办了湖南德士达叉车有限公司，生产1.2～8 t内燃平衡重式叉车、1.2～3.5 t电动叉车及液化石油气叉车、越野叉车、内燃防爆叉车。纳科物料装卸集团、住友纳科和上海浦发公司合资创办了上海海斯特叉车制造有限公司，生产2～16 t内燃平衡重式叉车。日本输送机株式会社(NYK)与上海佘山经济技术发展有限公司合资创办了上海力至优叉车制造有限公司，生产1～3 t电动平衡重式叉车。

这一阶段，叉车制造业稳步发展，在引进、消化、吸收的基础上推进了国产化，行业企业利用引进技术研发了新一代内燃平衡重式叉车全系列产品，并培养了一批年轻化、强有力的科研队伍，1998年，工业车辆全行业销售收入达到26.95亿元，其中内燃平衡重式叉车24个主要企业为16.5亿元，电动工业车辆8个主要企业为1.69亿元，手动托盘搬运车7个主要企业为8.68亿元。中国工业车辆已发展到新的高度，为下一步中国工业车辆的腾飞打下了基础。

3. 第三阶段——工业车辆行业快速发展时期(2001—2020年)

进入21世纪以后，我国汽车工业、工程机械、发动机、液压元件、轮胎行业的技术进步和快速发展，促进了工业车辆行业的发展，并逐渐形成了几个重点骨干龙头企业。

安徽叉车集团公司生产以日本TCM技术为基础的自主创新产品；杭叉集团有限公司生

产以日本尼桑技术为基础的自主创新产品；大连叉车有限公司生产以日本三菱技术为基础的自主创新产品；林德(中国)叉车有限公司生产林德技术的内燃及电动平衡重式叉车。这4家企业成为我国叉车制造业的龙头企业，并迅速崛起。我国企业生产的高端产品(安装进口原装发动机及有关配套件)主要性能已达到国际先进水平，产品的可靠性、寿命基本接近国际先进水平；中档产品(以国产配套件为主)主要性能接近国际先进水平，但在可靠性、寿命上与国际先进水平仍有一定的差距。而其他企业生产的中低档产品，在市场竞争中将逐渐被淘汰，一大批20世纪70年代开始生产叉车的老企业处于困难境地。

2002年以后，我国国民经济处于高速增长期，作为物料搬运机械的重点产品——工业车辆的发展环境显著改善，国内外叉车市场的形势越来越好。我国叉车的性价比好，产品品种规格逐步齐全，产品的技术性能和质量水平明显提高，维修服务网点逐渐建立与完善，因此在国内外市场具有竞争优势，加之新一代内燃及电动叉车的研发，吸引了国内著名的工程机械企业如广西柳工机械股份有限公司、厦门厦工机械股份有限公司、中国龙工控股有限公司等加入到叉车生产的行列，也吸引了外商和台商在中国内地设厂或成立销售公司抢占中国市场。20年间，叉车销售量由2000年的22 348台，猛增到2020年的800 239台，增长了近36倍，创历史新高。叉车在中国市场的销售量约占世界总销售量的40%，2012年我国已成为世界工业车辆的制造和销售大国，尤其是2009年以后我国是世界第一大工业车辆生产国和消费市场。

2015年，中共中央国务院发布了《关于深化体制机制改革加快实施创新驱动发展战略的若干意见》(以下简称《意见》)。《意见》在“指导思想和主要目标”中明确指出：“加快实施创新驱动发展战略，就是要使市场在资源配置中起决定性作用和更好发挥政府作用。”同年，我国发布了《中国制造2025》行动纲领。该纲领将制造业定位成“立国之本、兴国之器、强国之基”，为中国制造业未来10年设计顶层规划和路线图。工程机械企业作为我国装备制造业的骨干力量，将在这一时代机遇中扮演重要角色。

安徽叉车集团公司与永恒力集团成立合资公司开展中国市场的物料搬运设备租赁业务，与德国采埃孚成立传动系统合资公司，此外与安徽国控集团合作设立安徽国合智能制造产业基金。通过一系列的合资合作，发力工业车辆产业链固链强链。杭叉集团有限公司通过直接和间接的方式入股郑州嘉晨电器有限公司、浙江新柴股份有限公司、中策橡胶集团股份有限公司等产业链企业，增强产业链的竞争力。凯傲集团自2012年被潍柴动力入股投资以来，在中国的布局更是雄心勃勃，厦门林德、江苏宝骊、新建山东凯傲工厂等成为中国最大的外资叉车生产商。聚焦国内市场的同时，工业车辆头部企业纷纷建立海外中心，以安徽叉车集团公司、杭叉集团有限公司为首，先后在欧洲、东南亚、北美布局海外营销中心，积极开拓海外市场的产品销售服务和售后配件服务。此外，安徽叉车集团公司承担ISO TC 110/SC5联合秘书处的工作，参与工业车辆其他标准制定工作组的活动，推动企业在标准制定领域进行国际交流与合作，引领行业可持续发展。

随着工业4.0战略和《中国制造2025》规划的推进实施，创新技术与产业深度融合，正在引发影响深远的经济变革，形成新的生产方式、产业形态、商业模式和经济增长点。工业车辆逐渐向更深程度、更高层次的新一轮技术迭代，大力发展绿色制造、智能制造和服务型制造，涌现出锂电池叉车、氢燃料叉车、叉车AGV等创新产品。随着锂电池、氢燃料、AGV技术等在工业车辆行业的渗透力度不断加大，中国工程机械工业协会工业车辆分会在2017年开始进行分类统计，重点关注新技术在工业车辆上的应用。

从未来趋势来看，随着国内经济结构的持续优化以及发展质量的不断提升，工业车辆行业市场需求在规模、结构和层次上仍有较大发展空间，中高端内燃平衡重式叉车、电动新能源叉车及智能化、移动互联技术的深度应用将成为未来发展重点，同时经营租赁、融资租赁、配件服务、再制造等后市场增值服务业也将不断扩大，具备技术创新能力、高端制造能力、增值服务能力和国际化运营能力的优质企业将获得持续发展空间。

0.2 工业车辆的分类

工业车辆是指用于企业内部对成件货物进行装卸、堆垛、牵引或推顶以及短距离运输作业的各种无轨轮式搬运车辆，其可装备各种可拆换工作属具，适应各种物料搬运的作业要求。工业车辆已广泛用于港口、车站、机场、仓库、货场、工厂车间内部等处，并可进入船舱、车厢和集装箱内进行成件货物的装卸搬运作业。

工业车辆制造业是物料搬运设备制造业的重要组成部分。20世纪50年代开始，我国一直将物料搬运设备称为起重运输机械，工业车辆行业也统称为叉车行业。改革开放后，为与国际接轨，业内开始采用物料搬运设备(material handling equipment)名称和工业车辆名称。

联合国统计委员会历年发布的“国际标准行业分类”(ISIC)和“主要产品分类”(CPC)中，采用的是起重运输设备(lifting and handling equipment)名称，故我国国家统计局在前三次制定、修订《国民经济行业分类》(GB/T 4754)的国家标准时，一直译为起重运输设备名称，工业车辆也一直归属起重运输设备。但计划经济时代由于部门管理的需要，20世纪80年代开始，机械工业部将带轮胎及内燃机的叉车划归工程机械行业管理。1989年以后，机械工业部行业统计中，也正式将工业车辆划归工程机械行业。直至目前，仍由中国工程机械工业协会归口管理，而在国家统计局行业统计中，工业车辆等制造业仍归属于起重运输(物料搬运)设备制造业。

2011年颁布的《国民经济行业分类》(GB/T 4754—2011)，将起重运输设备制造业正式更名为物料搬运设备制造业。2017年颁布的《国民经济行业分类》(GB/T 4754—2017)新标准中，将物料搬运设备细分为轻小型起重设备、生产专用起重机、工业车辆(该标准称为生产专用车辆)、连续搬运设备、电梯自动扶梯及升降机、客运索道、机械式停车设备和其他物料搬运设备8个行业小类。

因分类的目的和要求不同，工业车辆分类的方式也有所不同。

(1) 根据世界工业车辆统计协会(WITS)规定，工业车辆分为机动工业车辆和非机动工业车辆，纳入该协会统计的机动工业车辆分为5大类：第Ⅰ类电动平衡重乘驾式叉车、第Ⅱ类电动乘驾式仓储叉车、第Ⅲ类电动步行式仓储叉车、第Ⅳ类内燃平衡重式叉车(按美国标准设计的实心软胎)、第Ⅴ类内燃平衡重式叉车(充气胎、实心胎和除按美国标准设计的实心软胎以外的其他轮胎)。世界工业车辆统计协会工业车辆分类情况见表0-1。

(2)《工业车辆　术语和分类　第1部分：工业车辆类型》(GB/T 6104.1—2018)的分类见表0-2。

(3) 国家统计局统计用产品分类目录(2010年版)中工业车辆分类见表0-3。

表0-1　世界工业车辆统计协会工业车辆分类情况

类别	类名称	产品代码	产品名称
第Ⅰ类	电动平衡重乘驾式叉车	10	站立操纵叉车
		20	三支点叉车
		30	四支点叉车(按美国标准设计的实心软胎)
		40	四支点叉车(充气胎、实心胎和除按美国标准设计的实心软胎以外的其他轮胎)

续表

类别	类名称	产品代码	产品名称
第Ⅱ类	电动乘驾式仓储叉车	10	低起升固定站板或座驾托盘搬运车
		20	高起升固定站板或座驾堆垛车
		30	货叉前移式叉车
		35	门架前移式叉车
		40	高起升拣选车
		45	侧向堆垛车(操作台可起升)
		47	侧向堆垛车(操作台在下面)
		50	侧面式和多向叉车
第Ⅲ类	电动步行式仓储叉车	10	低起升托盘搬运车和平台搬运车
		15	低起升折叠式站板平台托盘搬运车
		17	低起升乘驾/步行式托盘搬运车
		20	高起升堆垛车
		25	高起升折叠式站板堆垛车
		30	步行式前移叉车
		40	低位拣选车
		50	平衡重式堆垛车
		60	牵引车
第Ⅳ类	内燃平衡重式叉车(按美国标准设计的实心软胎)	10	汽油标准叉车
		10	柴油标准叉车
		10	液化石油气/双燃料标准叉车
第Ⅴ类	内燃平衡重式叉车(充气胎、实心胎和除按美国标准设计的实心软胎以外的其他轮胎)	10	汽油标准叉车
		10	柴油标准叉车
		10	液化石油气/双燃料标准叉车
		20	空箱堆高机
		22	重箱堆高机
		25	空箱正面吊
		27	重箱正面吊
		28	多式正面吊
		30	侧面式叉车
第Ⅵ类	牵引车	10	牵引车
第Ⅶ类	越野叉车	10	门架式叉车
		20	伸缩臂叉车
第Ⅷ类	手动和半动力车辆	10	手动托盘搬运车
		20	半动力托盘搬运车
		30	手动托盘堆垛车(插腿式叉车)
		40	半动力托盘堆垛车(插腿式叉车)
第Ⅸ类	其他车辆	10	固定平台搬运车
		20	电动游览车

表 0-2 按作业方式/动力源/控制方式/起升高度的分类

工业车辆类型			牵引车	推顶车	平衡重式叉车	前移式叉车	平台堆垛车	侧面式叉车（单侧）	越野叉车
作业方式	固定平台搬运车		—	—	—	—	—	—	—
	牵引车和推顶车		√	√	—	—	—	—	—
	起升车辆	堆垛用高起升车辆	—	—	√	√	√	√	√
		伸缩臂式车辆	—	—	—	—	—	—	—
		非堆垛用低起升车辆	—	—	—	—	—	—	—
		拣选车	—	—	—	—	—	—	—
动力源	步行式		—	—	—	—	—	—	—
	内燃机		√	√	√	—	—	√	√
	电动机		√	√	√	√	√	√	—
控制方式	座驾式车辆		√	√	√	√	√	√	√
	站驾式车辆		√	√	√	√	√	—	—
	步驾式车辆		√	√	√	√	—	—	—
起升高度	非起升		√	√	—	—	—	—	—
	低起升非堆垛		—	—	—	—	—	—	—
	起升		—	—	√	√	√	√	√

续表

工业车辆类型			侧面堆垛式叉车（两侧）	三向堆垛式叉车	拣选车	插腿式叉车	托盘堆垛车	托盘搬运车	平台搬运车
作业方式	固定平台搬运车		—	—	—	—	—	—	—
	牵引车和推顶车		—	—	—	—	—	—	—
	起升车辆	堆垛用高起升车辆	√	√	—	√	√	—	—
		伸缩臂式车辆	—	—	—	—	—	—	—
		非堆垛用低起升车辆	—	—	—	—	—	√	√
		拣选车	—	—	√	—	—	—	—
动力源	步行式		—	—	—	—	—	—	—
	内燃机		√	—	—	—	—	—	—
	电动机		√	√	√	√	√	√	√
控制方式	座驾式车辆		√	√	—	—	√	√	√
	站驾式车辆		√	√	√	√	√	√	√
	步驾式车辆		—	—	—	√	√	√	√
起升高度	非起升		—	—	—	—	—	—	—
	低起升非堆垛		—	—	—	—	—	√	√
	起升		√	√	√	√	√	—	—

续表

工业车辆类型			端部操纵式托盘搬运车 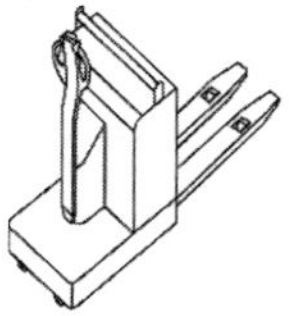	中心操纵式拣选车 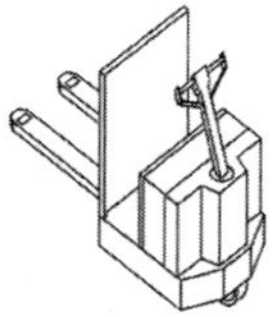	双层堆垛车 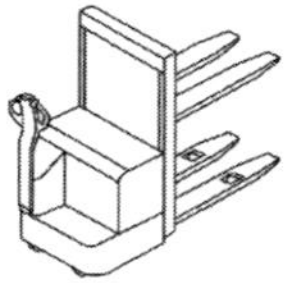	非堆垛用低起升跨车 	堆垛用高起升跨车 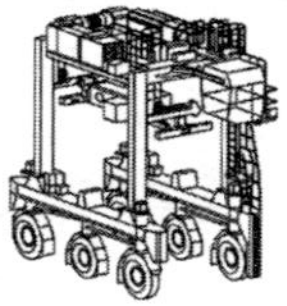	伸缩臂式叉车 	越野型伸缩臂式叉车 
作业方式	固定平台搬运车		—	—	—	—	—	—	—
	牵引车和推顶车		—	—	—	—	—	—	—
	起升车辆	堆垛用高起升车辆	—	—	√	—	√	—	—
		伸缩臂式车辆	—	—	—	—	—	√	√
		非堆垛用低起升车辆	√	√	—	√	—	—	—
		拣选车	—	—	—	—	—	—	—
动力源	步行式		—	—	—	—	—	—	—
	内燃机		—	—	—	√	√	√	√
	电动机		√	√	√	—	—	√	—
控制方式	座驾式车辆		—	—	√	√	√	√	√
	站驾式车辆		√	√	√	—	—	—	—
	步驾式车辆		—	—	√	—	—	—	—
起升高度	非起升		√	√	—	—	—	—	—
	低起升非堆垛		√	√	—	√	—	—	—
	起升		—	—	√	—	√	√	√

续表

工业车辆类型			越野型回转伸缩臂式叉车	伸缩臂式集装箱搬运车	平衡重式集装箱堆高机	货物及人员载运车	卡车携带式叉车	步行插腿式叉车	步行式托盘堆垛车
作业方式	固定平台搬运车		—	—	—	√	—	—	—
	牵引车和推顶车		—	—	—	—	—	—	—
	起升车辆	堆垛用高起升车辆	—	—	√	—	√	√	√
		伸缩臂式车辆	√	√	—	—	—	—	—
		非堆垛用低起升车辆	—	—	—	—		—	—
		拣选车	—	—	—	—	—	—	—
动力源	步行式		—	—	—	—	—	√	√
	内燃机		√	√	√	√	√	—	—
	电动机		—	—	√	√	√	—	—
控制方式	座驾式车辆		√	√	√	√	√	—	—
	站驾式车辆		—	—	—	—	—	—	—
	步驾式车辆		—	—	—	—	—	√	√
起升高度	非起升		—	—	—	√	—	—	—
	低起升非堆垛		—	—	—	—	—	—	—
	起升		√	√	√	—	√	√	√

续表

工业车辆类型			步行式托盘搬运车	步行剪叉式托盘搬运车	牵引堆垛车	无人驾驶车辆	多向运行叉车	铰接平衡重式叉车
作业方式	固定平台搬运车		—	—	—	√	—	—
	牵引车和推顶车		—	—	√	√	—	—
	起升车辆	堆垛用高起升车辆	—	—	√	√	√	√
		伸缩臂式车辆	—	—	—	√	—	—
		非堆垛用低起升车辆	√	—	—	√	—	—
		拣选车	—	√	—	—	—	—
动力源	步行式		√	√	—	—	—	—
	内燃机		—	—	—	√	√	√
	电动机		—	—	√	√	√	√
控制方式	座驾式车辆		—	—	—	—	√	√
	站驾式车辆		—	—	√	—	√	√
	步驾式车辆		√	√	—	—	√	√
起升高度	非起升		—	—	—	√	—	—
	低起升非堆垛		√	—	—	√	—	—
	起升		—	√	√	√	√	√

注：“√”表示允许的类型，“—”表示不允许的类型。

表 0-3 国家统计局统计用产品分类目录(2010 年版)中工业车辆分类

代码					产品名称	说明
大类	中类	小类	组	小组		
35	14				工业车辆	指用于工业企业内部,进行装卸、堆垛或短距离搬运、牵引、顶推等作业的无轨车辆
35	14	01			电动(起升)车辆	指采用货叉或其他取物装置,以高能蓄电池作动力,对成件货物进行装卸、堆垛、短距离搬运作业的无轨起升车辆,俗称电动叉车
35	14	01	01	00	电动平衡重乘驾式叉车	包括站立操纵叉车等
35	14	01	02	00	电动乘驾式仓储叉车	包括高起升堆垛叉车、货叉、门架前移叉车、侧面和多向叉车、低起升托盘搬运车、高起升拣选车等
35	14	01	03	00	电动步行式仓储车辆	包括高起升堆垛叉车、货叉前移叉车、低起升托盘搬运车、地面拣选车等
35	14	01	99	00	其他电动车辆	
35	14	02			内燃叉车	指采用货叉或其他属具,以内燃机作动力,对成件货物进行装卸、堆垛、短距离搬运作业的无轨高起升车辆
35	14	02	01	00	内燃室内叉车	
35	14	02	02	00	标准内燃平衡重式叉车	
35	14	02	03	00	集装箱叉车	包括空箱叉车、重箱叉车
35	14	02	04	00	集装箱正面吊运机	指伸缩臂架安装在专用底板底盘上,专门用于集装箱装卸、堆垛、短距离搬运作业的无轨车辆,包括空箱、重箱正面吊运机、多式吊运机等
35	14	02	05	00	内燃侧面式叉车	
35	14	02	99	00	其他内燃叉车	
35	14	03	00	00	越野叉车	
35	14	04			短距离牵引车	
35	14	04	01	00	电动牵引车	
35	14	04	02	00	内燃牵引车	
35	14	04	99	00	其他短距离牵引车	包括推顶车
35	14	05			短距离固定平台搬运车	
35	14	05	01	00	电动固定平台搬运车(蓄电池车)	
35	14	05	02	00	内燃固定平台搬运车	
35	14	05	03	00	电动游览车	
35	14	05	99	00	其他短距离固定平台搬运车	

续表

代码					产品名称	说明
大类	中类	小类	组	小组		
35	14	06			跨运车(跨车)	
35	14	06	01	00	集装箱跨运车	
35	14	06	99	00	其他跨运车	
35	14	07			手动搬运车、堆垛车、拣选车	包括手动托盘搬运车、堆垛车等
35	14	08	00	00	自动导向小车	
35	14	99	00	00	其他工业车辆	

参考文献

[1] 中国工程机械工业协会工业车辆分会.中国工业车辆行业发展史[M].北京：机械工业出版社,2014.

[2] 全国工业车辆标准化技术委员会.工业车辆术语和分类　第1部分：工业车辆类型：GB/T 6104.1—2018[S].北京：中国标准出版社,2018.

第1篇

平衡重式叉车
（Ⅰ类、Ⅳ类、Ⅴ类）

第1章

简　　介

1.1　概述

平衡重式叉车是一种最为常见、数量最多且用途最广泛的一种叉车，如图 1-1、图 1-2 所示。车体前方装有升降与前后倾斜货叉的工作装置(起重系统)，车体尾部装有平衡起重物的平衡重。货叉是最基本的取物装置，为适应不同的工作对象和提高效率，可以换装其他的属具(即取物装置)。

图 1-1　电动平衡重式叉车

图 1-2　内燃平衡重式叉车

平衡重式叉车包含电动平衡重乘驾式叉车(Ⅰ类)、内燃平衡重式叉车(含Ⅳ类，即按美国标准设计的实心软胎；Ⅴ类，即充气胎、实心胎和除按美国标准设计的实心软胎以外的其他轮胎)。

1.2　分类

平衡重式叉车根据不同分类方式，可以分为以下几类：

(1) 按动力源，可分为内燃平衡重式叉车、电动平衡重式叉车。

(2) 按操作方式，可分为座驾式车辆、站驾式车辆。

(3) 按车轮型式，可分为充气轮胎叉车、高弹性轮胎叉车(也可称为半实心轮胎叉车)、实心轮胎叉车。

(4) 按传动方式，可分为机械传动叉车、液力传动叉车、静压传动叉车、电传动叉车。

1.3　典型产品的结构原理及应用范围

平衡重式叉车的主要部件有动力系统、传动系统、车身系统、电气系统、液压系统、工作装置、转向桥及转向系统、制动系统、驱动桥等。在这些系统中，液压系统、工作装置、转向桥及转向系统、制动系统、驱动桥这 5 大系统，无论对于电动平衡重式叉车（Ⅰ类）还是内燃平衡重式叉车（Ⅳ类、Ⅴ类），其工作原理与结构都基本相同，本书对这5大系统单独编写，作为一章（第4章）。

平衡重式叉车的主要用途是进行装卸、堆垛和拆垛以及短途搬运工作。由于平衡重式叉车具有很好的机动性和通过性，又具有较强的适应性，适合于货种多、货量大且需迅速集散和周转的场合使用，因此成为港口、码头、货场、仓库、工厂等部门不可缺少的特种设备，同时也在国防军事、建筑等行业发挥着物料搬运的作用。

1.4 主要产品的技术参数

1.4.1 结构参数

平衡重式叉车的主要结构参数见表1-1和图1-3。

表1-1 平衡重式叉车主要结构参数

序号	名称	代号
1	载荷中心距	c
2	前悬距	x
3	轴距	y
4	前轮距	b_{10}
5	后轮距	b_{11}
6	门架倾角（前倾/后倾）	α/β
7	门架全高（货叉落地，门架垂直）	h_1
8	自由起升高度	h_2
9	起升高度（标准）	h_3
10	作业时最大高度（带挡货架）	h_4
11	护顶架高度	h_6
12	座椅SIP点高度（到地面）	h_7
13	牵引销位置高度	h_{10}
14	全长（带货叉）	l_1
15	全长（不带货叉）	l_2
16	全宽	b_2
17	货叉尺寸：厚×宽×长	$s\times e\times l$
18	货叉外侧间距，最大/最小	b_5
19	离地间隙（满载，门架处）	m_1
20	离地间隙（满载，轴距中心处）	m_2
21	直角堆垛通道宽度，1 000×1 200横置托盘	A_{st}
22	直角堆垛通道宽度，800×1200纵置托盘	A_{st}
23	外侧转弯半径（最小转弯半径）	W_a

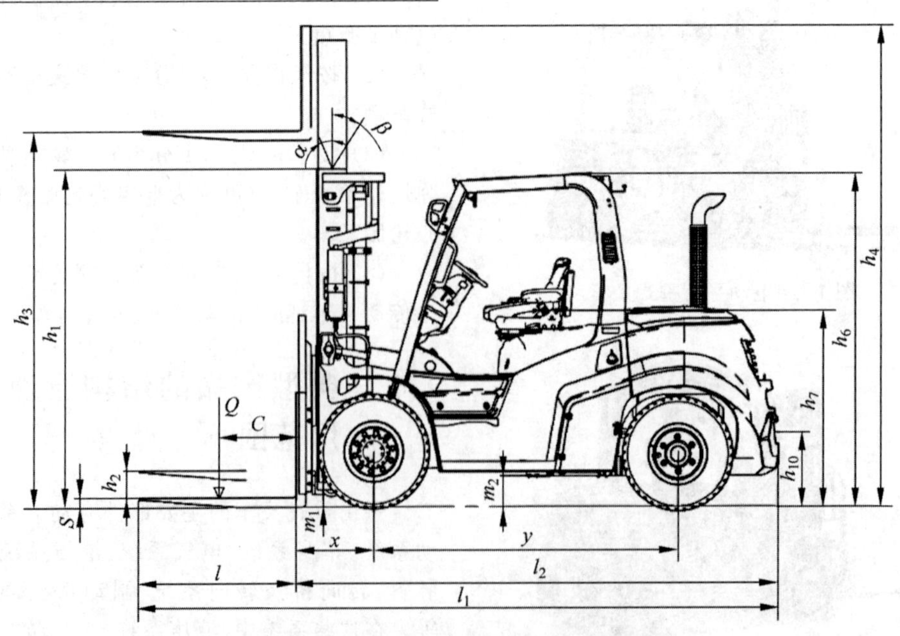

图1-3 平衡重式叉车主要结构参数示意图

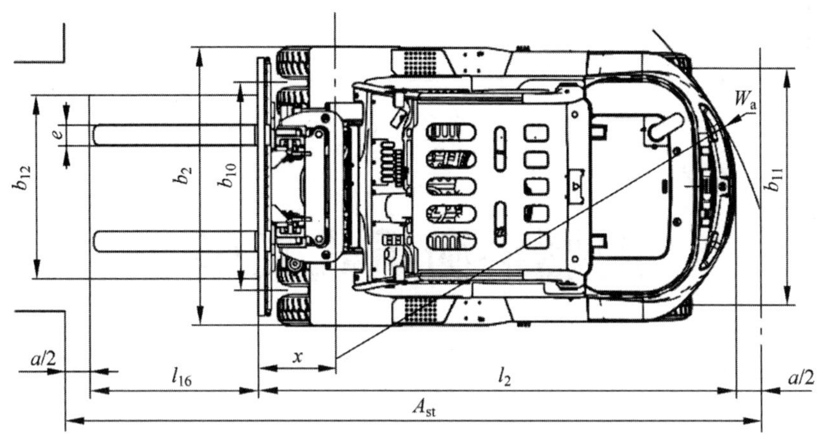

图 1-3(续)

1.4.2 性能参数

叉车的性能参数主要包含行驶(含加速、爬坡)及工作装置两大模块,具体如表 1-2 所示。

表 1-2 平衡重式叉车主要性能参数

序号	名称
1	行驶速度(满载/空载)
2	起升速度(满载/空载)
3	下降速度(满载/空载)
4	前倾速度(满载/空载)
5	后倾速度(满载/空载)
6	最大牵引力(满载/空载)
7	最大爬坡能力(满载/空载)
8	加速时间(满载/空载)

1.5 叉车的负荷曲线

为保证人身车辆及货物的安全,确保车辆的稳定,在每台叉车上都配有负荷曲线图,标明允许负荷与负荷中心的关系。叉车的负荷曲线图一般位于仪表架右侧上表面,与整车铭牌(车体)并排放置。在负荷曲线图中,平衡重式叉车以前轮中心为支点,保持车体与货叉上的载荷相平衡,注意负载量与负荷中心关系,以保证车辆的稳定。图 1-4 为某型 16 t 平衡重式叉车不配置属具时的负荷曲线图,每条曲线表示在对应起升高度下不同负荷中心下的起重量。例如,起升高度为 6 m、负荷中心在 1 200 mm 时对应的额定起重量约为 10 500 kg。

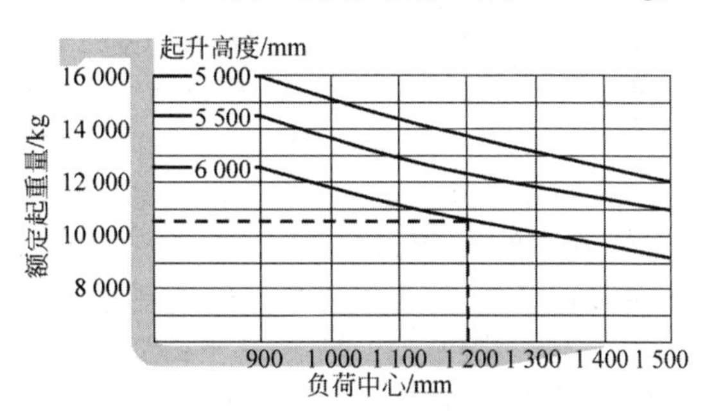

图 1-4 负荷曲线图

当载重量超过负荷曲线的要求时,后轮有翘起的危险,在此恶劣的情况下,叉车转向失灵,有可能倾翻,导致严重的事故。如果叉车加装了铲运特殊货物的属具,如吊臂、抱夹、锻造夹等,则其许用载荷比不配属具的车辆承载能力降低,其原因如下:

(1) 相当于减少了属具与货叉重量差值同等的载荷。

(2) 由于属具过长引起载荷中心前移,许用载荷同样减少。

第2章

内燃平衡重式叉车

2.1 概述

2.1.1 内燃平衡重式叉车的定义与功能

内燃平衡重式叉车以内燃机作为动力源，内燃机提供的动力通过变速箱、驱动桥、齿轮油泵等驱动叉车行走和工作装置工作。它具有动力强劲、环境适应性好、整机可靠性高等优点，在车间、仓库、码头、物流等场所及行业得到了广泛应用，为物料搬运的重要工具之一。随着环保排放的升级，内燃平衡重式叉车的整机环保排放水平已大幅提升。

2.1.2 内燃平衡重式叉车的发展历程

叉车最早出现在1914—1915年，到20世纪30年代在市场上开始出售。第二次世界大战期间，由于搬运军事物资的需要，促进了叉车的发展。伴随着物料搬运行业的发展，叉车作为重要工具，在全球范围内发展迅猛，产业链已完全搭建。据世界工业车辆统计联盟(WITS)公布的2021年全球工业车辆统计数据，2021年全球叉车的销量达到创纪录的234万辆，较2020年大增42.93%。

中华人民共和国成立前，我国只有数量极少的几台国外进口叉车，在交通运输部门使用。中华人民共和国成立后，在党的领导下，我国国民经济得到迅速发展，对叉车的需求量日益增加。20世纪50年代中期，我国开始制造3 t、5 t内燃平衡重式叉车，经过65余年的发展，现在已拥有0.5～46 t内燃平衡重式叉车的整套系列产品。除了传统的机械式传动外，液压传动已经在不同吨位的内燃平衡重式叉车上广泛使用，静压传动的叉车也在一些领域得到应用。叉车产品设计的标准化、系列化、通用化工作也取得了很大的成绩；内燃平衡重式叉车新结构、新材料、新技术、新工艺不断出现；产品的品种和数量日益增多，质量逐渐提高，整个叉车行业呈现出一派欣欣向荣的景象。

经过多年的发展，我国已经成为世界上最大的叉车生产和销售大国。根据统计数据，2020年国内叉车销量达到80万台，同比增长31.54%，再创新高。其中内燃平衡重式叉车销量是38.99万台，同比增长25.92%。在世界范围内，中国叉车销量由原来的41%占比提升到50%的占比。

随着经济的快速发展和人们意识的提高以及叉车工业技术的进步，叉车的应用领域越来越广泛，已深入到交通运输业、仓储业、制造业、港口、机场、车站、工厂以及批发零售业等各行各业。目前叉车的销量除了集中在传统的造纸、汽车产业外，物流、零售将是叉车市场新的增长点。同时，随着人们的环保意识越来越强,国家节能减排推行的力度越来越大,内燃平衡重式叉车的排放升级步伐也越来越快。

2.1.3　国内外相关产品的技术现状及发展趋势

国内市场以中低性能的内燃平衡重式叉车为主流;以满足客户基本使用需求为主,整机安全化、智能化、节能减耗、可靠性、舒适性水平均处于较低端状态;国内市场高性能产品主要依赖进口。

国际(欧美等发达经济体)市场以高性能产品为主流。其产品科技现状为,国外一线品牌,以优异的产品综合性能为基础,强调安全高效可靠、环保节能,操作舒适,同时不断应用高新垄断技术,整机的科技含量高,产品品牌价值及附加值高。

随着全球排放法规的推进进展,整机的环保升级速度大幅提升。美国依据不同功率段,非道路移动机械用发动机及整机排放已全部升级至非道路 T4F 阶段。欧盟依据不同功率段,非道路移动机械用发动机排放已全部升级至非道路Ⅴ阶段,整机所有功率段于 2021 年 6 月全部升级至非道路Ⅴ阶段。国内目前已经实施非道路国四排放标准。

同时由于物料搬运技术的创新升级和社会发展进步,对产品智能化水平和产品舒适性的要求也不断提升。

2.2　内燃平衡重式叉车的分类

1. **按动力源分类**

根据不同动力源,可分为柴油动力、汽油动力、燃气动力(包含液化气、天然气等)、混合(油电)动力叉车。

2. **按车轮形式分类**

根据不同车轮形式,可分为充气胎、实心胎叉车。

3. **按传动形式分类**

根据不同传动形式,可分为机械传动、液力传动、静压传动叉车。

2.3　内燃平衡重式叉车的工作原理及组成

2.3.1　整机系统的组成及架构

内燃平衡重式叉车(以下简称内燃叉车)由以下 9 大系统组成,如图 2-1 和表 2-1 所示。

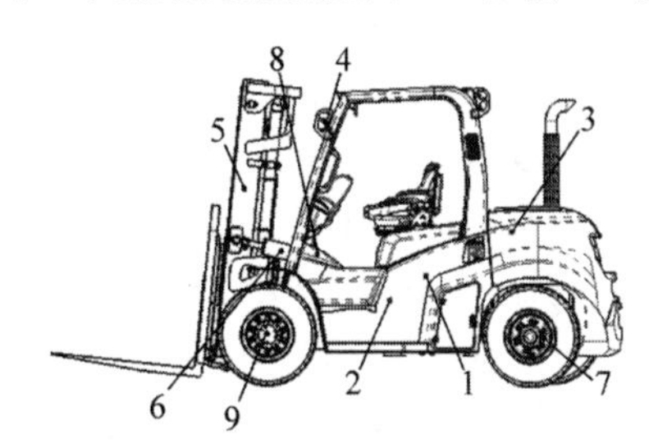

1—动力系统;2—传动系统;3—车身系统;4—电气系统;5—工作装置;6—液压系统;7—转向桥及转向系统;8—制动系统;9—驱动桥。

图 2-1　内燃叉车的结构组成示意图

表 2-1　内燃叉车主要结构

序号	名称	内容
1	动力系统	主要包括发动机以及冷却、进气、排气、燃油、油门操控系统等
2	传动系统	主要包括变速箱、液力变矩器(液力车)、离合器(机械车)、传动轴、变速操纵等
3	车身系统	主要包括车架、仪表架、内燃机罩、水箱盖板、平衡重、底板、座椅、护顶架(驾驶室)等
4	电气系统	主要包括控制器、仪表、灯具、蓄电池、线束、开关等电气元件
5	工作装置	主要包括门架、货叉、货叉架、挡货架、倾斜油缸、起升油缸、起升链条、门架链轮、滚轮等
6	液压系统	主要包括泵、阀、高/低压油管、接头等
7	转向桥及转向系统	主要包括转向操纵机构、全液压转向器、转向桥总成(含轮胎与轮辋)等
8	制动系统	主要包括行车制动系统及停车制动系统等
9	驱动桥	包括主传动、桥壳、轮边减速器、半轴、制动器、驱动轮辋及轮胎等

(1) 动力系统：给叉车提供工作动力的单元，包括发动机总成、进气系统、排气系统、冷却系统及发动机附属系统(燃油系统、启动系统及油门操控等)。内燃叉车用发动机动力源包括汽油发动机、柴油发动机、液化石油气发动机及天然气发动机。

(2) 传动系统：给叉车提供行走装置的单元，包括变速箱、变速箱操纵装置。内燃叉车的变速箱主要为机械式、液力机械式，也有利用压力油泵及马达实现行走传递的静压传动系统。内燃叉车驱动桥一般集成有行车制动器，根据制动方式不同，分为鼓式制动驱动桥、湿式制动驱动桥及钳盘式制动驱动桥。

(3) 车身系统：给叉车各系统提供安装及支承的单元总成，包括车架、机罩覆盖件、平衡重、座椅、驾驶舱(护顶架、驾驶室)等。

(4) 电气系统：给叉车启动、工作及熄火停车等状态下提供控制、车辆状态监控、整车照明及警示作用的单元总成，其主要零部件包括整车控制器(或发动机、变速箱及液压阀等控制器)、仪表、蓄电池、灯具、线束及开关灯。

(5) 工作装置、液压系统、转向桥及转向系统、制动系统及驱动桥：与电动平衡重式叉车这 5 大系统的结构与原理基本相同，将在第 4 章详细介绍。

2.3.2 动力系统的结构及组成

动力系统是给叉车提供动力来源的，所以如何保证发动机正常工作，直接影响整机性能的发挥。内燃叉车的发动机主要采用往复活塞式内燃发动机。

内燃叉车的动力系统主要由发动机、冷却系统、进气系统、排气系统、燃油系统等组成，如图 2-2 所示。

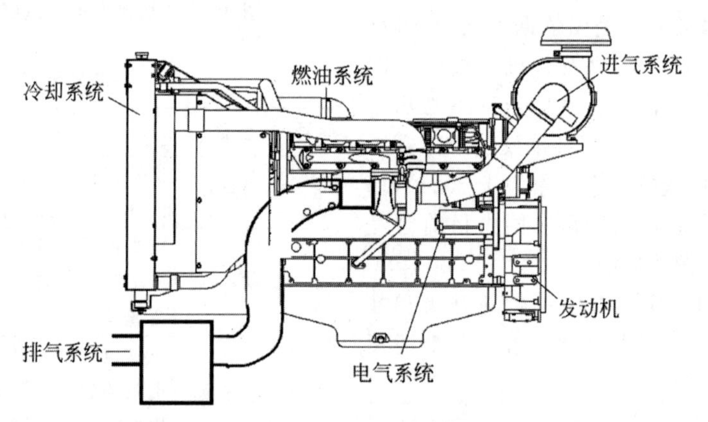

图 2-2 内燃叉车动力系统结构组成示意图

1. 发动机

1) 发动机结构简介

内燃发动机的特点是液体或气体燃料和空气混合后直接输入机器内部燃烧而产生热能，然后再将热能转换为机械能。

汽油发动机通常由 2 大机构和 5 大系统组成，即曲柄连杆机构、配气机构、供给系统、润滑系统、冷却系统、点火系统和启动系统等。柴油机的结构大体上与汽油机相似，但使用的燃料不同，混合气形成和点燃方式也不同。柴油机由 2 大机构和 4 大系统(供给系统、润滑系统、冷却系统和启动系统)组成，没有化油器、分电器和火花塞，另设喷油泵和喷油器等。大功率的柴油机还装有涡轮增压器等。

曲柄连杆机构、配气机构、润滑系统、点火系统和启动系统等都是发动机"自身内部系统"，供给系统和冷却系统需要 OEM(原始设备制造商)公司来安装布置。其中供给系统又分为进气系统、燃油系统和排气系统。

发动机按着火方式可分为压燃式与点燃式两种。压燃式发动机为压缩气缸内的空气或可燃混合气，产生高温，引起燃料自燃的内燃机，柴油发动机即为压燃式发动机；点燃式发动机是将压缩气缸内的可燃混合气，用点火器点燃的发动机，汽油机、LPG发动机为点燃式发动机。对于压燃式发动机，各个国家和地区基本都有自己的排放标准及要求，而对于点燃式发动机，目前仅美国和欧盟地区有相关排放要求。

2）发动机的工作原理

下面以四冲程柴油机为例介绍发动机的工作原理。柴油机在吸入气缸内的空气被压缩产生高温、高压的情况下，将柴油直接喷入气缸，与经压缩后的高温、高压空气混合自燃产生热能，如图2-3所示。

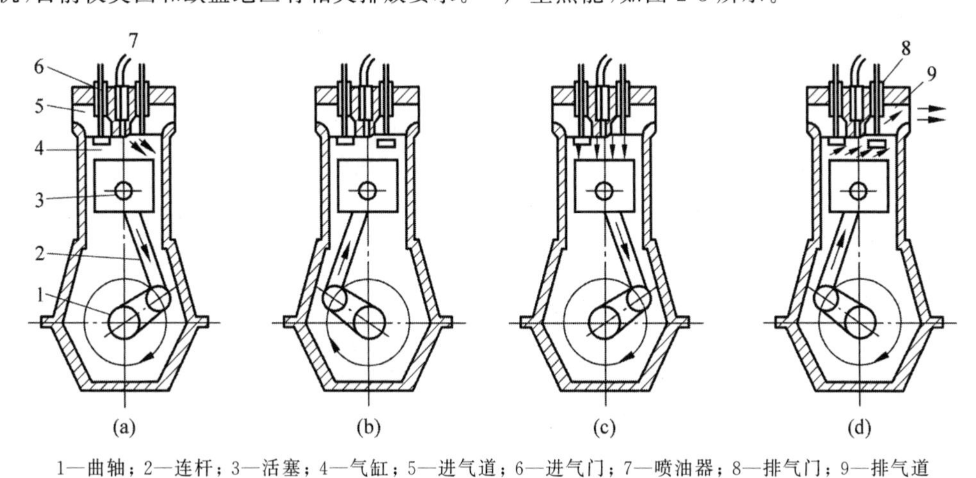

1—曲轴；2—连杆；3—活塞；4—气缸；5—进气道；6—进气门；7—喷油器；8—排气门；9—排气道

图2-3　四冲程柴油机工作循环示意图

(a) 进气行程；(b) 压缩行程；(c) 做功行程；(d) 排气行程

(1) 进气行程。进入柴油机气缸的是纯空气。活塞从上止点向下止点移动，进气门开启，排气门关闭，此时活塞上方容积增大，气缸内压力下降，经过过滤后的空气通过进气道吸入气缸。活塞移动到下止点后，进气门关闭，进气冲程结束。进气终了时，气缸内的气体压力为80～95 kPa，温度为300～340℃。

(2) 压缩行程。曲轴继续旋转，活塞由下止点向上止点移动，气缸内的纯空气被压缩到燃烧室，此时进、排气门均关闭。活塞到达上止点时，压缩行程结束。由于柴油发动机有较高的压缩比，一般为16～22，因此在压缩过程中，气缸内气体的压力可达3 430～4 410 kPa，同时温度可达500～700℃。远远超过柴油的自燃温度(当环境压力为2 940 kPa时，柴油的自燃温度为200℃)。

(3) 做功行程。压缩行程接近终了，活塞达到上止点前，柴油经喷油泵把油压提高到9 800 kPa以上，经喷油器呈雾状喷入燃烧室，迅速与高温高压空气形成可燃混合气，立即自行着火燃烧，气缸内的气体压力和温度急剧上升，推动活塞下行做功。此时，气缸内的最高压力可达4 950～9 800 kPa，最高温度可达1 700～2 000℃。随着活塞向下运动，活塞上方容积增大，气体压力和温度也随之降低。活塞到达下止点时，做功行程结束。此时气体压力为294～392 kPa，瞬时温度达800～900℃。

(4) 排气行程。在做功行程接近终了时，排气门开启，靠燃烧后的废气压力进行自由排气。活塞从下止点向上止点运动，继续将废气强制排到大气中去，活塞到达上止点时，排气门关闭，排气行程结束。排气终了时，废气压力为102.9～122.5 kPa，温度为400～700℃。

3）发动机代用燃料简介

为了开发应用新能源，缓解石油能源紧张局面，同时作为排气污染的防范措施，车用发动机上逐渐开发应用代用燃料。具有代表性的有液化石油气、压缩天然气、液化天然气等。下面逐一简单介绍。

(1) 液化石油气。液化石油气(liquefied

petroleum gas，LPG)，是提炼石油或天然气过程中产生的副产品，其主要成分是丙烷(C_3H_8)和丁烷(C_4H_{10})，密度比空气小，气体本身无色、无味、无毒。只有当液化石油气在空气中的浓度超过10%时才会挥发出让人体出现反应的毒性。当人体接触到这样的毒性之后就会出现呕吐、恶心甚至昏迷的情况，给人体带来极大的伤害。为了便于发现泄漏，会添加加臭剂。液化石油气系统工作原理见图2-4，液态的LPG从钢瓶中流出，经过过滤器，到达汽化器，在此吸收发动机水路热量而蒸发，LPG蒸气再流经混合器，与空气混合后形成混合气进入发动机。

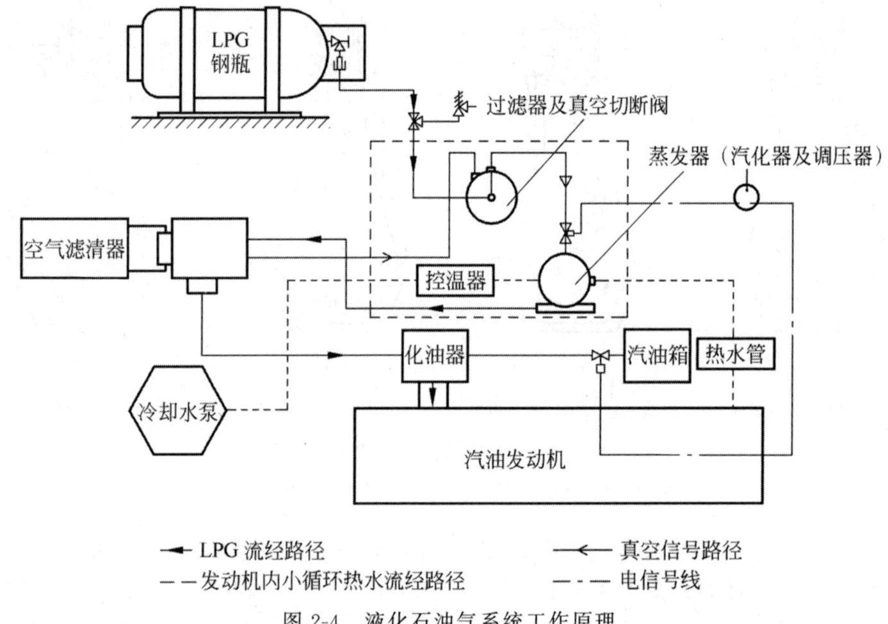

图2-4　液化石油气系统工作原理

(2) 天然气。天然气的主要成分为甲烷(CH_4)，分为压缩天然气和液化天然气。压缩天然气(compressed natural gas，CNG)指压缩到压力大于或等于10 MPa且小于25 MPa的气态天然气，是将天然气加压并以气态储存在容器中。液化天然气(liquefied natural gas，LNG)指天然气经净化处理(脱除重烃、硫化物、二氧化碳、水等)后，在常压下深冷至−162℃形成的液态天然气。LNG的体积约为同量气态天然气体积的1/625，方便储存和运输。

① CNG叉车燃料系统由CNG气瓶、高压减压阀、过滤器、低压调压器、混合器、点火系统组成。与LPG相比，主要区别在于CNG气瓶之后多装配一个高压减压阀，将气瓶出来的高压气降低至2 MPa。发动机水路也是在此处进行供热。

② LNG叉车燃料系统由LNG气瓶、汽化器、稳压阀、低压调压器、混合器、点火系统组成。与LPG相比，主要区别在于LNG钢瓶之后多装配一个汽化器，可以提高加热功率。由于其安装位置高于水箱，水系中产生的气泡将集中于汽化器中，故汽化器需要具备除气功能。

天然气系统工作原理见图2-5。

4) 发动机的维护保养

发动机的维护保养是降低使用成本的关键。发动机需要按照发动机使用手册中的保养表进行定期保养，以便保持有效运转。预防性保养是最容易、最经济的保养。它可以使保养部门在合适的时间进行工作。不同系列和型号的发动机，其保养的周期及内容略有不同，具体内容详见发动机使用说明书。

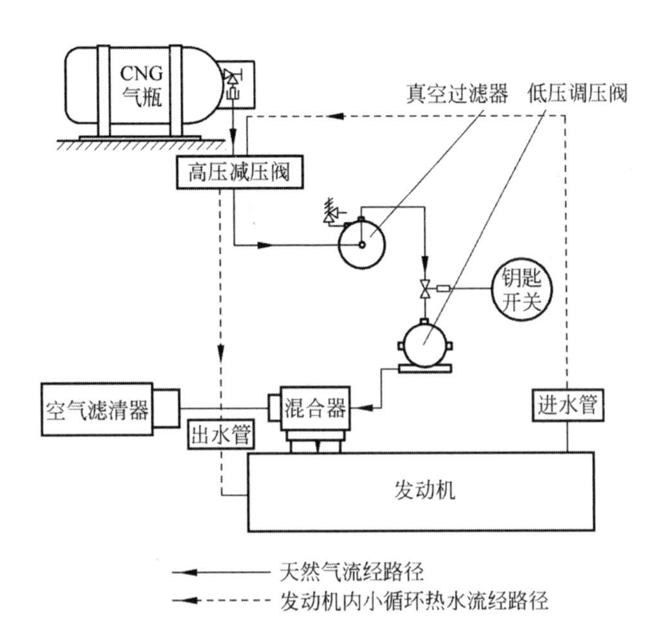

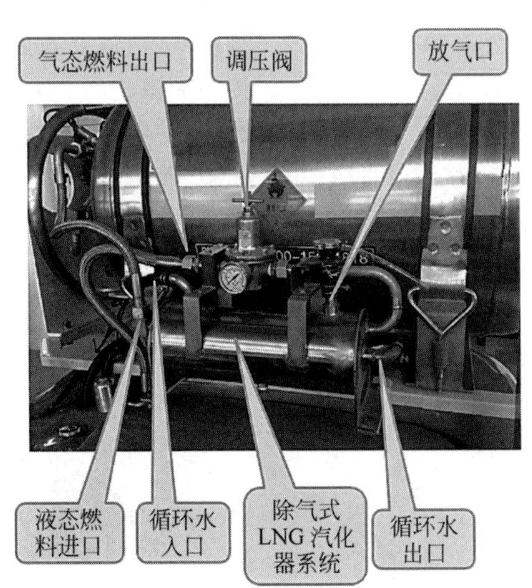

图2-5　天然气系统工作原理

2. 冷却系统

1) 冷却系统的功能

发动机冷却系统是以冷却液为介质,把发动机受热零件吸收的热量散发到大气中去,确保发动机在最佳的温度下工作,充分发挥发动机的性能,延长其使用寿命。在实际应用中,普遍采用强制循环式水冷系统,即利用水泵强制水在冷却系统中进行循环流动。冷却系统工作原理见图2-6。

常见的风冷发动机和水冷发动机因其冷却系统不同,使用场所也不一样。风冷发动机大多使用在野外作业的工程机械上,如挖掘机,也有的用在汽车上,而叉车上都用水冷发动机。通常利用节温器来控制通过散热器冷却水的流量,节温器装在冷却水循环的通路中(一般装在气缸盖的出水口),根据发动机负荷大小和水温高低自动改变水的循环流动路线,以调节冷却系统的冷却强度。节温器是冷却系统中用来调节冷却温度的重要机件,它的工作是否正常,对发动机工作温度影响很大,间

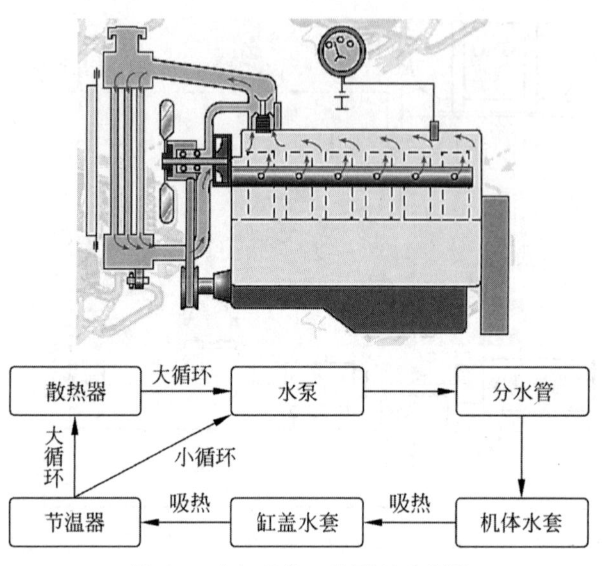

图 2-6　冷却系统工作原理示意图

接地影响了发动机的动力性能和耗油量，因此，节温器不可随便拆除。

2) 冷却系统的结构

冷却系统主要由散热器(水冷、油冷、中冷)、冷却管、附水箱等组成(见图 2-7)。

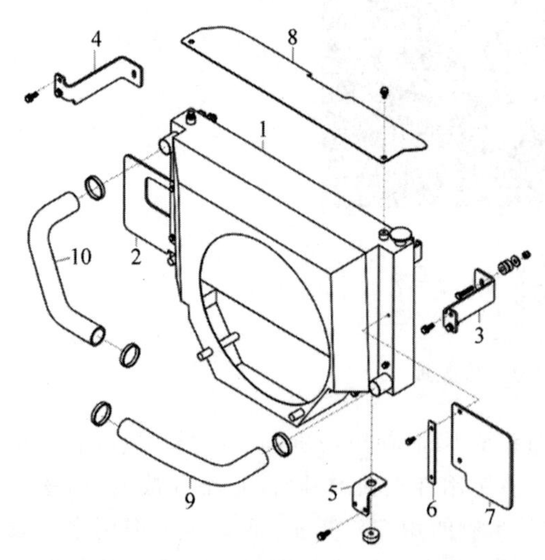

1—散热器总成；2—右橡胶封板；3—水箱上支架左；4—水箱上支架右；5—水箱下支架；6—橡胶压板；7—左橡胶封板；8—导风板；9—下水管；10—上水管。

图 2-7　冷却系统示意图

散热器是冷却系统的核心部件。对于机械传动叉车散热器，只需要对发动机水温进行冷却；对于液力传动叉车，若发动机没有涡轮增压器，则需要对发动机水温、液力变速箱的传动油温进行冷却；若发动机含有涡轮增压器，则需要对发动机水温、液力变速箱的传动油温、涡轮增压的进气温度进行冷却(即空-空中冷系统)。上述三种散热器的散热芯一般采用并联式结构(见图 2-8)。一般来说，空-空中冷器布置在上部，发动机水冷器布置在中部，变速箱传动油冷却器布置在下部。

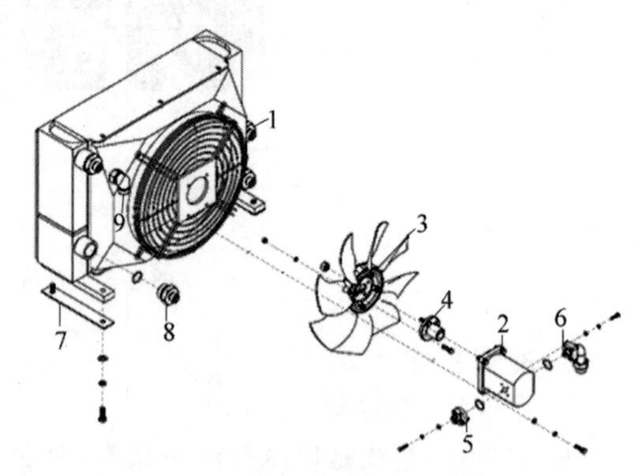

1—散热器；2—齿轮马达；3—液压马达风扇；4—连接法兰；5—法兰；6—出油法兰安装总成；7—减震垫；8—直通接头；9—直角组合接头。

图 2-8　散热器结构示意图

3) 冷却系统的维护保养

(1) 一般冷却介质为长效防锈防冻液(常用型号为 FD-2 型－35℃)，防冻液冬夏通用，四季不换。一般使用一年后，应放出来进行过滤净化处理，然后可继续使用。

(2) 定期检查冷却系统的密封性与冷却液的液位，系统密封性若有问题应尽快排除。

(3) 使用防冻液作为冷却介质时，严禁随意添加水和不同型号的防冻液，防冻液漏掉或蒸发后应及时地补入相同型号的防冻液。

(4) 使用水作为冷却介质时，若在天气寒冷时停放，水有结冰的危险，应把散热器内的水放出。散热器工作一定时间后，应将散热器拆下，放入煮沸的苏打溶液中清洗，以消除散热器内表面形成的水垢或沉淀物。

(5) 在使用过程中，若散热器"开锅"或冷却液温度过高时，不要立即打开散热器盖。为了查找"开锅"原因，需要打开散热器盖检查液位时，应使发动机转速降至中速，缓慢旋转散热器盖，稍待一会儿再卸下散热器盖，以免冷却液喷溅出来烫伤操作人员。在拧紧散热器盖时，一定要拧到位，否则系统不密封，难以建立规定的系统压力。

(6) 根据不同的工况条件，应定期清除散热器外表面的脏污，可采用洗涤剂清洗，也可以用压缩空气或高压水(压力不大于 4 kg/cm^2)冲洗。

(7) 切勿把冷的冷却液添加到热的发动机中，否则会损坏发动机铸件。添加冷却液前，让发动机冷却到 50℃以下。

4) 冷却系统常见问题

(1) 压力盖失效，导致发动机"开锅"。

(2) 散热器散热面上油污灰尘较多，影响散热效果，致使水温过高。

(3) 节温器失效，致使发动机水温高。

(4) 加注防冻液时，发动机上放气塞没有打开，致使缸体内空气没有排尽。

3. 进气系统

1) 进气系统的功能

进气系统一般由空气滤清器、进气管等组成(有的车型还有进气消声器)(见图 2-9)。空气滤清器有干式与湿式两种，常用的为干式。进气系统的作用是向发动机提供清洁、干燥、温度适当的空气进行燃烧，以最大限度地降低发动机磨损并保持最佳的发动机性能。

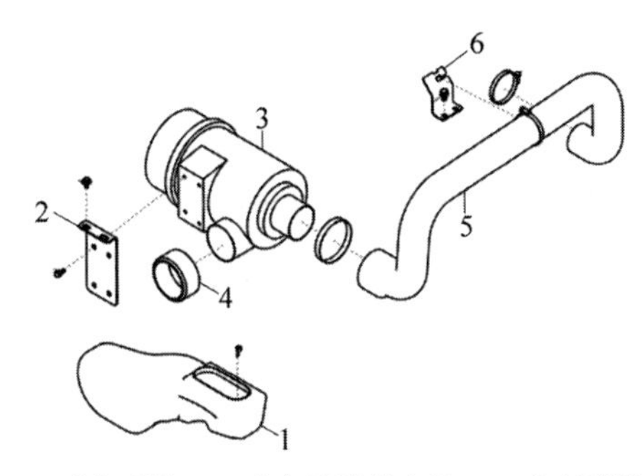

1—进气通道；2—空气滤清器支架；3—空气滤清器总成；4—过渡管；5—进气管；6—进气管支承。

图 2-9　进气系统示意图

2) 进气系统的维护保养

(1) 推荐每 3 个月，或 250 h，或当进气阻力指示器显示进气阻力大时，进行空气滤清器的维护保养。

(2) 每天，或在添加燃油时，应检查设备以确保所有空气滤清器和发动机之间相连接的接头都密封良好，包括所有软管接头和空气滤清器壳体的端盖。发现任何裂缝都应立即修复，并记录在机器维护保养记录中。

(3) 每次更换软管卡箍时，请确保使用高质量的卡箍，保证软管 360°的密封，以防止未经过滤的空气进入机体。

3) 进气系统常见问题

(1) 卡箍松动，导致未经过滤的空气进入系统，影响发动机性能。

(2) 阻力报警器损坏，脱落。

(3) 橡胶连接管老化。

4. 排气系统

排气系统一般由消声器、排气管等组成(见图 2-10)。基本都采用阻抗复合型消声器，其在一个很宽的低、中和高频率范围内都具有良好的消声效果。排气系统的作用是消减发动机产生的排气噪声以满足法规和客户对噪声的要求。随着排放升级，加入了尾气处理装置(如 DOC、SCR 等)，排气系统也越来越复杂。

5. 燃油系统

燃油系统一般由燃油箱、柴油粗滤器、输

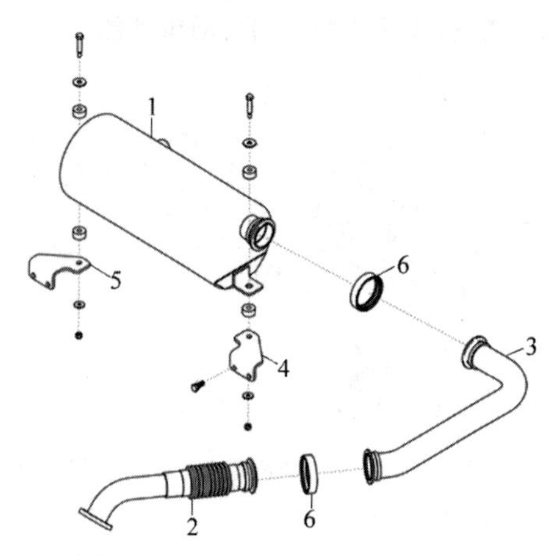

1—消声器总成；2—前排气管总成；3—中排气管总成；4—消声器支架左；5—消声器支架右；6—V形抱箍。

图 2-10 排气系统示意图

油泵、调速器、喷油泵、柴油精滤器、油管、高压油管、喷油器等组成(见图 2-11)。其主要作用为根据发动机的工况要求，提供一定数量的燃油，在压缩行程接近终了时，压燃膨胀做功。

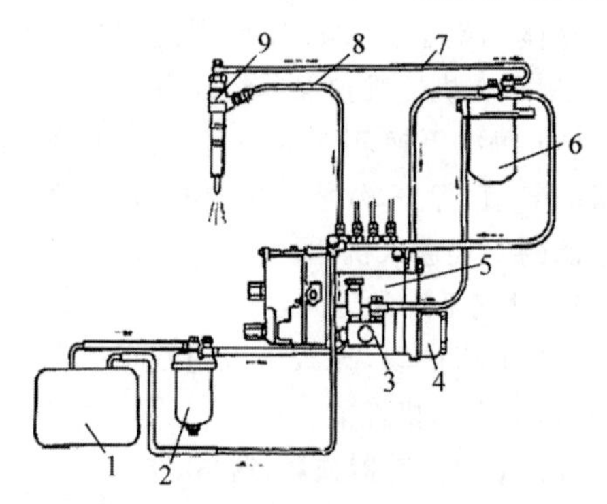

1—燃油箱；2—柴油粗滤器；3—输油泵；4—调速器；5—喷油泵；6—柴油精滤器；7—油管；8—高压油管；9—喷油器。

图 2-11 燃油系统示意图

2.3.3 传动系统的工作原理及组成

传动系统主要由变速箱总成、变矩器(液力车)、离合器(机械车)、传动轴、变速操纵等组成。其主要功能是改变发动机的扭矩和转速，使车辆获得需要的牵引力和行驶速度，以适应各种条件下的起步、爬坡和高低速的要求。这里对变速箱及相关部件进行介绍。

1. 变速箱概述

变速箱是用于改变发动机转速和扭矩的装置机构，通常由变速传动机构和操纵机构组成。用于工业车辆的叉车变速箱，其变速传动机构大多为齿轮副；操纵机构是用于变速箱换向、换挡等操作的装置。

叉车用变速箱通过一系列齿轮进行组合，形成不同的传动比，它可以改变发动机的转速和扭矩，使叉车具有合适的牵引力和行驶速度，并尽可能地使发动机在最有利的工况范围内工作。当叉车进行满载爬坡时，利用变速箱的大传动比组合，可以进一步增加发动机的输出扭矩，驱动叉车前行；当叉车空载长距离行进时，通过变速箱的小传动比组合，可以提高变速箱的输出速度，从而提升叉车的行驶速度。

目前国内叉车用变速箱以手动、半自动控制方式为主。而国外在智能控制自动换挡技术上起步早，一些自动换挡变速箱已成熟应用，像德国的 ZF、美国的 DANA 等均研制出了智能换挡的工业车辆用变速箱，其优良的换挡平顺性、工况自适应性，受到行业的高度关注并得以应用。国内工业车辆变速箱未来将会由手动、半自动控制方式朝着智能控制自动换挡方向发展。

2. 变速箱的分类

1）按动力形式分

工业车辆用变速箱按动力形式可分为内燃叉车变速箱和电动叉车变速箱。内燃叉车变速箱不仅具有换挡功能，而且还具有换向功能，实现车辆的前进、后退；电动叉车变速箱其实是一台减速箱，由于电机具有广泛的速度和扭矩调节能力，同时能够实现正转、反转功能，因此减速箱的作用是进一步增加输出扭矩，以满足整车爬坡、牵引等工况要求。

2）按传动方式分

工业车辆用变速箱按传动方式可分为机械变速箱和液力变速箱。机械变速箱内主要依靠同步器进行挡位及方向的变换，通过不同的固定传动比实现输出轴动力输出；液力变速箱通过成组液力离合器的接合和分离实现挡位、方向的变换，在变矩器的作用下，能够根据工况自适应调节，输出相应动力。

3）按轴及齿轮布置方式分

工业车辆用变速箱按轴及齿轮布置形式可分为T形布置和平行布置。T形布置是指动力源的输出轴与驱动桥中心轴线成90°；平行布置是指动力源的输出轴与驱动桥的中心轴线类似于平行线关系，相互平行。内燃叉车变速箱的结构布置形式可看作T形布置，电动叉车的变速箱既有T形布置结构，也有平行布置结构。T形布置结构会通过一对螺旋伞齿轮将动力源输出轴的旋转方向转化为平行于驱动桥中心轴线的方向。

4）按连接方式分

工业车辆用变速箱按连接方式可分为刚性传动变速箱和柔性连接传动变速箱。刚性传动变速箱是指变速箱与发动机连接后，直接同驱动桥连接，与驱动桥成为一体，直接将动力传递给驱动桥；柔性连接传动变速箱是指在变速箱与驱动桥之间增加万向联轴器，动力经此传递给驱动桥。刚性传动变速箱结构紧凑，但发动机的振动将会通过变速箱传递给驱动桥，进而传递给整车车体；柔性连接传动变速箱得益于万向联轴器的存在，发动机的振动将会在此被吸收，振动不会直接作用于驱动桥上，从而能够有效减少整车的振动。

3. 变速箱的工作原理及组成

1）机械变速箱(见图2-12)

(1) 机械变速箱的组成

机械变速箱主要由同步器总成、输入轴、惰轮轴、输出轴、离合器、箱体、传动齿轮等组成，轴上套设有不同齿数的齿轮，这些齿轮分别与同步器总成上的齿轮相啮合，通过换挡、换向操作手柄推动同步器总成上的啮合套实现不同的传动比和方向变换，最终将动力传递给输出齿轮。输出齿轮套设在螺旋伞齿轮轴上，通过螺旋伞齿轮将动力传递给差速器总成，差速器总成通过半轴将动力传递给车轮，实现车辆行驶。也有的变速箱将螺旋伞齿轮和差速器总成安装于驱动桥总成内，其功能作用相同。

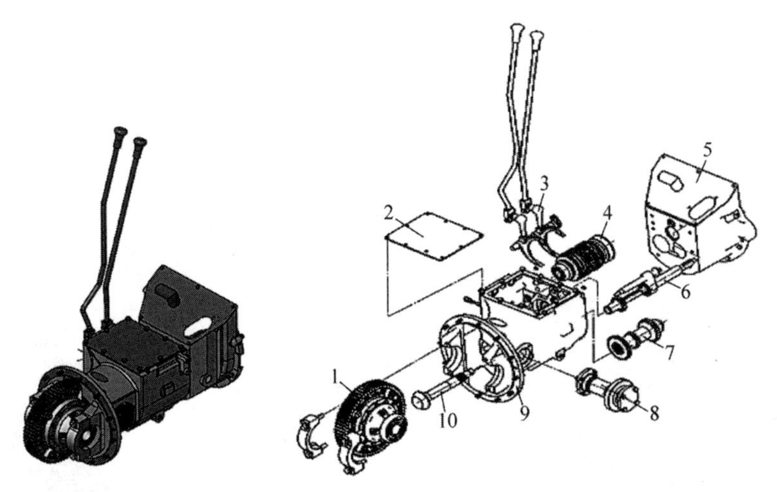

1—差速器；2—盖板；3—换挡杆与拨叉；4—同步器；5—机械离合器壳体；6—输入轴；7—惰轮；8—齿轴；9—变速箱壳体；10—输出轴。

图2-12　机械变速箱

(2) 机械变速箱的工作原理

机械变速箱通过不同齿轮副实现不同的传动比，这些相配合的齿轮安装于定轴之上，处于常啮合状态。干式离合器将发动机和机械变速箱连接在一起，发动机的动力首先传递给干式离合器，干式离合器又同机械变速箱输入轴相连，在换挡、换向时，需要踩下离合，将发动机传递给变速箱的动力暂时切断，在换挡和换向操纵杆的作用下，通过拨叉控制同步器总成中的啮合套，实现该挡位齿轮副作为传递动力的齿轮，实现换挡、换向功能。

2）液力变速箱（见图 2-13）

（1）液力变速箱的组成

液力变速箱通过液力介质控制液力离合器的工作进行动力传递，主要由输入轴、惰轮轴、输出轴、供油泵、液力离合器、控制阀、微动阀、传动齿轮等组成。一般液力变速箱总成中包含液力变矩器。由于液力变速箱通过液力介质进行动力传动，相比机械变速箱，液力介质能够有效吸收振动，传递动力更加平稳，同时得益于液力变矩器的作用，能够将变速箱的输出扭矩进一步放大。但这种变速箱存在传递效率低的缺点。供油泵的作用是为整个变速箱提供动力源；液力离合器的作用是接合前进挡或者后退挡，实现车辆的前进、后退功能；控制阀的作用是将供油泵的动力源进行压力分配和调节，一路为变矩器总成提供油源，另一路为液力离合器提供油源；微动阀的作用是将通往液力离合器油路中的油进行泄压，使液力离合器处于打滑状态，以满足叉车堆垛货物时缓慢行驶的需求。

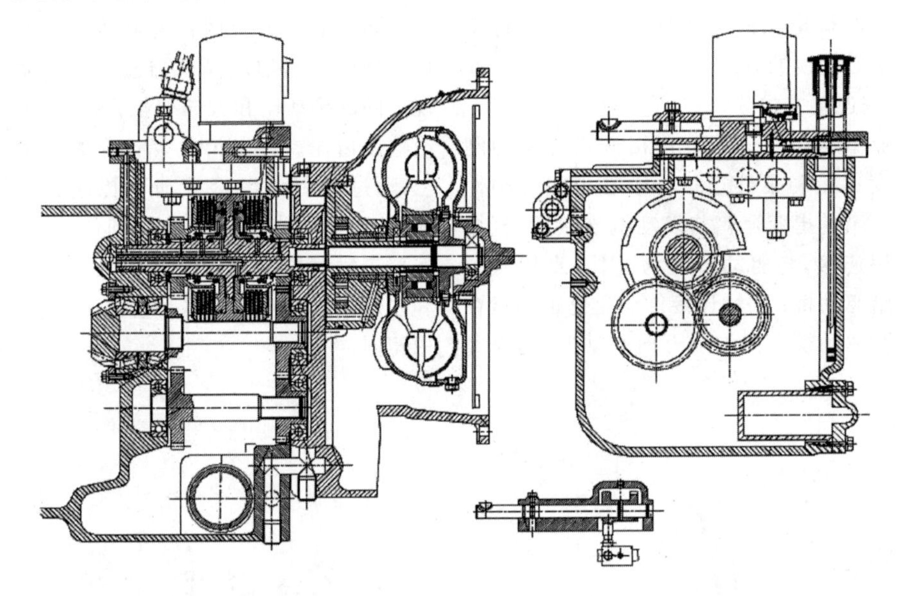

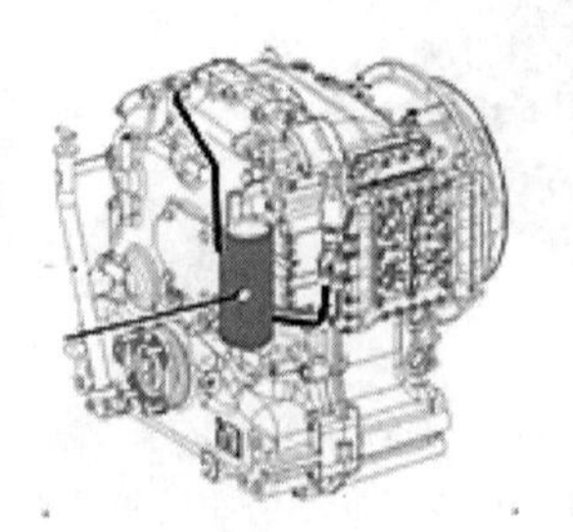

图 2-13　液力变速箱

（2）液力变速箱的工作原理

通常，液力变速箱的变矩器通过连接板与发动机飞轮相连接，发动机飞轮将动力传递给变矩器，此时会带动供油泵工作。供油泵为整个变速箱提供系统压力源，在控制阀的作用下，供油泵的输出油源被调节为两路，一路为变矩器供油，另一路为变速箱内的液力离合器供油。为变矩器供油的油路为常通模式，只要发动机启动，就会一直为变矩器总成供油。流经变矩器后的油会通过散热器进行冷却，再次回到变速箱。另一路为液力离合器供油的油路，在电磁阀的作用下，会流向离合器前进挡或者后退挡油路；空挡时，油路中的油将直接流回变速箱。

液力离合器主要由齿轮、活塞总成、摩擦片、隔片、离合器壳体等组成(见图 2-14)。齿轮与摩擦片通过花键相连接，隔片与离合器壳体相连接，摩擦片与隔片依次相邻排列，当电磁阀前进挡得电时，前进挡油路接通，油会推动活塞总成，将摩擦片、隔片压紧，在摩擦片的作用下，离合器壳体的动力会通过隔片传递给摩擦片，进而传递给前进挡齿轮；当电磁阀后退挡得电时，后退挡油路接通，动力传递给后退挡齿轮。

变速箱传动系统　　变速箱离合器

图 2-14　液力离合器

(3) 液力变矩器(见图 2-15)

① 液力变矩器的主要功能：实现无级变速，增加牵引力；改善发动机的工作特性，防止作业时发动机熄火；改善变速箱的换挡品质，有利于动力换挡。

② 液力变矩器的结构：液力变矩器主要由泵轮、涡轮和导轮三元件组成。泵轮装在输入轴上；涡轮装在输出轴上，并与变速箱输入轴用花键连接，起着将动力传递到液力变速箱的作用；导轮固定在变矩器壳体上。

③ 液力变矩器的工作原理：液体在离心力作用下沿泵轮的叶栅喷出到涡轮的叶栅，将力矩传递到输出轴。离开涡轮的液体在导轮的作用下改变方向，以最佳角度流入泵轮，此时，产生一个反作用力矩推着导轮，致使输出扭矩比输入扭矩大了一个与反作用力矩等值的力矩。当涡轮转速增加并接近输入转速时，液流的角度变化减少，输出轴上扭矩随着降低，最后液体以反方向流入导轮叶栅，使上述反作用力矩反向作用。在此情况下，输出轴上的扭矩小于输入轴上的力矩，为防止此现象，导轮内装配了一只单向离合器。当上述反作用力矩以反向作用时，导轮就自由转动，在此工况下，输入扭矩等于输出力矩，从而保证变矩器高效地工作。当变矩系数为 1 时，涡轮力矩等于泵轮力矩，此时变矩器相当于耦合器。为了避免气蚀，变矩器内始终充满压力油，这个压力油由变矩器调压阀完成。

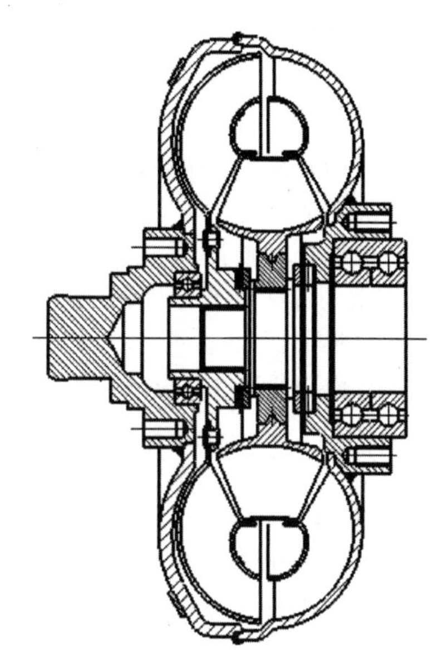

图 2-15　液力变矩器

4. 变速箱的维护保养

1) 变速箱油位检测

变速箱内的油量对于变速箱的使用寿命和功能非常重要。因为变速箱油起到冷却、润滑和传动的作用，如果油位过低，变速箱和离合器得不到润滑，会损坏变速箱或影响它的性能；如果油位过高，油起泡沫，会使变速箱过热。

变速箱油位的检测必须按照以下要求进行：

(1) 每个星期检测一次。

(2) 检测时整机必须水平停放。

(3) 变速箱挡位处于空挡位置。

(4) 整机发动机在怠速运行的工况下进行

变速箱油位检测。

(5) 变速箱的工作油温处于 80～90℃时进行检测。

(6) 缓慢旋开油标尺端盖,取出,擦干净油标尺上的油液。

(7) 把油标尺缓慢插入变速箱漏斗管,直到油标尺端盖与漏斗管充分接触,重新抽出油标尺,查看油液面的位置。

(8) 油液面的位置必须位于油标尺的指定区域内。如果低于指定的区域,就要按照规定的油品补加。

2) 变速箱换油

(1) 变速箱换油必须按照产品说明书中的要求进行,一般每 800～1 000 h 更换变速箱油。

(2) 变速箱换油时,应将发动机处于怠速状态,否则变矩器、冷却器等较高部件的油会流入变速箱内,油面会比正常油面高,不易控制油面高度。

(3) 换油后油面高度必须按油标尺的刻度标记进行控制。

(4) 每次更换变速箱的传动油时,都要把变速箱上的细滤器更换掉。

(5) 对于新的变速箱,在工作第一个 100 h 后,需更换变速箱油和滤油器滤芯。

3) 注意事项

(1) 整机在比较冷的工况下启动时,发动机必须怠速工作 2～3 min,并且检查变速箱油液的位置,此时油标尺上油液的位置要高于指定的低位标示。

(2) 发动机启动,车辆运行前必须将变速箱换挡手柄置于空挡位置,为保证安全,先不要松开停车制动器。

(3) 当变速箱挂上挡位、行车前,应松开停车制动器。

(4) 车辆在行驶过程中,变速箱应按顺序进行升、降挡操纵,不得越挡操纵。对带有反拖单向离合器或闭锁结构的变矩器,为防止发动机飞车,在车速达到相邻该挡的低一挡的极限车速时才可进行降挡操纵,必要时采用脚制动来降低车速,然后再降挡。

(5) 车辆在坡道上滑行时,发动机转速不应低于 1 200 r/min,否则变速箱的齿轮及摩擦片等零件会损坏。

(6) 当车辆要进行反向操纵时(从前进挡直接挂入倒挡,或从倒挡直接挂入前进挡),应降低发动机的转速和行驶车速,方向操纵的最高车速不得超过 10 km/h。

(7) 由于变矩器的原因,停车时发动机不能起制动作用,因此车辆需在坡道上停放时,应在车轮下加上垫块,防止车辆滑移。

(8) 车辆在倒挡行驶时,应降低发动机转速,建议在 1 挡和 2 挡速度行驶。

(9) 当车辆发生故障时,要将车辆拖牵行驶,拖行的速度不得超过 10 km/h,最长拖行距离不得超过 10 km。如果要拖行更长距离,则应将变速箱输出端与桥之间的传动轴拆除或将车辆装运行驶。

(10) 如果车辆停止,发动机与连接的变速箱仍在运行,则发动机不能失速。发动机停车熄火时,挡位开关按钮处于空挡位置,应拉紧手制动。驾驶员离开整机时,为安全起见,车轮下应加上垫块,以防止车辆滑移。

(11) 变速箱在连续工作工况下,变矩器后部工作油的温度为 65～100℃,短时间可以允许超过 120℃。由于变矩器的存在,液力传动油的温度会比较高,需要外加散热器给传动油进行散热,散热器出口的油温一般为 60～90℃,如果超过了这个温度,达到 105℃时,将会在仪表上显示“WS”,此时要停机进行检查。

(12) 在进行以下各种操作时,必须将变速箱的各电气元件的插头拔掉,与车辆的电气系统断开:

① 在车辆上进行烧电焊操作时。

② 对车辆上的电气元件进行操作时。

③ 对电气系统进行绝缘检测时。

5. 变速箱常见故障与排除方法

(1) 机械变速箱常见故障及检测、排除方法(见表 2-2)。

表 2-2　机械变速箱常见故障与排除方法

序号	故障现象	故障原因	检查方法	排除方法
1	换挡困难	(1) 摩擦片总成磨损至极限	检查	更换
		(2) 摩擦片总成变形		
		(3) 压盘总成分离杠杆磨损异常		
		(4) 分离轴承异常磨损		
2	异响	(1) 离合器摩擦片部分磨损	检查	调整或更换
		(2) 轴承损坏或磨损	拆卸并检查	更换
		(3) 齿轮断裂	拆卸并检查	调整
		(4) 螺伞啮合斑点差		
3	变速箱跳挡	(1) 拨叉位置不正确	检查	调整或更换
		(2) 齿轮磨损		
		(3) 同步器啮合套问题		

(2) 液力变速箱常见故障及检测、排除方法(见表 2-3)。

表 2-3　液力变速箱常见故障与排除方法

部件	故障产生的原因	检查方法	排除方法
1. 油温升高不正常			
变矩器	(1) 油位低	检查油位	加油
	(2) 滤油器阻塞	拆卸并检查	清洗或更换
	(3) 飞轮与其他零件相碰	排泄滤油器或油池中的油并检查是否有外部杂物	更换
	(4) 吸入空气	检查吸气侧的接头和油管	拧紧接头或更换垫片
	(5) 油内混进水	排出油并检查	换油
	(6) 油流量低	检查管路是否损坏或弯曲	修复或更换
	(7) 轴承磨损或卡住	拆卸并检查	修复或更换

续表

部件	故障产生的原因	检查方法	排除方法
1. 油温升高不正常			
变速箱	(1) 离合器打滑	使换挡杆处于空挡位置,检查叉车是否运转	更换离合器的摩擦片
	(2) 轴承磨损或卡住	拆卸并检查	更换
散热器	散热器表面堵塞	检查表面清洁度	清洗
2. 动力不足			
变矩器	油压太低		
	(1) 油位低	检查油位	加油
	(2) 吸油侧吸入空气	检查接头和油管	重新拧紧接头并更换密封件
	(3) 油滤器阻塞	拆卸并检查	清洗或更换
	(4) 供油泵排量不足	拆卸并检查	更换
	(5) 主溢流阀盘弹簧变形	检查弹簧张力	如果弹簧张力不够,更换
	(6) 密封环或O形密封圈损坏或磨损	拆卸并检查	更换
	飞轮损坏或与其他零件相碰	抽出少量油并检查是否有外来杂物	更换
变速箱	(1) 用油不当或起泡		
	吸油侧吸入空气	检查接头和油管	重新拧紧接头或更换
	变矩器油压太低或起泡	测量压力	调整压力
	(2) 离合器打滑		
	油压低	测量压力	调整压力
	密封环磨损	拆卸、检查并测量	更换
	离合器活塞环磨损	拆卸并检查	更换
	摩擦片磨损和钢片变形	拆卸并检查启动发动机,将换挡杆分别放在前进、后退和中位,中位时,叉车运转,前进和后退时叉车不工作	更换
	(3) 微动连杆和换挡阀杆位置不正确	检查并测量	调整

续表

部件	故障产生的原因	检查方法	排除方法
2. 动力不足			
发动机	发动机功率降低	检查失速时的转速 检查发动机工作时的声音，处在中位（空挡下）时检查发动机最高转速	调整或修理
3. 变速箱噪声大			
变矩器	(1) 弹性板断裂	在低速下检查转动声音	更换
	(2) 轴承损坏或磨损	拆卸并检查	更换
	(3) 齿轮断裂	拆卸并检查	更换
	(4) 花键磨损	拆卸并检查	更换
	(5) 供油泵噪声大	拆卸并检查	修复或更换
	(6) 螺栓松动	拆卸并检查	拧紧或更换
变速箱	(1) 轴承磨损或卡住	拆卸并检查	更换
	(2) 齿轮断裂	拆卸并检查	更换
	(3) 花键磨损	拆卸并检查	更换
	(4) 螺栓松动	拆卸并检查	拧紧或更换
4. 传动效率低			
变矩器	(1) 弹性板断裂	在低速下检查转动声音，并检查前盖是否转动	更换
	(2) 油量不足	检查油位	加油
	(3) 供油泵的驱动系统失灵	拆卸并检查	更换
	(4) 轴断裂	拆卸并检查	更换
	(5) 油压太低	检查供油泵进油侧是否形成吸入压力	更换

续表

部件	故障产生的原因	检查方法	排除方法
4. 传动效率低			
变速箱	(1) 油量不足	检查油位	加油
	(2) 密封环损坏	拆卸并检查	更换
	(3) 离合器片打滑	检查离合器油压	更换
	(4) 轴断裂	拆卸并检查	更换
	(5) 离合器盖断裂	拆卸并检查	更换
	(6) 离合器盖的弹簧挡圈断裂	拆卸并检查	更换
	(7) 离合器油箱内有杂物	拆卸并检查	清洗或更换
	(8) 轴的花键部分磨损	拆卸并检查	更换
5. 漏油			
变矩器和变速箱	(1) 油封损坏	拆卸并检查油封唇口或者其他滑动的配合部分是否磨损	更换油封
	(2) 壳体连接不正确	检查	拧紧或更换垫片
	(3) 接头和油管松动	检查	拧紧或更换管子
	(4) 排油塞松动	检查	拧紧或更换
	(5) 油从通气孔喷出	排出油并检查油中是否混进水；检查吸油接头中是否吸入空气；检查通气装置的通气孔	换油；拧紧或更换密封；修复
	(6) 油量过多	检查油位	排出过多的油

2.3.4　车身系统的结构及组成

车身系统主要含车架、机罩类(仪表架、内燃机罩、前/后底板、水箱盖板等)、座椅、平衡重、驾驶舱(护顶架、驾驶室)。

1. 车架

叉车的车架是支承叉车各部件并传递工作载荷的承载结构。车架主要有边梁式和箱型两种。现常用车架的形式为箱型结构。箱型车架根据平衡重的安装形式可分为有尾架结构和无尾架结构。

有尾架结构箱型车架包括前挡泥板、前板、倾斜油缸支座、右箱体、后挡泥板、尾架、左箱体、上车踏板等(见图 2-16)。

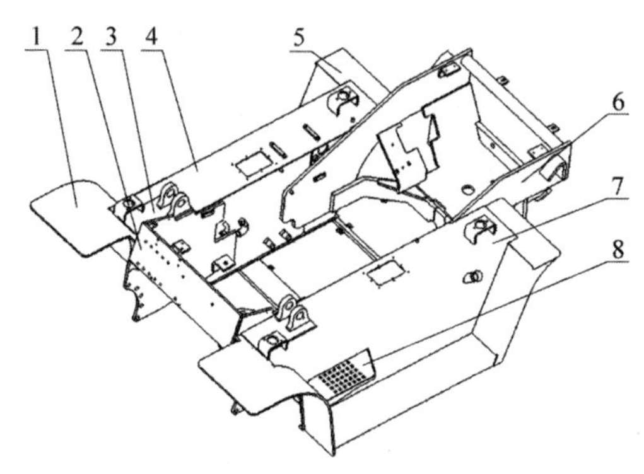

1—前挡泥板；2—前板；3—倾斜油缸支座；4—右箱体；5—后挡泥板；6—尾架；7—左箱体；8—上车踏板。

图 2-16　有尾架结构的箱型车架

无尾架结构箱型车架包括左箱体、右箱体、前挡泥板、前板、倾斜油缸支座、上车踏板等(见图 2-17)。

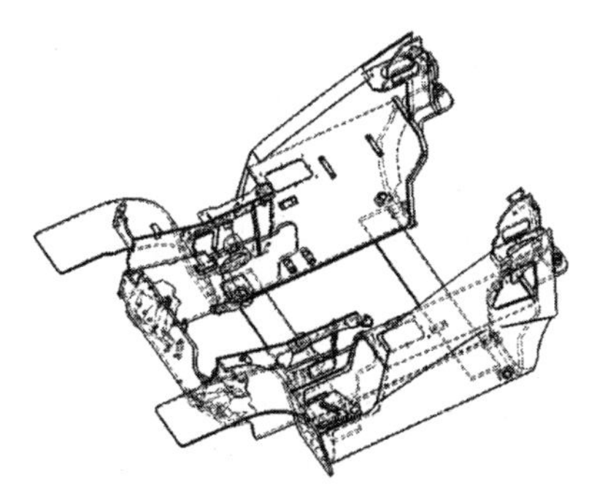

图 2-17　无尾架结构的箱型车架

箱型车架的左、右箱体可以作为燃油箱和液压油箱使用。

边梁式叉车车架如图 2-18 所示，车架的边梁为承重及受力件，燃油箱及液压油箱单独装配至车架边梁上的固定点。

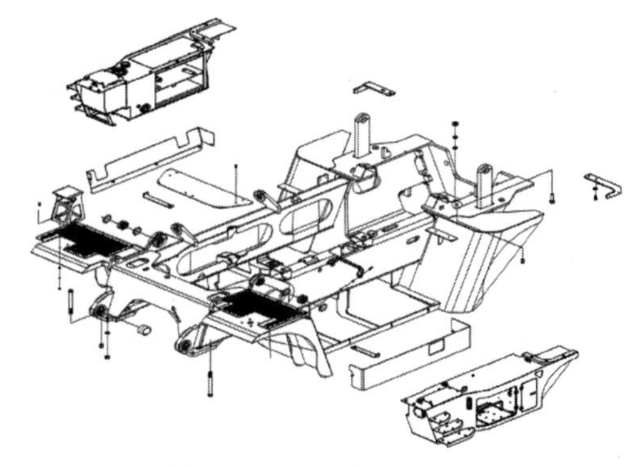

图 2-18　边梁式叉车车架

2. 机罩类

机罩类是叉车的外观结构，包括仪表架、仪表台、内燃机罩、前底板、后底板、电瓶盒、水箱盖板等(见图 2-19)。

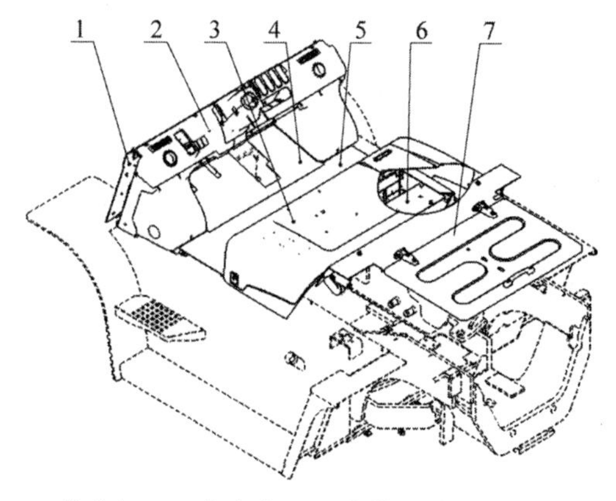

1—仪表架；2—仪表台；3—内燃机罩；4—前底板；5—后底板；6—电瓶盒；7—水箱盖板。

图 2-19　机罩类结构示意图

3. 座椅

座椅用于支承操作者的质量，缓和并衰减由机罩传来的冲击与振动，给操作者提供良好的工作条件。座椅一般安装在机罩上。座椅根据结构分为普通座椅、半悬浮座椅和全悬浮座椅。

4. 平衡重

平衡重是为了保证叉车在作业时平衡货物重量产生的倾翻力矩，保持叉车纵向稳定性的主要部件，一般装配在叉车的尾部。平衡重也是外观件（见图 2-20），其材质一般采用铸铁。

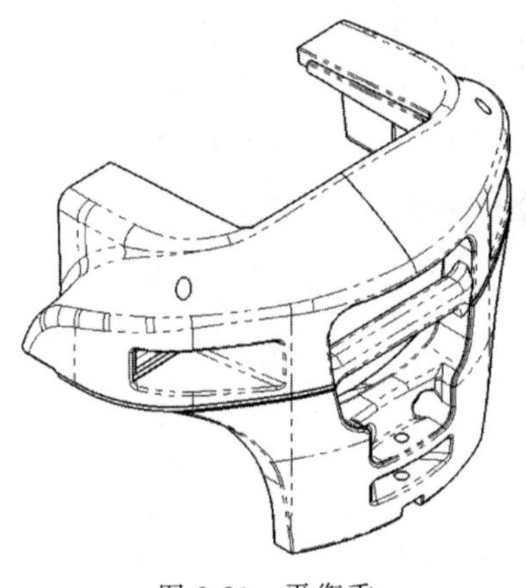

图 2-20　平衡重

5. 驾驶舱

1）概述

驾驶舱是防止上部物体落下，保护操作者安全的重要零件。驾驶舱按照结构形式可分为两种：护顶架和驾驶室。驾驶舱一般由型钢焊接而成，必须能够遮掩驾驶员的上方，还应保证驾驶员有良好的视野。驾驶舱应进行静态和动态两种载荷试验检测。其结构性能要满足国家标准 GB/T 5143—2008 的要求。

2）驾驶舱系统的组成

（1）护顶架

护顶架由左、右前支承杆，左、右后支承杆，顶框架及辅助支架组成（见图 2-21）。左、右前支承杆和左、右后支承杆采用金属管材制作，既能减轻重量，又能保证强度和刚度。后支承杆的内腔可以作为内燃叉车的进气通道，同时为部分电气元件的线束提供走向及保护。

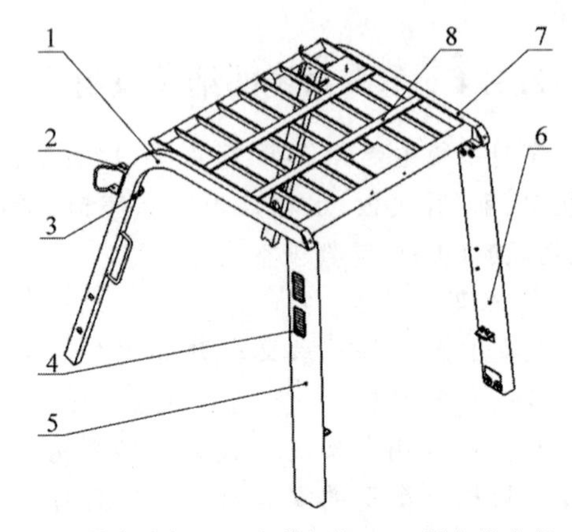

1—左前支承杆；2—左前灯架；3—倒车镜支架；4—进气罩；5—左后支承杆；6—右后支承杆；7—右前支承杆；8—顶框架。

图 2-21　护顶架结构示意图

（2）驾驶室

驾驶室是车辆的重要组成部分，也是车辆外观质量的重要体现。驾驶室的总体布置，首先要考虑驾驶员乘坐和操纵性的人机工程学要求，符合国家或国际相关标准对驾驶室设计的基本要求；其次要具有保障驾驶员人身安全的结构形式和措施，符合落物及车辆倾翻时的人身安全标准；最后要有保证室内外空气流通、温度调节、隔振降噪的合理措施，其指标应符合国家或国际相关标准规定。为保证操作者进行操纵作业时有较好的视野，驾驶室一般偏前布置。驾驶室根据结构形式分为整体驾驶室和贴片驾驶室。

根据不同车型配置要求，驾驶室的安装方式有常规安装、倾翻式安装、挑高式安装、液压滑移式安装等（见图 2-22）。

整体驾驶室是代替护顶架的驾驶舱，包括框体、前窗玻璃、前雨刮器、顶窗玻璃、活动后窗、左右侧门、倒车镜和附件（见图 2-23）。

贴片驾驶室是以护顶架为框体，加上前/后窗、顶棚、左/右侧门和附件形成的四周封闭的驾驶舱（见图 2-24）。

3）驾驶舱系统使用注意事项、常见故障及排除方法

（1）驾驶舱使用注意事项

① 驾驶舱不能拆除，以免失去安全保护功能。

② 驾驶舱应安装牢固。

③ 叉车在行驶过程中禁止开启驾驶室侧门，避免磕碰引起安全事故。

④ 避免尖锐物品磕碰驾驶室玻璃。

常规安装

倾翻式安装

挑高式安装

液压滑移式安装

图 2-22 驾驶室常见的安装方式

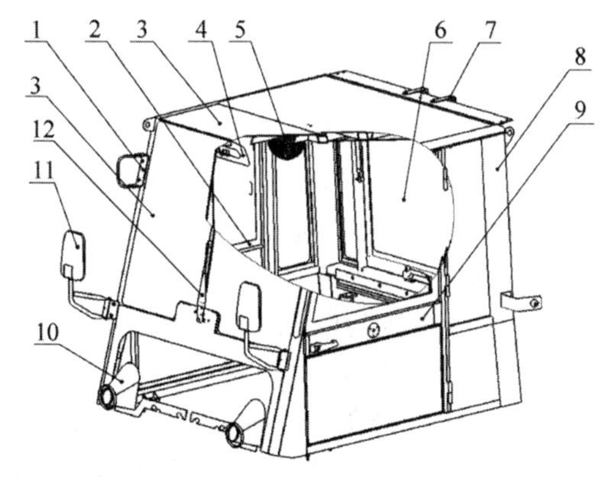

1—前灯支架；2—右侧门；3—顶窗玻璃；4—后视镜；5—风扇；6—活动后窗；7—后牌照架；8—框体；9—左侧门；10—倾斜油缸保护；11—倒车镜；12—前雨刮器。

图 2-23 整体驾驶室

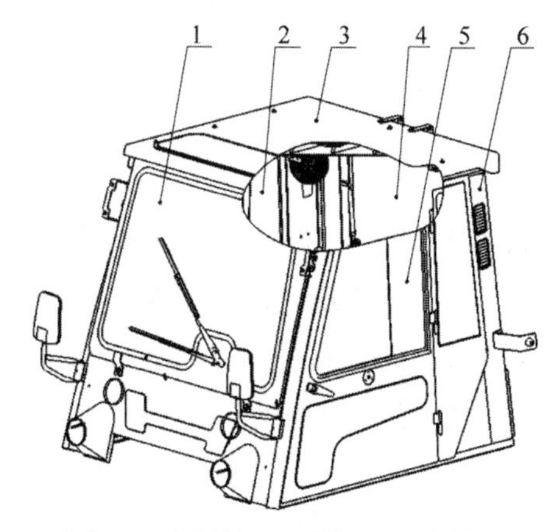

1—前窗；2—右侧门；3—顶棚；4—后窗；5—左侧门；6—护顶架。

图 2-24 贴片驾驶室

⑤ 驾驶室雨刮器在雨雪天气使用，避免干刮除灰。

⑥ 禁止后期在靠近玻璃的位置加焊零部件。

⑦ 定期更换雨刮器刮片。

⑧ 加装有暖风设备的驾驶舱要定期检查管路、线路。

⑨ 加装有空调设备的驾驶舱要定期进行检查和维护。

（2）常见故障及排除方法（见表 2-4）

表 2-4 驾驶舱常见故障与排除方法

故障现象	故障原因	排除方法
护顶架晃动	紧固件松动	将松动的紧固件重新拧紧
	焊缝撕裂	对不影响安全的部位撕裂进行补焊，影响安全的部位撕裂更换护顶架

续表

故障现象	故障原因	排除方法
雨刮器不工作	线路短路或接触不良	检查线路,如有短路或接触不良,对线束进行整改或更换线束
	雨刮器电机损坏	更换雨刮器
暖风不制热	暖风风机故障	检查暖风风机供电是否正常。若无法供电,检查线束电路,更换线束;若供电正常,更换暖风风机
	暖风水管故障	检查暖风进回水管水路是否通畅。若管路破损,更换管路;若暖风水箱堵塞,更换暖风水箱
空调不制冷	线路故障	检测空调供电线路
	空调本体故障	请空调专业厂家进行检查,排除故障
	压缩机故障	

2.3.5 电气系统的工作原理、结构原理及组成

电气系统为负极搭铁的单线制电路。它是内燃叉车整车的中枢神经系统,对整车的功能和正常运行起到安全控制和保护作用。电气系统主要由以下几个子系统组成:充电系统,启动系统,点火系统,行走系统,仪表系统,照明、信号与报警系统,电子控制系统,辅助电气设备等。

1. 充电系统

充电系统由发电机、蓄电池、充电指示灯等组成,提供叉车用电设备的电源。发电机标称电压:DC 14V(1~3.5 t)、DC 28V(4~10 t)。

充电系统的核心部件是交流发电机,由转子(建立磁场)、定子(产生交变电动势)、整流器与电压调节器、机壳等组成。

充电系统的工作原理:当转子旋转时,磁力线与定子绕组之间产生相对运动,在三相绕组中便产生了交变电动势。利用二极管的单向导电性,将交流电变为直流电。再通过电压调节器将输出电压稳定在一定的范围内。电压调节器的输出电压可按下式计算:

$$E_{\varphi}=Cn\Phi$$

式中,C 为常数,n 为发电机转速,Φ 为转子磁场强度。

电压调节器就是根据发电机转速的变化,自动控制励磁电流的装置,当 n 增大时,调节器自动减小励磁电流,从而减小 Φ,保持 E_{φ} 稳定。反之,当 n 减小时,调节器自动增大励磁电流,从而增大 Φ,保持 E_{φ} 稳定。

2. 启动系统

启动系统主要由自动预热系统(仅柴油机有)、启动开关、启动保护线路、启动机等组成,其功能是启动发动机。

启动系统的核心部件是启动机,启动机的结构由电动机、传动机构和控制装置组成。

(1) 电动机为一直流串励式电动机,其作用是产生转矩。

(2) 传动机构由单向离合器和小齿轮组成。其作用是在启动发动机时,使启动机驱动小齿轮啮入发动机飞轮齿圈,将启动机的转矩传递给发动机,而发动机启动后使启动机小齿轮与飞轮齿圈自动脱开。

(3) 控制装置的作用是通过电磁开关接通和断开电动机与蓄电池之间的电路。

启动机的工作原理是磁场中的线圈通上电流后,就会产生电磁力矩,使电枢转动(见图 2-25)。具体描述如下:

起动开关 11 打到启动挡,经过启动继电器 1(3 为触点开关)电磁开关 2 得电,电磁开关中的活动铁芯 5 在电磁力的作用下滑行,经拉杆 6 带动传动叉 7 将驱动小齿轮 8 啮入飞轮齿圈,活动铁芯 5 推动接触盘 4 将接柱 12、13 接通,蓄电池 15 电流直接流入电动机 14 的励磁绕组和电枢绕组,产生转矩使发动机启动。此时,吸拉线圈 10 被短路失效,齿轮的啮合由保位线圈 9 的电磁力保持。松开启动开关 11 的钥匙,此时,保位线圈 9 经吸拉线圈 10 通电,两线圈的电磁力互相抵消,活动铁芯 5 在回位弹簧的作用下迅速恢复原位,使小齿轮 8 退出啮

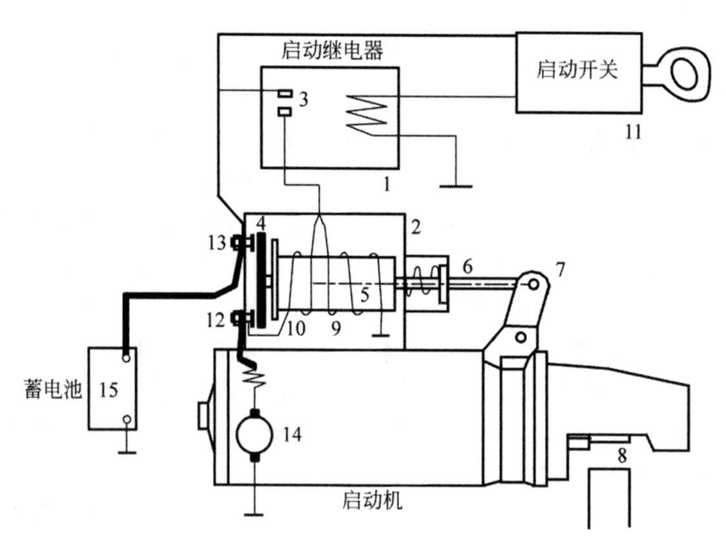

图 2-25　启动机工作原理图

合，接触盘 4 脱离接触，切断主电路，启动机停止工作。

3. 点火系统

点火系统由电源、点火线圈、分电盘、火花塞、点火开关等组成。

点火系统的工作原理：点火线圈将低电压变为高电压，分电盘将高电压按发动机的点火次序分配到各气缸的火花塞。

点火系统仅用于汽油发动机。

4. 行走系统

行走系统主要由电液控制阀、方向开关、中央控制盒等组成。

行走系统的工作原理(见图 2-26)：启动叉车时，必须将方向开关 3 置于“OFF”挡，这时中央控制盒 4 中保障启动电路安全的电路接通，可以启动发动机。如果方向开关不在“OFF”挡，中央控制盒将启动电路断开，发动机将不能被启动。这是因为设计了安全启动保护电路。

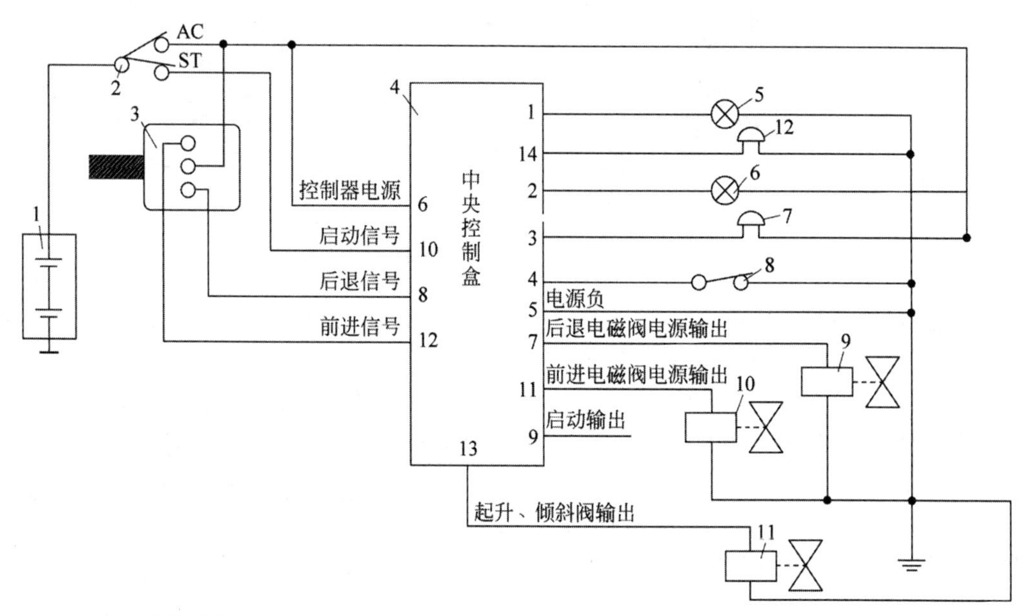

1—蓄电池；2—钥匙开关；3—方向开关；4—中央控制盒；5—倒车灯；6—座椅报警指示灯；7—座椅报警蜂鸣器；8—座椅开关；9—后退电磁阀；10—前进电磁阀；11—起升、倾斜电磁阀；12—倒车蜂鸣器。

图 2-26　电气原理图

将方向开关3向前推，座椅开关8闭合，中央控制盒4前进信号端口得电，前进电磁阀电源输出，前进电磁阀线圈得电，电磁阀阀芯吸合，使前进方向油路打开，让前进离合器工作，传动齿轮啮合，动力输出驱动叉车前进，将方向开关3往后拉，座椅开关8闭合，中央控制盒4后退信号端口得电，后退电磁阀电源输出，后退电磁阀线圈得电，电磁阀阀芯向反方向吸合，使后退方向油路打开，让后退离合器工作，倒挡轴齿轮啮合，动力输出驱动叉车后退，同时，中央控制盒4输出电源控制倒车灯5和倒车蜂鸣器12工作。

当钥匙开关2上电时，座椅开关8闭合，中央控制盒4起升、倾斜电磁阀电源输出，起升、倾斜电磁阀线圈得电，电磁阀芯吸合，操作人员操纵相关功能阀杆即可工作。

当前进、后退或者起升倾斜有一方在工作，操作人员离开座椅，即座椅开关8打开时，座椅报警指示灯6点亮，当人离开座椅超过1.5 s时，座椅报警蜂鸣器7工作，只有当操作员回到座椅时，座椅报警蜂鸣器7蜂鸣接触，座椅报警指示灯6关闭。

5. 仪表系统

仪表系统的仪表机芯一般为步进电机，显示形式为指针和LCD。仪表设有小时表、水温表、油量表，指示灯设有充电、油压、零挡、预热、油水分离、空滤堵塞、左转向灯、右转向灯、发动机油温过高、冷却液温度过高、燃油液面过低、变矩器油温过高、制动压力过低等指示。

仪表系统的工作原理：根据安装在发动机或车体上的传感器，实时采集相应的传感器模拟信号或数字信号，通过驱动步进电机指示水温、燃油油量，通过小时计模块显示累计工作小时，通过指示灯显示相应的报警信号。

示例：合力H3系列组合仪表，仪表显示内容及定义分别见图2-27、图2-28。

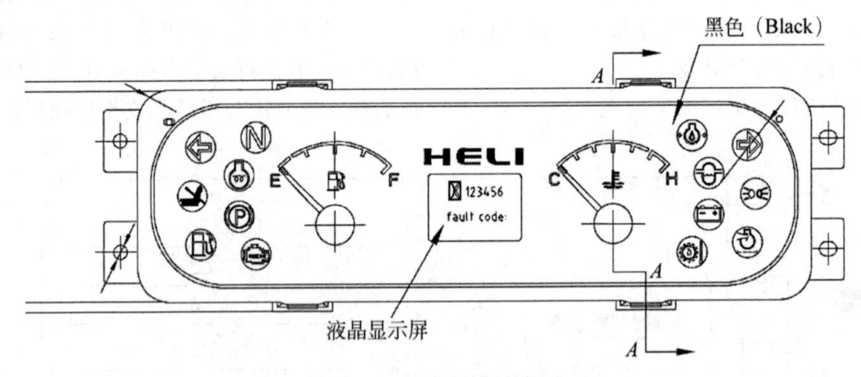

图2-27 组合仪表示意图

6. 照明、信号与报警系统

照明、信号与报警系统是叉车安全行驶的必备系统之一。它主要包括照明灯具、信号灯具、报警装置（电喇叭、蜂鸣器）等。

1）照明灯具

（1）前照灯：主要用途是照明车前的道路和物体，确保行车安全。前照灯装于护顶架两侧，每辆车装2只。

（2）倒车灯：用于照亮车后道路，或告知其他车辆和行人此车辆正在倒车或准备倒车。它兼有信号装置的作用，灯光为白色，每辆车装2只。

（3）牌照灯：用途是照亮车辆后牌照板。要求夜间在车后20 m处能看清牌照上的号码，灯光为白色。叉车因为工作特性，一般不装配牌照灯。

（4）工作灯：常在夜间或黑暗场所作业的叉车，除了前照灯外，还需安装工作灯，主要用于叉车工作装置作业时照明。

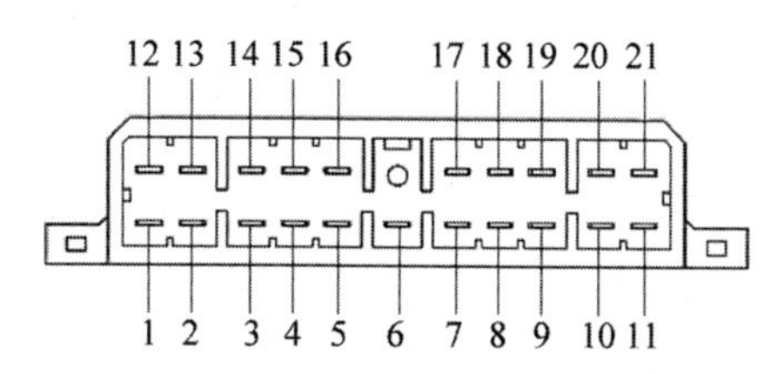

接插件端子定义：

端子代号	功能	端子代号	功能	端子代号	功能
1	预热（+）	8	右转向（+）	15	仪表照明（+）
2	座椅开关（-）	9	CAN-L	16	启动开关（+）
3	空档（-）	10	座椅蜂鸣报警（-）	17	电瓶（+）
4	左转向（+）	11	油水分离（-）	18	CAN-H
5	熄火控制输出（+）	12	手动制（-）	19	变矩器油温高（-）
6	电源地（-）	13	发动机故障（-）	20	充电指示（-）
7	小时计（+）	14	燃油传感器	21	空滤（-）（空）

图 2-28　仪表显示内容及定义图表

2）信号灯具

（1）示宽灯：用来表示车辆的存在和车体宽度。要求在 100 m 处能确认灯光信号。前示宽灯的灯光为白色，后示宽灯的灯光为红色。

（2）转向信号灯：用途是在车辆起步、靠边停车、变更车道、超车和转弯时，发出明暗交替的闪光信号，使前后车辆、行人知道。前转向信号灯为琥珀色，后转向信号灯的灯光为琥珀色。

（3）制动灯：用来表明车辆正在进行制动的灯具。灯光一律为醒目的红色。要求白天离车尾 100 m 处能确认灯光信号。

（4）警示灯：在一些特殊场合，提醒其他人员或者车辆注意的信号装置，分为闪光式、旋转蜂鸣式等。

现在的叉车灯具为全 LED 灯具，由光源、灯具标准接口、散热器、光学系统、驱动电源 5 部分组成。

图 2-29 显示的是 LED 灯的发光机理。发光二极管由 P 区、N 区和两者之间的势垒区组成，P 区有多出的空穴，可当作带正电的单位粒子；N 区有多出的电子，带负电；势垒区是 P 区的空穴和 N 区的电子相遇的地方，在未通电的情况下可以达到某种平衡。当在 PN 结两端注入正向电流时（即直流稳压电源的输入），注入的非平衡载流子（电子-空穴对）在扩散过程中复合发光。

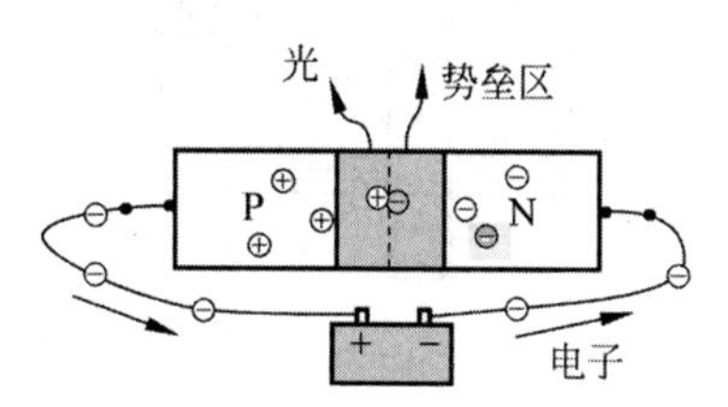

图 2-29　LED 灯发光机理

图 2-30 显示了发光二极管的发光原理，同样可以用 PN 结的能带结构来解释。制作半导体发光二极管的材料是掺入了杂质的，热平衡状态下的 N 区有很多移动性很强的电子，P 区有较多的移动性较弱的空穴。由于 PN 结阻挡层的限制，在常态下，二者不能发生自然复合。而当给 PN 结加以正向电压时，电子可以吸收 qV_{bi} 的能量，成为高能态的电子，从而打破 PN 结的阻碍进入到 P 区一侧；空穴的运动过程相反。于是在 PN 结附近稍偏于 P 区一边的地方，处于高能态的电子与空穴相遇，辐射出的能量以光的形式表现出来，就是我们看到的 LED 发出的光。

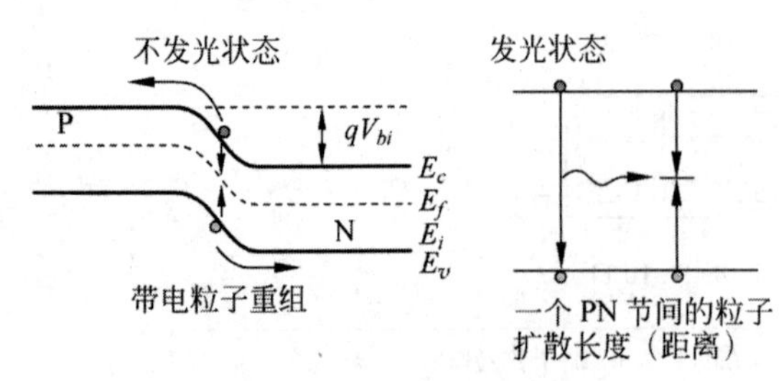

图 2-30　发光二极管的发光原理

3）报警装置

（1）电喇叭：目前叉车上所装用的喇叭多为电喇叭(见图 2-31)，主要用于警告行人和其他车辆，以引起注意，保证行车安全。电喇叭的工作原理：电喇叭利用电磁力使金属膜片振动产生音响，其声音悦耳，广泛使用于各种类型的叉车上。气喇叭是利用气流使金属膜片振动产生音响，外形一般为筒形，多用在防爆叉车上。

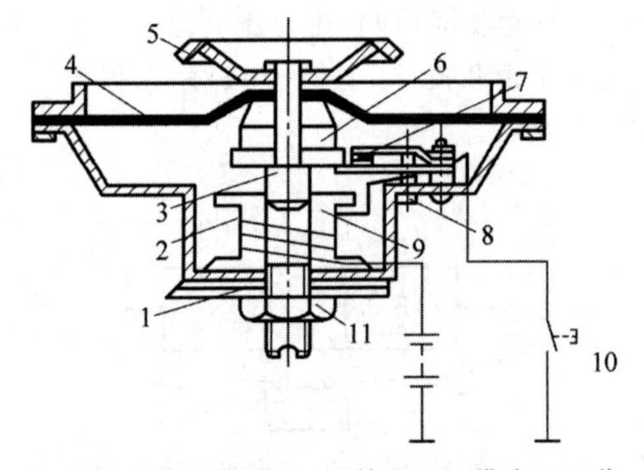

1—下铁芯；2—线圈；3—上铁芯；4—膜片；5—共鸣板；6—衔铁；7—触点；8—调整螺母；9—铁芯；10—按钮；11—锁紧螺母。

图 2-31　电喇叭结构示意图

（2）倒车蜂鸣器：倒车时发出蜂鸣声，用来提醒倒行叉车周边的其他车辆和行人。倒车蜂鸣器由振荡器、电磁线圈、磁铁、振动膜片及外壳等组成。倒车蜂鸣器的工作原理：接通电源后，振荡器产生的音频信号电流通过电磁线圈，使电磁线圈产生磁场，振动膜片在电磁线圈和磁铁的相互作用下，周期性地振动发声。

7. 电子控制系统

1）发动机电子控制系统

发动机电子控制系统主要由传感器、ECU(发动机电子控制单元)和执行元件 3 大部分组成(见图 2-32)。

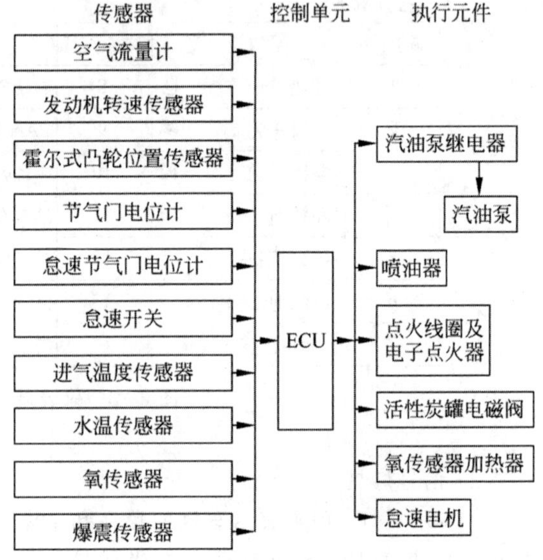

图 2-32　发动机电子控制系统

（1）传感器：主要有进气压力温度传感器、节气门位置传感器、冷却液温度传感器、爆震传感器、氧传感器、转速传感器、相位传感器等。

（2）执行元件：主要有电磁喷油器、油泵继电器、怠速执行器步进电机、炭罐电磁阀等。

（3）ECU：电控发动机的核心部件，对发动机传感器输入的各种信息进行运算、处理、判断，然后输出指令，来控制有关执行器(进气、燃料供给和节气门)动作，从而使发动机的空燃混合比处于最理想的状态。

2）自动变速电子控制系统

自动变速电子控制系统主要由传感器、TECU(变速箱电子控制单元)和执行元件 3 大部分组成(见图 2-33)。

（1）传感器：主要有转速传感器、油门开度传感器、车速传感器等。

（2）执行元件：主要有换挡电磁阀等。

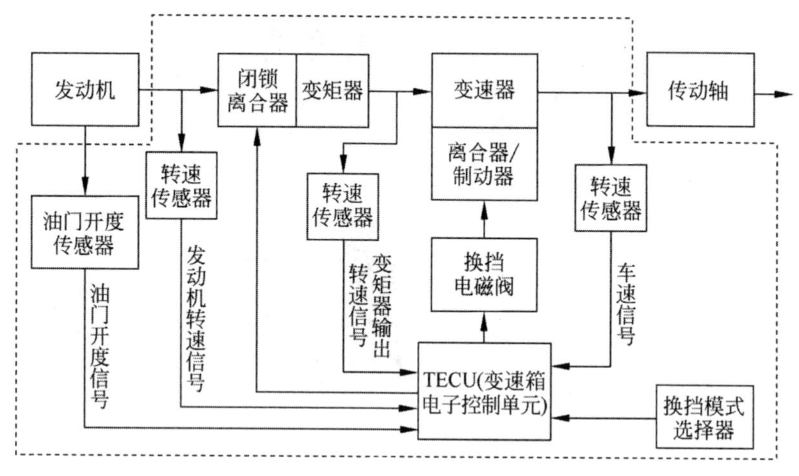

图 2-33　自动变速电子控制系统组成

(3) TECU：自动变速电子控制系统的核心部件，对传感器输入的各种信息进行运算、处理、判断，然后输出指令，控制换挡电磁阀动作，进行换挡变速。

随着叉车智能化、主动安全技术等要求的提高，除了上述电子控制系统外，叉车主动安全稳定系统、叉车安全监控管理系统等一系列电子控制技术在叉车上得到应用。

电子控制系统的工作原理：电子控制系统事先将一系列指令程序存储在 TECU 程序存储器中，这些指令程序在设计、制造时就已经定好了，TECU 的输入信号来自控制系统的各个传感器。TECU 工作时接收分布在叉车各部位的传感器送来的信号，并把这些输入信息与存储器中的“标准参数”进行比较，根据结果控制执行器采取相应的动作。

8. 辅助电气设备

用户对叉车的使用性能等需求不断增长，引起特殊订单逐年增长，这类需求大多与叉车辅助电气设备密切相关。

(1) 刮雨器：保障叉车在雨天或雪天的行驶安全，使驾驶员的视线不受影响。

(2) 电风扇：给驾驶员吹风驱暑。

(3) 暖风机：给驾驶员吹送暖风。

(4) 电源总开关：在叉车电路中，设有独立的控制开关。

(5) 空调器：多为单冷空调，少量订单有冷暖两用空调需求。

(6) 超载报警：配装电子称重装置，显示并累计载荷重量，超载时实时报警。

(7) 限速报警系统：实时显示叉车运行速度，超速时报警。当叉车车速超过设定速度时，控制叉车的熄火(电熄火装置)或行走(电液换向叉车)。

(8) 最大行驶车速控制(部分电控机)：通过参数设置，当叉车车速超过设定速度时，ECU 会控制发动机的供油以达到控制车速的目的。

(9) 车联网：叉车车联网系统是指通过叉车车载终端设备(定位通信设备、信息采集单元、控制驱动系统)、无线通信及互联网系统、运营管理平台(云平台)，实现对车辆(车队)运营信息的采集、处理、分析、统计，从而实现对车辆进行监控、管理、调度，满足不同行业、应用对车辆管理的需求，提高车辆安全性、效率、经济性。

(10) 车载监控(前视、后视、录像)：根据用户需求，有 1 个摄像头、2 个摄像头、4 个摄像头等多种配置。

(11) 驾驶行为识别监控系统(DMS)：可以实现驾驶员身份识别、违章不系安全带识别与报警、疲劳驾驶识别与报警、违章接听电话识别与报警、违章抽烟识别与报警等，其原理如图 2-34 所示。

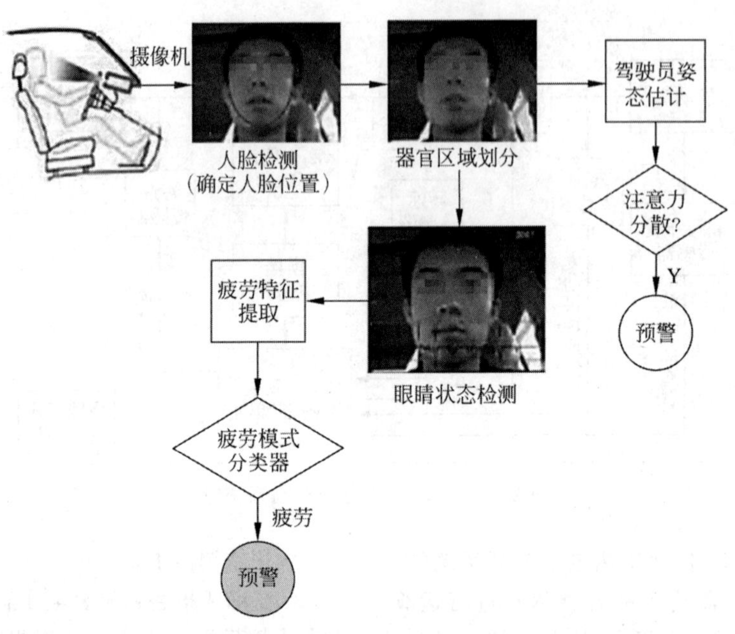

图 2-34　DMS 原理示意图

2.4　内燃平衡重式叉车的应用范围及选型

内燃叉车应用范围及选型参照 5.1 节。

2.5　内燃平衡重式叉车产品的使用及安全规范

内燃叉车产品使用及安全规范参照 5.2 节。

第3章

电动平衡重式叉车

3.1 概述

3.1.1 电动平衡重式叉车的定义与功能

电动平衡重式叉车是以电池作为动力源，通过电机将电能转换为机械能来驱动叉车行走，或转换为液压能来驱动工作装置工作的叉车。

电动平衡重式叉车采用电驱动，与内燃叉车相比，具有噪声小、无废气排放、控制方便、节能高效等优点，在车间、仓库等场所以及食品、制药、微电子及仪器仪表等对环境条件要求较高的行业得到了广泛应用，成为室内物料搬运的首选工具。但是相对于内燃叉车，电动平衡重式叉车需要专门的充电机，受电池容量和电机功率的限制，续航时间有限，购买成本相对较高。

3.1.2 电动平衡重式叉车的发展历程

我国叉车工业起步于20世纪50年代末，当时主要仿制苏联的产品。随着人们对环境污染危害的深刻认识，环保已成为世界共同关注的焦点，环保型叉车逐渐成为市场研制的方向。自90年代开始，国内一些企业在消化吸收引进技术的基础上积极对产品进行更新和系列化，但是电动平衡重式叉车因受基础技术落后的制约，整体水平与世界先进水平差距很大。

随着"低碳环保""新能源替代""国家能源安全""碳中和"等在国家层面多场合下被提及，以及各地政府对内燃叉车的排放要求越来越高和"油改电"政策的实行，电动平衡重式叉车在工厂、铁路运输、邮政运输、零部件转运、汽车生产装配线零部件转运、食品行业的物品转运等物流系统的应用越来越广泛。

如图3-1所示，2010年前，直流驱动作为一种较便宜的驱动方式，一直被作为电动平衡重式叉车的主要动力源，但直流系统在性能、维修性等方面存在固有的缺陷。随着交流技术的发展，交流电机、电控系统以其超出直流系统的高效率、免维护、更静音和更优良的操纵性能，逐渐被应用于电动平衡重式叉车。

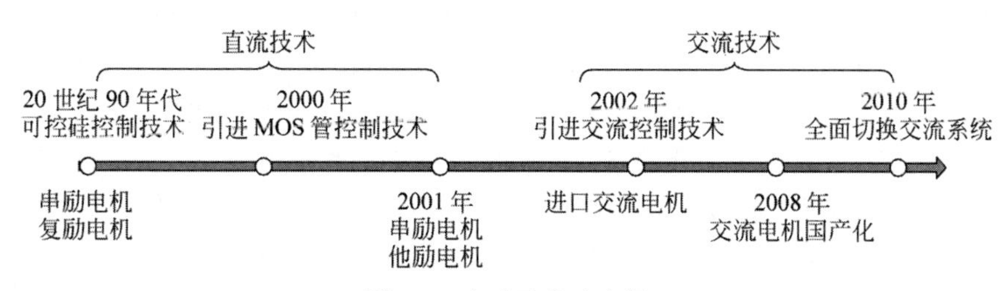

图3-1 电动叉车动力源

电动平衡重式叉车市场上常见的动力电池主要有铅酸电池和锂电池。铅酸电池价格便宜、技术成熟、质量稳定，但是存在续航能力不足以及铅酸电池充电时间较长的问题。

随着锂电池技术的成熟，磷酸铁锂电池的研究和应用逐渐实现商业化。锂电池具有快速充电、免维护、长寿命、高效节能等优点，经过近10年的探索和市场培育，锂电池在叉车上的应用已经从最初的“试金场”转入到“正规战场”。国内外Ⅰ类锂电车近几年增长迅速（见图3-2），复合增长率为86.1%，随着锂电池成本的降低，2020年增速尤为明显，逐步抢占铅酸叉车的市场。

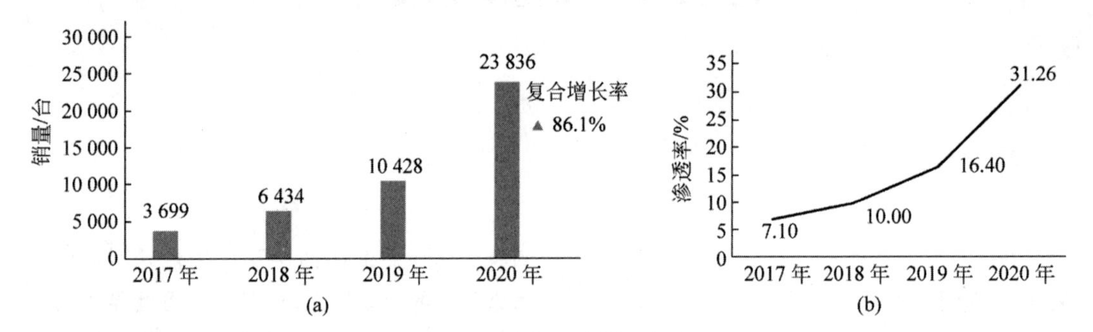

图3-2　Ⅰ类锂电车增长情况

(a) 2017—2020年行业Ⅰ类锂电车销量、复合增长率；
(b) 行业Ⅰ类锂电车渗透率

3.1.3 国内外相关产品的技术现状及发展趋势

欧美国家市场叉车工况环境相对较好，主要为室内作业或干净、平整的室外路面作业，具有适合电动平衡重式叉车使用的天然优势，国际主要叉车品牌的业务也几乎集中在电动产品上。国内市场客户越来越多地开始考虑采用电动平衡重式叉车替代内燃叉车，但高强度、长时间、恶劣环境对于电动叉车的影响是极大的。

随着国际化进程的加快，中国电动平衡重式叉车已经逐步迈向国际市场。在激烈的竞争中，电动平衡重式叉车产品主要形成以下发展趋势：

(1) 产品向美观性、舒适性发展。老式叉车的方、尖外观正被流线型的圆弧形外观取代。新型电动平衡重式叉车更加注重人机工程系统和操纵舒适性。改进叉车人机界面，实现工作状况在线监控；采用浮动驾驶室，获得更好的全方位视野；将电子监测器和高度显示器作为高升程叉车的标准配置，使操纵简便省力、迅速准确。

(2) 产品向电子化、智能化发展。随着智能制造技术的兴起和普及，智能装备、智能产品、智能服务融入新型制造环境中的需求将逐步增加。围绕“互联网＋新能源”，叉车行业开启了智能安全管理、智能区域管理，以及包含能源利用和搬运效率的智能车队管理的新模式（见图3-3）。

(3) 产品突出安全性。保证驾驶员的安全一直是叉车设计中重点考虑的问题，随着国际化进程的加快，产品的安全性已经成为我国企业迈向国际市场的一道门槛。图3-4所示为部分安全系统示意图。

(4) 产品突出节能高效性。在保证性能的前提下，降低能耗，延长使用时间，应用新型节能电机技术，目前研究永磁同步电机和同步磁阻电机两种主流方案。另外，快速充电技术的发展日趋成熟，充电电流可达到传统充电电流的4倍以上，充电时间更短，效率更高；及时快捷更换电池也成为一种必然选择，采用侧铲或侧拉方式更换电池，通过叉车或者小托盘车取出电池，使得更换电池不受环境和设备的

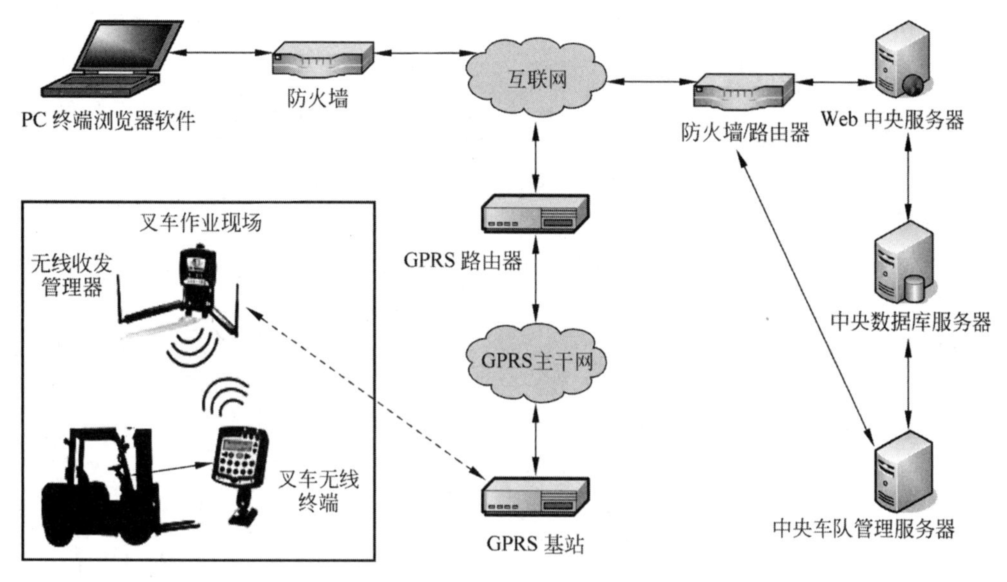

图 3-3　智能网联系统

图 3-4　部分安全系统示意图

限制。

（5）新型燃料技术的研究开发。目前电动平衡重式叉车的主流动力源是铅酸蓄电池和磷酸铁锂电池，磷酸铁锂电池相对于同容量的铅酸蓄电池充电时间大大缩短，但相对于内燃叉车 5～10 min 加油时间，时间还是长，无法有效替代燃油车，而且磷酸铁锂电池在低温和高温环境下性能受到严重的影响，无法满足极端客户需求。因此，亟须研究新型动力源技术，研究内燃与蓄电池的混合使用，以及氢能源燃料电池的市场化应用，从而有效满足极端客户的需求。

3.2　电动平衡重式叉车的分类

3.2.1　按动力源分类

根据不同动力源，可分为蓄电池叉车、外部电源电动叉车和燃料电池电动叉车。

3.2.2　按操作方式分类

根据操作者坐在座位上或站在操作平台上来控制车辆的方式，可分为座驾式叉车和站驾式叉车。

3.2.3 按支承点数量分类

按照车轮支承点的数量，可分三支点叉车和四支点叉车两种。西方国家通常称为三轮(three-wheeled)叉车和四轮(four-wheeled)叉车。三轮叉车并不是具有3个轮胎的叉车，而是三支点叉车。

3.2.4 按驱动形式分类

按照动力装置的驱动形式，可分为四轮前轮单驱叉车、四轮前轮双驱叉车、三支点前轮双驱叉车和三支点后轮单驱叉车。具体介绍见3.3.3节。

3.3 电动平衡重式叉车的工作原理及组成

3.3.1 整机系统的组成及架构

电动平衡重式叉车的整车组成主要包括动力系统、驱动与传动系统、车身系统、电气系统、工作装置(起重系统)、液压系统、转向系统、制动系统等，其和内燃叉车相比，除了动力系统、驱动与传动系统及电气控制系统有区别，工作装置及液压系统、转向系统与转向桥、制动系统等与内燃叉车相同或相似。电动平衡重式叉车整车组成如图3-5所示。

图3-5 电动平衡重式叉车整车组成

电动平衡重式叉车由几个主要系统组成，各系统由不同的零部件构成，见表3-1。

表3-1 电动平衡重式叉车主要构件

序号	名称	内容
1	动力系统	主要包括电池、电机、电控核心"三电"等
2	驱动与传动系统	主要包括驱动桥、减速箱及操纵装置
3	车身系统	主要包括车架、仪表架、机罩、平衡重、底板、座椅、驾驶舱(护顶架或驾驶室)等
4	电气系统	主要包括电控、显示仪表、灯具、线束、开关等
5	工作装置(起重系统)	主要包括内外门架总成、货叉、货叉架、挡货架、倾斜油缸、起升油缸、起升链条、门架链轮、滚轮等
6	液压系统	主要包括泵、阀、高压油管、低压油管、接头等
7	转向系统、转向桥	主要包括转向操纵机构、液压转向器(电转向除外)、转向油缸、转向桥、转向轮辋与轮胎等
8	制动系统	包括行车制动操纵系统和停车制动操纵系统

3.3.2 动力系统介绍

1. 概述

电动平衡重式叉车的动力系统主要由电池、电机、电控等组成。动力系统的作用是供给叉车工作所需的能量，驱动车辆运行，驱动转向系统和工作装置的液压油泵，以及满足其他装置对能量的需要。电动平衡重式叉车使用的动力是电力驱动，即电池-电机驱动系统。

2. 电池

电动平衡重式叉车由电池提供电源，电池与电机组成动力源。

1) 铅酸蓄电池

(1) 铅酸蓄电池的工作原理

铅酸蓄电池是一种直流电源，是将化学能转换为电能的一种装置，以铅和硫酸进行电化学反应。正、负极板放电后均生成硫酸铅($PbSO_4$)；再充电后，又分别生成两种性质不同、具有电动势的电极物质，即二氧化铅(PbO_2)和铅(Pb)。

充电：$PbSO_4+2H_2O+PbSO_4=PbO_2+2H_2SO_4+Pb$

放电：$PbO_2+2H_2SO_4+Pb=PbSO_4+2H_2O+PbSO_4$

蓄电池叉车用蓄电池属于动力型电池，由蓄电池单体串联而成，单体开路额定电压为2.1 V(室温为25℃时)。电池单体的连接，有螺栓连接和焊接连接两种方式，有BS标和DIN标两种标准，如图3-6所示，用户可根据需要选用。

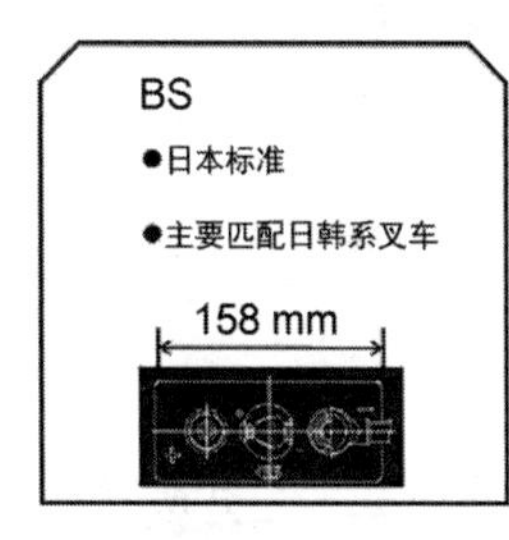

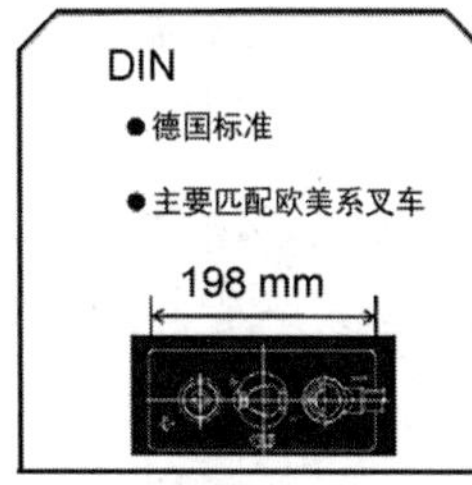

图3-6　电池单体的连接标准

铅酸蓄电池一般由正、负极板群，电解液，隔板，电池槽，接线端子等部分组成(见图3-7)。

① 正、负极板群：产生电能的主体部分，在电解液中进行氧化还原反应。

② 电解液(稀硫酸)：起导电作用并参与电化学反应。

③ 隔板：起隔离作用，防止正、负极板短路。

④ 电池槽：容纳极板和电解液的容器。

⑤ 接线端子：与用电设施连接的端点。

(2) 蓄电池的基本参数

① 电压：蓄电池在充足电的情况下，单体电压约为2.1 V，该电压值为单体蓄电池的开路电压；为保护蓄电池的正常使用，延长蓄电池的使用寿命，电动叉车一般采用欠压保护的方式，当单体蓄电池电压在带载的情况下降至1.7 V左右时，即强行切断起升回路，迫使驾驶员给蓄电池充电。蓄电池的开路电压和电解液浓度成正比，并受温度影响。

② 内阻：蓄电池内阻的大小决定蓄电池的带载能力。内阻越小，带负载能力越强。蓄电池内阻一般为毫欧级。对同一蓄电池，温度越低，内阻越大。随着放电过程的进行，蓄电池内阻会逐渐增大。

③ 容量：指完全充足电的电池对外放电时，能够提供的电量，通常以安时(A·h)作为计量单位。

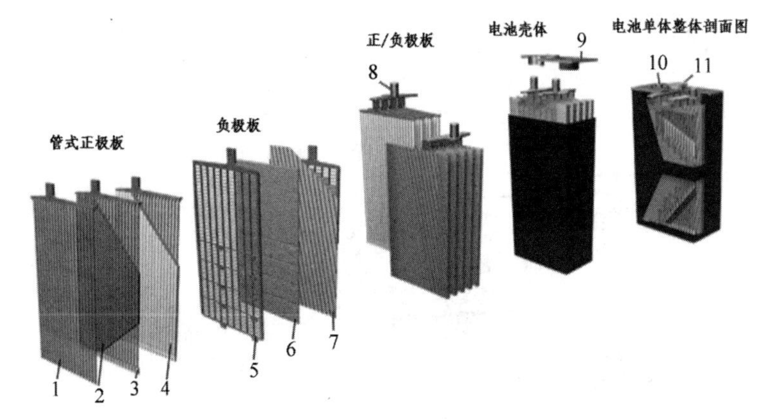

1—正极板栅；2—管式套；3—底部；4—正极板；5—负极板栅；6—负极板；7—隔板；8—极柱头；9—电池盖；10—极柱；11—电池小盖。

图3-7　铅酸蓄电池结构

2）锂电池

锂电池总成是电动叉车最重要的核心部件之一，为电动叉车提供能量存储和动力输出；锂电池总成包括锂离子电池和电池管理系统(BMS)。其中，锂离子电池用于充放电；电池管理系统主要是为了提高电池的利用率，防止电池出现过充电和过放电，延长电池的使用寿命。

锂离子电池单体主要由正极、负极、隔膜、电解质、电池壳、绝缘材料、极耳、安全阀等组成，如图 3-8 所示。

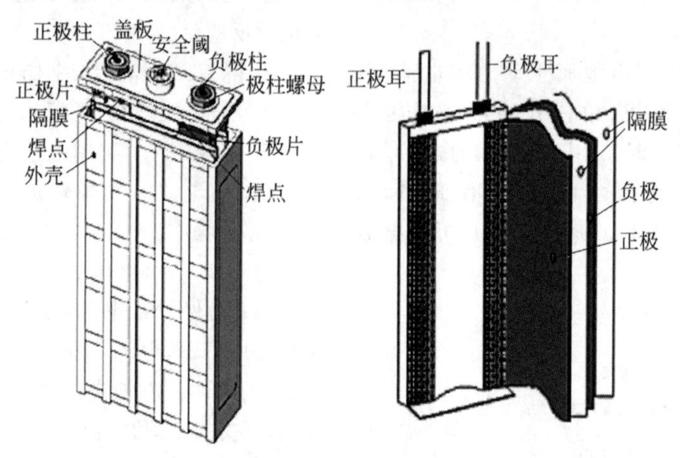

图 3-8　锂离子电池结构

锂电池组总成由锂电池模组、电池管理系统、锂电池箱体、充放电接口等组成。其中，锂电池模组由锂电池单体(电芯)通过串并联极柱焊接而成(见图 3-9)；电池管理系统由 BMS 一体机/分体、充放电接触器、电流传感器、熔断器、DC-DC 等电气零部件组成(见图 3-10)。

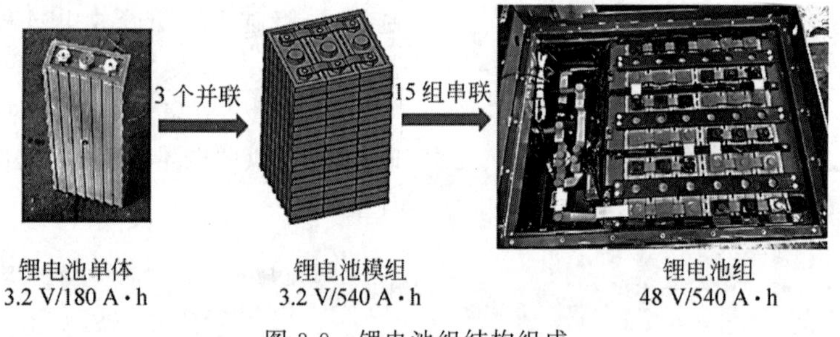

图 3-9　锂电池组结构组成

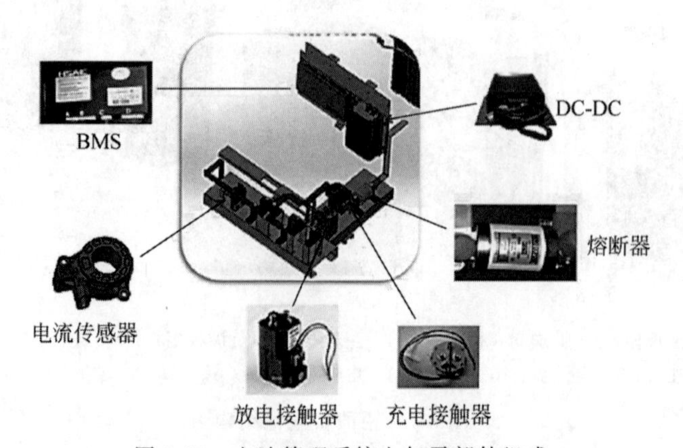

图 3-10　电池管理系统电气零部件组成

3）电池的维护保养

（1）电池表面应保持清洁、干燥，严禁用水冲洗，极柱、螺栓和接线部位要经常维护保养，发现松动或接触不良应及时排除。

（2）电池上不准放置任何导电物品，以免造成短路。

（3）新电池在使用前的第一次充电为初充电，以后在使用过程中的各次充电均为普通充电。普通充电的充电时间根据电瓶容量及放电程度不同而不同。在使用过程中，应每月进行一次均衡充电，使电池所有单体在使用中都能达到均衡一致的良好状态。

（4）电池在使用过程中，应尽量避免过放电和过充电，否则会严重影响电池的使用寿命和性能。

（5）电池使用后，应在 24 h 内及时充电。铅酸电池经常不及时充电、充电不足、过量放电或长期放置不用且未补充充电等，均会使电池极板硫化，导致电池性能下降，严重时使用困难。

（6）铅酸蓄电池在使用和充电过程中，电解液中的水分会因自然蒸发和电解而导致电解液的液面降低、密度增高，应经常补加蒸馏水进行调整，以保持正常的电解液高度和密度。

（7）铅酸蓄电池补水必须是蒸馏水或去离子水，一般 1 周检查一次，工作频率或温度高的情况 3 天左右检查一次；储水装置和输水管路应保持清洁，不能有污浊物。

（8）定期检查主电路的连接电缆，确保电缆绝缘良好，电路连接紧固。

4）电池的常见故障分析

电池产生故障的原因很多，除因质量不好和运输保管不当造成的影响外，多数还是由于维护不当造成的。电池常见故障的特性、发生的原因和检修方法如表 3-2、表 3-3 所示。

表 3-2 铅酸电池常见故障及排除方法

常见问题	特征	原因分析	排除方法
极板硫化	① 电池容量降低； ② 电解液密度低于正常值； ③ 充电初期和充电完毕时电池端电压过高； ④ 充电时电解液温度上升过快； ⑤ 充电开始时就产生气泡	① 初充电不足； ② 长期充电不足； ③ 经常过量放电； ④ 放电后未及时充电； ⑤ 电解液密度过高； ⑥ 电解液液面过低，导致极板露出液面； ⑦ 未及时进行均衡充电； ⑧ 放电电流过大或过小； ⑨ 电解液不纯； ⑩ 内部局部短路或漏电	① 轻者采用均衡充电的方法，重者采用“水疗法”； ② 电解液密度不能超过规定数值； ③ 电解液液面高度和杂质含量应在规定范围内
内部短路	① 充电时电池端电压很低，甚至接近于零； ② 充电末期无气泡或有极少气泡； ③ 充电时电解液温度上升快、密度上升慢或不上升； ④ 电池开路电压低，放电时过早降至终止电压； ⑤ 自放电严重	① 极板弯曲、活性物质膨胀或脱落，导致隔板损坏，造成短路； ② 沉淀物质过多而短路； ③ 电池内落入导电异物，造成短路现象	① 更换隔板； ② 清除沉淀物和导电物； ③ 更换极板

续表

常见问题	特征	原因分析	排除方法
极板活性物质脱落	① 电池容量减小； ② 电解液浑浊； ③ 沉淀物过多	① 电解液不符合标准； ② 充放电过于频繁或过充电、过放电； ③ 充电时蓄电池的电解液温度过高； ④ 放电时外电路有短路	轻者清除沉淀物； 重者报废

表 3-3 锂电池常见故障及排除方法

故障现象	原因分析	排除方法
整车无电	① 整车线束或电源线接插件故障； ② 锂电池系统出现故障，不输出	① 使用万用表测量通断，确保线束接插件连接牢固； ② 判断锂电池是否正常放电，短接钥匙开关，测量有无电压
整车续航时间明显变短	① 电池未充满电或 SOC 长时间未校准； ② 采集出现问题或 BMS 损坏； ③ 电池单体一致性变差	① 电池充电至 100%后再进行使用； ② 检查采集排线和 BMS，若损坏，则更换，请专业人员打开电池检测； ③ 若单体损坏，则更换单体
SOC 跳变或持续不变化或增长	① 锂电池叉车工作在铅酸模式； ② 单体的一致性差； ③ 电流传感器损坏； ④ BMS 故障	① 切换到锂电池模式，详细参数请联系售后人员更改； ② 检测电池单体性能，确保电压值在正常数值范围内，若单体损坏，则更换单体； ③ 更换电流传感器； ④ 更换 BMS
电池无法充电	① 充电枪座损坏； ② 充电接触器未闭合； ③ BMS 故障	① 检测充电枪座是否有电流输出，若无电流，则更换充电枪座； ② 确保充电接触器处于闭合状态，通过上位机检测电池的充电接触器是否闭合； ③ 更换 BMS

3. 电机

1）概述

电机是电动平衡重式叉车驱动系统的心脏，它基于定子旋转磁场和转子电流的相互作用而产生电磁扭矩，从而实现电机的转动。感应电机在性能、结构、维修等方面具有显著优势，感应电机已逐渐应用于电动平衡重式叉车的设计和生产中，随着控制技术的不断完善，感应电机的应用使电动平衡重式叉车的性能得到显著提升。目前在电动平衡重式叉车领域应用最广泛的感应电机为鼠笼型交流三相异步电动机。

重型叉车驱动电机一般采用高功率密度发卡电机（见图 3-11）。为了在电机有限的体积内提升有效铜面积，需要槽内铜线排列更为规整，以提高槽满率；发卡绕组能在同样的体积里塞进更多的导线，以提升车辆的动力性、经济性。其主要优点如下：

（1）定子采用发卡工艺，体积小、效率高、省材料、成本低、可输出的功率扭矩高；

（2）采用永磁磁阻设计方式，在具备永磁电机优点的同时降低反电势，保障行车安全；

（3）驱动电机散热性能得以改善，提升了电机整体性能；

（4）防护等级达到 IP67，满足全天候工作要求。

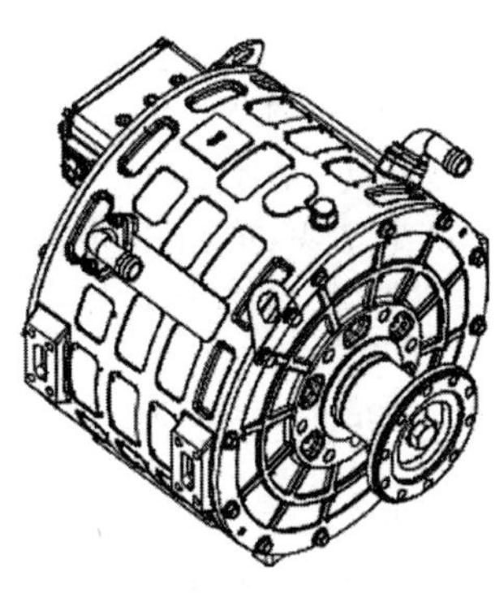
图 3-11　重型叉车发卡电机

2）电机的维护保养

（1）日常检查电机的绝缘电阻；电机转子应转动灵活，无擦碰现象；检查电机的连线是否正确、牢靠。

（2）日常注意清洁电机表面，如机壳上的泥沙或其他黏着物，避免影响电机散热。

（3）定期进行电机轴承的检查、清洗和更换，运行时检查轴承有无异常响声。

（4）对直流电机要检查碳刷的磨损情况。

3）电机的常见故障与排除方法（见表 3-4）

表 3-4　电机常见故障及排除方法

故障现象	原因分析	排除方法
电机不能启动	① 电源未接通； ② 熔断器熔丝烧断； ③ 控制线路接线错误； ④ 定子或转子绕组断路； ⑤ 定子绕组相间短路或接地	① 检查电源电压、开关、线路、触头、电机引出线头，查出问题后修复； ② 先检查熔丝烧断原因并排除故障，再按电机容量重新安装熔丝； ③ 根据原理图、接线图检查线路是否符合图纸要求，查出错误后予以纠正； ④ 用万用表、兆欧表或串灯法检查绕组，如属断路，应找出断开点，重新连接； ⑤ 检查电机三相电流是否平衡，用兆欧表检查绕组有无接地，找出故障点并予以修复
通电后电机嗡嗡响不能启动	① 电源电压过低； ② 电源缺相； ③ 负载过大或机械被卡住； ④ 装配太紧或润滑脂硬	① 检查电源电压质量； ② 检查电源电压，如果熔断器、接触器、开关、某相断线或假接，进行修复； ③ 排除机械故障或更换电机； ④ 重新装配，更换油脂
电机外壳带电	绕组受潮，绝缘老化	对绕组进行干燥处理，绝缘老化的绕组应更换
电机运行时振动过大	① 齿轮安装不合适，配合键磨损； ② 轴承磨损，间隙过大； ③ 转子不平衡； ④ 铁芯变形或松动； ⑤ 转轴弯曲； ⑥ 绕线转子绕组短路； ⑦ 定子绕组短路、断路、接地连接错误等	① 重新安装，找正、更换配合键； ② 检查轴承间隙，更换轴承； ③ 清扫转子紧固螺钉，校正动平衡； ④ 校铁芯，重新装配； ⑤ 校正转轴，找直； ⑥ 找出短路处，排除故障； ⑦ 找出故障处，排除故障
电机过热或冒烟	① 电源电压过高或过低； ② 电机单相运行	① 检查控制器输出电压，排除故障； ② 检查电源、熔丝、接触器，排除故障

续表

故障现象	原因分析	排除方法
绝缘电阻低	① 绕组绝缘受潮； ② 绕组沾满灰尘；油垢； ③ 绕组绝缘老化； ④ 电机接线板损坏，引出线绝缘老化破裂	① 进行加热烘干处理； ② 清理灰尘、油垢，并进行干燥、浸渍处理； ③ 进行清理、干燥、涂漆处理或更换绝缘部分； ④ 重包引线绝缘，修理或更换接线板

4. 电控

1）概述

电控是电机控制器的简称，是整个电气系统的核心部件。它除了能对车辆的交流牵引电机提供优良的控制之外，在出现故障时，能迅速停车，对驾驶员和电机实施有效保护，同时将检测到的故障信息，通过查询故障代码的方式，为用户检查维护牵引电控系统提供便利。

这里以 ZAPI 电控为例介绍控制器的逻辑控制，如图 3-12 所示。交流电机控制器将直流电源转换成三相交流电，按照驾驶员的指令驱动电机运行。它由功率单元（逆变桥）、逻辑单元（控制逻辑）组成。功率单元经由主接触器与蓄电池电源连接，通过逆变桥将直流电逆变为交流电后输送给感应电机。操作者经由逻辑单元的数字控制量（方向开关、座位开关、安全开关、手制动开关等）和模拟控制量（加速器和制动器）发出指令，并通过速度、温度及电流等传感器反馈检测信号，从而调节感应电机需要的转速和扭矩，驱动叉车运行。

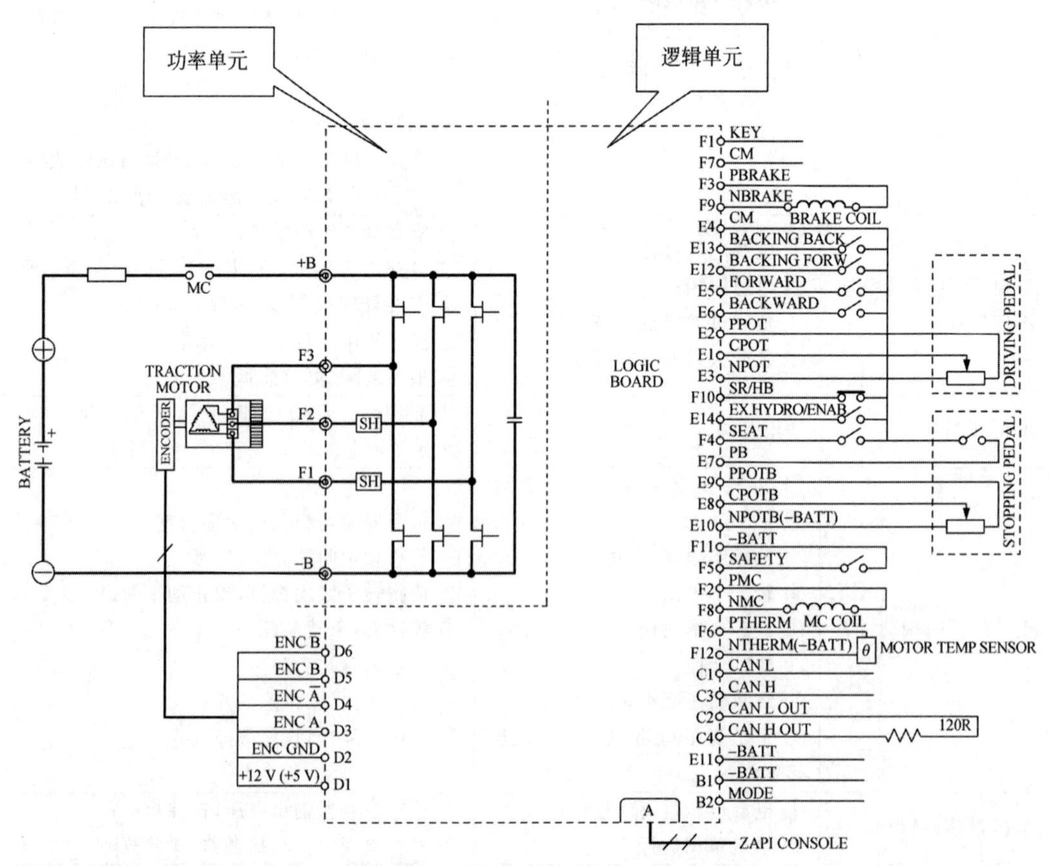

图 3-12　ZAPI 控制器结构示意图

2）电控的维护保养

控制器不需要用户修理，用户自行打开控制器会损坏控制器且保修条款失效；控制器的维护与保养应由经过培训的专业人员进行。用户在日常使用叉车时，应保持控制器的清洁和干燥。

3）电控的常见故障与排除

控制器一般可由发光二极管闪动的次数、手持式操作单元以及发送至仪表的故障代码来获得诊断信息，不同厂家的控制器故障检测方式不同，显示的代码也各异。排除其他元器件的故障原因后，对于由控制器本身损坏引起的故障，一般由电控厂家负责检修和更换，叉车厂商不对控制器进行维修和拆检。

3.3.3 驱动与传动系统介绍

1. 概述

电动平衡重式叉车驱动与传动系统主要包含驱动桥、减速箱及操纵装置等。由于现在市场上的电动平衡重式叉车驱动桥与传动系统结构较多，有变速器装在驱动桥壳内，也有集成式驱动电桥，即将驱动电机包含在桥壳内，其结构连接紧密，故驱动桥与传动系统放在一起进行描述。传统的电动平衡重式叉车驱动桥与内燃叉车驱动桥的原理和结构基本相同，详见4.6节。

电动平衡重式叉车的传动系统需要具备两项基本功能：

（1）降低转速，增大转矩。驱动电机的转速很高，传动系统中设有减速装置，使驱动轮的转速减小、转矩增大，从而获得大的牵引力和适当的运行速度。减速方法一般采用齿轮减速器，包括位于驱动桥中部的主减速器和位于驱动轮旁的轮边减速器。

（2）实现左右驱动轮差速。需装有差速器来实现差速，从而保证叉车在曲线行驶时车轮有滚动而无滑动，左右驱动轮在传递转矩的同时能以不同的转速旋转。

2. 工作原理及组成

电动平衡重式叉车驱动系统的传动方式一般有单电机集中驱动、双电机集中驱动、双电机分别驱动和单电机后驱。

1）单电机集中驱动

在单电机集中驱动的电动平衡重式叉车上，传动系统与机械传动的内燃叉车相似，变速箱其实是一台减速箱总成。单电机集中驱动一般由减速箱总成、差速器总成及驱动桥组成（见图3-13、图3-14），驱动电机与减速器主动齿轮直接相连，通过一级或两级减速，使扭矩传送到两个驱动轮，此为传统的驱动桥与传动系统结构。

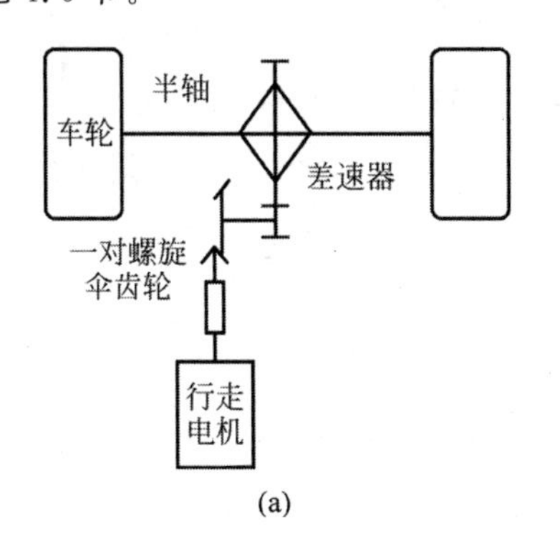

(a)

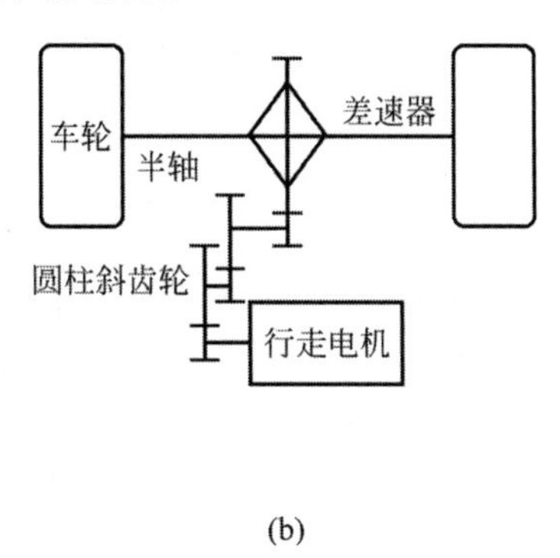

(b)

图3-13 单电机集中驱动示意图
（a）T形布置；（b）平行布置

单电机集中驱动还包含集成式电桥驱动方式，即驱动电机包含在桥壳内，驱动桥由左、右两个减速装置，左、右两套制动器和一个驱动电机组成（见图3-15）。减速器的主动齿轮直接与驱动电机连接，使叉车的行走速度随着电机转速的变化而变化，行驶方向的改变是通过改变电机的旋转方向实现的。两个制动器安装在驱动桥壳内，分布在桥的左右两侧。

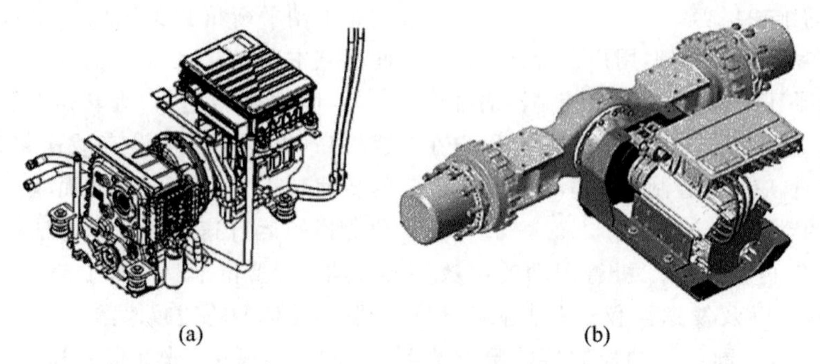

图 3-14　典型重型叉车单电机直连变速箱、驱动桥示意图
(a) 变速箱；(b) 驱动桥

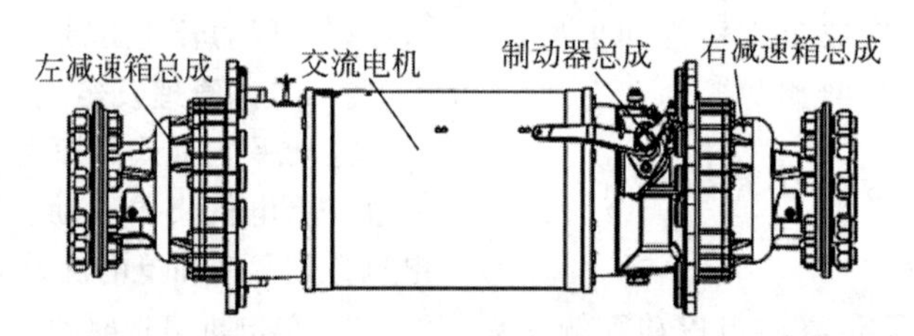

图 3-15　集成式电桥驱动示意图

2）双电机集中驱动

双电机集中驱动系统由两个电机共同提供动力，通过动力耦合箱将两个电机输出的动力进行耦合后，再集中输出到驱动桥来驱动车轮，如图 3-16 所示。

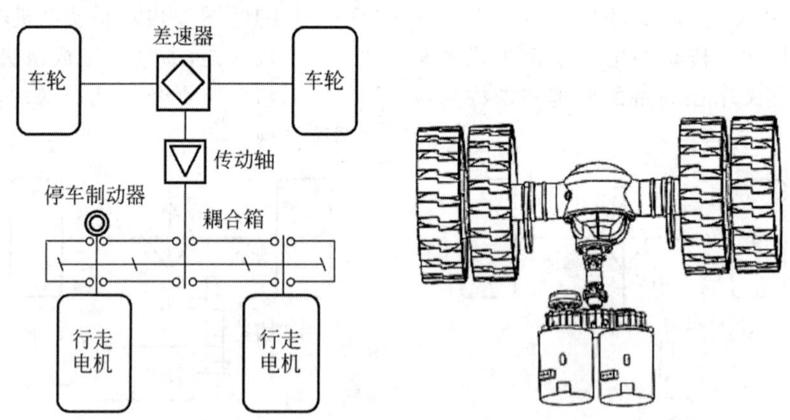

图 3-16　双电机集中驱动系统示意图

3）双电机分别驱动

双电机分别驱动是由两个电机分别与两轮边减速器相连，电机通过减速装置直接驱动车轮，通过电差速方法使两个电机产生不同的转速来实现驱动车轮的差速，不需要机械差速器。与单电机集中驱动比较，双电机分别驱动的加速和爬坡性能好，牵引力大，能获得较小的转弯半径；而且省去了由伞形齿轮组成的差速器，提高了工作效率，也消除了伞形齿轮传动的噪声。图 3-17 所示为分体式和整体式双电机分别驱动系统的外形。分体式结构的左、右前轮分别独立拥有驱动桥、减速箱、制动器和驱动电机，减速装置装在驱动桥壳内、制动器装在电机轴上，组装成整体部件，结构紧凑；

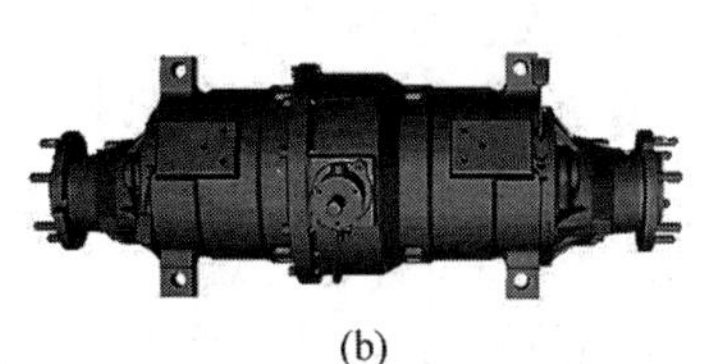

(a)　　(b)

图 3-17　双电机分别驱动系统的外形

(a) 分体式；(b) 整体式

整体式双电机驱动电桥主要由两套轮边减速器、两套交流驱动电机、一套置于中间的制动系统组成。

4) 单电机后驱

单电机后驱是指后轮作为驱动轮，由一个电机提供行驶动力，同时驱动电机带动驱动轮转向，驱动兼转向一体。图 3-18 所示的后驱三支点叉车驱动装置主要是机械减速箱，其工作原理为：电机输出轴与小齿轮通过花键连接，分别由不同的小齿轮与大齿轮啮合传动实现一、二级减速，将动力传至驱动轴，从而带动驱动轮转动。整个驱动装置靠液压马达带动齿轮传动来实现转向。

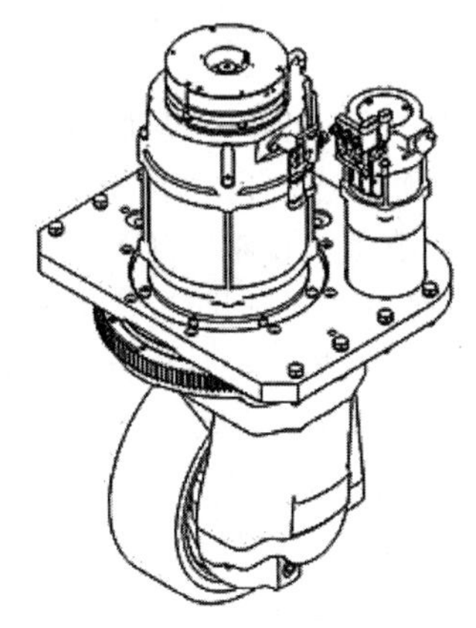

图 3-18　后驱三支点叉车驱动装置

3. 维护与保养

电动平衡重式叉车的驱动桥与传动系统的日常维护与保养，详见 4.6.5 节。

对于集成式的驱动电桥，由于电机在桥壳内，要定期检查散热风扇进口处是否有异物堵塞或缠绕，并及时清理，以免影响电机散热。

4. 常见故障与排除

电动平衡重式叉车的驱动桥常见故障与传统的驱动桥常见故障相似，详见 4.6 节介绍。

3.3.4　车身系统的结构及组成

车身系统为叉车的主体，是其他系统的载体，起着十分重要的作用，主要包括车架、仪表架、覆盖件、平衡重、底板、蓄电池箱盖等，其中车架是基本载体。叉车的车架是支承各部件并传递工作载荷的承载结构，叉车上所有零部件直接或间接地装在车架上，使整台叉车成为一个整体。它支承着叉车的大部分重量，而且在叉车行驶或作业时，它还承受由各部件传来的力、力矩及冲击载荷。

电动平衡重式叉车的车身组成同内燃叉车，如图 3-19 所示，此处不再赘述。

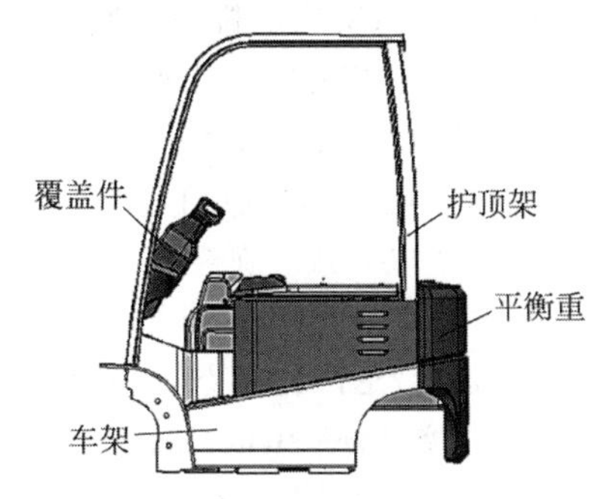

图 3-19　电动平衡重式叉车车身系统组成示意图

3.3.5　电气系统介绍

1. 概述

电动平衡重式叉车电气系统主要由电控、电池、电机以及辅助元器件(如仪表、接触器、线束、灯具、开关、传感器)等组成。

由电池组提供整车的直流电源,系统上电自检后,主接触器吸合,交流控制器功率单元上电,交流控制器将直流电源从电池转换成频率和电流可变的三相交流电源,驱动相应的感应电机。操作者发出动作指令并通过速度、温度及电流等传感器反馈检测信号,从而调节感应电机需要的转速和扭矩,驱动叉车运行。

2. 工作原理及组成

电动平衡重式叉车以电池组作为动力源,行走控制器控制驱动电机(或牵引电机)将电能转换为机械能驱动叉车行走,泵控制器控制泵电机将电能转换为液压能驱动起重装置工作。标准配置是双电控系统,即行走控制器和起升控制器,部分系统有转向电机控制器,电气系统主要由显示仪表、牵引控制系统、起升控制系统、电转向控制系统、电池组、控制开关及照明灯装置、连接线束等组成。电动平衡重式叉车电气系统的基本工作原理如图 3-20 所示。

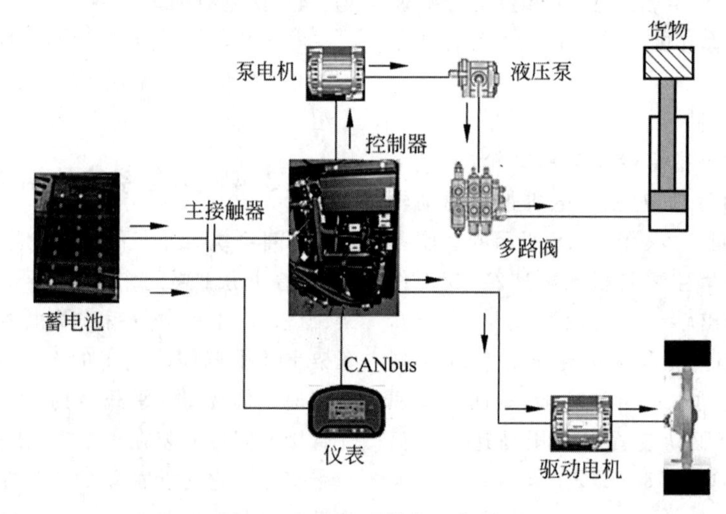

图 3-20 电气系统的工作原理

1) 牵引系统的控制原理

电动平衡重式叉车的电气控制牵引系统主要由牵引控制器、交流电机和加速器等部件组成。牵引控制系统的电气原理如图 3-21 所示。“开机”即钥匙开关闭合后,牵引控制器逻辑电源端口即得电源,通过自检后,主接触器闭合,B+电源供电有效。在座位开关信号、手制动信号有效情况下,由方向开关选择叉车运行方向,有前进、后退两种状态,信号传递给驱动电控,驱动电控控制牵引电机正反转,并根据加速器给定的速度信号控制牵引电机转速,从而实现整车的速度变化,满足操作者的意图。

2) 起升系统的控制原理

电动平衡重式叉车的电气控制起升系统主要由泵控制器、电机和起升开关等电气部件组成。起升系统的电气原理如图 3-22 所示。“开机”即钥匙开关闭合后,泵控制器逻辑电源端口即得电源,通过自检后,主接触器闭合,B+电源供电有效。在座位开关信号有效情况下,由“起升开关”“倾斜开关”发出相应操作指令,泵控制器按照相应指令执行泵电机 M2 相应转速,为起升系统提供动力。

若整车蓄电池显示“欠压”状态,仪表就发送指令至泵控制器,使得起升系统停止工作,从而保证整车电量保护。

3) 转向系统的控制原理

(1) 优先转向分流的转向控制方式。目前大多数小吨位电动平衡重式叉车通常采用两个电机——行走驱动电机和起升泵电机,转向动作与起重动作由同一个泵电机执行,泵电机既要满足起重系统的工作需要,又要满足叉车转向的需要。当整车行走或制动时,牵引控制

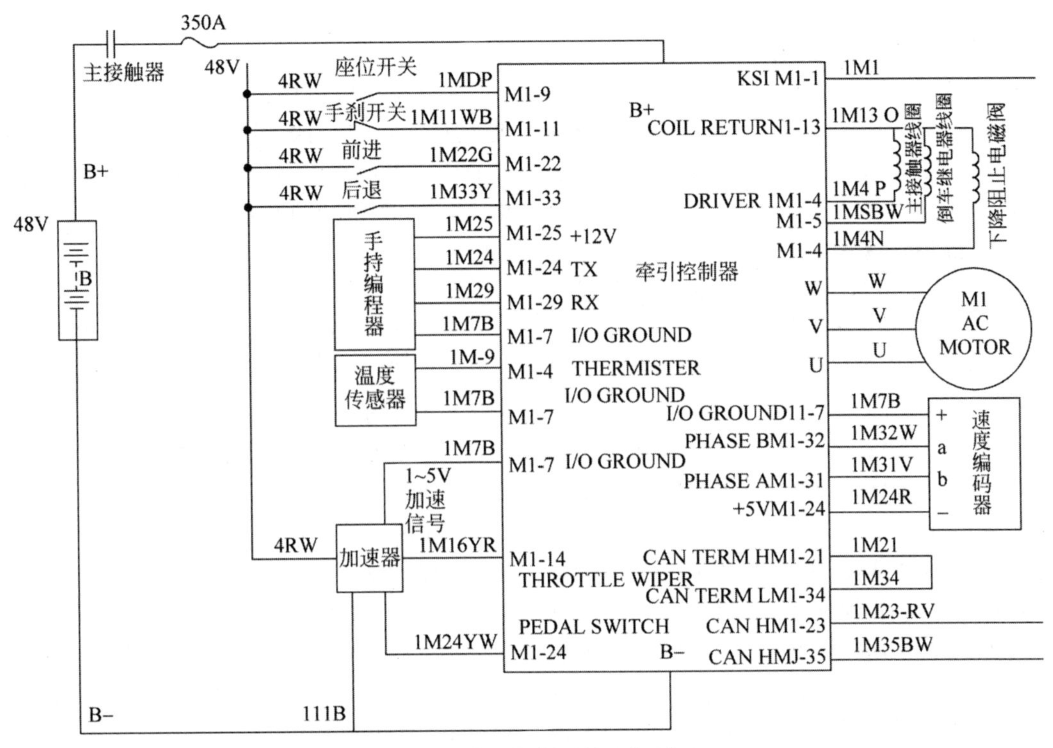

图 3-21　牵引控制系统电气原理

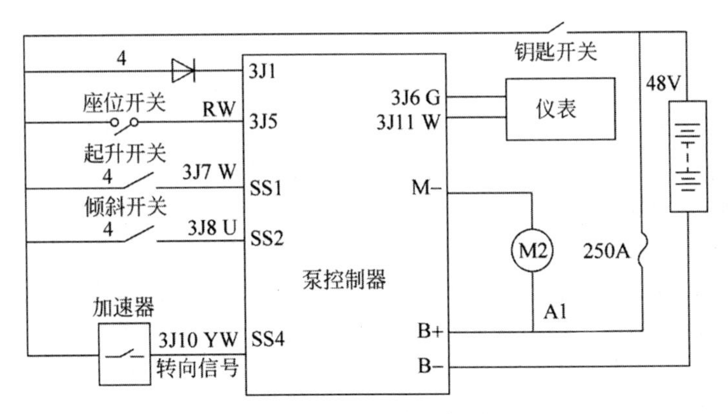

图 3-22　起升系统电气原理

器即发出转向指令，输送给泵控制器，泵控制器驱动泵电机产生高压油，采用优先分流阀实现分流，转向器对转向优先分流供油，从而实现系统的转向工作。在行驶中为确保转向灵敏，泵电机是始终工作的。同时执行起重系统和转向作业的情况下，转向优先。叉车无起升或转向作业时，泵电机停止工作。

(2) 独立转向控制方式。对于转向动作由单独电机控制的系统，由牵引控制器直接控制转向电机的运转动作。转向电机与接触器串联，当发出转向请求时，转向电机得电后旋转。此种控制方案中转向信号只有在控制系统得到转向请求信号时才驱动转向电机，因此噪声相对较小，也比较节能。

(3) 电转向控制方式。电转向控制方式的系统，包含转向电机和转向电机控制器。转向盘转动时产生转角信号，转角传感器检测转向盘的给定信号，并把信号送入转向电机控制器，电机控制器对这些信号进行处理，进而控制转向电机的动作；经过转向减速机构减速，使转向轮按规定的方向转动规定的角度。此种控制方案，取消了液压油管和全液压转向器，运行噪声低，精确性高，跟随性强。

3. 维护与保养

电气系统中其他电气部件的日常维护与保养：

(1) 日常检查灯具、开关、显示仪表显示是否正常启用。

(2) 日常注意线束、接线端子是否松动和损坏，检查主电路连接线的电缆绝缘是否良好且连接坚固。

(3) 定期检查接触器触头磨损状况，接触器是否运动自如，确保触头没有黏结；用砂纸打磨接触器不平整的触点，磨损严重的进行更换。

(4) 检查脚踏板或手柄微动开关，确保弹簧能正常变形并能恢复到原来位置；并使用万用表测量触头间的电压降，确保触头间没有电阻。

(5) 除了检查灯和操作情况外，在检查电气系统之前一定要关掉钥匙开关，并拔掉电池插头。

4. 常见故障与排除方法

电动平衡重式叉车的系统故障，可通过显示的故障代码来判定，不同控制器系统的故障代码含义不同，具体可参考电控品牌的使用说明。下面以部分电气元件为例介绍电气系统的故障判别方法。

1) 加速器

加速器的输出模拟信号用于控制牵引电机调速运行。均匀踩下加速器踏板，调速传感器的输出端应该有 0～10 V 或 0～5 V 的变化；如无，则判断为传感器故障或连接线路故障。

2) 起升调速传感器

起升调速传感器安装在起升阀片端，输出模拟信号用于控制起升泵电机调速运行。均匀拉下起升阀杆，调速传感器的输出端应该有 0～10 V 的变化；如无，则判断为传感器故障或连接线路故障。

3) 阀控开关

阀控开关用于控制门架起升、倾斜以及属具等动作指令的输入控制器信号的通断。当拉动多路阀的阀杆时，如果阀控开关不能导通，则需要检查阀控开关是否松动或相关线路是否可靠连接。

4) 紧急断电开关

当紧急断电开关失效后，输入电压不能通过开关送出。因在成品车中，开关已装配在整车上并与线束连接，不宜使用万用表电阻挡测量通断，一般使用万用表的电压挡来检测开关是否正常工作。通常，使用万用表的红色表笔连接开关的输入或输出触点，黑色表笔连接蓄电池的负极电源，与电池组额定开路电压一致，以此判断此开关工作是否正常。

电动平衡重式叉车的电气系统常见故障及处理措施可参考表 3-5。

表 3-5　电气系统常见故障及排除方法

序号	故障现象	排除方法
1	接通电源后，仪表无显示，车辆不行驶	检查保险丝是否正常，将每个保险丝拔下来看，若损坏，更换保险丝
		检查电源插头或电池插座是否连接可靠，使用万用表测量通断，重新对插牢固
2	接通电源，仪表显示正常，但不行驶	检查电量是否充足，若电量低于 15%，安排充电
		检查调速手柄是否处于前进或者后退位置
		检查手制动开关是否处于闭合状态
		检查控制器、电机工作是否正常，有故障仪表会显示
		通过手持单元或仪表，检查加速器信号是否正常

续表

序号	故障现象	排除方法
3	打开电源后整车无电	检查电池插头是否松动，用万用表测量通断，重新对插牢固
		用万用表检查电池是否有输出电压，可能是电池内部线路断开
		用万用表检查电源线接插件是否断开，重新对插牢固
4	一次充电后续航里程不足	电池充满电后再使用，或检查充电器插头是否接触不良
		维修或更换蓄电池
5	行驶途中自动断电	确认是否因为行驶时间过长或整车过载导致控制器高温自我保护，可通过手持单元检测各控制器温度
		按整车无电检修方法排除电源线路虚接现象
		用万用表检查方向开关通断
6	有电不走（大灯和喇叭正常）	用万用表检查停车制动手柄或者按钮是否松开或者解除
		检查控制器电机线是否松动，重新对插牢固
		检查固定电机的支架与车架连接处的螺栓是否松动，用扳手拧紧

3.4 电动平衡重式叉车的应用范围及选型

电动平衡重式叉车应用范围及选型参照5.1节。

3.5 电动平衡重式叉车产品的使用及安全规范

电动平衡重式叉车产品使用及安全规范参照5.2节。

第4章

工作装置，液压、转向、制动系统及驱动桥

4.1 概述

平衡重式叉车有不同种类的产品，产品的结构也有较大差异，但有些系统部件，无论对于电动叉车(Ⅰ类)还是对于内燃叉车(Ⅳ类、Ⅴ类)，其结构及原理相同，如工作装置、液压系统、转向桥与转向系统、制动系统、驱动桥等，这些系统将在本章统一介绍。

4.2 叉车的工作装置

4.2.1 概述

工作装置(也称为起重系统)是叉车的重要组成部分。叉车在进行装卸搬运作业时，工作装置直接承受全部货物重量，并完成货物的叉取、搬运、升降、码垛等作业。工作装置也可与各类属具完美结合，以完成各种较为复杂工况的动作要求。

1. 工作装置的定义

叉车是一种以货叉作为主要取物工具，依靠液压起升机构实现对货物托取和升降，由轮胎行走机构实现货物水平搬运的装卸车辆，而用于实现取物、托取和升降功能的机构称为工作装置。工作装置部分在实现叉车主要功能时起了重要的作用，如果没有工作装置部分，叉车仅是能行走的车辆。

2. 工作装置的技术发展趋势

最初的叉车是没有升降装置的。1917年，克拉克公司开发了世界上第一台叉车，它利用起升油缸来进行升降，这是叉车门架的雏形。1920年，Ransomes制造了第一台带有前后倾斜功能的门架的叉车。随着液压等各种技术的不断发展与其在叉车上的成熟使用，门架上开始采用具有起升功能的起升油缸和具有倾斜功能的倾斜油缸，同时开始采用起重链条和滚轮等技术。1956年，CLARKY(美国)公司生产出二级基本型工作装置，后续二级全自由及三级全自由门架大大地提高了叉车门架的起升高度和应用场景。

现在，随着全球工业化的不断发展，门架技术及制造水平也不断得到提高。目前国内外叉车的工作装置槽钢，不同吨位采用不同截面尺寸的轧制成型槽钢。国外知名品牌叉车(如丰田、林德及永恒力等)都分别有自己特有的槽钢截面体系，各级门架槽钢的截面匹配更合理，同时采用的无侧滚轮技术，使得工作装置的视野、性能得到极大提升。

我国叉车门架技术从20世纪50年代开始起步，但真正发展起来还是在70年代，前期通过测绘国外门架，得到最初的门架槽钢截面，

然后采用钢板焊接形成槽钢。到了80年代,国内一些钢厂(如上钢三厂、莱钢集团)开始轧制叉车的门架槽钢,最初轧制的是14＃槽钢和16＃槽钢,应用于1～3.5 t叉车,这标志着我国叉车门架技术迈入了一个新的发展阶段。2003年,国内叉车龙头企业安徽叉车集团与山东莱芜钢铁集团合作,分别开发了14＃、16＃、18＃、22＃、25＃槽钢,分别适用于1～12 t叉车的工作装置,槽钢截面有C形、L形、J形与H形,满足不同吨位、不同槽钢布置需求,同时也对槽钢材质不断优化,目前其屈服强度已达460 MPa,与国际槽钢水平相当。现在,我国山东、辽阳、唐山等地的钢铁企业都已开始轧制叉车用门架槽钢,大部分内燃叉车和电动叉车用的门架槽钢都已国产化,并成功出口至日本、韩国等国家。但因为门架槽钢品种规格多、成材率低、生产成本比较高、批量化难度较大,生产企业除山东钢铁集团外,多以小型钢铁企业居多,虽然槽钢的强度已达到国际水平,但槽钢质量及一致性与国际水平还有一定的差距。

2009年,山东钢铁集团联合安徽叉车集团以及相关企业共同编制了《叉车用热轧门架型钢》(YB/T 4237—2018)行业标准,对叉车用门架槽钢的分类与代号、外形尺寸、重量、技术要求和实验方法等都做出了明确的规定,规范了我国热轧门架槽钢的生产和应用。表4-1所示为该标准规定的槽钢外形和规格。

表4-1　门架槽钢的外形和规格

序号	分类	常用规格
1	带凸台C形型钢	C126a1、C140a1、C147a1、C150a1、C160a1、C168a1
2	带斜台C形型钢	C120b2、C135b2、C160b2、C180b2、C200b2、C220b2、C250b2
3	不带凸台C形型钢	C164
4	带凸台H形型钢	H130a
5	带斜台H形型钢	H100b、H120b、H130b
6	不带凸台H形型钢	H140
7	带凸台J形型钢	J120a2、J144a2、J159a2、J160a1、J160a2
8	带斜台J形型钢	J120b2、J160b2、J180b2

现在,国内叉车企业也在开发新的槽钢截面,使槽钢朝着高强度、高刚度以及轻量化的方向发展,同时搭载无侧滚轮技术,形成各企业自己的截面体系。随着市场竞争的加剧,叉车工作装置的设计越来越受到重视,不仅要求其满足强度与功能需求,还要求满足人机工程学的需求,工作装置视野、操作舒适性、落地全高、自重等一些指标与参数都很大程度上决定着叉车的优劣。

4.2.2　工作装置的分类

叉车工作装置的多样性,使叉车更为广泛地应用于各行各业。根据门架结构形式不同,工作装置可分为基本型门架、二级全自由门架、三级全自由门架、四级全自由门架等。

4.2.3　工作装置的结构特点及运动原理

工作装置的功能是铲取货物,带动货物起升和下降,再进行堆垛。它主要由门架、起升油缸、货叉架(又称叉架)、链条等零部件组成。其各级门架由两根槽钢和横梁焊接在一起,形成一个长方形的框架,而工作装置主要是由一级或一级以上的各级门架嵌套组合,然后通过油缸活塞或柱塞杆的伸缩运动实现一级门架在另一级门架中的起升和下降。

1. 基本型门架的结构特点及运动原理

基本型门架的结构如图4-1所示。

外门架通过倾斜油缸和门架支座固定在叉车车体上,内门架通过滚轮可以在外门架的槽钢内上下运动,起升油缸的缸底固定在外门架的下横梁上,起升油缸的活塞杆(或柱塞杆)

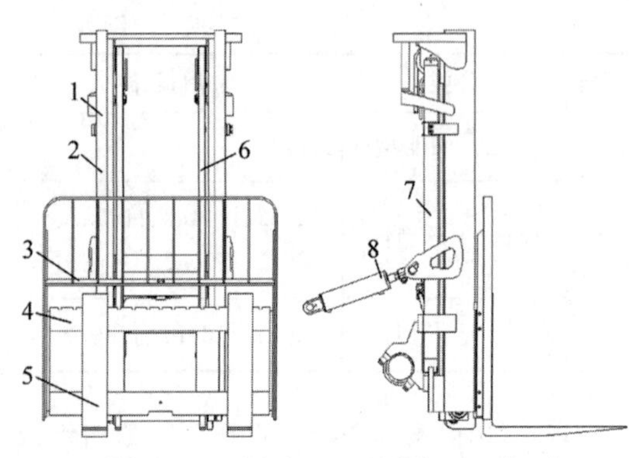

1—外门架；2—内门架；3—挡货架；4—货叉架；5—货叉；6—链条；7—后缸；8—倾斜油缸。

图 4-1 基本型门架结构示意图

头部固定在内门架的上横梁上，货叉架通过滚轮可以在内门架的槽钢内上下运动。链条一端与货叉架连接，另一端与外门架连接。两根货叉是可以直接铲取货物的装置，安装在货叉架上，由货叉架带动其上下运动。

基本型门架的运动原理：链条的一端与货叉架连接，中间绕过导向链轮，链条的另一端固定在外门架的挂链板上。导向链轮安装在内门架上横梁下方的链轮轴上，而油缸活塞杆头部顶在内门架的上横梁上，这就构成了一组倒置的动滑轮机构，如图 4-2 所示。当活塞杆推动内门架的起升距离为 h 时，货叉架的起升距离为 $2h$，即货物起升 $2h$，同时，当活塞杆推动内门架的起升速度为 V 时，货叉架带动货物的起升速度为 $2V$。

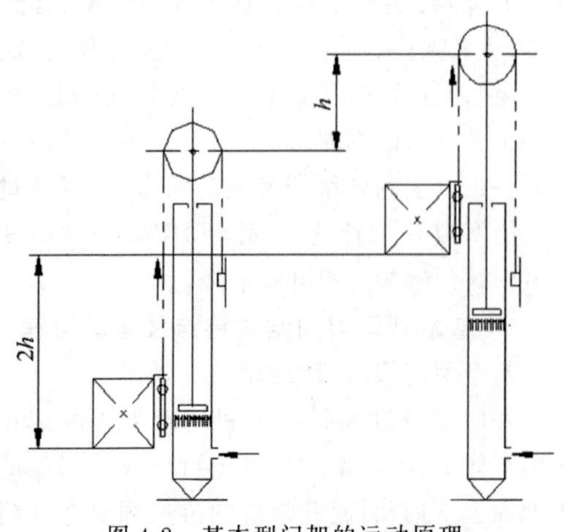

图 4-2 基本型门架的运动原理

基本型门架的液压系统如图 4-3 所示。液压油从齿轮泵流出，经过手动操纵阀，再经过分流阀分成两路，一路走向转向油缸，另一路走向起升油缸和倾斜油缸。当多路换向阀不作用时，液压油直接回到叉车油箱。当操作者操纵多路换向阀第一片阀杆开始向上动时，液压油到达起升油缸缸底及活塞下部，推动活塞开始运动，从而带动货物起升；当操作者向下拉动阀杆时，起升油缸内的压力开始降低，在货物和门架自身的重力作用下，活塞杆开始下降，此时限速阀（单向流量阀）开始作用，使起升油缸以一定的速度下降，保持门架运行速度的稳定。

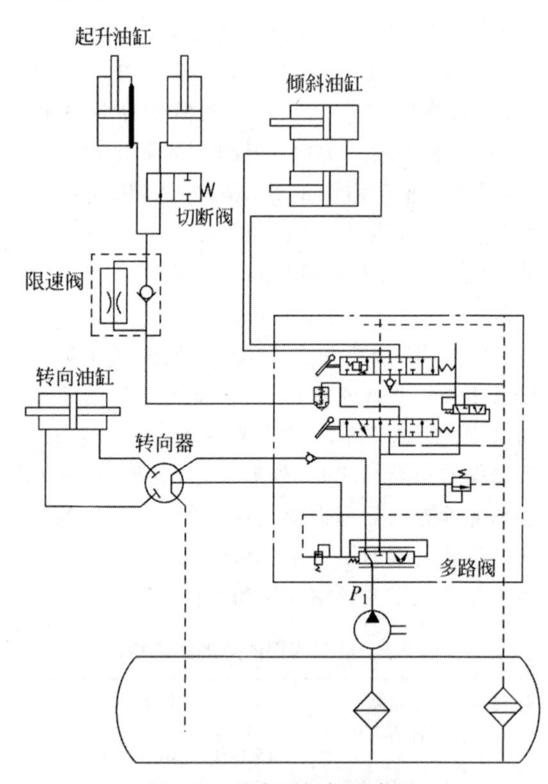

图 4-3 基本型门架示意图

基本型门架的起升过程如图 4-4 所示。当起升油缸的活塞杆或柱塞杆在液压油的作用下开始向上运动时，推动内门架运动，内门架在导向滚轮（主滚轮及侧滚轮）的作用下顺着外门架的槽钢向上起升。此时，链轮及链条开始起作用，链轮固定在内门架横梁下方，链轮在链条的作用下开始转动，同时促使链条另一

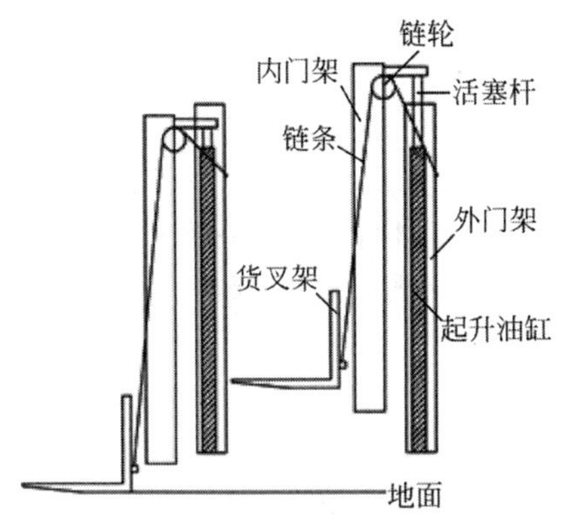

图 4-4　基本型门架起升过程示意图

端上升。由于链条的另一端固定在货叉架上,货叉架上的货物便通过货叉架的导向滚轮顺着内门架的槽钢向上起升,从而达到货物起升的目的。

2. 二级全自由门架的结构特点及运动原理

全自由门架,即门架拥有一个前起升油缸,可以帮助门架获得一定的自由起升高度值,使门架在保持落地全高不变的情况下,可以进行一定范围内的堆垛等工作。二级全自由门架,即门架是由二级框架组成的拥有一定全自由起升高度值的门架,其结构如图 4-5 所示。

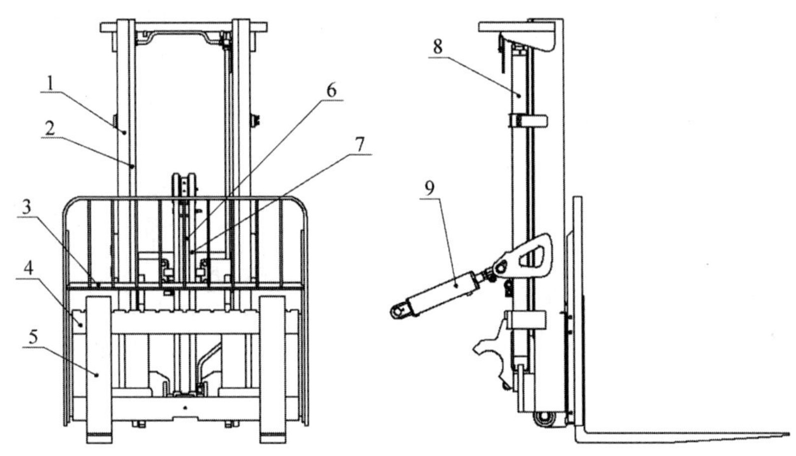

1—外门架；2—内门架；3—挡货架；4—货叉架；5—货叉；6—前起升油缸；7—前缸链条；8—后起升油缸；9—倾斜油缸。

图 4-5　二级全自由门架结构示意图

二级全自由门架上各零部件的作用与基本型门架相似,不同的是前起升油缸缸底固定在内门架下横梁的油缸支座上,前起升油缸活塞杆的头部安装有导向链轮。链条一端固定在货叉架上,另一端固定在内门架上或油缸缸筒上。

二级全自由门架与基本型门架相比,主要增加了一个前起升油缸,使其运动原理发生了很大变化,大大地增加了叉车的自由起升高度。

二级全自由门架的运动原理:链条的一端与货叉架连接,中间绕过导向链轮,链条的另一端固定在内门架上。导向链轮安装在油缸活塞头部上,这同样在前起升油缸处形成了一组动滑轮。其中,前起升油缸处的运动关系可以参考图 4-2,当前起升油缸活塞杆起升 h 时,货叉架及货物的起升距离为 $2h$,同时,货物的起升速度是前起升油缸起升速度的 2 倍。而后起升油缸直接顶在内门架的上横梁上,后起升油缸的起升距离等于货叉架及货物的起升距离,后起升油缸的起升速度等于货叉架及货物的起升速度。

二级全自由门架的液压系统如图 4-6 所示。因增加了一个前起升油缸,二级全自由门架的液压系统和基本型门架稍有不同。二级全自由门架的前起升油缸和后起升油缸串联在一起,前起升油缸的面积一般稍大于后起升油缸,使这两种油缸的起升动作有先后。当经过多路阀的液压油来到起升系统时,因两种油缸串联,液压油通过后起升油缸到达前起升油缸缸底,由于前起升油缸的面积大于后起升油缸,而压力与面积成反比,因此前起升油缸的

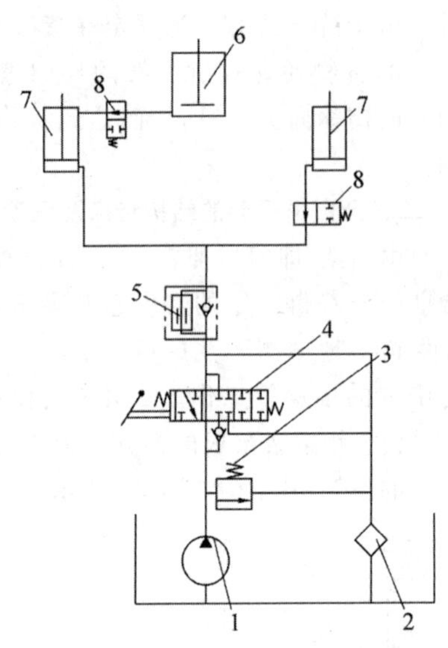

1—油泵；2—滤油器；3—溢流阀；4—多路阀；5—限速阀；6—前起升油缸；7—后起升油缸；8—切断阀。

图 4-6 二级全自由门架液压系统示意图

缸底压力小于后起升油缸的缸底压力，前起升油缸会先于后起升油缸起升，当前起升油缸起升到顶时，后起升油缸再起升。

二级全自由门架的运动过程如图 4-7 所示。当前起升油缸的活塞杆或柱塞杆在液压油的作用下开始向上运动时，带动前缸头上的链轮转动，从而带动链轮上的链条上升；链条的另一端连着货叉架及货物，从而带动货叉架及货物通过主、侧滚轮沿着内门架的槽钢向上运动。当前起升油缸起升完成后，后起升油缸开始运动，后起升油缸带动内门架及货物起升。

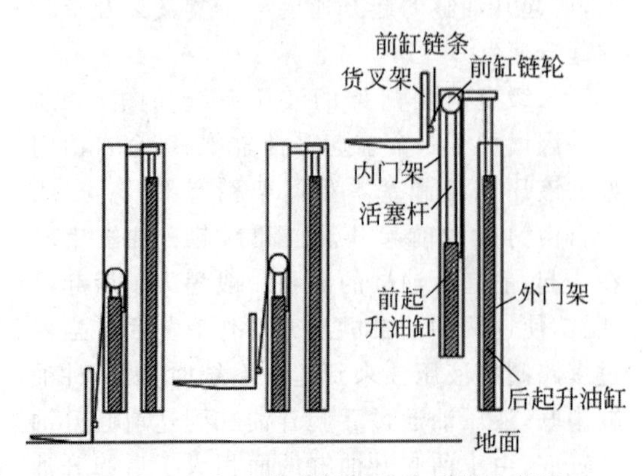

图 4-7 二级全自由门架运动过程示意图

如图 4-8 所示，二级全自由门架因为增加了一个前起升油缸，使其自由起升高度值大大增加，这也是全自由门架的优势所在，即可以在低矮工况下进行一定的起升堆垛操作，而基本型门架在低矮工况下，只能进行简单的转运工作。

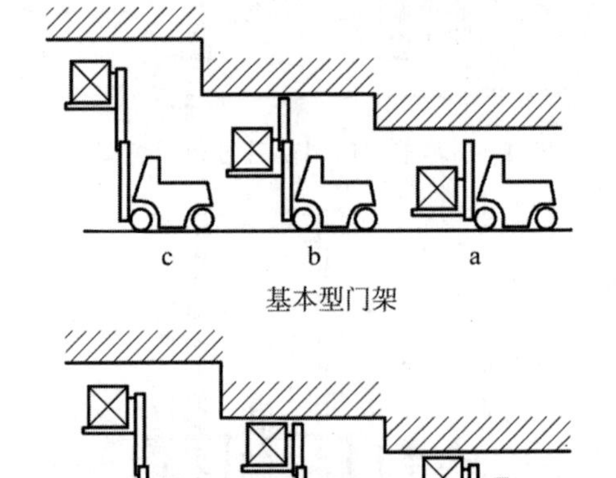

图 4-8 基本型门架和二级全自由门架的通过性、堆垛性对比

3. 三级全自由门架的结构特点及运动原理

三级全自由门架的结构如图 4-9 所示。

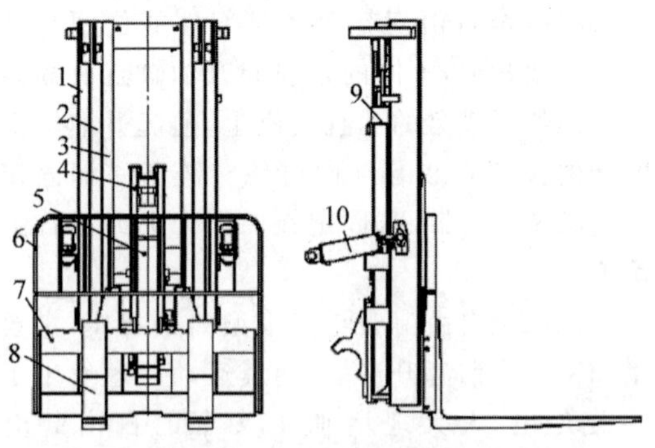

1—外门架；2—中门架；3—内门架；4—链条；5—前起升油缸；6—挡货架；7—货叉架；8—货叉；9—后起升油缸；10—倾斜油缸。

图 4-9 三级全自由门架结构示意图

三级全自由门架与基本型门架和二级全自由门架相比，增加了一级门架，即中门架，由于前起升油缸和后起升油缸以及两组链轮链条的作用,相当于形成了两组动滑轮机构。其运动原理与二级全自由门架有较大区别。

三级全自由门架的液压系统如图4-10所示。同二级全自由门架相似,三级全自由门架的前起升油缸和后起升油缸串联在一起,通过设置起升油缸的面积不同,导致缸底压力不同,从而达到前起升油缸先于后起升油缸起升的目的。

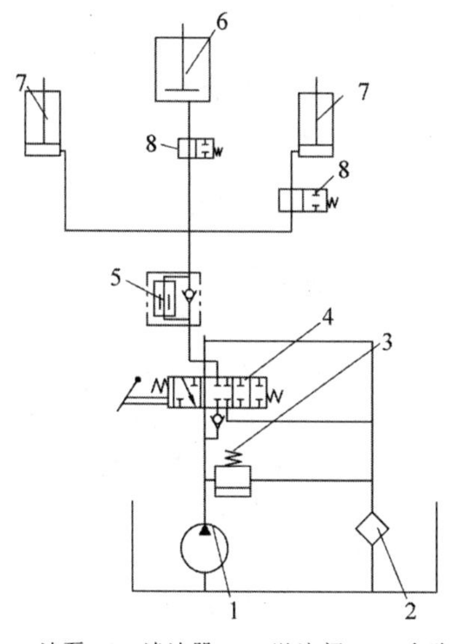

1—油泵;2—滤油器;3—溢流阀;4—多路阀;5—限速阀;6—前起升油缸;7—后起升油缸;8—切断阀。

图4-10 三级全自由门架液压系统示意图

三级全自由门架的运动过程如图4-11所示。三级全自由门架前起升油缸及货物的起升过程同二级全自由门架相同,先是前起升油缸开始起升,通过固定在前缸头上的链条带动

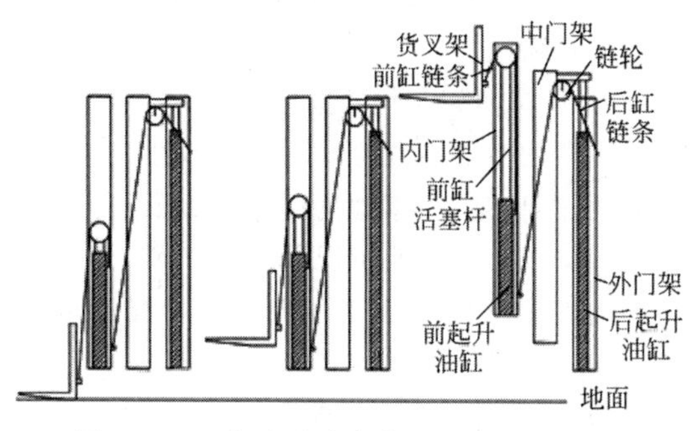

图4-11 三级全自由门架运动过程示意图

货物及货叉架完成前半段的起升高度。当前起升油缸起升到顶后,后起升油缸开始起升,并带动中门架起升,中门架上的链轮开始滚动,带动固定在门架上的链条开始上升,而链条的另一端连着内门架,内门架带着货叉架及货物等开始起升,完成后半段的起升高度。

4. 四级全自由门架的结构特点及运动原理

四级全自由门架的结构如图4-12所示。

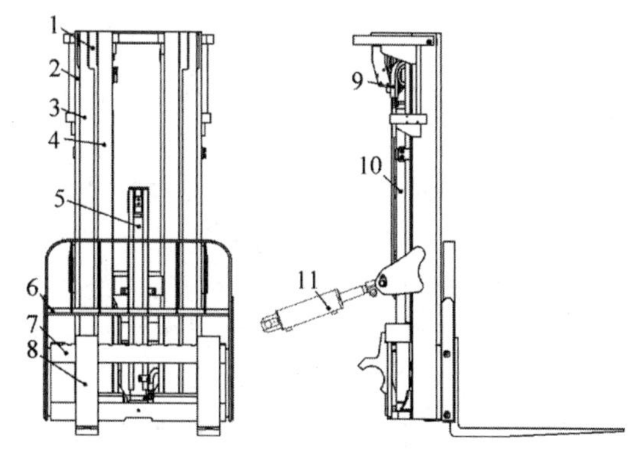

1—第三级门架;2—第一级门架;3—第二级门架;4—第四级门架;5—前起升油缸;6—挡货架;7—货叉架;8—货叉;9—链条;10—后起升油缸;11—倾斜油缸。

图4-12 四级全自由门架结构示意图

四级全自由门架比三级全自由门架增加了一级门架,主要由第一级门架、第二级门架、第三级门架、第四级门架、前起升油缸、后起升油缸、起升链条、货叉架及货叉等部分组成。

四级全自由门架,顾名思义,由4个相互嵌套的框架组成,且门架需要有一定的自由提升高度,以保障门架在低矮工况下可以进行一定的堆垛和操作。根据基本型门架、二级全自由门架及三级全自由门架的原理,可以得知,四级全自由门架也是采用动滑轮原理。在三级全自由门架的基础上增加第四级门架,便可组成四级全自由门架。三级全自由门架的内门架采用的是链条拉动起升,那么四级全自由门架的第四级门架也可以采用链条拉动起升。四级全自由门架的运动原理如图4-13所示。

四级全自由门架的前起升油缸及货叉架与其他全自由门架相同,货叉架及货物的起升

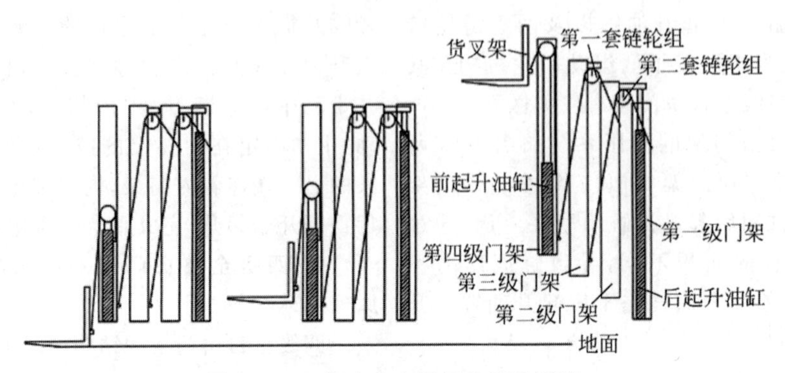

图 4-13 四级全自由门架的运动原理

行程是前起升油缸行程的 2 倍。但是在各级门架之间通过链轮链条连接,采用一组后起升油缸、两套省时链轮组的结构形式来实现多级门架的起升。第一套链轮组的链轮安装在第三级门架的上横梁上,链条的一端与第四级门架连接,绕过链轮后,另一端与第二级门架的下横梁连接。第二套链轮组的链轮安装在第二级门架的上横梁上,链条的一端与第三级门架的下横梁连接,绕过链轮后,另一端与第一级门架的横梁连接。按照这样的链轮组布置,后起升油缸的缸底固定在第一级门架上,活塞杆头部固定在第二级中门架的上横梁上。当后起升油缸活塞杆的起升位移为 h 时,第二级门架的起升位移为 h,由于第二组链轮组的作用,第三级门架起升了 $2h$;同时,由于第一组链轮组的作用,第四级门架相对于第二级门架起升了 $2h$,那么此时,第四级门架就相对于第一级门架起升了 $3h$ 的高度。即货叉架及货物的起升行程是后起升油缸行程的 3 倍。同理,货叉架及货物的起升速度也是后起升油缸起升速度的 3 倍。

假设前起升油缸的行程为 S_1,后起升油缸的行程为 S_2,那么货物的起升行程 h 为

$$h = 2S_1 + 3S_2 \tag{4.1}$$

假设货叉厚度为 t,那么该门架的起升高度为

$$H = h + t = 2S_1 + 3S_2 + t \tag{4.2}$$

四级全自由门架液压系统的工作原理与二级全自由门架相同,也是通过起升时前起升油缸和后起升油缸的缸底压力的不同,使得前起升油缸先起升,待前起升油缸起升到顶后,后起升油缸再起升。

4.2.4 叉车门架的选型

1. 门架选型的原则

门架是叉车的重要部件之一,配置种类也越来越多,门架选取的正确与否,直接决定了叉车的工作效率,甚至能否使用。选择门架时需要考虑场地、货架高度、空间限制等诸多因素,一般从以下几个方面进行选择。

1) 叉车门架形式的选择

叉车门架形式主要分为基本型门架、二级全自由门架和三级全自由门架,虽然国内主要叉车厂家已经生产了四级甚至五级全自由门架,但目前市场上还是以前三种门架为主。基本型门架默认为整车标准配置,二级全自由门架和三级全自由门架为整车的选配类型,所以没有特殊要求的情况下选用基本型门架,对门架的高度通过性有要求且又要求高起升堆垛的情况下选用三级全自由门架,二级全自由门架相对较少,一般用在车厢内、集装箱、船坞等低净空场所。

2) 叉车门架参数的选择

门架的主要参数有最大起升高度、自由起升高度、落地全高、离地间隙、门架倾角等。用户可根据自己的作业工况及货物类别,选择合适的门架参数配置。在不清楚的情况下可咨询叉车生产商。

3) 叉车门架属具的选择

叉车门架的属具种类繁多,包含侧移、调

距、旋转、抱夹、推拉等功能，是普通货叉架无法完成的。在叉车上装上不同形式和种类的属具后，既扩大了叉车的使用范围，实现一机多用，也降低了相关人员的劳动强度。尤其在搬运特殊工况下的货物时，选择正确的属具，能实现高效、安全、无损的货物搬运。

2. 门架选型的计算

平衡重式叉车的起重量和货物中心距及属具有很大关系，根据杠杆平衡原理，叉车前轮的触地点为支点，叉车重心、轴距一定，载荷中心及属具的失载距决定了叉车的起重量，因此不能简单理解为几吨车就可以承重几吨的货物。

3. 门架选型注意事项

(1) 要注意货物的自身高度。起升高度指货叉水平端的上表面至地面的垂直距离。选择门架时要注意门架高度加上货物高度不能超过库房的层高。若门架选择过高，堆货时有可能出现货物撞到天花板的情况。

(2) 要注意门架的落地高度。门架的起升高度选择过高时，对应的门架落地高度也会增加，这时就要考虑门架的通过性。若需要高堆垛，又要考虑通过性，可以选用三级全自由门架或者特殊的高起升矮门架。

(3) 要注意高门架的前后倾角的变化。高门架时前、后倾角会变小，要考虑是否影响低货位铲取货物。

(4) 超低空间作业，选取门架时要确定工况是适合基本型门架还是全自由门架，基本型门架的自由起升高度很小，只有用托盘转运货物且不需要堆垛时才可以选择基本型门架。如果作业时需要起升一定高度进行堆垛或者挑运，就必须选择二级全自由门架。同时还要注意护顶架的高度能否满足高度要求。

(5) 门架配属具时，若叉车的前悬和载荷中心有所变化，叉车的承载能力也会降低。要在确认综合承载能力后，再选择合适的型号。

4.2.5　叉车属具

由于叉车使用场合、装卸货物的不同，普通货叉因叉取功能的单一性，无法满足多作业环境中的需要。叉车属具是叉车工作装置的一部分，它的合理应用可以使叉车成为具有叉、夹、升、旋转、侧移、推拉或倾翻等多用途、高效能的物料搬运工具，从而扩大叉车的使用范围，提高叉车的装卸效率。

1. 属具的分类

叉车的属具种类很多且功能各异，以适应不同作业环境的要求，它的分类方法也不尽相同。通常根据属具所需油路的关系将其分为机械式属具及液压式属具。前者无须附加油路，原叉车工作装置仅有起升、倾斜两类油路，配二片阀，如串杆、起重臂、折叠货叉等。但后者需另加配(一组或二组)附加油路，配一组附加油路的通常称为三片阀属具，属具具备一种单一功能；配二组附加油路的通常称为四片阀属具，属具具备两种单一功能；以此类推，每增加一种单一功能，便需添加一组附加油路，多路阀片数也会增加一片，如侧移器(三片阀属具)、旋转夹(四片阀属具)、推出器(三片阀属具)等。

属具的另一种分类方法是按配属具叉车作业的基本功能来分的，一般有以下几类：

(1) 叉型属具，如圆杆叉、叉套、加长叉、折叠货叉、砖叉、调距叉、侧移叉(或侧移器)。

(2) 夹持类属具，如纸箱夹、纸卷夹、软包夹、烟叶箱夹、多用刚臂夹、载荷稳定器、液压式桶夹。

(3) 旋转类属具，如旋转器、旋转抱夹。

(4) 推出式属具，如推出器、推拉器、前移叉。

(5) 起吊类属具，如起重臂、集装箱吊具。

(6) 箱斗式属具，如倾翻斗、铲斗。

(7) 其他类属具，如串杆、带护臂挡货架等。

2. 常见属具介绍

属具种类较多，下面介绍几种常见属具的功能及其使用场所。

(1) 侧移器：一种具有侧移对位功能的专用叉车属具。当叉车使用在狭窄空间或集装箱内时，叉车无须来回倒车，便可实现快速、便捷地对托盘上的货物进行左右双向侧移，实现准确对位，极大程度地提高了叉车的装卸效率。

(2) 纸卷夹：用于对纸卷进行高效、安全、无破损的无托盘搬运。该属具采用圆弧形夹臂结构来夹持纸卷，犹如用手握起杯子一样简单方便，它避免了纸卷破损所需付出的高昂代价，且大大提高了纸卷作业效率。它能实现360°连续旋转、夹臂可滑动、前伸、90°向前倾翻、两个或多个不同直径纸卷同时夹持等多种功能，已成为纸品行业的重要搬运机械。

(3) 纸箱夹：用于纸箱包装物（如电冰箱、电视机、洗衣机等）的无托盘搬运和堆垛作业。它往往需通过调压阀设定不同夹紧力使货物夹持更安全。无托盘搬运的设计能节省装卸费用，节约工作时间及存储空间，从而更好地降低成本，提高生产率，并借此获得良好的经济效益。

(4) 多用刚臂夹：适用于纸箱、烟箱、金属箱、木箱等各种软硬包装物的无托盘搬运。侧移式、非侧移式、旋转式的产品可满足不同用户作业需求。它与软包夹相比，夹臂刚度高，对木箱、塑料箱等硬性包装物的搬运更加安全，在烟草、纺织、港口码头和仓储等行业得到了广泛应用。

(5) 软包夹：适用于各类包装产品（如棉花、纺织品、波纹纸、白板纸、碎纸及人造纤维等）的搬运。侧移式、非侧移式、旋转式的产品可满足不同用户作业需求。其优点是可靠、安全，不损坏、不污染货物及其外包装表面。

(6) 推拉器：适用于搬运置于滑板上的货物。其特点在于采用廉价的滑板（纸板、纤维板或塑料板制造而成）代替传统的托盘，通过夹持滑板进行推拉动作实现单元货物的装卸搬运作业。它在饮料、食品行业中得到了广泛应用。

(7) 旋转叉：可将货物倒置、旋转或从一个托盘转置到另一个托盘上。它适用于翻转罐装、瓶装的食物、化学品、化肥、油漆及其他易沉淀物，倾倒未封口的纸箱，翻转堆叠的层状胶合板等，可以减轻及节省物料翻转作业时所需的大量人力和时间。

3. 属具选型注意事项

(1) 安装等级。各类中、小吨位的属具均采用挂钩安装的形式，要做到属具与叉车的安装匹配没有问题，必须严格按照国际标准 ISO 2328《叉车挂钩型货叉和货叉架的安装尺寸》要求来选择属具与匹配叉车，见图 4-14、表 4-2。

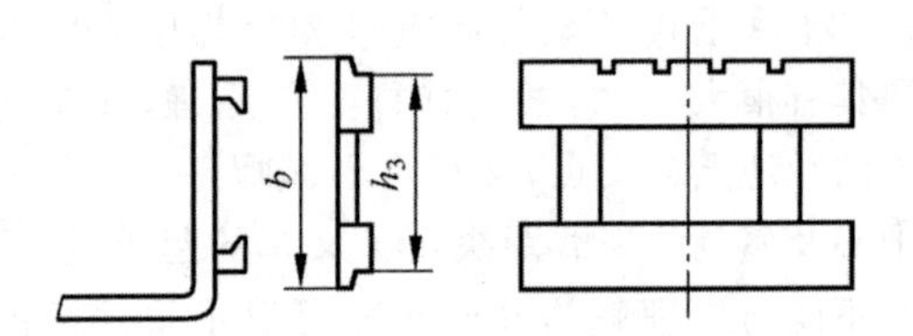

图 4-14 货叉与货叉架安装示意图

表 4-2 安装等级参数

叉车额定重量/kg		1 000～2 500	2 501～4 999	5 000～8 000	8 001～10 999
安装等级		2 级(Ⅱ)	3 级(Ⅲ)	4 级(Ⅳ)	5 级(Ⅴ)
b/mm		407	508	635	728
H_3/mm	最大	381	476	597	681
	最小	380	474	595	678

(2) 挂装属具后对叉车承载能力的影响。

(3) 特殊工况下属具的选型。

(4) 配置夹类等体积、自重较大的属具时，高门架要求使用双胎。

4.2.6 工作装置的维护与保养

1. 叉车每工作 50 h 需对各运动部件进行润滑保养

(1) 清洁内、外门架槽钢滚道面后，在槽钢滚道面（内、外槽腹板，翼板）内涂上润滑脂，防止槽钢滚道面锈蚀，以保证滚轮外圈与内圈之间的正常转动。

(2) 连接轴（链轮销轴、门架与车架连接轴、倾斜油缸与门架连接轴、倾斜油缸与车架连接轴等）上的油杯需加注润滑脂。

(3) 链条的润滑，通常在松开链条后用刷子将润滑油涂抹在链片表面，以便让润滑油渗入铰接连接处。润滑油必须渗入链片之间，以便销子和链片孔之间的磨损部件都能得到润滑。润滑前有必要用稀释液仔细清洗链条。

2. 叉车每工作 400 h 后的检查与维护

(1) 检查门架与车架、倾斜油缸与门架以及车架连接部位是否有异常。

(2) 仔细检查滚轮和链轮工作是否正常,检查整个门架结构,特别注意所有轴销是否牢固以及销子的松紧,确定起升油缸和倾斜油缸是否工作正常。

(3) 检查链条是否被拉长了。链条拉长后不仅会降低安全系数,而且会降低货叉的最大起升高度(起升油缸的一部分行程浪费于被拉长的链条)。

(4) 为保证叉车的正常使用,需要调整链条的松紧并检查链条的排列、端接头以及链轮。排列不整齐是很危险的,这样会导致链条过分受压。

(5) 链条的磨损。磨损是由带滑轮或带侧面导轮的链条界面啮合不好引起的,滑轮的侧面磨损一般是由载荷偏离中心位置或导轮/吊钩装置的排列不直引起的,磨损的销轴头无法紧固链片,链片边缘的磨损同样也会影响碟片。如果销轴头的磨损程度超过 25%,或链片的外部磨损超过其厚度的 20%,需要检查是否出现故障,并需更换链条。

3. 货叉检查

货叉至少每 12 个月检查一次。在设备使用频率高且重载的情况下,每 6 个月检查一次。如果出现货叉叉尖扭曲,左、右货叉高低不平现象,要停机检查,主要检查货叉根部是否出现裂纹,特别要检查焊缝处是否出现裂纹。如果出现过度的磨损,就要考虑更换货叉。

4.3 叉车的液压系统

4.3.1 叉车液压系统概述

在机械传动中,人们利用各种机械构件来传递力和运动,如杠杆、凸轮、轴、齿轮和皮带等。在液压传动中,人们利用没有固定形状但具有确定体积的液体来传递力和运动。液压传动是借助于密闭容积内液体的压力能来传递能量或动力的。液体虽然没有一定的几何形状,却有几乎不变的容积,因而当它被容纳于密闭的容器之中时,就可以将压力由一处传递到另一处。当高压液体在几何容器内被迫移动时,就能传递机械能。

液压传动的基本原理如图 4-15 所示。

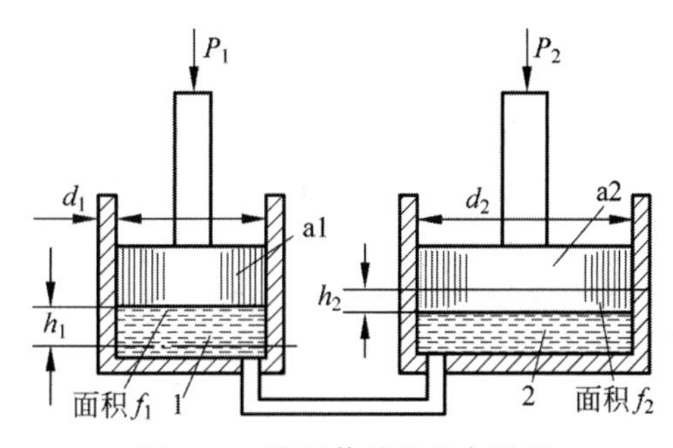

图 4-15　液压传动的基本原理

图 4-15 中有两个被活塞密封并以导管相连通的筒式容器,容器 1 可看成是油泵,容器 2 则可视为油缸或油马达。当活塞 a1 受力 P_1 时即向下移动,其底部的液体受到压力,经导管传到活塞 a2 的底部,迫使 a2 向上移动。显然,在容器 1 和容器 2 完全封闭及液体实际不可压缩的情况下,活塞 a1 移动距离 h_1,活塞 a2 便相应移动一个确定的距离 h_2($h_1 f_1 = h_2 f_2$ 或 $h_2 = f_1/f_2 \cdot h_1$,在此 f_1、f_2 分别表示活塞 a1、a2 的面积)。可见,通过一个密封容积内的液体,便可将活塞 a1 的作用力和运动传给活塞 a2。

显然,密封容积中的液体不但可以传递力,还可以传递运动。但要强调指出,液体必须在密封容积中才能起传动介质的作用。

液压传动装置具有结构紧凑、传动平稳、调节及换向均较方便等一系列优点,所以被广泛地应用在叉车中。

4.3.2 叉车的工况特点和对液压系统的要求

叉车对液压系统的性能要求较高,叉车装卸工作和转向动作的完成,都是通过液压传动将液压能转换成机械能来实现的。叉车液压传动是通过油液把运动传给工作油缸(起升油缸、倾斜油缸和转向油缸),以达到装卸货物和转向的目的。所以液压传动装置是叉车的重要组成部分之一。随着环保要求的不断提高，叉车的节能性和效率越来越重要，对液压系统的能量损失、系统效率及泵与发动机（电机）的匹配，都需要进行深入研究和应用，这些都是技术先进性的体现。

叉车装卸工作的完成，是通过液压传动将液压能转换成机械能来实现的。叉车液压传动，是通过动力机构（油泵），将机械能传给液体，造成液体的压力能，输送到执行机构（油缸），再把液体的压力能转换为机械能。而液流的压力、流量（速度）及方向的控制和调节是由控制调节装置（安全阀、分流阀和多路换向阀等）来完成的，从而满足系统工作性能的要求，实现各种不同的工作循环。辅助装置（油箱、油管、管接头、滤油器等）负责油液的储存、传输、清滤等工作。

4.3.3 典型叉车液压系统的组成及主要元件介绍

1. 典型叉车液压系统的组成

完整的叉车液压传动系统一般包括以下几个组成部分，如图4-16所示。

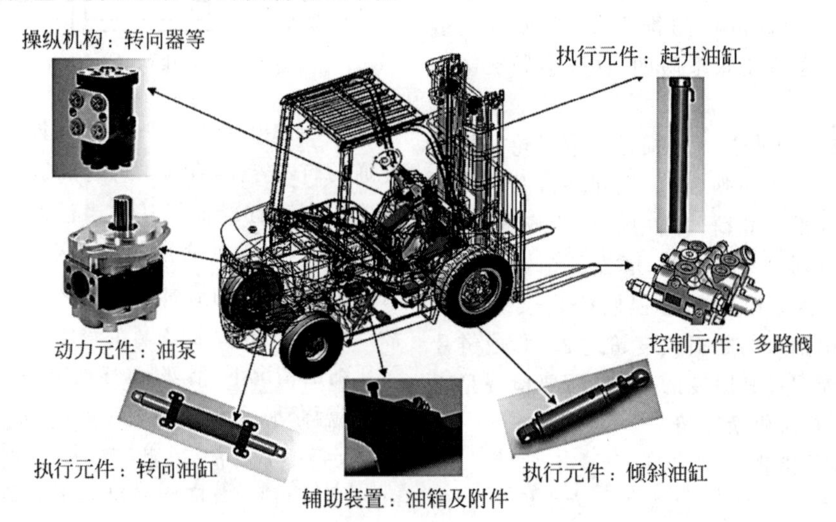

图4-16 液压系统组成示意图

（1）动力元件：油泵，用以将机械能传给液体，形成液体的压力能，向整个液压系统提供动力。

（2）执行元件：包括油缸或油马达，它们把液体的压力能转换为机械能，输出到工作装置上。

（3）操纵机构：包括多路换向阀、分流阀、安全阀、转向器等部件。通过它们来控制和调节液流的压力、流量（速度）及方向，以满足叉车工作性能的要求，并实现各种不同的工作循环。

（4）辅助装置：包括油箱、油管、管接头、滤油器等，作用是存储、传递、过滤液压油等，保证液压系统正常运行。

（5）传动介质：传递能量的流体，即液压油。

2. 主要元件介绍

1）油泵

叉车常使用齿轮油泵，其主要零件是一对互相啮合的外齿轮，其工作原理如图4-17所示。

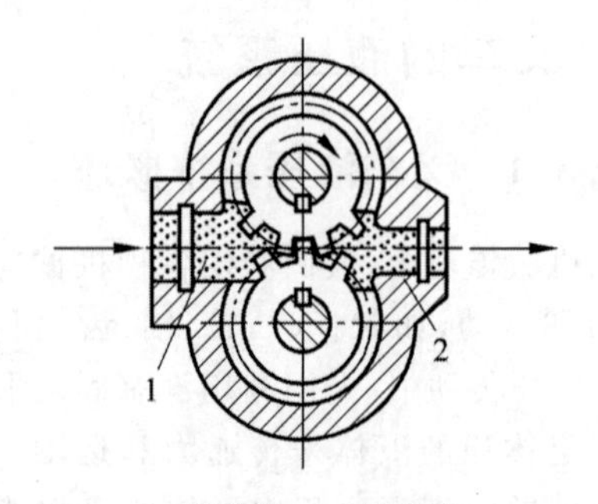

1—吸油腔；2—压油腔。

图4-17 齿轮泵工作原理示意图

一对啮合的渐开线齿轮安装于壳体内部,齿轮的两端面密封,齿轮将泵的壳体分隔成两个密封油腔——图 4-17 中标记数字 1 和 2 的空间。当齿轮泵的齿轮按图示方向转动时,数字 1 所表示的空间(轮齿脱开啮合处)的体积从小变大,形成真空,油箱中的油在大气压力的作用下经泵吸油管进入吸油腔,填充齿间。而数字 2 所表示的空间(齿轮进入啮合处)的体积从大变小,从而将油液压入压力油路中去。即 1 是吸油腔,2 是压油腔,它们由两个齿轮的啮合点隔开。

油泵的功能是将发动机的机械能转换为液压能,所以油泵是叉车液压系统的动力机构。

齿轮泵的结构如图 4-18 所示,它由泵体、一对齿轮、衬板、前后端盖和油封等组成。使用压力平衡式衬板和特殊的润滑方法使齿轮泵可以保持轴向间隙极小。压力平衡式方法是由于衬板和前后端盖之间压力平衡,使衬板压向齿轮侧面,达到减少齿轮泵端面泄漏的目的。

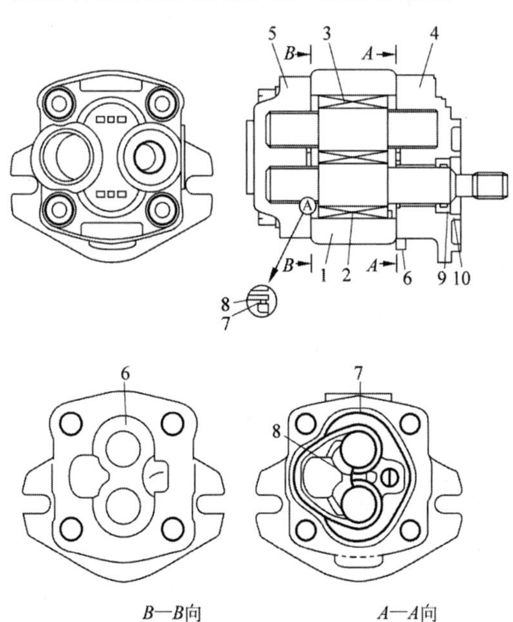

1—泵体；2—驱动齿轮；3—被动齿轮；4—前端盖；5—后端盖；6—衬板；7—密封圈；8—挡圈；9—油封；10—弹性挡圈。

图 4-18　齿轮泵结构示意图

2) 多路换向阀与分流阀

叉车使用的多路阀是结合叉车的使用特点而开发的一种专用液压阀。一般叉车液压系统执行机构主要由两个并联的倾斜油缸(带动门架)和两个单作用起升油缸(带动货叉)以及转向油缸等组成。要求系统能够实现货叉的起升下降和门架的前后倾以及车体的转向等功能。由于叉车的空间所限,一个多路换向阀必须全部完成这些动作。所以叉车使用的多路阀设计成两个或两个以上片式换向阀为主体的组合结构,以满足叉车不同功能的要求。常用的二片式多路阀(见图 4-19)由 4 片阀体、2 个滑阀、1 个安全溢流阀和 1 个分流阀组成,4 片阀体由 3 个双头螺栓和螺母合装在一起。倾斜滑阀装有倾斜自锁阀。

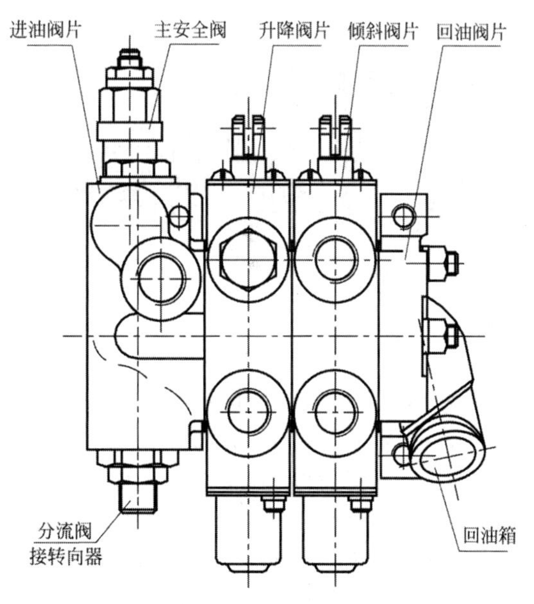

图 4-19　两片式多路阀

(1) 滑阀的操作(以倾斜滑阀为例,见图 4-20)

① 中立位置:此时从油泵排出的高压油通过该位置返回油箱。

② 推动滑阀:此时关闭中间通道,从进油口来的油打开单向阀流向油缸接口 B,从油缸接口 A 来的油通过低压通道流向油箱,借助回位弹簧,可使滑阀回到中立位置。

③ 拉出滑阀:此时关闭中立位置,从进油口来的油打开单向阀,并流向油缸接口 A,从油缸接口 B 来的油通过低压通道流向油箱,借助

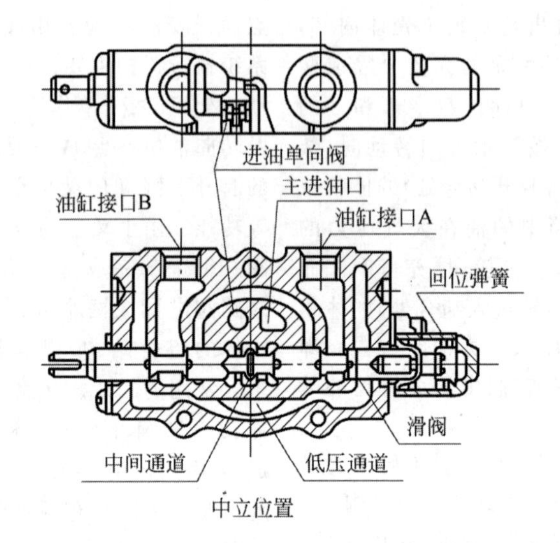

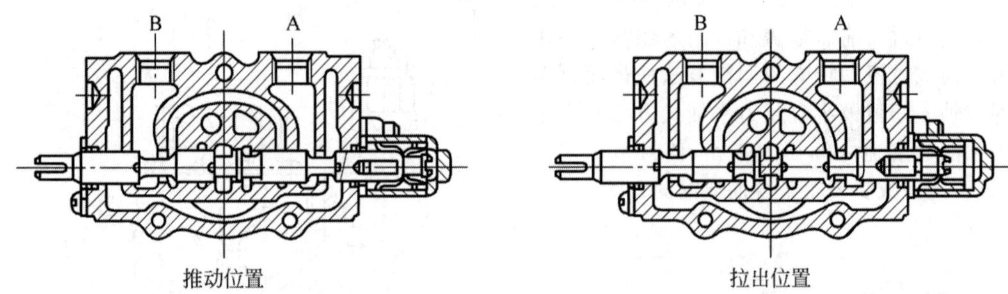

图 4-20 倾斜滑阀作业示意图

回位弹簧,可使滑阀回到中立位置。

(2) 主安全溢流阀和分流安全阀

主安全溢流阀和分流安全阀一般设置在多路阀的进油阀片里(见图 4-21)。主安全溢流阀由主阀阀芯 A 和先导阀 B 两部分组成,当多路阀进行换向时,Q 腔与工作机构(如起升油缸、倾斜油缸)的高压油相通,压力油通过固定节流孔 D、E,作用于先导阀 B,当系统压力大于系统调定压力时,先导阀 B 打开,使 F 腔压力降低,整个主阀阀芯 A 向右移动,使压力油直通低压油腔 G,使 Q 腔卸荷以保证系统压力的稳定。调节螺钉 H 可用来调整系统的稳定压力值。

分流安全阀结构较简单,为直动式溢流,利用液体压力直接与弹簧力相平衡的原理得到转向系统的稳定压力值。当操作转向盘时,油腔 M 与高压油路相通,当系统压力大于弹簧压力时,阀芯 N 右移,压力油由 T 腔通低压油路,使 M 腔卸荷,以保证转向系统压力的稳定。调节螺钉 K 可用来调整系统的稳定压力值。

L 阀为平衡滑阀,通过流量和压力的不断变化,使滑阀 L 向左右移动来改变 R、S 两处的开度,保证去工作油腔 Q 和从出口 PS 去全液压转向器的流量自动平衡,按比例稳定分流。

(3) 倾斜自锁阀的动作

倾斜滑阀装有自锁阀,主要用来防止因倾斜油缸内部负压(吸空现象)可能引起的振动,并避免因误操作手柄发生货物倾翻的危险。一般传统结构,发动机熄火后也能操作倾斜滑阀使之前倾,但采用这种倾斜自锁阀,在发动机熄火时,即使猛推操纵阀杆也不能使门架前倾。倾斜自锁阀的结构见图 4-22,此时倾斜自锁阀处于中位时的状态。

阀体的接口 A、B 分别接到倾斜油缸活塞的前、后腔,当拉出滑阀时(见图 4-20),高压油进入接口 A,后腔的油由接口 B 返回油箱,此时门架处于后倾状态。

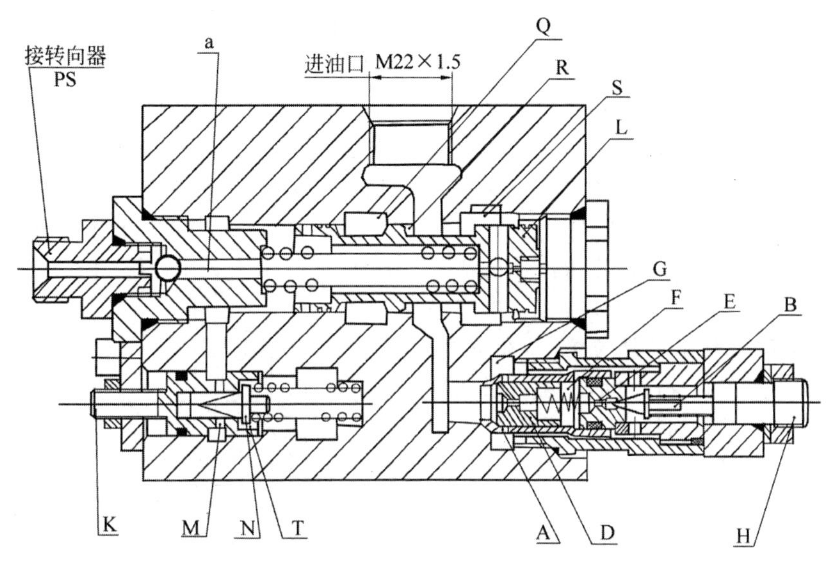

Q,R,S—工作油腔；L—平衡滑阀；G—低压油腔；F—主安全溢流阀内的压力油腔；E,D—固定节流；B—主安全溢流阀先导阀；H,K—调节螺钉；A—主安全溢流阀主阀芯；T—回油腔；N—分流安全阀阀芯；M—转向系统压力油腔。

图 4-21　多路阀进油阀片剖视图

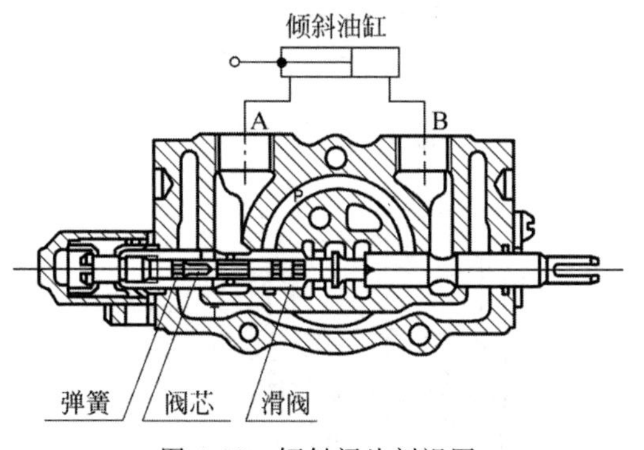

图 4-22　倾斜阀片剖视图
(自锁阀内置在倾斜阀杆中)

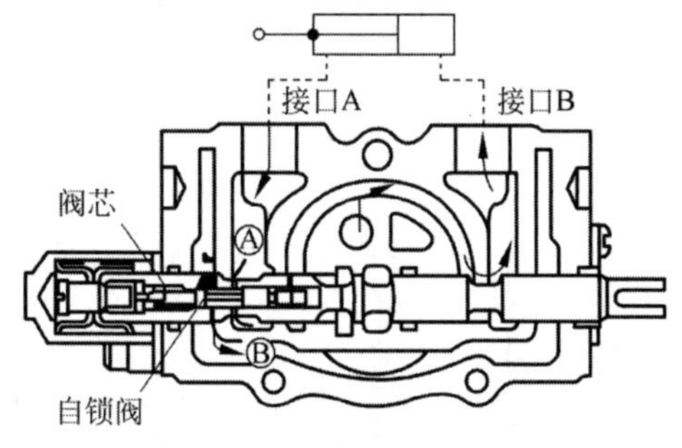

图 4-23　倾斜阀杆推进(泵工作时)

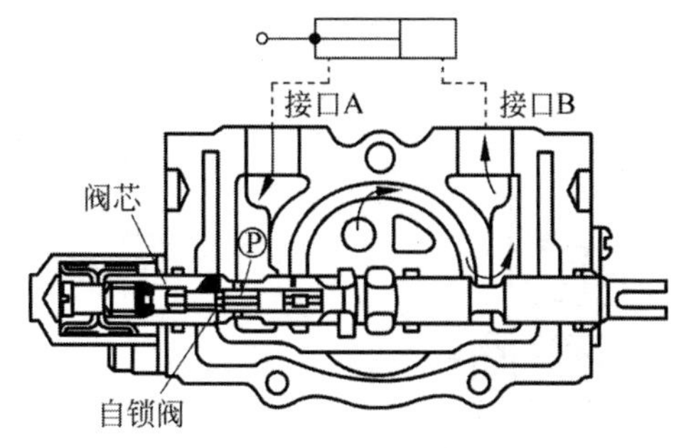

图 4-24　倾斜阀杆推进(泵不工作时)

当推动倾斜滑阀(泵工作状态)(见图 4-23)时,高压油进入接口 B,借助高压油使滑阀中的自锁阀动作,接口 A 接通低压,油缸回油通过阀芯孔Ⓐ、Ⓑ从低压通道回到油箱。

当发动机熄火或停转时(泵不工作时),推动倾斜滑阀(见图 4-24),油缸接口 B 没有油流入,Ⓟ处的压力不上升。因此自锁阀不动作,油缸接口 A 的油不能回油箱,这样倾斜油缸便被锁定,门架不会前倾,倾斜油缸中也不能形成负压。

3) 油缸及相应的控制元件

叉车上所用的油缸一般有起升油缸、倾斜油缸、转向油缸。如加属具,则再加相应的油缸。目的是通过油缸把液体的压力能转换成机械能,输出到工作装置上去,以实现货叉的起升下降和门架的前后倾以及车体的转向等动作。

(1) 起升油缸

大多数叉车的起升油缸采用单作用活塞式液压油缸,它由缸体、活塞及活塞杆、缸盖、切断阀、密封件等组成(见图 4-25)。缸头装有钢背轴承和油封以支承活塞杆及防止灰尘进入。当多路换向阀的升降滑阀置于上升位置时,液压油从分流阀到换向阀进入液压缸活塞下部,推动活塞杆上升,货物被举起。当多路换向阀的升降滑阀置于下降位置时,在货物、门架、货叉架及活塞本身重量的作用下活塞杆下降,液压油被压回到油箱。在缸底部装有切断阀(见图 4-26),若门架升高,高压管破裂可起安全保护作用。

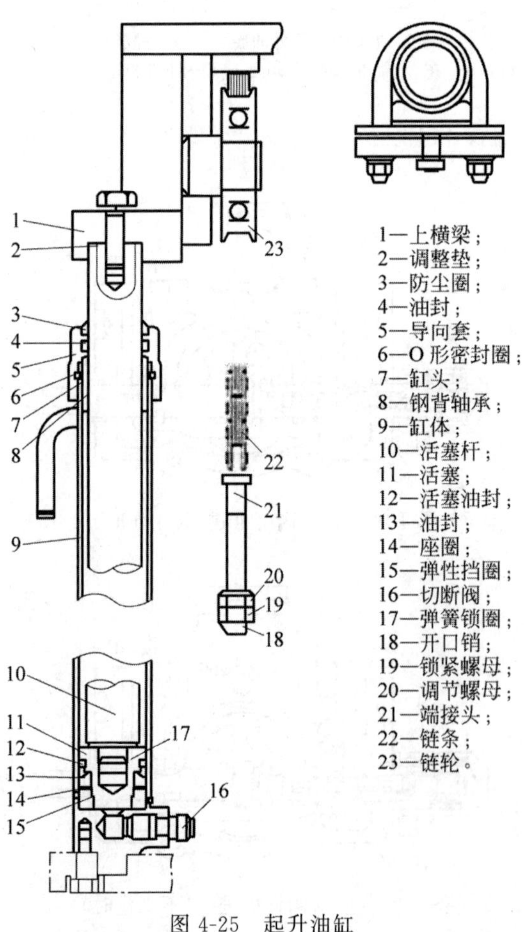

图 4-25 起升油缸

(2) 切断阀的工作原理

在起升油缸的底部装有切断阀(见图 4-26),当高压管突然破裂时,可以防止货物急剧下降。来自起升油缸的油返回油箱时要经过阀芯外圆周上的孔 A,如果油通过孔的流速小于阀的设定值,阀芯前后的压差小于弹簧力,这时阀芯不动,滑阀不动作。如果高压管破裂或其他原因导致通过阀芯孔的流速超过设定值,阀芯前后的压差就会大于弹簧力,从而使阀芯右移,这时孔 A 关闭,货叉不会下降。

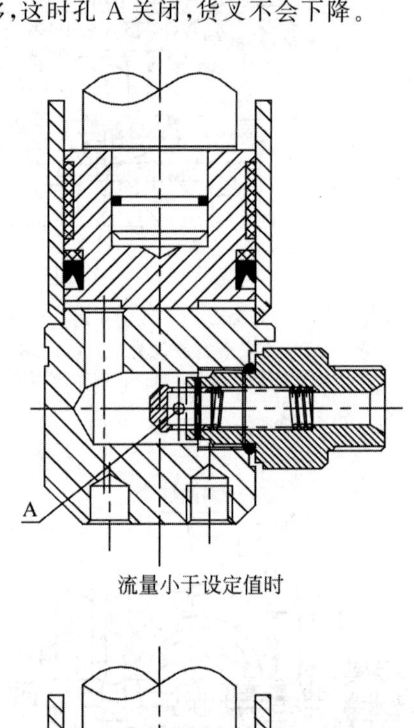

流量小于设定值时

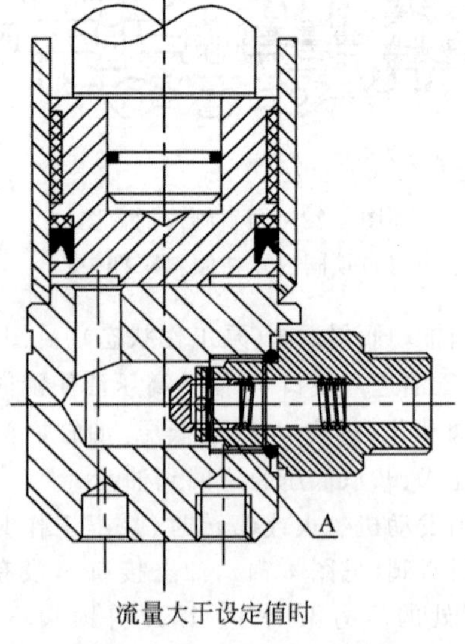

流量大于设定值时

图 4-26 切断阀的工作原理

(3) 限速阀

限速阀装在起升油路中,以便限制货叉重载时的下降速度,其结构如图 4-27 所示。当多路阀的滑阀处于"起升"位置时,来自多路阀的高压油在不受节流的情况下通过腔A、B和孔C、D、E、F以及腔G,再流入起升油缸;当多路阀的滑阀处于"下降"位置时,来自起升油缸的油通过腔G和油孔F、E、D、C以及腔B、A流经整个阀,此时在腔A和腔B之间就产生了压力差,并打开球阀8,当压力差超过弹簧3的弹簧力时,阀芯6向右移动,致使油的流量由于孔D、C的变小而下降,也就减少了通过节流孔的流量。

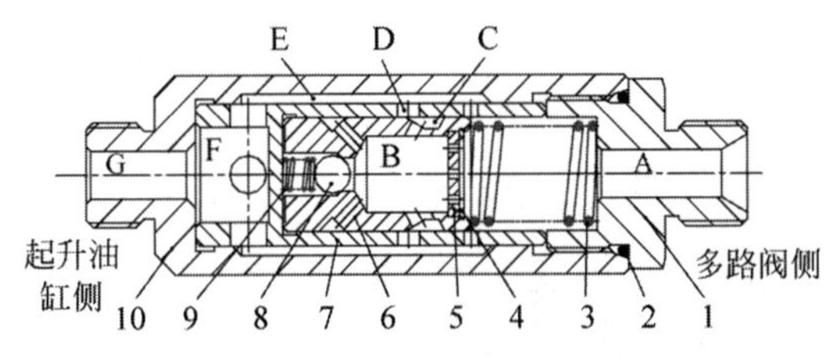

1—限速阀接头;2—密封件;3—弹簧;4—卡圈;5—节流片;6—阀芯;7—阀套;8—钢球;9—单向阀弹簧;10—阀体。

图4-27　限速阀

(4) 倾斜油缸(见图4-28)

倾斜油缸为双作用活塞式液压缸,装于门架两侧,其活塞杆端与门架连接,缸底用销子与车架连接,门架的前倾和后倾是依靠倾斜油缸的动作来完成的。

倾斜油缸主要由活塞、活塞杆、缸体、缸底、导向套及密封件等组成。活塞和活塞杆采用焊接结构,活塞外缘装有一个支承环和两个YX形密封圈,在导向套内孔压配有轴套并装有YX形密封圈、挡环及防尘圈,此轴套支承着活塞杆,密封圈、挡环及防尘圈可防止漏油和防尘,同O形密封圈一道旋到缸体上。当活塞移动时,从一口进油,从另一口出油。活塞杆备有调节螺纹,以调节倾角之间的差数。

当倾斜滑阀前推时,高压油从油缸缸底进入,从而推动活塞向前使门架前倾;当倾斜滑阀后拉时,高压油从缸体前端进入,推动活塞向后,直至门架后倾到位为止。

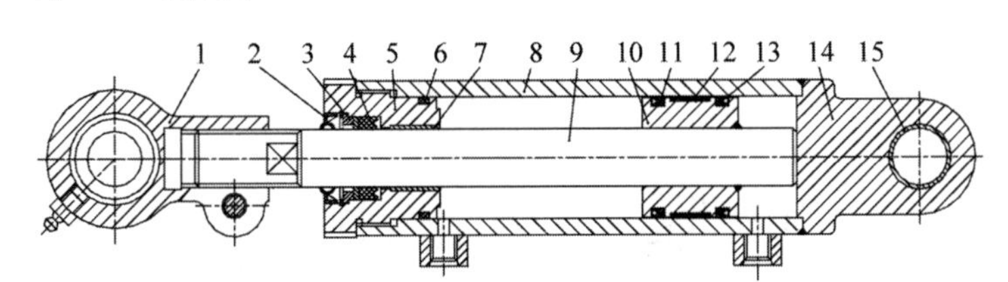

1—耳环;2—防尘圈;3—挡环;4,11,13—YX形密封圈;5—导向套;6—O形密封圈;7—钢背轴承;8—缸筒体;9—活塞杆;10—活塞;12—支承环;14—缸底;15—钢背轴承。

图4-28　倾斜油缸

(5) 全液压转向器(见图4-29)

1～16 t内燃叉车及1～3 t电瓶叉车采用的是BZZ型摆线转阀式全液压转向器。它为开式无路感全液压转向装置,根据转向盘转动的角度大小计量地将分流阀输来的压力油输送给转向油缸而实现转向。当发动机熄火时,油泵不供油,补油单向阀起作用,可实现人力转向。转向器由3个部分组成:行星针齿摆线泵、控制阀、阀体。

行星针齿摆线泵由转子7和定子8组成,定子相当于7个圆弧针齿齿形的固定内齿轮。定子与一个有着6个短幅外摆线等距离曲线齿廓的转子啮合。定子中心与转子中心之间有一偏心距。

控制阀包括阀芯3和阀套9,阀芯通过销轴和联动轴4与转子相连。阀芯与转向盘、转向轴连成一体。在阀套上开有多排油孔,在阀芯上也开有油孔和油槽,当转向盘不转动时,回位弹簧片5使阀套居于中间位置。配油盘起着向摆线泵输配油的作用。在阀体中的高压进油道和低压回油道之间装有单向阀,转向器正常工作时,单向阀关闭;当发动机熄火,油泵停止供油,摆线泵作为手动泵使用时,单向阀开启,供摆线泵吸油用。

(6) 转向油缸(见图4-30)

转向油缸为贯通双作用活塞式的,活塞杆

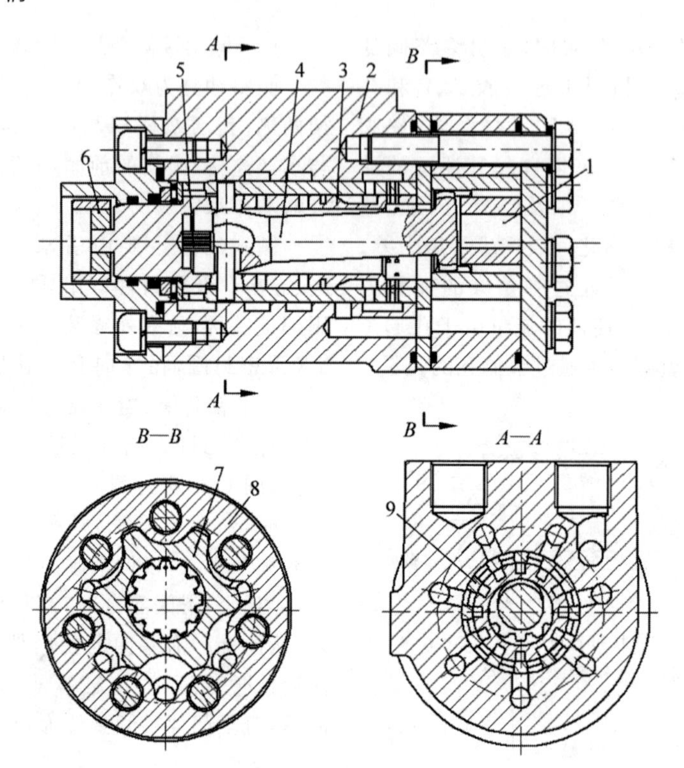

1—限位柱；2—阀体；3—阀芯；4—联动轴；5—弹簧片；6—连接块；7—转子；8—定子；9—阀套。

图 4-29 全液压转向器

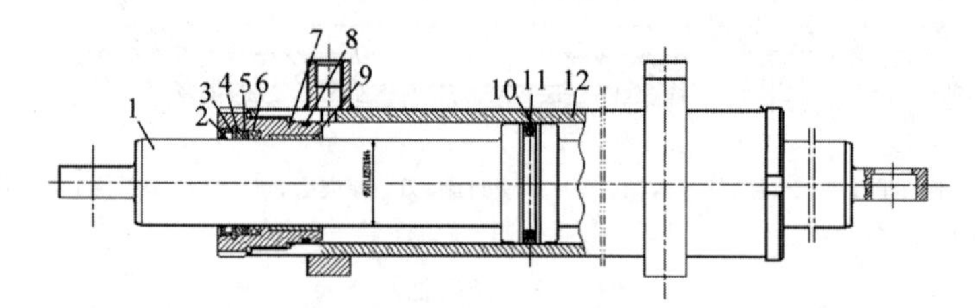

1—活塞体；2—防尘圈；3—挡圈；4—挡环；5—挡片；6—U 形密封圈；7—导向套；8,11—O 形密封圈；9—钢背轴承；10—支承环；12—缸体。

图 4-30 转向油缸

两端通过连杆与转向节相连，活塞密封采用支承环和 O 形密封圈的组合密封，导向套与活塞杆之间采用 YX 形密封圈轴向密封，活塞与活塞杆焊成一体。转向油缸通过缸筒上的支架固定在转向桥体上。来自全液压转向器的压力油通过转向油缸使活塞杆左右移动，从而实现左右转向。

(7) 液压附件

叉车常用的液压附件有液压油箱、呼吸器、滤油器、油管、管接头等。叉车液压油箱的结构如图 4-31 所示，在液压油箱中一般集成组

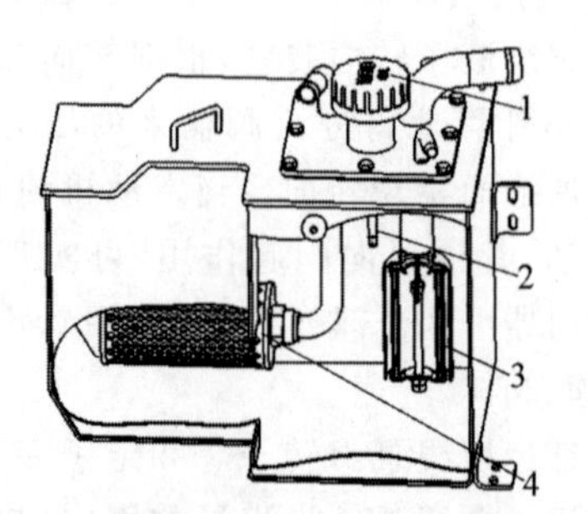

1—加油盖(含呼吸器)；2—液位计；3—吸油过滤器；4—回油过滤器。

图 4-31 液压附件结构示意图

装了吸油过滤器、回油过滤器、呼吸器、液位计等,其最基本的功能是存储油液,散热和分离油液中的空气和杂质。

(8) 液压油

叉车常用的液压油有L-HL液压油、L-HM抗磨液压油、L-HV低温抗磨液压油、L-HS低凝抗磨液压油、抗燃液压油。这些液压油的黏度牌号均以40℃黏度划分为22#、32#、46#、68#、100#等,但其性能各有特点。

L-HL液压油具有一定的抗氧防锈性能,适用于系统压力低于7 MPa(约70 kg)的液压系统和一些轻载荷的齿轮箱润滑。

L-HM抗磨液压油除了具有L-HL液压油的性能外,还具有抗磨性能强的特点。例如,在专门抗磨性能测试中,L-HL液压油的磨损量是600 mg以上,而L-HM抗磨液压油的磨损量仅是20 mg以上,适用于系统压力7～21 MPa(70～210 kg)的液压系统。某些知名品牌企业生产的抗磨液压油,能在系统压力为35 MPa(约350 kg)情况下正常工作。

L-HV低温抗磨液压油、L-HS低凝抗磨液压油均在L-HM抗磨液压油的基础上加强了黏温性能和低温流动性。例如,L-HM抗磨液压油的黏度指数一般在100左右,倾点在－10℃左右,L-HV低温抗磨液压油和L-HS低凝抗磨液压油的黏度指数一般可达130以上,倾点分别在－30℃和－40℃以下,可在寒区或严寒区代替L-HM抗磨液压油使用。

4.3.4 叉车液压系统基本回路

叉车液压系统在完成装卸作业过程中,对输出力、运动方向及运动速度等参数具有一定的要求,这些要求可分别由液压系统的基本回路——压力控制回路、方向控制回路及速度控制回路等来实现。

1. 油泵回路

油泵回路可解决油路中各起升、倾斜、转向油缸是采用单泵、双泵或是三泵供油的问题。

在大吨位的叉车上,由于各油缸所需流量很大,多用两个油泵分别供油。即用一个大油泵供给起升油缸和倾斜油缸;小油泵供给转向油缸。这样两个油泵单独工作,可以互不干扰。但是在某些叉车上也采用单泵供油,这样液压系统结构比较简单,整车容易布置,维修方便,同时也比较经济,所以在叉车上采用单泵供油较为普遍。

采用单泵供油的液压系统,为保证转向油缸的用油,在泵的压油油路上需装设分流阀。分流阀的任务是将油泵的流量按固定比例分流(转向系统优先保证供油),一路由分流阀滑阀阀芯上的固定节流孔经转向器优先进入转向油缸,另一路由分流阀滑阀的环形油道经多路换向阀进入起升油缸和倾斜油缸。采用单稳分流阀的油泵回路液压系统如图4-32所示。

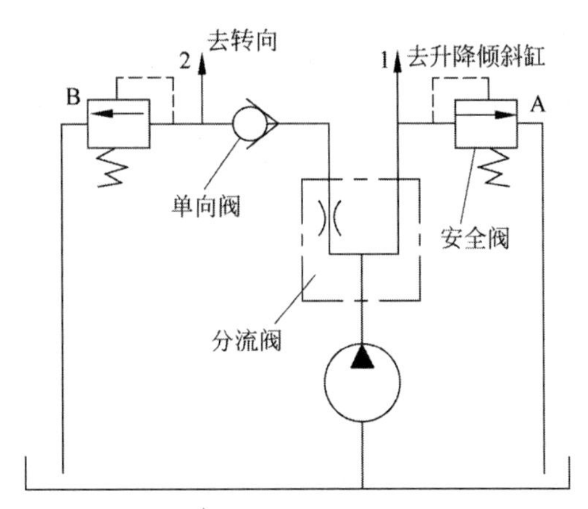

图4-32 采用单稳分流阀的油泵回路液压系统示意图

采用负荷传感液压转向系统油路原理图如图4-33所示。油泵输出的流量,通过优先阀能够按照转向油路需求优先向其分配流量,剩余部分可全部供给起升油缸和倾斜油缸使用,从而消除了由于向转向油路供油过多而造成的功率损失,提高了系统效率。

2. 负载回路

负载回路包括起升油缸和倾斜油缸的油路。起升油缸和倾斜油缸的动作顺序可用分配阀控制。多路换向阀在结构上可以实现几种不同的油路。

1) 并联油路(见图4-34)

并联油路指的是由分流阀来的油不论何时都可以同时进入两个多路换向阀和起升与

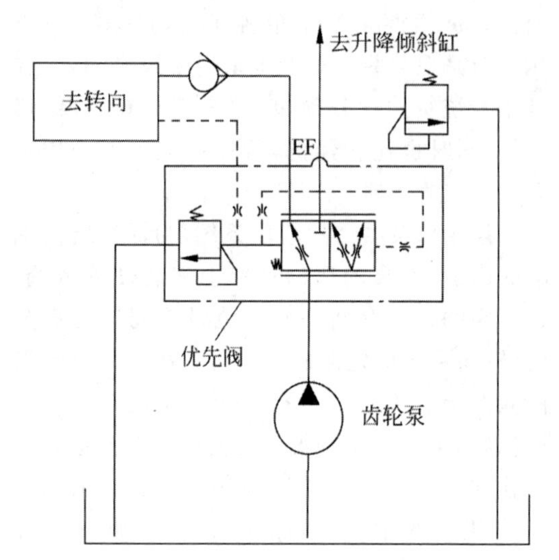

图 4-33 采用负荷传感优先阀的油泵回路

倾斜两个油缸。这种油路的特点是，若起升油缸与倾斜油缸负载压力相等时，则两油缸可同时动作，否则都不能同时动作，如仍要同时动作，必须在负荷小的多路换向阀上进行节流控制。目前许多叉车上都采用这种并联油路。

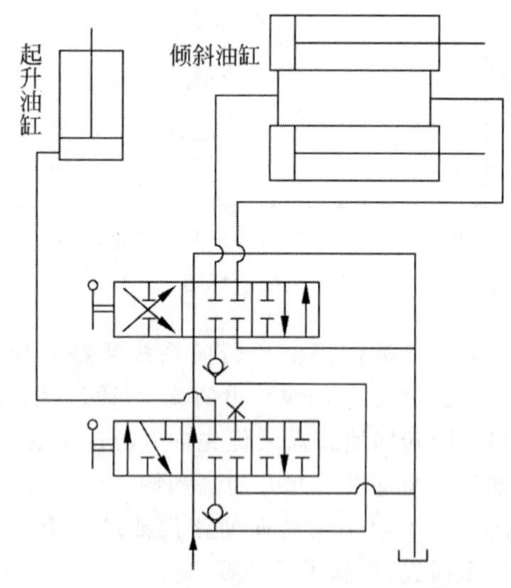

图 4-34 油缸的并联油路

2）先后油路（见图 4-35）

先后油路指的是只要一个油缸动作，去另一油缸的油路就自动被切断，所以起升、倾斜无法同时动作。其优点是使起升、倾斜各动作不相互干扰，比较安全。这种油路在叉车上也有应用。

目前在叉车上，从满足同时动作的要求出

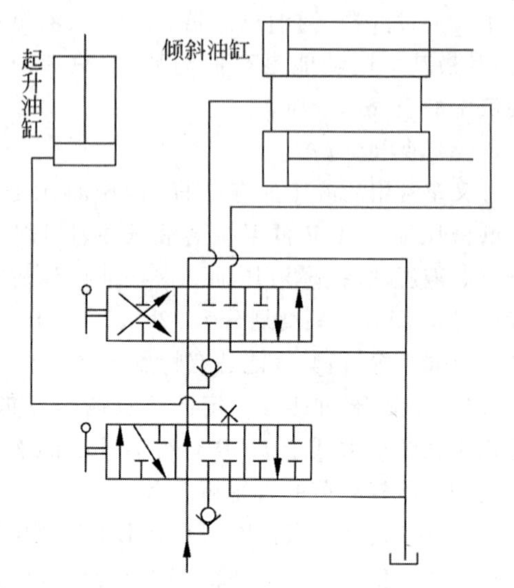

图 4-35 油缸的先后油路

发，多采用并联油路。

3．**卸载回路**

当油缸不工作时，要使油泵处于无负荷的运转状态，也就是要求卸载。如不进行卸载，则油缸停止工作时，油泵打出的油通过安全阀回油箱，因安全阀开启压力很高，所以油泵仍在满载工作状态。这样，不仅会造成功率浪费，而且会使液体过热，引起油质劣化，效率降低。另外，还会加速泵的磨损，使寿命降低。

卸载方法很多，但是在叉车上多采用多路换向阀的卸载回路。上述负载回路（见图 4-34、图 4-35）均表示油缸不工作时，油泵排出的油是通过多路换向阀处于中间位置时无负荷地流回油箱。

4．**安全回路**

叉车液压系统中可能由于超载工作或油缸到达终点油路仍未切断，以及油管堵塞等引起压力突然升高，从而引起油管接头，特别是油泵等液压件损坏，增加漏损。因此，系统中必须设安全保护装置，常用的是安全阀。安全阀一般设置在油泵的出口。若采用共泵分流阀，应将安全阀设置在分流阀之后，这样可以不影响分流阀的分流效果。如图 4-32 所示，安全阀 A 限制工作油缸油路的压力，安全阀 B 限制转向油路的压力。

安全阀的最大调定压力应高于系统工作压力的20%左右,但不得超过油泵所允许的最高压力。

5. 限速回路

当起升油缸的活塞满载下降时,可能出现下降速度过快的情况,从而产生液压冲击,造成振动,致使管路或元件损坏,影响全车的稳定性。另外当满载倾斜时(前倾),由于重力会帮助活塞杆推出,可能使油缸的另一腔来不及供油,出现真空的现象。因此,液压系统应当采取速度限制措施。

1) 起升油缸下降速度的限制

对于起升油缸下降限速的方法主要有两种:一种是节流限速,包括利用分配阀节流(主要靠操作认真熟练,当起升油缸活塞下降时,该油缸多路换向阀的滑阀不要推到极端位置,利用滑阀凸肩节流)和单向节流阀节流;另一种是采用流量调节阀限制。

2) 倾斜油缸前倾速度的限制

对于倾斜油缸前倾限速的方法主要有两种:一种是靠多路换向阀节流限速;另一种是利用单向节流阀限速。

6. 防回跌回路

在多路换向阀进油的阀体内或在进入多路换向阀的高压管路上一般装有单向阀,它的作用是当多路换向阀滑阀自中立位置向两端移动时,要经过一个油泵、油缸和油箱互通的过渡位置,在此时,油缸活塞会因重力作用而自动下降,将油缸中的油压出,通过多路换向阀滑阀的过渡位置回到油箱。因此,当缓慢移动多路换向阀滑阀时,会出现油缸先下降后上升的现象,即所谓的回跌现象,这样对泵将产生冲击。为避免这种现象,阻止液体倒流,叉车上装设了防回跌单向阀。另外,装了单向阀,当起升重载时油泵至多路换向阀一段高压管如突然破裂损坏,可以避免货叉下滑。

4.3.5 叉车液压系统工作原理介绍

叉车装卸工作的完成,是通过液压传动将液压能转换成机械能来实现的。叉车液压传动,是通过动力机构(油泵),将机械能传给液体,形成液体的压力能,输送到执行机构(油缸),再把液体的压力能转换为机械能。而液流的压力、流量(速度)及方向的控制和调节是由控制调节装置(多路阀、分流阀和安全阀等)来完成的,从而满足系统工作性能的要求,实现各种不同的工作循环。

根据上述元件和回路的介绍,为了说明叉车液压系统各组成部件的作用和相互之间的关系,现以一种典型的叉车液压传动系统为例加以叙述,如图4-36所示。

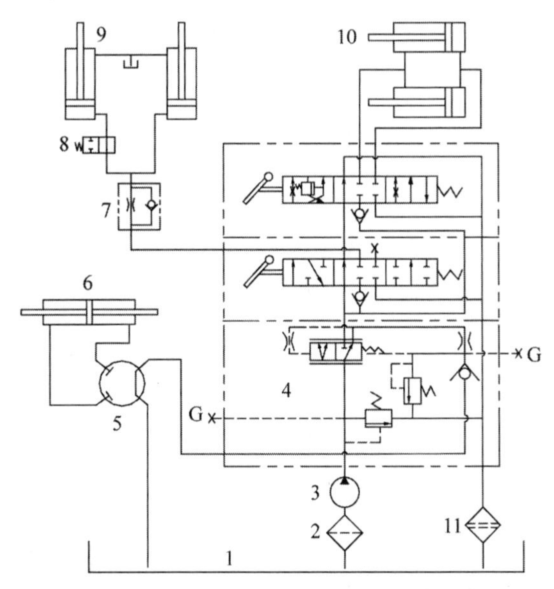

1—油箱;2—吸油滤油器;3—油泵;4—多路换向阀;5—转向器;6—转向油缸;7—限速阀;8—切断阀;9—起升油缸;10—倾斜油缸;11—回油滤油器。

图4-36 典型的叉车液压传动系统原理

油泵3将液压油自油箱1经过吸油管吸出,并将它压入多路换向阀4,并经其中的分流阀分为两部分:一部分将压力油分到起升油缸9或倾斜油缸10,另一部分以恒定的流量分到转向器5,来控制转向油缸6。当起升、倾斜两滑阀处于中立位置时,压力油直接从通道中返回油箱。当拉动起升滑阀时压力油经过限速阀7到起升油缸推动活塞杆上升。当推动起升滑阀时,起升油缸活塞的下部与低压相通,依靠自重或货重使活塞杆下降,此时起升油缸流出的油经过限速阀7使下降速度得到控制。当操作倾斜滑阀时,高压油流入倾斜油缸的前腔或后腔,另一侧则与低压相通,以使门架完成后倾或前倾的动作。

4.3.6 液压系统的维护保养、故障分析与排除方法

1. 维护保养

班前班后检查液压传动系统的管接头、升降油缸、倾斜油缸、油泵、全液压转向器、转向油缸是否有渗漏或严重漏油现象;检查工作油箱内的工作油是否足够;初次使用三个月(或工作 600 h)更换回油滤油器,以后每六个月(或工作 1 200 h)更换一次回油滤油器,更换液压油时也必须更换滤油器。

在正常情况下,每工作 1 500~2 000 h 后应将工作油箱中的油液更换一次。各种牌号的油液不应混合使用。

2. 常见故障与排除方法(见表 4-3)

表 4-3 液压系统常见故障与排除

故障	产生原因分析	排除方法
起重无力或不能起重	① 油泵齿轮与泵体磨损过度,间隙过大。 ② 起升油缸活塞密封件磨损过度,间隙过大,内漏过多。 ③ 多路换向阀中的安全阀弹簧失效。 ④ 多路换向阀的控制阀杆与阀体磨损,漏油过多。 ⑤ 多路换向阀阀体间漏油。 ⑥ 液压管路漏油。 ⑦ 液压油油温过高(应不大于 80℃),油过稀,流量不足。 ⑧ 装载过多	① 更换磨损件或油泵。 ② 更换活塞密封圈。 ③ 更换弹簧。 ④ 将阀杆镀铬后与孔配合,其间隙为 0.01~0.02 mm。 ⑤ 更换密封圈,按顺序拧紧螺钉。 ⑥ 检查密封衬垫、连接螺母有无损坏,拧紧管接头。 ⑦ 更换不合规定的液压油,停车降低油温,检查油温过高的原因。 ⑧ 按规定起重量起重
起升油缸活塞杆下滑量大	① 起升油缸的活塞 YX 形密封圈内泄漏。 ② 多路换向阀的 A 形滑阀内漏。 ③ 起升部分的油路外漏	① 更换 YX 形密封圈。 ② 检查阀杆配合间隙,重新配磨阀杆。 ③ 更换接头中磨损的密封圈,拧紧松动接头
油泵压力不足	① 紧固件处密封圈磨损引起漏油。 ② 液压油混入空气起泡,吸油管路漏气,液压油不够。 ③ 泵盖槽内密封圈损坏。 ④ 轴承套端面磨损。 ⑤ 油泵齿轮磨损。 ⑥ 油泵旋转方向不对	① 更换密封圈。 ② 排除空气,补充液压油。 ③ 更换密封圈。 ④ 更换轴承套。 ⑤ 更换油泵。 ⑥ 更正旋转方向
倾斜油缸自倾量大	① 多路换向阀内漏。 ② 倾斜油缸活塞杆 YX 形密封圈损坏而内漏。 ③ 导向套中 YX 形密封圈和 O 形密封圈损坏而漏油	① 修理阀杆并重新分配阀杆与孔配合间隙达到 0.01~0.02 mm。 ② 更换密封圈。 ③ 更换密封圈

续表

故障	产生原因分析	排除方法
转向沉重	① 油泵通过分流阀供油量不足，慢转转向盘较轻，快转转向盘较沉。 ② 转向系统中有空气，油中有泡沫，发出不规则的响声，转向盘转动，而油缸时动时不动。 ③ 阀体内钢球单向阀失效，快转与慢转转向盘均沉重，并且转向无压力。 ④ 溢流阀压力低于工作压力或溢流阀被异物卡住，轻或空负荷转向轻，增加负荷转向沉。 ⑤ 油液黏度太大	① 检查油泵工作是否正常或分流流量是否满足要求，并采取相应措施。 ② 排出系统中空气，并检查吸油管路。 ③ 检查钢球是否有异物卡住。 ④ 调整溢流阀压力或清洗溢流阀。 ⑤ 使用推荐黏度油液

4.4　叉车的转向系统及转向桥

4.4.1　概述

叉车主要用于货场仓库的装卸或短途运输，工作场地较小，转向频繁，常需要原地转向。因此，叉车对转向的要求比其他车辆更高：轻快灵活，转弯半径小，机动性能好。

转向原理：叉车行驶转向时必须保证所有车轮作纯滚动而无滑动，以减少轮胎磨损和行驶阻力，提高轮胎的使用寿命。要实现这个要求，必须使叉车在转向过程中，所有车轮直线速度矢量的垂线相交于一点，这一点通常称为瞬时转弯中心。

对于三支点叉车，转弯半径中心是前桥中心线与后轮中心线两条延长线的交点(图4-37中O点)，转向时，所有车轮都绕这点作纯滚动。

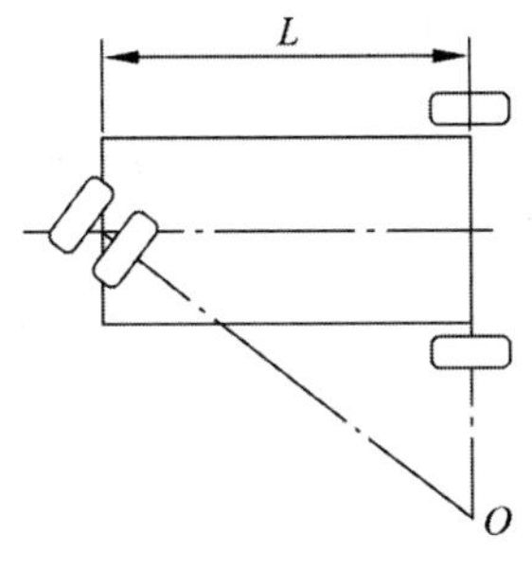

图4-37　三支点叉车转向示意图

对于后桥转向的四支点叉车，转弯中心应是前桥中心线与两后轮各自的中心线的延长线交点(图4-38中O点)。四支点叉车在转向时其内轮的偏转角要比外转向轮的偏转角大，它们之间应符合如下关系：

$$\cot\alpha - \cot\beta = M/L$$

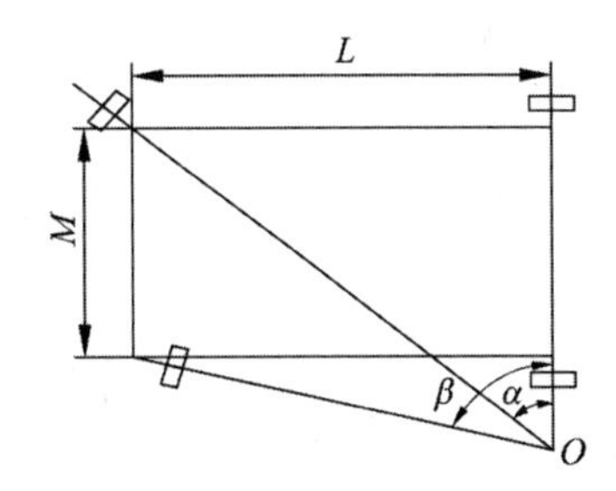

L—轴距；M—转向主销中心距；α—外轮偏转角；β—内轮偏转角。

图4-38　四支点叉车转弯中心

要使内、外车轮在转向时具有不同的偏转角，采用梯形机构便可达到目的。叉车的转向梯形机构一般采用横置油缸式梯形机构，即曲柄滑块机构。

横置油缸式梯形机构(见图4-39)由油缸活塞杆通过连杆推动转向节转动，使转向轮偏转，从而实现转向。其优点是：结构紧凑，简化了梯形结构，减少了直拉杆和球铰，改善了车辆运行时的蛇形状况，布置方便，造价低，左、右转向时转向盘转角相同，最大转角大等。缺点是：转向过程中，油缸活塞杆要承受径向力，调整功能较差，对构件的安装、加工精度要求较高。

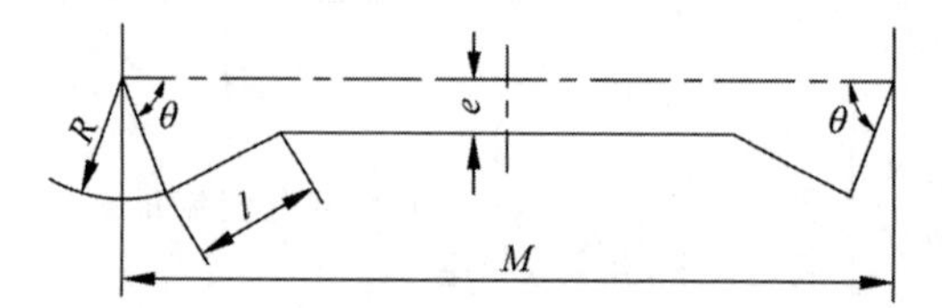

M—转向主销中心距；l—连杆长度；R—转向节臂长度；e—转向油缸中心距；θ—直线行驶时初始角。

图 4-39　转向梯形

4.4.2　转向系统的组成及工作原理

1. 转向系统的组成

叉车转向系统主要由转向操纵系统（转向盘、转向器、转向管路等）、转向油缸和转向桥组成（见图 4-40）。随着技术的进步，目前叉车的转向系统一般采用全液压转向系统，即以全液压转向器取代了机械转向器的转向系统，转向更轻便省力。

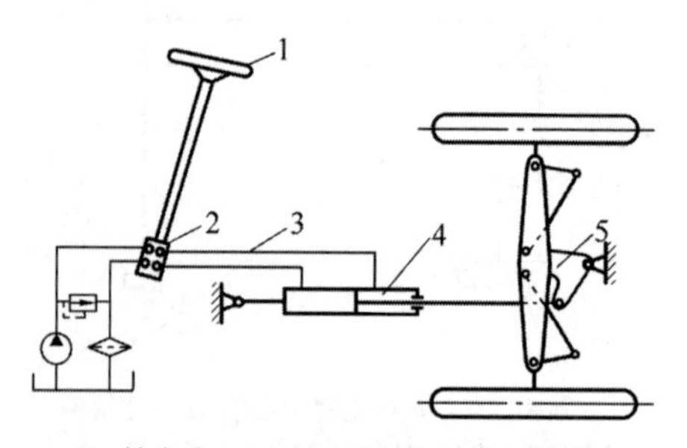

1—转向盘；2—转向器；3—转向管路；4—转向油缸；5—转向桥。

图 4-40　转向系统示意图

2. 工作原理

驾驶员转动转向盘，打开转向器相应油路，根据转向盘转角的大小，来自液压系统的压力油通过转向器流入转向油缸，在转向梯形的作用下，转向轮偏转相应角度，实现转向。

4.4.3　转向操纵系统

转向操纵系统主要由转向盘、转向器、转向轴、转向管柱、转向管路、转向盘调整机构等组成（见图 4-41）。

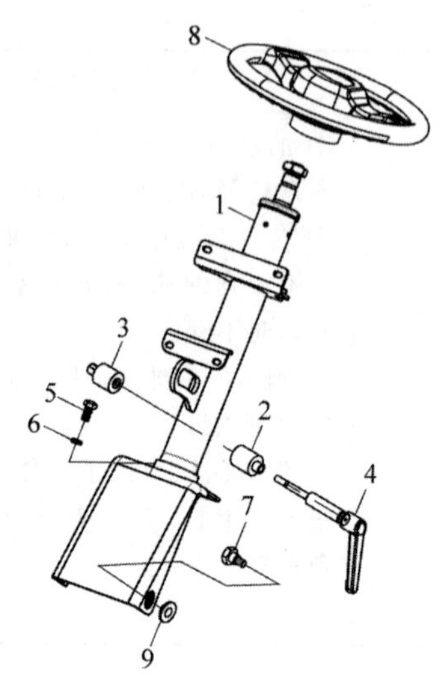

1—转向管柱总成；2—套管；3—螺母；4—手柄总成；5，7—螺栓；6，9—垫圈；8—转向盘总成。

图 4-41　转向操纵系统

在管柱上焊一支架，与仪表架上的转向管柱安装支架通过锁紧杆相连。驾驶员可根据需要来调整转向盘前、后角度，调整范围为 4.5°～6°。为了操纵方便，在叉车的转向盘上，多数装有急转弯手柄，驾驶员左手转动转向盘，右手可同时操纵分配阀或变速箱换挡手柄。

装配时，急转弯手柄放在左侧，一般控制在时钟方位 7—10 点。

4.4.4　全液压转向器

全液压转向器按配油阀的结构形式，可分为摆线转阀式和摆线滑阀式两种，叉车常用的是摆线转阀式全液压转向器，又称奥尔比特转向器。全液压转向器是全液压转向装置的核心部分，具有操作轻便、动作迅速、重量轻、体积小、便于安装的特点。其原理与结构在前面讲述液压系统时已经描述，不再赘述。

4.4.5　转向桥的组成及工作原理

叉车转向桥的安装采用中间支承式，通过缓冲垫或轴承座连接到车架后部尾架上，其作用主要有：

（1）承担叉车的后部重量。

（2）承受行驶时道路对叉车后轮的各种作用力和力矩，并且吸收振动和冲击。

(3) 除承受垂直力外，还承受由车体传来的纵向力和车轮转向侧滑时产生的横向力，并将其传给转向轮。

横置油缸式转向桥主要由转向桥体、转向油缸、连杆、转向节和转向轮等零件组成，如图 4-42 所示。

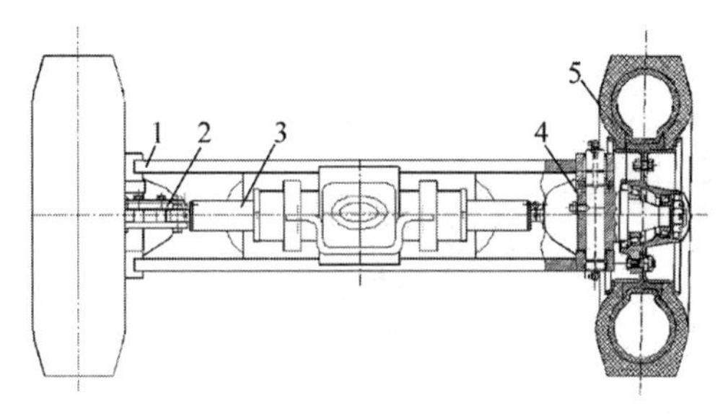

1—转向桥体；2—连杆；3—转向油缸；
4—转向节；5—转向轮。

图 4-42 横置油缸式转向桥

1. 转向桥体

转向桥体在 20 世纪通常采用工字形断面材料焊接而成，随着制造技术与工艺的提升，在 20 世纪后小吨位（1～3.5 t）叉车转向桥体多采用铸造成型（见图 4-43）。转向桥体与转向节的连接方式，通常有拳形和叉形两种结构（见图 4-44）。转向油缸通过支架固定在桥体上，1～3 t 叉车采用限位螺钉装在桥体筋板上，用来控制最大转向角限位（外限位）；5～10 t 叉车采用转向油缸限位（内限位）。

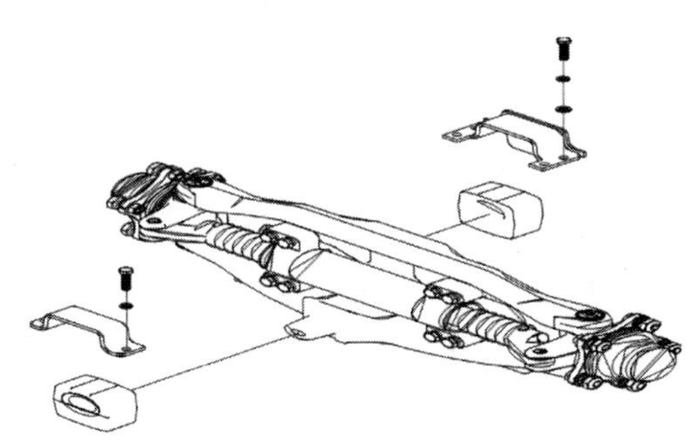

图 4-43 铸造转向桥

2. 转向节

转向节位于转向桥体两端，通过转向主销，将转向节、推力轴承、滚针轴承、防尘罩、O 形密封圈装在桥体两端的上下之间，转向节与转向主销的固定采用紧定螺钉，可绕桥体转动，外载由桥体上部的推力轴承来承受。

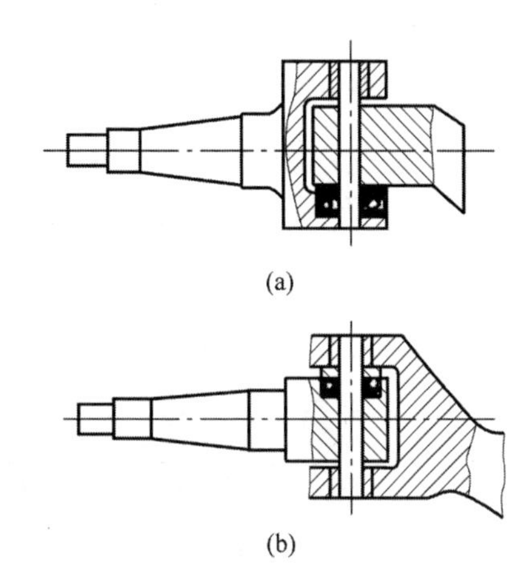

图 4-44 转向桥体与转向节连接简图
(a) 拳形结构；(b) 叉形结构

3. 转向轮

转向轮总成由轮毂、轮胎、轴承、端盖、油封、紧固件等组成，承受车体的重量和地面上的各种力。轮毂用两个圆锥滚子轴承及紧固件等装在转向节轴上，车轮通过轮辋安装到轮毂上，轴承内侧装有油封，使润滑脂保持在轮毂和转向节腔内，螺母用来调整轴承松动程度。

4. 轴承

转向桥共有 3 种轴承：推力轴承、滚针轴承、圆锥滚子轴承，主要根据转向桥的受力情况进行选择。

5. 转向油缸

横置式转向油缸为贯通双作用活塞式，两端与连杆相连，活塞密封件采用支承环和 O 形密封圈的组合密封，导向套与活塞杆之间采用 YX 形密封圈轴向密封，导向套与缸筒间采用 O 形密封圈轴向密封，活塞与活塞杆焊成一体。α 型内燃车和电瓶车在油缸内加浮动轴套，通过两侧缸盖把油缸固定在桥体上；H2000 型内燃车油缸内无轴套，通过缸筒上的支架把油缸固定在转向桥体上。活塞杆头部装有关节轴承，既可润滑又可调节摆动量。

横拉杆式转向油缸是双作用活塞式。油缸一端接头总成安装在车体支座上，另一端活塞杆装在转向桥的三连板上。活塞密封件采用支承环和 O 形密封圈的组合密封，导向套与活塞杆之间采用 YX 形密封圈轴向密封，导向套与缸筒间采用O形密封圈轴向密封，活塞与活塞杆之间通过紧固件连接在一起。

4.4.6 三支点叉车的转向系统及工作原理

对于三支点叉车，转向时都是将位于车辆纵向中心面处的单个车轮(或两个并置的车轮)作为转向轮，绕垂直于路面的轴线转动一个角度，偏转后前后车轮的轴线始终交于转向中心线上，曲线行驶时总能满足所有车轮作纯滚动的要求，三支点叉车转向装置外形见图4-45。

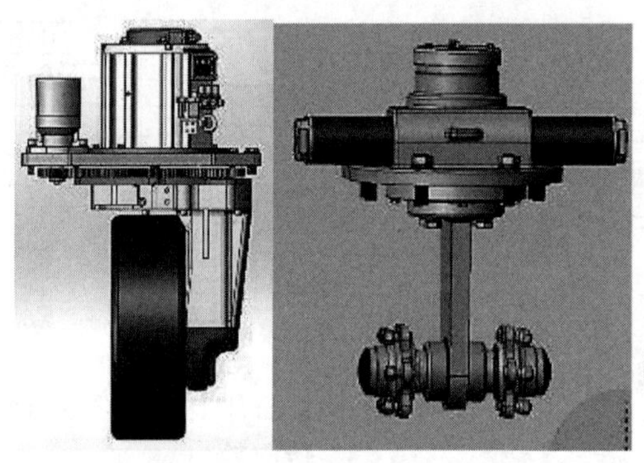

图4-45 三支点叉车转向装置外形

电动平衡重式三支点叉车的转向方式主要有电转向和全液压转向。电动平衡重式叉车的三支点和四支点的全液压转向系统原理相似，一般由转向盘、转向轴、液压转向器、电机、泵、转向油缸、转向桥等部件组成，只是转向油缸和转向桥的结构不同。

对于采用单泵分流技术的液压转向叉车，一个油泵分别给转向和工作装置两部分供油。当无转向需求时，仅有少量油液经转向器回到油箱，大部分油液去其他工作回路；当有转向需求时，转向器内的变量节流阀阀口的开启截面变化，由于需要驱动转向轮，转向系统的油压也发生变化，打破原有的平衡状态，优先满足转向所需液压油的压力和流量，实现转向。转向完成后，优先阀恢复到原有的平衡状态。

如图4-46所示，三支点叉车液压转向装置主要由液压马达、转向齿轮Ⅰ、转向齿轮Ⅱ组成。转向齿轮Ⅰ安装在液压马达的输出轴上，转向齿轮Ⅱ固定在驱动装置的箱体上。转向时，液压马达带动转向齿轮Ⅰ，通过齿轮副的啮合，直接带动驱动装置旋转，实现车辆转向。

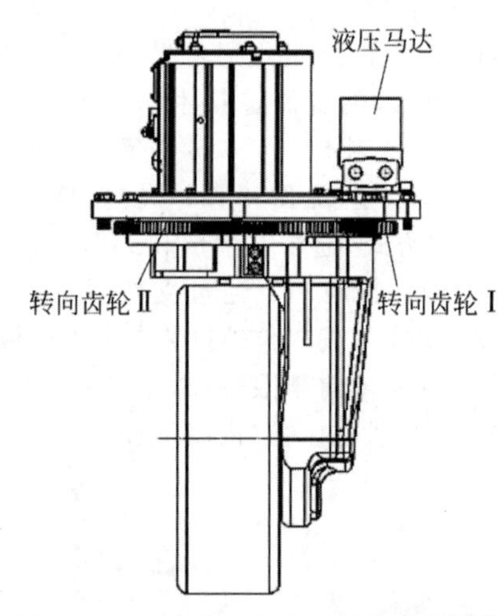

图4-46 三支点叉车液压转向装置结构

电转向的转向系统主要由转向盘操纵总成、电转向控制器、转向电机、转向减速机构等组成，三支点叉车电转向装置结构如图4-47所示。该系统的工作原理：转向盘转动时产生转角信号，转角传感器检测转向盘的给定信号并把信号送入电机控制器，电机控制器对这些信号进行处理后对转向电机进行控制，经过转向减速机构减速，使转向轮按规定的方向转动规定的角度。

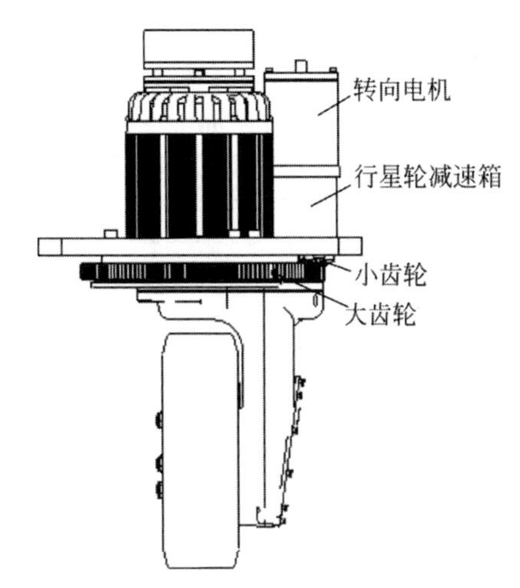

图 4-47 三支点叉车电转向装置结构示意图

4.4.7 转向系统使用注意事项、常见故障及排除方法

1. 转向桥安装注意事项

(1) 转向轮轴承预紧载荷的调整,步骤如下:

① 如图 4-48 所示,对轮毂、内外轴承及轮毂盖的内腔加润滑脂,同时给油封的唇口涂一些润滑脂。

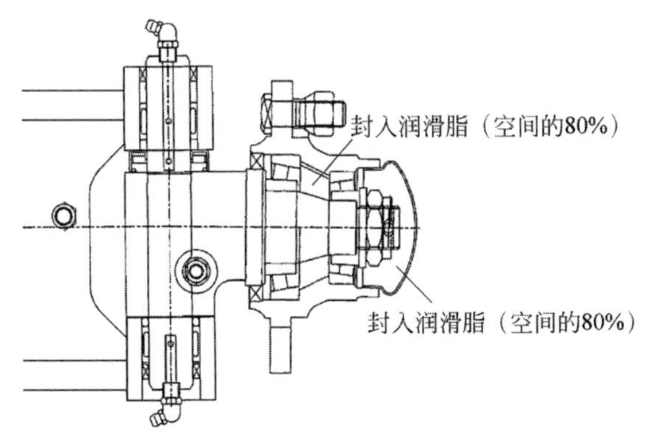

图 4-48 添加润滑脂和预紧载荷调整

② 把轴承外圈固定到轮毂上,把轮毂装到转向节轴上。

③ 装平垫圈并拧紧槽形螺母,其力矩为 206～235 N·m(21～24 kg·m),松开槽形螺母,然后再拧紧该槽形螺母,其力矩为 9.8 N·m (1 kg·m)。

④ 用木榔头轻轻敲打轮毂,将轮毂转动 3～4 圈,以保证轮毂没有松动。

⑤ 拧紧槽形螺母,使槽子对准转向节上的开口销孔。

⑥ 再用木榔头轻轻敲打轮毂,用手将轮毂转动 3～4 圈,以确保转动平稳,并测定轮毂的转动力矩,其值为 2.94～7.8 N·m(0.3～0.8 kg·m)。

⑦ 当转动力矩高于规定值时,可以退回 1/6 圈,再测定其转动力矩。

⑧ 当达到规定的转动力矩后,用开口销锁住槽形螺母。

(2) 转向桥装在车架上时,应控制支承座与桥体的轴向间隙≤1 mm(H2000 型装缓冲垫),间隙通过缓冲垫补偿,轴向间隙不需要调整,调整间隙后,螺栓涂密封胶。1～3 t 叉车的紧固力矩为 171.5 N·m。当间隙过大时,桥体窜动;当间隙过小时,转向桥摆动不灵活。

(3) 撤换轮胎时,应注意当装上新轮胎后,在轮毂螺栓上涂密封胶,以确保轮毂螺母的紧固力矩。对 1～3 t 叉车,其力矩值为 160 N·m。

2. 转向桥的调整

(1) 当最小转弯半径超过标准值时,可以调整限位螺钉,通过增加转向角度来减少转弯半径(注意:轮胎与车体、桥体间无干涉)。

(2) 若转到极限位置时,限位块仍未碰到限位螺钉,可先检查油缸是否到位,然后再调高转向安全阀的压力以减少转弯半径。

3. 转向系统的维护保养

(1) 转向主销每 40 h 需要进行点检,主销上、下弯颈式润滑油嘴每 300 h 需要补充润滑油脂;转向油缸活塞杆与连杆,左、右转向节臂与连杆回转连接处每 40 h 需要进行点检,每 300 h 需要补充润滑油脂。

(2) 转向轮毂处的轴承每隔 1 200 h 需要重新更换润滑脂。

(3) 日常维护时应注意检查转向系统的工作状态。转向时,作用在转向盘上的手操作力应为 10～25 N,左、右转向作用力相差不大于 10 N;当叉车以最大速度直线行驶时,不准有明显的蛇形现象。(如有故障,应对照表 4-5 进行分析排除。)

(4) 转向系统定期保养见表 4-4。

表 4-4 转向系统定期保养

检查项目	检查内容	每天（8 h）	每月（200 h）	3个月（600 h）	6个月（1 200 h）	每年（2 400 h）
转向盘	自由行程大小		○	○	○	○
	间隙大小	○	○	○	○	○
	轴向是否松动	○	○	○	○	○
	径向是否松动	○	○	○	○	○
	工作状态是否正常	○	○	○	○	○
转向器	安装螺栓是否松动		○	○	○	○
	接头是否渗漏		○	○	○	○
后桥转向节	主销是否松动或损伤		○	○	○	○
	弯曲、变形、裂缝或损伤情况		○	○	○	○
	安装情况		○	○	○	○
转向油缸	操作情况	○	○	○	○	○
	是否渗漏	○	○	○	○	○
	安装时和铰接时是否松动		○	○	○	○

注：○表示检查、拧紧/校正/更换。

4. 转向系统的主要故障及排除方法

1）转向系统重装后检查

（1）左右转动转向盘并打到底，看左右用力是否均匀，转动是否平稳。

（2）检查油压管路布置是否正确，左右转向是否装反。

（3）顶起后轮，缓慢左右转动转向盘，反复几次，排出液压管路和油缸中的空气。

2）转向系统常见故障与排除（见表 4-5）。

表 4-5 转向系统常见故障与排除方法

问题	产生原因分析	排除方法
转向盘转不动	油泵损坏或出故障	更换
	分流阀堵塞或损坏	清洗或更换
	胶管或接头损坏或管道堵塞	更换或清洗
转向盘重	分流阀压力过低	调整压力
	油路中有空气	排出空气
	转向器复位失灵，定位弹簧片折断或弹性不足	更换弹簧片
	转向油缸内漏太大	检查活塞密封，必要时更换
叉车蛇行或摆动	转向流量过大	调整分流阀流量
	弹簧断或无弹力	更换
工作噪声大	油箱油位低	加油
	吸入管或滤油器堵塞	清洗或更换
漏油	转向油缸导向套密封损坏，管路或接头损坏	更换

3）叉车的蛇行现象

当叉车直线行驶时，虽然驾驶员握住转向盘不动，但转向车轮在左右方向自由偏摆，像蛇一样弯曲行进，这种现象称为蛇行。叉车蛇行是一个比较复杂的问题，影响因素很多，主要有以下几个方面：

（1）转向系统中杆件连接处的间隙是出现蛇行现象的必需条件。由于设计不当、制造质量低、使用后造成的磨损未能及时调整等原因，会在转向系统杆件连接处产生过大的间隙。间隙的存在使车轮有可能承受路面的冲击和车轮的不均衡力矩的作用，虽然转向盘不转动，但车轮在间隙范围内左右偏转，从而产生蛇行。间隙量越大，蛇行现象越严重。因此在叉车的设计、制造及使用保养中要注意对间隙的控制、检查和调整。此外，杆件间的制造间隙，或使用后造成的磨损未能及时调整，都会造成叉车蛇行。制造间隙越大，磨损越严重，则蛇行现象越严重。

（2）转向车轮在滚动平面内不平衡，叉车行驶时车轮产生离心力，也是导致叉车蛇行现象的重要原因。叉车行驶速度越高，车轮的不平衡度越大，则蛇行现象越严重。平衡不好的转向车轮在滚动时会产生离心力，离心力的方向随着车轮滚动作360°周期性变化，当离心力P转到车轮轴线垂直面$A—A$的一侧时（见图4-49(a)），离心力对转向主销产生一个转矩Pa，使车轮朝一侧偏（见图4-49(b)）；而当离心力转到$A—A$平面另一侧时，转矩的方向改变，车轮就向另一侧偏转。只要转向杆系中存在间隙，即使转向盘不动，转向车轮在离心力的作用下，也会以和车轮转速相等的频率左右偏摆，出现蛇行。叉车行驶速度越高，车轮不平衡度越大，则叉车的蛇行现象越严重。在设计和制造转向车轮时，要特别注意车轮的平衡（静平衡、动平衡）。

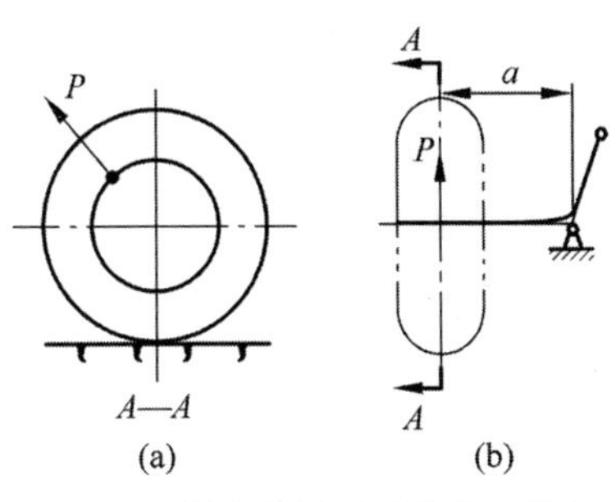

图4-49　转向车轮不平衡力矩作用
(a) 离心力；(b) 不平衡力矩

（3）当转向形式为机械转向而非动力转向时，由于系统中杆件的增加，出现蛇行现象的可能性增加。

（4）设计转向桥时，采用一定的主销内倾角能对减少蛇行现象起一定的作用。从理论上讲，增大主销内倾角能使转向车轮自动回正的能力增加，有利于克服蛇行现象。但是，增大主销内倾角必然使正常转向时的转向阻力增加，影响操纵轻便性，这对于经常需要以最小半径转弯的叉车来说并不合适。

（5）转向器结构设计的不合理及中位时的内漏，也会造成叉车的蛇行现象。如果不考虑其他因素，单纯评论转向器本身的构造对叉车的影响，则转向器的逆转效率越低，对蛇行的防止越有效。但转向器的构造对叉车蛇行来说不是主要影响因素。

综上所述，消除叉车蛇行最有效的措施是控制转向杆系的间隙量和保证转向车轮的平衡。另外，采用动力转向有助于减少蛇行现象的出现。

4.5　叉车的制动系统

4.5.1　概述

叉车的制动系统是制约叉车行驶运动的装置，它可以用来降低叉车的行驶速度，直至完全停车，以及防止叉车在下坡时超过一定的速度并保证叉车在坡道上停放。叉车的制动系统是叉车安全行驶和顺利进行作业必不可少的。

叉车的制动系统通常由行车制动和停车制动两个独立部分组成。行车制动由驾驶员通过制动踏板操纵，使叉车在行驶中减速直至停车。当驾驶员踩下制动踏板时，产生制动；放松制动踏板时，制动消失，因此行车制动也称为脚制动。停车制动主要用于坡道停车，一般用手操纵，故又称为手制动。停车制动有制动锁止机构，可以保证驾驶员离开叉车时也能可靠停车。若遇有紧急情况，两套制动可同时使用。

4.5.2　制动系统的组成

1. 行车制动系统的组成

行车制动系统采用底部安装形式，制动机构安装在车架上，主要由制动踏板、总泵、制动器组成。行车制动的原理如图4-50所示。脚踏力通过制动踏板和推杆传递到制动总泵上，通过制动总泵输出油压力，油压力再通过制动油管总成输送到驱动桥上的油路连接口，到达左右车轮制动器，推动制动器内的执行机构，产生制动。当制动踏板松开后，制动总泵活塞在弹簧的作用下被推回，制动介质压力降低，车轮制动器的制动消除。

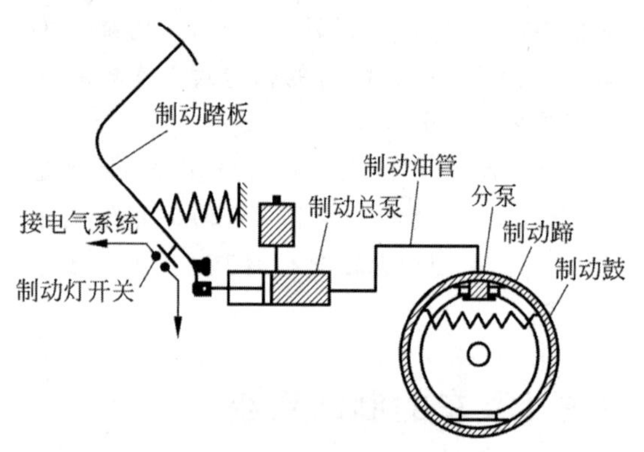

图 4-50 行车制动原理图

2. 停车制动系统的组成

常用的停车制动系统为手拉式机构。车辆停车后，拉动制动手柄(见图 4-51)，制动器抱死，车辆处于驻车制动状态，制动器可以提供在坡道和平地停车所需的不同制动力。从叉车安全操作角度考虑，车辆在停车并通电状态下，如果驾驶员离开座椅时未拉动制动手柄或拉动距离很小，可以设置车辆报警。

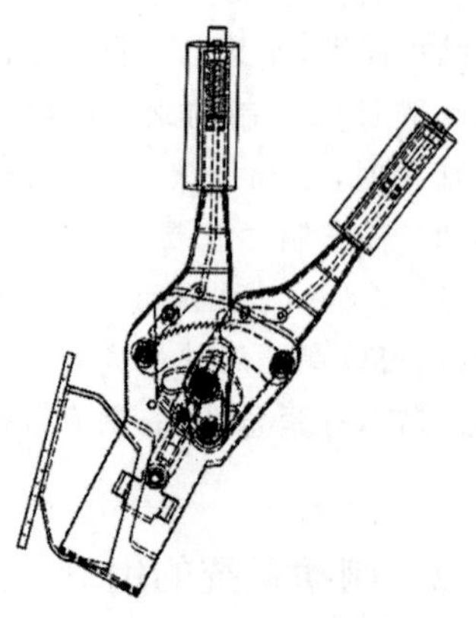

图 4-51 停车制动手柄

电动平衡重式叉车也可采用电制动实现停车制动，即钥匙开关关闭、紧急断电开关关闭或整车电源断开时，电磁驻车制动器启动，锁紧牵引电机输出轴，制动器自动抱死，车辆自动处于驻车状态。当操作方向开关并踩下加速踏板后，电磁驻车制动器自动松开，叉车可以正常工作。

4.5.3 制动操纵机构的组成及工作原理(行车制动)

行车制动系统为前双轮制动式，由制动总泵、至轮边制动器和制动踏板机构组成(见图 4-52)。

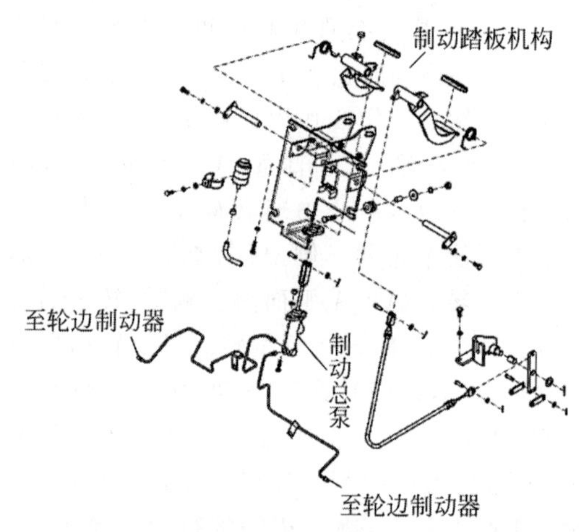

图 4-52 行车制动系统

1. 制动踏板

制动踏板装置如图 4-52 所示，通过支架安装在前板上。踏板运动时推动挺杆使活塞运动，从而使制动油路中的压力增加。

2. 制动总泵

1) 制动总泵——动力制动(见图 4-53)

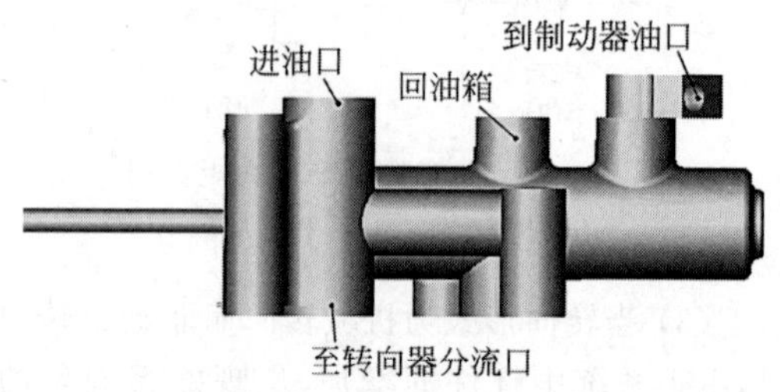

图 4-53 动力制动总泵

动力制动总泵将来自齿轮泵的高压油储存在泵体内部，多余的压力油经过回油口回至油箱。当车辆的转向器开始工作时,泵体压力油流向转向器,减少了回油流量;当踩下制动踏板时,来自齿轮泵的高压油作用在阀体内部的活塞上,将泵体内部的液压油压向制动分泵,实施助力制动。当发动机或齿轮油泵存在损坏时,驾驶员可以继续踩动制动踏板,此时储存在泵体内部的液压油被活塞顶入制动器,从而使得在行驶过程中的车辆停止,等待修理。

2)制动总泵——普通制动(见图4-54)

普通制动总泵包括一个阀座、一个单向阀、一个回位弹簧,以及主皮碗、活塞和辅皮碗等。其端部用止动垫圈和止动钢丝固定,外部通过橡胶防尘盖进行防护,总泵活塞是借助操作制动踏板通过推杆来动作的。当踏下制动踏板时,推杆向前推活塞,泵体中的制动液通过回油口流回到贮油罐,直至主皮碗阻住回油孔为止,在主皮碗推过回油口后,总泵前腔中的制动液受到压缩并打开单向阀,从而通过制动管路流向分泵,这样,每个分泵活塞向外伸出,使制动蹄摩擦片和制动鼓接触,达到减速或制动的效果,此时,活塞后腔被回油口和进油口来的制动液所补充。当松开制动踏板时,活塞被回位弹簧往后压,同时各个制动分泵中的制动液也受制动蹄回位弹簧压缩,使制动液通过单向阀返回到总泵(活塞前腔),活塞回到原位,总泵里的制动液通过回油口流回油箱,单向阀的压力调整到和制动管路及制动分泵中的剩余压力成一定的比例,使得分泵皮碗安放正确以防漏油,以及消除紧急制动时可能出现的气阻现象。

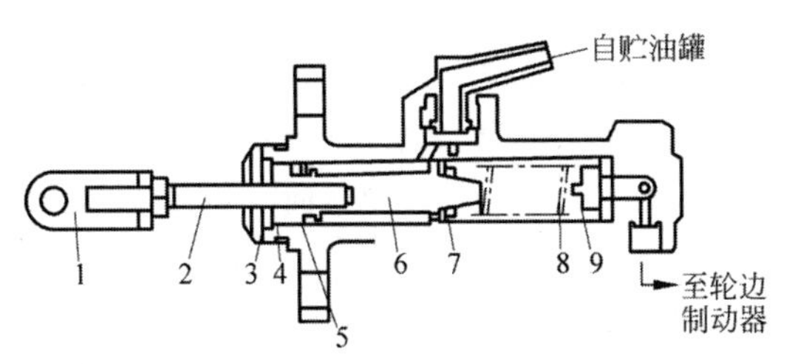

1—连接杆;2—推杆;3—防尘盖;4—弹性垫圈;5—辅皮碗;6—活塞;7—主皮碗;8—弹簧;9—单向阀。

图4-54　普通制动总泵

4.5.4　全液压动力制动系统的组成及工作原理

1. 全液压动力制动系统的组成及工作原理

随着科技的发展与进步,目前5 t以上的叉车一般采用全液压动力制动系统。全液压动力制动系统由制动阀、轮边制动器和蓄能器等组成,油泵输出的液压油分别通往制动阀和蓄能器。当液压制动阀未动作时(未实施制动,图4-55所示位置),油泵输出的液压油经制动阀回油箱。当踏下制动踏板时,制动阀内部油道发生变化,油泵输出的液压油经制动阀可向制动分泵提供压力油以实施制动,同时也向蓄能器充液。

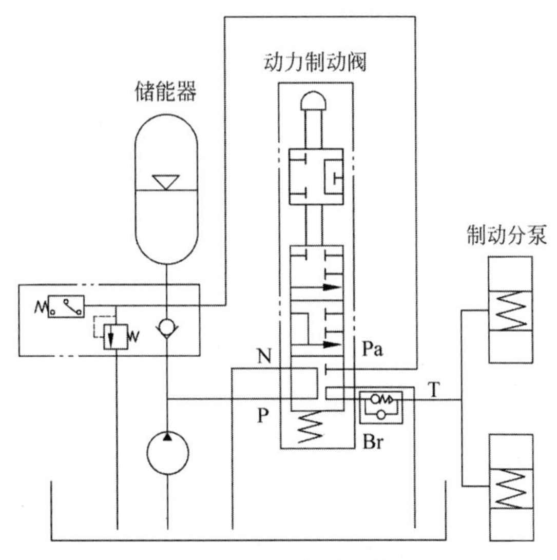

图4-55　全液压制动系统原理

发动机熄火后,全液压动力制动系统具有紧急制动的功能。

2. 制动阀的结构及工作原理

制动阀是全液压动力制动系统的核心元件,结构如图4-56所示。该阀共有5个控制油口(P、N、B_r、T、P_A),分别接油泵、转向或油箱、制动分泵、油箱和蓄能器,主要由推杆13、推杆活塞10、弹簧8、滑阀7、回位弹簧6、反馈活塞5、闭合阀杆3和单向球阀12等零件组成,有以下4种工作状态。

1）未制动状态（自由状态）

此时各零件所处位置为图 4-56 所示状态。P 口与 N 口接通而与 E 腔断开，油泵输出的液压油流经 P、N 口回油箱（或供转向）、制动分泵内的油液经 B_r 口、F 腔、E 腔、滑阀 7 和推杆活塞 10 内的小孔从 T 口流回油箱，制动器脱开。此时 P_A 口由于球阀 12 的单向作用与 F 腔断开。

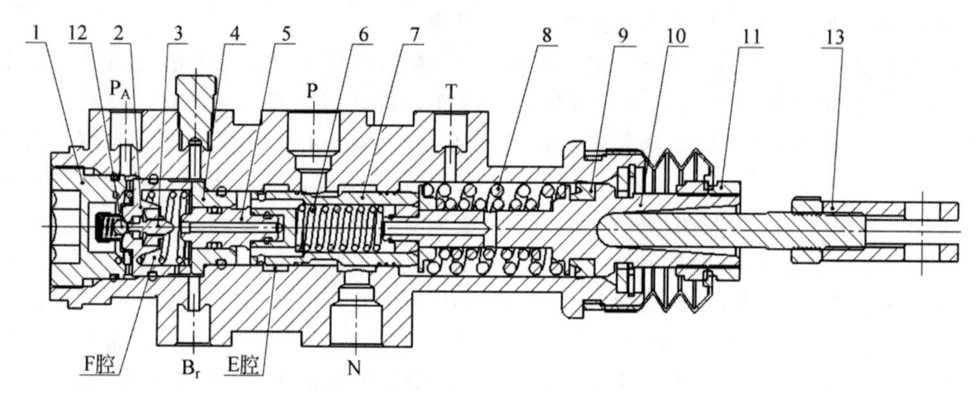

1—螺塞；2—阀座；3—闭合阀杆；4—导套；5—反馈活塞；6—回位弹簧；7—滑阀；8—弹簧；9—皮碗；10—推杆活塞；11—限位螺母；12—单向球阀；13—推杆。

图 4-56　制动阀结构

2）制动状态

当踏下制动踏板时，推杆 13、推杆活塞 10 左移，同时弹簧 8 推动滑阀 7 和反馈活塞 5 左移，先关闭 E 腔与 T 口之间的通道，之后，打开 E 腔与 P 口之间的通道，此时虽然 P 口通过 E 腔、F 腔与 B_r 口接通，但同时又与 N 口相通，因而 P 口基本无压。

随着滑阀 7 进一步左移，逐渐关闭 P—N 之间的通道，P 口压力增加、B_r 口和制动分泵压力随之增加，制动开始，同时油泵输出的压力油向蓄能器充液，此压力同时作用在反馈活塞左侧，产生一个向右的推力，与弹簧 8 的压缩力平衡，这样，B_r 口制动压力（二次压力）的升高就与推杆 13 的行程呈线性比例关系，同时制动压力通过阀内相关零件及杆件传到驾驶员脚上，使驾驶员能感受到制动力的大小。推杆活塞上装有限位螺母 11，在制动过程中，当其顶到阀体挡板时，推杆停止移动，B_r 处的压力达到最高，也就是说，通过调整螺母位置，可限定制动压力最高值。

当踏板释放后，滑阀 7 在反馈活塞压力和回位弹簧力的作用下，返回到初始位置。

3）紧急制动状态

当液压泵损坏或发动机熄火时，由于 P 口无压力，因而无法实施正常制动，需要启动紧急制动功能，其原理如下：

紧急制动的动力源由蓄能器提供。该蓄能器为囊式蓄能器（原理见图 4-55），蓄能器入口有阀块，阀块内装有安全阀和低压报警压力开关，两个外接油口中一个接液压泵，一个接制动阀 P_A 口。当系统实施正常制动（或转向）时，液压泵通过单向阀向蓄能器充压，安全阀的作用是限定最高蓄能压力，低压报警开关的作用是在蓄压低于报警压力时，接通报警蜂鸣器或指示灯，向驾驶员报警。

此时踩下制动踏板，制动阀内的滑阀 7、反馈活塞 5 和闭合阀杆 3 将连成一体向左移动，闭合阀杆顶开单向球阀 12，使蓄能器油口 P_A 与 B_r 口相通，蓄能器内的压力油直接作用在制动分泵内实施紧急制动。松开踏板，滑阀 7、反馈活塞 5 和闭合阀杆 3 同时向右移动，球阀 12 落入阀座，断开 P_A 口与 B_r 口通道。之后闭合阀杆 3 回到原始位置，反馈活塞 5 连同滑阀 7 进一步右移，打开 E 腔、T 口之间的通道，制动分泵内的油液经制动阀内的 B_r 口以及 F 腔、E 腔、T 口回到油箱。

4.5.5 制动执行机构的组成及工作原理（行车制动）

通常所说的制动执行机构指的是制动器。工业车辆中广泛应用的制动器主要有3种：鼓式制动器、钳盘式制动器、湿式制动器，下面分别介绍。

1. 鼓式制动器的组成及工作原理

鼓式制动器主要由底板、制动蹄、轮缸（制动分泵）、回位弹簧、支撑销等零部件组成。底板安装在驱动桥壳上，它是固定不动的，上面装有制动蹄、制动分泵、回位弹簧、支承销等，承受制动时的旋转扭力。每一个制动器有一对制动蹄，制动蹄上有摩擦衬片（见图4-57）。

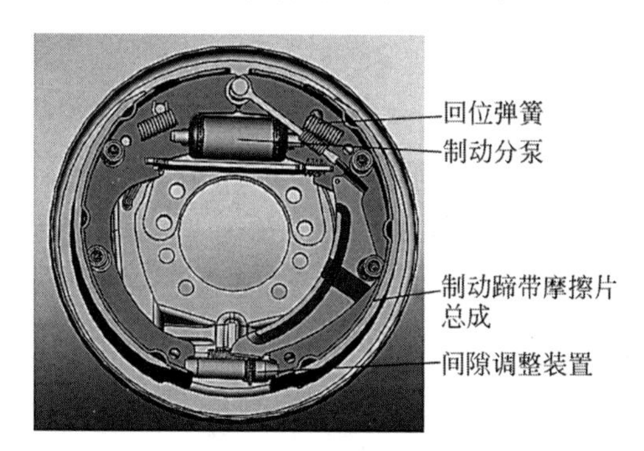

图4-57　鼓式制动器

鼓式制动器按蹄片固定支点的数量和位置不同、张开装置的形式与数量不同、制动时两块蹄片之间有无相互作用力等，可分为领从蹄式制动器、双领蹄式制动器、双从蹄式制动器、双向双领蹄式制动器、单向自增力式制动器、双向自增力式制动器。

制动时，制动分泵在制动压力的作用下推动制动蹄带摩擦片总成向制动鼓方向运动，最终使得摩擦片和制动鼓接触，产生制动力。当制动解除时，制动蹄带摩擦总成在回位弹簧力的作用下，回到原位。

对于带间隙调整装置的制动器，当制动器与制动鼓的间隙大于设计值时，需要利用倒车制动来实现制动器与制动鼓之间间隙的自动调整。

2. 钳盘式制动器的组成及工作原理

钳盘式制动器按制动钳固定在支架上的结构形式可分为固定钳盘式制动器和浮动钳盘式制动器两大类。

钳盘式制动器主要由制动钳、制动活塞、摩擦块、导向销、车桥、制动盘等组成（见图4-58、图4-59）。制动时，有一定压力的制动油液进入制动钳内的轮缸，推动活塞压向制动块，使制动块与制动盘通过接触摩擦产生制动力矩。固定钳盘式制动器制动钳的轴向位置是固定的，轮缸布置在制动盘的侧面，除活塞和制动块外无滑动件。浮动钳盘式制动器的整个制动钳可以沿着导向销左右滑动。

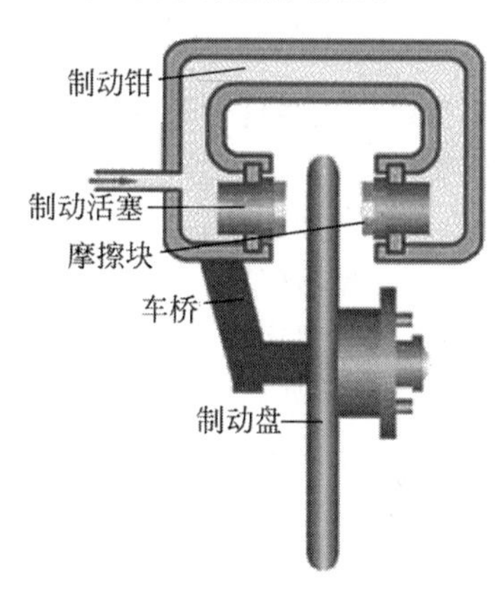

图4-58　固定钳盘式制动器

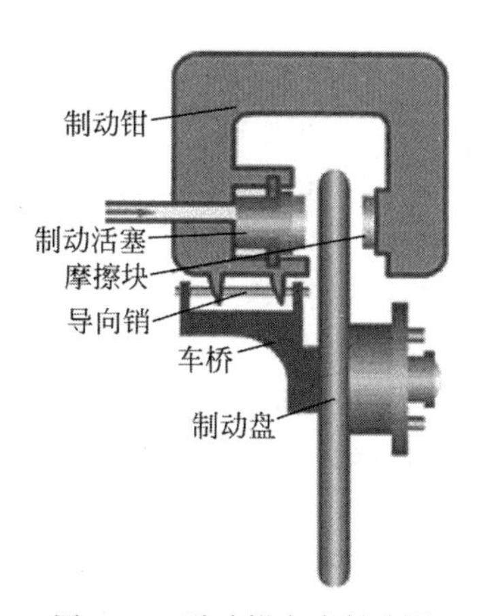

图4-59　浮动钳盘式制动器

3. 湿式制动器的组成及工作原理

湿式制动器主要由环形活塞、摩擦片、对偶钢片、支承板、回位弹簧等组成（见图4-60）。制动时，环形活塞腔进油，产生制动压力，推动环形活塞压紧摩擦片和对偶钢片，产生制动力矩。当压力油解除后,环形活塞在回位弹簧的作用下回到原位,摩擦片和对偶钢片在回位弹簧力的作用下分离,制动解除。

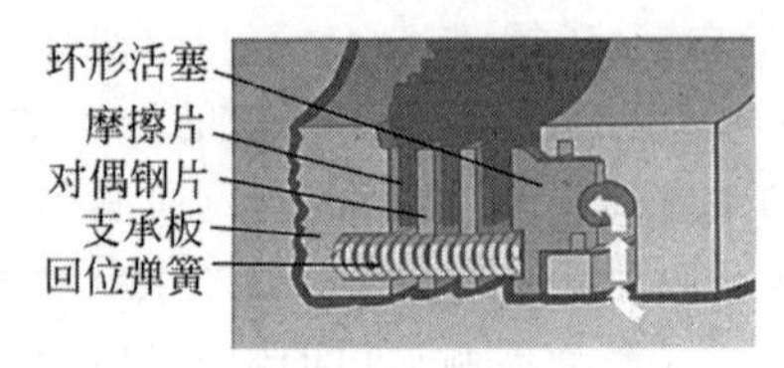

图 4-60　湿式制动器

4.5.6　制动系统使用注意事项、常见故障及排除方法

1. 制动系统使用注意事项

1) 放气操作

制动系统进行维修之后,在使用之前要进行放气操作。首先不停地踩踏制动踏板,当感觉制动踏板沉重时踩住不动,然后用扳手打开放气塞,观察放气塞处制动液或液压油气泡的外溢情况。当排出的液体无气泡时,说明管路中的空气已经排完,此时踩住制动踏板,将放气塞拧紧后再松开制动踏板。如果还有空气,按照上述步骤重复操作即可。

2) 调整间隙

这里所说的调整间隙,主要是指调整制动蹄片与制动鼓之间的间隙。调整前应先确认手制动是放松状态,否则会造成间隙调整不准确。

将叉车开到地槽,或人员钻在前桥下面,用一字螺丝刀顺时针拨动棘轮,当明显感觉调整费力时即可。间隙不要调整过小,以免造成制动抱死。对于带间隙自动调整装置的制动器,在手工将制动器与制动鼓之间的间隙调大时,要将棘爪抬起,放开转动棘轮。

3) 制动磨合

制动器间隙调整完后,要试验制动是否能满足制动距离要求。如果制动距离过大,需要进行制动磨合。制动磨合要间断地进行,避免磨合温度过高,造成摩擦材料的摩擦系数降低,影响制动效果。制动磨合后再进行试车,车辆空载跑到全速后踩下制动踏板,地面应见拖痕,且整个制动距离满足相应标准的要求。

2. 制动系统常见故障及排除方法

制动系统常见故障及排除方法见表 4-6。

表 4-6　制动系统常见故障及排除方法

现象	故障原因	排除方法
制动力不足	① 制动系统漏油	检查部件、管路及接头处密封性并采取措施
	② 制动蹄间隙未调好	调节间隙调整器
	③ 制动器过热	检查间隙是否太小并予以调整
	④ 制动鼓与摩擦片接触不良	按使用要求重调
	⑤ 杂质附在摩擦片上	修理或更换
	⑥ 杂质混入制动液中	更换制动液
	⑦ 制动踏板(微动阀)调整不当	调整
制动时有异声	① 摩擦片表面硬化或杂质附着其上	修理或更换
	② 底板变形或螺栓松动	修理或更换
	③ 制动蹄片变形或安装不正确	修理或更换
	④ 摩擦片磨损不均	更换
	⑤ 车轮轴承松动	修理或更换
制动力大小不均	① 摩擦片表面有油污	清洗或更换摩擦片
	② 制动蹄间隙未调好	调节调整器
	③ 制动分泵失灵	修理或更换
	④ 制动蹄回位弹簧损坏	更换
	⑤ 制动鼓偏斜	修理或更换
	⑥ 轮胎气压不适当	调整
制动踏板行程大	① 制动系统漏油	修理或更换
	② 制动蹄间隙未调好	调节调整器
	③ 制动系统中混有空气	放气
	④ 制动踏板调整不对	按使用要求重调

4.6 驱动桥

4.6.1 概述

驱动桥主要由桥壳、主减速器、差速器、半轴、行车制动器等组成，有的驱动桥含有轮边减速器、停车制动器等结构。驱动桥的主要作用是将传动力矩输入到主传动器，通过相互垂直安装的主动锥齿轮和从动锥齿轮，改变动力的方向，并将转速降低，增大被传递的扭矩，再通过差速器、半轴将动力传至轮边，经轮边减速机构进一步减速后，将运动和力矩传递给两驱动轮，同时驱动桥上的制动器作为执行机构，为整车提供制动功能，如图 4-61 所示。

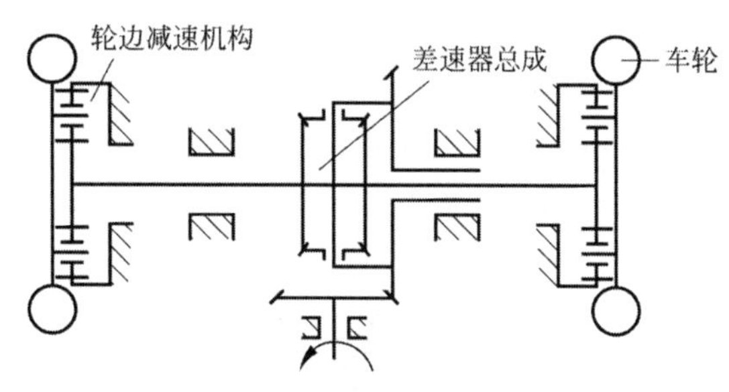

图 4-61 驱动桥工作原理示意图

驱动桥根据连接与制动方式不同可分为很多种。按连接方式划分，驱动桥可分为刚性连接驱动桥和柔性连接驱动桥，刚性连接驱动桥是指变速箱同驱动桥直接相连接，其主减速器、差速器总成安装在变速箱内；柔性连接驱动桥指驱动桥与变速箱通过万向联轴器连接，驱动桥包含主传动器。按制动方式划分，驱动桥可分为蹄式制动驱动桥、钳盘制动驱动桥、湿式制动驱动桥(见图 4-62、图 4-63、图 4-64)。另外，电动叉车除传统的驱动桥外，还有集成式驱动桥、电机双驱动结构驱动桥等。

图 4-62 蹄式制动驱动桥

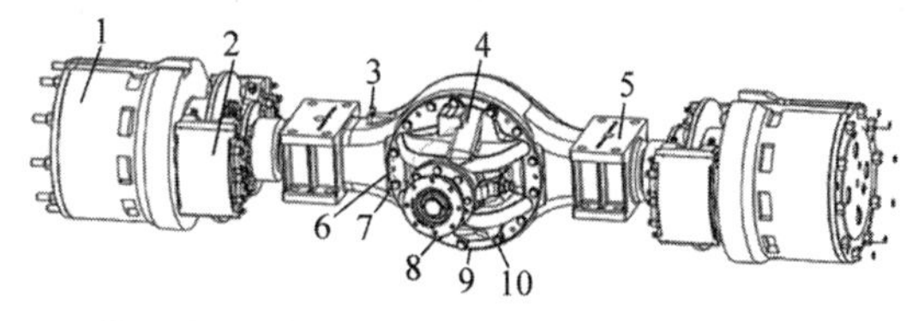

1—轮边减速总成；2—钳盘制动器；3—透气帽；4—主减总成；5—车体连接板；6—定位销；7—安装螺栓；8—输入法兰；9—放油螺塞；10—主减壳体。

图 4-63 钳盘制动驱动桥

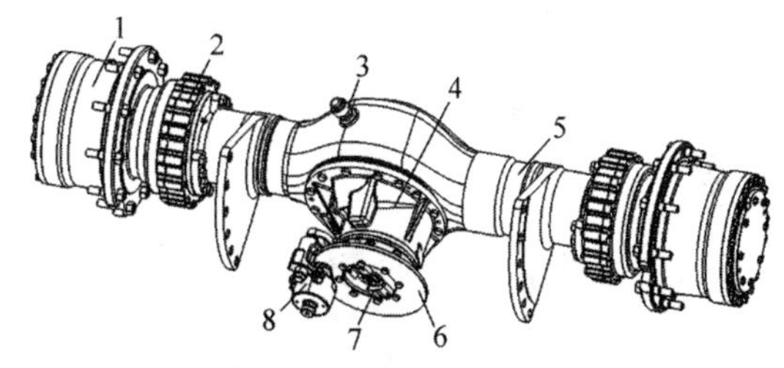

1—轮边减速器总成；2—湿式制动器总成；3—透气帽；4—主减速器总成；5—桥壳总成；6—停车制动盘；7—输入法兰；8—停车制动钳。

图 4-64 湿式制动驱动桥

4.6.2 减速器

叉车的主减速器与轮边减速器统称为减速器(见图 4-65(a))，其作用是降低转速、增大传给驱动轮的转矩，使离合器和变速器等都可在较小的转矩下工作。叉车主减速器最常用的是螺旋伞齿轮副。轮边减速器由一只太阳齿轮、一组行星齿轮和一只内齿圈等组成。太阳轮与行星齿轮相啮合，行星齿轮安装在行星架的轴上，行星齿轮与内齿圈相啮合。

4.6.3 差速器

差速器有圆锥齿轮差速器和圆柱齿轮差速器，常用的为圆锥齿轮差速器，主要由差速器壳体、半轴齿轮、行星齿轮、十字轴等组成(见图 4-65(b))。差速器可以使车辆在转弯时，左、右轮胎出现不同的转速，防止车轮打滑，以保证车轮作纯滚动。

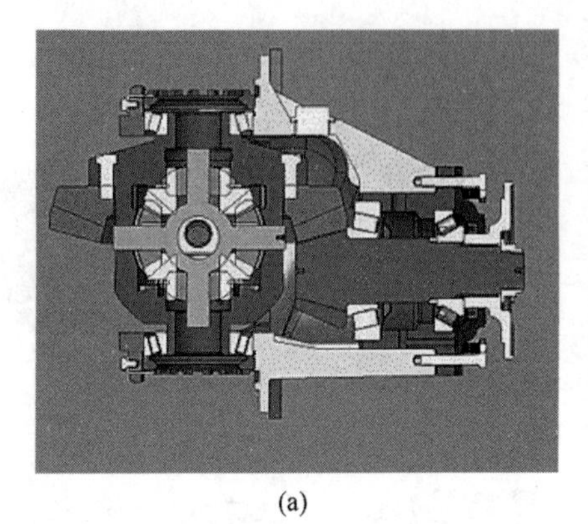

(a)

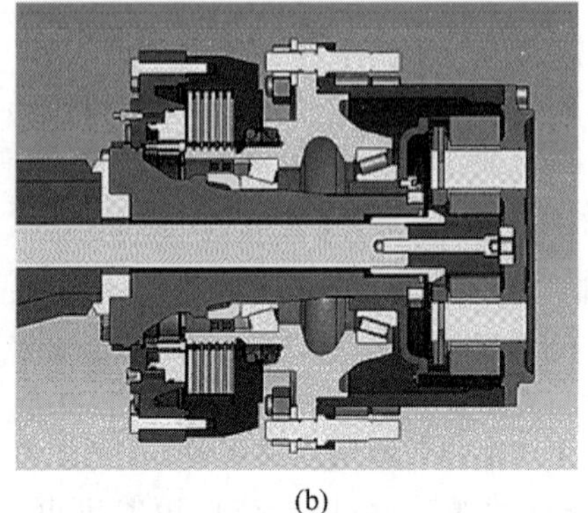

(b)

图 4-65 减速器与差速器

(a) 主减总成；(b) 轮边减速总成

4.6.4 制动器

目前叉车上常用的制动器有 3 种：蹄片式制动器、钳盘式制动器、湿式制动器，如图 4-66 所示。

蹄片式制动器由底板总成、制动蹄片总成、制动分泵、自动调节机构等组成。它主要用于作业环境与条件较好的、要求制动不是很大的工况，有自动调节机构，制动力稳定。但由于其散热性能差，长时间连续作业易产生制动衰退和振抖现象，引起制动效率下降。制动蹄片密封于制动鼓内，制动片磨损后的碎屑无法散去，影响制动鼓与制动片的接触面，从而影响制动性能。下雨天制动鼓沾了雨水后会打滑，造成制动失灵。这种制动器一般常用于载荷在 10 t 以下的叉车上。

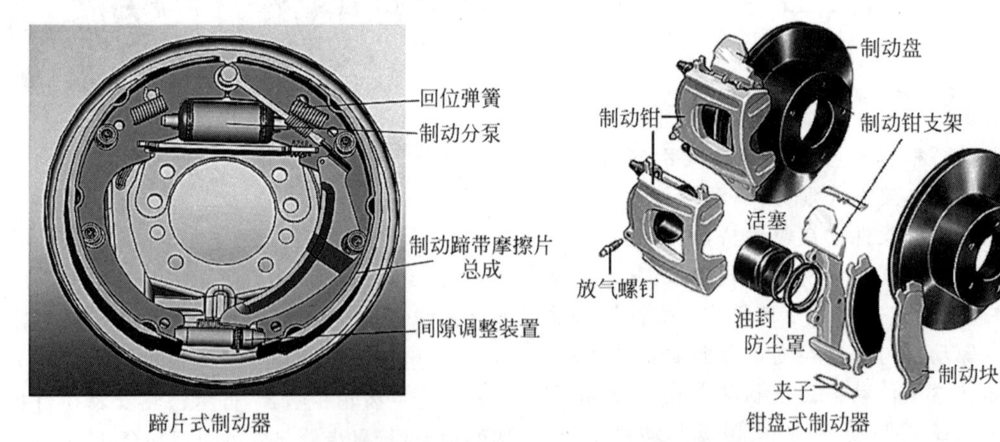

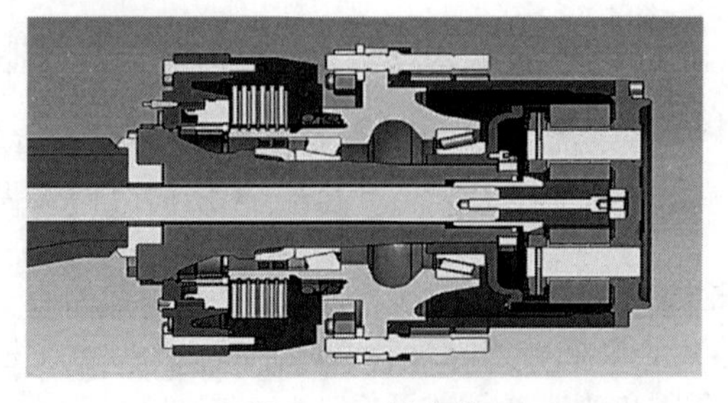

图 4-66 制动器

钳盘式制动器由制动盘、嵌体总成、制动活塞缸总成、摩擦片总成等组成。装有钳盘式制动器的叉车主要用于作业环境与条件比较恶劣、使用比较频繁的工况，制动平稳，通风散热好，无制动热衰退现象，维修保养方便。但由于制动盘外露，易沾污和锈蚀。这种制动器一般常用于载荷在 10 t 以上的叉车上。

湿式制动器由制动器壳体、隔片、摩擦片、活塞等组成，主要用于对使用环境恶劣、使用很频繁的工况。湿式制动器具有免维护、制动性能高等特点。这种制动器一般常用于载荷在 10 t 以上的高端叉车上。

4.6.5　驱动桥的维护保养、常见故障与排除方法

1. 维护保养

驱动桥的日常维护和保养主要是定期更换桥内的润滑油品。大多数驱动桥采用的是齿轮油，驱动桥作为末端输出机构，扭矩增大，油品将承受更大挤压和减磨，首次更换油品的时间一般在 100 h，之后每 1 200 h 对其进行更换。

2. 常见故障与排除方法

驱动桥常见故障及排除方法见表 4-7。

表 4-7　驱动桥常见故障及排除方法

序号	故障现象	故障原因	排除方法
1	漏油	① 螺栓松动	拧紧或更换
		② 通气孔堵塞	清洗
		③ 油封磨损或损坏	更换
2	噪声	① 齿轮磨损	调整或更换
		② 轴承损坏	更换
		③ 润滑油不足	补油

第5章

平衡重式叉车的应用选型、产品使用及安全规范

5.1 平衡重式叉车的应用范围及选型

5.1.1 应用范围

平衡重式叉车是使用最广泛的一种叉车，主要应用于车间、仓库、港口、火车站等室内外场所，进行堆垛、拆垛和极短距离的搬运。叉车对于实现装卸搬运作业的机械化、提高劳动生产率非常重要，是现代物流系统的重要设备。

5.1.2 选型原则、计算方案及选型案例

1. 选型原则

每种叉车都有其典型的应用工况，了解这些是选型的前提，要结合具体的工况，选择最适合企业需要的车型和配置。车型和配置的选择一般要考虑以下几个方面。

1）作业环境

内燃叉车的优点是：作业持续时间长，功率大，爬坡能力强，对路面要求低，基本投资少。缺点是：运转时有噪声和振动，排废气。因此，内燃叉车适合于室外作业。在路面不平或爬坡度较大以及作业繁忙、搬运距离较长的场合，内燃叉车比较优越。一般起重量在中等（3 t）以上时，宜优先采用内燃叉车。

电动平衡重式叉车的优点是：零排放、无污染、低噪声，检修容易，运营成本低等。缺点是：整机的动力性能不如内燃叉车，续航能力也不如内燃叉车，使用过程中需要间歇性地充电，燃料补给不如内燃叉车快速。电动平衡重式叉车应用于工厂、铁路运输、邮政运输、零部件转运、汽车生产装配线零部件转运、食品行业的物品转运等物流系统。冷库专用电动平衡重式叉车，适用于冷库等低温及易产生水汽凝结、潮湿的工作环境。窄车身电动平衡重式叉车，适用于铁路车厢、篷车、平台、电梯等狭小空间作业。

2）搬运距离

叉车属于多功能的装卸搬运机械。就其搬运功能而言，并非考虑长途运输，一般行驶速度小于 20 km/h。在搬运装卸作业中，当搬运距离在 100～200 m 时，一般使用平衡重式叉车；当搬运距离超过 200 m 时，则应选用牵引拖车或固定平台搬运车来进行运输段的作业。这是由于叉车在较近距离内完成装卸搬运作业时，主要是发挥叉车的装卸功能。随着

搬运距离的增加，叉车在一个装卸搬运周期循环过程中，其周期时间的消耗主要是运输时间，在此情况下，提高每次搬运货物的单元重量和运输速度，是提高装卸搬运生产率的重要途径。

3）通道宽度

以叉车在仓库内作业为例。库场货垛均设在叉车通道的两侧，并要求经过通道能随时存放，则此时所需的通道宽度为叉车直角堆垛的最小通道宽度。直角堆垛的最小通道宽度，不但是衡量叉车机动性的一个重要指标，而且直接影响库场有效堆存面积的利用，影响库场的利用率。在一般物件的堆垛作业中，对三向堆垛式、前移式与平衡重式3种叉车所需的作业通道宽度进行比较（见图5-1），前两种车型仅需要平衡重式叉车的50%和70%。在长物件的堆垛作业中，对侧面式叉车或可侧向行驶的全向型前移式叉车与平衡重式叉车进行比较（见图5-2），侧面式叉车所需作业通道宽度远小于平衡重式叉车。考虑到提高仓储空间的有效利用率，仍对三向堆垛式、前移式与平衡重式3种叉车进行比较，如图5-3所示，前两种车型的仓储空间利用率分别是平衡重式叉车的1.75倍和1.15倍。

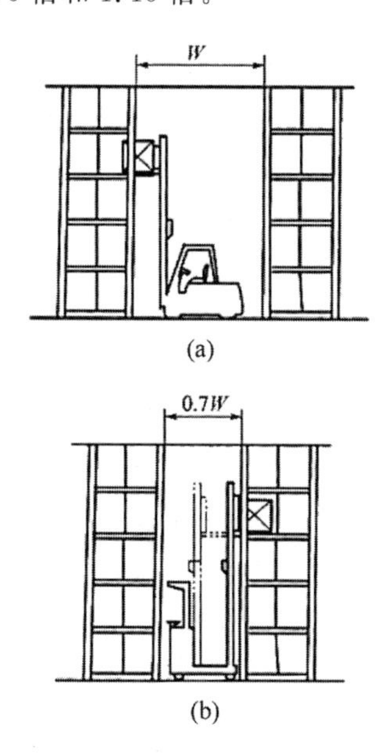

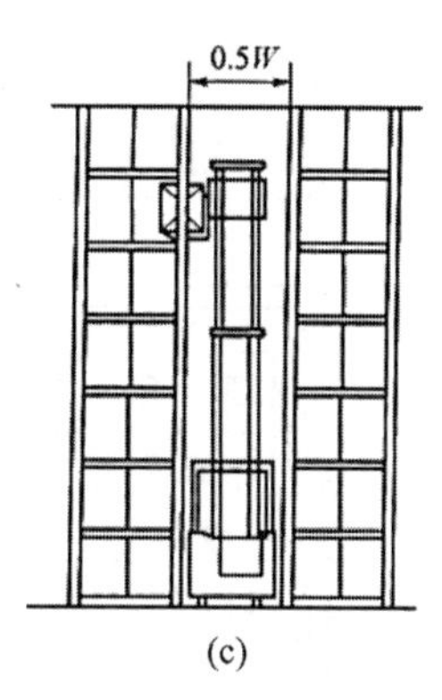

图5-1　不同车型的一般物件堆垛作业通道宽度比较
（a）平衡重式叉车；（b）前移式叉车；（c）三向堆垛式叉车

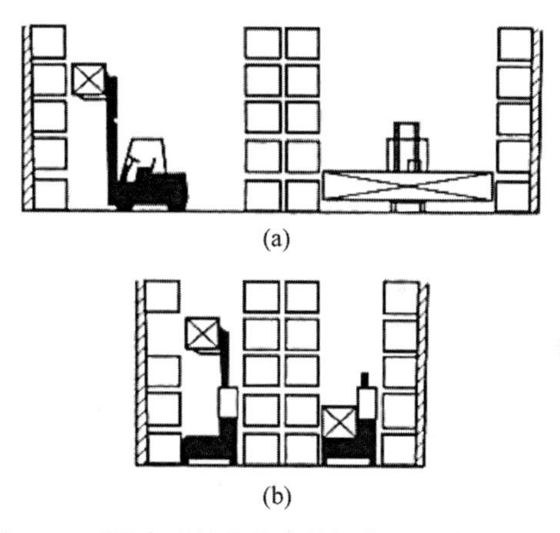

图5-2　不同车型的长物件堆垛作业通道宽度比较
（a）平衡重式叉车；（b）侧面式叉车

以室内作业为主的场合一般应优先选用蓄电池叉车。兼顾室内和室外作业时，可以选用液化石油气或带有废气净化装置的内燃叉车。柴油叉车排放废气中的气味和黑烟易被人们觉察，而汽油叉车排放废气中无色无味的一氧化碳更危害人体健康。内燃叉车和蓄电池叉车噪声影响的比较如图5-4所示。蓄电池叉车在环境保护和劳动卫生方面明显优于内燃叉车，虽然其购置费用较高，但流动费用较低，经济寿命较长，经济性总体良好。同内燃叉车比较，一般不到两年，蓄电池叉车的年使用费用就低于内燃叉车，如图5-5所示。采用不同动力和能源的叉车在某些性能和用途方面的比较见表5-1。

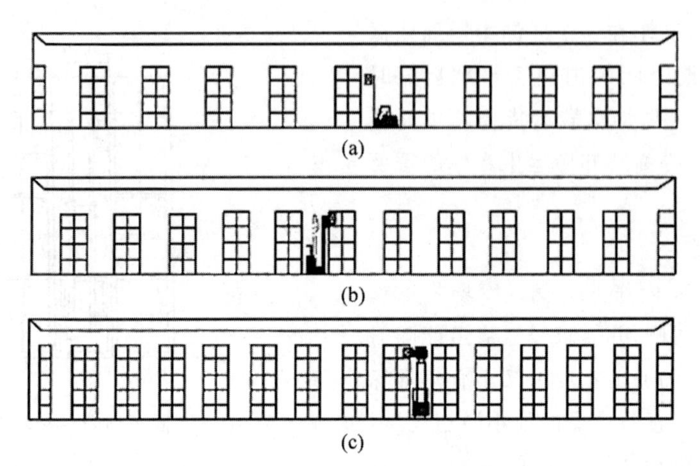

图 5-3　不同车型库内堆垛作业的仓储空间利用率比较

(a) 平衡重式叉车，堆放 4 层，80 个托盘位；(b) 前移式叉车，堆放 4 层，92 个托盘位；(c) 三向堆垛式叉车，堆放 4(5)层，112(140)个托盘位

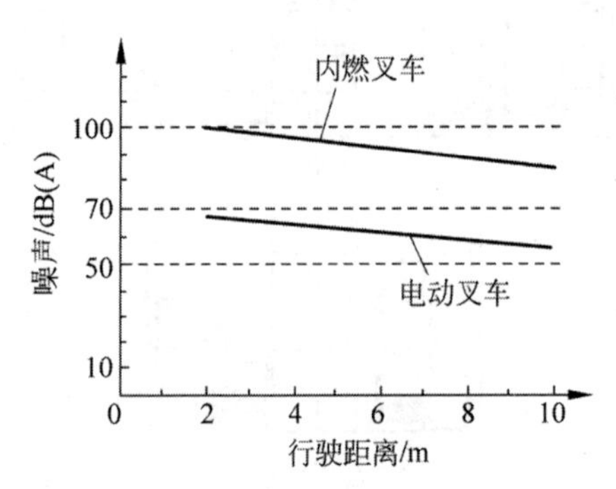

图 5-4　内燃叉车和电动叉车噪声影响的比较

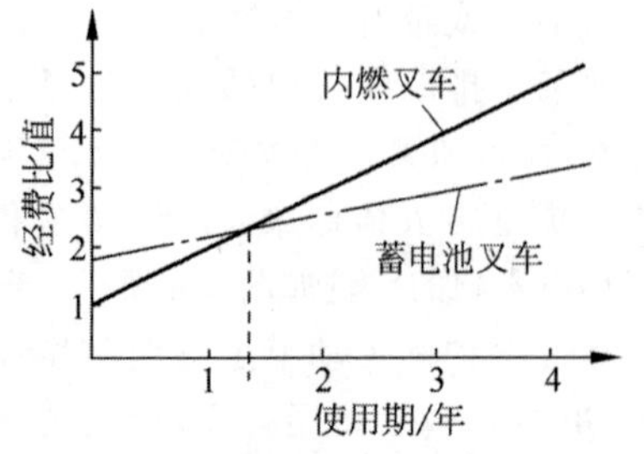

图 5-5　内燃叉车和电动叉车经济性的比较

表 5-1　不同动力的叉车性能和用途比较

项目		电动叉车	内燃叉车	
			汽油车	柴油车
性能	机动性	○	○	○
	废气排放	○	×	△
	噪声振动	○	△	×
	操作的难易度	△	△	△
	燃料的补给	×	○	○
	购置费用	○	△	○
	维修费用		×	△
用途	长距离搬运	×	○	○
	连续作业	△	○	○
	难以通风的场所	○	△	△
	低噪声的场所	○	△	×
	拒异味的场所	○	×	×
	狭窄的场所	○	×	×
	易燃的场所	○	×	×
	低温(冷库)场所	○	×	×

注：○—好(适用)；△—一般；×—差(不适用)。

选择叉车时要对以上几个方面的影响进行综合评估，来确定最合理的方案。

2. 计算方法及选型案例

一般情况下选购标准型叉车，即标准载荷中心下的起重量、标准起升高度以及标准货叉长度。根据货物的不同类型和用户的需要，可选用不同起升高度的门架、不同长度的货叉以及侧移器、旋转夹、软包夹等各类属具。

尽量不要使叉车经常处于满负荷状态下工作，大量搬运的货物质量应低于叉车的最大起重量。例如，如果经常搬运的货物质量是2 t，有时是2.1～2.2 t，则建议选择2.5 t叉车。

选型案例：某客户工作的室内仓库长期搬运1～1.3 t的物料，使用的托盘长度和宽度分别为1 100 mm和1 100 mm，两排货架间距3 300 mm。

客户工作环境为室内，可选购电动叉车；考虑到安全超荷情况，推荐购买1.5 t叉车。现对HELI品牌几款1.5 t电动平衡重式叉车的直角堆垛通道宽度进行计算：

① H3系列1.5 t四支点平衡重式叉车（见图5-6），其转弯半径r=1 770 mm，前悬L_2=410 mm，标准货叉长度为920 mm，考虑到操作间隙200 mm，其直角堆垛通道宽度为

$$A_{st}=(1\,770+410+200+1\,100)\ \text{mm}$$
$$=3\,480\ \text{mm}$$

② G系列1.5 t四支点平衡重式叉车，其转弯半径r=1 750 mm，前悬L_2=390 mm，标准货叉长度为920 mm，考虑到操作间隙200 mm，其直角堆垛通道宽度为

$$A_{st}=(1\,750+390+200+1\,100)\text{mm}$$
$$=3\,440\ \text{mm}$$

③ G2系列1.5 t前轮驱动三支点平衡重式叉车（见图5-7），其转弯半径r=1 477 mm，前悬L_2=365 mm，标准货叉长度为1 070 mm，

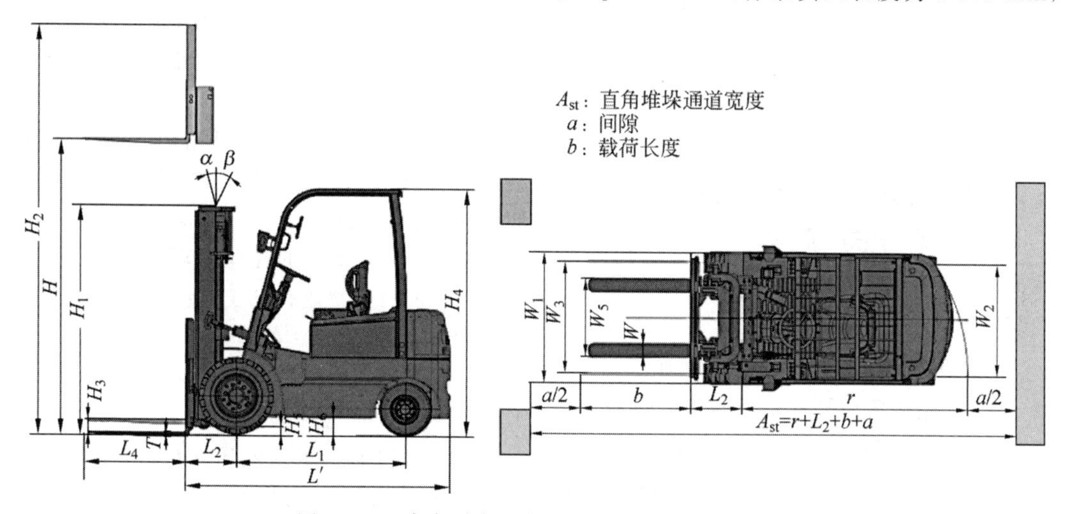

图5-6　四支点平衡重式叉车直角堆垛通道宽度

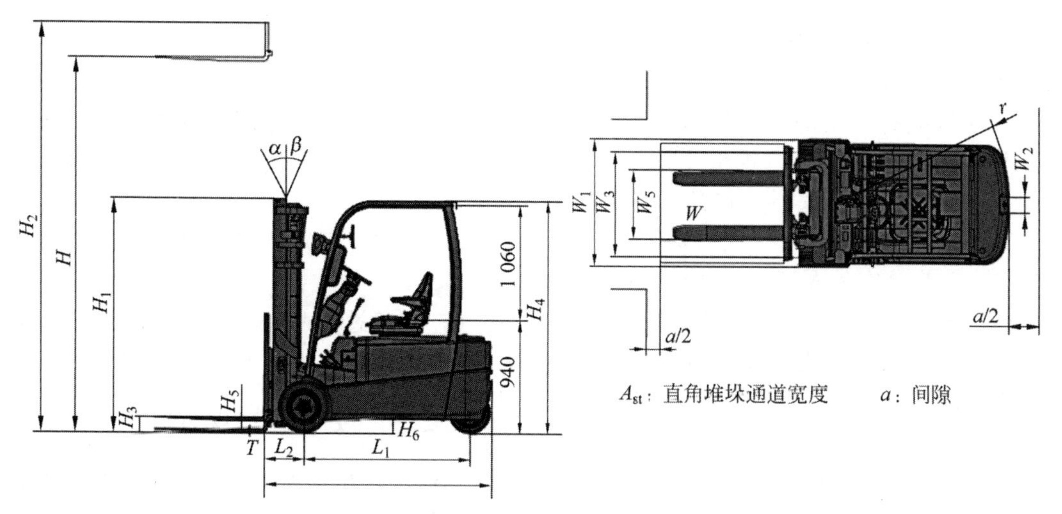

图5-7　三支点平衡重式叉车直角堆垛通道宽度

考虑到操作间隙 200 mm，其直角堆垛通道宽度为

$$A_{st}=\left[\sqrt{(1\,100+365)^2+\left(\frac{1\,100}{2}\right)^2}+1\,477+200\right]\text{mm}$$

$$=(1\,565+1\,477+200)\text{mm}=3\,242\text{ mm}$$

为了从两排货架取货和堆货，车辆需要在直线通道上作 90°的转弯，从直角堆垛通道宽度看，只有 G2 系列 1.5 t 前轮驱动三支点平衡重式叉车符合要求。

根据客户工况强度，若叉车频次不高，且只愿采购一组动力电池，对电池充电时间要求不高，可推荐铅酸蓄电池车型。

根据需要货物堆码的高度，选择合适的起升高度门架类型。

5.2 平衡重式叉车产品的使用及安全规范

5.2.1 正常作业条件

平衡重式叉车的正常作业条件如下：

(1) 使用场所应是平坦而坚固的路面或地面，电动叉车尽量保证通风条件良好。

(2) 电动叉车应尽量避免在大雨中进行作业。

(3) 行驶时载荷质心应大约位于车辆的纵向中心平面内；运行时在可能的情况下，应将门架或货叉后倾，并使载荷处于较低运行位置。

(4) 操作电动叉车时，不要吸烟和使用明火，不要在电池附近产生电弧和火花。

(5) 锂电池叉车要尽量避免在温度低于 −25℃或超过 55℃的环境下进行操作。

(6) 不允许在易爆环境中使用电动叉车，应根据易爆环境的具体防爆类型定制叉车。

(7) 冷库叉车室内外作业时间比例应相同，冷库中连续作业时间最长不超过半小时，不可将叉车留置停放于冷库内。

(8) 若工作环境会产生静电，应对叉车采取防静电措施。

(9) 内燃叉车相对于蓄电池叉车，对于环境的耐受性更好，一般没有特殊的要求。

5.2.2 拆装与运输

1. 拆装过程中的注意事项

(1) 售后维修更换轮胎应由专业机构进行。

(2) 对于电动叉车，不要将电解液从铅酸电池中抽干，不要拆分、修理电池组，拆下和装入电池时不得使电池电缆受损。

(3) 叉车拆卸时，不应将工具或其他导电物品置于蓄电池上(包含内燃叉车)，以免产生火花。

(4) 叉车装有充气轮胎时，应先从整车上拆下车轮总成，并完全卸掉轮胎内的气压后，方能松动轮辋螺栓。

(5) 拆装叉车时，应按其结构的不同，预先考虑操作顺序，以免先后倒置，或贪图省事猛拆猛敲，造成零件的损坏或变形。

2. 运输过程中的注意事项

(1) 所有随机附件和工具应有防锈或其他防护措施。

(2) 叉车所有外露的未喷涂且未经表面处理的零部件表面应涂防锈油。

(3) 必须加铅封的液压元件，其铅封须经检查人员批准后方可进行加装。

(4) 对所有润滑部分应注入足够的润滑油脂。

(5) 叉车上所有有相对运动的零部件应采取相应的固定措施，并使叉车在运输过程中采用适当的方式使整车固定。装卸以及在公路上运输时，要注意全长、全宽、全高，遵守相关法规。

(6) 起吊时要按照叉车说明书规定位置进行起吊。

(7) 运输过程中要确保整车与充电设备断开，刹住停车制动，并按下叉车断电开关。

5.2.3 安全使用规程

如何正确和合理地使用叉车关系到人员与设备的安全、叉车的设备完好率和寿命以及

叉车的经济性。

1. 叉车使用安全守则

(1) 重在防，防患于未然。

(2) 全面了解所用的叉车，包括仔细阅读叉车使用说明书和手册。对内燃叉车，要仔细了解相应的发动机说明书。要了解叉车的各种标牌与标识等。

(3) 经过培训且认可的人员方可操作叉车。

2. 新车的检查与磨合

(1) 检查整车的完好性，检查叉车功能、机能是否正常运行。

(2) 叉车投入使用的最初阶段应在低负荷下作业，尤其在1 h以内必须做到以下几点：

① 无论什么季节，车辆使用前都要预热。

② 规定的预防保养维护要倍加仔细。

③ 尽量避免急开、急停或急转弯。

④ 按规定应提前换油或润滑。

⑤ 避免发动机高速运转。

3. 叉车作业的准备与注意事项

(1) 检查燃油油位及整车渗漏的情况，并检查电气仪表。但应注意：不要在有明火的地方检查，不要在运转时加注燃油，在检查燃油系统及电瓶时不要吸烟。

(2) 检查前、后轮胎的气压。

(3) 检查车辆的前进、后退挡位，车辆挡位应处于空挡位置。

(4) 检查各种开关、手柄及踏板情况。

(5) 按"启动要领"标牌及说明书做好启动前的各项准备工作。

(6) 松开停车制动手柄。

(7) 进行门架升降、前后倾、转向、制动等试动作。

4. 叉车作业时的注意事项

(1) 经培训并持有驾驶执照的人员方可开车。

(2) 操作人员操作时应佩戴安全防护用的服装、鞋帽及手套。

(3) 在开车前检查各控制系统、仪表及装置，如发现损坏失灵或有缺陷，应及时进行修理。

(4) 顺利地进行启动、行驶、转向、制动和停车，在潮湿或光滑的路面转向时应减速。

(5) 搬运时负荷不应超过规定值，货叉应全部插入货物下面，并使货物均匀放在两个货叉上，不许用单个货叉挑物。

(6) 运大件货物时，重心前移，起重量应相应减少，应参考叉车的负荷曲线标牌，运行时倍加小心。

(7) 装货行驶时应将货物尽量放低，门架后倾。

(8) 坡道行驶时应小心，在大于1/10的坡道上运行时，上坡可向前行驶，下坡应倒退行驶，上下坡时切忌转向，叉车下坡行驶时请勿进行装卸作业。

(9) 行驶时应注意行人、障碍物和坑洼路面，并注意叉车上方的间隙。

(10) 不准人站在货叉上，车上不许载人。

(11) 不准人站在货叉下面或在货叉下面行走。

(12) 不准从驾驶员座椅以外的位置操作车辆或属具。

(13) 注意邻近的其他车辆或叉车，警告或让步于其他车辆。

(14) 注意配合工作人员，随时警告或让步于配合的工作人员。

(15) 起升高度大于3 m的高升程叉车应注意上方货物，防止其掉下，必要时须采取防护措施。

(16) 对于高升程叉车即使门架前后倾，装卸货物时应在最小范围内作门架前后倾动作。

(17) 在码头或临时铺板上运行时应缓慢行驶，倍加小心。

(18) 带属具的叉车空车运行时应当作有载叉车操作。

(19) 不要搬运未固定好或松散堆码的货物。

(20) 加燃油时，驾驶员不要在车上，并使发动机熄火。在检查蓄电池或油箱液位时，不要点火。

(21) 离车时将货叉下降着地，并将挡位置于空挡(零位)，让发动机熄火或断开电流。临时在坡道上停车时，要将停车制动手柄拉好。如需长时间停车，则应用楔块垫住车轮。

(22) 在发动机很热的情况下，不能轻易打开水箱盖。

(23) 叉车出厂前，多路阀压力已调整好，用户在使用中不要随意调整，以免调压过高造成整个液压系统和元件损坏。

(24) 轮胎充气压力按“轮胎气压”标牌标定的气压进行充气。

5. 违规违章操作的危害及预防

为了避免由于驾驶员违规违章操作带来的危害与灾害，再作强调叙述，提醒驾驶员注意和重视。

(1) 驾驶员首先要获得操作资格，熟悉和了解所操作叉车的有关随车资料，定期检查自己的车辆，不要忽视任何出现的故障。

(2) 千万要避免火灾。在检查燃油系统、加注燃油、检查蓄电池或加注电解液等情况下请不要有明火，不要抽烟，不要在发动机运转时向燃油箱加油。

(3) 上下车不注意会带来危险。叉车运行时请不要上下车；上下车时请用叉车的安全踏脚和安全把手。

(4) 开车时不要急转弯。拐角转弯时左右查看，前后注意，车速放慢，注意出入口，注意观察岔道，十字路口处要减速、鸣喇叭，倒车转向时要小心，夜间行驶时要减速。

(5) 不要做“追逐游戏”。开车时不要你追我赶，操作应平稳，避免急开、急停和急转弯，遵守交通规则。

(6) 货叉上站人太危险，严禁在货叉上、托盘上站人。

(7) 安全驶过船板或桥板前，确保其正确固定，并有足够的强度来承受叉车与货物的重量，要预先检查工作场所地面状况。

(8) 开车作业时思想不要开小差，要集中注意力，学会预判可能发生的意外与危险。

(9) 驾驶员的头、手臂和脚伸出车外太危险，应保持在护顶架或操作室内。

(10) 凹凸路面要小心。行驶前要检查作业区域，在不好的路面(陡坡、凹凸不平的路面)上要慢速行驶，倍加小心。

(11) 运行时货物不能升得太高。不论空载或满载，货叉升高行驶的危险性都很大。带侧移器的叉车，货物升高时不要随意作侧移动作。

(12) 负载运行时门架一定要后倾，尤其是用钢质托盘或类似物时，更应确保门架后倾以防货物滑落。

(13) 无论是空载还是满载，行驶时都不要紧急制动或快速下坡，以免货物落下，造成翻车危险。

(14) 平衡重上不要站人。操作人员应了解叉车所装的货物，了解叉车和属具的“负荷曲线”标牌，禁止超载，更不能用人作附加平衡重，人站在平衡重上是十分危险的。

(15) 禁止在人的头顶上起升货物，禁止在升起的货叉或其他属具下方进行作业或检修，必要时可用安全的支承或木棒顶住，以防货叉或属具落下。

(16) 正面装载货物。从货堆中取货时，应正面进入取货区域，将货叉小心地插入托盘，使货物平稳、均匀地放在两个货叉处。

(17) 货物处于高位时不要随意倾斜门架：

① 装卸时尽量用最小的前后倾角，货物高于堆垛层或处理低货位时方可前倾。

② 在高处堆垛时，在离地 15～20 cm 的位置先使门架垂直，然后再提升。货物升高时不要让门架倾斜。

③ 在高处取货时，先将货物插入托盘，向后退，然后下降，降低后门架再后倾。货叉处于高处时决不要倾斜门架。

(18) 在货叉上的货物不要堆得太高，一般不超过挡货架，特殊情况时应将货物捆扎牢固。当运载大体积货物有碍视线时，应倒车行驶或由他人配合引导。

5.2.4 维护与保养

一台叉车的生命旅程要经过设计、制造、销售、使用、维修直到报废和设备更新各个阶段，对于叉车生产企业而言，要力求与广大用户一起合作，共同关注叉车的购买、使用、维修、更新的全过程，让用户获得最大的投资回报率，以解决用户的后顾之忧，赢得广大用户的最大信任。

叉车保养维修一般分日常保养和定期技术保养，对叉车来说两者都没有严格的界限和时间规定。日常保养一般指每天上下班的例行保养及每月的常规保养，而定期技术保养是在日常保养的基础上按规定的工作小时进行进一步的维护保养；叉车的日常保养可参照驾驶员操作手册要求开展，叉车的定期技术保养一般需要联系叉车制造厂商的专业维修人员开展。

第6章

集装箱空箱堆高机

6.1 概述

集装箱空箱堆高机(见图6-1)主要用于集装箱空箱的搬运和堆垛,应用于集装箱制造厂、集装箱维修企业、集装箱中转站、港口、码头等场所。搬运和堆垛符合国际标准的集装箱空箱,主要堆垛层数为2~8层,最大起重量为10 t。传统的集装箱空箱堆高机底盘结构与内燃叉车基本相同,所不同的是起重系统的工作装置由空箱吊具取代货叉。根据使用场景及用户要求,目前产品的种类有12 t、16 t、18 t、25 t等。

图6-1 集装箱空箱堆高机外形

随着时代的发展与技术的进步,环保要求越来越高,新技术、新能源广泛应用于各行各业。除了采用传统柴油动力的集装箱空箱堆高机外,采用纯电动或者混合动力的产品已陆续进入市场。

6.2 集装箱空箱堆高机的主要构件及系统

集装箱空箱堆高机主要由9大系统组成,如表6-1、图6-2所示。

表6-1 集装箱空箱堆高机各系统主要构件

序号	名称	内容
1	车身系统	主要包括车架、仪表架、内燃机罩、水箱盖板、平衡重、底板、座椅、驾驶室等
2	液压系统	主要包括泵、阀、高低压油管、接头等
3	电气系统	主要包括电控系统、空调控制系统、组合仪表、蓄电池、灯具、线束、开关等
4	动力系统	主要包括发动机安装系统、进气系统、排气系统、冷却系统、油门操控等

续表

序号	名称	内容
5	工作装置(起重系统)	主要包括内外门架总成、空箱吊具、倾斜油缸、起升油缸、起升链条、门架链轮、滚轮等
6	传动系统	主要包括液力变矩器、液力变速箱(机械变速箱)、传动轴、变速操纵机构等
7	转向桥及转向系统	主要包括转向操纵机构、全液压转向器、转向桥等
8	制动系统	主要包括行车制动系统及停车制动系统,零部件主要有充液阀、制动踏板阀、停车制动阀、蓄能器等
9	驱动桥	包括主传动机构、桥壳、轮边减速机构、半轴、制动器、轮辋及轮胎等

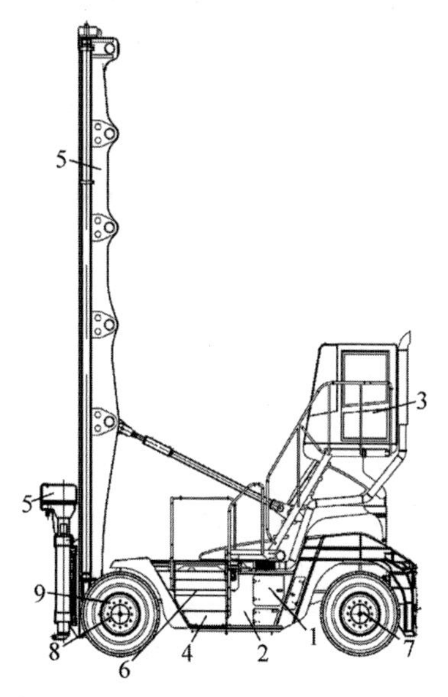

1—车身系统;2—液压系统;3—电气系统;4—动力系统;5—工作装置;6—传动系统;7—转向桥及转向系统;8—制动系统;9—驱动桥。

图 6-2 集装箱空箱堆高机组成

6.2.1 集装箱空箱堆高机车身系统

集装箱空箱堆高机车身系统包含车架、仪表架、内燃机罩、水箱盖板、平衡重、底板、座椅、驾驶室等。车架是整车的骨架,分为前支承梁、车身和尾架。前支承梁用来和门架连接;车身用来支承车体部件;尾架上部用来安装平衡重,下部用来和转向桥连接。

6.2.2 集装箱空箱堆高机液压系统

根据堆高机液压工作功能,一般将其液压系统划分为模块:液压工作系统、液压负荷传感转向系统、液压制动系统。其中,液压工作系统含有门架工作系统、吊具工作系统和伺服先导系统;液压制动系统含有液压制动油路、制动散热回路和制动回油回路。

1. 堆高机液压系统工作原理介绍

堆高机液压系统工作原理如图 6-3 所示。当发动机运转时,通过变速箱带动油泵从油箱吸出油并输送到多路阀,多路阀内的安全阀用来保持油路油压在规定的范围内,驾驶员通过操纵先导控制手柄控制多路阀开启方向和大小,从而控制执行机构的运动和速度。当手柄不动,先导油路不通油时,起升、倾斜和吊具滑阀处于中立位置,液压油直接从通道中返回油箱。当拉动起升滑阀时,高压油经过限速阀到起升油缸推动活塞杆。当推动起升滑阀时,起升油缸活塞的下部与低压相通,依靠自重或货重使活塞杆下降,此时起升油缸流出的油经过限速阀使下降速度得到控制。当操作倾斜滑阀时,高压油流入倾斜油缸的前腔,倾斜油缸另一侧则与低压相通,以使门架完成后倾或前倾的动作。

堆高机起重系统的工作原理跟叉车一样,包含起升、下降、前倾、后倾等功能。当整车运转后,通过液力变速箱的两个取力口带动单联齿轮泵及双联齿轮泵后泵,同时给多路阀供油。当驾驶员按下先导电磁阀供油开关并搬动先导手柄时,先导油路就会通过先导油源阀,再通过先导手柄到达多路阀,并打开多路阀及三联多路阀高压油路,高压油经过限速阀和平衡阀,使得起升油缸和倾斜油缸动作,用小油路控制高压油路,实现起升和倾斜等基本动作。

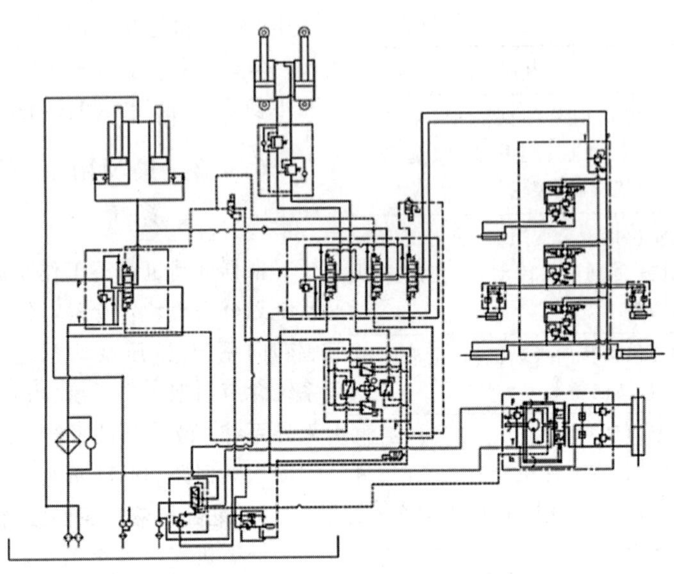

图 6-3　堆高机液压系统工作原理

2. 堆高机液压系统制动原理介绍

堆高机液压系统制动原理如图 6-4 所示。由泵过来的压力油经过充液阀，充到行车制动、停车制动回路中的蓄能器内。当制动系统中蓄能器内的油压达到切断压力时，充液阀停止向制动系统供油，转为向冷却回路供油。当蓄能器内的油压低于接通压力时，充液阀又转为向制动系统供油。利用蓄能器储存能量实现动力切断后的应急制动。当驾驶员踩下脚制动阀时，高压油供给前桥制动器，实施行车制动；当操作员按下手制动开关按钮时，高压油进入前桥手制动油缸，实施整车停车制动。

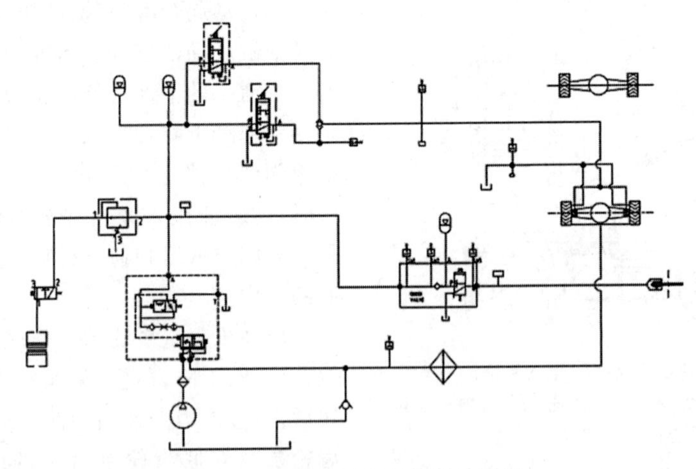

图 6-4　堆高机液压系统制动原理

3. 部分重要部件介绍

1）平衡阀

倾斜油缸之间装有平衡阀，一是防止因倾斜油缸内部负压可能引起的振动，二是避免在发动机熄火时由于误操作使门架倾斜的危险。图 6-5 所示为一种平衡阀内部结构。

2）先导油源阀及先导手柄

先导油源阀在系统中有以下作用：

（1）为液压先导装置（先导控制手柄）提供先导油源。

（2）为保证叉车在失去动力作用时能够提供一定的储备能量，为先导装置提供动力，把

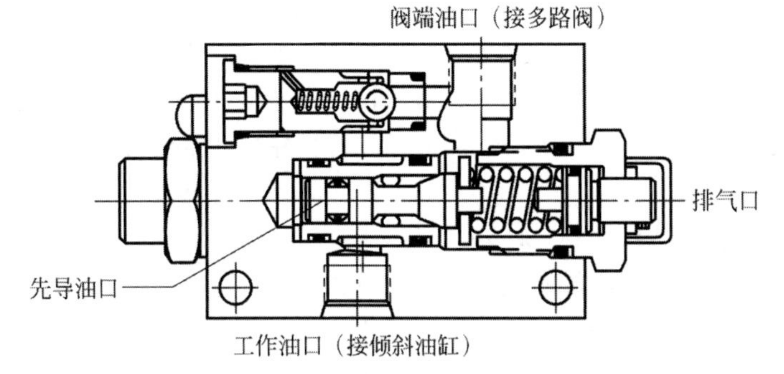

图 6-5　平衡阀内部结构

原本居高的货物放低。先导油源阀包括减压阀、溢流阀、蓄能器等零件。来自主系统的高压油经减压阀后减至低压 35 bar（1 bar＝0.1 MPa），供给先导手柄；蓄能器提供能量储备，用于连续、快速操作时的能量补充；溢流阀用于限制此油源阀的最高压力。

先导油源阀的工作原理如图 6-6 所示。通过先导手柄输出与手柄位移成比例的压力，该压力作用到主阀芯上，推动主阀芯移动，主阀芯的位移与手柄的位移成比例，从而控制执行机构的速度。起升、倾斜和吊具的动作采用集中控制。当推动手柄偏离中位后，执行机构开始低速移动；如果驾驶员想增加速度，只要继续推动手柄即可。堆高机操作采用液压先导控制，具有控制灵敏、操作力小、操作舒适等特点。为了增加安全性，系统中增加了防误操作的电磁阀，控制先导油路的通断。

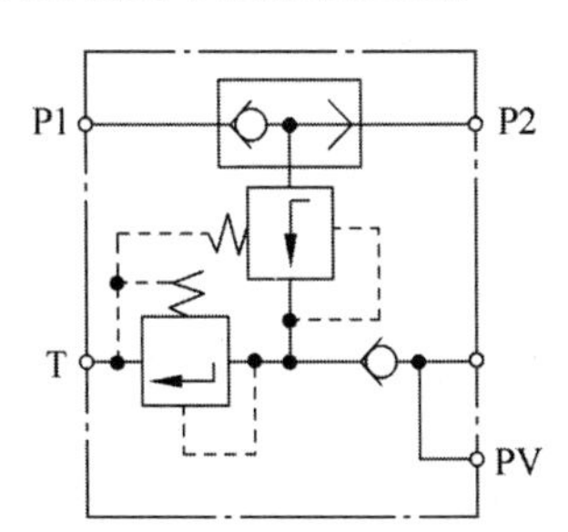

P1，P2—阀进油口；PV—出油口；T—泄油口。

图 6-6　先导油源阀原理

4. 液压系统使用维护

堆高机液压系统的日常维护工作是保证系统安全可靠运行的重要条件。

(1) 液压油箱油位的检查：液压油箱位于堆高机右侧，每天停车于水平面，实施停车制动，完全倾斜和放低门架，通过相应的液位显示窗检查油位。如果需要，则通过加油口添加适量同型号液压油。

(2) 启动前检查系统有没有漏油的地方，一般先看地面有没有油迹。

(3) 每 500 h 或仪表板上相应的警示灯亮时，更换油滤芯，清洁液位孔。如果损坏，则进行更换。

(4) 每 2 000 h 或 1 年，必须更换液压油。其步骤为：

① 整车停车，完全倾斜和放低门架。

② 松开液压油箱底部的放油螺塞，排干净油箱中的液压油。

③ 检查油箱内部的洁净情况，进行相应的清洗。

④ 重新安装放油螺塞，如果组合垫圈变形过大，请进行更换。

⑤ 通过液压油箱上的加油口加入新的液压油。

⑥ 启动发动机，作起升、倾斜、属具动作，让液压油循环到整个系统。

⑦ 放低门架，再次检查液压油箱的油位，如果需要，继续添加，直到达到规定的油液量。

6.2.3　集装箱空箱堆高机电气系统

集装箱空箱堆高机的电气系统，对于不同类型的车辆，存在差异。

1. 内燃机动力集装箱空箱堆高机电气系统

内燃机动力集装箱空箱堆高机电气系统主要由以下系统组成。

1) 电源系统(双电源)

两个 DC 12V 电瓶串联,提供 DC 24V 低压启动和控制电源。发动机自带的发电机可提供工作电源,并为两个电瓶补充充电。电源系统采用单线制,负极搭铁。

2) 动力控制系统

整车动力由大功率电喷柴油发动机提供,通过引擎控制设备(ECU)和电子加速踏板进行发动机启停和转速控制。

3) 传动控制系统

整车传动系统的核心部件为液力变速箱,由变速箱控制设备(transmission control unit,TCU)进行变速箱的挡位控制,提供手动换挡和自动换挡两种模式。

4) 液压控制系统

发动机或变速箱的 PTO 接口带泵系统作为液压系统动力源,通过车辆控制设备(vehicle control unit,VCU)和集成电控操作手柄,可进行门架升降、倾斜动作控制,以及集装箱专用空箱吊具的旋锁开闭、侧移、伸缩、旋转控制。通过设置在液压制动踏板控制回路的压力开关,检测并点亮制动信号灯。通过设置在方向机或驾驶室操纵台上的“驻车制动”面板开关,来控制车辆停车制动电磁阀线圈的电源通断,实现车辆的停车制动失效和起效。停车制动为了保证安全性,统一设置为掉电制动,当驾驶员离开车辆时,只要关闭了主电源开关,停车制动器就会自动断电,实施车辆驻车制动。

5) 照明和信号控制系统

通过方向机上的集成灯光开关、换挡手柄以及驾驶室操纵台上的灯光控制面板开关,进行全车的灯光控制。堆高机配置的照明和信号灯具及设备有前组合灯(含近光/远光灯、转向灯和示宽灯)、后组合灯(含转向灯、示宽灯、制动灯和倒车灯)、前后高位和低位的工作照明灯、电气舱工作灯、声光警示灯、喇叭和倒车蜂鸣器等。照明和信号系统中的灯具已基本由传统光源(灯丝灯泡)升级为 LED 光源,不但具有更好的可靠性和使用寿命,也更加节能。

6) 驾驶室控制系统

驾驶室控制系统主要由驾驶座椅(含座椅空调系统)、音响设备、仪表台、操纵台等组成。座椅开关和安全带开关可用于激活驾驶操纵感知系统(operator presence system,OPS),保证驾驶操纵的安全性;当驾驶员正确落座并系好安全带后,OPS 将允许车辆传动和液压系统正常工作;如果驾驶员未系好安全带或离开了座椅,OPS 将发出报警提示,同时切断车辆传动和液压系统的正常工作,直到驾驶员重新返回座椅并系好安全带。驾驶室仪表台主要由仪表和空调出风口组成,仪表通常为液晶 CANBus 虚拟仪表,可以通过 CAN 通信总线读取在线设备(ECU/TCU/VCU 等)的报文信息,并将这些状态信息显示在仪表主页上。仪表为交互式的,驾驶员可以通过仪表上的实体键(普通液晶屏)或虚拟键(触摸液晶屏)进行翻页,查询车辆的在线状态检测信息、故障和报警信息等。驾驶室操纵台主要由电源钥匙开关、发动机启停开关、空调控制面板、音响控制面板、集成操纵手柄和面板控制开关等组成。驾驶室控制系统包含的电气设备有内置电风扇、阅读顶灯、雨刷和洗涤器以及前后电热除霜玻璃等。

7) 辅助控制系统

使用传统内燃机的工业车辆,在发动机升级到国四阶段排放之后,国家环保法规强制要求必须安装“车联网”设备,以便管理机构远程监控车辆的排放是否符合环保法规要求。“车联网”设备与整车通过 CANBus 连接,实现通信信息传递,接收到的车辆状态信息(包含发动机排放状态信息),通过 4G/5G 电话卡远程传送到车辆制造厂家的网络服务器上,使用任意的互联网设备(手机/计算机等)都可以通过设备制造商提供的用户名和密码,登录车联网网络平台系统，进行车辆工作状态（含排放）和定位信息的实时在线查询。

8）其他可选控制系统

通常为后视雷达系统、无线通信和报话系统等。

2. 混合动力集装箱空箱堆高机电气系统

混合动力集装箱空箱堆高机电气系统主要由以下系统组成。

1）电源系统（双电源）

两个DC 12V电瓶串联，提供DC 24V低压启动和控制电源。低压电源系统采用单线制，负极搭铁。一组储能系统（通常为锂电池或超级电容）提供DC 400～750V高压电，驱动系统电源，并通过直流电源变换器（DCDC）将高压直流电源变为DC 28V低压直流电源，给两个电瓶补充充电，同时作为整车DC 24V低压系统负载正常工作时的电源。高压电源系统采用双线制，正、负极高压电缆均使用多层屏蔽专用电缆制造，电缆外部有非常醒目的橙色波纹管防护，可以有效提示用户注意高压风险。

2）增程器控制系统

由小功率、低排放的电喷柴油发动机和集成式启动发电一体机（ISG）组成，通过引擎控制设备（ECU）及发电机电控和控制设备（RCU），进行发动机的启停和发电控制。

3）传动控制系统

采用电动机直接驱动系统（无变速箱），主要由牵引电机、电机控制器、方向手柄以及加速踏板组成，可实现车辆的行驶方向和速度控制。车辆行驶中，当驾驶员松开加速踏板或者踩下制动踏板时，电驱动传动系统可以实现能量回收。

4）液压控制系统

采用电动机驱动泵系统，作为液压系统的动力源。主泵为双向泵，用于门架升降控制以及下降动作的能量回收；辅泵为变量泵，是门架倾斜、液压转向和制动、散热系统以及吊具液压动作的动力源。控制方法同内燃机动力集装箱空箱堆高机电气系统。

5）照明和信号控制系统

控制方法同内燃机动力集装箱空箱堆高机电气系统。

6）驾驶室控制系统

控制方法同内燃机动力集装箱空箱堆高机电气系统。

7）辅助控制系统

控制方法同内燃机动力集装箱空箱堆高机电气系统。

3. 氢能源动力集装箱空箱堆高机电气系统

氢能源动力集装箱空箱堆高机电气系统和混合动力集装箱空箱堆高机电气系统的结构大致相同。唯一的差异是氢燃料电池替代了增程器系统。对车辆控制器的软件控制程序也需要做相应修改。

4. 纯电动集装箱空箱堆高机电气系统

纯电动集装箱空箱堆高机电气系统和混合动力集装箱空箱堆高机电气系统的结构也大致相同。主要差异有两处：一是取消了增程器系统；二是储能系统的电量做了增容，以便满足纯电工作的续航要求。对车辆控制器的软件控制程序也需要做相应修改。

6.2.4　集装箱空箱堆高机动力系统、传动系统

集装箱空箱堆高机动力系统、传动系统的构成和工作原理与内燃叉车基本相同，这里不再赘述。

6.2.5　集装箱空箱堆高机起重系统

集装箱空箱堆高机起重系统的结构如图6-7所示。

1）内外门架总成

集装箱空箱堆高机的内外门架总成的结构及组成与叉车的基本相同，只是集装箱空箱堆高机起升高度高，内外门架中间横梁较多，见图6-8。

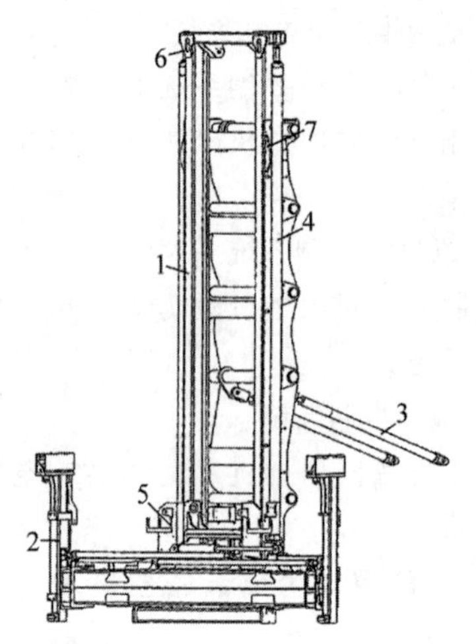

1—内外门架总成；2—空箱吊具；3—倾斜油缸；4—起升油缸；5—起升链条；6—门架链轮；7—滚轮。

图 6-7 集装箱空箱堆高机起重系统结构示意图

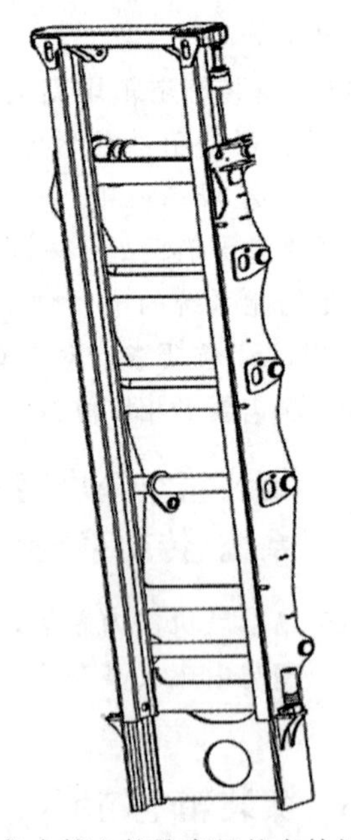

图 6-8 集中箱空箱堆高机的内外门架结构

2）起升油缸

堆高机的起升油缸为柱塞式单作用缸，其缸底用螺栓固定在外门架下的横梁上，活塞杆用螺栓固定在内门架上的横梁上，如图 6-9 所示。起升油缸的升降带动内门架总成上下运动。

两根单作用的起升油缸分别固定在外门架两侧的后方，缸底安装在外门架上的油缸支座上，活塞杆顶与内门架上横梁用螺栓连接。两起升油缸的活塞行程应调为一致，以使两缸同步，若不同步，通过螺栓及垫片来调整。当升降操纵杆向后拉动时，高压油经过起升油缸缸底的进油口输入缸内，推起活塞杆和活动梁，通过链条使吊具升起。油缸缸底采用浮动式结构固定，缸筒靠近导向套附近用支架固定，留有足够的间隙来消除门架前后倾产生的摆动，优化油缸受力。当升降操纵杆向前推动时，由于活塞杆、货叉架、挡货架和货叉的自重，活塞下落，并将缸筒内无杆腔中的液压油压入有杆腔中，多余的油从缸体中排出，经过限速阀控制其回油流速后，经多路阀返回油箱。

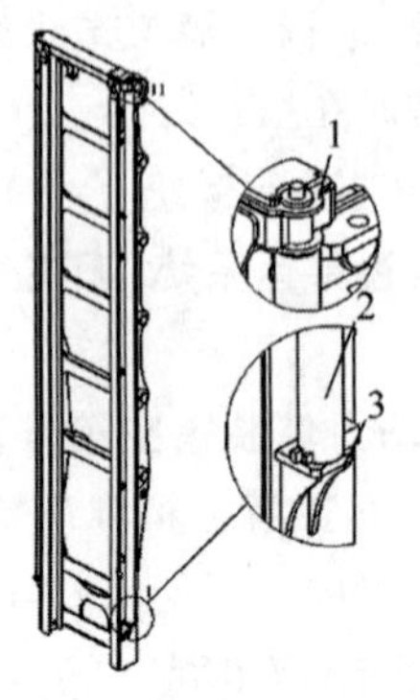

1—内门架总成；2—起升油缸；3—外门架总成。

图 6-9 起升油缸安装示意图

3）倾斜油缸

堆高机的倾斜油缸均为活塞式双作用缸，随着倾斜油缸的伸缩实现门架的前后倾斜动作，如图 6-10 所示。倾斜油缸缸底的耳环与车架大梁倾斜油缸的安装支架之间，以及倾斜油缸活塞杆的耳环与外门架上倾斜油缸的安装支架之间均通过销轴连接。

当倾斜操纵杆向前推时，高压油从缸底进入无杆腔缸内，使活塞向前移动，使得门架前倾；当倾斜操纵杆向后拉时，高压油从前面导向套油口侧进入有杆腔缸内，使活塞向后移动，使得门架后倾。

4）空箱吊具

空箱吊具是一种用来从侧面起吊符合 ISO

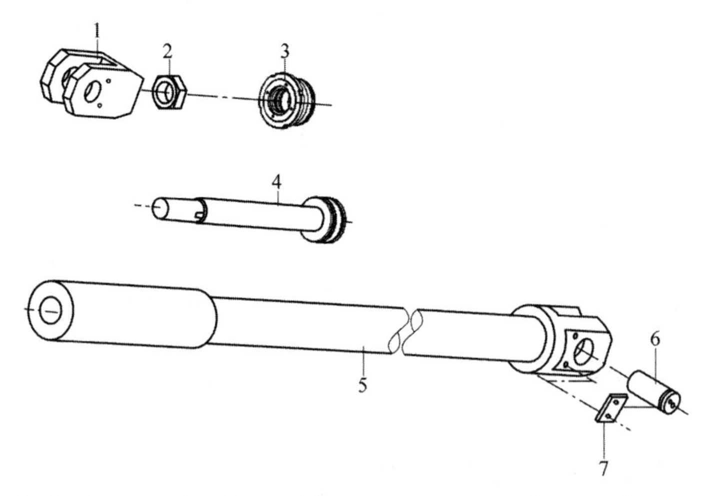

1—活塞杆耳环；2—调节螺母；3—导向套；4—活塞杆；5—缸体；6—销轴；7—锁板。

图 6-10　倾斜油缸安装示意图

标准的空集装箱的吊具，它安装在内门架上，通过主滚轮在内门架内滚动，来实现吊具上下运动。上下滚动的主滚轮焊在吊具立柱板上，可以拆卸。通过滚轮轴上的螺栓调节侧向滑块，纵向载荷由主滚轮承受，横向载荷由侧向滑块承受。吊具结构由吊具安装货叉架、固定臂和浮动臂组成。锁头位于两个伸缩臂的尾部，根据集装箱的高度，设置一定上下浮动量，固定臂内设置有左右伸缩臂，固定臂和伸缩臂之间设置有臂筒滑块，固定臂后方直接和滑架连接，形成一个整体，如图 6-11 所示。锁头结构见图 6-12，臂筒滑块布置见图 6-13，滑架结构见图 6-14。

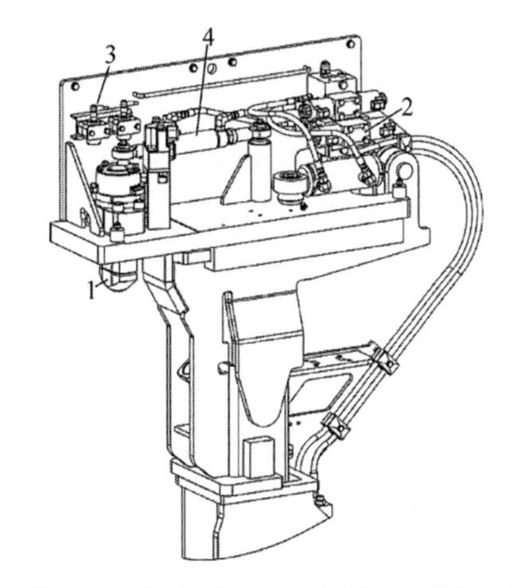

1—锁头；2—控制阀块；3—固定罩；4—旋锁油缸。

图 6-12　锁头结构

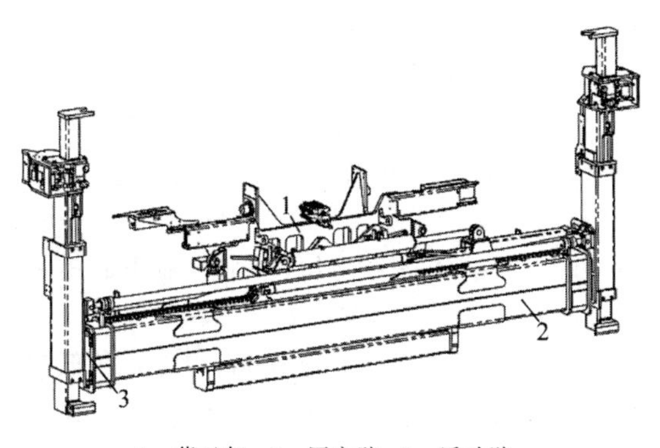

1—货叉架；2—固定臂；3—浮动臂。

图 6-11　吊具结构

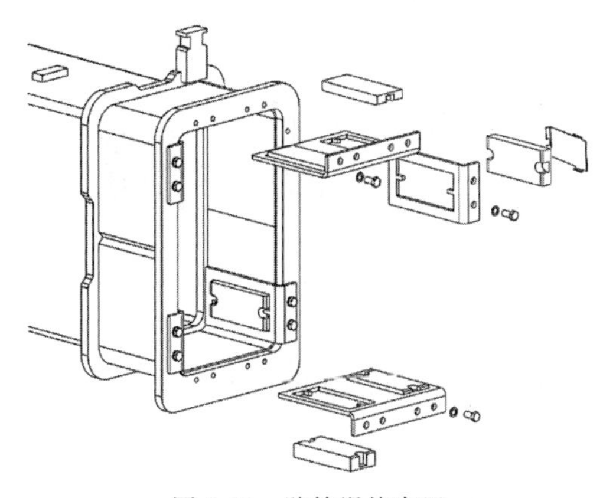

图 6-13　臂筒滑块布置

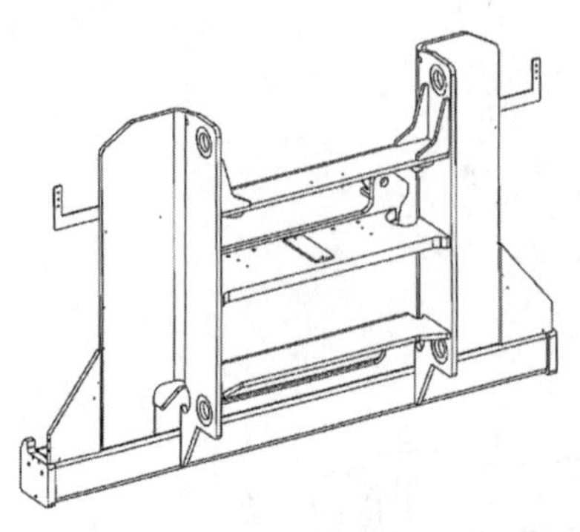

图 6-14　滑架结构

6.3　集装箱空箱堆高机的工况选型及安全使用守则

6.3.1　工况选型

集装箱空箱堆高机主要对集装箱空箱进行搬运和堆垛，实际使用时，应根据堆高机的负荷图(见图 6-15)确认设备选型是否合理，根据堆高层数和集装箱重量综合对比来进行评估。另外还要根据堆高机能实现的堆高层数来判断其能否满足工况需求。

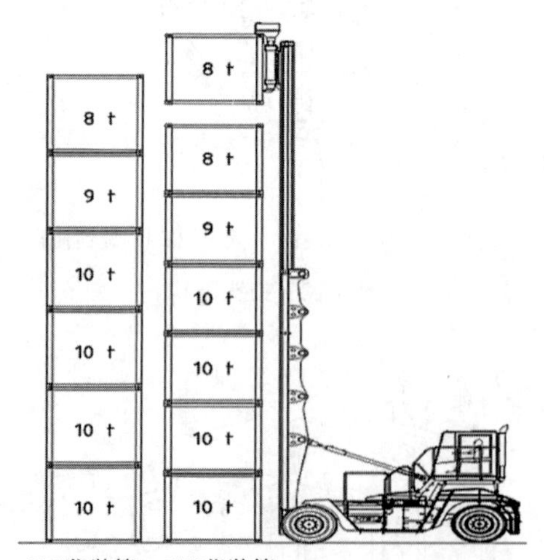

图 6-15　合力 25 t 堆高机整车负荷

6.3.2　安全操作规程

(1) 集装箱空箱堆高机驾驶员必须经过培训并持有驾驶执照后方可开车。

(2) 在 6 级和 6 级以上大风中，禁止使用本车辆。

(3) 驾驶员操作时应佩戴可作安全防护用的鞋、帽、服装及手套。

(4) 上下扶梯、行走平台需扶牢以保证安全。

(5) 在开车前检查各控制和报警装置，如发现损坏或有缺陷时应在排除故障后操作。当车辆和吊具安全保护装置失效时，严禁使用车辆。

(6) 严格按吊具及整车使用要求进行装卸。

(7) 当起吊的集装箱偏离中心线时，禁止起升、下降和行驶。只允许在车辆静止时使用吊具侧移功能。

(8) 在启动、装卸作业、转向、行驶、制动、停车时，应尽量使车辆的动作平顺，避免激烈动作；在潮湿、易滑的路面上行驶时，注意减速；禁止在起伏不平、松软的路面上驾驶车辆。

(9) 密切注意吊具工作状态指示灯和机械扭锁指示牌所提供的装卸作业信号提示。禁止强迫吊具扭锁锁定集装箱。在吊具扭锁未锁定前，禁止移动集装箱。

(10) 吊具安全超越开关只允许在吊具安全装置用传感器出现故障，不能进行吊具的起升、扭锁的开闭等动作时，为了下一步维修方便，作为临时的应急操作。禁止在吊具安全超越状态下进行正常的集装箱装卸作业。因为故障使用了吊具安全超越开关后，要立即对吊具或整车进行维修。

(11) 在紧急状态下使用吊具安全超越开关时，因所有的安全装置不起作用，一定要目视检查吊具扭锁，确认吊具扭锁处于正常位置时才能对集装箱进行动作，否则可能引起吊具扭锁折断或集装箱掉箱的严重事故。

(12) 装载集装箱行驶期间，应尽量放低集装箱，并使门架完全后倾，禁止在行驶过程中起升、下降和侧移起吊物。车辆禁止在高位举升重物时行驶。

(13) 在坡道上行驶时应小心。在坡度大于 1/10 的坡道上行驶时，上坡应向前行驶，下坡应倒退行驶；上下坡时切忌转向，以防倾翻；下坡行驶时，请勿进行装卸作业。

（14）在接近转弯、坡道、下斜坡或能见度较小时，车辆应减速，小心驾驶，注意车辆上方间隙以及周围人和物的安全距离。

（15）禁止在下坡路段或行驶过程中空挡滑行，否则可能引起变速箱和变矩器严重损坏。

（16）禁止站在吊具及起吊的集装箱下，禁止在吊具及起吊的集装箱下行走，车辆工作时，任何部位都禁止载人。

（17）禁止在驾驶员座椅以外的位置上操纵车辆和吊具。

（18）在码头或临时铺板上行驶时应加倍小心，缓慢行驶。

（19）加燃油时，驾驶员不要在车上，并使发动机熄火；在检查蓄电池或油箱液位时，不要点火。

（20）离车时，倾斜并完全降低门架，将吊具下降着地，并将挡位手柄放在空挡，发动机熄火并断开电源。在坡道上停车时，将停车制动装置拉好。停车较长时间时，须用楔块垫住车轮。

（21）在发动机很热的情况下，不能轻易打开水箱盖。

（22）集装箱空箱堆高机出厂前多路阀、安全阀的压力已调整好，用户在使用过程中不要随意调整，以免调压过高造成整个液压系统和液压元件破坏。

（23）装卸作业时，严禁调整机件或进行检修保养工作。

（24）集装箱空箱堆高机在行驶时，严禁高速急转弯。

（25）轮胎充气压力按“轮胎气压”标牌规定的气压值进行充气。

（26）门架前倾时，严禁提升货物。

（27）在对车辆进行焊接时，应断开总电源、电控中央处理器，并用防火材料保护车辆易燃部位。

（28）经常检查液压系统、制动系统管路，有损坏迹象需及时更换。

（29）在对液压系统、制动系统进行保养、检修作业时，应确保系统管路内没有压力。

（30）定期检查车辆所有运动部分（如车架与门架、前桥、后桥连接处，倾斜油缸与门架、车架连接处，传动轴，所有滚轮，吊具活动部分等），确保所有销轴在正常位置，螺栓连接正常并无磨损等。

（31）定期检查配重、前桥、后桥等件的安装螺栓连接情况。

（32）定期检查灭火器。

（33）拖车前，必须断开驱动器与变速箱之间的传动轴，否则变速箱和变矩器可能严重损坏。

（34）更换轮胎时请按以下操作紧固轮胎固定螺母：

① 轮胎更换后，紧固螺母用记号标记，前后轮固定螺母的紧固力矩均为500 N·m。

② 1～2挡低速行驶20 min后缓慢减速，严禁紧急制动，再次紧固螺母扭矩。

③ 2～3挡中速行驶30 min后缓慢减速，严禁紧急制动，再次紧固螺母扭矩。

④ 重新标记紧固螺母记号，以后每隔50 h进行复查。

6.4　集装箱空箱堆高机的操作及作业场景

6.4.1　操作说明

1. 门架和吊具操纵

1）门架的操纵

门架共有4个动作：起升、下降、前倾、后倾。门架所有的动作都在先导操纵手柄上完成。先导操纵手柄上有1个安全保护按钮，必须按下此按钮，才能实现门架的动作。

（1）门架起升：先导操纵手柄向后，向后角度的大小控制阀开度的大小。如需停住起升，使先导操纵手柄回位即可。

（2）门架下降：先导操纵手柄向前，向前角度的大小控制阀开度的大小。如需停住下降，使先导操纵手柄回位即可。

(3) 门架前倾：先导操纵手柄向左，向左角度的大小控制阀开度的大小。如需停住前倾，使先导操纵手柄回位即可。

(4) 门架后倾：先导操纵手柄向右，向右角度的大小控制阀开度的大小。如需停住后倾，使先导操纵手柄回位即可。

2) 吊具的操纵

吊具共有6个动作：扭锁打开、扭锁锁定、左侧移、右侧移、伸展、收缩。每个动作分别由先导操纵手柄上的6个按钮控制。此外还有1个安全开关。

按钮1：黄色，控制吊具伸展功能。

按钮2：红色，控制吊具左侧移功能

按钮3：绿色，控制吊具上锁功能。

按钮4：黄色，控制吊具收缩功能

按钮5：红色，控制吊具右侧移功能。

按钮6：绿色，控制吊具解锁功能

按钮0：红色，安全开关，按下后可激活手柄水平或垂直方向操纵控制功能，起安全保护作用。

3) 吊具安全超越开关

吊具安全超越开关由图6-16所示的钥匙开关3控制。

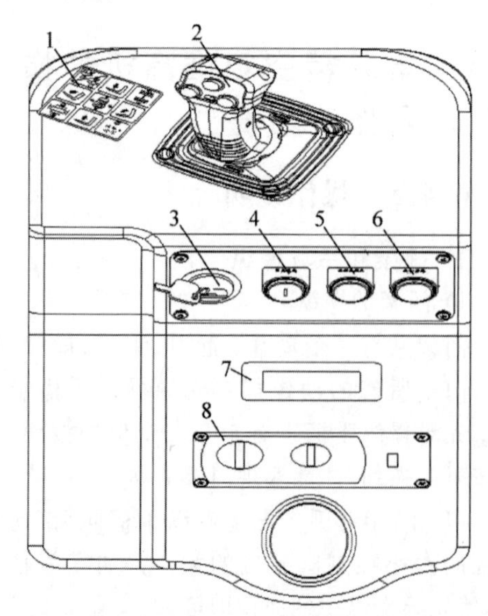

1—液压手柄操纵标识；2—操纵手柄；3—钥匙开关；4—吊具超越开关；5—发动机熄火按钮；6—安全旁路按钮；7—ZF显示器；8—空调控制器。

图6-16　操纵台示意图

2. 装卸作业过程

1) 集装箱的吊取

(1) 使门架处于垂直位置，接近集装箱码放处或集装箱运输车辆。

(2) 当接近集装箱码放处或集装箱运输车辆时，按要吊取的集装箱宽度伸缩调整吊具宽度，侧移吊具到中心位置，起升门架，使吊具升高到可以吊取集装箱的合适高度。

(3) 通过前倾门架，吊具侧移微调，确认吊具的扭锁位于集装箱角锁孔的正上方。

(4) 下降门架使吊具降低，使吊具的两个扭锁插入集装箱的角锁孔内。

(5) 通过吊具工作状态指示灯和机械扭锁指示牌确认吊具的两个扭锁是否已插入集装箱的角锁孔内。如已正确着床，则可以进行下一步；否则，需起升吊具，从第(3)步重新开始。

(6) 操作先导操纵手柄上的扭锁锁定按钮，通过吊具工作状态指示灯和机械扭锁指示牌确认待吊取的集装箱是否已被锁定。如没有锁定，需起升吊具，从第(3)步重新开始。

(7) 确认集装箱已被正确锁定后，可以小心起升集装箱直到吊具着床指示灯熄灭。

(8) 完全后倾门架。

(9) 观察后方无行人和车辆后，直线倒车行驶至少3 m。小心驾驶车辆，避免激烈的动作。

(10) 下降门架，放低起吊的集装箱到车辆正常运行位置，在不影响视线的情况下，必须将吊具尽量放低。

警告：在带载行驶过程中，必须小心驾驶，避免紧急制动和急转向，任何激烈的动作都可能导致车辆倾翻。

2) 集装箱的堆放

(1) 使门架处于完全后倾位置，接近集装箱码放处或集装箱运输车辆。

(2) 当接近集装箱码放处或集装箱运输车辆时，起升门架使吊具升高到可以堆放集装箱的合适高度。

(3) 再使车辆缓慢前行，接近集装箱码放处或集装箱运输车辆。

(4) 通过前倾门架，侧移吊具，使待堆放的集装箱位于集装箱码放处或集装箱运输车辆的正上方，并使待堆放的集装箱下方4个角锁孔对准相应的下面集装箱的4个锁孔或集装箱运输车辆底盘上的4个扭锁。

(5) 下降门架，使吊具降低，确保待堆放的集装箱的4个锁孔都能准确对应相应位置。否则，需起升吊具，从第(4)步重新开始。

(6) 确认集装箱准确落稳着床后，操作先导操纵手柄上的扭锁打开按钮，使吊具的两个扭锁完全打开(吊具的着床指示灯和扭锁打开指示灯点亮)。如果吊具的一个或两个扭锁没有被打开(吊具的扭锁打开指示灯没有点亮)，则需操作先导操纵手柄上的扭锁锁定按钮，使扭锁重新锁定，起升吊具和集装箱，从第(4)步重新开始。

(7) 确认吊具的两个扭锁完全打开后，小心提升吊具，使吊具扭锁从集装箱的角锁孔中完全退出(吊具的着床指示灯熄灭，扭锁打开指示灯点亮)。如果吊具的一个或两个扭锁没有从集装箱的角锁孔中完全退出，则需降低吊具，从第(6)步重新开始。

(8) 观察后方无行人和车辆后，直线倒车行驶至少3 m。小心驾驶车辆，避免激烈的动作。

(9) 下降门架，放低吊具到车辆正常运行位置。

警告：在操作过程中，不可过分倾斜、猛推和快速下降集装箱，否则待堆放的集装箱和吊具的重量会损坏下面的集装箱或集装箱运输车辆的底盘。

6.4.2　作业场景

集装箱空箱堆高机主要应用于集装箱货场、港口及集装箱生产企业。

6.4.3　停机存放及运输吊装注意事项

1. 集装箱空箱堆高机的运输

装运集装箱空箱堆高机时需注意如下事项：

(1) 长距离运输时，吊具、门架和驾驶室需拆下，单独运输。

(2) 底盘运输时需实施停车制动，固定好车辆，前后轮胎相应位置用楔块垫好楔牢。

(3) 运输时所有可能产生位移的零部件都需固定或支承。

(4) 起吊时按照相应的起吊标牌指示位置进行起吊。

2. 集装箱空箱堆高机的存放

(1) 放净燃油。

(2) 未漆件表面涂以防锈油，起升链条涂润滑油。

(3) 液压油缸暴露在外的活塞杆上涂油防腐蚀。

(4) 门架和吊具降至最低位置。

(5) 实施停车制动。

(6) 前后轮胎用楔块垫好。

6.5　集装箱空箱堆高机的技术标准及规范

集装箱空箱堆高机需依据国家标准GB/T 26945—2011进行设计。

6.6　集装箱空箱堆高机的维护保养、常见故障与排除方法

6.6.1　维护与保养

1. 动力系统的维护与保养

1) 发动机涡轮增压系统的维护与保养

(1) 堆高机所用的发动机一般都是涡轮增压发动机，车辆起步时要温柔驾驶。由于涡轮增压器是靠机油来冷却的，凉车启动时机油润滑不佳，这时增压器如果高速运转，磨损会很大。应先怠速运转两三分钟，等机油的润滑性能好了再让发动机高速运转，从而使涡轮增压器得到充分润滑，这点在冬天显得尤为重要。

(2) 车辆高速运转后，切勿立即熄火。突然熄火会使机油润滑中断，涡轮增压器内部的热量也无法被机油带走，容易造成涡轮增压器转轴与轴套之间“咬死”。此外，发动机突然熄

火后,通往涡轮增压器的机油停止流动,如果此时排气歧管的温度很高,其热量就会被吸收到涡轮增压器壳体上,将停留在增压器内部的机油熬成积炭。当这种积炭越积越多时就会阻塞进油口,导致轴套缺油,加速涡轮转轴与轴套之间的磨损,甚至产生"咬死"的严重后果。因此,发动机熄火前应怠速运转 3 min 左右,以使涡轮增压器转子转速下降。但涡轮增压发动机也不可长时间怠速运转,否则增压器也会因机油压力过低而导致润滑不良,一般怠速时间不应超过 10 min。

(3) 选择合适的润滑油保护剂配合润滑油使用,保证涡轮增压器的润滑。

(4) 定期检查涡轮增压器的密封环是否密封。如果密封环没有密封住,废气就会通过密封环进入发动机润滑系统,使机油变脏,并使曲轴箱压力迅速升高,从而造成机油的过度消耗产生"烧机油"的情况。

(5) 要经常检查涡轮增压器有没有异响或者不寻常的振动、润滑油管和接头有没有渗漏。

2) 空空中冷系统的维护与保养

(1) 在中冷进气管维修保养时,不能使用橡胶弯头来改变方向,因为它会被高压进气吹脱落。

(2) 维护更换中冷管应选用不锈钢钢管,其表面需要做相应的防腐处理。

(3) 维护保养过程中拆卸或更换管路连接件后,恢复时一定要保证管路清洁度。

(4) 定期对管路的连接处进行检查,确保连接可靠。

(5) 定期对中冷器进行清洗,保证正常散热能力。

3) 进气系统的维护与保养

(1) 推荐每 3 个月,或 250 h,或当进气阻力指示器显示进气阻力大时,需进行空气滤清器的维护保养。

(2) 每天或在添加燃油时应检查设备,以确保所有空气滤清器和发动机之间相连接的接头都密封良好,包括所有软管接头和空气滤清器壳体的端盖。发现任何裂缝都应立即修复,并记录在机器维护保养记录中。

(3) 在维护保养过程中更换软管卡箍时,请确保使用高质量的带 U 型槽板和 T 型螺栓的卡箍。

(4) 空气滤清器安装拆卸步骤:

① 干式滤芯型的空气滤清器具有两组滤芯,可以提供最佳的空气过滤作用。一级滤芯吸收进气中的灰尘;二级滤芯吸收壳体内可能因一级滤芯损伤或安装错误而未被一级滤芯过滤的灰尘。

② 二级滤清器通常称为安全滤芯,安装在一级滤清器内。不推荐清洗一级或二级滤清器。清洗滤清器通常会损伤滤清器,而不是带来好处。在旧的二级滤清器更换之前,请不要拆卸它。

③ 卸下端盖后,确保蝶型锁母使一级滤清器处于紧固状态。若不属紧固状态,未经过滤的空气可能已经进入安全滤芯(如果装有安全滤芯),或已进入了机体(若安全滤芯未安装或已丢失)。

④ 小心拆卸一级滤芯,避免灰尘掉入滤清器壳体内。

⑤ 大多数生产商不要求在每次更换一级滤清器的时候都更换安全滤芯。不过,推荐每当一级滤芯更换次数达到 3 次时,应更换安全滤芯。如果安全滤芯看起来很干净,且不到更换日期,则不要松动蝶型锁母,不要改变安全滤芯的安装状态。

⑥ 发现需要更换安全滤芯时,先检查蝶型锁母确保它处于紧固状态。此时,请先不要松动锁母。

⑦ 在仍装有旧安全滤芯的时候,清洗滤清器壳体,清除那些已从安全滤芯掉落在壳体内的灰尘。切勿使用压缩空气来清洗空气滤清器的壳体。更换安全滤芯时,拆卸蝶型锁母和垫片,小心地从壳体内取出滤芯。安装新的安全滤芯之前,用一块干净、潮湿的布擦拭安全滤芯的安装表面。

⑧ 检查每个新滤清器,确保是主机厂指定的滤清器(查看其生产商和零件号)。检查滤清器的内外是否有裂/损褶痕、裂/损的衬里、损坏的垫圈。如果发现任何损坏,要丢掉受损

件，安装新滤芯，并用垫片和蝶型锁母紧固。确保新的滤清器橡胶垫圈安装在蝶型锁母和滤芯之间，同时确保安装了进气阻力指示器。

⑨ 按照相反的顺序，重新组装空气滤清器。在安装新的安全滤芯和一级滤芯之前，再一次确认它们是设备主机厂所推荐的滤清器。

⑩ 安装端盖，并在紧固卡箍或蝶型锁母之前，确保端盖定位、落座准确。

4）排气系统的维护与保养

（1）在日常维护保养时，排气系统的柔性连接管不能用其他刚性管替代，否则会造成排气管路因车体振动而出现断裂现象。

（2）维护保养时，对于排气管采用法兰连接的需加装铜垫，以保证系统的密封性。

（3）日常维护时，需检查是否有水进入发动机或增压器。

（4）定期检查排气系统管路连接状况。

5）燃油系统的维护与保养

（1）每次保养时，需更换带油水分离功能的滤清器，且采用透明油杯。

（2）如现场使用的油品杂质过多，必须在输油泵前安装100目左右的粗滤器。不能用细滤器，因其容易阻塞而导致阻力过高。

（3）维护保养过程中，不推荐使用纸质细滤器作预滤器，因其容易因压力波动而损坏。

（4）日常维护时，管路材料更换时必须选用耐油，并能承受足够的真空而不损坏或蹋瘪的管路材料。

（5）作业时，若油水报警器报警，应及时停机检修。

（6）每天需排除油水分离器中的水。

（7）定期检查管路及接头是否渗漏。

6）冷却系统的维护与保养

（1）堆高机散热器所用的冷却介质为长效防锈防冻液（型号为FD-2），防冻液冬夏通用，四季不换。一般使用1年后，应放出来进行过滤净化处理，然后可继续使用。

（2）定期检查冷却系统的密封性与冷却液的液位，系统密封性若有问题应尽快排除。

（3）防冻液作为冷却介质，应严禁随意添加水和不同型号的防冻液，防冻液漏掉或蒸发后应及时地补入相同型号的防冻液。

（4）在使用过程中，若散热器“开锅”或冷却液温度过高，需要检查液位时，应使发动机转速降至中速，缓慢旋转散热器盖，稍待一会儿再卸下散热器盖，以免冷却液喷溅出来烫伤操作人员。在拧紧散热器盖时，一定要拧到位，否则系统不密封，难以建立规定的系统压力。

（5）根据不同的工况条件，应定期清除散热器外表面的脏污，可采用洗涤剂清洗，也可以用压缩空气或高压水（压力不大于4 kg/cm^2）冲洗。

2. 传动系统的维护与保养

1）变速箱

变速箱内的油量对于变速箱的使用寿命和功能非常重要。因为变速箱油起到冷却、润滑和传动的作用。如果油位过低，变速箱和离合器得不到润滑，会损坏变速箱或影响它的性能；如果油位过高，油起泡沫，会使变速箱过热。

（1）每工作200 h按照如下方法检查变速箱油位：

① 运行堆高机使变速箱油温升至正常工作温度（80～110℃）。

② 通过换挡，使变速箱内所有的离合器和油管都充满油。

③ 把车辆停在水平路面上，实施停车制动，变速箱空挡（注意：让变速箱怠数运转）；检查油标尺，检查油位直至油量达到油标尺最高位与最低位之间。

（2）每工作800 h更换变速箱油。注意：

① 当发动机停止且变速箱有一定温度时，进行换油。

② 对于新的变速箱，在工作第一个100 h后，需更换变速箱油和滤油器滤芯。

注意：以上变速箱油和滤芯的更换方法适用于普通的气候环境和工作环境。在高温条件下超长时间和多粉尘条件下运行时，会使油迅速地受到污染而降低润滑油的油质，必须缩短更换变速箱油和滤芯的时间间隔。

2）传动轴

(1) 每工作 100 h，用手动润滑枪（决不可用高压润滑枪）向万向接头注油口注油。当有油溢出时，表明润滑油已注满。

(2) 每工作 400 h，检查传动轴紧固螺栓的扭矩大小和松紧情况。（警告：在工作第一个 200 h 后，做第一次检查。）

3. 液压系统的维护与保养

(1) 每天停车于水平面，实施停车制动，完全倾斜和放低门架，通过相应的油位窗检查油位，必要时，通过加油口加满油。工作第一个 100 h 后更换液压油滤芯。

(2) 每工作 400 h 或仪表板上相应警示灯亮时，更换液压油滤芯，清洁油位窗，如有损坏，及时予以更换。（警告：更换滤芯前，保证系统不受压。）

(3) 工作第一个 600 h 后，更换液压油。

(4) 每工作 2 000 h，按如下步骤更换液压油：

① 停止发动机，完全倾斜和放低门架；

② 松开放油螺塞，排干油箱中的油；

③ 检查油箱内的清洁情况，清洗干净；

④ 重新安装放油螺塞；

⑤ 通过加油口加入新油；

⑥ 启动发动机，对门架进行起升和起吊操作，让液压油扩散到整个系统循环；

⑦ 放低门架，再检查油位，如需要，则注满油。

4. 制动系统的维护与保养

(1) 每天停车于水平面，实施停车制动，通过相应的油标尺检查油位，如果必要，通过加油口加满油。

(2) 工作第一个 400 h 后，更换制动油箱中的吸油滤芯。

(3) 每工作 400 h 或仪表板上相应警告灯亮时更换高压滤油器滤芯。（警告：更换滤芯前，保证系统不受压。）

(4) 工作第一个 600 h 后，更换制动液压油。

(5) 每工作 2 000 h 按如下步骤更换制动液压油：

① 停止发动机；

② 松开放油螺塞，排干油箱中的油；

③ 检查油箱内的清洁情况，清洗干净；

④ 重新安装排油塞；

⑤ 通过加油口加入新油；

⑥ 启动发动机，让制动液压油扩散到整个系统循环；

⑦ 停止发动机，检查油位，如需要，则注满油。

5. 起重系统的维护与保养

堆高机的起重系统结构除吊具外，其余与传统的叉车相同，因此起重系统的维护保养在此仅介绍吊具的维护与保养，其他详见 4.2 节。

1）吊具的润滑

每 500 h 按照图 6-17 所示的润滑部位润滑一次。

注：① 润滑脂润滑。

② 根据现场工况与环境，适当增加润滑次数。

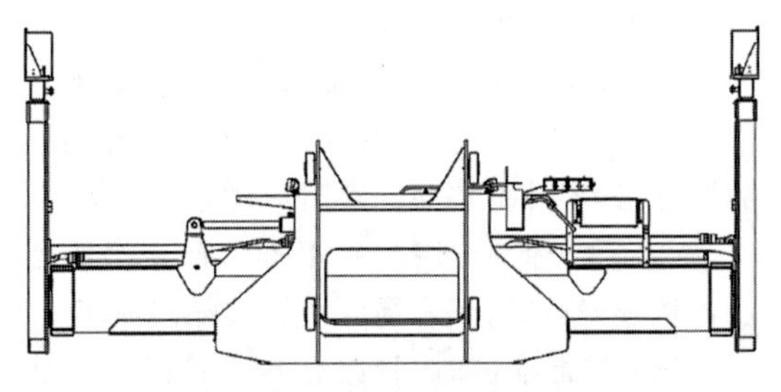

图 6-17 吊具润滑部位示意图

吊具锁头润滑示意图见图 6-18，伸缩臂的润滑示意图见图 6-19。

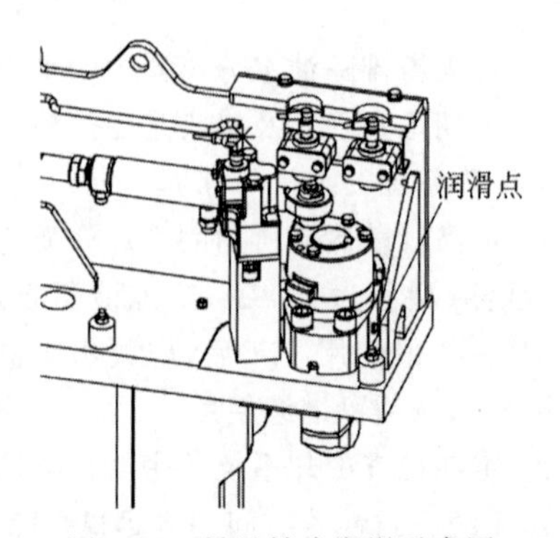

图 6-18 吊具锁头润滑示意图

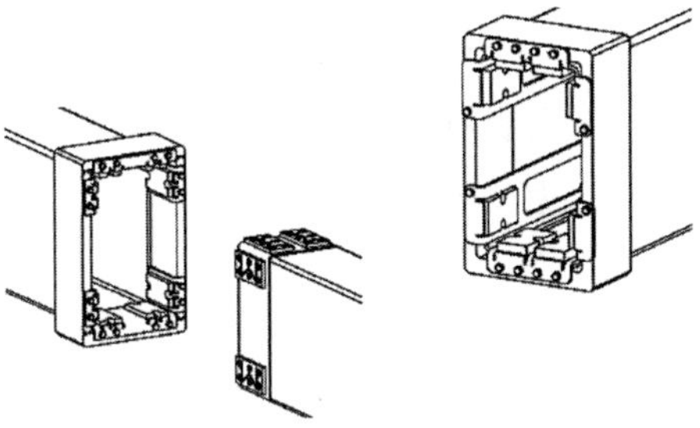

图 6-19　伸缩臂润滑示意图

吊具臂体的润滑示意图见图 6-20。

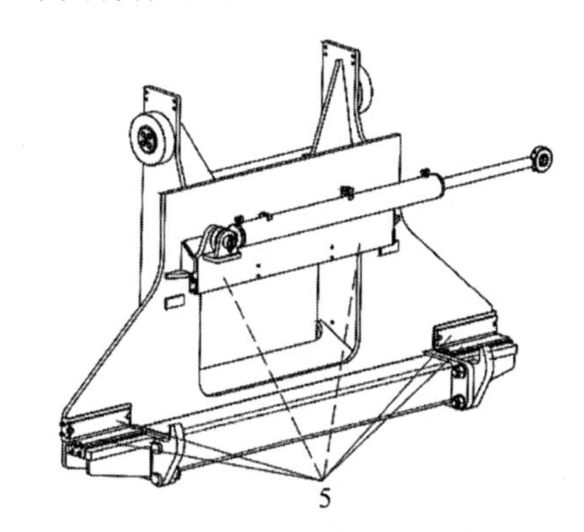

图 6-20　吊具臂体润滑示意图

2）吊具滑块

吊具所用滑块是易损件，为保障吊具的臂体使用寿命，并避免滑块损伤臂体，在滑块磨损一定程度后必须进行更换，建议更换的标准为滑块厚度小于 18 mm（见图 6-21）。

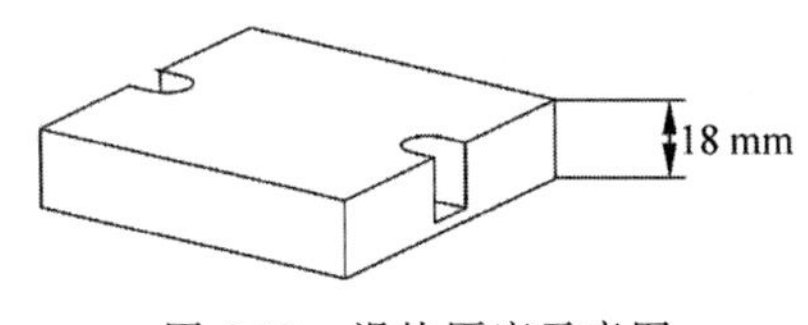

图 6-21　滑块厚度示意图

3）吊具锁头

吊具锁头也是易损件，为保障集装箱的安全，在锁头磨损一定程度后，需要进行更换，更换标准如下：

（1）吊具使用 5 000 h 后必须更换锁头。

（2）锁头磨损后，实际尺寸小于 25 mm（见图 6-22）就必须更换。

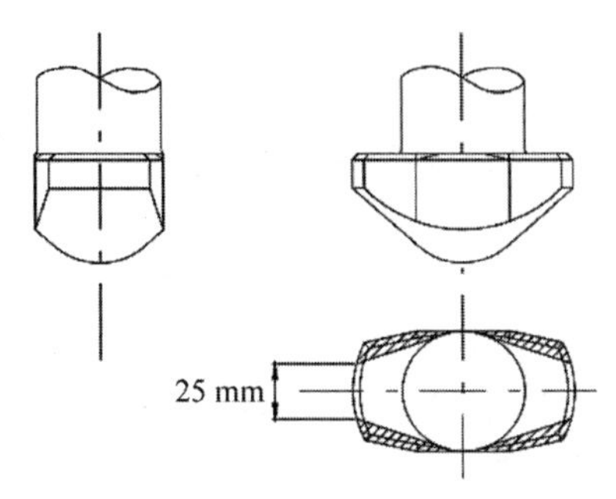

图 6-22　锁头示意图

6. 电气系统的维护与保养

1）蓄电池

（1）每工作 200 h，检查蓄电池在支架上的固定螺栓是否拧紧，保证安装牢靠。

（2）仔细清洁电瓶、电线及电瓶盒，除掉任何可能引起漏电的氧化和腐蚀迹象。

提示：定期观察蓄电池比重计的指示眼，当呈绿色时，表明充电已足，蓄电池正常；当指示眼绿点很少或为黑色时，表明蓄电池需要充电；当指示眼显示淡黄色时，表明蓄电池内部有故障，需要修理或进行更换。

2）发电机

（1）日常维护：检查接线是否良好。

（2）每工作 1 600 h，仔细清洁汇电环，检查碳刷的磨损和连接情况。如需要，则更换一个与原型号一样的碳刷柄。

3）吊具

（1）每天开始工作前，检查所有工作灯是否清洁和工作正常。

（2）每周仔细检查连接、电缆、开关和感应器；检查部件是否卡住或变形，如需要，则更换损坏的部件；仔细清洁电路，主要是连接点和开关。

4）空调

（1）在空调要做各种检查和维护前，必须先切断电源。

（2）对于整个空调系统，请勿随意拆卸，以免制冷剂泄漏。

（3）定期检查空调系统各部件管路接头有无松动和泄漏。

(4) 定期检查压缩机安装螺栓有无松动损坏。

(5) 定期检查空调机组的软管机接头有无龟裂、损坏。

(6) 定期检查皮带的松紧度和有无磨损、裂纹，皮带有裂纹时应立即更换。

(7) 定期清洗冷凝器表面积垢情况，防止制冷效果下降。

(8) 更换零部件或充注制冷剂时，应避免污染系统各接头及内腔，应补充冷冻油。

(9) 开机前必须检查驾驶室进风口、排风口，以及冷凝器进、出风口是否有堵塞现象。

(10) 每个使用季节开始前应仔细检查连接接头、连接电缆及接地线是否完好。

(11) 长期不使用时，室内外侧应用帆布覆盖保护，以防灰尘侵入。

(12) 空调设备经过长时间的使用后，换热器的表面和肋片间就会积满灰尘和异物，影响换热效果，造成制冷量下降，因此需要对换热器进行清洗。清理室内侧换热器时，首先卸下上盖，然后用软毛刷沿肋片纵向小心轻刷，用小镊子夹出刷不动的异物；清理室外侧换热器时，首先要将冷凝风机支架卸下，然后再刷。清理过程中要注意：

① 肋片是用很薄的铝箔制成的，受力时极容易变形，因而一定要细心操作。

② 即使在寒冷季节，也要确保每周打开空调至少 5 min，以保证压缩机内部保持良好的润滑和空调的最佳运行。

6.6.2 常见故障及排除方法

1. 转向系统的故障原因及排除方法（见表 6-2）

表 6-2 转向系统的故障原因及排除方法

故障	故障原因	排除方法
转向盘转不动	油泵损坏或出现故障	更换
	分流阀堵塞或损坏	清洗或更换
	胶管或接头损坏或管道堵塞	清洗或更换
转向操作费力	分流阀压力过低	调整压力
	转向系统油路中有空气	排除空气
	转向器复位失灵，定位弹簧片折断或弹性不足	更换弹簧片
	转向油缸内漏太大	检查活塞密封
	油箱油位过低	加油
叉车蛇行或摆动	转向流量过大	调整分流阀流量
有非正常噪声	油箱油位过低	加油
	吸入管或滤清器堵塞	清洗或更换

2. 电气系统的故障原因及排除方法（见表 6-3）

表 6-3 电气系统的故障原因及排除方法

故障点	故障现象	故障原因	排除方法
发动机	发动机无法启动	熄火开关处于断开状态	熄火开关复位
		挡位手柄不在空挡位置	挡位手柄置空挡
		启动开关导通不良	更换
		蓄电池放电或故障	充电或更换
变速箱	挡位手柄处于工作状态时车辆无行驶动作	控制器电源保险熔断	更换保险
		挡位手柄电源保险熔断	更换保险
		挡位手柄故障	更换
		脱挡压力开关故障	更换
		紧急制动动作开关故障	更换

续表

故障点	故障现象	故障原因	排除方法
灯光信号	灯光控制紊乱	灯光开关故障	修理或更换
		接地不良	修理
	喇叭音质不佳	喇叭开关导通不良	更换
		喇叭不良	更换
	喇叭不响	喇叭电源保险熔断	更换
		喇叭配线断线或接触不良	修理或更换
		喇叭开关导通不良	修理或更换
		喇叭控制继电器故障	更换
		喇叭故障	更换
	灯光不亮	灯光开关电源保险熔断	更换
		灯光开关故障	修理或更换
		灯光电源保险熔断	更换
		灯光控制继电器故障	修理或更换
		灯具故障	修理或更换
		接地不良	修理
		线路断路	修理
蓄电池	充电不足	各部绝缘不良	修理或更换
		电解液不足	补充
		交流发电机皮带松弛	调整
		交流发电机或调节器不良	修理或更换
属具	吊具无起升	液压集成操作手柄故障	修理或更换
		起升电磁阀故障	更换
		起升电磁阀控制继电器故障	更换
		吊具安全保护(无起升允许信号)	检查吊具旋锁接近开关工作是否正常
		线路断路	修理
	吊具无动作(旋锁、伸展/收缩、左右侧移)	液压集成操作手柄故障	修理或更换
		吊具供油电磁阀故障	更换
		吊具供油电磁阀控制继电器故障	修理或更换

续表

故障点	故障现象	故障原因	排除方法
制动	停车制动无法释放	手制动开关损坏	修理或更换
		紧急制动动作开关损坏	更换
		停车制动阀控制继电器故障	更换
		停车制动阀故障	更换
		保险熔断或线路断路	修理或更换
驾驶室	前雨刷不工作	前雨刷电源保险熔断	更换保险
		前雨刷开关故障	更换
		前雨刷电机故障	更换
		前雨刷电机接地不良	修理
	后雨刷不工作	后雨刷电源保险熔断	更换保险
		后雨刷开关故障	更换
		后雨刷电机故障	更换
		后雨刷电机接地不良	修理
	顶雨刷不工作	顶雨刷电源保险熔断	更换保险
		顶雨刷开关故障	更换
		顶雨刷电机故障	更换
		顶雨刷电机接地不良	修理
	驾驶室顶灯风扇不工作	顶灯、风扇电源保险熔断	更换保险
		开关故障	更换
		顶灯、风扇故障	更换

3. 空调的故障原因及排除方法(见表 6-4)

表 6-4 冷暖空调系统故障原因及排除方法

故障现象	故障原因	排除方法
空调有异常噪声	压缩机皮带松弛	调节皮带张紧度
	空调风机扇叶有松动	检查、装紧松动的风机扇叶
	空调外壳变形、碰风机扇叶	修复变形外壳、避免碰扇叶
	空调风机或压缩机轴承损坏	检查、更换出现异响的风机或压缩机
空调不制冷	电源保险丝熔断	检查电路有无短路、更换保险丝
	空调开关、控制器故障	检查、更换空调开关和控制器
	电气线路故障	检查、修复空调电路的正确连接
	控制面板或继电器损坏	检查、更换控制面板或继电器
	无制冷剂 R134a	检漏、修复、充制冷剂
	系统堵塞	清洗或更换系统管路
	压缩机皮带松弛或断裂	调整或更换皮带
	膨胀阀故障	清洗或更换膨胀阀
	压缩机故障	更换压缩机
	压力开关故障	更换压力开关
冷气时有时无	空调电路接触不良	检修、排除电路故障
	压缩机皮带松弛	调整皮带张紧度
	空调开关设置不当	阅读说明书,重新调整空调开关设置
	系统含水过多内部冰堵	更换储液干燥器
空调制冷效果差	制冷剂 R134a 过多或不足	排除或补充制冷剂 R134a
	系统内部空气过多	重新抽真空,充制冷剂
	膨胀阀堵塞	清洗或更换膨胀阀
	储液器堵塞	清洗或更换储液器
	防尘网或蒸发器芯外表面太脏	清洗防尘网及蒸发器芯外表面
	空调回风口堵塞	清理空调回风口,保持风道通畅
	冷凝器外表面太脏	清洗冷凝器外表面
	压缩机运转异常	修理或更换压缩机
	空调开关设置了制热模式	关闭制热模式,打开制冷模式
	控制面板故障,暖水阀常开	更换控制面板
	电磁暖水阀故障卡在打开位置	更换暖水电磁阀
	机械暖水阀处于开启位置	机械暖水阀手动关闭
空调制热效果差	发动机水温过低	等待发动机水温上升后再使用
	控制面板故障不能控制暖水阀	检查电路并更换控制面板
	电磁暖水阀故障	更换暖水阀
	机械暖水阀不能完全打开	完全打开机械暖水阀或更换
	空调开关设置了制热模式	关闭制热模式,打开制冷模式
	防尘网脏堵	清洗防尘网,保持风道通畅
	空调回风口堵塞	清理空调回风口,保持风道通畅

4. 液压系统的常见故障原因及排除方法 （见表6-5）

表6-5　液压系统的常见故障原因及排除方法

常见故障	故障原因	排除方法
空载怠速操纵手柄熄火	① 发动机怠速低。 ② 系统卡堵	① 调高怠速。 ② 找出故障点，疏通
起升油缸活塞杆下滑量大	① 起升油缸的活塞YX形密封圈内泄漏。 ② 多路换向阀的滑阀内漏。 ③ 起升管路部分油路外漏。 ④ 限速阀阀芯不回位	① 更换YX形密封圈。 ② 更换滑阀内O形密封圈。 ③ 更换漏油处的O形密封圈。 ④ 调整或更换限速阀阀芯
起重无力或不能起重	① 油泵齿轮与泵体磨损过度、间隙过大。 ② 起升油缸活塞密封件磨损、间隙过大，内漏过多。 ③ 多路换向阀中安全阀弹簧失效。 ④ 多路换向阀控制阀杆与阀体磨损漏油过多。 ⑤ 多路换向阀阀体间漏油。 ⑥ 液压管路漏油。 ⑦ 液压油油温过高、油过稀、流量不足。 ⑧ 装载过多	① 更换磨损件或油泵。 ② 更换新活塞密封圈。 ③ 更换新弹簧。 ④ 将阀杆镀铬后与孔配合，其间隙为0.01～0.02 mm。 ⑤ 更换密封圈，按顺序拧紧螺钉。 ⑥ 检查密封件、胶管连接螺母有无损坏及拧紧管接头。 ⑦ 更换不合规定的液压油，停车降低油温，检查油温过高的原因。 ⑧ 按规定的额定起重量起重
吊具左右侧移速度不均	① 吊具侧移油缸内漏。 ② 机械阻滞。 ③ 吊具电磁阀开启度小或损坏	① 更换密封件。 ② 在滑块处添加润滑脂。 ③ 修复或更换
转向沉重	① 转向无进油。 ② LS信号油路无供油。 ③ 转向器损坏。 ④ 转向器上安全阀压力设置过低	① 检查优先阀上的出油口。 ② 检查优先阀上的相应油口。 ③ 更换。 ④ 重新设定规定的安全阀压力值
油泵压力不足	① 紧固件处密封圈磨损引起漏油。 ② 液压油混入空气起泡，吸油管路漏气，液压油不够。 ③ 泵盖槽内密封圈损坏。 ④ 轴承套端面磨损。 ⑤ 油泵齿轮磨损。 ⑥ 油泵旋转方向不对	① 更换密封圈。 ② 排除空气，补充液压油。 ③ 更换。 ④ 更换。 ⑤ 更换油泵。 ⑥ 更正

第7章

集装箱正面吊运机

7.1 概述

7.1.1 定义和功用

1. 定义

集装箱正面吊运机(reach stacker),简称正面起重机,俗称集装箱正面吊或正面吊(见图 7-1),是用来装卸满箱集装箱的一种起重机,属于起重设备的一种,也是一种流动机械。

图 7-1 正面吊示例

2. 功能和特点

正面吊用于 20～40 ft 国际标准集装箱的满箱搬运、堆垛,可堆高装卸 5 层集装箱,目前最大起重量可达 55 t。由于是流动机械,与门吊等固定吊机相比,正面吊作业机动灵活,操纵方便,并可实现跨箱作业、旋转作业等,如图 7-2 所示。在作业时,可同时实现整车行走、变幅、臂架伸缩动作,具有较高的工作效率。

(a)

(b)

(c)

图 7-2 正面吊作业

(a)跨箱作业;(b) 旋转作业;(c) 越野;(d) 圆木吊运

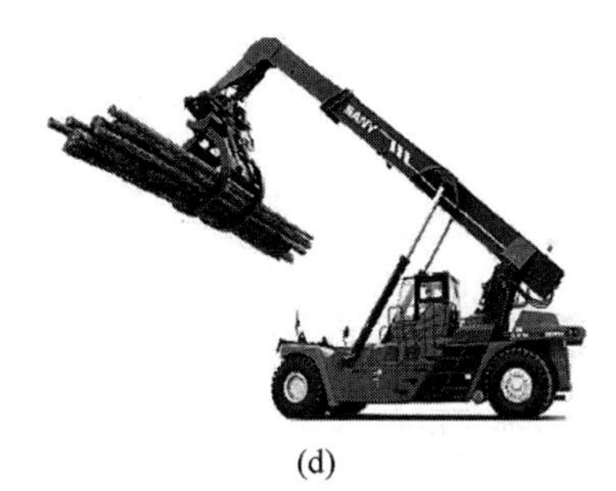

(d)

图 7-2(续)

7.1.2　现状及发展趋势

目前世界范围内生产正面吊较大的企业有20多家，主要集中在欧美，以KALMAR、SMV、LINDE、HYSTER为代表。它们代表着正面吊发展的最高水平，是整个行业的风向标。国内生产厂家主要以三一重工、合力公司、徐工集团、振华港机等为代表，通过前期的技术引进、消化吸收，加上后期发展过程中不断的技术创新及经验积累，整机的性能和质量不断提升，与国外品牌的差距越来越小。同时随着销售体系和售后服务体系的不断完善，国产品牌在国内的市场占有量已全面赶超进口品牌。随着对外贸易和港口建设的增长，恰逢国家推行“公转铁”运输战略，正面吊的使用呈现出快速发展的趋势。未来国内正面吊的需求量将大幅增长。

世界上第一台正面吊于20世纪70年代后期，由意大利Belotti Spa叉车公司设计制造，型号为B75，是在Belotti Spa叉车公司生产的轮胎式起重机的基础上改进、设计而成的。B75正面吊由轮式底盘、二级伸缩式臂架、具有多种功能的伸缩式吊具等组成，以柴油发动机为动力，液力机械传动形式，臂架的俯仰、伸缩以及吊具的回转、横移、伸缩均由液压缸驱动来完成。车架为框架式结构，臂架为箱形结构，基本臂与伸缩臂之间由滚轮支承，整车驱动由前驱动桥完成，后轮实现转向。其主要技术性能如下：额定起重量32 t，整车最小转弯半径8 m，集装箱吊具水平回转角度−30°～90°，吊具侧移范围−800～800 mm，最高行驶速度26 km/h，吊具可适合20 ft、30 ft、35 ft、40 ft集装箱的起吊作业。

Belotti Spa叉车公司B75正面吊虽然在各项主流技术上尚不十分成熟，还有许多要优化改进的地方，但其产生的意义却是不可估量的。它从根本上解决了满箱集装箱的移动搬运问题，彻底解决了轮胎吊机动性差的问题，具有划时代的意义，开创了集装箱搬运方法的大创新、大改革。正面吊问世初期，国外也仅有少数几家公司生产这种设备，如意大利的Belotti Spa、Ormig、Hyco公司和法国的PPM公司等。这一时期的正面吊在总体性能、结构设计、产品质量等方面存在一定问题。在以后的10年中，各个厂家的产品不断进行改进和优化，一些新技术、新控制方法应运而生。20世纪80年代以后，国外众多的知名公司逐渐开始生产这种设备，如瑞典的Kalmar公司、SMV公司，意大利的Fantuzzi公司、CVS公司，德国的Lind公司，美国的Hyster公司、Taylor公司，西班牙的Luna公司等，连一直不提倡使用正面吊的日本也出现了生产正面吊的企业，如TCM公司。从而使正面吊的各项技术有了较快的发展。现在的正面吊与B75正面吊相比，起重量进一步加大。新机型的起重量多为41～45 t，甚至出现了55 t的。起重量可以满足9 ft 6 in满箱集装箱5层堆码，吊具的水平回转角度增大，工作速度进一步提高。结构设计方面，采用了先进的CAE有限元分析，用箱形梁车架取代原来的框架式车架，重量减轻，强度更大；俯仰油缸的下支点前移，使油缸受力更加合理；内外臂架的支承改为了滑块结构，维修保养更加方便；增加了吊具减摇功能。同时，在制动、转向、液压系统、电气系统采用CANBus总线技术等方面也都作了改进；一些有益于驾驶人员舒适性的设备也成功得到应用。

之后再经过30余年的发展，正面吊技术逐渐成熟。国内生产的正面吊基本上都是通过吸收和借鉴国外公司的成熟技术，改进设计发展起来的，故新技术的大量应用使得国产正面吊的性价比很高。先进的液压负荷传感技术、总线油门控制技术、防倾翻安全保护系统、吊具安全保护系统、安全报警系统、先进的设计制造等技术都成功应用在正面吊上。

现在国内厂家主流配置的额定起重量为45 t,三一重工研制出了一款RSC45C2-P型组合正面吊,其额定起重量达到55 t。非标特殊工况使用正面吊已经成为企业创新思维和设计出更好、更可靠的产品的动力。目前正面吊通过不同吊具的互换可以满足不同作业工况和作业场所的需要,在实际应用中使用效率大大提升。

综合整个行业近些年的发展,正面吊的发展趋势可以总结如下:

(1) 朝轻载、小型化方向发展。随着铁路运输集装箱物流产业的快速发展,各铁路站点对正面吊的需求量逐年增长,根据相关部门预测,未来5年将会有1 000～2 000台/年的需求量。由于运输的集装箱和货物一起最重的重量一般是28～30 t,考虑性价比因素,越来越多的货站提出了35 t正面吊的需求。为此,中国铁道科学研究院还专门组织开展向社会征集设计方案并进行了多次研讨。从现实发展来看,35 t位级别的正面吊开发及应用是未来发展的一个趋势。

(2) 智能化程度越来越高。传统的正面吊仅能完成抓箱、堆箱的工作,随着科技的进步、正面吊配套资源的不断丰富,正面吊已具有垂直升级功能,极大地提升了正面吊作业效率。同时针对正面吊高处销轴、滑块难以润滑操作的问题,大多正面吊已配套自润滑系统,可以不需人为再去进行润滑保养。另外伴随着无人港口的发展,相信未来AGV正面吊会得到开发及推广应用。

(3) 安全配置越来越丰富。通过程序控制,现有正面吊已能够具备超保护、双重防倾翻保护等安全防护控制功能。从硬件配置来看,可视倒车雷达、自动制动技术、自动灭火等配置越来越多地应用到正面吊上,可有效地提升正面吊的安全性。

(4) 电动、混动产品不断推向市场。随着国内外环保意识的不断增强,相关排放法规持续升级,越来越多的港口需要电动、混动正面吊产品来满足作业需求,这些市场需求将加速电动、混动正面吊的批量上市。

7.2 集装箱正面吊运机的主要构件及系统

正面吊由9大系统构成,见表7-1。

表7-1 正面吊的主要构件及系统

序号	名称	内容
1	车身系统	主要包括车架、机罩、平衡重、驾驶室等
2	液压系统	主要包括油泵、优先阀、多路阀、操纵阀等
3	电气系统	主要包括CANBus总线控制系统、空调装置、组合仪表、灯具、蓄电池等
4	动力系统	主要包括发动机安装、进气系统、排气系统、冷却系统等
5	起重系统	主要包括吊具、固定臂与伸缩臂总成、伸缩油缸、滑块、拖链等
6	传动系统	主要包括变速箱总成、传动轴等
7	驱动桥总成	主要包括驱动桥、驱动轮胎与轮辋、压板、螺母等
8	制动系统	主要包括充液阀、制动踏板阀、停车制动阀、蓄能器等
9	转向系统与转向桥	主要包括全液压转向器、方向机、转向桥体、转向节总成、轮毂、连杆总成、转向油缸、转向轮胎与轮辋等

正面吊9大系统中,传动系统、驱动桥总成、制动系统、转向系统与转向桥与叉车的基本相同,本章不重复介绍,重点介绍车身系统、液压系统、电气系统、动力系统、起重系统。

7.2.1　集装箱正面吊运机车身系统

正面吊的车身系统主要由车架、机罩、平衡重与驾驶室等组成，如图7-3所示。此节重点介绍车架。

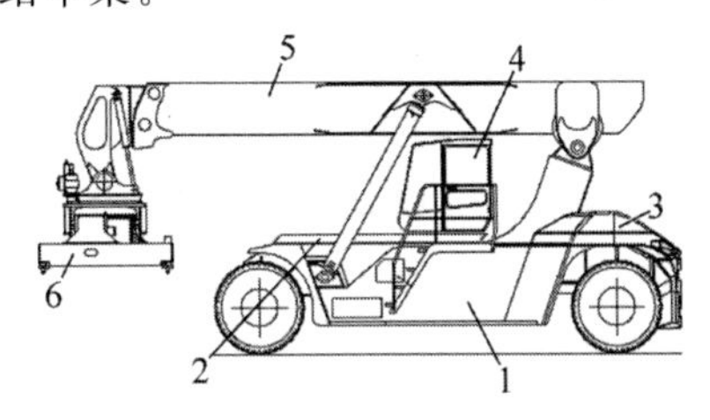

1—车架；2—机罩；3—平衡重；4—驾驶室；5—伸缩臂总成；6—吊具。

图7-3　正面吊整车结构示意图

正面吊车架主要由前支承梁、横梁、左右大梁、支座、尾架、后板、驱动桥连接板等组成（见图7-4），主要给车体其他组件提供安装支座和结构支承。

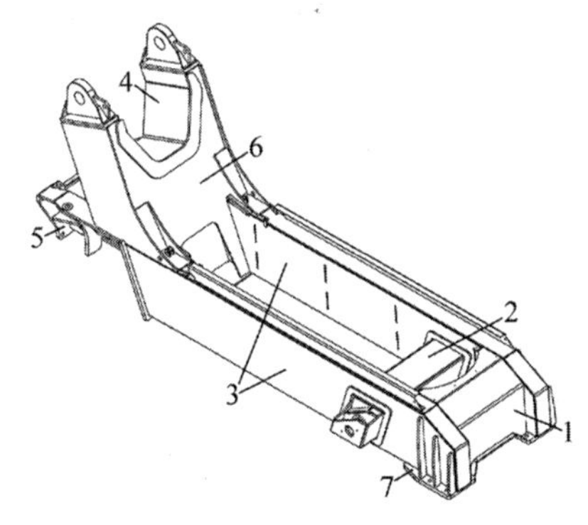

1—前支承梁；2—横梁；3—左右大梁；4—支座；5—尾架；6—后板；7—驱动桥连接板。

图7-4　正面吊车架

其中，左右大梁3、横梁2及后板6组成车身系统基本的框架结构，呈口字形结构，横梁2连接左右大梁3，与其组成H形结构，减少了车身系统的菱形变形，增加了车身整体强度。同时横梁2还是大臂起升安装座及变幅油缸的安装位置，其中变幅油缸的作用在于保证车身两侧起升油缸的同步性。支座4提供正面吊伸缩臂的固定安装座，保证伸缩臂内外臂的正常工作。尾架5提供上下平衡重与转向桥的安装位置，确保叉车工作时的力矩平衡。前支承梁1连接左右大梁3，并且也是驱动桥安装板。

7.2.2　集装箱正面吊运机液压系统

正面吊的液压系统主要由整车基本动作液压系统、制动系统、液压转向系统、液压附件系统和吊具工作液压系统5大部分组在。正面吊液压系统主要包括变量柱塞泵、多路阀、集成阀块、变幅阀块、伸缩阀块等。其基本动作如图7-5所示。

1. 变量柱塞泵

1）功率控制方式

图7-6所示为变量泵的交叉功率控制原理。两个柱塞泵上各有一个功率调节器，每个调节器除控制自身泵输出压力外，同时还作用于另一个泵的输出压力，来感知另一个泵的负载情况。

如图7-7所示，如果泵1处于轻载，输出流量为Q_A，其功率为P_AQ_A，泵2处于重载，它就可以吸收泵1剩余的功率，所以输出的流量为Q_B，而不是P-Q曲线P_B所对应的流量Q'_B。

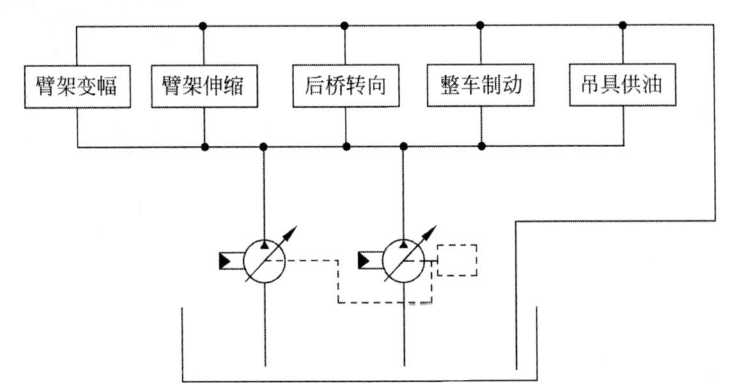

图7-5　正面吊液压系统功能组成示意图

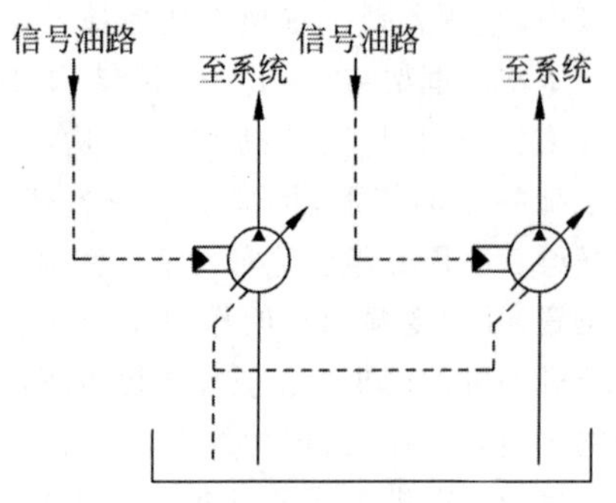

图 7-6 变量泵的交叉功率控制原理

也就是说，当一台泵的输出压力在零至起调压力之间变化时，它吸收发动机的功率在 0～50%之间变化，它所输出的流量始终是最大流量状态，而另一个泵则吸收发动机功率的 50%～100%。

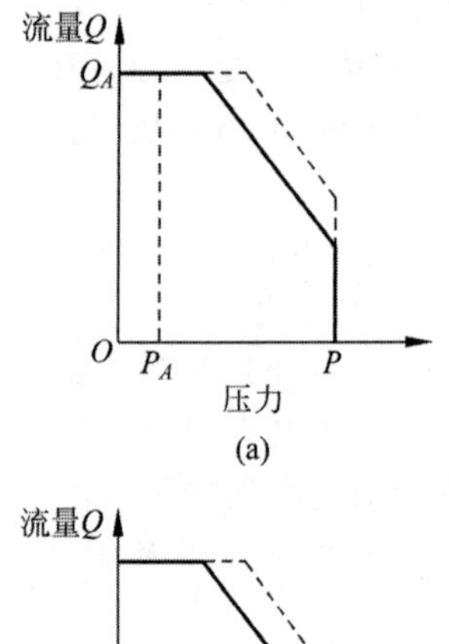

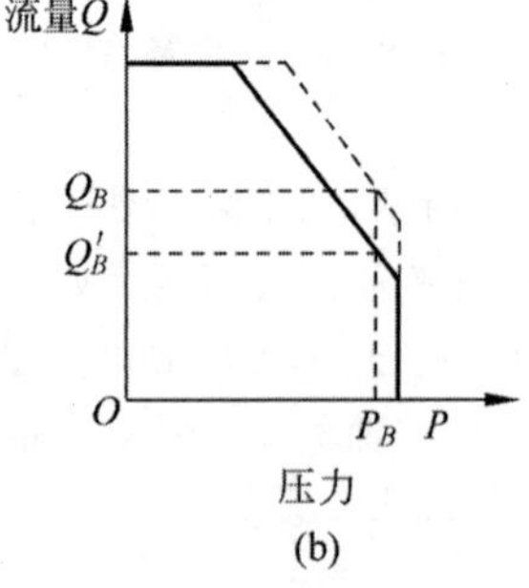

图 7-7 泵 1 和泵 2 的 P-Q 曲线

(a) 泵 1；(b) 泵 2

2）控制方式说明

P3 系列是柱塞变量泵，输出流量变化的能力从零到最大排量，产生流量的大小取决于泵油柱塞的行程和驱动泵的转速，行程由斜盘的位置确定，在 16°时达到最大行程。由原动机驱动的旋转缸筒在旋转时移动柱塞，柱塞滑靴顶着斜盘面移动。当斜盘处于垂直位置时，就没有柱塞行程，所以没有流量输出；当斜盘处于一个有角度的位置时，柱塞在缸筒里被迫进出作往复运动，油液排量就产生了。斜盘角度越大，柱塞的行程就越长，故所有控制的目的都是在精确地确定斜盘摆角的正确定位。斜盘位置由双作用伺服活塞来控制，活塞在斜盘的一端克服另一端的偏置弹簧力而动作。P3 柱塞变量泵控制原理见图 7-8，泵控制元件分布见图 7-9。

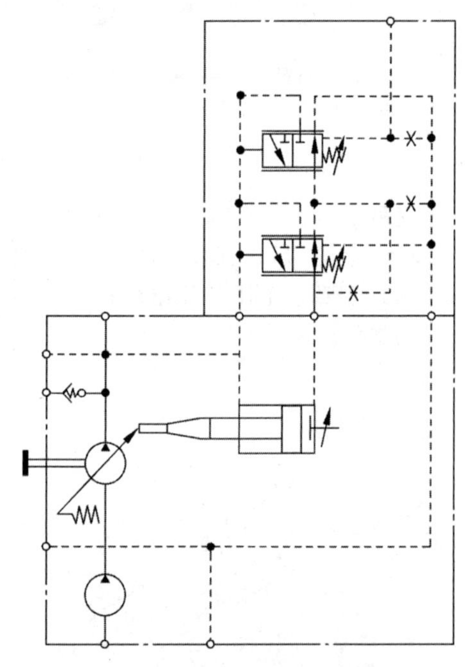

图 7-8 P3 柱塞变量泵控制原理

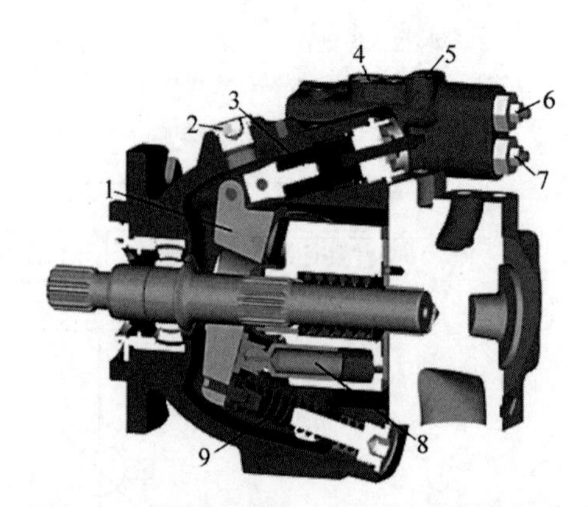

1—斜盘；2—扭矩控制器接口；3—双作用伺服活塞；4—控制泄油 T 口；5—负载敏感连接口；6—压差调整螺钉；7—最高压力调整螺钉；8—泵油柱塞；9—偏置弹簧。

图 7-9 泵控制元件分布

扭矩限制器的工作是将其负载敏感反馈管路并联到集成的扭矩控制溢流阀插件，此溢流阀限制通往负载敏感阀芯弹簧腔的反馈压力。扭矩限制器溢流阀插件的压力设定值根据泵的排量变化。连接伺服活塞和斜盘的作用是提供斜坡负载给扭矩溢流弹簧，它和斜盘角度成正比，也就是和排量成正比，因为功率是排量和压力的函数，因此根据斜盘角度的溢流阀便可用于限制泵的输出功率。在泵小排量时，扭矩控制溢流阀的弹簧受压缩，提高了溢流阀插件的设定值，因此，就需要较高的负载敏感压力打开溢流阀插件，在泵开始减小行程之前，在小排量下泵有较高的系统压力。在泵全排量时，扭矩控制溢流阀的弹簧释放，这实际上减小了扭矩控制溢流阀插件的设定值，在泵开始减小行程之前，溢流阀插件会控制泵保持在较低的工作压力上。

3）选用变量柱塞泵的优点

（1）实现泵的控制。

（2）提高发动机输出功率。

（3）整车所有动作利用变量柱塞泵的流量的变化进行控制，堆箱作业效率及性能大大提高。

（4）虽然泵的成本增加了，但整个液压变量系统的使用成本却降低了。

（5）变量柱塞系统容易实现高压大功率。

2．多路阀

正面吊为达到预定的作业目标，往往需要工作装置中的几个执行元件通过协同的动作来完成作业工况。为此，必须将各个单个换向阀组合起来，根据动作的需要，再配以安全阀、单向阀、过载阀、二次溢流阀或补油阀等，这种组合而成的以换向阀为主的组合阀称为多路阀。多路阀具有结构紧凑、管路连接简单、压力损失小、安装方便、维修简单等特点。

多路阀的结构有以下几种分类形式：

（1）按阀体结构，分为整体式和分片式。

（2）按油路连接方式，分为并联、串联、串并联及复合油路。

（3）按液压泵的卸荷方式，分为中位卸荷和采用安全阀卸荷。

正面吊多路阀是液压系统的关键控制元件，采用先进的负载敏感的电比例控制系统，完成系统的规定动作，如臂体变幅、臂体伸缩、吊具动作和后轮转向动作等。在实践中，优先选用整体式复合油路中位卸荷的多路阀。

3．集成阀块

正面吊除了主液压动作外，还包括转向、行车制动、停车制动、吊具供油等辅助动作，这些动作的完成也必须由专门的阀块完成，为此设计了一款把这些辅助动作集成到一起的集成阀块，通过螺纹插装阀的形式完成整个功能回路的标准动作，实现整车辅助的重要液压功能。下面以L90集成阀块为例进行介绍。

L90集成阀块主要分成转向、行车制动、停车制动、冷启动、吊具供油5大功能区，也可分成两个模块：转向和制动模块、吊具供油模块，如图7-10所示。其中，吊具供油模块由基本的多路阀阀芯和控制吊具供油压力的溢流阀组成，这里不再叙述。

图7-11为转向和制动模块内部原理图。可以看到，高度集成的阀块设计使得功能更加集中。

4．变幅阀块

正面吊的臂架需要两个油缸支承以实现变幅动作，来满足集装箱的起升和下降，且需要有下降自锁和安全保护功能。

如图7-12所示，变幅阀块主要由限速阀1、单向阀2、能量再生电磁阀3、高速举升控制阀4、溢流阀5、安全阀（软管破裂）6、紧急降落控制电磁阀7和大臂变幅油缸8组成。P1和P2油口为变幅阀块的工作油口。当P1油口进油时，高压油液先经过安全阀（软管破裂）6进入溢流阀5的前端，限定好压力后的油液进入限速阀1，此时的限速阀1不起作用，单向打开过油，流经限速阀1的高压油液，随即进入变幅油缸8的无杆腔，推动变幅油缸的活塞向上移动，从而使得臂架也向上移动，完成一个举升变幅的动作；当P2口进油时，油液先经过高速举升控制阀4，进入变幅油缸8的有杆腔，使得臂架完成缓慢下降的动作，此时变幅油缸8的无杆腔回油直接回到液压油箱，臂架下降，完成一

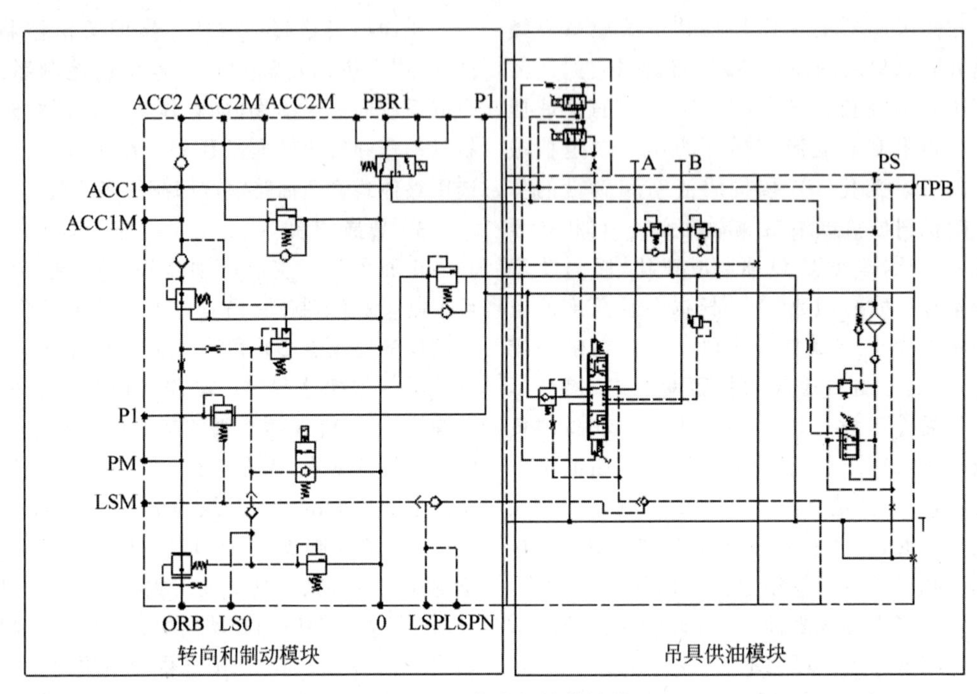

图 7-10　L90 集成阀块模块分区

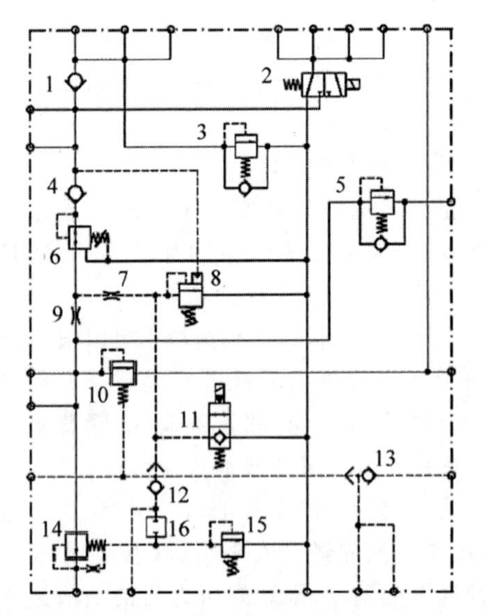

1,4—单向阀；2—两位三通电磁阀；3,5—溢流阀；6—减压阀；7,9—阻尼；8—差动卸荷溢流阀；10,14—溢流减压阀；11—两位两通电磁阀；12,13—梭阀；15—直动溢流阀；16—螺塞。

图 7-11　转向和制动模块内部原理

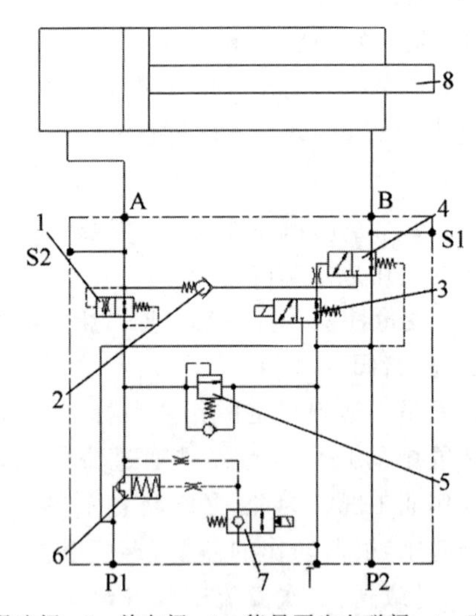

1—限速阀；2—单向阀；3—能量再生电磁阀；4—高速举升控制阀；5—溢流阀；6—安全阀(软管破裂)；7—紧急降落控制电磁阀；8—大臂变幅油缸。

图 7-12　变幅阀块内部原理

个标准的下降动作，下降的速度通过限速阀 1 来控制；当需要臂架快速起升的动作时，只需要将控制手柄上的快速起升开关打开，这时能量再生电磁阀 3 得电，切换油路，给高速举升控制阀 4 内部的两位三通阀芯一个压力信号，推动阀芯转换位置，使得大臂变幅油缸 8 上有杆腔的回油流经单向阀 2，向大臂变幅油缸 8 的无杆腔补油，以充分利用回油流量，提升臂架变幅速度,实现臂架的快速起升。当该集成阀块出现故障时,通过控制紧急降落控制电磁阀7可以实现臂架及货物的下降,以方便检修,从而有效地避免整机在抓箱时,因液压系统出现故障造成货物无法取下的工况。此紧急降落控制电磁阀7的集成设计,很好地考虑了系统工作安全性方面的要求,使用方便、安全、可靠。

5. 伸缩阀块

正面吊的大臂要达到一定的起升高度和仰角,采用单臂体是不能满足要求的,必须将大臂做成内嵌式结构。内臂架通过耐磨滑块与外臂架可靠相连,内臂架运动的动力通过在内臂架箱体内部布置的油缸来实现,油缸的固定点则布置在外臂架上。伸缩阀块主要由螺纹插装式平衡阀1和2、单向阀3和7、卸荷阀4、高速举升控制阀5和能量再生电磁阀6组成,见图7-13。

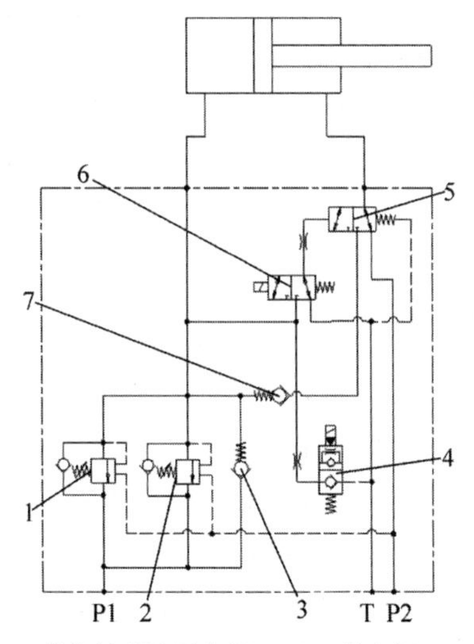

1,2—螺纹插装式平衡阀;3,7—单向阀;4—卸荷阀;5—高速举升控制阀;6—能量再生电磁阀。

图7-13　伸缩阀块内部原理

此伸缩阀块底部带有进油口,直接和臂架伸缩油缸无杆腔的出油口相连,以保证阀体和油缸无杆腔直接连接,不能由额外的胶管和钢管连接,这是从保证安全性上考虑的。因为胶管和钢管在某种情况下都有可能爆裂,带来严重的不安全因素。伸缩阀块的功能基本与变幅阀块相同,都能实现伸缩油缸快速起升及出现故障时使臂架紧急降落的功能,以及下降限速平衡功能,以保证正面吊在抓箱时下降速度可控,平稳下降。螺纹插装式平衡阀见图7-14。阀芯上1为入油口,2为出油口,3为控制阀芯开启度的信号口,当3的压力感知变化时,平衡阀阀芯就会在油液推力作用下移动,不断调节和平衡阀芯内部的节流通道,实现臂架下降时对速度的实时调节,使得下降速度很平稳,避免集装箱落地或放在下层箱体时产生大的冲击和磕碰。

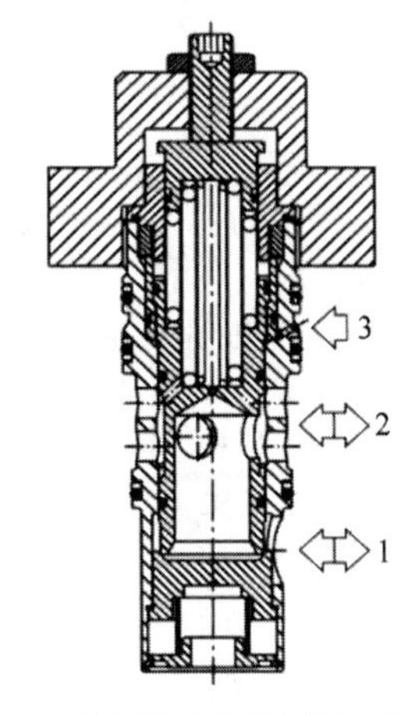

图7-14　螺纹插装式平衡阀结构示意图

7.2.3　集装箱正面吊运机电气系统

由于正面吊属于吊车类特种起重设备,所以其电气系统必须具备动态防倾翻控制功能,这可由力矩限制器(见图7-15)实现。

力矩限制器由双控制器(安全冗余)、显示器、长度角度传感器、压(拉)力传感器等组成。它是一个独立的、完全由计算机控制的安全操作控制系统,能自动检测出起重机所吊载的质量及起重臂所处的角度,能显示出其额定载重量、实际载荷、工作半径、起重臂俯仰角度等,能实时监控检测起重机工况。它自带诊断功能,可以实现快速危险状况报警及安全控制;它也具有黑匣子功能,能自动记录作业时的危险工况,为事故分析处理提供依据。

力矩限制器的安全监控要求为:当实际载荷为额定载荷的90%以下时,显示器"正常"绿灯亮,操作基本不受限制;当实际载荷达到额

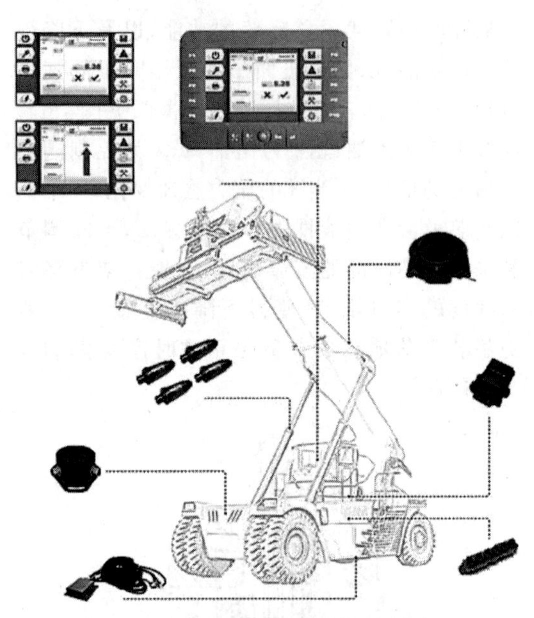

图 7-15　力矩限制器结构示意图

定载荷的90%及以上时，显示器"风险"黄灯亮，同时力矩限制器主机上的蜂鸣器开始间断鸣叫预警，且大臂的运行速度会受控降低；当实际载荷达到额定载荷的100%时，显示器"危险"红灯亮，同时力矩限制器主机上的蜂鸣器开始间断加快鸣叫报警，且大臂的运行速度受控进一步降低；当实际载荷达到额定载荷的104%时，显示器"报警"红灯亮，同时力矩限制器主机上的蜂鸣器长鸣报警，此时大臂危险方向的运动被禁止，防止驾驶员误操作或野蛮操作造成严重的翻车事故，驾驶员只能操纵大臂往安全方向运动，退出危险区后，即可恢复车辆的正常操作。在实际载荷达到额定载荷百分比及危险程度判定过程中，如果车辆依然保持运行状态(4个吊装安全辅助支承腿没有落地)，则车辆的运行速度也会依据危险程度的不同，同步受到限制，危险程度越高，对应车速越低。

正面吊的电气系统，根据车辆类型的不同，存在差异。

1. 内燃机动力集装箱正面吊运机电气系统

这类正面吊的电气系统主要由以下系统组成。

1) 电源系统(双电源)

电源系统采用单线制，负极搭铁。两个DC 12V电瓶串联，提供DC 24V低压启动和控制电源。发动机自带的发电机可提供工作电源，并为两个电瓶补充充电。

2) 动力控制系统

整车动力由大功率电喷柴油发动机提供，通过引擎控制设备(ECU)和电子加速踏板，进行发动机启停和转速控制。

3) 传动控制系统

整车传动系统的核心部件为液力变速箱，由变速箱控制设备(TCU)进行变速箱的挡位控制，提供手动换挡和自动换挡两种模式。

4) 液压和制动控制系统

发动机或变速箱的PTO接口带泵系统作为液压系统动力源，通过车辆控制设备(VCU)和集成电控操作手柄，可进行门架升降、倾斜动作控制，以及集装箱专用重箱吊具的旋锁开闭、侧移、伸缩、旋转控制。通过设置在液压制动踏板控制回路的压力开关，检测并点亮制动信号灯。通过设置在方向机或驾驶室操纵台上的"驻车制动"面板开关，来控制车辆停车制动电磁阀线圈的电源通断，实现车辆的停车制动失效和起效。停车制动为了保证安全性，统一设置为掉电制动，当驾驶员离开车辆时，只要关闭了主电源开关，停车制动器会自动断电，实施车辆驻车制动。

5) 照明和信号控制系统

通过方向机上的集成灯光开关、换挡手柄以及驾驶室操纵台上的灯光控制面板开关，进行全车的灯光控制。车辆配置的照明和信号灯具及设备有前组合灯(含近光/远光灯、转向灯和示宽灯)、后组合灯(含转向灯、示宽灯、制动灯和倒车灯)、前后高位和低位的工作照明灯、电气舱工作灯、声光警示灯、喇叭和倒车蜂鸣器等。照明和信号系统中的灯具，已基本由传统光源(灯丝灯泡)升级为LED光源，不但具有更好的可靠性和使用寿命，也更加节能。

6) 驾驶室控制系统

驾驶室控制系统主要由驾驶座椅(含座椅空调系统)、音响设备、仪表台、操纵台等组成。

当驾驶员在座椅上坐好并系上安全带后，座椅开关和安全带开关可用于激活驾驶操纵感知系统（OPS），保证驾驶操纵的安全性。如果驾驶员正确落座并系好了安全带，OPS将允许车辆传动和液压系统正常工作；如果驾驶员未系好安全带或离开了座椅，OPS将发出报警提示，同时切断车辆传动和液压系统的正常工作，直到驾驶员重新返回座椅并系好安全带。驾驶室仪表台主要由仪表和空调出风口组成。仪表通常为液晶CANBus虚拟仪表，可以通过CAN通信总线读取在线设备（ECU/TCU/VCU等）的报文信息，并将这些状态信息显示在仪表主页上。仪表为交互式的，驾驶员可以使用仪表上的实体键（普通液晶屏）或虚拟键（触摸液晶屏）进行翻页，查询车辆的在线状态检测信息、故障和报警信息等。

驾驶室操纵台主要由电源钥匙开关、发动机启停开关、空调控制面板、音响控制面板、集成操纵手柄和面板控制开关等组成；驾驶室控制系统包含的电气设备有内置电风扇、阅读顶灯、雨刷和洗涤器以及前后电热除霜玻璃等。

7）辅助控制系统

使用传统内燃机的工业车辆，在发动机升级到国四阶段排放之后，国家环保法规强制要求必须安装"车联网"设备，管理机构可以远程监控车辆的排放是否符合环保法规要求。

"车联网"设备与整车通过CANBus连接，实现通信信息传递，接收到的车辆状态信息（包含发动机排放状态信息）通过4G/5G电话卡远程传送到车辆制造厂家的网络服务器上，使用任意的互联网设备（手机/计算机等）都可以通过设备制造商提供的用户名和密码，登录车联网网络平台系统，进行车辆工作状态（含排放）和定位信息的实时在线查询。

8）其他可选控制系统

通常为后视雷达系统、无线通信和报话系统等。

2. 混合动力集装箱正面吊运机电气系统

这类正面吊的电气系统主要由以下系统组成。

1）电源系统（双电源）

两个DC 12V电瓶串联，提供DC 24V低压启动和控制电源。

低压电源系统采用单线制，负极搭铁。一组储能系统（通常为锂电池或超级电容）提供DC 400～750V高压电驱动系统电源，并通过直流电源变换器（DC-DC）将高压直流电源变为DC 28V低压直流电源，给两个电瓶补充充电，同时作为整车DC 24V低压系统负载正常工作时的电源。高压电源系统采用双线制，正、负极高压电缆均使用多层屏蔽专用电缆制造，电缆外部有非常醒目的橙色波纹管防护，可以有效提示用户注意高压风险。

2）增程器控制系统

增程器控制系统由小功率低排放的电喷柴油发动机和集成式起动发电一体机（ISG）组成，通过引擎控制设备（ECU）及发电机电控和控制设备（RCU）进行发动机的启停和发电控制。

3）传动控制系统

传动控制系统采用电动机和电控变速箱驱动，主要由牵引电机、电机控制器、电控变速箱、方向挡位手柄以及加速踏板组成，可实现车辆的行驶方向、挡位和速度控制。车辆行驶中，当驾驶员松开加速踏板或者踩下制动踏板时，电驱动传动系统可以实现能量回收。

4）液压控制系统

采用电动机驱动泵系统，作为液压系统的动力源。主泵为双向泵，用于门架升降控制以及下降动作的能量回收；辅泵为变量泵，是门架倾斜、液压转向和制动、散热系统以及吊具液压动作的动力源。通过车辆控制设备（VCU）和集成电控操作手柄，可进行门架升降、倾斜动作控制，以及集装箱专用空箱吊具的旋锁开闭、侧移、伸缩控制。通过设置在液压制动踏板控制回路的压力开关，检测并点亮制动信号灯；通过设置在方向机或驾驶室操纵台上的"驻车制动"面板开关，来控制车辆停车制动电磁阀线圈的电源通断，实现车辆的停车制动失效和起效。停车制动为了保证安全性，统一设置为掉电制动，当驾驶员离开车辆时，只要关闭了主电源开关，停车制动器会自动断电来实施车辆驻车制动。

5）照明和信号控制系统

同内燃机动力集装箱空箱堆高机电气系统。

6）驾驶室控制系统

同内燃机动力集装箱空箱堆高机电气系统。

7）辅助控制系统

辅助控制系统主要为“车联网”设备，与整车通过CANBus连接，实现通信信息传递。接收到的车辆设备状态信息（增程器ECU/RCU、牵引电控、主泵辅泵电控以及VCU等），通过4G/5G电话卡，远程传送到车辆制造厂家的网络服务器上，使用任意的互联网设备（手机/计算机等）都可以通过设备制造商提供的用户名和密码，登录车联网系统网络平台，进行车辆工作状态和定位信息的实时在线查询。

3. 氢能源动力集装箱正面吊运机电气系统

氢能源动力集装箱正面吊运机电气系统和混合动力集装箱正面吊运机电气系统的结构大致相同。唯一的差异是氢燃料电池替代了增程器系统。对车辆控制器（VCU）的软件控制程序，也需要做相应修改。

4. 纯电动集装箱正面吊运机电气系统

纯电动集装箱正面吊运机电气系统和混合动力集装箱正面吊运机电气系统的结构也大致相同。主要差异有两处：一是取消了增程器系统；二是储能系统的电量做了增容，以便满足纯电工作的续航要求。对车辆控制器（VCU）的软件控制程序，也需要做相应修改。

7.2.4 集装箱正面吊运机动力系统

吊运机动力系统包含发动机的安装、进气系统、冷却系统、排气系统等，发动机与传动装置连为一体，发动机支架通过缓冲橡胶垫与车架连接以减少振动，发动机的动力由飞轮通过变矩器传递给主传动系统。

1. 发动机

目前一般都采用原装进口的VOLVO、康明斯等知名品牌且符合欧美非公路机动设备环保排放标准的柴油电控发动机，该发动机低速大扭矩、使用寿命更长、可靠性高，能使车辆具有最大的功率和最佳的工作效率。

2. 发动机使用注意事项

1）发动机基本运行要求

在发动机运行中要经常观察仪表：水温应为74～91℃；机油压力在怠速时应大于70 kPa，在1 200 r/min以上时应在276～517 kPa的范围内。

如果发动机过热，应降低负荷运行。降低负荷运行一段时间后如还过热，则应停机检查故障。

发动机运行中应密切注意发动机下列情况的变化，如其中任一项突然发生变化，很可能是产生故障的预兆，请及时对其进行检查及修理。

（1）发动机灭火或着火不良。

（2）振动情况。

（3）发动机有不正常的噪声。

（4）发动机工作压力、温度突然变化。

（5）发动机排气烟度太大。

（6）发动机功率不足。

（7）机油消耗变大。

（8）燃油消耗变大。

（9）燃油、机油或水泄漏。

2）发动机运行范围

发动机低于最大扭矩转速时，全油门运行不应超过30 s，否则会缩短发动机的大修寿命并可能严重损伤发动机。发动机在最大扭矩转速点以上工作最佳，因此建议在这个范围内运转发动机；在任何情况下或环境中，发动机都不要超过最高空车转速运转。

3）寒冷环境中运行的发动机

在极寒冷的环境中运行发动机时，应使用特殊的机油、燃油及冷却液。

4）发动机停机

发动机停机前要求怠速3～5 min。因为柴油机每次停机前怠速3～5 min，可以让机油带走燃烧室、轴承和油封等处，特别是增压器的热量。如果突然停机，轴承和油封咬死的可能性很大。

3. 动力系统维护保养

正面吊的动力系统维护保养与集装箱空箱堆高机相同，具体详见第6章。

7.2.5　集装箱正面吊运机起重系统

1. 结构组成

正面吊起重系统由伸缩臂系统（固定臂、伸缩臂等）、吊具、变幅油缸、伸缩油缸等部件组成（见图7-16）。

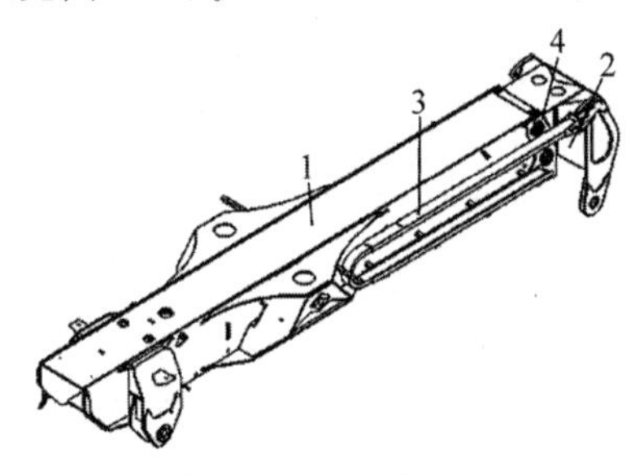

1—固定臂机构；2—伸缩臂机构；
3—伸缩机构；4—滑块。

图7-16　正面吊起重系统结构

2. 伸缩臂系统

1）固定臂机构

固定臂机构由臂体（核心结构件）、尾部与车架连接的旋转机构、中部的变幅油缸、支承座组成（见图7-17），形成框架形式，并且具有足够大的截面，以便承受货物、吊具等的重量。

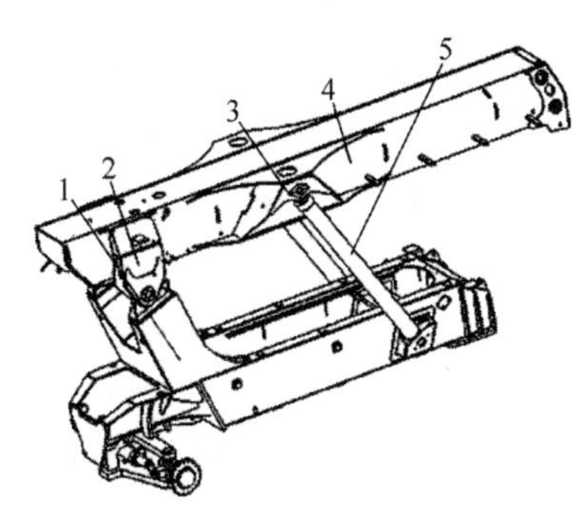

1—车架；2—旋转机构；3—支承座；
4—臂体；5—变幅油缸。

图7-17　固定臂机构安装示意图

2）伸缩臂机构

伸缩臂机构由伸缩臂体和伸缩臂头组成，尾部通过伸缩油缸连接在固定臂机构上，伸缩臂头连接吊具系统（见图7-18），形成框架形式，并且具有足够大的截面，以便承受货物、吊具等的重量。

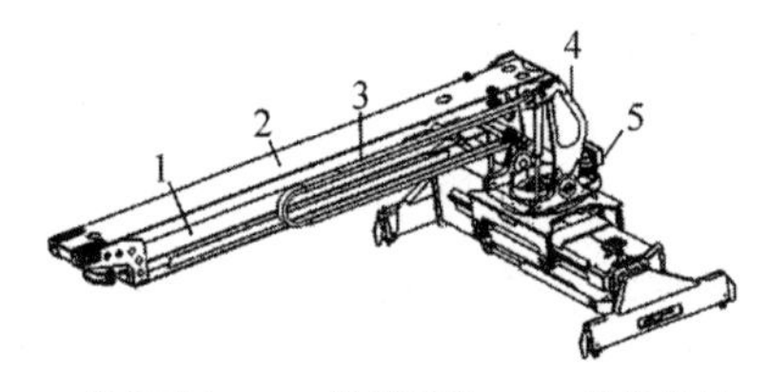

1—伸缩油缸；2—伸缩臂体；3—伸缩机构；
4—伸缩臂头；5—吊具。

图7-18　伸缩臂机构安装示意图

伸缩臂机构套在固定臂机构内部，两臂运动副之间采用抗磨耐用的高性能工程塑料滑块；伸缩油缸一端固定在固定臂机构上，另一端固定在伸缩臂机构上，通过油缸的动作来带动伸缩臂在固定臂内部滑动，从而调节整个起重臂的长度达到起吊堆垛集装箱货物的要求。为了保证整机正常工作，伸缩臂系统两侧的滑块与固定臂之间的间隙不得大于1.5 mm，后部底面的滑块与固定臂之间的间隙不得大于5 mm，伸缩臂前端两侧面与下部、后端上部的滑块要保证与固定臂内表面接触，间隙为0。调整方法为：前端的圆形滑块通过调整螺栓进行调整，其余的滑块根据所要求的厚度用调整垫片组选择合适的垫片进行调整。

3. 伸缩臂的操纵

伸缩臂共有两个动作：伸出、缩回，都在先导操纵手柄上完成。

1）单个动作

（1）伸缩臂伸出：安全钮被触发，先导操纵手柄向右，向右角度的大小控制阀开度的大小。如需使伸缩臂停住伸出，使先导操纵手柄回位即可。

（2）伸缩臂回缩：安全钮被触发，先导操纵手柄向左，向左角度的大小控制阀开度的大小。如需使伸缩臂停住回缩，使先导操纵手柄回位即可。

2）联合动作

（1）伸缩缸伸出和变幅缸上升：安全钮被触发，同时集成操纵手柄向后偏右45°，操作角度的大小控制比例阀开度的大小。如需使伸缩臂急停起升，使安全钮回位即可。

（2）伸缩缸伸出和变幅缸下降：安全钮被触发，同时集成操纵手柄向前偏右45°，操作角度的大小控制比例阀开度的大小。如需使伸缩臂急停起升，使安全钮回位即可。

（3）伸缩缸缩回和变幅缸上升：安全钮被触发，同时集成操纵手柄向后偏左45°，操作角度的大小控制比例阀开度的大小。如需使伸缩臂急停起升，使安全钮回位即可。

（4）伸缩缸缩回和变幅缸下降：安全钮被触发，同时集成操纵手柄向前偏左45°，操作角度的大小控制比例阀开度的大小。如需使伸缩臂急停起升，使安全钮回位即可。

4. 吊具系统

正面吊的吊具是一种可伸缩的从顶部起吊集装箱的系统，其基本拥有4种液压功能：旋锁闭锁/开锁、伸缩梁伸出/缩回、主梁侧移、主梁旋转。

上下滚动的主滚轮焊在吊具立柱板上，可以拆卸，通过滚轮轴上的螺栓调节侧向滑块，纵向载荷由主滚轮承受，横向载荷由侧向滑块承受。

吊具系统主要由伸缩机构、旋锁机构、回转支承结构、侧移油缸和减速箱等组成，如图7-19所示。

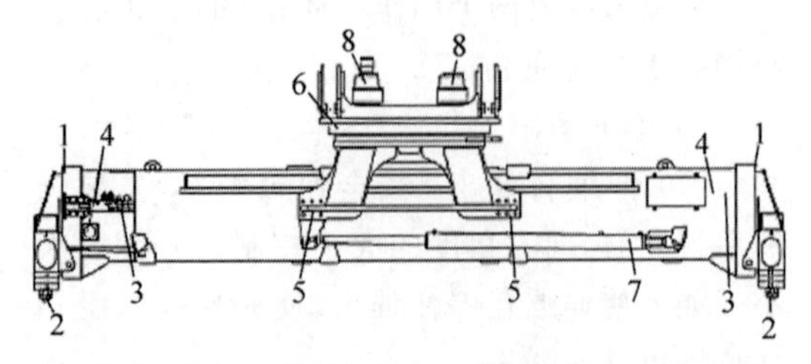

1—伸缩机构；2—旋锁机构；3—伸缩油缸；4—止动块；5—滑块；6—回转支承结构；7—侧移油缸；8—减速箱。

图7-19 吊具系统

7.3 集装箱正面吊运机的工况选型及安全使用守则

7.3.1 集装箱正面吊运机的工况选型

正面吊是专门为20 ft和40 ft国际集装箱设计的，主要用于满箱集装箱堆垛，与叉车相比，它具有机动灵活、操作方便、稳定性好、轮压较低、堆码层数高、堆场利用率高等优点，可进行跨箱作业，特别适用于中小港口、铁路中转站和公路中转站的集装箱装卸，也可在大型集装箱码头作为辅助设备来使用。

正面吊的选型主要根据以下几个因素：

（1）货场集装箱的类型。如果货场集装箱均是20 ft的集装箱，选用轻型正面吊即可，集装箱吊具可以做成固定式的，这样可以有效降低成本；如果20 ft、40 ft的集装箱都有，则需要选用配置可伸缩吊具，此时还需要根据货物的重量情况来确定选用轻型的还是重型的正面吊。

（2）第二排堆高集装箱的重量和高度。基本上所有厂家的正面吊产品第一排堆高都可达到5层，并且最大集装箱重量可达到45 t，主要差别是第二排集装箱的重量和高度，一般将31 t作为分界点。不大于31 t时选用轻型正面吊即可；如果大于31 t，就要选用重型正面吊。另外，还需要关注所起吊集装箱的类型，如有9′6″的高箱需要第二排堆高4层的要求，就要特别关注第二排起升高度的数值情况。部分厂家的正面吊满足不了第二排堆4层高箱的要求。

（3）货场场地的情况。正面吊的选型与货场场地尺寸直接相关，场地宽度一般以8 500 mm为基准。如果场地通道宽度小于8 500 mm，则只能选用短轴距正面吊，正面吊的轴距一般为6 000 mm；如果通道宽度大于8 500 mm，则轻型和重型正面吊都可以选用。

7.3.2 集装箱正面吊运机的安全事项和操作安全规程

正面吊的驾驶人员和管理人员必须牢记“安全第一”，按照集装箱正面吊运机使用维护说明书和驾驶员手册进行安全操作、规范操作。

1. 正面吊的用途

正面吊专用于集装箱满箱的堆垛与处理，能够堆垛到该设备规定的高度。禁止在规定用途之外使用本设备。

2. 使用前的准备

(1) 不要在有明火的地方检查燃油、漏油、油位以及检查电气仪表，不要在运转时加燃油。

(2) 燃油系统工作及检查电瓶时不要吸烟。

(3) 检查液压油油量、制动液压油油量、油门油壶油位。

(4) 检查轮胎气压。

(5) 检查管路、接头、泵、阀是否有泄漏或损坏。

(6) 检查前进、倒退挡手柄是否在中间位置(零挡位置)。

(7) 检查仪表、照明、开关及电气线路工作是否正常。

(8) 检查吊具动作、吊具工作状态指示灯、机械扭锁指示牌工作是否正常。

(9) 检查各手柄及踏板状况。

(10) 做好启动前的准备工作。

(11) 松开停车制动。

(12) 检查行车制动。

(13) 进行伸缩臂伸缩、变幅油缸前后倾、转向、制动的试动作及吊具试动作。

(14) 经常检查液压油的污染度。

(15) 在提升集装箱前，检查载荷感应器，载荷感应器所显示的载荷不得超过规定的最大载荷。

3. 安全操作规程

(1) 正面吊驾驶人员必须经过培训并持有驾驶执照后方可开车。

(2) 在6级和6级以上大风中，禁止使用本车辆。

(3) 驾驶员操作时应佩戴可作安全防护用的鞋、帽、服装及手套。

(4) 上下扶梯、行走平台时需扶牢，以保证安全。

(5) 在开车前检查各控制和报警装置，如发现损坏或有缺陷时，应在排除故障后操作。当车辆和吊具安全保护装置失效时，严禁使用车辆。

(6) 严格按吊具及整车使用要求进行装卸。起重量严格按整车负荷图(见图7-20)进行作业。

(7) 当起吊的集装箱偏离中心线时，禁止起升、下降和行驶。只允许在车辆静止时，使用吊具侧移与旋转功能。在旋转吊具时，防止集装箱与伸缩臂、车体或其他物品碰撞。

(8) 在启动、装卸作业、转向、行驶、制动、停车时，应尽量使车辆的动作平顺，避免激烈动作；在潮湿、易滑的路面上行驶时，注意减速；禁止在起伏不平、松软的路面上驾驶车辆。

(9) 密切注意吊具工作状态指示灯和机械扭锁指示牌所提供的装卸作业信号提示。禁止强迫吊具扭锁锁定集装箱。在吊具扭锁未锁定前，禁止移动集装箱。

(10) 吊具安全超越开关只允许在吊具安全装置传感器出现故障，不能进行吊具的起升、扭锁的开闭等动作时，为了方便进行下一步维修，作为临时的应急操作。禁止在吊具安全超越状态下进行正常的集装箱装卸作业。因为故障使用了吊具安全超越开关后，要立即对吊具或整车进行维修。

(11) 在紧急状态下使用吊具安全超越开关时，因所有的安全装置不起作用，一定要目视检查吊具扭锁，确认吊具扭锁处于正常位置时才能对集装箱进行动作，否则可能引起吊具扭锁折断或集装箱掉箱的严重事故。

(12) 装载集装箱行驶时，最好保持伸缩臂与地面夹角为35°位置，或集装箱最低点离座椅高800 mm(见图7-21、图7-22)。禁止在行驶过程中起升、下降和侧移起吊物。车辆禁止在高位举升重物时行驶。

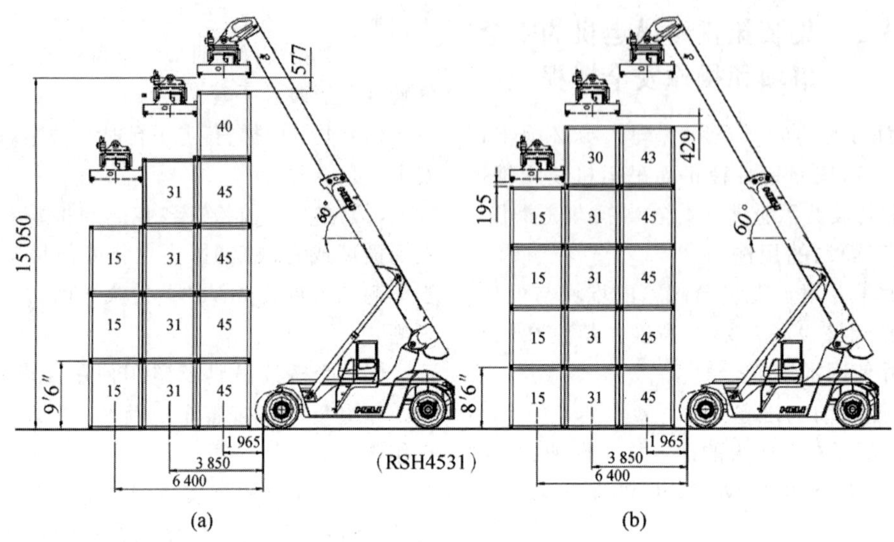

图 7-20 整车负荷图(未注尺寸单位：mm)
(a) 9′6″集装箱；(b) 8′6″集装箱

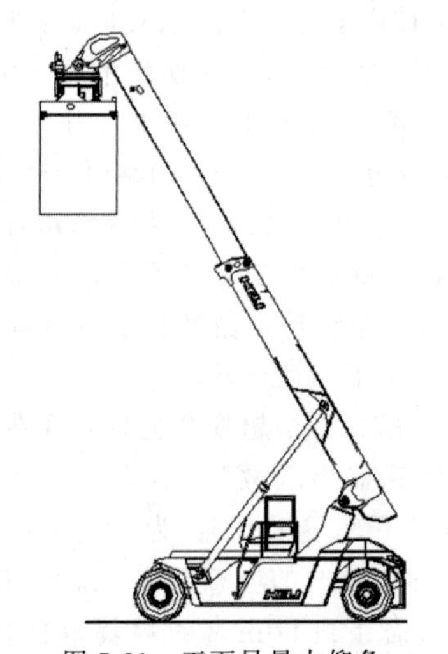

图 7-21 正面吊最大仰角

(13) 在坡道上行驶应小心。在坡度大于1/10的坡道上行驶时,上坡应向前行驶,下坡应倒退行驶；上下坡切忌转向,以防倾翻；下坡行驶时,请勿进行装卸作业。

(14) 在接近转弯、坡道、下斜坡或能见度较小时,车辆应减速,小心驾驶,注意车辆上方间隙以及四周人和物的安全距离。

(15) 禁止在下坡路段或行驶过程中空挡滑行,否则可能引起变速箱和变矩器严重损坏。

(16) 禁止人站在吊具及起吊的集装箱上,禁止人在吊具及起吊的集装箱下站立或行走(见图 7-23)。车辆工作时,任何部位都禁止载人。

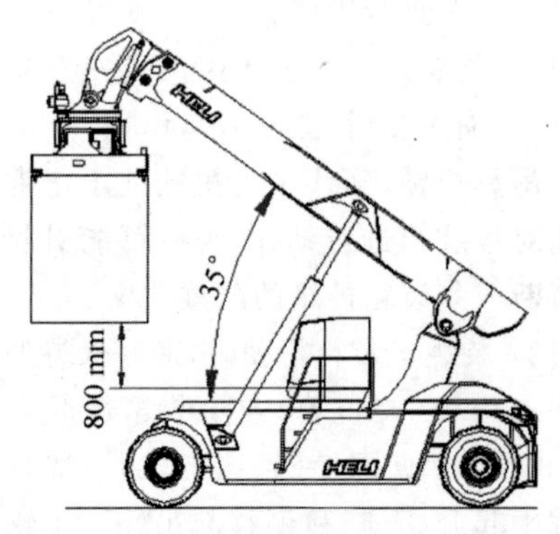

图 7-22 正面吊行驶状态示意图

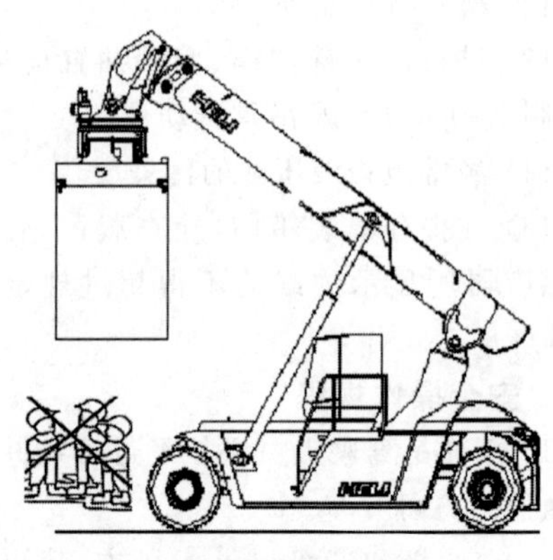

图 7-23 危险示意图

(17) 禁止在驾驶员座位以外的位置上操纵车辆和吊具。正常情况下,禁止在满载、最大高度时前倾门架。

(18) 在码头或临时铺板上行驶时应加倍小心,缓慢行驶。

(19) 加燃油时,驾驶员不要在车上,并使发动机熄火;在检查蓄电池或油箱液位时,不要点火。

(20) 离车时,倾斜并完全降低门架,将吊具下降着地,并将挡位手柄放在空挡,发动机熄火并断开电源。在坡道上停车时,将停车制动装置拉住。

(21) 倒车时应小心避免撞到人或物体。

(22) 发动机在很热的情况下,不能轻易打开水箱盖。

(23) 正面吊出厂前多路阀、安全阀的压力已调整好,用户在使用过程中不要随意调整,以免调压过高造成整个液压系统和液压元件破坏。

(24) 装卸作业时,严禁调整机部件或进行检修保养工作。

(25) 行驶时,严禁高速急转弯。

(26) 轮胎充气压力按"轮胎气压"标牌规定的气压值进行充气。更换车轮时,须放掉轮胎内的气体。

(27) 在对车辆进行焊接时,应断开总电源、电控中央处理器,并用防火材料保护车辆易燃部位。

(28) 经常检查液压系统、制动系统管路,有损坏迹象需及时更换。

(29) 在对液压系统、制动系统进行保养、检修作业时,应确保系统管路内没有压力。

(30) 定期检查车辆所有运动部分(如车架与伸缩臂、前桥、后桥连接处,变幅油缸与伸缩臂及车架连接处,传动轴,所有滑块,吊具活动部分等),确保所有销轴在正常位置,螺栓连接正常并无磨损等。

(31) 定期(要求每隔 50 h)检查配重、前桥、后桥等件的安装螺栓连接情况。

(32) 车辆配置了灭火器,灭火器安装在驾驶室内,要确保灭火器由合格人员保管,并定期进行检查。

(33) 拖车前,必须断开驱动器与变速箱之间的传动轴,否则变速箱和变矩器可能严重损坏。

(34) 在维护、维修、保养过程中,各种废油品、蓄电池废电解液的排放应符合国家环保处理的要求。

(35) 若设备需长期停放,必须放掉燃油箱内的燃油;拿出蓄电池另放置在通风条件良好、不易发生火灾的地方;拉上手制动,并用楔块垫住车轮。

(36) 在高位保养时,必须遵循相关高空作业的规范,严禁违章作业,一切遵守安全第一的原则。

(37) 制动系统配有蓄能器,其压力高达 25 MPa,为防止事故的发生,在维修制动装置时必须通过减压阀减压,释放蓄能器内的压力后才能拆除零部件。

(38) 设备的维护与修理人员必须经过培训、资格考核,取得相关部门的资格证书后或经用户相关部门认可后,方可对设备进行保养、修理与维护。

(39) 对车辆进行修理与检查前,确保发动机停机、吊具低放、伸缩臂完全收回并实施了停车制动。

(40) 车辆在满载行驶时,最大行驶速度不大于 15 km/h。

(41) 在车辆操作时,驾驶室员需系上安全带,并注意以下事项:

① 确保安全带的组件完整、无短缺、无伤残破损。

② 编带无脆裂、断股或扭结。

③ 所配的金属零件无裂纹、焊接无缺陷、无严重锈蚀。

④ 挂钩的钩舌与咬口平整没错位,自锁装置完整可靠。

⑤ 锁位无明显偏位,表面平整。

⑥ 用手缓慢将安全带向下拉时,安全带应能顺利地从卷绕器中拉出。猛地拉安全带时,应拉不动。

(42) 操作人员上车作业时,应根据需要调

整好座椅和后视镜位置,请遵循以下流程:

① 上车后,操作人员通过座椅高度调整手柄将座椅调整到合适的高度。

② 通过前后调节手柄将座椅调整到合适的前后位置。

③ 通过靠背调整手柄将座椅靠背调节到合适的角度。

④ 通过调整左、右扶手的旋钮将扶手调整到合适的角度。

⑤ 确保上述操作到位并锁紧后,坐在座椅上根据视野需要调整后视镜角度,保证充足的操作视野。

(43) 车辆加油注意事项。

最好不要等到车辆燃油报警时才加油,否则可能会对发动机造成损害。加油时应注意以下安全事项:

① 关闭发动机。

② 不许吸烟,周围严禁烟火。

③ 不要使用通信和电子设备。

④ 在给车辆加油时不要回到车内。

⑤ 按照车辆要求的燃油品种进行加注,加注到燃油箱高位液位计时,停止加注,旋紧油箱盖。

(44) 故障车辆牵引注意事项。

① 在车辆出现故障时,应立即停车。

② 若车辆处于吊载状态,应通过超越功能将货物卸载。

③ 用木楔将车辆前后轮胎固定,解除车辆停车制动,并拆除传动轴。

④ 使用牵引拖车采用刚性连接进行牵引。

⑤ 确认牵引装置可靠到位后,方可实施牵引。

⑥ 牵引时周边不允许有闲杂人员,但需要有专业人员来进行指挥和引导。

4. 操作者日常维护和保养注意事项

1) 发动机启动前的检查内容

(1) 检查发动机油位。

(2) 检查发动机冷却液。

(3) 检查前、后轮胎压力。

(4) 检查前、后轮胎螺母。

(5) 检查液压油位。

(6) 检查发动机柴油位。

(7) 检查前、后轴是否漏油。

(8) 检查起升油缸是否漏油。

(9) 检查车底是否漏油。

(10) 清洁驾驶室。

(11) 检查机构的锁钮情况(无损坏、无松动)。

2) 发动机启动后的检查内容

(1) 检查仪表盘指示灯。

(2) 检查变速箱齿轮工作情况(前、后齿轮)。

(3) 检查脚踏板制动及手制动的作用情况。

(4) 检查工作灯及雨刮片。

(5) 检查操纵手柄功能。

(6) 检查是否有异常噪声。

5. 标牌

贴在车辆上的标牌是用来说明车辆的使用方法和注意事项的。这既是为客户着想,也是为车辆着想。标牌脱落后请立即重新贴上,若损坏或不能使用时请与销售商联系。正面吊一般有以下标牌:

(1) 安全标志牌。

(2) 使用须知标牌。

(3) 正面吊铭牌。

(4) 润滑系统标牌。

(5) 负荷曲线图标牌。

(6) 启动前检查要领标牌。

(7) 加液压油标牌。

(8) 加燃油标牌。

(9) 加防冻液标牌。

(10) 轮胎安全标牌(充气轮胎)。

(11) 轮胎气压标牌(充气轮胎)。

(12) 起吊标牌。

(13) 注意伤手标牌。

(14) 禁止进入门架后空间标牌。

(15) 风扇安全标牌。

6. 驾驶室

正面吊配有驾驶室,左右各有一扇门,驾驶室的门把手上配有一个钥匙锁,可以从外面把门关上。如果要打开门,按下按钮即可。

驾驶室内应保持清洁，当手湿滑或有油污时，请不要操作车辆。要定期清洁润滑门钥匙锁。

7.4　集装箱正面吊运机的操作及作业场景

7.4.1　操作说明

1. 磨合期

对于一辆新的正面吊，建议必须有至少200 h的磨合期。在磨合期内注意以下事项。

(1) 每次发动机启动后，先让发动机充分预热，避免发动机启动后立即高速运转。

(2) 车辆不可用最高速行驶。

(3) 需经常对整车各系统进行检查。

2. 发动机的启动和熄火

1) 发动机启动前的检查

(1) 检查液压油油量，液面应在油位计的上下刻度线中间位置。

(2) 检查制动液压油油量，液面应在油位计的上下刻度线中间位置。

(3) 检查管路、接头、泵、阀是否有泄漏或损坏。

(4) 检查行车制动是否正常。

(5) 检查停车制动是否正常。

(6) 检查仪表、照明、开关及电气线路工作是否正常。

(7) 检查吊具动作、吊具工作状态指示灯、机械扭锁指示牌工作是否正常。

2) 发动机启动

注意：启动发动机前，接通电源总开关，并检查变速挡位手柄是否在零挡，否则发动机将不能被启动。启动开关挡位如图7-24所示。

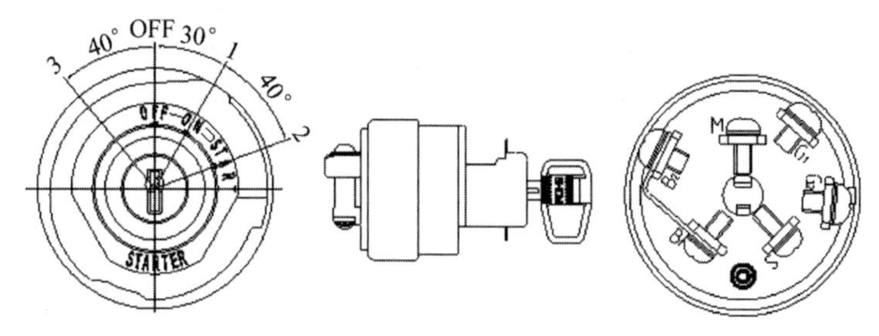

图7-24　启动开关挡位示意图

启动发动机的步骤如下：

(1) 坐在驾驶座椅上。

(2) 接通电源总开关。

(3) 将点火钥匙插入点火锁孔，顺时针方向旋转至1挡(通电挡)，仪表系电源接通。

(4) 将点火钥匙顺时针方向旋转至2挡(启动挡)，启动发动机，启动时间不能超过5 s，发动机启动后立即松开点火钥匙，使点火钥匙回到1挡位置。如经3次启动(每次启动间隙必须超过20 s以上)发动机仍不着火，必须查找原因，排除故障后再进行启动。

(5) 如气温比较低、冷启动时，可以在第(2)步完成后使用启动预热系统。将点火钥匙逆时针方向旋转至H挡(预热挡)，此时预热指示灯点亮，停留约50 s后，预热指示灯熄灭，紧接着进行第(3)步。这时发动机的进气被加热，有利于启动。

(6) 检查发动机机油压力是否在正常范围内。

(7) 使发动机怠速运行10 s以上，再使发动机低速低载运行，进行充分预热。

3) 发动机熄火

发动机熄火的操作步骤如下：

(1) 使发动机怠速运行2～3 min，让其逐渐均匀冷却。

(2) 将点火钥匙旋转至OFF挡，关掉电源，使发动机停止运转，拔出点火钥匙。

3. 起步行车和停止

1) 起步行车步骤

(1) 按下停车制动按钮，解除停车制动。

(2) 踩下行车制动踏板。

(3) 选择合适的变速挡位，松开行车制动踏板,缓慢踩下加速踏板。

2) 停车步骤

(1) 松开加速踏板。

(2) 缓慢踩下行车制动踏板。

(3) 当正面吊接近停止时,将变速挡位手柄拨到零挡,车辆完全停住后,松开行车制动踏板。

(4) 必要时,可将发动机熄火,实施停车制动,断开电源总开关。

4. 加速、减速和变速换挡

1) 加速、减速

当变速箱处于自动操作状态时,若需加速,向下踩加速踏板即可,踩下的角度越大,增速越多;若需减速,向上放开加速踏板即可,放开的角度越大,降速越多。

当变速箱处于手动操作状态时:

(1) 当变速换挡手柄处于一定的挡位时,若需要加速,向下踩加速踏板即可,踩下的角度越大,增速越多;若需要减速,向上放开加速踏板即可,放开的角度越大,降速越多。

(2) 在正面吊加速和减速时,要根据载荷和路面状况选择合适的变速箱挡位。

注意:发动机加速和降速时必须动作平顺。

警告:正面吊在带载行驶时,伸缩臂与水平面成35°角,吊具不侧移,保持在中位,建议高度保持为集装箱下沿比座椅面高出约800 mm。禁止在行驶过程中起升、下降和侧移起吊物。禁止车辆在高位举升重物时行驶。

2) 变速换挡

(1) 正面吊的变速换挡手柄位于转向盘管柱的左侧。

(2) 变速换挡手柄共有3个位置:

手柄向前——变速箱处于前进挡位置,可选择前进1、2、3、4挡。

手柄中置——变速箱处于0挡位置,只有在0挡位置时发动机才能启动。

手柄后置——变速箱处于后退挡位置,可选择后退1、2、3、4挡,此时倒车蜂鸣器响提示。

(3) 当变速换挡手柄处于前进挡、后退挡位置时,可前后旋转手柄分别选择1、2、3挡。

(4) 变速箱的挡位状态显示在中控台APC200显示器上。

(5) 可通过中控台“变速箱手/自动翘板开关”实现手/自动状态转换。转换时必须停止车辆的所有动作,并使变速换挡手柄处于0挡位置。

注意:

(1) 发动机在低速时,才允许换挡。

(2) 不可在车辆高速行驶时换挡;不可在油门加速时换挡。

(3) 只有当发动机低速运转或停止时,才可选择后退挡。

(4) 车辆在自动操作状态下时,当变速换挡手柄处于较高挡位时,车辆可根据行驶状况按控制器程序自动切换高低挡位。

(5) 当变速箱在手动操作状态下时,驾驶人员应规范操作,错误操作可能导致变速箱损坏。

5. 转向

正面吊的转向由转向盘控制,转向盘的旋转方向和正面吊的转向方向一致。转向盘转过的角度越大,转向轮的转角越大。

警告:车辆高速行驶、吊具位置较高时不允许急转向,否则可能会导致车辆侧翻。

6. 状态监测

(1) 在正常行驶状态下,正面吊所有的报警灯都是熄灭的。如有报警灯亮起,必须停车检查,排除故障。

(2) 正面吊行驶过程中注意各仪表的显示。

① 发动机机油压力表:正常值3~5 bar。

② 发动机水温表:不得到达红色区域。

③ 发动机转速表:转速不能超过发动机最大转速。

④ 变矩器油温表:变速箱油温使用范围是80~110℃(允许短期达到120℃),如果温度趋近于120℃,接近油温表的红区时,应停止使用车辆,并将变速换挡手柄置于0挡,使发动机低速运转,等温度降到正常范围内再进行工作。如温度没有迅速降低,请停车检查原因。

⑤ 燃油油量表:注意不要用光所有存油,避免空气进入燃油管。

7．停车制动和行车制动

（1）停车制动：车辆停止不用时使用。停车制动开关在中控台上，按下时停车制动，同时停车制动仪表灯点亮提示；按起时停车制动解除。

警告：当正面吊短时或较长时间停止时，必须实施停车制动；当行车制动失效时，可使用停车制动作为紧急制动。

（2）行车制动：用于车辆行驶中的速度控制及刹车。行车制动踏板踩下角度越大，制动力越大，制动效果越明显。

警告：行车制动动作要轻缓，避免急踩，紧急制动会影响车辆的稳定性，特别是在车辆带载高速行驶时，极易导致翻车。

7.4.2 作业场景

1）地面状况

正面吊使用的场所应是平坦而坚固的路面或地面，不可在起伏不平、泥泞或松软的路面上驾驶车辆。

警告：

（1）若不可避免需要在斜坡上或粗糙的路面上行驶时，要特别小心。

（2）绕开石块或凸凹不平路面，不可避免时减速慢行，注意不要损坏车辆底盘。

（3）在冰雪路面运行时使用防滑链，避免急加速、急停车、急转弯，应通过加速踏板来控制行驶速度。

2）工作环境

（1）由于发动机排放出的气体含有多种有害的气体，因此在封闭的空间内作业时要注意作业的安全性，有害气体超过一定的含量会对人身造成伤害，甚至危害生命，所以在这种环境下作业的时间不能过长。

（2）不允许在易燃易爆、地下等环境中使用。

7.4.3 停机存放及运输吊装注意事项

1．停机存放

（1）放尽燃油。

（2）未漆件表面涂以防锈油，伸缩臂与滑块滑动处涂润滑脂。

（3）液压油缸暴露在外的活塞杆上涂油防腐蚀。

（4）伸缩臂降至最低位置。

（5）实施停车制动。

（6）前后轮胎用楔块垫好。

2．运输

（1）长距离运输时，吊具、伸缩臂需拆下单独运输。

（2）底盘运输时需实施停车制动，固定好车辆，前后轮胎相应位置用楔块垫好楔牢。

（3）运输时所有可能产生位移的零件都需进行固定或支承。

（4）起吊时按照相应的起吊标牌指示位置进行起吊。

正面吊在装运时，可拆卸的部件有平衡重、伸缩臂总成、吊具。

3．集装箱的吊取

（1）将正面吊车辆大致停放在驾驶员正视集装箱码放处或集装箱运输车辆上集装箱的中心位置，操作集成操纵手柄使属具能垂直或接近集装箱码放处或集装箱运输车辆。

（2）按要吊取的集装箱宽度伸展调整属具宽度，通过大臂的变幅、伸缩，将属具侧移、旋转到中心位置，操作集成操纵手柄使属具降低到可以吊取集装箱的合适高度。

（3）通过属具侧移、旋转，确认属具的旋锁位于集装箱角锁孔的正上方。

（4）下降大臂使属具降低，使属具的4个旋锁插入到集装箱的角锁孔内。

（5）通过属具工作状态指示灯和机械旋锁指示牌确认属具的4个旋锁是否已插入到集装箱的角锁孔内。如已正确着床，可以进行下一步；否则，需升起属具从第（3）步重新开始。

（6）操作集成操纵手柄上的旋锁锁定按钮，通过属具工作状态指示灯和机械旋锁指示牌确认待吊取的集装箱是否已被锁定。如没有锁定，需升起属具从第（3）步重新开始。

（7）确认集装箱已被正确锁定后，可以起升集装箱直到属具着床指示灯熄灭。

（8）将起吊的集装箱放低到车辆正常运行

位置，在不影响视线和周围放置的物品的情况下，必须将属具尽量放低。

(9) 观察后方无行人和车辆后，方可倒车行驶。

注意：操作集成操纵手柄务必平稳，不可过分瞬时用力操作。

(10) 控制器报警时禁止使用大臂及属具各项动作，按原则安全驾驶。

警告：在带载行驶过程中，必须小心驾驶，避免急刹车和急转向，任何激烈的动作都可能导致车辆倾翻。

7.5 集装箱正面吊运机的主要参数

以合力公司生产的正面吊为例，其外形尺寸及主要性能参数分别见图 7-25 和表 7-2。

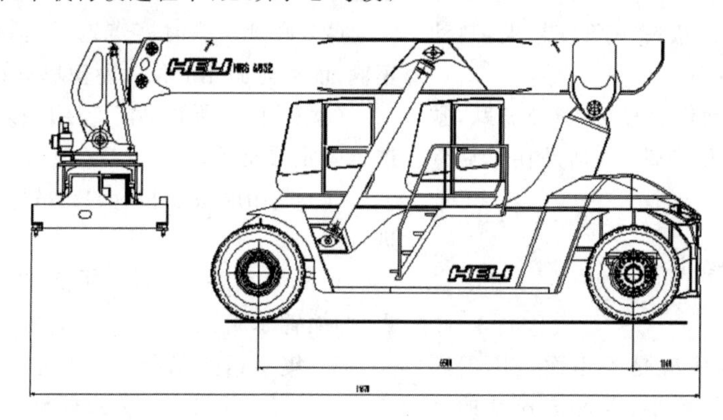

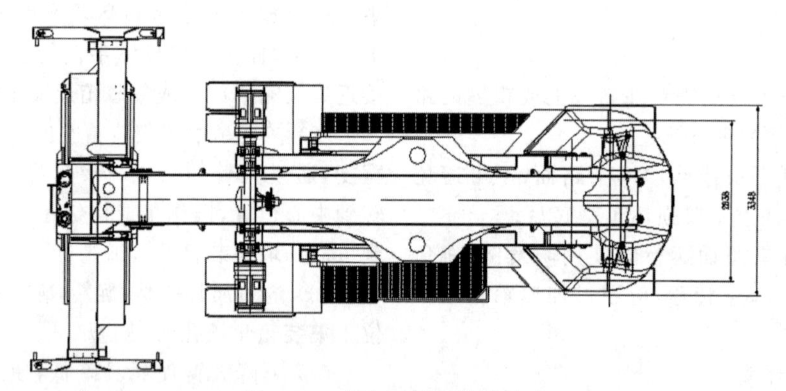

图 7-25 合力正面吊外形尺寸

表 7-2 合力正面吊主要性能参数

参数类别		型号		
		RSH4 528-VO2/CU	RSH4 532-VO2/CU	RSH4 536-VO2/CU
起重量/kg	第一排/第二排/第三排	45 000/28 000/14 000	45 000/32 000/16 000	45 000/36 000/19 000
前轮外圆与载荷中心之间的距离/mm	第一排/第二排/第三排	1 800/3 850/6 400	1 800/3 850/6 400	1 800/3 850/6 400

续表

参数类别		型号		
		RSH4 528-VO2/CU	RSH4 532-VO2/CU	RSH4 536-VO2/CU
最大起升高度(第一排)/mm		15 050	15 050	15 050
侧移距离/mm		−800～800	−800～800	−800～800
旋转角度/(°)		−105～195	−105～195	−105～195
吊臂最大倾角/(°)		60	60	60
轴距/mm		6 500	6 500	6 500
轮距(前/后)/mm		3 030/2 838	3 030/2 838	3 030/2 838
长度/mm		11 670	11 670	11 670
宽度/mm		4 060	4 060	4 060
吊臂最小高度/mm		4 754	4 754	4 754
轮胎	规格	18.00-25-40PR	18.00-25-40PR	18.00-25-40PR
	数量	前 4/后 2	前 4/后 2	前 4/后 2
发动机	生产厂	VOLVO CUMMINS	VOLVO CUMMINS	VOLVO CUMMINS
	(额定功率/kW)/(转速/(r/min))	265/2 100 254/1 800	265/2 100 254/1 800	265/2 100 254/1 800
	(最大扭矩/(N·m))/(转速/(r/min))	1 785/1 316 1 708/1 400	1 785/1 316 1 708/1 400	1 785/1 316 1 708/1 400
变速箱(前/后挡)		DANA(4/4)	DANA(4/4)	DANA(4/4)
驱动桥		Kessler 湿式制动	Kessler 湿式制动	Kessler 湿式制动

7.6 集装箱正面吊运机的技术标准及规范

目前正面吊执行的主要技术标准及规范如下：

(1) 国家质量监督检验检疫总局 305 号文《起重机械型式试验规程(试行)》；

(2) 国家质量监督检验检疫总局 174 号文《机电类特种设备制造许可规则(试行)》；

(3) 国家质量监督检验检疫总局 373 号令《特种设备安全监察条例》；

(4) 国家质量监督检验检疫总局 92 号令《起重机械安全监察规定》；

(5)《集装箱正面吊运起重机技术条件》(JT/T 232—1995)；

(6)《起重机设计规范》(GB/T 3811—2008)；

(7)《集装箱正面吊运起重机安全规程》(GB 17992—2008)；

(8)《起重机械安全规程　第 1 部分：总则》(GB/T 6067.1—2010)；

(9)《集装箱正面吊运起重机型式试验项目、技术要求和试验方法》(TSG Q2005—2004)；

(10)《起重机械超载保护装置》(GB/T 12602—2009)。

7.7 集装箱正面吊运机的维护保养、常见故障与排除方法

7.7.1 维护与保养

1. 润滑

以合力正面吊为例，其润滑点及润滑说明见图 7-26。

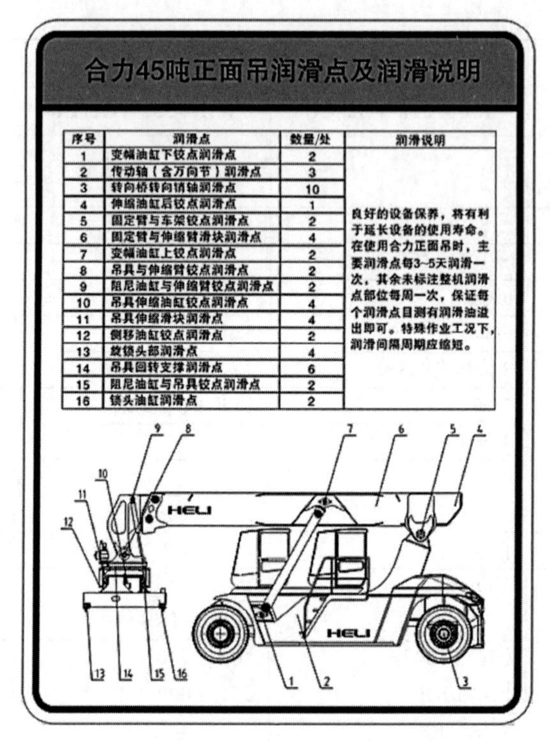

序号	润滑点	数量/处	润滑说明
1	变幅油缸下铰点润滑点	2	良好的设备保养，将有利于延长设备的使用寿命。在使用合力正面吊时，主要润滑点每3~5天润滑一次，其余未标注整机润滑点部位每周一次，保证每个润滑点目测有润滑油溢出即可。特殊作业工况下，润滑间隔周期应缩短。
2	传动轴（含万向节）润滑点	3	
3	转向桥转向销轴润滑点	10	
4	伸缩油缸后铰点润滑点	1	
5	固定臂与车架铰点润滑点	2	
6	固定臂与伸缩臂滑块润滑点	4	
7	变幅油缸上铰点润滑点	2	
8	吊具与伸缩臂铰点润滑点	2	
9	阻尼油缸与伸缩臂铰点润滑点	2	
10	吊具伸缩油缸铰点润滑点	4	
11	吊具伸缩滑块润滑点	4	
12	侧移油缸铰点润滑点	2	
13	旋锁头部润滑点	4	
14	吊具回转支撑润滑点	6	
15	阻尼油缸与吊具铰点润滑点	2	
16	锁头油缸润滑点	2	

图 7-26　正面吊润滑点及润滑说明

2. 保养周期（见表 7-3）

表 7-3　正面吊保养周期

名称		时间		类型
发动机	发动机保养	首次	50～150 h	更换机油滤清器、燃油滤清器和发动机机油
		以后每隔	800 h	更换机油滤清器、燃油滤清器和发动机机油
	发动机防冻液	每隔	1 年	过滤处理后可继续使用，缺少时补相同型号防冻液
	发动机空气滤清器	每隔	1 000～1 200 h	更换空气滤清器滤芯
变速箱	变速箱保养	首次	100 h	更换滤清器
		以后每隔	1 000 h	更换变速箱油和滤清器
驱动桥	驱动桥保养	每隔	2 000 h	更换主传动轴油和轮边减速器齿轮油
液压系统	液压系统保养	首次	600 h	更换回油滤油器
		以后每隔	2 500 h	更换液压油（注意：加 3%～6%抗磨剂）
风冷式散热器	马达回油滤清	每隔	400 h 或报警	更换马达回油滤芯

7.7.2　常见故障与排除方法

1. 电气系统常见故障分析及排除方法(见表7-4)

2. 空调常见故障检查维护(见表7-5)

3. 液压和制动系统常见故障分析及排除方法(见表7-6)

4. 动力系统常见故障分析及排除方法(见表7-7)

表7-4　正面吊电气系统常见故障分析及排除方法

所属系统	故障描述	可能原因	排除方法
电源	电瓶电不足	① 电瓶接近使用年限 ② 充电回路接触不良 ③ 交流发电机皮带松弛 ④ 交流发电机调节器不良	① 修理或更换 ② 检查充电线路连接或更换 ③ 调整皮带 ④ 修理或更换
动力	启动机不转	① 换挡开关不在空挡(N) ② 电瓶损坏 ③ 启动回路线路故障 ④ 启动机电磁开关故障 ⑤ 启动电机故障	① 换挡开关挂空挡 ② 检查电瓶或更换 ③ 检查启动回路线路或更换 ④ 检查启动机电磁开关或更换 ⑤ 检查启动电机或更换
	启动机运转无力,无法启动发动机	① 电瓶亏电 ② 启动回路线路接触不良 ③ 启动机内部故障 ④ 其他问题	① 检查电瓶,并补充充电 ② 检查启动回路线路或更换 ③ 检查更换启动机 ④ 检查发动机进气和供油是否正常 如检查维护发动机空气滤清器及油水分离器
	启动机运转不停	启动控制回路线路或器件短路 如:启动回路钥匙开关、继电器或启动机电磁开关触点粘连	检查启动控制回路线路或器件,排除线路短路,更换故障器件 如更换启动钥匙开关、继电器或启动机电磁开关
	发动机不能启动	① 换挡开关不在空挡(N) ② 启动控制回路保险断路 ③ 继电器吸合不良 ④ 燃油电磁阀无电	① 换挡开关挂空挡 ② 检查启动控制回路保险丝或更换 ③ 检查启动回路继电器或更换 ④ 检查燃油电磁阀是否带电或更换
	发动机自动熄火	① 燃油电磁阀无电或自身故障 ② 燃油耗尽	① 检测燃油电磁阀或更换 ② 加注燃油
	发动机有故障代码	可参照发动机厂家相关技术资料处理	
传动	叉车不能行走	① 手制动没有释放 ② 传动系统电源故障 ③ 传动系统线束故障 (短路、断路或接插件连接不良) ④ 换挡手柄故障 ⑤ 变速箱控制器故障 ⑥ 换挡电磁阀故障 ⑦ 其他	① 检查手制动开关或更换 ② 检查传动系统电源及保险丝或更换 ③ 检查传动控制线束及接插件或更换 ④ 检查换挡手柄或更换 ⑤ 检查变速箱控制盒或更换 ⑥ 检查换挡电磁阀或更换 ⑦ 检查变速箱油是否变质以及油量多少,必要时更换或增减变速箱油

续表

所属系统	故障描述	可能原因	排除方法
传动	行驶中频繁脱挡	① 传动系统线束故障(脱挡信号错误输入 TCU 控制器) ② 换挡手柄故障 ③ 变速箱控制器故障	① 检查传动控制回路线束及接插件或更换 ② 检查、更换换挡手柄 ③ 检查、更换变速箱控制盒(TCU)
	只有前进或后退一个方向的挡位	① 传动系统线束故障(脱挡信号错误输入 TCU 控制器) ② 换挡手柄故障 ③ 变速箱控制器故障 ④ 变速箱换挡阀故障(卡死) ⑤ 变速箱离合器故障(烧结)	① 检查传动控制回路线束及接插件或更换 ② 检查、更换换挡手柄 ③ 检查、更换变速箱控制盒(TCU) ④ 检查、更换换挡阀 ⑤ 检查、更换离合器
	不能自动换挡	① 手动/自动选择开关未选择"自动" ② 换挡手柄故障或挡位选择错误 ③ 变速箱转速检测传感器故障 ④ 变速箱控制器故障	① 将手动/自动选择开关选为"自动" ② 检查换挡手柄,挡位选择最高数字挡位 ③ 检查、更换转速检测传感器 ④ 更换变速箱控制器
	变速箱有故障代码	可查阅变速箱厂家相关技术资料处理	
仪表	水温表不工作	① 仪表电源故障 ② 水温表连接线束或接插件故障 ③ 水温表损坏	① 检查仪表电源线路及保险丝或更换 ② 检查水温表连接线束及接插件或更换 ③ 检查、更换水温表或更换
	水温表指示水温过高	① 水温传感器线路短路 ② 发动机冷却系统故障 ③ 发动机节温器故障 ④ 风扇皮带折断或过松和滑转	① 检查水温表连接线束及接插件或更换 ② 检查冷却系统水箱及冷却液加注量并及时加注 ③ 检查、更换节温器 ④ 检查风扇皮带,更换或调整
	发动机转速表指示异常	① 转速表接线错误 ② 转速传感器故障 ③ 转速表故障	① 检查转速表线束连接及调整 ② 更换转速传感器 ③ 更换转速表
	气压表不工作	① 仪表电源故障 ② 气压表线束断路或接插件脱落 ③ 气压传感器故障 ④ 气压表故障	① 检查仪表电源线路及保险丝或更换 ② 检查气压表线束及接插件或更换 ③ 更换气压传感器 ④ 更换气压表
	气压表指示气压过高	① 气压传感器外部线路短路 ② 气压传感器内部短路 ③ 气压表自身原因 ④ 系统压力出现异常	① 检查气压传感器线是否短路,重新连接 ② 更换气压传感器 ③ 更换气压表 ④ 外接压力表检查系统压力对比验证或更换损坏部件
	燃油表不工作	① 仪表电源故障 ② 燃油表线束或接插件故障 ③ 油量传感器故障 ④ 燃油表故障	① 检查仪表电源线路及保险丝或更换 ② 检查线束或接插件是否接错、短路或断路 ③ 更换油量传感器 ④ 更换燃油表

续表

所属系统	故障描述	可能原因	排除方法
仪表	燃油表满偏一直指示“F”	油量传感器接线松脱或线路断路	检查线路,重新连接
	发动机油压表异常,无指示或满偏	① 发动机机油不足 ② 线路短路或断路 ③ 油压传感器故障	① 检查发动机机油液位,及时加注 ② 检查线路是否有短路或断路情况,重新连接 ③ 检查油压传感器或更换
	发动机机油压力低,报警	① 发动机缺机油 ② 指示灯线束故障 ③ 机油压力传感器故障	① 检查机油液位,补充机油 ② 检查线路是否有短路,重新连接 ③ 更换机油压力传感器
	充电指示灯常亮	① 发电机不发电 ② 充电回路短路,调节器故障 ③ 发电机皮带打滑或松脱	① 检查发电机的“D+”端子电压(约28 V)或更换 ② 检查充电回路有没有短路,更换调节器 ③ 检查发动机皮带,调整或更换
	沉积报警	① 油水分离器中沉积物过多 ② 线路短路	① 放掉油水分离器中的沉积物 ② 检查线路,重新连接
	变速箱油温表不工作	① 仪表电源故障 ② 变速箱油温表接插件脱落 ③ 变速箱油温传感器故障、接插件脱落或线路断路 ④ 变速箱油温表故障	① 检查仪表电源线路及保险丝或更换 ② 检查线束或接插件是否接错、短路或断路 ③ 更换油温传感器,检查接插件或线路或更换 ④ 更换油温表
	变速箱油温表指示油温过高	① 油温表接线错误 ② 油温传感器外部线路短路 ③ 变速箱散热系统故障 ④ 变速箱机械故障造成过热	① 检查油温表接线,重新连接 ② 检查油温传感器线路是否短路或更换 ③ 检查变速箱散热系统或更换 ④ 检查变速箱油质及油量或更换
	泊车指示灯常亮	① 手制动开关故障(触点粘连) ② 手制动指示线路短路	① 检查、更换手制动开关 ② 检查手制动开关线路,重新连接
	制动压力低报警	① 制动压力不足 ② 制动压力检测开关故障 ③ 指示线路有短路	① 检查制动系统压力(储能器、充液阀)或更换 ② 检查、更换制动压力检测开关 ③ 检查制动压力检测开关线路或更换
	空气滤清器堵塞报警	① 空气滤清器堵塞 ② 空气滤清器报警开关故障(短路) ③ 线路短路	① 检查、清洁空气滤清器 ② 检查、更换空气滤清器报警开关 ③ 检查空气滤清器报警开关线路
	油温高,指示灯报警	① 油冷却系统故障 ② 油温报警开关故障或线路短路	① 检测油温,检查油散热器、冷却风机或更换 ② 检查油温报警开关及连接线束和接插件或更换
	滤油器堵塞报警	① 滤油器堵塞 ② 滤油器报警开关故障(短路) ③ 线路短路	① 检查、更换滤油器 ② 检查、更换滤油器报警开关 ③ 检查滤油器报警开关线路或更换

续表

所属系统	故障描述	可能原因	排除方法
灯光	灯不亮	① 电源回路保险丝烧断 ② 灯光开关故障 ③ 灯光回路线束故障 ④ 灯泡损坏	① 检查电源回路，更换保险丝 ② 检查、更换灯光开关 ③ 检查灯光回路线束及接插件或更换 ④ 更换灯泡
制动	停车制动时，变速箱不脱挡	① 手制动开关坏 ② 手制动开关线路故障	① 检查、更换手制动开关 ② 检查手制动开关线路或更换
	行车制动时，制动灯不亮	① 制动灯保险丝断 ② 灯泡损坏 ③ 制动灯开关坏 ④ 制动灯控制回路继电器故障	① 检查保险丝或更换 ② 检查灯泡或更换 ③ 检查制动灯开关或更换 ④ 检查制动灯控制回路继电器或更换
	左脚行车制动时，动力未切断	① 脱挡开关损坏 ② 连接线路故障	① 检查脱挡开关或更换 ② 检查连接线路或更换
驾驶室	雨刷不工作	① 雨刷电源保险丝熔断 ② 雨刷开关或线路故障 ③ 雨刷电机故障 ④ 雨刷电机接地不良	① 检查、更换电源保险丝 ② 检查雨刷开关及线路连接或更换 ③ 检查雨刷电机或更换 ④ 检查雨刷电机接地或重新接地
	顶灯和风扇不工作	① 电源保险丝熔断 ② 控制开关或线路故障 ③ 顶灯、风扇故障	① 检查、更换电源保险丝 ② 检查控制开关及线路连接或更换 ③ 检查顶灯、风扇或更换
其他	散热风机不工作	① 电源回路保险丝烧断 ② 温控开关损坏 ③ 散热风机线路故障 ④ 散热风机电机损坏	① 检查电源回路，更换保险丝 ② 可短接来测试判定，如损坏需更换 ③ 检查线路是否有短路或断路等问题、重新连接 ④ 检查散热风机电机或更换

表 7-5　正面吊空调常见故障检查维护

<table>
<tr><th colspan="3">故障现象</th><th>故障原因</th><th>排除方法</th></tr>
<tr><td colspan="3" rowspan="3">空调不工作</td><td>空调保险丝熔断</td><td>检查、更换空调保险丝</td></tr>
<tr><td>空调控制器故障</td><td>检查、更换空调控制器</td></tr>
<tr><td>空调电气线路故障</td><td>检查空调电气线路的连接</td></tr>
<tr><td rowspan="9">空调不制冷</td><td rowspan="3">蒸发机工作</td><td rowspan="2">冷凝风机不工作</td><td>压缩机工作</td><td>检查风机接头是否脱落、接地是否良好、风机是否损坏</td></tr>
<tr><td>压缩机不工作</td><td>检查温控开关是否损坏、继电器是否吸合、继电器接线头是否松动</td></tr>
<tr><td>冷凝风机工作</td><td>压缩机不工作</td><td>检查离合器是否损坏、接线头是否脱离、皮带是否松动打滑</td></tr>
<tr><td rowspan="2">蒸发机不工作</td><td>冷凝风机和压缩机均正常工作</td><td colspan="2">检查调速开关是否失灵、风机线是否断开、风机接地线是否良好</td></tr>
<tr><td>冷凝风机不转，压缩机不工作</td><td colspan="2">检查保险丝是否熔断、断电器是否正常、有无接线松动</td></tr>
<tr><td rowspan="4">压缩机工作</td><td rowspan="2">蒸发机和冷凝风机均正常工作</td><td colspan="2">系统 R134a 充注过多，用高低压表检查是否符合规定表压值</td></tr>
<tr><td colspan="2">因长期未使用使 R134a 泄漏，用高低压表检查、确定是否有 R134a</td></tr>
<tr><td>蒸发机和冷凝风机均正常工作，蒸发器、冷凝器正常</td><td colspan="2">贮液器进出口接反
检查膨胀阀是否出现冰堵或脏堵，更换贮液器，更换 R134a</td></tr>
<tr><td>风机正常工作，其他也正常</td><td colspan="2">检查冷凝器表面是否被积垢堵塞</td></tr>
</table>

续表

故障现象		故障原因	排除方法
空调制冷效果差	高压表和低压表数值都偏低 现象：出风口不冷，蒸发器结霜；储液瓶观察孔有气泡；膨胀阀进出口无温差	① 制冷剂不足或泄漏 ② 管路脏堵 ③ 膨胀阀故障	① 找到泄漏点，补充制冷剂 ② 消除系统杂物，更换干燥过滤器 ③ 更换膨胀阀，补充制冷剂
	低压表数值低，高压表数值高 现象：压缩机温度高；出风口冷风慢慢不冷了	① 制冷剂充注量过多 ② 管路中有空气 ③ 膨胀阀脏堵 ④ 冷凝器散热效果差 ⑤ 储液瓶内干燥剂饱和	① 放掉部分制冷剂 ② 消除系统内空气 ③ 更换膨胀阀，补充制冷剂 ④ 清洗冷凝器，或调节冷凝风机转速 ⑤ 排空系统，更换贮液瓶
	高、低压表数值正常或者不动 现象：只有风而无冷气；压缩机离合器动作频繁	① 温控开关或线路故障 ② 压缩机离合器故障	① 检查线路，更换温控开关 ② 更换压缩机电磁离合器

表 7-6　正面吊液压和制动系统常见故障及排除方法

故障现象	故障原因	排除方法
臂架伸缩俯仰速度慢	在低温环境下对油未进行充分预热，液压油黏度过大造成油泵损坏	使液压油充分预热
	伸缩俯仰油缸因密封件损坏而造成内泄，工作流量不充足	更换密封件
	伸缩俯仰阀上方向阀的开度过小，流量不够而影响工作速度	清洗阀芯或者更换
	由于发电机的输出功率下降，导致电瓶电量逐渐消耗，结果电瓶电压下降而导致臂架下降速度变慢	更换发电机
控制手柄拉起到100%位置时，臂架不动作	控制手柄连接电路或电源异常	检查电源和线路，无异常需更换新的操纵手柄
	手柄损坏	更换新的操纵手柄
臂架关节轴承异响	润滑油多通块堵塞	拆下清洗
	润滑油管路堵塞	拆下清洗
制动压力低，制动效果差	L90阀内的充液阀偶尔发卡，导致充液无效	将制动油循环过滤
	制动阀长时间处于半制动状态，使得充液不足	调整制动踏板，使制动阀处于正常工作状态
	L90阀上溢流阀压力设定有误	重新调整溢流阀压力设定
伸缩油缸漏油	静密封损坏失效	更换导向环和杆密封
	杆密封磨损失效	更换导向环和杆密封
	伸缩臂架的上滑块间隙过大，超过伸缩油缸的上下浮动量，使得活塞与导向套间的径向力过大，从而导致导向环、杆密封的早期磨损	更换伸缩油缸

续表

故障现象	故障原因	排除方法
臂架俯仰油缸进油胶管接头处漏油	接头没紧固好	重新紧固
	胶管扣压松脱	更换胶管
	24°锥密封O形密封圈损坏	更换密封圈
俯仰阀块油管泄油	O形密封圈已坏	更换O形密封圈
	法兰片与阀块端面有划伤	更换有划伤的零件
双联泵无流量输出	未按维护保养要求更换油箱吸油过滤器	清洗过滤器
	油泵内部损坏	更换油泵
俯仰阀块无杆腔压力迅速变为零	电磁阀密封性能差,造成泄压	更换密封件
	阀块损坏,造成内泄	更换阀块
驻车无效	驻车制动电磁阀烧坏:①漆包线线路在振动和受热后可能有短路的现象;②液压系统阀芯卡死也会导致线圈过热而损坏	若驻车制动电磁阀烧坏,则更换
	驻车继电器失灵:①感应滑座发卡,导致无电气信号输出;②电气感应开关故障(卡死),导致无电气信号输出;③阻尼孔堵塞,回油不畅;④内部线路故障	若驻车继电器失灵,则更换

表7-7 正面吊动力系统常见故障及排除方法

常见故障现象	故障原因	排除方法
发动机功率下降	中冷管卡箍松动	重新紧固
	中冷连接硅胶管破损	更换连接硅胶管
	中冷器堵塞,造成进气温度过高	清洗中冷器
	供油不畅	检查燃油箱滤清器
发动机水温高	节温器损坏	更换节温器
	水箱堵塞	清洗水箱
	风扇扇叶损坏	更换风扇
	防冻液不足	加注防冻液
	水箱压力盖失效	更换压力盖
	冷却系统空气未排尽	热机循环排尽空气
排气系统异响、噪声大	连接波纹管损坏	更换波纹管
	管路连接处漏气	重新紧固安装
	消音器内部"散架"	更换消音器
发动机无法启动	燃油电磁阀卡死	检查、清洗电磁阀阀芯
	燃油电磁阀未通电	检查、修复电磁阀线路
	燃油系统进入空气	利用手动泵排气
	油箱通气帽堵塞,造成供油不足	检查、清洁透气帽
	进回油管路受挤压,导致进油阻力大	检查、整理并固定好进回油管路

第8章

侧面式和多向叉车

8.1 概述

侧面式和多向叉车是专门用于搬运长形货物的特殊叉车。它与一般平衡重式叉车的主要区别是工作装置安装在车身侧面，除可以升降、倾斜外，还可以沿车身侧面伸缩，适用于长形货物的装卸、堆垛和运输。运输时，所叉装的长形货物安放在货台上，因此，对通道宽度的要求较小，机动性较高，能充分利用场地面积，尤其适用于各种木材、管材、线材及各种长形货物的装卸、堆垛、运输。此外，还可以在港口、码头、工厂、油田、基建工地等对集装箱装卸搬运的大体积的、笨重的、超长尺寸的货物进行装运。

8.1.1 侧面式和多向叉车的定义及主要用途

侧面式和多向叉车是一种多功能叉车，与普通叉车相比较，体积小、起重量较高，兼顾了平衡重式叉车和侧面叉车的优点。此类叉车能前后纵向行驶，也可以左右横向行驶，灵活便捷，换向迅速，机动性能卓越，是普通叉车无可比拟的。

侧面式和多向叉车既可以搬运普通货物，也可以方便地搬运长宽比较大的细长物体，如木料、型材、水管等。这类物体如果用普通叉车进行搬运或堆垛，就要求有足够宽的通道和足够大的作业空间，而且作业非常不便，工作效率低。侧面式和多向叉车是一款适合窄巷道堆垛作业、搬运长物料的全向行驶叉车，起升高度为3.0～8.0 m。与普通前移式叉车相比，侧面式和多向叉车具备直行、侧行、斜行、直角转弯、原地回转等模式，特别是横向行驶功能使得车辆更适合叉取长条状的货物。

8.1.2 侧面式和多向叉车的发展现状

1959年，意大利的BP公司生产了第一台侧面叉车，解决了长形物料搬运的安全问题，丰富了叉车的品种，打开了物料搬运工具的设计思路。侧面叉车与标准平衡重式叉车相比，优点在于：搬运长形物料时可克服空间的局限，给操作者更好的视野，具有更快的运行速度，通过提高效率来降低运营成本；因为具有载货平台，操作者和用户的人身安全得到了更好的保障；充分利用有效空间，通过提高空间利用效率来降低运营成本；在仓储方面，增加了产品的存储量，具有更高的空间利用率和更低的运营成本。因为以上优点，侧面叉车成了搬运长形物料的最佳工具，广泛地应用于木料、钢管、铝锭、塑料的加工及仓储领域。

侧面式和多向叉车为侧面叉车的升级版。1998年，爱尔兰的两位工程师 Robert Moffett 和 Martin Mcvicar 创建了 Combilift 公司，设计制造了世界上第一台内燃 4 t 侧面式和多向叉车，并成功地将其推向市场。1999年，该产品分别在挪威和法国的物料搬运机械展览会上展出，因其成功地实现了叉车在搬运长形货物时可以在通道内切换行走模式，所以得到了用户的极大认可和广泛青睐，2000年时该产品已成功售出300台。2004年该公司还开发了电动三支点侧面式和多向叉车，经过10多年的发展，该公司目前已成为该类产品的主要生产商，在2009年时其产量已达到1万台，销往世界50多个国家和地区。

侧面式和多向叉车除了具有正常叉车的纵向行驶功能外，还可以在车轮转过90°后成为侧面叉车，解决了长形物料在狭窄通道内无法搬运的问题。它集中了平衡重式叉车、侧面叉车、前移式叉车的优点，适用于室内、室外长形货物的搬运。侧面式和多向叉车为三支点结构，既可正向行驶，也可侧向行驶。它以柴油或者 LPG 为动力，采用三轮静压驱动。当纵向行驶时，3个车轮均为驱动轮，两个前轮方向固定，由后轮的偏转实现转向，后轮由油缸推动转向；横向行驶时，3个车轮均为驱动轮，后轮固定，两个前轮分别在油缸的推动下向相反方向偏转，实现转向。叉车的行走模式有纵向行驶和横向行驶。当模式选定后，液压系统根据电气系统的指令偏转车轮。每个模式的行走方向全部由转向盘控制，相当于分别操作正面叉车和侧面叉车。

叉车的行走系统采用静压传动，采用闭式液压系统，由发动机带动变量泵转动，通过电液控制阀将液压油送到3个轮边油马达，驱动车轮转动。静液压行走系统采用电控液压系统。图8-1为 Combilift 生产的一种内燃侧面式和多向叉车。

图 8-1 Combilift 的内燃侧面式和多向叉车

8.1.3 侧面式和多向叉车国内外的发展趋势

侧面式和多向叉车目前国内外生产厂家较多，爱尔兰的 Combilift 是最早生产该叉车的企业，目前该公司设计销售的侧面式和多向叉车载重范围为 2.5～25 t。除 Combilift 之外，德国的宝曼（Baumann）公司、胡比特克斯（Hubtex）公司及意大利的 BP 公司也大量生产这种叉车，其动力形式丰富，可选液化石油气、柴油或者电动机。在国内市场，目前合力叉车、搬易通和宁波如意等企业都在生产制造侧面式和多向叉车。

随着社会的发展，物流储运场地越来越小，储运成本越来越高。侧面式和多向叉车体积小，转向灵活，适合于作业场地狭小的工作环境，以后肯定会有非常好的发展前景。

8.2 产品分类

8.2.1 按传动方式分类

侧面式和多向叉车按传动方式可分为静压传动侧面式和多向叉车、电动侧面式和多向叉车。静压传动侧面式和多向叉车大部分采用静压传动，采用发动机驱动液压油泵，利用液压油泵出来的高压油驱动行走马达实现车辆行走。电动侧面式和多向叉车直接使用电驱动轮，控制器按照指令给驱动轮电机输出设定好的电压电流,驱动行走电机转动,带动整车行走。

8.2.2　按动力分类

侧面式和多向叉车按动力方式可分为内燃侧面式和多向叉车、蓄电池侧面式和多向叉车。内燃侧面式和多向叉车有使用柴油机的、汽油机的和使用液化天然气作为燃料的车型。蓄电池侧面式和多向叉车有采用铅酸电池的、锂电池的及燃料电池的车型。

8.2.3　按轮胎数量分类

侧面式和多向叉车按轮胎数量可分为三支点侧面式和多向叉车、四支点侧面式和多向叉车。三支点侧面式和多向叉车有2个前轮和1个后轮,大多采用2个前轮驱动,后轮只负责转向,也有3个车轮都驱动的车型。四支点侧面式和多向叉车前后各有2个车轮,有使用2个前轮驱动的,也有使用2个后轮驱动的。

8.2.4　按吨位分类

侧面式和多向叉车按吨位可分为小吨位叉车(0.5～5 t)、大吨位叉车(5～40 t)。市场上的侧面式和多向叉车大部分吨位都较小,在5 t以下,5 t以上的大吨位侧面式和多向叉车因造价太高,技术难度大,市场上很少见。

8.3　典型产品的结构、原理及应用范围

8.3.1　典型产品的结构

侧面式和多向叉车最早也是基于内燃叉车开发的。近几年随着世界各国环保意识的增强,以及蓄电池、电机控制器等技术的发展成熟,电动叉车产量急剧增长。据不完全统计,仅中国市场2020年电动叉车的产销量就超过10万台。蓄电池叉车是未来叉车的发展方向,本书主要以电动侧面式和多向叉车为主进行介绍。图8-2为合力叉车公司生产制造的一款0.4 t三支点电动侧面式和多向叉车,该叉车吨位小,主要是在三支点电动叉车平台上开发的,没有门架推出功能。吨位较大的侧面式和多向叉车通常都在前移式叉车基础上开发,如图8-3所示。

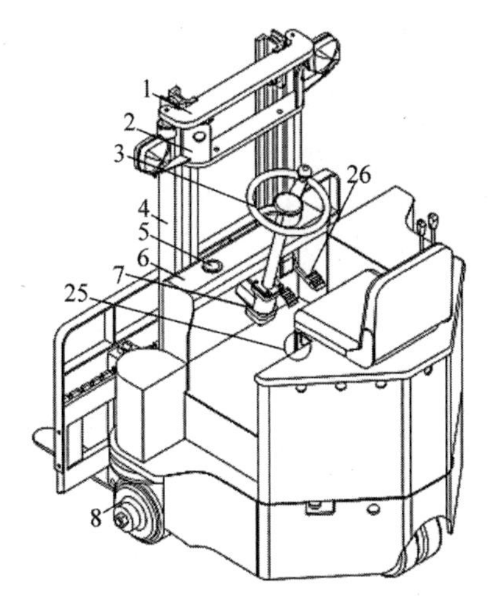

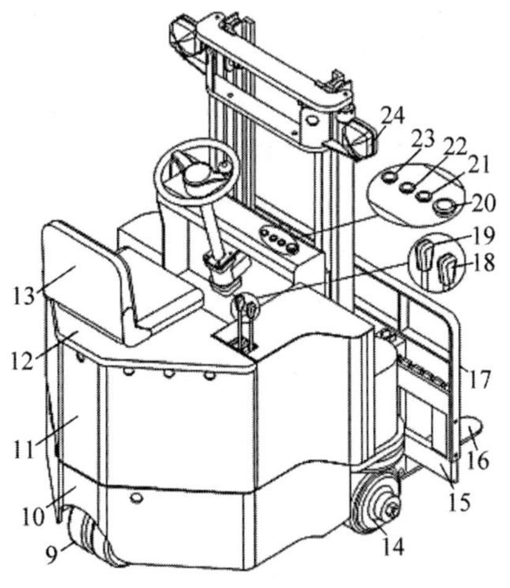

1—内门架;2—外门架;3—转向盘;4—侧油缸;5—仪表;6—驾驶台;7—转向器;8—左驱动装置;9—转向轮;10—车架;11—蓄电池;12—电瓶盖;13—座椅;14—右驱动装置;15—货叉架;16—货叉;17—挡货架;18—倾斜手柄;19—起升手柄;20—紧急停止开关;21—电锁;22—灯开关;23—功能切换开关;24　大灯;25—插接器;26—加速器。

图8-2　0.4 t三支点电动侧面式和多向叉车

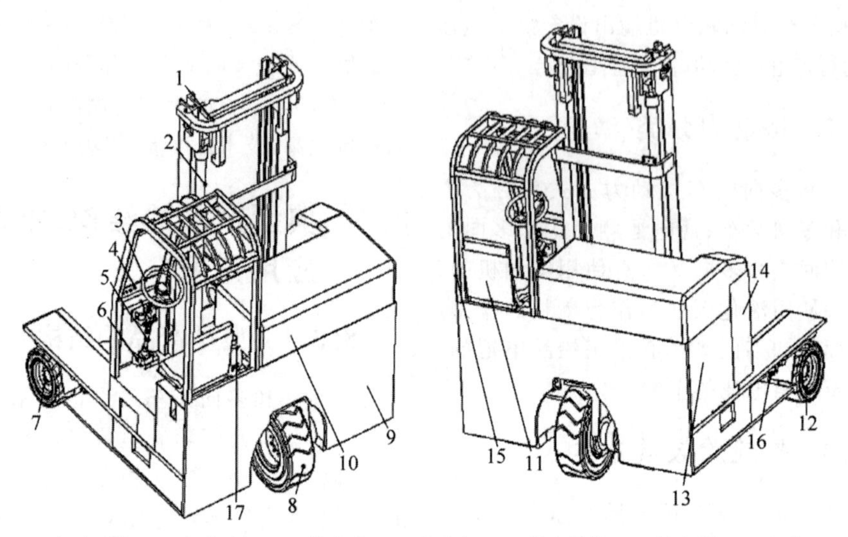

1—起重系统；2—起升油缸；3—转向盘；4—仪表架；5—转向管柱；6—转向器；7—左前驱动轮；8—后转向轮；9—车架；10—发动机罩；11—座椅；12—右前驱动轮；13—散热风扇；14—燃油箱；15—护顶架；16—转向油缸；17—空气滤清器。

图 8-3　4 t 三支点内燃侧面式和多向叉车

电动侧面式和多向叉车主要由以下部件组成。

1. 工作装置

侧面式和多向叉车的工作装置与普通叉车的类似，主要由内门架、外门架、货叉架及起升油缸等构成。货物起升时，内门架在起升油缸活塞的推力下伸出，带动链轮上升，链条拉动货叉架以 2 倍的速度沿内门架上升。侧面式和多向叉车的工作装置与普通叉车的区别主要在于倾斜功能上。普通叉车多采用门架倾斜，当叉取货物时，由倾斜油缸拉动外门架实现门架整体前倾和后倾；侧面式和多向叉车的门架多采用可推出式门架，门架底部装有滚轮，可在滚道内滚动，实现门架的推出和收回，因此，倾斜功能由货叉架倾斜实现，如图 8-4 所示。

2. 车架

车架为叉车的基础部件，由钢板组焊而成，用来连接、支承并保护车内各组件。叉车上所有零部件都直接或间接地装在车架上，使整台叉车成为一个整体。车架支承着叉车的大部分重量，而且在叉车行驶或作业时，它还承受由各部件传来的力、力矩及冲击载荷。因此，要保证车架有足够的强度和刚度。侧面式和多向叉车的车架结构与车的外形尺寸、传动形式、轮胎数量及吨位等有关，不同厂家的侧面式和多向叉车的车架结构也不相同。图 8-5 所示为合力叉车公司设计的一款三支点内燃侧面式和多向叉车车架。

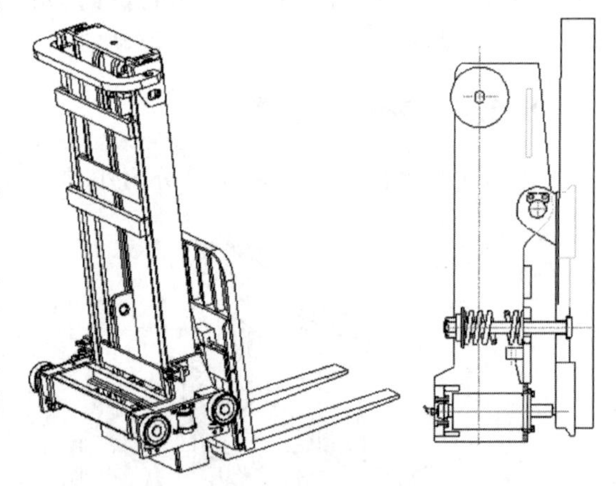

图 8-4　可推出式工作装置和货叉架倾斜机构

3. 驱动行走系统

由内燃机驱动的侧面式和多向叉车多采用静压传动，由轮边低速大扭矩液压马达驱动车轮行走。这种液压马达前几年基本上全靠

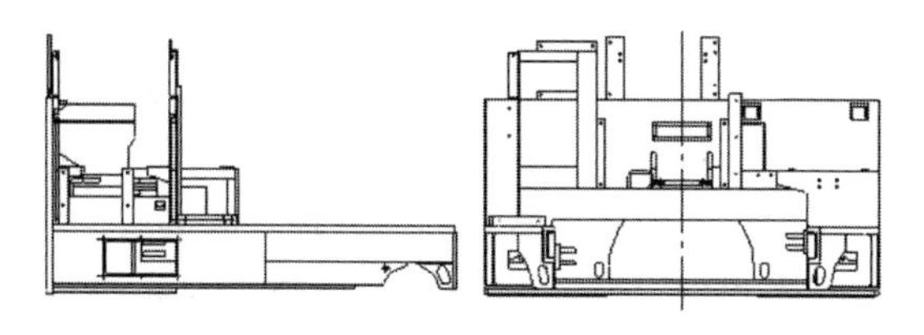
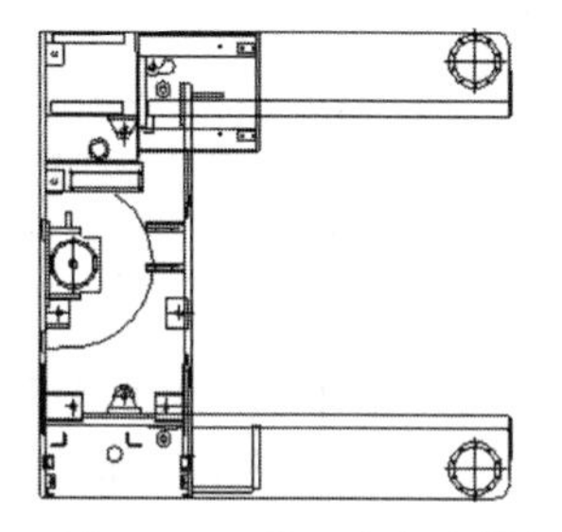

图 8-5　一种三支点内燃侧面式和多向叉车车架

国外进口，目前国内的技术已经非常成熟，浙江宁波的一些液压厂家生产的这种液压马达可完全替代国外产品。内燃侧面式和多向叉车使用的轮边驱动马达如图 8-6 所示。电动侧面式和多向叉车多采用电驱动单元，结构紧凑，驱动力强，价格便宜。电驱动单元目前有卧式的和立式的两种，可根据实际空间情况灵活布置。电驱动单元目前生产厂家较多，国内有杭州拜特及苏州凤凰动力等，国外有 Metalrota、CFR 和 ZF 等品牌，可供选择的种类比较多。电动侧面式和多向叉车使用的驱动单元如图 8-7 所示。

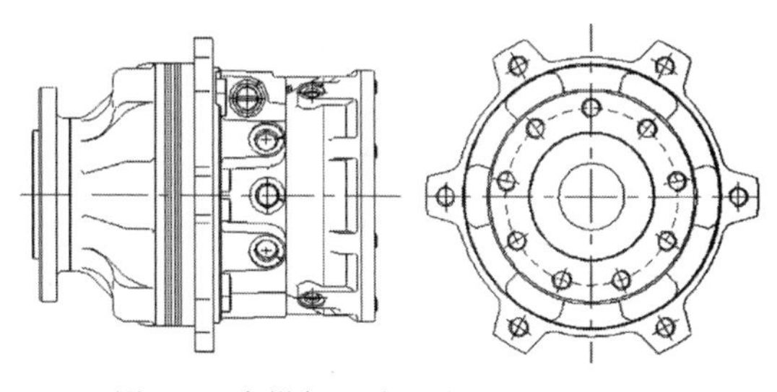

图 8-6　内燃侧面式和多向叉车使用的轮边驱动马达

4. 转向系统

侧面式和多向叉车在不同的工作模式下，车轮转向角度也不一样。目前在内燃侧面式和多向叉车上普遍采用液压转向，通过油缸和链条等推动转向轮实现转向，机械结构较为复杂，故障率高。但在电动侧面式和多向叉车上

图 8-7　电动侧面式和多向叉车使用的驱动单元

多采用电转向，电转向可实时监测每个转向轮的转向角度，并能及时调整，控制转向精确。目前国内市场上合力叉车公司生产制造的电动侧面式和多向叉车采用的是液压转向，前轮采用液压马达配合齿轮箱实现转向功能，后轮采用液压转向油缸。而搬易通公司生产的电动三支点侧面式和多向叉车采用德国夏伯穆勒(Schabmuller)的电转向单元。在较大吨位的侧面式和多向叉车上，液压转向因转向扭矩大，为目前主流配置。但液压转向元器件较多，需要液压转向器、液压马达、转向油缸及各类阀等，结构布置复杂，对安装精度要求高。图 8-8 所示为一种电动三支点侧面式和多向叉车的液压转向模型。

图 8-8　电动三支点侧面式和多向叉车的液压转向模型

近几年随着 AGV(automated guided vehicle，自动导引小车)的普及应用，电转向的应用增多，并且安装简单，成本低廉，转向精确，在转向时可以实现闭环控制。未来电转向单元在小吨位的电动侧面式和多向叉车上的应用会越来越普遍。有电转向的电驱动行走单元如图 8-9 所示。

图 8-9　有电转向的电驱动行走单元

虽然四支点侧面式和多向叉车的搬运性能更优异，但是其转向系统很复杂，转向技术难以实现。四支点侧面式和多向叉车在横向和纵向行驶时存在两套转向梯形。众所周知，3个点确定一个平面，如果4个轮子均采用刚性回转支承，当路面不平时，会有一个车轮悬空（不着地），使车轮的载荷分布情况变恶劣，导致车辆稳定性变差，因此两个后轮需采用浮动式独立回转支承机构，增加了产品的设计难度。四支点的转向系统如果转向误差较大，在工作过程中容易造成较大的行驶阻力和严重的轮胎磨损。目前市场上常见的还是三支点侧面式和多向叉车，在纵向行驶时，由后轮负责转向，前两个轮子不转向。在横向行驶时，后轮转90°固定，由两个前轮转向。

5. 液压系统

电动侧面式和多向叉车采用液压转向时，液压系统较为复杂，工作时，液压系统与电气控制系统协同工作，完成转向过程，其液压原理如图8-10所示。电动侧面式和多向叉车上采用电转向时，液压系统会非常简单，仅负责工作装置的推出、起升和倾斜功能，其液压原理如图8-11所示。内燃侧面式和多向叉车采用发动机驱动变量泵和齿轮泵，为整车提供动力，整车采用静压驱动车辆行走，液压系统比电动侧面式和多向叉车更复杂，其液压原理如图8-12所示。

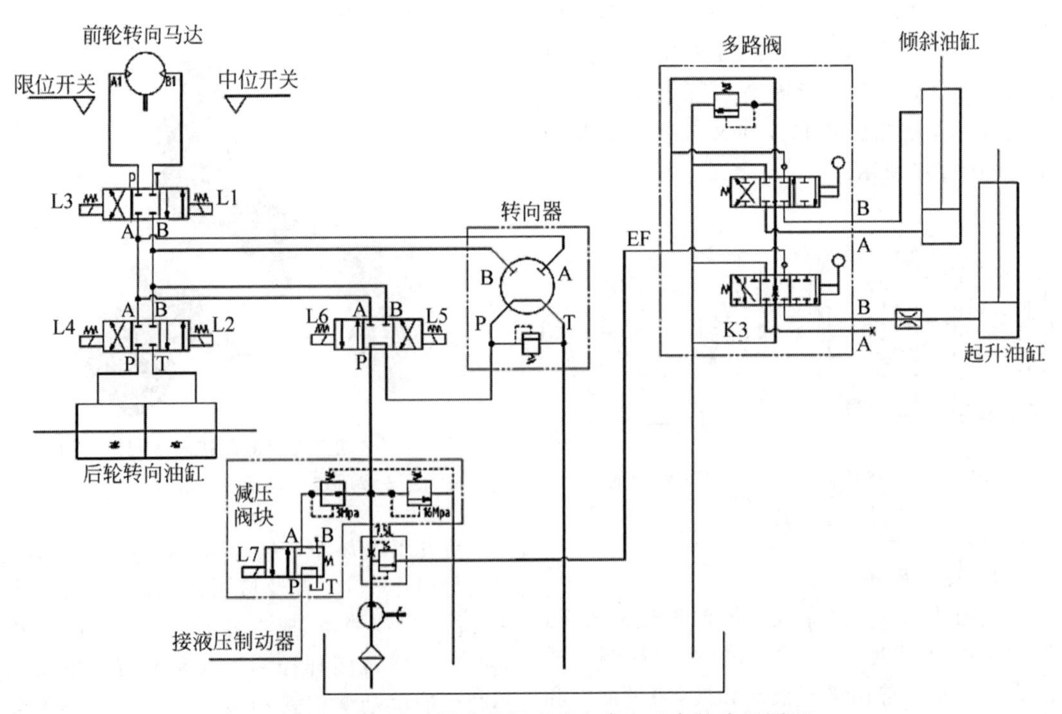

图 8-10　采用液压转向的侧面式和多向叉车的液压原理

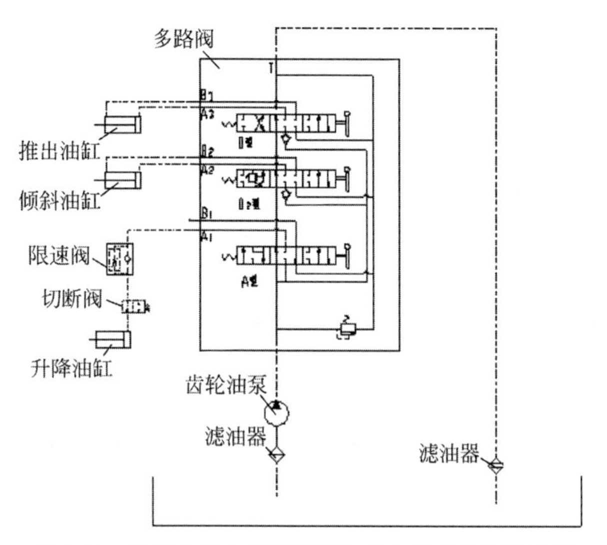

图 8-11 采用电转向的侧面式和多向叉车的液压原理

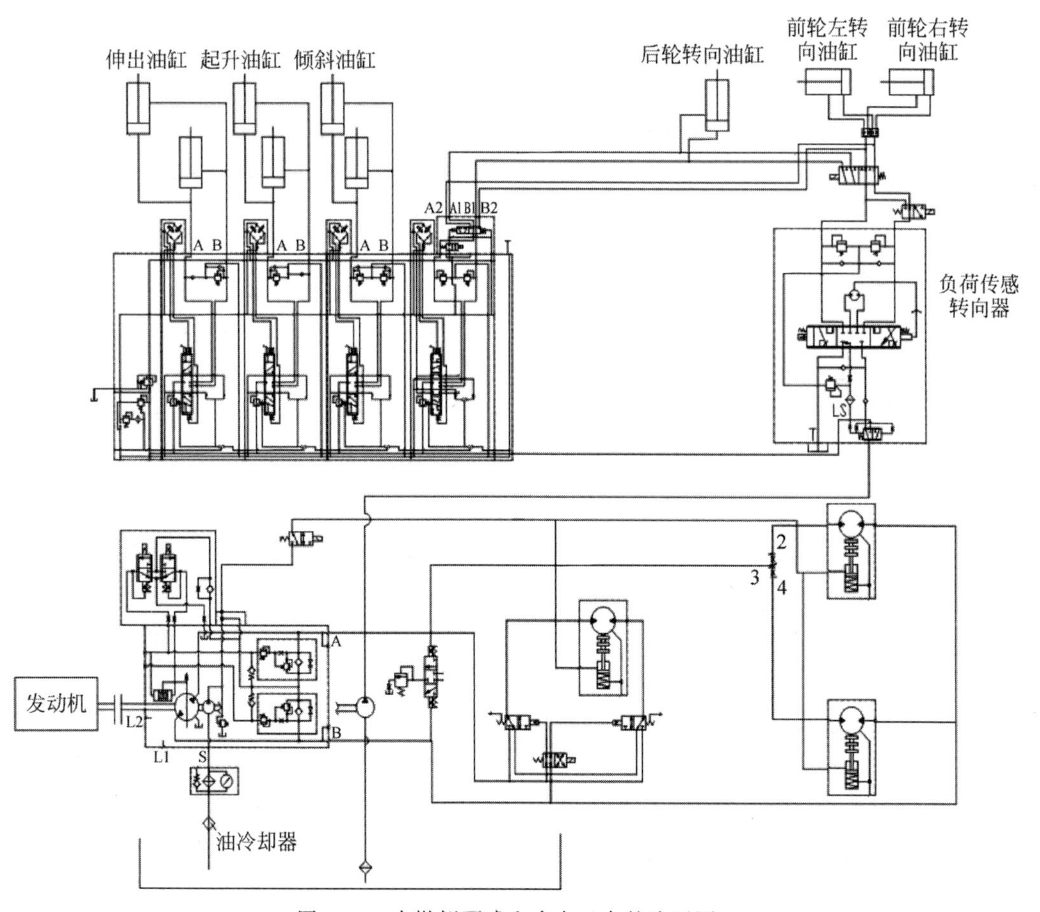

图 8-12 内燃侧面式和多向叉车的液压原理

6. 电气系统

电气系统为电动侧面式和多向叉车的核心，技术难度相对较大。目前国内电机控制器技术已经比较成熟，主要难点在转向控制上，转向控制程序编写时，要充分考虑轮距、轴距及电差速等功能，确保能够实现纯滚动的转向。

电气系统主要有以下电气元件。

(1) 液晶仪表：具有计时显示、蓄电池电量显示、故障代码指示等功能。钥匙开关旋到ON处，电气控制回路接通，仪表完成自检并开始显示信号。

(2) 加速器：位于驾驶台下方，用来控制车辆的启动、加速、减速和停车。当缓慢踩下加速器踏板时，车辆由停止开始行驶，加速器踏板踩下越低，车辆行驶的速度越快，当加速器踏板完全踩下时车子行驶于最大速度。

(3) 功能切换开关：用于控制叉车的纵向行驶和横向行驶。将功能切换开关转到横向时，叉车后轮和前轮自动转到横向行驶方位，叉车处于横向行驶状态；将功能切换开关转到纵向时，叉车的两个前轮和后轮将自动转到纵向行驶方位，叉车处于纵向行驶状态。合力0.4 t三支点电动侧面式和多向叉车的操作面板如图8-13所示。

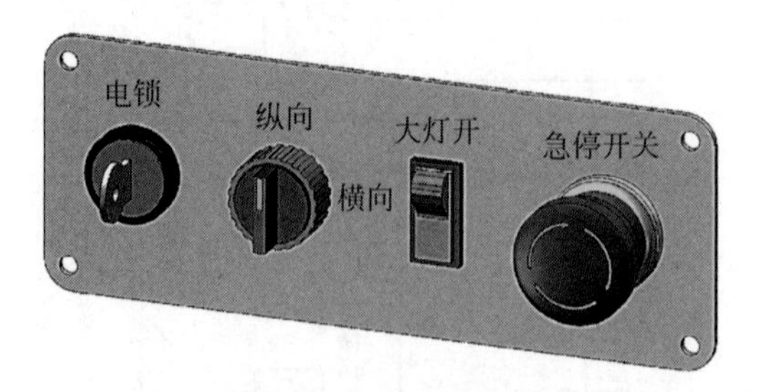

图8-13 电动侧面式和多向叉车的操作面板

(4) 行走控制器：接收前进、后退、座椅、手制动等开关信号，控制侧面式和多向叉车的行走电机，驱动车辆行驶，并控制叉车的电磁阀等各种辅助动作。

(5) 提升控制器：接收起升、倾斜、侧移、属具等开关信号，控制侧面式和多向叉车的起升电机，给叉车提供起升能量和转向能量。目前Curtis、Zapi、Inmotion等控制器在电动侧面式和多向叉车上使用较多，并且控制器经过串励控制、他励控制的发展历程，发展为交流控制器和永磁同步控制器，两者均采用速度闭环控制，控制更精准、更可靠。其中交流控制器较适合中低速大扭矩控制，永磁同步控制器较适合高速小扭矩控制。近年来国内电子电气行业发展较快，程序方面也基本赶上发达国家的水平，成本上也有很大的优势，后期国产控制器肯定会越来越多地应用到侧面式和多向叉车上。

(6) 电池：为整车供电。对于电动侧面式和多向叉车，目前铅酸电池和锂电池都有配套。侧面式和多向叉车结构往往非常紧凑，铅酸电池体积大，外形不容易改变。锂电池单体体积较小，能量密度大，可按车体要求做成各种形状，方便配套使用，后期在电动侧面式和多向叉车上锂电池为未来发展的方向。

8.3.2 工作原理

三支点侧面式和多向叉车工作时，有两种模式，当纵向行驶时，两个前轮方向锁定，由液压转向器直接驱动后轮的转向油缸实现转向。与传统三支点叉车转向相同，两个前轮方向固定，由后轮的偏转实现转向，后轮由油缸推动转向。

当切换至横向模式时，首先转向油路在比例阀的作用下，将后轮调节90°位置锁定。接着转向油路切换到前轮，两前轮在比例阀控制下切换至90°位置。横向行驶时，两个前轮分别在两转向油缸的推动下向相反方向偏转(两个轮子转向角关于整车纵向轴线方向对称)，实现转向。角度的大小由两轮上的角位移传感器反馈给控制器，并根据软件预先程序设定，控制两片比例阀的流量分配，实现横向行驶时的转向精确控制，如图8-14和图8-15所示。

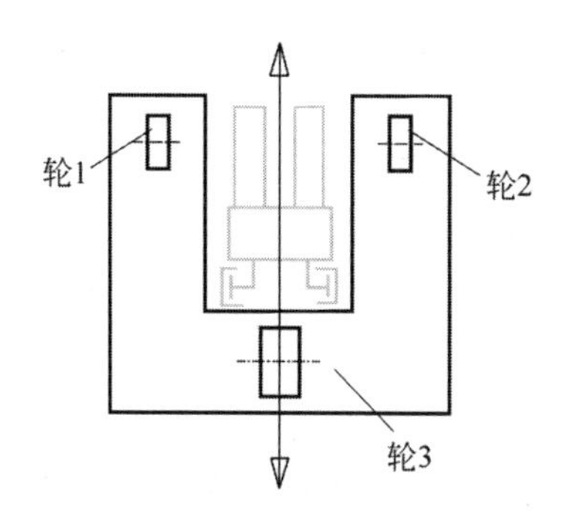

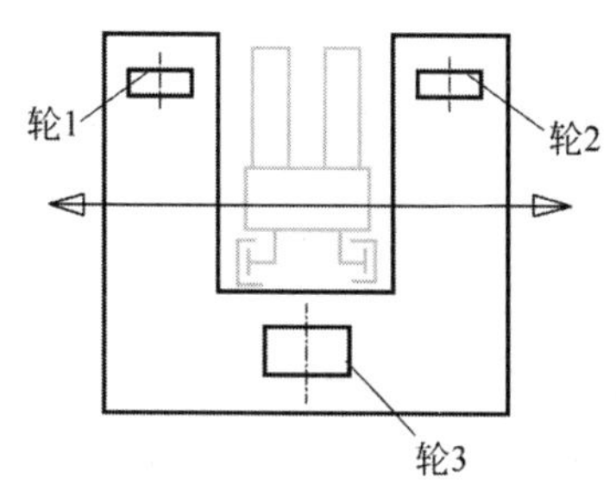

图 8-14　侧面式和多向叉车横向行驶和纵向行驶模式示意图

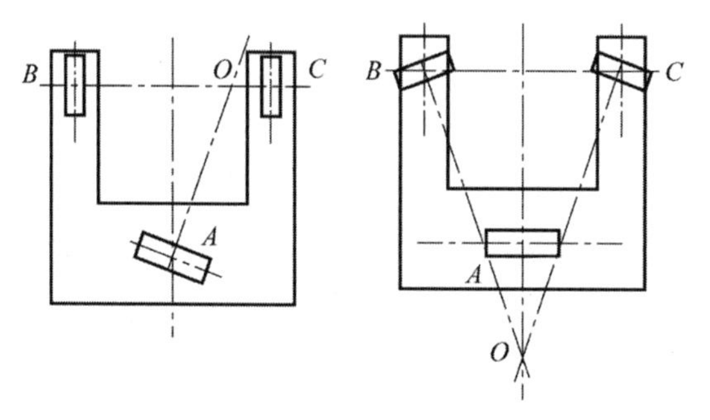

图 8-15　侧面式和多向叉车横向和纵向行驶时转向轮的位置

8.3.3　应用范围及使用环境

侧面式和多向叉车最大的优点来自其结构的独特性，可以从纵向行走变为横向行走，避免了在通道内的整车转向，从而使通道内堆垛货物所需的通道宽度大为减小，并且通道宽度受货物载重量的影响不大，通道宽度几乎不受货物长短的影响。对长形货物，在通道内转向所需的空间与货物长度成正比，因此使用侧面式和多向叉车后仓储利用率大大提高，长形货物的搬运不再受制于通道宽度和门的宽度。

侧面式和多向叉车伸出的叉腿可以在车辆运行时将货物支承在叉腿平台上，且货物中心位于前后轮构成的支承底面以内，整车的稳定性相对于传统的平衡重式叉车提高了，确保了货物的运输安全。

使用传统平衡重式叉车和侧面叉车在搬运长形物料时，转弯和进门都要受到限制，所需空间也特别大。而采用侧面式和多向叉车，在进门和 90°转向时，可通过改变车轮方向来实现，如图 8-16 所示。

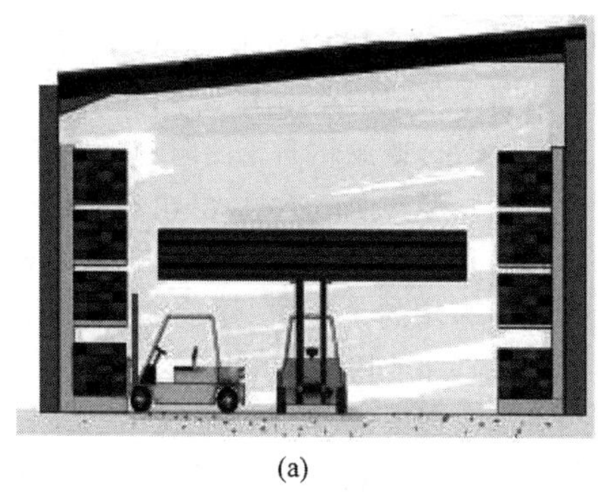

(a)

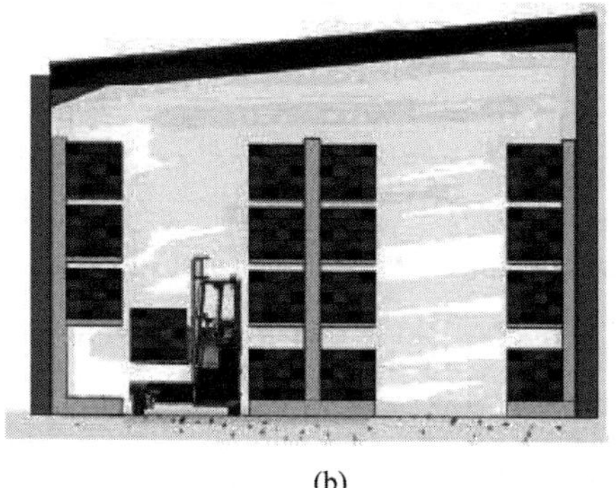

(b)

图 8-16　平衡重式叉车与侧面式和多向叉车搬运长物料示意图

(a) 采用平衡重式叉车；(b) 采用侧面式和多向叉车

8.4 主要产品的技术规格及选型

8.4.1 主要产品型号

产品型号的编制可根据以下推荐的标定方式及各公司的标准自行确定，但主参数应以叉车工作装置的额定起重量数值进行标定。

8.4.2 产品的主要结构参数和性能参数

(1) 主要结构参数：整车长宽高、轴距、最小离地间隙、挡货架宽度、货台高度、货台长度。

(2) 主要性能参数：起升高度、门架前移距离、门架倾角、起重量、载荷中心距、爬坡能力、最大运行速度、蓄电池电压、牵引电机功率、油泵电机功率。

表 8-1 所示为国内某型号的电动侧面式和多向叉车的主要参数。

表 8-1 国内某型号的电动侧面式和多向叉车的主要参数

指标类别	参数
型号	CSD15
最大起重量/kg	1 500
载荷中心/mm	500
轴距/mm	1 280
最大起升高度/mm	3 000
货叉尺寸(长×宽×高)/(mm×mm×mm)	1 070×100×35
货叉架倾斜角度/(°)	3/5
全长/mm	2 050
全宽/mm	1 450
护顶架高度/mm	2 200
门架前移距离/mm	580
最小离地间隙/mm	80
行驶速度(满载/空载)/(km/h)	7.5/8.5
行驶速度(侧向)/(km/h)	5
起升速度(满载/空载)/(mm/s)	200/300
爬坡能力/%	≤10
总重(无蓄电池)/kg	2 000
前轮(直径×轮宽)/(mm×mm)	ϕ267×114
驱动轮(直径×轮宽)/(mm×mm)	ϕ343×108
(蓄电池电压/V)/(容量/(A·h))	48/300
驱动电机额定功率/kW	5.5(AC)
起升电机额定功率/kW	6.5
货台高度/mm	400
货台宽度/mm	1 100
最小转弯半径/mm	1 680

8.4.3 产品选型

在选购侧面式和多向叉车时，首先考虑的是叉车的起重量，起重量应该能满足用户目前的工作需求，并兼顾今后可能发生的需求。目前国内市场的侧面式和多向叉车的吨位普遍不大，有 0.5～1 t、1.5～2 t、2.5～3 t，个别厂家有 4 t 以上的产品。门架起升高度为叉车的一项重要参数，目前叉车的起升高度通常为 2～7 m，用户要按货架的高度合理选择，在使用高门架时，按要求降载使用，以免叉车倾翻造成安全事故。

小吨位的侧面式和多向叉车，尽可能选择电动的车型，噪声、振动相对小，无尾气排放，操作人员劳动强度相对内燃叉车低。

8.5 安全使用规范、产品维护及常见故障与排除方法

侧面式和多向叉车的安全使用规范、产品维护保养及常见故障与排除方法基本上与传统的平衡重式叉车相同，具体详见第 5 章。

侧面式和多向叉车整车系统比较复杂，用户在使用过程中应谨慎驾驶。尽量避免在泥泞或者不平整的路面上工作，在不平整的路面上转向时会造成转向轮的阻力大小不一样，难免有的轮子转向阻力过大，出现转向不到位或者转向轮卡死等情况，致使车辆控制器无法正确处理车轮的位置信号，造成整车无法工作。电动叉车在使用时应定期检查线路及电池等，当电池出现鼓包、漏液等状况时应及时维修更换。若线路出现绝缘皮破损或线路连接处烧焦发黑等情况，应联系专业人员及时处理，防止出现短路起火或者电器件烧毁等故障。车辆出现故障时严禁继续使用，待故障排除后再使用，以免发生安全事故。

参考文献

[1] 陆植. 叉车设计[M]. 北京：机械工业出版社，1991.

[2] 王国栋. 近年我国轧制技术的发展、现状和前景[J]. 轧钢，2017，34(1)：1-7.

[3] 张丽，龚仁武，孙庆宁. 现代叉车发展趋势[J]. 起重运输机械，2001(8)：1-3.

[4] 张长建. 国内外大吨位叉车的现状和发展趋势[J]. 起重运输机械，1998(10)：3-8.

[5] 赵静静，孟好. 我国叉车门架专用型材使用现状[J]. 叉车技术，2014(3)：8-11.

[6] 韩继峰. 叉车全自由门架起升油缸直径的确定[J]. 叉车技术，2010(1)：16-17

[7] 刘鸿文. 材料力学[M]. 北京：高等教育出版社，1992.

[8] 赵新华，纪进立，王茂兵，等. 我国热轧叉车门架型钢的生产现状及发展方向[J]. 轧钢，2020，37(4)：71-73，95.

[9] 罗丽. 叉车工作装置仿真研究[D]. 淄博：山东理工大学，2015.

[10] 濮良贵，纪名刚. 机械设计[M]. 7版. 北京：高等教育出版社，2001.

[11] 吴年年. 2～2.5 t四级全自由门架的优化设计与研究[D]. 合肥：中国科学技术大学，2020.

[12] 杨雪松. 20～25 t叉车两节全自由门架的优化设计与研究[D]. 合肥：中国科学技术大学，2013.

[13] 蒋旭东，胡晓春. 叉车四节门架的设计[J]. 起重运输机械，2005(11)：12-14.

[14] 阎石，张涛. 叉车四级门架关键技术研究[J]. 装备维修技术，2019(2)：50.

[15] 秦玉彬. 内燃叉车液压系统优化研究[D]. 长沙：中南大学，2013.

[16] 中华人民共和国工业和信息化部. 500～10 000 kg乘驾式平衡重式叉车：JB/T 2391—2017[S]. 北京：机械工业出版社，2017.

[17] 派松叉车租赁. 货架配用叉车选型注意事项[J]. 叉车技术，2015(3)：29-30.

[18] 游攀. 如何选购合适的叉车[J]. 物流技术，2014(12)：106-112.

[19] 北京起重运输机械研究院、杭叉集团分有限公司等. 机动工业车辆　制动器性能和零件强度：GB/T 18849—2011[S]. 北京：中国标准出版社，2012

[20] 中华人民共和国工业和信息化部. 汽车行车制动器疲劳强度台架试验方法：QC/T 316—2017[S]. 北京：科学技术文献出版社，2017.

[21] 中华人民共和国工业和信息化部. 乘用车行车制动器性能要求及台架试验方法：QC/T 564—2018[S]. 北京：科学技术文献出版社，2019.

[22] 张育益，李国铎. 图解叉车构造与拆装维修[M]. 北京：化学工业出版社，2011.

[23] 陈家瑞. 汽车构造[M]. 北京：机械工业出版社，2011.

[24] 尹祖德. 叉车构造维修使用一本通[M]. 北京：机械工业出版社，2017.

[25] 王继新，李国忠，王国强. 工程机械驾驶室设计与安全技术[M]. 北京：化学工业出版社，2009.

[26] 中华人民共和国工业和信息化部. 工程机构司机室：JB/T 10902—2020[S]. 北京：机械工业出版社，2021.

[27] 中国建筑材料科学研究院. 机动车安全玻璃技术规范：GB 9656—2021[S]. 北京：中国标准出版社，2021.

[28] 安徽合力股份有限公司等. 工业车辆　安全要求和验证　第一部分：自行式工业车辆(除无人驾驶车辆、伸缩臂式叉车和载运车)：GB 10827.1—2014[S]. 北京：中国标准出版社，2014.

[29] 北京起重运输机械研究所等. 工业车辆　护顶架　技术要求和试验方法：GB/T 5143—2008[S]. 北京：中国标准出版社，2008.

[30] 李杰. 电动平衡重式叉车转向机构设计研究[D]. 南宁：广西大学，2013.

[31] 范慧楚. 基于UG NX的叉车门架参数化CAD/CAE一体化系统的研究与开发[D]. 杭

州：浙江大学，2020.
[32] 吉祥. 电动叉车动力锂电池管理系统设计与研究[D]. 长沙：湖南大学，2019.
[33] 高永强. 平衡重式叉车轻量化设计和经济性验证[D]. 大连：大连理工大学，2015.
[34] 王桂生. 中国叉车必将全面走向世界前列[J]. 中国储运，2017(11)：76.
[35] 戚海勇. 某型号内燃叉车车架振动分析及优化[D]. 杭州：浙江大学，2017.
[36] 赵皎云，王玉. 电动叉车市场需求与技术发展[J]. 物流技术与应用，2015，20(9)：94-97.
[37] 张莉. 国内外叉车技术发展趋势[J]. 工程机械与维修，2008(6)：88-90.
[38] 秦玉彬. 内燃叉车液压系统的优化研究[D]. 长沙：中南大学，2013.
[39] 刘宗其. 重型叉车自动换挡关键技术研究[D]. 合肥：合肥工业大学，2013.
[40] 车君华. 机械产品设计过程知识获取与处理技术及其在叉车行业应用研究[D]. 杭州：浙江大学，2007.
[41] 梁庆宇. 内燃平衡重叉车选型指导[J]. 工程机械与维修，2020(4)：68-69.
[42] 肖涛. 叉车动力传动系统匹配及仿真平台开发[D]. 长春：吉林大学，2016.
[43] 西南交通大学机械系起重运输机械教研室编著. 叉车[M]. 北京：人民铁道出版社，1979.
[44] 雷天觉. 液压工程手册[M]. 北京：机械工业出版社，1990.
[45] 左健民. 液压与气压传动[M]. 北京：机械工业出版社，2000.
[46] 张治宇. 叉车使用的一种多路换向阀[J]. 液压与气动，2001(1)：31-34.
[47] 池建伟，余如贵. 行走机械的全液压制动系统[J]. 工程机械，2000(7)：30-31.

第2篇

仓储车辆
(Ⅱ类、Ⅲ类、Ⅷ类)

仓储车辆主要是为仓库内货物搬运、堆垛而设计的叉车。仓储车辆的种类较多,包含电动乘驾式仓储车(Ⅱ类)、电动步行式仓储车(Ⅲ类)以及人力驱动的手动和半电动仓储车(Ⅷ类)。按照功能分,仓储车辆分为托盘搬运车、托盘堆垛车、前移式叉车。

第9章

电动仓储车辆

9.1 概述

9.1.1 定义和功用

仓储车辆主要是为仓库内货物搬运而设计的叉车。除了由人力驱动的手动液压搬运车、手动液压堆高车外，还有半电动以及全电动堆垛车、全电动前移式叉车、拣选车等，其车体紧凑、移动灵活、自重轻和环保性能好，因而在仓储业得到普遍应用。

9.1.2 发展历程及现状

进入21世纪后，随着国内物流和搬运行业的发展，国内仓储行业以合力、中力、诺力、杭叉为主的国产品牌纷纷抢占市场。2016年全年国内仓储车辆（Ⅱ类和Ⅲ类）101 540台；2017年同比增长48.42%，达到150 705台；2018年仓储车辆218 042台，同比增长44.68%；2019年同比增长7.86%，达到235 175台；2020年仓储车辆351 162台。从这几年的数据可以看出，国内仓储市场远远没有达到饱和，近些年还在稳步递增。

仓储物料搬运起升设备制造业在世界上已有近80年的历史，英国BT公司等一批世界列强已经掌握了比较成熟的核心技术和市场品牌。中国的仓储物流搬运设备制造是20世纪80年代末开始全面涉足的，进入21世纪后，该产业开始进行产业结构调整，欧洲、美、日、德等发达国家和地区占据了高端电动仓储车辆产品的统治地位，而包括中国在内的其他国家则在中低端市场上竞争激烈。

国内生产电动仓储车辆的历史可追溯到1953年，当年沈阳电工机械厂按照苏联产品仿制成功了我国第一台2 t蓄电池搬运车。至1982年6月，行业内主要生产电动仓储车辆的8家生产厂和沈阳电工专用设备研究所联合成立了中国佳能蓄电池车公司（以下简称中佳公司）。中佳公司所属的8家生产厂是我国电动叉车生产的骨干企业，分别是沈阳电工机械厂、抚顺叉车总厂、开封电瓶车厂、东方电工机械厂、长城电工机械厂、衡阳电瓶车厂、吉林电瓶车厂和上海起重电器厂。1988年，中佳公司下属的8个企业生产蓄电池叉车917台，占叉车行业的3.75%。这些电动叉车生产企业生产技术的发展为中国仓储车辆的发展奠定了基础。

20世纪90年代，电动叉车因蓄电池及电控质量不过关，始终没能形成规模。1998年，工业车辆行业实现销售收入26.95亿元，其中电动叉车行业1.69亿元，占行业销售收入的

6.3%。由于出口需求的拉动，手动托盘搬运车发展很快，同是1998年，手动托盘搬运车的销售收入为8.68亿元，占行业销售收入的32.2%。除原有的湖北京山机械厂、湖北京山液压机械有限公司批量生产外，20世纪90年代发展起来的还有宁波力达物流设备有限公司、宁波如意机械有限公司、上海倍力机械制造有限公司等企业。

进入21世纪后，仓储车辆蓬勃发展起来。电动叉车主要生产企业有12家，轻小型搬运车辆主要生产企业有13家。其中，宁波力达物流设备有限公司、浙江诺力机械有限公司、宁波如意机械有限公司、浙江中力机械有限公司等企业也已成为生产轻小型搬运车辆的国际著名企业。

2000年，我国电动叉车销量占机动工业车辆总销量的19.13%，到2014年，这一比例上升到30.65%，上升了约11.5个百分点。2014年，电动叉车销量(含出口)是2000年的25.78倍。近年来，仓储车辆销售增长比较快。2000年，仓储车辆销量为1 102台，占机动工业车辆总销售量的4.93%，2007年，仓储车辆销量占比首次超过10%，此后的几年一直呈上升趋势，而到2014年，仓储车辆的销量上升到68 217台，是2000年的61.9倍，占比达18.97%，比2000年上升了14.04个百分点。

2020年，中国电动步行式仓储车辆的销售量是322 932台，与2019年的225 852台相比，增长了42.98%。其中，国内销售量是213 616台，与2019年的142 719台相比，增长了49.68%；出口销售量是109 316台，与2019年的83 133台相比，增长了31.50%。国内销售量增长大于出口销售量增长。

从中国工程机械工业协会工业车辆分会公布的2020年的全年销售数据来看，在2020年度，中国叉车的全年总销售量高达800 239台，国内销售量突破60万台大关，继续成为全球排名第一的叉车超级生产大国和销售大国。电动叉车的总销售量在台量上已经超出了内燃叉车的销售量，仓储车辆依然保持高速度增长，锂电池叉车的销售量也大幅增加，租赁市场在租车辆也增长明显，佛朗斯租赁车队规模达到了3万台，无人叉车的推广更是呈现加速发展的势头。

国内外政治经济形势的变化，一定会带来市场需求的变化，也必然促使行业整体随之而改变。中国叉车行业从2020年开始就已经进入了“战国时代”，剧烈的行业洗牌将一直持续下去，大者恒大、强者恒强的格局在短期内不会轻易改变。企业的综合竞争力优势显得越来越重要，单一优势已经不能支承，需要整个产业链的提升与配合。

目前，国内叉车龙头企业的生产规模仅为国际龙头企业生产规模的10%左右，提升空间巨大。根据2020年美国《现代物料搬运》杂志发布的数据，日本丰田叉车在2019年共销售28.2万台，占到全球销量总比重的18.9%，实现收入133.6亿美元，稳居世界第一。国内方面，合力、杭叉2019年分别销售叉车15.2万台、13.9万台，位居全球第3位、第4位。中国叉车单价较低，后市场尚未充分开发，加上国内叉车市场需求持续旺盛，国内叉车企业规模提升空间巨大。

未来，随着国内市场持续稳定的投资拉动、供给侧结构性调整、环保政策的推动以及室内作业环境要求的驱动作用，电动托盘堆垛车的市场需求也将持续增长。

9.1.3 发展趋势

“十四五”期间国家大力发展清洁能源产品，不断提升叉车排放要求，电动叉车作为最佳解决方案，将会得到大力推广。目前在欧洲等发达国家，电动叉车的占比已经超过80%；而在国内，电动叉车的占比还不到50%。因此国内电动叉车市场还有很大的提升空间。

经过近几年的快速发展，国产电动托盘堆

垛车在质量和性能上已接近或达到国际先进水平。目前,我国已成为全球排名第一的电动仓储车辆生产大国和销售大国,已能生产额定提升重量0.5～3 t、最大提升高度可达5 m的多种规格系列的电动托盘堆垛车。

电动托盘堆垛车的发展趋势是轻量化、模块化、新能源化、智能化,以及增强安全性。

(1) 电动托盘堆垛车属于完全竞争性领域,市场竞争激烈,各生产企业为了降低成本,在满足性能要求的前提下,都在努力优化结构设计,机架大量采用框架设计,使得整机重量大大降低,在整机轻量化的方向上取得了巨大的成功。比如宁波力达、浙江诺力、宁波如意、浙江中力等公司开发的轻小型电动托盘堆垛车,占领了绝大部分的中低端市场,并出口到欧美等发达国家,为用户创造了非常大的经济价值。

(2) 电动托盘堆垛车为了满足用户客观存在的细微差别需求,同一系列的产品会产生多种规格型号。比如宁波力达物流设备有限公司生产的CDD12-070E轻小型电动托盘堆垛车,根据不同叉宽、叉长、提升高度等就多达100多个规格。这就要求设计上必须进行模块化设计,并力求通用化、标准化,在充分满足市场需求的情况下,尽量降低制造成本,从而为企业赢得市场竞争机会。

(3) 目前国内生产的电动托盘堆垛车使用的电源还是以铅酸蓄电池为主,由于处理废旧的铅酸蓄电池对环境影响较大,并且充电时间长,因此近年来锂电池逐步得到了广泛的应用,甚至氢燃料电池和超级电源也提上了研发进程。宁波力达、浙江诺力、宁波如意和浙江中力等企业都已经有多款以锂电池为能源的车型上市。

(4) 电动托盘堆垛车智能化趋势日渐明显。随着互联网、人工智能等技术的不断发展,物流智能化成为必然趋势。我国自动化物流装备市场近年来快速增长,如自动化装卸系统、自动化立体仓库、智能化工厂等不断增加,这将导致人工驾驶的电动托盘堆垛车的使用量下降。在物流效率提升、替代人工等需求的促进下,电动托盘堆垛车也会朝无人驾驶的方向发展。目前,合力、杭叉、诺力等叉车生产企业已经成功研发出无人驾驶的电动托盘堆垛车,该堆垛车具有低成本、高效率、安全作业的基本特征,并在多个行业得到了应用,这必将改变未来电动托盘堆垛车行业的整体格局。

(5) 增强电动托盘堆垛车操作的安全性。随着电动托盘堆垛车在各个领域中的广泛使用,托盘堆垛车的安全问题显得越来越重要,保证操作员的安全是设计人员需要考虑的重要问题。安全性包括操作员人身安全和托盘堆垛车安全保护。托盘堆垛车在设计中已为操作员提供了最大的安全系数,并将托盘堆垛车的损害风险降至最小。电控技术的发展与运用,使托盘堆垛车安全性研究向智能化方向发展。如紧急反向、感知系统、踏板护栏互锁限速、起升高度限速等技术的运用,进一步保证了托盘堆垛车的安全性。另外,多速度模式功能的设计运用也在一定程度上提高了安全性,如在空间狭窄的情况下,可采用龟速模式,以提高操作精度,增强安全性。

1. 自动化、智能化程度将不断提高

自动化程度是衡量现代工程机械工作性能的重要指标之一。高度的自动化、智能化不仅能够有效地替代部分人工劳动,而且能够提高操作过程中的准确性、连贯性,在提高作业效率的同时,最大限度地避免误操作对作业及货架的损坏。

为进一步提升产品的系统性和集成性,乘驾式托盘搬运车在CANBus通信的基础上逐步搭载智能集成手柄、区域安装全控制、智能转弯起升限速等功能,并逐渐成为车辆标配。

随着物联网以及导航技术的不断发展,半自动、自动驾驶技术也逐渐开始应用,如基于WMS仓储导航路线优化系统、AGV系统、车联网系统等。

2. **零部件集成化是发展的必然趋势**

零部件集成化不仅能减少车辆上安装部件的数量，提高系统的可靠性，而且在一定程度上也能降低生产成本。

3. **绿色节能化**

国外叉车的主流发展方向是从直流技术向交流技术转变，国内除了由直流技术向交流技术转变之外，还有一个发展趋势是由直流技术向永磁技术方向发展。就目前而言，交流技术相对比较成熟，在车辆控制、噪声控制等方面比永磁技术有一定优势，而永磁技术在系统成本、系统效率、系统复杂性等方面具有一定优势。

在驱动能源方面，锂电、氢燃料新能源电池等正在逐步替代现有的铅酸电池。

随着人力成本的不断提升，物料搬运行业也面临着人员流失的巨大压力，用户对于车辆舒适性的要求不断提升，传统机械转向逐渐被EPS电子动力转向所替代。

4. **更多、更先进车载技术的应用**

随着技术的不断发展，电动仓储车辆将搭载更多、更先进的车载技术，会有更多的计算机程序来提供智能控制，并且通过配置多种先进科技，提高叉车的性能和作业效率。

在2013年举办的汉诺威工业博览会上，德国政府正式提出了工业4.0的概念，实现智能化工厂和智能制造，由数字化向智能化迈进，引领新一轮工业革命。2015年3月5日，李克强总理在全国两会上作《政府工作报告》时首次提出《中国制造2025》的宏大计划，推动中国制造向中国智造转型。

近年来，随着世界工业活动的显著增加，全球气候逐年恶化，给人类生存和可持续发展带来了严重威胁。世界主要大国正积极协作，探讨工业和可持续发展，以及环境与可持续发展的关系，中国提出了到2030年实现碳达峰，并在2060年实现碳中和的发展目标。因此，采用绿色能源是今后工业车辆发展的主流方向。

另外，随着中国人口老龄化的提前到来，社会人力资源逐渐萎缩，导致企业用工成本急剧攀升。然而中国社会、经济飞速发展，仓储物流搬运需求呈现指数级增长。极大的物流需求与高昂的用工成本这一新的矛盾，将促进电动仓储车辆朝着无人化、智能化方向发展。

9.2 分类

按照《工业车辆　术语和分类》(GB/T 6104.1—2018)，仓储车辆按照作业方式、驾驶方式、电源种类分类如下。

9.2.1 按作业方式分类

按照作业方式，仓储车辆主要分为：电动托盘搬运车、电动托盘堆垛车、前移式叉车、电动拣选叉车、电动牵引车、低位驾驶三向堆垛叉车、高位驾驶三向堆垛叉车等。

1. **电动托盘搬运车**

承载能力为1.0～3.0 t，作业通道宽度一般为2.3～2.8 m，货叉提升高度一般在210 mm左右，主要用于仓库内的水平搬运及货物装卸。有步行式、站驾式和座驾式3种操作方式，可根据效率要求选择。

2. **电动托盘堆垛车**

电动托盘堆垛车分为全电动托盘堆垛车和半电动托盘堆垛车两种类型。顾名思义，前者行驶、升降都为电动控制，比较省力；而后者是需要人工手动拉或者推着叉车行走，升降则是电动的。承载能力为1.0～2 t，作业通道宽度一般为2.3～2.8 m，在结构上比电动托盘搬运叉车多了门架，货叉提升高度一般在4.8 m内，主要用于仓库内的货物堆垛及装卸。有步行式、站驾式和座驾式3种操作方式，可根据效率要求选择。

3. **前移式叉车**

承载能力为1.0～2.5 t，门架可以整体前移或缩回，缩回时作业通道宽度一般为2.7～3.2 m，提升高度最高可达11 m左右，常用于仓库内中等高度的堆垛、取货作业。

4. 电动拣选叉车

在某些工况下（如超市的配送中心），不需要整托盘出货，而是按照订单拣选多种品种的货物组成一个托盘，此环节称为拣选。按照拣选货物的高度，电动拣选叉车可分为低位拣选叉车（2.5 m内）和中高位拣选叉车（最高可达10 m）。承载能力分别为2.0～2.5 t（低位）和1.0～1.2 t（中高位，带驾驶室提升）。

5. 电动牵引车

牵引车采用电机驱动，利用其牵引能力（3～25 t），后面拉动装载货物的平板车，常用于车间和车间之间大批货物的运输，如火车站、飞机场或者汽车制造业仓库向装配线的运输等。

6. 三向堆垛叉车（窄通道叉车）

通常配备一个三向堆垛头，叉车不需要转向，货叉旋转就可以实现两侧的货物堆垛和取货，分低位驾驶和高位驾驶两种车型。

（1）低位驾驶三向堆垛叉车：通道宽度为1.5～2.0 m，提升高度可达12 m，承载能力一般在1 t左右。叉车的驾驶室始终在地面，不能提升，考虑到操作视野的限制，主要用于提升高度低于6 m的工况。

（2）高位驾驶三向堆垛叉车：与低位驾驶三向堆垛叉车类似，也配有一个三向堆垛头，通道宽度为1.5～2.0 m，提升高度可达14.5 m。其驾驶室可以提升，驾驶员可以清楚地观察到任何高度的货物，也可以进行拣选作业。高位驾驶三向堆垛叉车的效率和各种性能都优于低位驾驶三向堆垛叉车，因此该车型已经逐步替代低位驾驶三向堆垛叉车。

7. 侧面叉车（窄通道叉车）

承载能力一般在2.5 t，最大起升高度6 m，有利于搬运条形、长尺寸货物，如长形管材、木料、铝型材等。操作时因长尺寸货物与车体平行，在出入仓库作业的过程中，车体进入通道，货叉面向货架，在进行装卸作业时不必先转弯后作业，故不受通道宽度的限制，因此适用于窄通道作业。

8. 四向电车叉车（窄通道叉车）

四向电动叉车集前移式叉车、侧面叉车、平衡重式叉车的功能于一体。在构造上，它和前移式叉车基本相同，门架位于前后车轮之间，在叉车前方有呈臂状伸出的两条插腿，插腿前端装有支承轮，货叉可随门架在叉车纵向前后移动。叉货卸货时货叉伸出，叉卸货物后货叉退回到接近车体的中间位置，因此叉车行驶的稳定性大大提高。

前轮换向时，四向电动叉车不需调转车身即可改变行驶方向，一般为长物料专用，解决了货物超长、通道偏小的仓储要求，增加了仓储面积，常用于长形钢材、木材、铝型材等的搬运及堆垛。最大承载量2.5 t，最大起升高度一般在6 m。

与前移式叉车不同之处在于，四向电动叉车叉腿前端的两个承重轮可以通过转向机构回转90°。当后轮转过90°时，整个叉车可以从前后行驶的状态就地变为左右行驶，相当于侧面叉车，因此适合更窄通道的长形物料搬运。最小通道宽度通常可以在2 m以内。但因其结构复杂，成本较高。

9. 万向电动叉车

万向电动叉车可以万向行驶，除了具备平衡重式叉车的主要特点外，它的3个轮子可以任何角度一致朝一个方向行驶，因此该车型转向灵活，在叉取货物后，可根据场地限制原地转向，向任意方向移动叉车。该车型解决了长形物料在狭窄空间的转向问题，极大地节约了空间，可以实现在火车和汽车车厢内斜向码垛与拆卸。

9.2.2 按驾驶方式分类

按照驾驶方式，仓储车辆可以分为站驾

式、座驾式和站坐结合式。低起升固定站板或座驾式托盘搬运车采用站立驾驶方式，在车辆前端或者侧面有供驾驶员站立的固定站板。该类车型多采用手柄式转向，驾驶员可采用平行或者垂直于车辆行驶方向的方式驾驶，站板周边可设有具有保护功能的围板或者扶手，通常采用开放的上下车空间，驾驶员可快速上下车。根据站立平台的结构不同，这类车型还可分为站板式和围框式，其中，围框式有侧入式和后入式。

座驾式低起升固定站板或座驾式托盘搬运车采用坐立驾驶的方式，具有驾驶座椅，常搭配转向盘转向，驾驶人员采用和车型行驶方向垂直的方向坐立，此类车型运行速度相对更快，同时舒适性更高，适合长距离、大负荷物料搬运场景。

9.2.3 按电源种类分类

按照电源种类，电动仓储车辆可分为铅酸电池动力车型、锂电池动力车型以及燃料电池动力车型，该分类方式主要是为了区分车型动力源不同，对于车型其他部件的构成不会产生影响。

市场上销售的电动仓储车辆的电源主要有两类：一类是铅酸蓄电池，另一类是锂电池。锂电池基本上都采用安全性相对较高的磷酸铁锂电池。

铅酸蓄电池的优点是安全性高、环境适应性强、经济实用。铅酸蓄电池的缺点也很明显，主要体现在体积大、质量重、能量密度低、充电速度慢，在使用后容易造成环境污染，铅酸蓄电池使用中需要定期维护。

锂电池相对于铅酸蓄电池，能量密度是铅酸蓄电池的3～5倍，使用寿命是铅酸蓄电池的6倍，可以采用大电流充电，且能够随时充电，随用随充。锂电池的缺点是制造成本较高，使用不当时会引起爆炸或起火，温度过高或过低时都会给使用带来影响。不过随着技术的不断进步，锂电池的成本已经大幅降低，电源管理系统的加入也给锂电池增加了一层安全保护。随着全球环保意识的不断提升，锂电池大有取代铅酸蓄电池之势。

燃料电池是一种能量转换装置，它是按电化学原理，即原电池工作原理，等温地把储存在燃料和氧化剂中的化学能直接转换为电能，因而实际过程是氧化还原反应，其主要是用于替代传统的内燃发动机。由于没有复杂的机械运动部件，其噪声特别低，发电效率特别高，化学反应的排放物主要是水和二氧化碳，因此环境污染较小，但是燃料站建设需要较大的投入，其发展推广容易受到基础建设问题的影响。

9.3 典型的电动仓储车辆

9.3.1 低起升固定站板或座驾式托盘搬运车

1. 概述

低起升固定站板或座驾式托盘搬运车是电动乘驾式仓储系列产品的重要组成部分，又称为乘驾式托盘搬运车。由于其采用电力驱动，相比于步行式托盘搬运车，更加舒适、运行速度更快，因此主要用于中长距离、工况较为繁重、运行效率要求较高的非堆垛平面物料搬运，特别适用于仓储物流转运、工厂工序间物料转运、超市配货、电商配送以及其他平面物料搬运场合，可有效替代传统人力搬运以及传统内燃式叉车等燃油叉车物料搬运。

该类车型依靠前部伸出的可起升一定高度的支腿对托盘进行举升承载，利用电力驱动将托盘及物料在水平范围内进行搬运。根据驾驶人员驾驶方式的不同，可以分为站驾式和座驾式，站驾式的车架结构一般为配备周边防护围板的固定站板，座驾式一般配备和车辆行驶方向垂直的座椅。

2. 分类(见表 9-1)

表 9-1　分类

形式	图　　示	特　　点
站驾式		多采用手柄式转向； 驾驶平台较低； 出入车辆比较方便； 适用于中长距离物料搬运
座驾式		多采用转向盘式转向； 座驾操作； 舒适性较好； 运行速度快； 适用于长距离大强度场合物料搬运

3. 典型产品结构与工作原理

1) 典型低起升固定站板或座驾式托盘搬运车总体结构和组成

低起升固定站板或座驾式托盘搬运车主要由货叉、机架、起升泵站、驱动单元、连杆机构及负载轮、辅助轮、转向系统、蓄电池、覆盖件等结构组成(见图 9-1)。

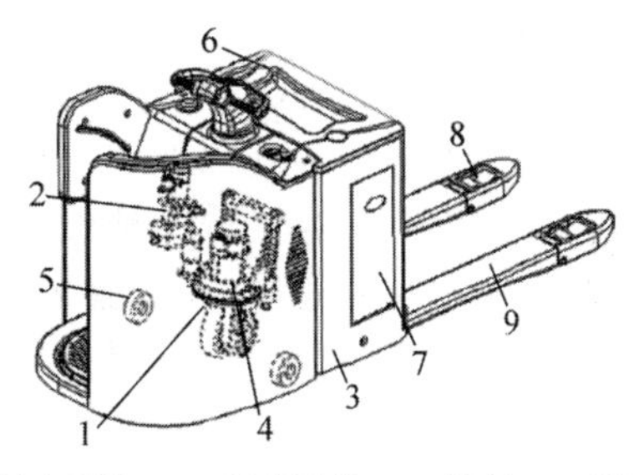

1—转向系统；2—起升泵站；3—机架；4—驱动单元；5—辅助轮；6—覆盖件；7—蓄电池；8—连杆机构及负载轮；9—货叉。

图 9-1　低起升固定站板或座驾式托盘搬运车结构组成

2) 低起升固定站板或座驾式托盘搬运车的主要零部件

(1) 机架

机架主要由板件以及折弯件焊接而成，是驱动单元、起升泵站、驾驶舱、转向操作系统、辅助轮以及车体外观覆盖件的安装基体，是整机重要的承载部件。根据乘驾方式的不同，机架部分有两种不同结构形式：一种是固定站板式机架结构，另一种是驾驶舱式机架结构，如图 9-2、图 9-3 所示。

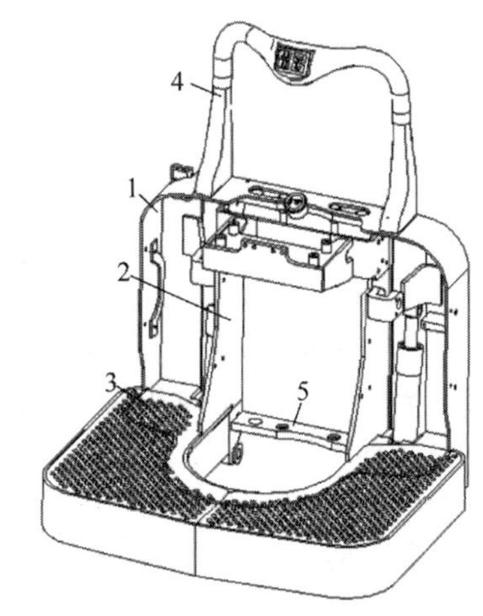

1—外框；2—加强板；3—固定站板；4—扶手及操作支架；5—驱动单元安装板。

图 9-2　固定站板式机架结构

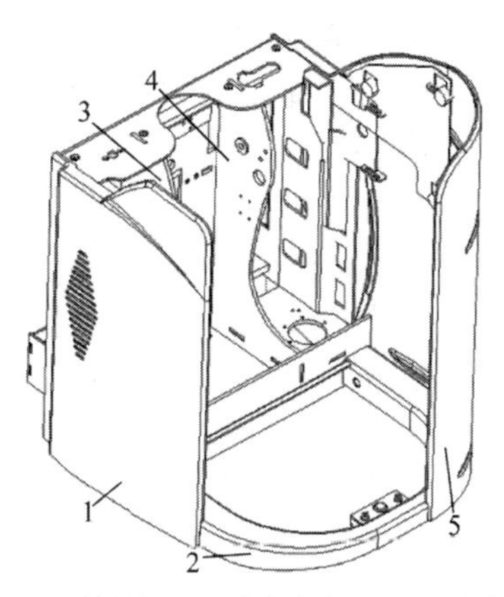

1—左侧围板；2—底部框架；3—驱动单元安装板；4—加强板；5—右侧围板。

图 9-3　驾驶舱式机架结构(站驾式驾驶舱)

(2) 货叉

无论站驾式和座驾式车型其前部货叉结构基本相同,主要包含插腿以及起升框架,是托盘车起升承载部件,通过起升油缸、上部连杆、起升托臂和机架相连接,构成整体结构框架。货叉通过油缸和连杆及负载轮机构共同作用来实现水平起升。其结构如图9-4所示。

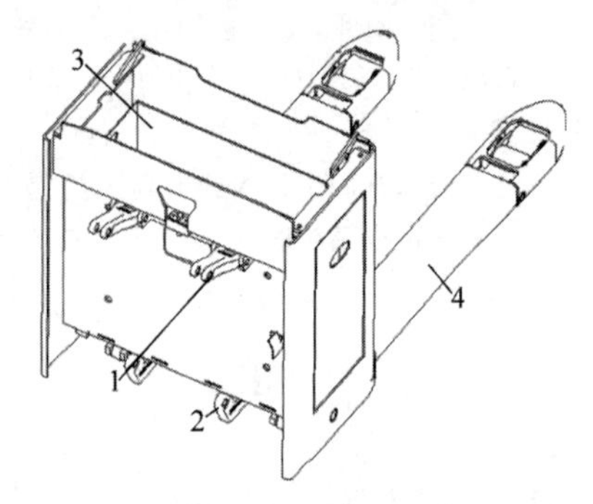

1—上连接杆;2—起升托臂;3—电池仓;4—货叉。

图9-4 货叉

(3) 连杆机构及负载轮

低起升固定站板或座驾式托盘车的连杆机构根据连杆机构和负载轮起升方式的不同,可以分为推连杆和拉连杆两种结构。推连杆结构在货叉起升的时候连杆受到压力作用,负载轮轮架在连杆推力的作用下发生旋转并带动货叉起升,其结构如图9-5所示。推连杆结构轮架安装点较低,连杆所受到的作用力相对较小,但由于连杆受到压力作用,容易发生弯曲变形。拉连杆结构在货叉起升的时候连杆受到拉力的作用,负载轮轮架在连杆拉力的作用下发生旋转并带动货叉起升,其结构如图9-6所示。拉连杆结构轮架安装点较高,拉连杆在货叉起升时受到的作用力相比推连杆大,但由于连杆受到拉力作用,不易产生变形,多用于吨位较大的托盘车。

负载轮是托盘车重要的承载部件,通过轮架和货叉以及连杆机构相连接。根据工况和货叉形式的不同,负载轮有单轮结构的和多轮结构的。单轮结构负载轮一个轮架中只有一个轮子,此结构对于货叉空间占用少,货叉结构可以更薄,能够实现低放,但是承载能力差。

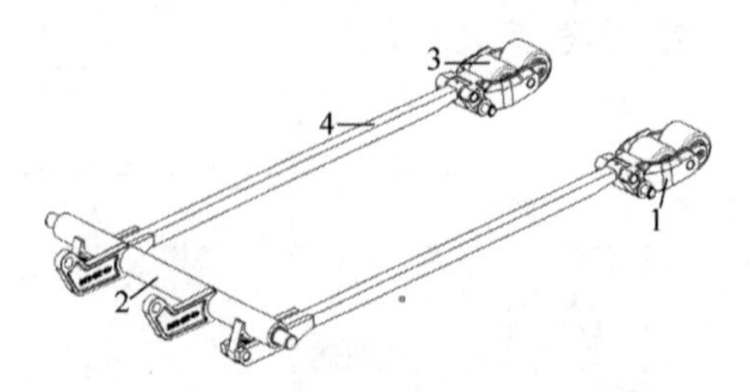

1—轮架;2—托臂;3—负载轮;4—连杆。

图9-5 连杆机构(推连杆)

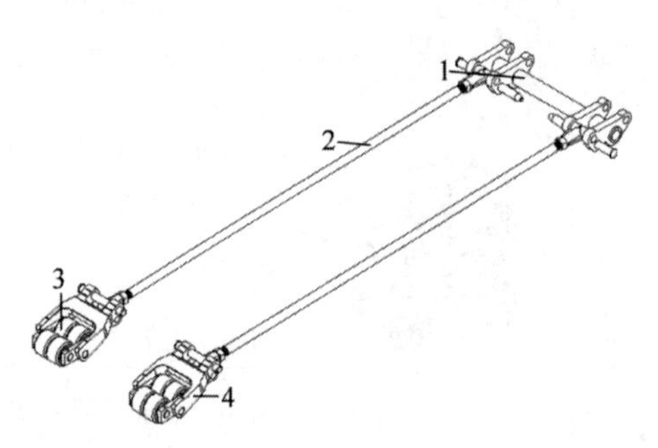

1—托臂;2—连杆;3—负载轮;4—轮架。

图9-6 连杆机构(拉连杆)

多轮结构负载轮一个轮架中安装有两个以上的负载轮,此结构对于货叉空间占用大,但是承载能力较好。

(4) 辅助轮

座驾式托盘搬运车驱动单元的安装位置可分为居中安装和偏置安装。采用居中安装时,辅助轮为两组,分别位于驱动单元两侧,如图9-7所示;当采用驱动单元偏置安装时,辅助轮为一组,位于驱动单元对称的车体另一侧,如图9-8所示。辅助轮的主要作用是提升

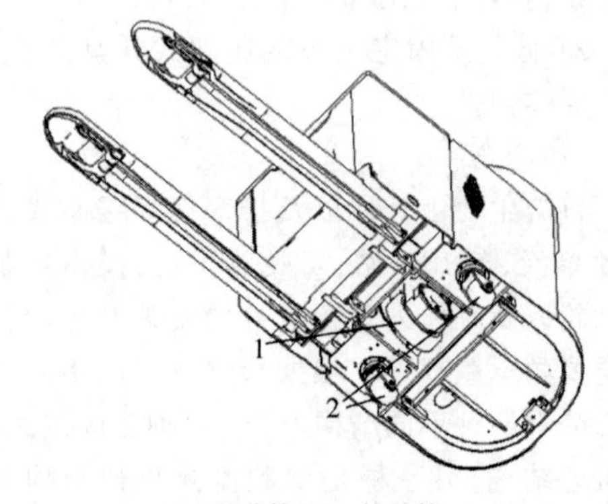

1—驱动轮;2—辅助轮。

图9-7 辅助轮(两侧安装)

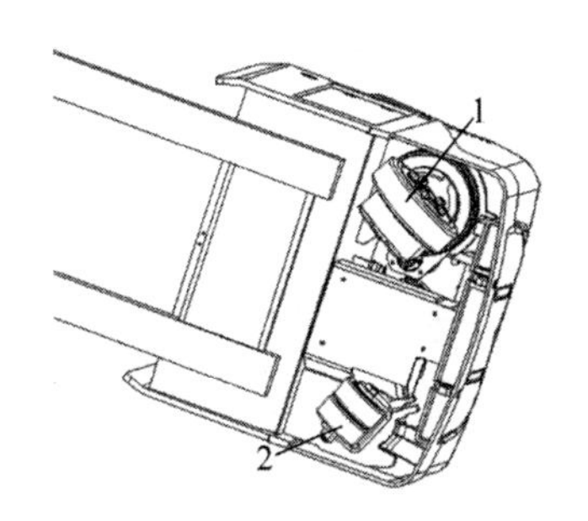

1—驱动轮；2—辅助轮。

图 9-8　辅助轮(单侧安装)

车身稳定性，分担驱动轮负载的作用。辅助轮一般采用万向轮结构，主要由轮架、安装座、轮子以及轴承等组成。

(5) 电气控制系统

电气控制系统主要由驱动控制、转向控制、升降控制以及紧急反向、互锁、起升限位等安全控制组成。

将电能通过电机转换为机械能和液压能，供车辆行走和起升，并通过控制器和接触器等电气元件。根据外部操作信号的输入对车辆加以控制，实现车辆的前进、后退、起升、下降、转向以及安全防护等功能。

电气控制系统工作原理见图 9-9。

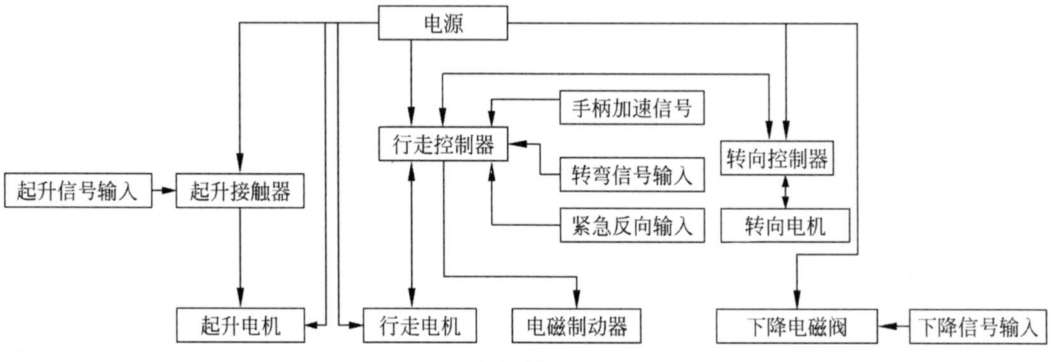

图 9-9　电气控制系统工作原理

(6) 立式驱动＋电转向单元

低起升固定站板或座驾式托盘搬运车使用环境良好，运行平稳，一般采用高度集成的立式驱动＋电转向作为动力单元，其结构紧凑，空间占用少，可控性高，性能可靠，维护简单。

驱动转向单元的结构如图 9-10 所示，它集成了行驶与转向两个系统，在一个轮支架内安装有驱动电机、电磁制动器、减速箱、轮胎、转向电机、回转支承轴承以及转向大齿圈、位置传感器等。

驱动电机和转向电机均装有旋转编码器及高精度位置检测电位计，单元可在－90°～90°的范围内转动，控制驱动电机的驱动走向，配合驱动单元的正反转，可使车轮沿任意方向运动。

如图 9-11 所示，该车驱动单元所采用的交流或永磁驱动电机均有速度、温度等属具输出端口，并可通过 CAN 总线与控制器进行双向数据交换，便于实现自动控制。

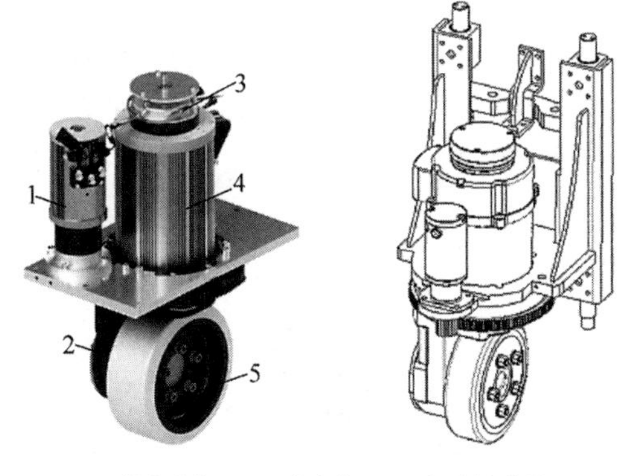

1—转向电机；2—减速箱；3—电磁制动器；
4—驱动电机；5—轮胎。

图 9-10　驱动转向单元结构

其工作原理是电机输出轴与主动齿轮通过半圆键连接，靠锥面定芯定位，并用锁紧螺母紧固。主动齿轮与被动齿轮啮合传动实现一级减速；通过输入轴与螺旋伞齿轮啮合传动实现二级减速，传递方向改变90°将动力传至输出轴，从而带动驱动轮转动(见图9-11)。

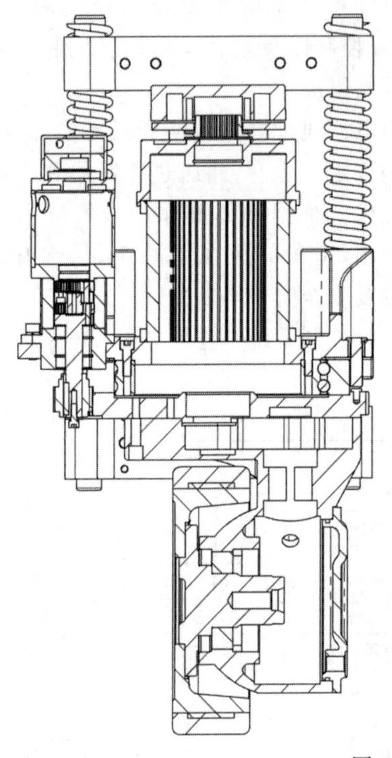

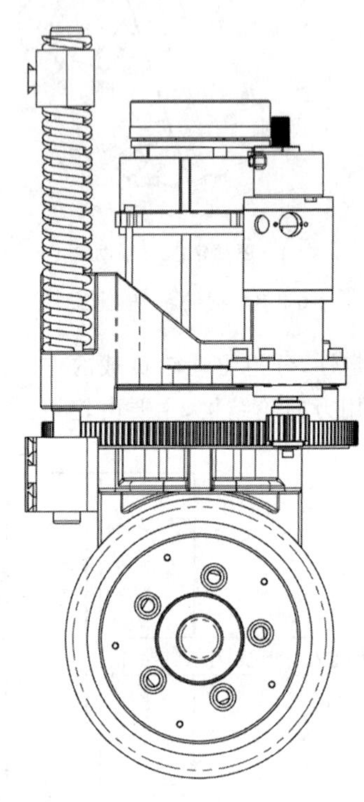

图9-11　驱动系统结构

整个驱动装置的转向方式为电转向。转向电机集成行星轮减速箱实现一级减速，减速箱伸出轴上安装一对外啮合齿轮来实现二级减速(见图9-12)。即通过转向电机带动一对啮合的齿轮副，实现对转向电机减速，转向方式简洁、轻松、方便。

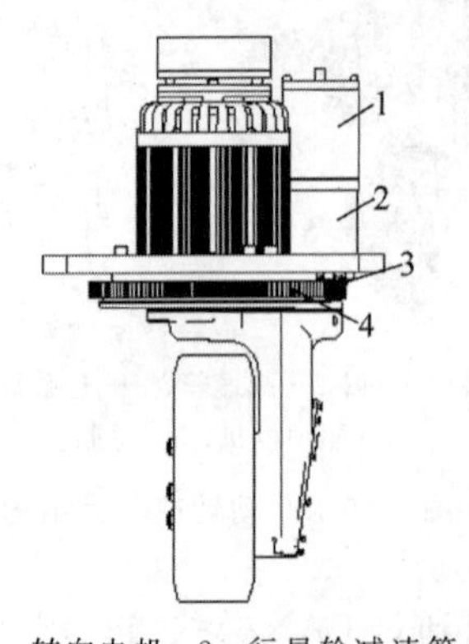

1—转向电机；2—行星轮减速箱；
3—小齿轮；4—大齿轮。

图9-12　转向减速机构

驱动轮为整体包胶形式，外层使用树脂橡胶材料做成，具有强度高、耐磨损、稳定性高、具有一定的弹性等优点。

(7) 液压系统

液压系统是托盘搬运车的起升动力系统，主要由起升电机、控制阀板、齿轮泵、液压油箱、液压油过滤系统、液压管路系统、起升油缸等部分组成。其工作过程是起升电机带动齿轮泵旋转产生高压油，通过管路系统输送到起升油缸，油缸带动货叉实现起升。液压系统组成如图9-13所示。由于托盘车空间有限，起升电机、控制阀板、齿轮泵、液压油箱以及过滤系统常采用一体式液压泵站进行集成，这样可以有效地节省液压系统的安装空间，同时系统效率也更加高效。液压系统工作原理如图9-14所示。

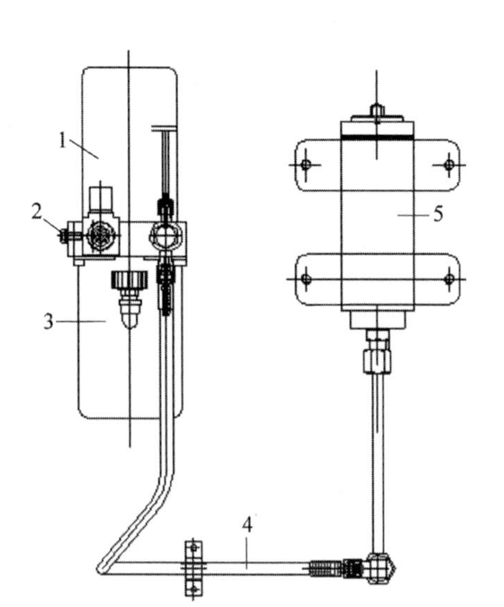

1—起升电机；2—控制阀板；3—液压油箱；4—液压管路；5—起升油缸。

图 9-13 液压系统

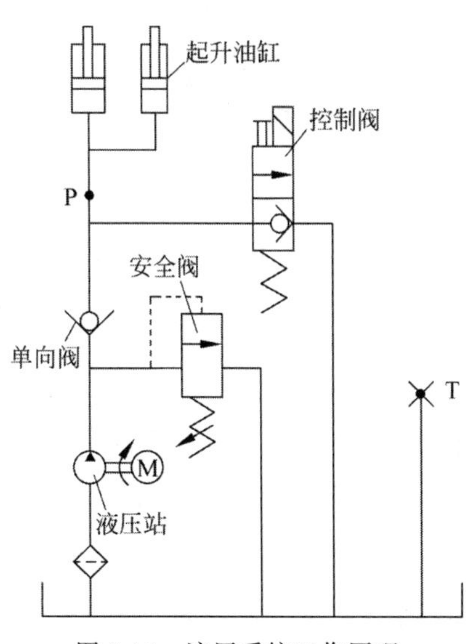

图 9-14 液压系统工作原理

(8) 转向操纵装置

根据乘驾方式的不同，转向操纵方式可分为手柄操作和转向盘操作两种方式，分别通过手柄和转向盘带动安装于手柄底部的转向编码器，编码器输出转角信号至转向控制器，由控制器控制转向电机转动，并通过转向减速箱带动驱动单元发生旋转，实现驱动轮转向。除此之外，手柄上还集成有用来操作起升、下降、喇叭以及紧急反向等功能的按钮。转向操纵装置的结构如图 9-15 所示。

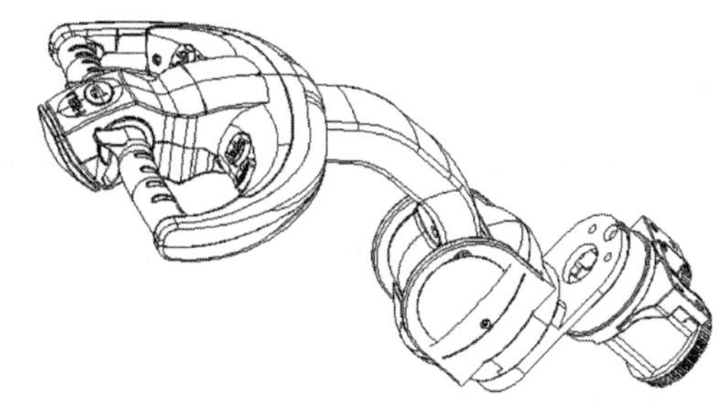
图 9-15 转向操纵装置结构

3) 主要产品技术规格

固定站板或座驾式托盘搬运车的主要技术规格参数有乘驾方式、吨位、货叉外宽、货叉长度、货叉宽度、系统电压等级、蓄电池容量等，其规格和技术参数如表 9-2 所示。

4) 选型

固定站板或座驾式托盘搬运车的选型主要根据用户工况需求进行。选型主要参考的因素有搬运物料的重量、对象托盘的结构尺寸、对于工作时长的要求、对于车辆舒适性的要求、工作班次等，物料的重量决定了车型的吨位，托盘的尺寸决定了所需货叉的尺寸，工作时长决定了电池的种类，工作班次决定了选用铅酸蓄电池还是锂电池，例如某客户要求较长距离、多班次工作，搬运货物重量为 2 t，托盘尺寸为 1 200mm×1 200 mm，则客户可以选用座驾式 CBD20-Li 配 1 150 mm 长度的货叉车型。

表 9-2　固定站板或座驾式托盘搬运车规格参数

<table>
<tr><th>类型</th><th>乘驾方式</th><th>吨位/t</th><th>货叉外宽/mm</th><th>货叉长度/mm</th><th>货叉宽度/mm</th><th>(电压/V)/(电池容量/(V/(A·h)))</th><th>电池类型</th></tr>
<tr><td>CBD15</td><td rowspan="6">站驾/座驾式</td><td>1.5</td><td rowspan="6">540～685</td><td rowspan="6">1 150～2 000</td><td rowspan="2">150</td><td rowspan="6">24/(270～350)</td><td rowspan="6">铅酸蓄电池</td></tr>
<tr><td>CBD20</td><td>2</td></tr>
<tr><td>CBD15</td><td>2.5</td><td rowspan="2">170</td></tr>
<tr><td>CBD30</td><td>3</td></tr>
<tr><td>CBD35</td><td>3.5</td><td rowspan="2">185</td></tr>
<tr><td>CBD40</td><td>4</td></tr>
<tr><td>CBD15-Li</td><td rowspan="6">站驾/座驾式</td><td>1.5</td><td rowspan="6">540～685</td><td rowspan="6">1 150～2 000</td><td rowspan="3">150</td><td rowspan="6">24/205</td><td rowspan="6">锂电池</td></tr>
<tr><td>CBD20-Li</td><td>2</td></tr>
<tr><td>CBD15-Li</td><td>2.5</td></tr>
<tr><td>CBD30-Li</td><td>3</td><td>170</td></tr>
<tr><td>CBD35-Li</td><td>3.5</td><td rowspan="2">185</td></tr>
<tr><td>CBD40-Li</td><td>4</td></tr>
</table>

9.3.2　高起升固定站板或座驾式堆垛车

1. 概述

高起升固定站板或座驾式堆垛车与低起升托盘车类似，是电动乘驾式仓储系列产品的重要组成部分，又称为乘驾式托盘堆垛车。与低起升托盘车不同，该类车型承载托盘的结构是带有槽钢、链条和油缸的门架，利用门架起升将托盘和物料叉起，使用电力驱动将托盘及物料在水平范围内进行搬运，在特定位置将物料堆垛在一起。根据驾驶人员驾驶方式的不同可以分为站驾式和座驾式，站驾式一般车架结构为配备周边防护的固定站板，座驾式一般配备和车辆行驶方向垂直的座椅。

2. 典型产品结构、工作原理

除起升系统外，高起升固定站板或座驾式堆垛车与低起升固定站板或座驾式托盘搬运车的结构与原理相似，这里详细阐述高起升堆垛车起升系统的结构原理，其余部分详见9.3.1节。

高起升堆垛车的门架如图 9-16 所示，主要零件有内门架总成、外门架总成、油缸和货叉。

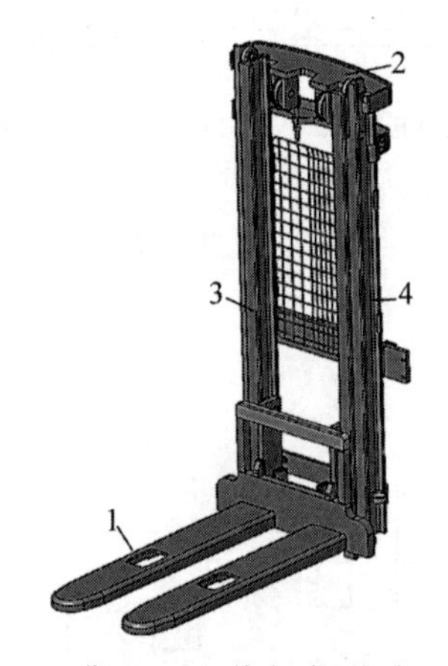

1—货叉；2—外门架总成；
3—内门架总成；4—油缸。

图 9-16　高起升堆垛车门架示意图

整车泵电机将液压油输送至液压阀，液压阀分配油液驱动油缸起升，油缸顶端与内门架总成相连，油缸起升时，内门架起升，通过动滑轮组与内门架相连的货叉也随之起升，货叉起升速度是门架起升速度的 2 倍，堆垛车起升系统通过该工作原理完成物料的起升与堆垛。

9.3.3　前移式叉车(货叉/门架)

1. 概述

前移式叉车属于电动乘驾式仓储叉车，其门架或者货叉可以前后移动。其中，门架前移式叉车是指作业时门架带动货叉前后移动，伸出到前轮之外叉取或放下货物，行走时货叉带货物收回，使货物重心在支承面内。门架前移式叉车有两条前伸的支腿，支腿较高，支腿前端有两个轮子，其作用是确保叉车在负载运行时的稳定性。

1）用途

前移式叉车具有平衡重式叉车和电动堆垛机的共同特征。当门架前伸至最前端时，载荷重心落在支点的外侧，此时相当于平衡重式叉车；当门架完全收回后，载荷重心落在支点的内侧，此时相当于电动堆垛车。这两种性能的结合，使得这种叉车具有操作灵活和高载荷的优点，同时体积和自重不会增加很多，可以最大限度地节省作业空间，大大提高仓库空间的利用率，因此适合在轻工、烟草、纺织、食品、超市等行业的狭窄空间内完成物料搬运和堆垛作业，是现代化仓储必不可少的设备之一。

2）国内外现状

德国的永恒力、林德以及美国的海斯特是最早生产前移式叉车的厂家，以座驾式门架前移式叉车为主，日本的丰田、力至优、BT、小松等公司以生产站驾式门架前移式叉车为主。国外生产的前移式叉车均采用计算机控侧，真正地实现了机电液一体化，技术先进、性能可靠。由于国外的工业水平先进，制造叉车历史悠久，品种齐全，系列化程度高，目前国内高端市场和国际市场基本上是进口品牌占有主导地位。

国内开发前移式叉车市场较晚，在20世纪90年代末期，主要以合力公司、杭叉集团为代表。国产前移式叉车与同类进口叉车相比，故障率和整机性能方面还存在一定差距。“十二五”“十三五”期间我国投资进行铁路、公路、建筑、城市建设等，为我国叉车的发展带来了前所未有的机遇。经过近几年的发展，国内叉车品种越来越完善，技术也越来越先进，前移式叉车的主要性能已经接近国际先进水平，如合力G2系列电动前移式叉车的门架最大起升高度已达到12.5 m，为国产前移式叉车最高的门架起升高度。

3）发展趋势

随着国家对土地的控制，为了节省土地及建筑成本，土地利用率高的立体仓库和货仓式大型超市必将迅猛发展，物料搬运和管理现代化已成必然趋势，楼层、立体仓库、货仓式大型超市以及现代化生产线都将采用前移式叉车来完成物料搬运和堆垛作业，未来发展前景会更好。

随着需求量的增加，人们对质的要求也会越来越高。因此作业效率更高、更加节能、整机可靠性更好、维护成本更低、操作更方便的技术特征将是前移式叉车不断追求的目标。为了满足新发展的需要，企业只有不断地进行技术创新及探索，适时地将新产品推向市场，接受市场的考验，并不断地进行改进，才能发展壮大并在激烈的市场竞争中处于优势地位。总之，未来前移式叉车的发展趋势具有以下特点：

(1) 自动化、智能化程度将不断提高。自动化程度是衡量现代工程机械工作性能的重要指标之一。高度的自动化、智能化不仅能够有效地替代部分人工劳动，而且能够提高操作过程中的准确性、连贯性，在提高作业效率的同时，最大限度地避免误操作对作业及货架的损坏。

(2) 零部件集成化是发展的必然趋势。零部件集成化不仅可以减少车辆上安装部件的数量，提高系统的可靠性，而且在一定程度上也可降低生产成本。

(3) 更多、更先进车载技术的应用。随着技术的不断发展，前移式叉车将搭载更多、更先进的车载技术，会有更多的计算机程序来提供智能控制，并且通过配置多种先进科技来提高叉车的性能和作业效率。

2. 产品分类

前移式叉车按以下不同方式进行分类。

1）按前移方式分类

前移式叉车按前移方式可以分为门架前移式叉车和货叉前移式叉车。其中，门架前移式叉车是指作业时门架带动货叉前后移动；货叉前移式叉车是指作业时门架不动，货叉前后移动。

2）按电源类型分类

前移式叉车按电源类型可以分为铅酸蓄电池前移式叉车和锂电池前移式叉车。

3）按吨位分类

前移式叉车按吨位不同可以分为0～1.199 t、1.2～1.499 t、1.5～1.999 t、2 t及以上等类别。

3. 典型产品结构、工作原理及应用范围

1) 结构

前移式叉车的典型结构如图 9-17 所示，主要部件有驱动系统、转向系统、制动系统、液压系统、电气系统、起重系统。

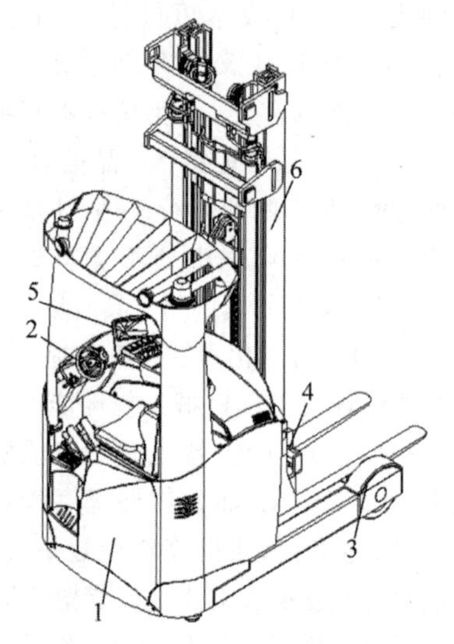

1—驱动系统；2—转向系统；3—制动系统；4—液压系统；5—电气系统；6—起重系统。

图 9-17 前移式叉车

(1) 驱动系统

驱动系统的结构如图 9-18 所示。其工作原理是电机输出轴与主动齿轮通过半圆键连接，靠锥面定芯定位，并用锁紧螺母紧固。主动齿轮与被动齿轮啮合传动实现一级减速；通过输入轴与螺旋伞齿轮啮合传动实现二级减速，传递方向改变 90°将动力传至输出轴，从而带动驱动轮转动。整个驱动装置的转向方式为电转向，即通过转向电机带动一对啮合的齿轮副，转向方式简洁、轻松、方便。

(2) 转向系统

转向系统主要由转向盘操纵总成、电转向控制器、转向电机、转向减速机构等组成。

① 转向盘操纵总成(见图 9-19)：由转向盘、转向支承架、轴承、方向输入传感器、转向罩壳等组成，其功能是产生转角信号，并不克服转向扭矩，因而转向轻便。为了使操作者在转向过程中产生一定的力感，转向盘操纵总成安装在车体上，安装位置可以根据驾驶员的实际要求任意调节。

② 转向减速机构(见图 9-20)：实现对转向电机减速。转向电机集成行星轮减速箱实

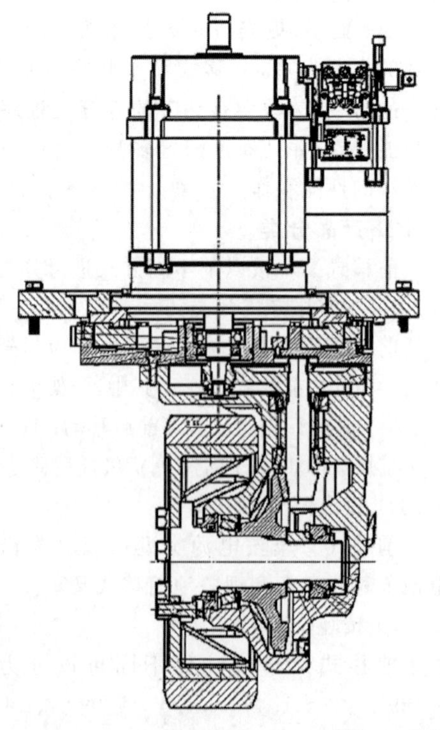

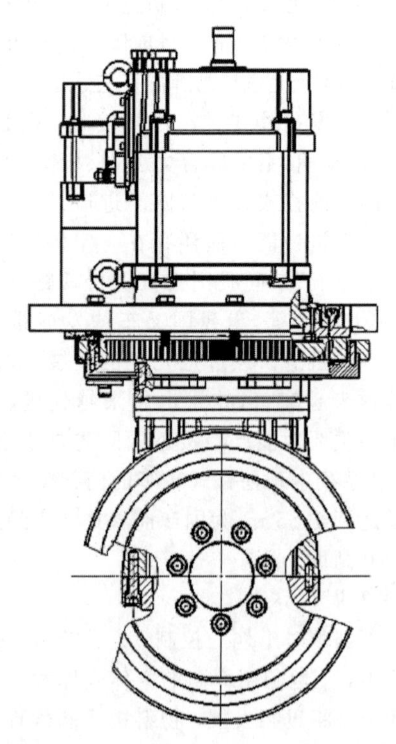

图 9-18 驱动系统结构图

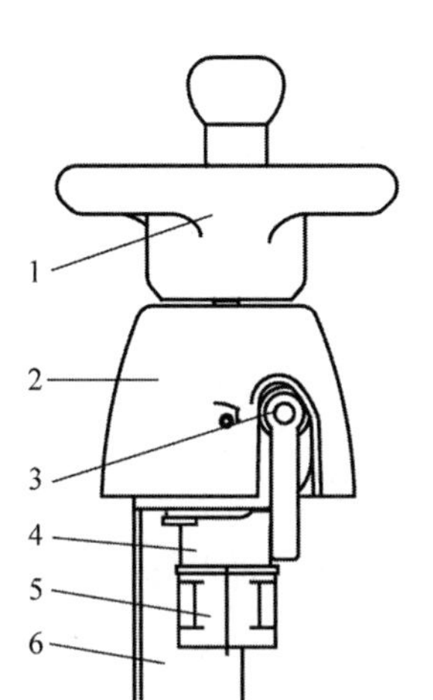

1—转向盘；2—转向罩壳；3—紧固可调开关；4—转向支承架；5—转角传感器；6—转向固定座。

图 9-19　转向盘操纵总成结构

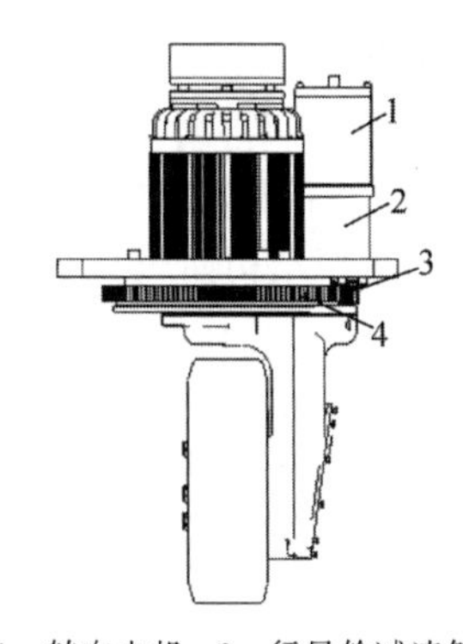

1—转向电机；2—行星轮减速箱；3—小齿轮；4—大齿轮。

图 9-20　转向减速机构

现一级减速，减速箱伸出轴上安装一对外啮合齿轮来实现二级减速。

（3）制动系统

前移式叉车为三支点叉车，采用三点支承落地结构，前支承为两个对称分布的支承轮总成。支承轮总成主要由车轮、负载轮外轴、负载轮内轴、双列角接触球轴承、前轮电磁制动器、螺钉、垫圈及螺母等组成。

前移式叉车的制动系统主要有行车制动、停车制动以及电机反向制动。行车制动和停车制动均采用电磁制动器。行车制动的安装位置见图 9-21。

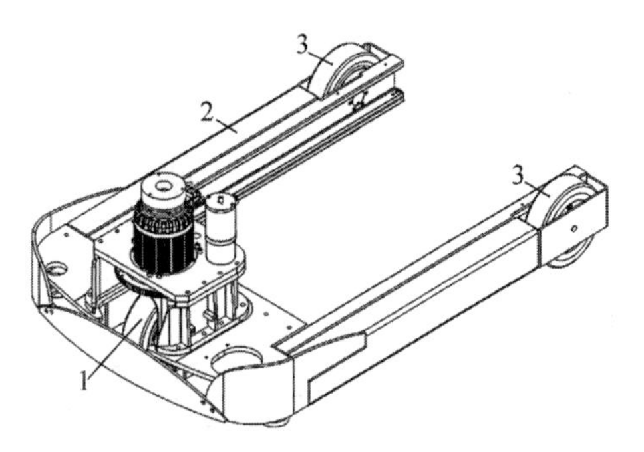

1—驱动轮；2—底盘总成；3—行车制动。

图 9-21　行车制动安装位置

（4）液压系统

液压系统由液压油箱、液压泵、多路换向阀、前起升油缸、后起升油缸、前移油缸、倾斜油缸、侧移油缸以及管路附件组成，其原理如图 9-22 所示。

① 液压油箱：主要功用是储存油液，此外还起着散发油液中热量（在周围环境温度较低的情况下则是保持油液中热量）、释出混在油液中的气体、沉淀油液中的污物等作用。图 9-23 所示为液压油箱结构图。回油过滤器 2 用来保持系统液压油液的清洁度；呼吸器 3 用来保持液压油箱中的压力与大气气压平衡，并过滤大气中的污染物；液位计 5 用来显示液压油箱中油液的液位，正常检查油位应在门架完全下降、门架支座回收到位的位置，如油液低于最低液位线，需增加液压油；吸油过滤器 6 用来保证液压泵吸入的油液不含有大颗粒污染物，保证液压系统的正常工作。

② 齿轮泵：为外啮合齿轮泵，其工作原理如图 9-24 所示。一对啮合着的渐开线齿轮安装于壳体内部，齿轮的两端面密封，齿轮将泵的壳体分隔成两个密封油腔——吸油腔和排油腔。当齿轮按图示的箭头旋转时，右侧容积增大，形成真空，油箱中的油在大气压力的作用下经泵吸油管进入吸油腔，填充齿间。随着齿轮的转动，每个齿轮的齿间把油液从排腔带到左腔，使左腔油压升高，油液从排油口输出。齿轮不断转动，泵的吸、排油口便连续不断地吸油和排油。

③ 多路换向阀：为集成压力、流量、方向

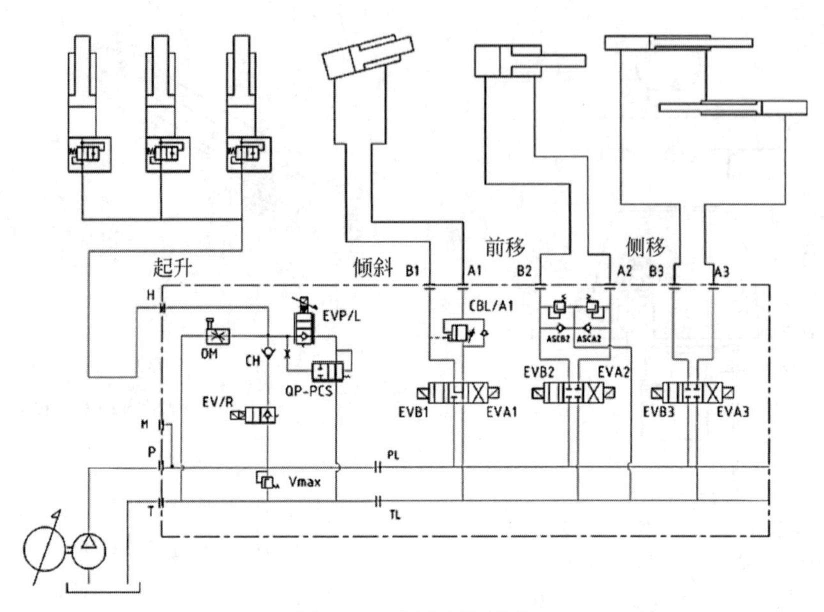

图 9-22　液压系统原理

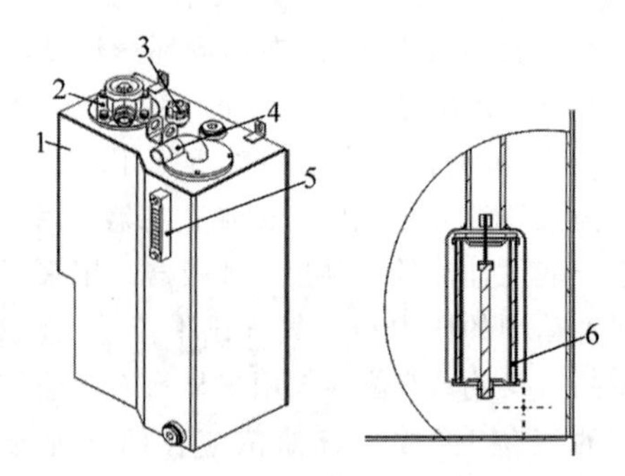

1—液压油箱体；2—回油过滤器；3—呼吸器；4—吸油盖板总成；5—液位计；6—吸油过滤器。

图 9-23　液压油箱结构

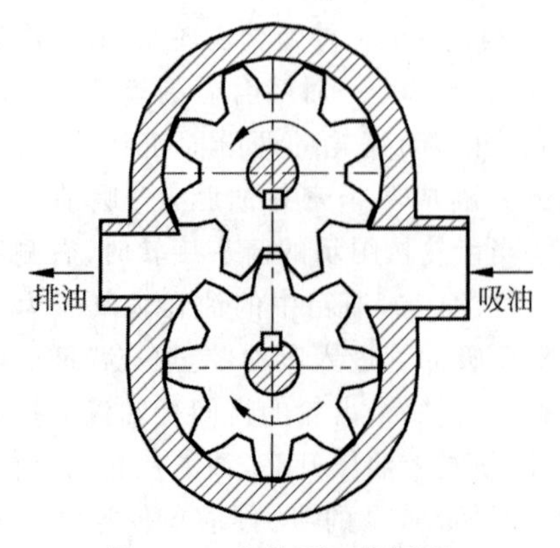

图 9-24　齿轮泵工作原理

控制于一体的控制阀，主要用于实现车辆工作装置的起升、前移、倾斜、侧移功能以及液压系统保护功能。多路换向阀使用下降比例控制与电机控制，其主要结构如图 9-25 所示。

④ 起升油缸：采用柱塞式液压油缸，由缸体、柱塞及柱塞杆、缸盖、切断阀、密封件等组成，缸盖装有钢背轴承和油封以支承柱塞杆及防止灰尘进入。前移式叉车全自由门架起升油缸包括前起升油缸与后起升油缸，前起升油缸实现的是工作装置的自由起升行程，其结构如图 9-26 所示，后起升油缸实现的是非自由起升行程，其结构如图 9-27 所示。

⑤ 前移油缸：采用活塞式双作用液压油缸，实现门架前后移动。前移油缸主要由活塞、活塞杆、缸体、缸底、导向套及密封件等组成，采用端部间隙缓冲技术，能有效减小油缸运行到端部时的冲击。其结构如图 9-28 所示。

⑥ 倾斜油缸：采用活塞式双作用液压油缸，实现货叉的前倾与后倾，其结构如图 9-29 所示。

⑦ 侧移油缸：采用柱塞式单作用液压油缸，实现货叉的左右侧移，其结构如图 9-30 所示。

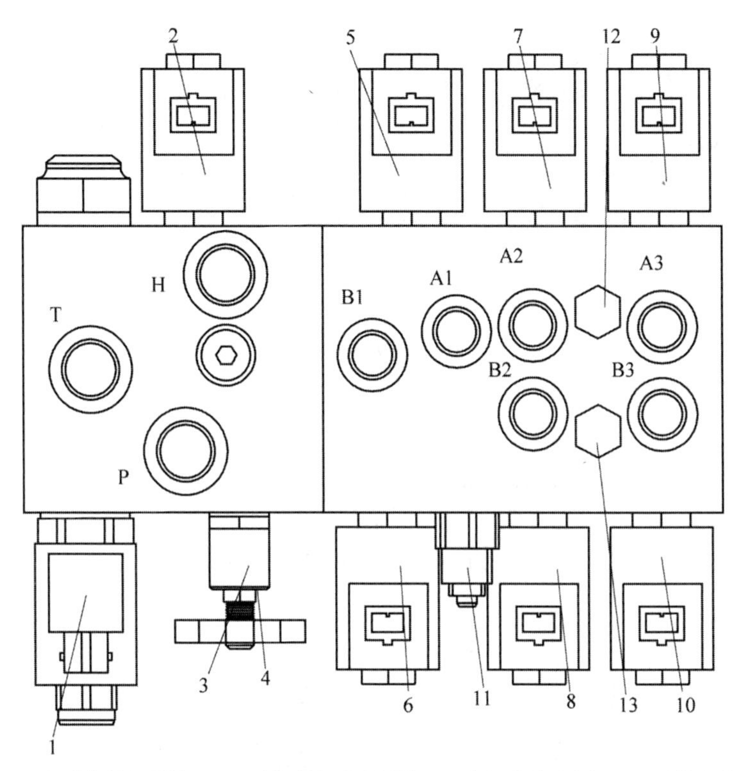

1—起升控制电磁阀；2—下降控制电磁比例阀；3—应急手动下降阀；4—系统溢流阀；5～10—电磁换向阀；11—平衡阀；12,13—过载补油阀。

图 9-25　多路换向阀结构

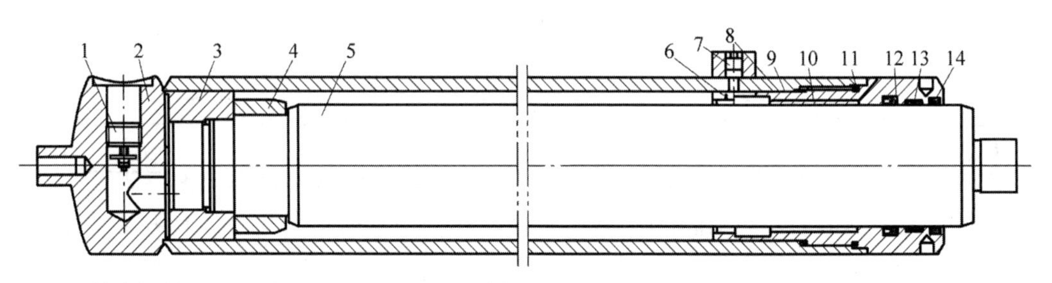

1—管路防爆阀；2—缸筒总成；3—柱塞；4—缓冲套；5—柱塞杆；6—缸盖；7—螺塞；8,11—O 形密封圈；9—挡圈；10—钢背轴承；12—轴用密封圈；13—导向环；14—防尘圈。

图 9-26　前起升油缸结构

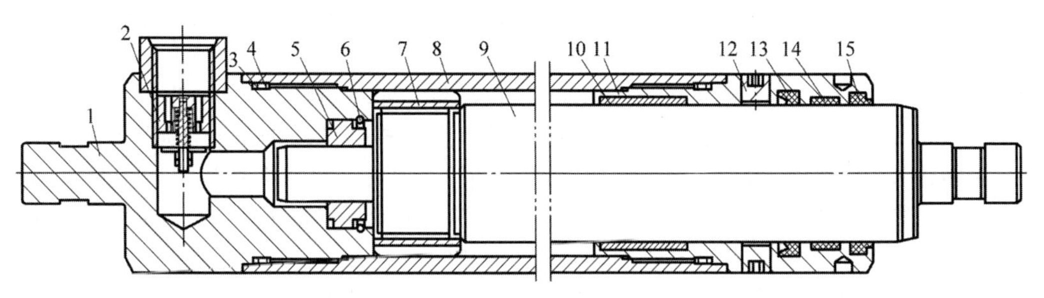

1—缸底总成；2—管路防爆阀；3—挡片；4—O 形密封圈；5—缓冲套；6—钢丝挡圈；7—螺塞；8—缸筒；9—柱塞杆；10—钢背轴承；11—导向套；12—螺塞；13—轴用密封圈；14—导向环；15—防尘圈。

图 9-27　后起升油缸结构

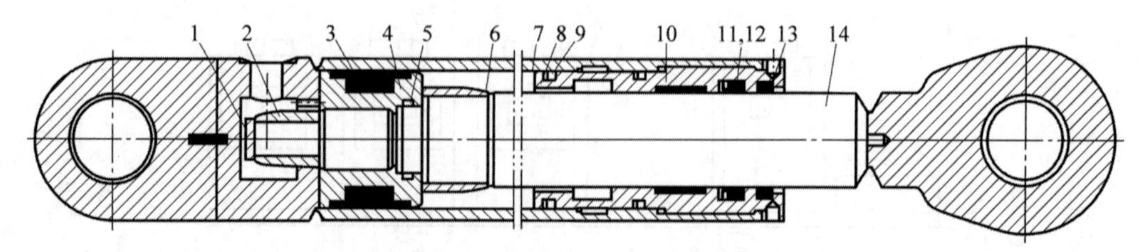

1—固定螺栓；2—后缓冲套；3—组合油封；4—活塞；5,9—O形密封圈；6—前缓冲套；7—缸体；8—缸盖；10—支承环；11—U形密封圈；12—挡片；13—防尘圈；14—活塞杆总成。

图 9-28　前移油缸结构

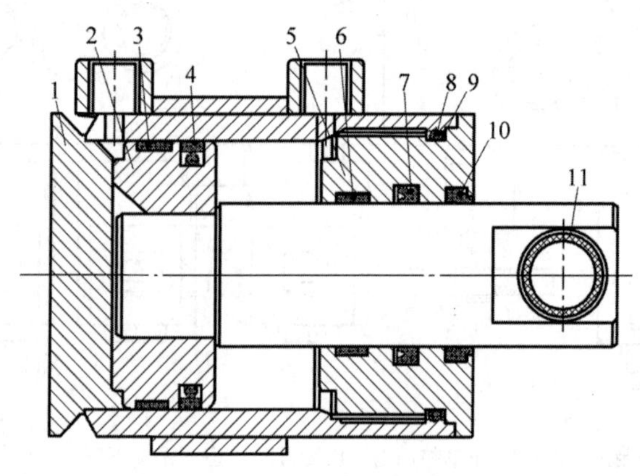

1—缸筒总成；2—活塞杆总成；3—支承环；4—格莱密封圈；5—缸盖；6—支承环；7—轴用密封圈；8—O形密封圈；9—挡圈；10—防尘圈；11—钢背轴承。

图 9-29　倾斜油缸结构

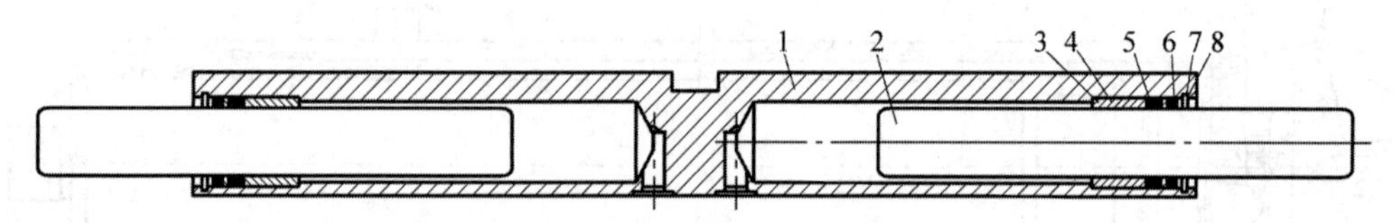

1—缸筒总成；2—柱塞杆总成；3—侧移缸盖；4—O形密封圈；5—U形密封圈；6—防尘圈；7—挡圈；8—调整垫片。

图 9-30　侧移油缸结构

(5) 起重系统

起重系统为三级全自由滚动伸缩式门架，由内门架、中门架、外门架和整体式侧移器组成。“I”形内门架、“I”形中门架、“C”形外门架两侧支座轴落在门架支座门架安装哈弗上，外门架下端用螺栓与门架支座连接，重量主要通过支座轴支承在门架支座上；门架支座通过滚轮将重量传递到车体上，并能实现门架支座在车体导轨槽钢内前后移动。三级门架为滚动伸缩式门架，通过复合滚轮来承受纵向和横向载荷，并使内门架、中门架得以平稳地上下运动。

侧移器主要由侧移后架、侧移前架、倾斜支架、倾斜油缸及侧移油缸等零部件组成(见图 9-31)。侧移器安装3组复合滚轮，使侧移器在内门架槽钢轨道内平稳地上下移动并承受纵向和横向的载荷，可通过调节螺钉调整侧滚轮与槽钢腹板之间的间隙；当货叉升到最大高度时，上面的一组复合滚轮从内门架顶部出去，靠中间及下端的复合滚轮来承受纵向及横向载荷。

(6) 电气系统

电气系统主要由智能仪表、牵引控制系

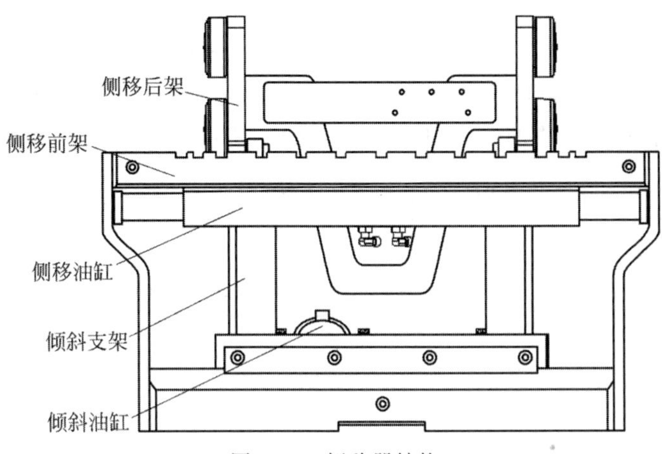

图 9-31　侧移器结构

统、起重控制系统、转向控制系统、蓄电池组、照明系统、倒车蜂鸣组(选配)及连接线束等组成。其中,牵引控制系统由方向开关、踏板加速器、制动踏板、电磁制动器、牵引控制模块、交流牵引电机组成;起重控制系统由拇指开关、阀控模块、提升控制模块、交流泵电机组成;转向控制系统由步进电机(发出指令信号)、转角传感器(反馈转角位置信号)、自动对中开关、转向控制模块、交流转向电机组成。

2) 工作原理

(1) 转向系统的工作原理

转向盘转动时产生转角信号,转角传感器检测转向盘的给定信号并把信号送入电转向控制器,电转向控制器对这些信号进行处理后得到控制电压,然后通过控制信号的占空比把控制电压加到电机两端,对转向电机进行控制,经过转向减速机构减速,使转向轮按规定的方向转动规定的角度。

(2) 驱动系统的工作原理

方向开关检测方向手柄的给定信号并把该信号送入驱动控制器,加速器检测加速踏板的给定信号并把该信号传送给驱动控制器,驱动控制器对这些信号进行处理后得到控制电压,然后通过控制信号的占空比把控制电压加到驱动电机两端,对驱动电机进行控制,驱动电机旋转,通过变速箱的两级减速后将转速降低,将动力传至输出轴,从而驱动驱动轮转动,带动叉车行走。

(3) 起重系统的工作原理

① 门架起升。起升传感器检测到多路阀的给定信号并把该信号送入泵电机控制器,控制器根据给定信号控制泵电机的转速,泵电机带动齿轮泵运转,齿轮泵的输出流量随泵电机转速的改变而改变,从齿轮泵出来的液压油经过多路阀到起升油缸,实现门架起升动作。

② 门架下降。多路阀的阀芯打开,起升油缸在挡货架、货叉、货物等重物的作用下向下运动,起升油缸中的液压油经过多路阀流回到油箱,门架下降速度由多路阀的阀芯开启程度和下降重物的重量来决定。

③ 门架前后倾。倾斜传感器检测到多路阀的给定信号并把该信号送入泵电机控制器,控制器根据给定的信号控制泵电机的转速,泵电机带动液压油泵运转,从齿轮泵出来的液压油经多路阀到倾斜油缸,实现门架前后倾动作。

④ 门架前后移。前、后移传感器检测到多路阀的给定信号并把该信号送入泵电机控制器,控制器根据给定的信号控制泵电机的转速,泵电机带动齿轮泵运转,从齿轮泵出来的液压油经多路阀到前后移油缸,实现门架前后移动作。

⑤ 货叉左右侧移。货叉左右侧移传感器检测到多路阀的给定信号并把该信号送入泵电机控制器,控制器根据给定的信号控制泵电机的转速,泵电机带动液压油泵运转,从齿轮泵出来的液压油经多路阀到左右侧移油缸,实

现货叉左右侧移动作。

3）应用范围

前移式叉车主要应用于厂房、仓库、超市等通道狭窄的室内，进行货物的装卸、搬运、堆垛等作业，也可配置各种属具使用。

4. 主要技术规格

表9-3和表9-4列举了国内前移式叉车主要生产厂家常用车型的性能参数。

表9-3 合力前移式叉车主要技术参数

项目	型号			
	CQD12-GB2S	CQD14-GB2S	CQD16-GB2S	CQD20-GB2S
额定起重量/kg	1 200	1 400	1 600	2 000
载荷中心距/mm	600	600	600	600
前悬距/mm	313	313	369	383
车宽/mm	1 120	1 120	1 270	1 270
轴距/mm	1 385	1 435	1 450	1 515
前移距离/mm	509	504	606	620
转弯半径/mm	1 625	1 675	1 689	1 751
(蓄电池电压/V)/(容量/(A·h))	48/310	48/360	48/450	48/560
牵引电机功率/kW	6	6	6	8
起升电机功率/kW	11	11	11	12.5
起升速度(满载/空载)/(m/s)	0.38/0.58	0.36/0.56	0.35/0.55	0.35/0.55
运行速度(满载/空载)/(km/h)	11/12	11/12	11/12	12/14
爬坡能力/%	10/15	10/15	10/15	10/15

表9-4 杭叉前移式叉车主要技术参数

项目	型号			
	CQD12-AC3	CQD14-AC3	CQD16-AC3	CQD20-AC3
额定起重量/kg	1 200	1 400	1 600	2 000
载荷中心距/mm	600	600	600	600
前悬距/mm	308	308	218	288
车宽/mm	1 270	1 270	1 270	1 270
轴距/mm	1 480	1 480	1 480	1 550
前移距离/mm	525	525	435	505
转弯半径/mm	1 735	1 735	1 735	1 804
(蓄电池电压/V)/(容量/(A·h))	48/400	48/400	48/500	48/500
牵引电机功率/kW	6.5	6.5	6.5	6.5
起升电机功率/kW	8.6	8.6	8.6	8.6
起升速度(满载/空载)/(m/s)	0.26/0.40	0.26/0.40	0.26/0.40	0.26/0.40
运行速度(满载/空载)/(km/h)	11/12	11/12	11/12	11/12
爬坡能力/%	10	10	10	10

5. 选型

1）选型原则

选择前移式叉车的主要原则应该是满足用户目前的工程需求，并兼顾今后可能发生的需求，不仅要了解前移式叉车的品牌、服务网络，还要对其基本性能有所认识，这样才能有利于获得最大的使用价值。

2）选购前移式叉车需要考虑的主要问题

目前，国外前移式叉车的品牌比较多，虽然性能可靠但是价格较贵。国内品牌的前移式叉车经过二三十年的发展，性能已经很可靠，价格相对便宜许多。

若想买到性能、价格、售后服务都比较理想的车型，在选型时要着重考虑以下几个问题：

（1）根据货架的高度及货物的重量，选择起升高度和载重量适宜的车型。

（2）根据仓库货架巷道宽度，选择与之相匹配的车身宽度、直角堆垛宽度的车型。

（3）若搬运需要爬坡，选择具有合适爬坡能力的叉车。

（4）认真分析叉车的性价比。

（5）尽量选择服务网点多、售后服务好、配件供应及时的厂家。

6. 安全使用规范

1）总则

叉车驾驶人员和管理人员必须牢记“安全第一”，按照叉车使用维护说明书和驾驶员手册进行安全操作、规范操作。

2）叉车运输规范

用集装箱或汽车运输装运叉车时需注意以下事项：

（1）门架后移到位，关闭电源，启动停车制动。

（2）起吊时，按照叉车起吊标牌所注位置进行起吊，严禁起吊门架，或直接由装卸平台上下车。

（3）运输时，门架和护顶架处用钢丝绳固定好，前后轮胎的相应位置用楔块垫好、楔牢。

3）叉车停放规范

（1）将货叉降到最低位置，并与地面平行。

（2）关闭钥匙开关和红色的紧急断电开关，将所有的操纵杆放置空位，拔下总电源插头。

（3）启动停车制动开关。

（4）叉车长期停车使用时应使轮胎架空，蓄电池每月应补充充电一次。

4）叉车使用前的准备

（1）使用前，必须认真阅读使用维护说明书和有关随机文件，熟悉仪表及操纵机构位置，了解叉车的结构和性能，驾驶员必须持有驾驶执照。

（2）检查各仪表是否正常工作。

（3）检查聚氨酯实芯轮胎是否有开裂、变形等现象。

（4）检查各布置开关及踏板情况。

（5）检查蓄电池电压是否在工作范围之内，电解液的密度、液面的高度是否适宜。

（6）检查电气系统各接头、插头接触是否可靠，踏板调速是否灵活。

（7）检查电解液、制动液、液压油是否外漏。

（8）检查各主要紧固件的松紧情况。

（9）进行门架升降、前后倾斜、前后移动、左右侧移、转向和制动试动作。

5）叉车作业时的注意事项

（1）上车时应抓住左侧的支腿，不能抓转向盘上车。

（2）使用时应注意机械、液压、电气及MOSFET调速器的性能和工作状态。

（3）接通电源。先打开电源开关，再向上拔起红色的紧急断电开关，选择好方向开关的位置，再慢慢踩下加速踏板保持适当的起步速度。

（4）注意观察仪表的电量。当仪表的电量低于最后一格时应立即停止工作，对蓄电池充电或更换电量充足的蓄电池。

（5）搬运时负荷不应超过规定值，货叉间距和位置应合适，货叉需全部插入货物下面，使重量均匀分布在货叉上面，避免偏载。

（6）顺利进行起步、转向、行驶、制动和停止，转向时需减速。

(7) 货叉下禁止站人，货叉上禁止站人起升。

(8) 不准在驾驶员座椅以外的位置操纵车辆和属具，在门架和蓄电池之间不准站人，避免误操作前/后移开关而发生危险。

(9) 门架前倾、后倾至极限位置或起升到最大高度位置时，必须让操纵开关回到中间位置。

(10) 门架下降时若瞬间释放拇指开关，门架停止会有延迟。

(11) 装货行驶时应把货物尽量放低，门架后倾并后移到位，门架起升时不允许行驶和转弯。

(12) 行驶时应注意行人、障碍物和坑凹路面，并注意叉车上方的间隙。

(13) 叉车带载行驶时应避免紧急制动。

(14) 离车时将货叉下降落地，并将挡位开关置于空挡，断开电源，按下停车制动开关。

(15) 叉车出厂前多路阀安全阀的压力已调整好，用户在使用时不要随意调整。

(16) 链条在使用过程中应定期检查，以确保承载安全。

(17) 叉车车外最大噪声值不大于 80dB(A)，测试方法按 JB/T 3300 标准执行。

6) 蓄电池充电

(1) 蓄电池首次充电和补充充电时，要严格遵守蓄电池使用说明书中的有关规定。

(2) 叉车工作时，当蓄电池的电压降到 41 V，或其中任何单只电池的电压降到 1.7 V 以下，或仪表报警时，叉车应立即停止运行，经充电或更换蓄电池后方可继续使用。

(3) 充电时要随时检查电解液的密度、液面高度和温度等。

(4) 叉车使用后必须尽快给蓄电池充电，放置时间不得超过 24 h，充电时要防止充电不足和过充电，以免损伤蓄电池。

(5) 充电方法和使用维护应参阅蓄电池使用说明书。

7. 维护与保养

叉车开始使用时，必须精心操作、及时调整，为保证叉车长期保持在良好的工作状态，为此应采取以下措施：

(1) 新叉车在工作第一个 100 h 后应更换变速箱的齿轮油，重新拧紧，重新紧固。

(2) 在工作第一个 200 h 后应重新调整主、被动齿轮之间的间隙。

(3) 电机、电控、蓄电池应分别按其说明书的规定进行维护保养。

(4) 所有接插件应每月检查一次。

(5) 叉车要注意防水，避免用水枪冲洗，雨天应避免在室外使用。

(6) 蓄电池表面应保持清洁干燥，经常清除污物。

(7) 正常使用后，叉车应按表 9-5 进行定期维护保养。

表 9-5 维护保养 单位：h

序号	项目	保养内容	保养周期	备注
1	驱动齿轮箱	更换齿轮油	1 200	
2	转向齿轮箱	更换润滑脂	1 200	
3	前移油缸销轴	加润滑脂	100	
4	倾斜油缸销轴	加润滑脂	100	
5	液压油箱和滤网	清洗	1 000	
6	液压油箱	更换	1 000	
7	起重链条	更换	3 000	发现损坏时及时更换
8	高压胶管	更换	3 000	发现损坏时及时更换

9.3.4 侧向堆垛车

1. 概述

随着科学技术的进步和经济的快速发展，机械化程度日益提升，快速、高效、经济的物流方式始终是叉车发展的主流和研究方向。特别是近年来，随着城市化不断推进，土地资源日趋紧张，仓库租金越来越高，仓储成本不断攀升。为了尽量利用仓库内所有的货架空间储存商品，越来越多的企业开始考虑利用密集存储技术以最大限度地提升仓储空间利用率。市场对可在窄巷道内通行、具备高起升性能且能同时对车身两侧作业的这类仓储车辆的需求越来越多。从世界范围来看，能够同时满足以上条件的有侧向堆垛式叉车(两侧)、三向堆垛式叉车两种，如图 9-32 所示。

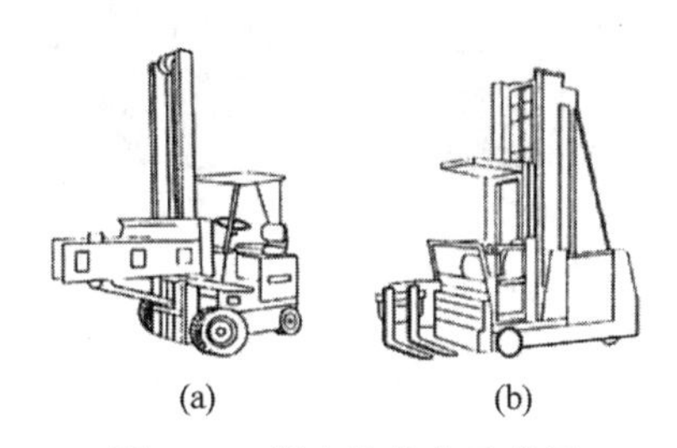

图 9-32　侧向堆垛车示意图
(a) 侧向堆垛式叉车(两侧)；(b) 三向堆垛式叉车

在国家标准 GB/T 6104.1—2018 机动工业车辆中，侧向堆垛式叉车(两侧)定义为：可在车辆运行方向的两侧进行堆垛和取货的高起升堆垛车；三向堆垛式叉车定义为：可在车辆的前端及两侧进行堆垛和取货的高起升堆垛车。

侧向堆垛式叉车(两侧)由前移式叉车演变而来，具有同前移式叉车相同的车身布局、相同的轮胎，甚至相同的门架结构，唯一不同的是货叉架部分。侧向堆垛式叉车的货叉架与叉车的前进方向平行，货叉架沿轨道横向移动，可以对车身侧面的货物进行堆垛和取货。侧向堆垛式叉车(两侧)的货叉架能够左右摆动，使货叉既能朝向叉车的左侧，又能朝向叉车的右侧，在保持叉车不掉头的情况下，在车身两侧同时作业。

三向堆垛式叉车的起重系统与侧向堆垛式叉车(两侧)的工作原理较为相似，其货叉可以左右转动，并沿轨道横向移动，对两侧货架进行堆垛和取货。但三向堆垛式叉车的功能更加全面，不仅可以对车身两侧的货架进行堆垛，还可以像传统叉车一样在正前方作业。实际上，与侧向堆垛式叉车(两侧)一样，大多数情况下三向堆垛式叉车都是在两侧作业。

三向堆垛式叉车与侧向堆垛式叉车(两侧)最大的不同在于车身结构。侧向堆垛式叉车有着与传统叉车类似的结构，适合户外路面条件相对较差的环境；而三向堆垛式叉车主要用于室内仓库环境，车身结构设计紧凑，且在车体下部的四周安装有导向轮，可以在很窄的巷道内自由行走。三向堆垛式叉车的门架也是经过加强设计的，在保证高起升的同时，仍具有足够的刚性，保持良好的侧向稳定性。除此之外，三向堆垛式叉车可以设计成人上行的，即驾驶室可以随门架一同升降，适合在更高的位置作业。

具有两侧堆垛能力的高起升叉车，可在不进行调头、转向的情况下，对车体两侧货架进行堆垛或拆垛作业，这样就不需要为叉车回转预留较大空间，完全可以采用货架密布的方式以提高库容，把货架巷道宽度减小至 1.5 m 左右。正是基于这一点，侧向堆垛车往往被称作窄巷道堆垛叉车。据统计，采用具有两侧堆垛功能的叉车，在同样的面积内，相对于传统前移式叉车和拣选车，仓储容量可增加 35%，相对于传统叉车则能增加 50%，如图 9-33 所示。

2. 分类

1) 按承载能力分类

侧向堆垛车受车体结构、仓库货架承载能力等因素限制，额定载荷均为 500～1800 kg。国产侧向堆垛车的吨位主要有 1 t 和 1.5 t 两种车型，国外部分供应商则可提供更为细分的吨位类型，比如德国永恒力公司生产的用于窄通道作业的人上行侧向堆垛车有 1 t、1.2 t、1.4 t、1.6 t 等车型，人下行侧向堆垛车则提供 1 t、1.3 t 的车型。除此以外，日本丰田公司还提供 1.8 t 的车型。

2) 按起升高度分类

侧向堆垛车属于高起升类的仓储搬运车辆，起升高度是该款产品性能的一项重要指标。侧向堆垛车的起升高度一般最低为 3 m，国内产品最高可以到 11 m 左右，而国外最高已经可以做到 17 m 左右。

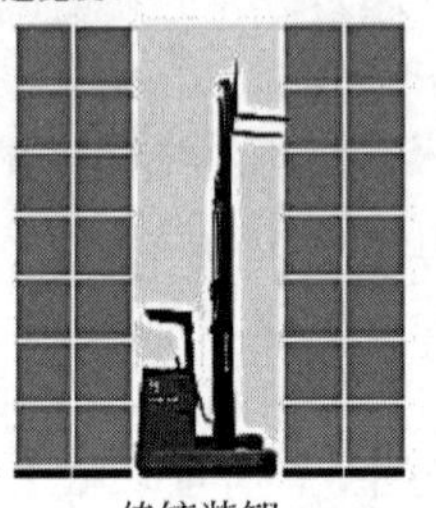

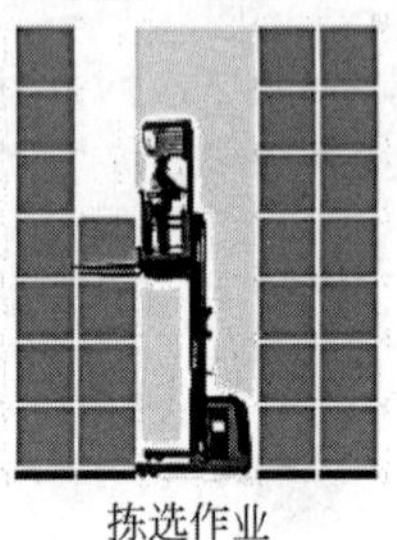

图 9-33　具有两侧堆垛功能的叉车与传统仓储叉车比较

3）按驾驶员位置分类

侧向堆垛车作为仓储搬运行业应用最为广泛的一款设备，为满足不同高度以及特定用户的使用需求，可以按照驾驶员位置分为人上行侧向堆垛车和人下行侧向堆垛车两大类。

人下行侧向堆垛车的驾驶舱位置和普通前移式叉车类似，位置固定不变。人下行侧向堆垛车在作业时，驾驶视野受到复杂的门架结构以及管线路遮挡。尤其是在高位（7 m 以上高度）作业时，由于看不清货物的准确位置常常发生误操作，导致货物被碰坏、货架横梁撞歪等事故，因此，人下行的侧向堆垛车适合堆垛高度在 6 m 以下的场合。随着电子产业的飞速发展，高清摄像、显示设备的价格已经变得非常廉价，部分厂家在货叉架横梁的底部和上部安装了无线传输的高清摄像头，这样就可以通过安装在驾驶舱内的高清显示器观察货叉的位置，同时还能观察到货物上面的情况，很好地解决了视野受限的问题，满足高起升需求。

图 9-34 所示为人下行三向窄巷道叉车的外形和作业场景。

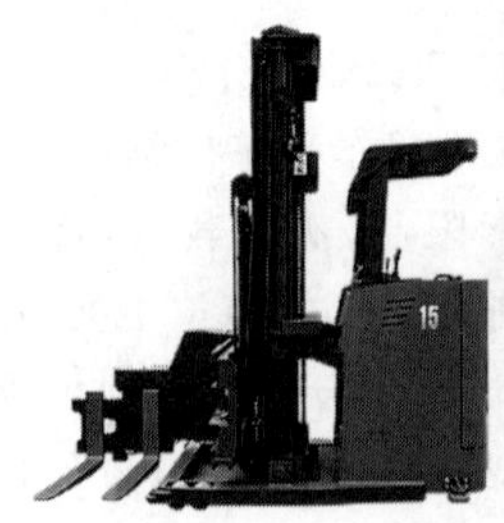

图 9-34　人下行三向窄巷道叉车

人上行侧向堆垛车是相对于人下行而言的，即驾驶舱是可以随门架同步升降的。采用人上行侧向堆垛车作业时，驾驶员可以近距离观察货叉及货物的相对位置，便于快速装卸作业。另外，人上行侧向堆垛车的货叉可以单独升降，因而该类侧向堆垛车同时具有拣选功能。由于人上行侧向堆垛车的驾驶视野非常良好，因而此类叉车的提升高度可以做得比较高，例如科朗 TSP7500 系列人上行三向窄通道叉车的站台提升高度达到 15.8 m，货物提升高度则超过 17 m。

图 9-35 为人上行三向窄巷道叉车的外形和作业场景。

在侧向堆垛车发展的早期，也是从人下行开始的，但由于在高位操作时视野受限而造成货物及设施的损坏，于是人们又想出了采用高

图 9-35　人上行三向窄巷道叉车

度显示及高度预选定位系统和“摄像头＋监视器系统”来解决以上问题。但是由于当时计算机及电视摄像系统不发达，导致其价格非常昂贵，成本占到总成本的 1/3 以上。所以出于降低成本的目的又制造出了人上行侧向堆垛车，以解决操作人员的视线问题。然而，随之也出现了操作员在高位操作的安全问题，于是在欧美，人们制定了许多标准来保证人上行侧向堆垛车的安全性。最后，人上行侧向堆垛车的门架及车体很大、很重、很结实，又配上了许多传感器、安全系统等，价格也变得非常昂贵。而在我国，受技术、材料等限制，各生产商提供的产品也以人下行的为主，人上行的产品可谓凤毛麟角。

随着各类导航、定位传感设备的普及，侧向堆垛车的自动化程度越来越高，无人驾驶已经进入使用阶段。不管是人上行侧向堆垛车，还是人下行侧向堆垛车，本质上都是从方便操作的角度出发的。因此，随着产品朝着无人化、智能化方向发展，国内企业不必重走国外同行发展的老路，而应踏踏实实地在实现产品的智能化、无人化方面下功夫，发挥出该类产品的最大效能，推动实现产品的跨越式发展。

4）按乘驾方式分类

侧向堆垛车作为仓储类叉车，属于乘驾式车辆，根据乘驾方式的不同，可分为站驾式和座驾式两种类型。

站驾式车型在进行作业时，驾驶员需要站立操作（见图 9-36）。站驾式车辆一般适用于工作强度不高的场合。

图 9-36　站驾式操作示意图

座驾式侧向堆垛车是指驾驶室安装有座椅（见图 9-37），驾驶员可以坐着操控车辆。座驾式比站驾式的驾驶体验更加舒适、人性化，适用于长时间作业的场合。另外，由于侧向堆垛车可以两侧作业，所以，侧向堆垛车的座椅和普通叉车有所不同，可以在 120°范围内旋转调整，为驾驶员提供更好的操作视角。

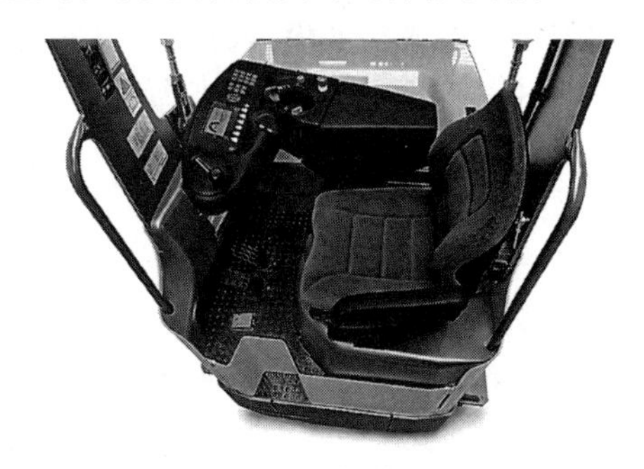

图 9-37　座驾式驾驶舱

5）按工作装置的类型分类

侧向堆垛车根据工作装置的类型，可以分为货叉架摆动型和门架摆动型。货叉架摆动型侧向堆垛车是从前移式叉车的基础上发展而来的一种车型，主要依靠前部的三向堆垛头来实现三向堆垛功能，其门架安装在车架上，门架的位置固定不动；门架摆动型侧面堆垛车的门架连同货叉架一起安装在摆动装置上，门架可以做180°范围的摆动，而货叉架与正常叉车类似，在内门架槽钢内上下移动。

国产侧向堆垛车基本上都是从前移式叉车的基础上发展而来的，主要是因为前移式叉车本身就是一款技术成熟、应用广泛的仓储类叉车，在工作装置上稍作改动，就可以成为一款性能良好的侧向堆垛车，简单实用。部分国外产品采用了门架摆动结构，比如德国永恒力公司生产的EFX 410/413型窄巷道三向堆垛叉车(见图9-38)。

图9-38　永恒力生产的EFX 410/413型窄巷道三向堆垛叉车

门架摆动型侧向堆垛车相对于货叉架摆动型侧向堆垛车而言，由于门架的中心位置比较靠前，纵向稳定性不如货叉架摆动型；当门架运动到侧面极限位置时，由于门架本身的重量比较重，再加上货物的重量，很容易出现偏载的现象。因此，门架摆动型侧向堆垛车的车身相对比较宽大，重量比较重。除此以外，由于侧移起升系统整体重量比较大，所以对相关材料及设计的要求比较高，这也是国内缺少同类产品的重要原因。

门架摆动型侧向堆垛车的优点是驾驶位置更靠前、操作空间大、操作更加舒适。另外，由于门架可以摆动和侧移，驾驶员的视野比常见的货叉架摆动型侧向堆垛车好很多。

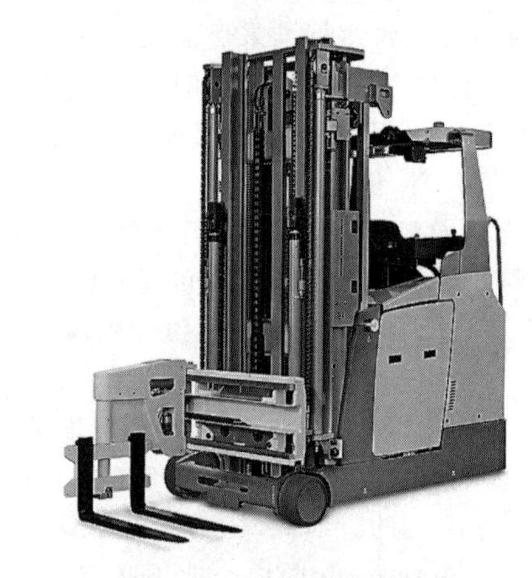

图9-39　人下行侧向堆垛车

3. 典型产品结构、工作原理

1）典型产品的总体结构

侧向堆垛车从大的结构方面来讲，可以分成人下行侧向堆垛车和人上行侧向堆垛车。

人下行窄巷道三向堆垛叉车是目前市面上最为常见的一类侧向堆垛车，主要特点是技术成熟、结构简单、使用灵活。其整体外观如图9-39所示。

图9-40是某型国产人下行侧向堆垛车的结构示意图。侧向堆垛车主要由车架、护顶架、起重系统、行走驱动单元、控制系统、液压管路系统、电气系统等部分组成。

人上行侧向堆垛车的结构和人下行侧向堆垛车的结构有较大不同，主要区别在于人上行的驾驶室不在车架的后部，而是前置至门架前面，和滑架做成一体，这样在门架升降时，驾驶室也能随滑架同步升降，如图9-41所示。

人上行侧向堆垛车将驾驶室前置的好处是，驾驶员可以从任何高度，近距离观察货叉的位置，更加精准地操纵叉车作业。缺点是货物的中心位置比较靠前，在设计时为了保证稳

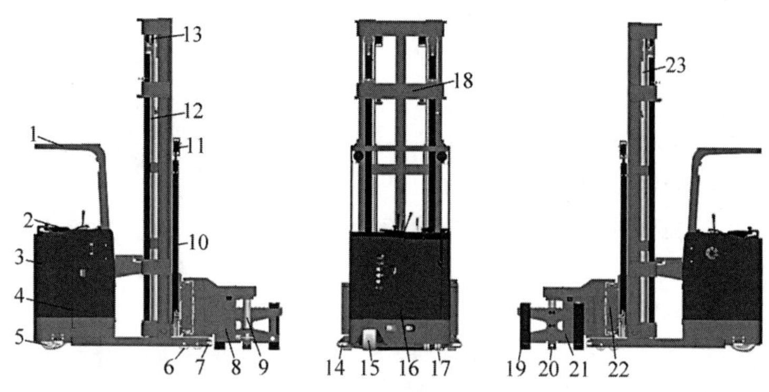

1—护顶架；2—操控台；3—车身系统；4—电池仓；5—后轮；6—前轮；7—前导向轮；8—侧移架；9—摆动油缸；10—前起升油缸；11—胶管滑轮组；12—后起升油缸；13—工作灯；14—后导向轮；15—驱动单元；16—控制系统；17—辅助轮；18—门架系统；19—货叉；20—摄像头；21—货叉架；22—滑架；23—起重链条。

图 9-40 人下行侧向堆垛车结构示意图

图 9-41 某型国产人上行侧向堆垛车

定性，往往车身长度比较大，自重比较大，价格比较昂贵。

2）主要零部件结构

(1) 车架

侧向堆垛车的车架是整台车的底盘的基础，门架、轮胎、动力传动机构都要布置到车架上。车架一般采用焊接加工而成，并尽可能地采用箱式或框架式结构，以增加机体的结构强度，确保安全性。

(2) 护顶架

护顶架的主要作用是保护驾驶员的安全，因此其结构的安全性十分重要。近年来，物流业发展势头迅猛，促使了物流装备业的快速发展。叉车作为物流业的常用装备，经常行驶于仓库等容易出现物体意外跌落现象的场合，叉车安全性能的研究得到了越来越多人的关注。护顶架作为叉车的重要防护机构，有承受意外跌落物冲击、保证驾驶员生命安全的重要作用。为了保障护顶架的安全性能，生产商需要按照国际标准 ISO 6055：2004《工业车辆护顶架的技术要求和试验方法》的规定，完成护顶架的动载试验和冲击下落试验，以验证护顶架设计的防护能力。另外，根据国际标准 ISO 3691 的有关规定，护顶架顶部栅格板的两个间距尺寸应至少有一个不超过 150 mm，将对驾驶人员的伤害降低到最小。

(3) 起重系统

起重系统是侧向堆垛车的工作装置，主要由门架槽钢、油缸、起重链条、滚轮、堆垛装置、门架管路等部分组成。

① 门架槽钢。侧向堆垛车是在仓储库房内作业的一种车辆，库房的高度有限，所以侧向堆垛车的门架一般都采用两级或三级全自由门架结构。其中，起升高度较高的车型，适合采用三级全自由门架，这样有利于在保证起升高度的情况下最大限度地降低整车高度。两级门架由内门架和外门架两节组成，三级门架则由内门架、中门架和外门架三节构成。

② 油缸。一般侧向堆垛车有两组起升油

缸：前起升油缸和后起升油缸。无论两级门架或是三级门架，后起升油缸都是通过起重链条、链轮等结构部件，来提升内门架的，而前起升油缸则专门用来提升滑架及与之相连的堆垛装置。为了门架的运行平稳性，一般在油缸两端带有缓冲设计，避免因冲击导致的不安全事故。

③ 起重链条。侧向堆垛车的起重链条与普通叉车相同，其重量一般不超过 2 t。侧向堆垛车所用的起重链条采用板式起重链。在两级门架中，一般有一组(2 根)链条，其中一端与滑架相连，另一端与内门架横梁上的链条座相连，链条从前缸(自由起升油缸)顶端的链轮上绕过；在三级门架中，包含两组(4 根)链条，其中一组的安装方式与两级门架类似，另一组链条则是用来提升内门架的，其中一端固定在外门架上横梁上的链条座上，另一端固定在内门架的下端，链条从安装在中横梁上部的链轮绕过，在后起升油缸推动中缸提升的同时，内门架在链条的拉力作用下，以 2 倍于油缸起升速度的速度提升。

④ 滚轮。侧向堆垛车的滚轮与普通叉车类似，一般包含主滚轮、侧滚轮、链轮、胶管滑轮等。主滚轮是门架正常起升的重要零件，一般为非标定制产品，主要承受重载下的径向压力和冲击；侧滚轮也属于非标定制滚轮，能够承受重压和冲击；链轮起滑轮的作用，起重链条从其上面绕过，它是承受 2 倍链条拉力的一种特殊滚轮；胶管滑轮的作用是保证连接前起升油缸的高压胶管可以随门架一起升降，它主要受胶管弹性变形产生的压力作用，受力较小，所以一般采用尼龙材质。

⑤ 堆垛装置。堆垛装置是侧向堆垛车的工作装置，也是该车的核心装置。一款设计合理的侧向堆垛装置能够具有可靠性高、稳定性好、操控精准、维修简便的特点。侧向堆垛装置一般由固定滑架、侧移架、摆动货叉架、货叉等组成(见图 9-42 和图 9-43)。

a. 固定滑架：侧向堆垛车固定滑架的结构与普通叉车门架上的滑架类似，不同的是普通叉车的货叉架上下横梁是用来挂货叉的，而

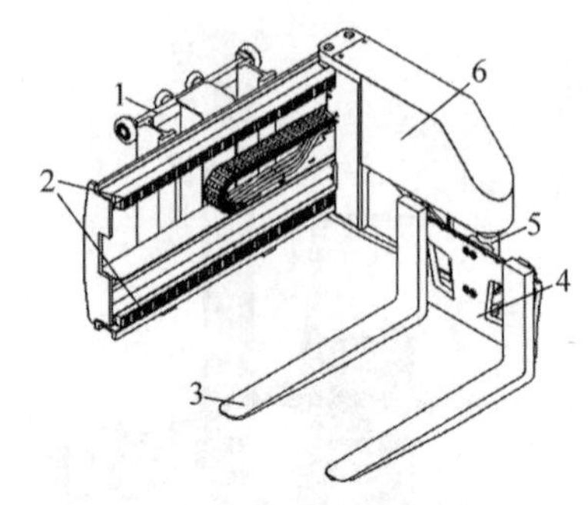

1—固定滑架；2—传动齿条；3—货叉；4—摆动货叉架；5—摆动油缸；6—侧移架。

图 9-42 堆垛装置示意图

图 9-43 国产某型三向堆垛叉车堆垛装置结构

在堆垛装置中，上横梁的上端面和下横梁的下端面设有轨道槽钢，在上下横梁的前端面还安装有齿条。滑架在内门架槽钢的轨道内上下运动。

b. 侧移架：滑架与货叉架之间的过渡连接架。侧移架与滑架相连的一端，上下各有两个类似于主滚轮的轴承，可以在滑架上的上下轨道内滚动。在侧移架靠近滑架一侧，安装有液压马达或电机，上面安装有齿轮，与滑架前端面的齿条相啮合，并沿上下轨道左右侧

移。侧移架的另一端安装摆动货叉架，摆动货叉架则靠电机或180°摆动油缸来实现左右换向。

c. 摆动货叉架：侧向堆垛车的货叉架和普通叉车的货叉架略有不同。普通叉车的货叉架又称滑架，货叉架背面有两个左右堆成的竖板，上面安装有主滚轮、侧滚轮等，在起重链条的拉力作用下，在门架内槽钢的滚道内做上下运动。侧向堆垛车的货叉架不直接和内门架接触，上面也就没有主滚轮和测滚轮。侧向堆垛车的货叉架和侧移架上的摆动机构用高强度螺栓连在一起，可以在水平面做180°摆动(左右各90°)，所以也称为摆动货叉架。

d. 货叉：叉车的最基本和最通用的取物装置。一般叉车都装有两个同样的货叉，货叉装在货叉架上。侧向堆垛车的货叉一般采用挂钩型货叉，在上部挂钩上设置有定位销。定位销插入货叉架上横梁的凹槽中，以防止货叉任意移动。调节时，往上提起定位销，克服弹簧力，销轴脱离货叉架上横梁的凹槽，便可移动货叉，改变间距。

(4) 操控系统

侧向堆垛车一般用于高架库房，特殊的驾驶环境易产生驾驶疲劳感，因此，简洁舒适的操控界面可以很大程度上减轻操作者的劳动强度，避免因此产生的意外。

侧向堆垛车相对而言偏向高端产品，基本上采用了机电液一体化控制，操控界面相对普通叉车集成度更高，操作界面更加友好。图9-44和图9-45所示分别为德国永恒力公司生产的人上行和人下行窄巷道堆垛叉车的操控台。

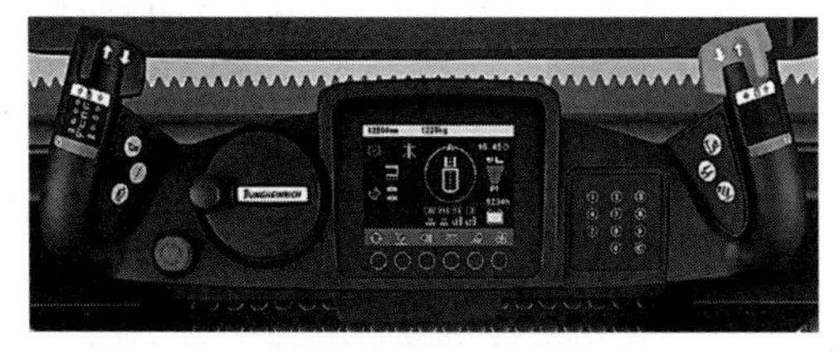

图9-44　永恒力人上行窄巷道堆垛叉车一体化操控台

图9-45　永恒力人下行窄巷道堆垛叉车操控台

(5) 液压系统

侧向堆垛车的液压系统由工作油箱(液压油箱)、油泵电机、工作油泵、多路阀、液压马达、油缸、液压接头、管路等组成。

齿轮泵通过出油端将液压油导入多路阀的进油口，多路阀则包括升降换向阀、侧移换向阀和旋转换向阀，分别对应门架升降、货叉架侧移和左右旋转功能，同时液压马达阀组具有双向溢流和对自由状态的货叉头进行锁止的结构，有效增加了叉车堆垛时的精确性、稳定性和安全性。侧向堆垛车的多路阀一般采用电比例控制多路阀，操作者可以通过操作手柄来控制多路阀的开度，进而根据需要控制动作的快慢。

(6) 电气系统

侧向堆垛车的电气系统主要由工作电机、转向电机、油泵电机、CAN总线可编程控制器、交互式仪表、遥控器、蓄电池、DC-DC转换器、传感器、显示器、加速踏板等组成。整个系统形成数据采集、可编程控制、虚拟仪表、总线传输、故障诊断一体的智能化控制系统。

3) 工作原理

(1) 侧向堆垛车的工作原理

侧向堆垛车之所以能够实现两侧甚至三面堆垛，在于其均安装有一个三面堆垛头，该堆垛头的货叉架可以在左右各 90°范围内摆动，使货叉朝向左、右、前侧，而安装摆动货叉架的支架可以沿后滑架上下横梁上的轨道左右侧移，进而实现车体左右两侧以及正前方的堆垛。

货叉在左侧初始位置至右侧初始位置的侧移动作和旋转动作同步进行，高效工作，如图 9-46 所示。

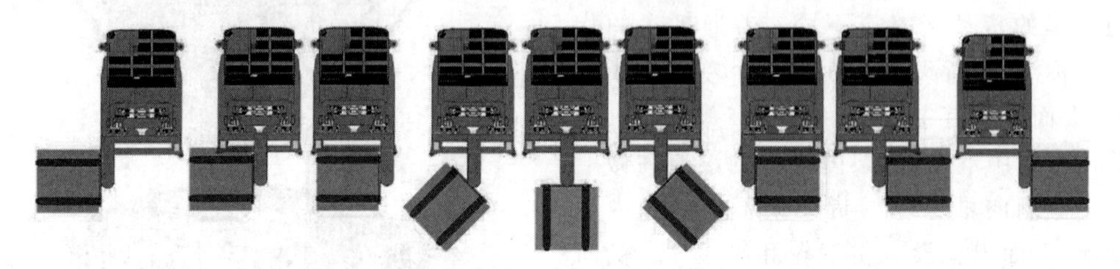

图 9-46　三向堆垛车货叉从最左侧向最右侧移动示意图

图 9-47、图 9-48 所示为侧向堆垛车在货架巷道内进行堆垛作业的示意图。

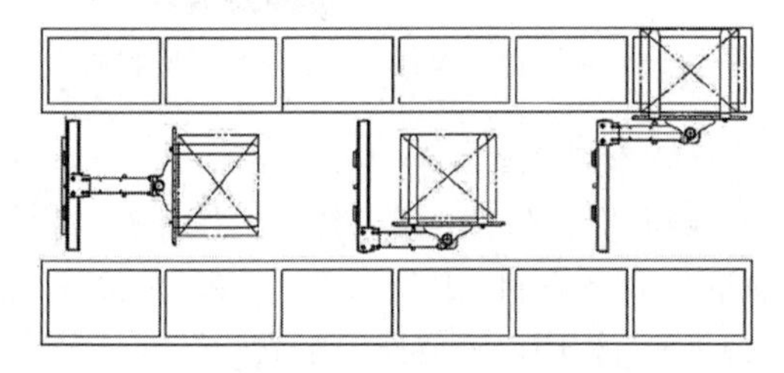

图 9-47　侧向堆垛车车身左侧堆垛作业示意图

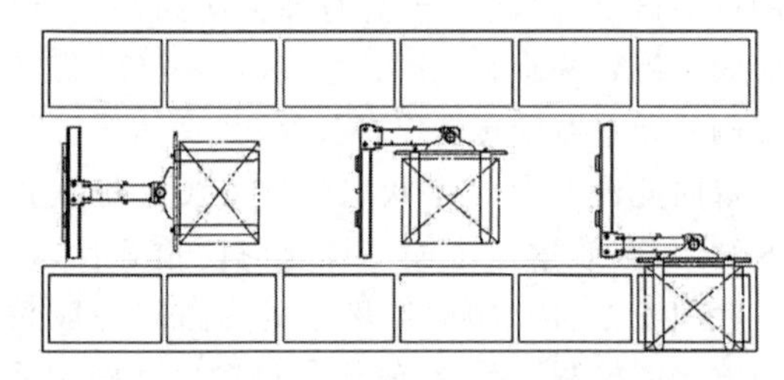

图 9-48　侧向堆垛车车身右侧堆垛作业示意图

(2) 侧向堆垛车的特点

侧向堆垛车最大的特点在于货叉在左右方向摆动时，叉车不需要进行掉头或者转弯，且在货叉左右摆动过程中可以做到叉尖不超出车身外宽。另外，在侧向堆垛车车架靠下位置前后左右各安装一个导向轮，配合高位货架底部的导轨，可以使侧向堆垛车在巷道内安全行驶，这样就可以使货架巷道的宽度尽可能窄，在库房内更加紧密地布置更多的货架，以提升库容量。目前国内外窄巷道高位货架的堆垛作业，已经实现货架巷道小于 1.5 m 的间距，使同样面积下的库容量大幅提升。

4) 主要产品技术规格

国内外制造商对产品型号的编号规则不尽相同，但所规定产品型号均能体现额定载重量，部分型号还能体现提升高度信息。

(1) 人下行三向堆垛车主要产品技术参数(见表 9-6～表 9-9)。

(2) 人上行三向堆垛车主要产品技术参数(见表 9-10～表 9-12)。

表 9-6　永恒力人下行三向堆垛车主要参数

项目	型号	
	EFX410	**EFX413**
额定载重量/kg	1 000	1 300
最大起升高度/mm	7 000	7 000
行驶速度/(km/h)	9	9
总长/mm	3 135	3 135
电瓶电压/V	48	48
驾驶类型	座驾式	座驾式

表 9-7　丰田人下行三向堆垛车主要参数

项目	型号
	VCE150A
额定负载/kg	1 500
负载中心/mm	600
全宽/mm	1 270
转弯半径/mm	1 698
护顶架高/mm	4 460
至货叉垂直面的长度/mm	3 616
驾驶类型	座驾式

表 9-8　搬易通(米玛)人下行三向堆垛车主要参数

项目	型号			
	MC10	MC10SQ	MC15	MC15SQ
额定起重量/kg	1 000	1 500	1 000	1 500
载荷中心距/mm	500	500	600	600
起升高度/mm	3 000	4 500	3 000	4 500
货叉尺寸(长×宽×厚)/(mm×mm×mm)	100×125×50	100×125×50	100×125×50	100×125×50
前悬距/mm	657	657	670	670
转弯半径/mm	1 880	1 880	1 980	1 980
行驶速度(满载/空载)/(km/h)	7.5/8	7.5/8	7.5/8	7.5/8
起升速度(满载/空载)/(km/h)	240/290	240/290	200/250	200/250
下降速度(满载/空载)/(km/h)	310/310	310/310	340/340	340/340
整机质量/kg	4 260	4 800	4 690	5 520
驾驶方式	站驾式	站驾式	站驾式	站驾式

表 9-9　美科斯人下行三向堆垛车主要参数

项目	型号	
	FBT13	FBT15
额定起重量/kg	1 300	1 500
载荷中心距/mm	600	600
标准门架起升高度/mm	7 500	7 000
旋转角度/(°)	180°	180°
最小转弯半径/mm	2175	2 500
车体长度(不带货叉)/mm	3 428	3 788
车体宽度/mm	1 210/1 520	1 210/1 520
门架不起升高度/mm	3 610	3 455
护顶架高度/mm	2 461	2 461
转向形式	电子转向	电子转向

表 9-10　永恒力人上行三向堆垛车主要参数

项目	型号				
	EFX410	EFX412	EKX514	EKX516K	EKX516
额定载重量/kg	1 100	1 200	1 400	1 600	1 600
最大起升高度/mm	8 500	8 500	14 500	14 500	14 500
行驶速度/(km/h)	10.5	10.5	10.5	12	12
总长/mm	3 665	3 665	3 665	3 775	4 045
电瓶电压/V	48	48	48	80	80

表 9-11　丰田人上行三向堆垛车主要参数

项目	型号	
	9 600	9 700
额定负载/kg	1 360	1 360
负载中心/mm	600	600
全宽/mm	1 219/1 422	1 422/1 575
转弯半径/mm	2 342	2 342
护顶架高/mm	2 464	2 464
至货叉前端面的长度/mm	2 591	2 591
驾驶类型	座驾式	座驾式

表 9-12　搬易通(米玛)人上行三向堆垛车主要参数

项目	型号			
	TC10-30	TC10-75	MC15-30	MC15-75
驾驶方式/mm	站驾式	站驾式	站驾式	站驾式
额定载荷/kg	1 000	1 000	1 500	1 500
载荷中心距/mm	500	500	600	600
标准起升高度/mm	3 000	7 500	3 000	7 500
门架闭合高度/mm	2 570	3 750	2 565	3 823
整车宽度/mm	1 450	1 450	1 550	1 550
整车长度/mm	2 892	2 890	3 000	3 000
整车质量(含电池)/kg	4 760	5 270	4 650	5 640
转向系统	液压转向	液压转向	电转向 EPS	电转向 EPS

5) 选型

作为仓储用的侧向堆垛车,主要考虑的参数有额定载重量、起升高度、堆垛通道宽度、电池类型、续航时间以及人机工程等方面的参数。侧向堆垛车相对来说售价较高,不同吨位及载重量的产品价格可能出入较大。选型时要根据日常搬运产品的种类、货架高度,选择适合工况的额定载重量及吨位,以合理降低投入成本,避免不必要的浪费。

6) 安全使用规范

(1) 叉车的驾驶人员必须经过驾驶培训,并取得驾驶操作资格。

(2) 操作人员在操作时应穿戴可作安全防护用的鞋、帽、服装及手套。

(3) 实际起重量应满足载荷曲线图在对应高度上的载荷要求,严禁超载,以免车辆失稳,发生严重事故。

(4) 严禁在叉车运行的通道内堆放杂物,要及时清理路面。

(5) 使用叉车前后,必须进行日常检查,禁止带故障作业,叉车在工作过程中如发现不正常情况,必须立即停车检查,待排除故障后方可继续工作。

(6) 在操作一个液压手柄时,注意不要使另一个手柄移动,不许从驾驶员座椅以外操作液压手柄。

(7) 禁止装载未固定或松散堆垛的货物。

(8) 禁止搬运长度、宽度超过规定尺寸的超大货物。

(9) 在装载货物时,要按货物大小调整货叉之间的距离,使货物的重量由两个货叉平均分担,以避免开车时货物向一边滑脱。禁止用一个货叉挑货。

(10) 装载货物时应将货叉插入到托盘最深处,当货叉插入货物底部后,货叉臂应与货物相接触,然后门架后倾到极限位置,将货叉升起离地 200～300 mm 时再行驶。

(11) 起升或下降货物时,货叉下面绝对不许有人，禁止货叉上载人提升。

（12）进行装卸作业时，门架应处于垂直位置，叉车呈制动状态。

（13）叉车在使用过程中要随时注意机械、液压、电气及调速器和制动器的性能和工作状态，发现异常马上停车检查。

（14）注意观察仪表的显示，当仪表显示蓄电池电量不足时应立即停止运行，并及时充电。

（15）叉车在运载货物行驶时，勿紧急制动，以防止货物滑出。

（16）叉车应低速驶进货物区，同时要注意货物附近有无凸出的坚硬物体，以免引起车辆振动和刺伤车轮。

（17）叉车行驶时应注意行人，并注意叉车上方的间隙。

（18）叉车行走时，禁止把手、脚和身体的其他部位伸出驾驶室外，车上不准载人。

（19）在潮湿或光滑的路面转弯时必须减速行驶。

（20）禁止叉车突然起动、加速、停止和高速急转弯，如操作不当，可能会引起叉车侧翻，造成严重事故。

（21）门架链条在使用过程中要定期检查，保证链节间润滑良好，左右链条松紧一致。当链条在使用过程中发生磨损，链条的节距变化值超过标准值的2%时，必须更换链条，确保承载安全。

（22）使用完毕后要离开叉车时，请将叉车停放在水平地面上，并将货叉下降着地，将挡位手柄放到空挡，断开电源。

（23）叉车在出厂前安全阀压力已调整好，用户在使用中不要随意调整，压力过高会造成叉车超载运行从而损坏液压元件，或造成倾翻事故。

7）维护与保养

（1）工作装置的保养、维护、调整

① 门架导轨和滑架滚轮要始终保持良好的润滑，要求每工作200 h加一次润滑油脂。

② 起升链条要始终保持很好的润滑，要求每工作200 h加一次润滑油脂。

③ 两侧起升链条的松紧程度要保持一致，可根据情况进行调整。

④ 起升油缸和倾斜油缸的顶帽要求始终保持紧固，若发现松动，要及时拧紧。

（2）驱动系统的保养与维护

① 驱动轮的安装应保持紧固可靠，若发现轮子有异常声音或松动，请及时紧固。

② 电动机前后盖内装有轴承，每工作200 h应给轴承加一次润滑油脂。

（3）液压系统的保养与维护

① 新叉车使用3个月后请更换一次液压油，以后每年更换一次液压油。

② 在日常保养时，请检查液压管系统各接头是否有松动。

③ 各阀和管路表面要保持清洁，及时清除表面灰尘。

④ 对老化龟裂的油管要及时进行更换。

（4）电气系统的保养与维护

① 保持电气元件表面清洁。

② 各安装紧固螺栓紧固可靠，不能有松动，特别是控制器底板与车架的连接螺栓要始终保持紧固可靠，否则会造成散热不良，影响控制器正常工作。

③ 对接触器的触点要进行定期检查和保养，对有烧损的触点应进行打磨修复。

④ 各电气元件表面不能有油污，以防积尘，发生短路。

（5）蓄电池的充电、使用和维护保养

① 未经使用的铅酸蓄电池在使用前应进行初充电，即第一次充电。初充电前应将电池表面擦拭干净，检查有无损坏，保证连接可靠。

② 正常使用的电池应避免过充电、过放电。

③ 蓄电池不用时应存放在5～40℃的清洁、干燥、通风的仓库内。在储存期内应每个月给蓄电池补充电，防止电池因自放电而出现馈电情况。

8）常见故障与排除

侧向堆垛车的故障主要分为机械故障、电气故障、液压故障。机械故障往往比较明显，比如螺栓松动、结构件损坏、焊缝开裂等，不再详述。这里主要以侧向堆垛车为例，将常见的液压系统故障和电气系统故障进行简单讲解（见表9-13、表9-14），以帮助读者诊断并排除一些简单的车辆故障。

表 9-13 液压系统常见故障及排除方法

故障现象	可能原因	排除方法
不正常噪声	吸油滤清器堵塞	清洗或更换吸油滤清器
	吸油软管进入了空气，油起泡沫	紧固接头，检查油位或添加油
	液压泵或电机损坏	更换
	密封故障，空气进入了油泵	排除故障或更换油泵
液压系统无力或压力过低	泵吸油故障，有噪声	换油或加油
	油泵损坏	更换
	阀组有故障	清洗或更换
	管路破损或泄漏	更换油管或拧紧接头
	油的黏度不对，泄漏损失过大	更换液压油
	安全阀或溢流阀故障	调整安全阀或者溢流阀的调整螺丝，必要时可拆开检查弹簧是否失效、阀芯是否卡阻或锈蚀

表 9-14 电气系统常见故障及排除方法

故障现象	可能原因	排除方法
叉车不启动（整车没电）	蓄电池电量不足	检查，充电或更换蓄电池
	蓄电池电线接头松弛	拧紧接头螺丝
	熔断器烧坏	更换熔断器
	保险丝烧断	检查、更换保险丝
	线束插头松动，接触不良	检查线束插头及插针有无松动，拧紧线束插头
油泵电机不工作	多路阀杆上行程开关未闭合	检查开关，调整间隙
	油泵电机检测信号异常	检查更换油泵电机编码器及温度传感器
	控制器故障	控制器故障时，故障灯会闪，出现故障代码，应记录故障代码，查故障代码表，分析故障原因，解决对应故障
行走电机不工作	信号异常，程序保护	如果有故障代码，查故障代码表，分析排除故障原因
	加速踏板信号异常	可用万用表测量加速踏板的使能信号和电位计信号在踩踏板时有没有变化，有变化则踏板正常，检查线路。如果信号不变化，则加速踏板损坏，需更换加速踏板
	手刹及座椅开关信号异常	松开手刹，并检查手刹线路，检查更换座椅开关
	启动顺序错误	有的车辆程序中设定有保护功能，启动车辆前所有开关应处于断开状态
	前进或后退信号未进入控制器	对照电气原理图，找到控制器上前进和后退的信号线，用万用表测量在前进或后退手柄动作时，信号线上电压是否有变化，电压无变化则为线路问题，电压有变化则为控制器故障，需维修会替换线路和控制器

续表

故障现象	可能原因	排除方法
叉车只有前进或只有后退	线路接触不良或前进后退开关损坏	叉车只有前进或者只有后退时,初步可确定控制器正常,可检测前进后退信号或者更换双手柄组合开关
喇叭或倒车蜂鸣器不响	线路接触不良	重新连接或清理
	控制开关损坏	更换开关
	喇叭损坏	更换喇叭
灯光不亮	灯泡损坏	更换
	灯光控制开关损坏	更换
	线路接触不良	重新连接或清理

9.3.5　高起升拣选车

1. 概述

拣选车是操作台随平台或货叉一起升降,允许操作者将载荷从承载属具上堆放到货架上,或从货架上取出载荷并放置在承载属具上的起升车辆。其中,高起升拣选车属于高位仓储车辆的范畴,在结构和功能上与同类车具有许多相似之处。综合考虑其工作性质等因素,确定高起升拣选车应具备如下特点:

(1) 能实现多轴联动,在车辆行驶和转向的同时,可以实现货物的升降。

(2) 具有良好的稳定性,保证车辆作业时不易发生倾覆。

(3) 整车结构紧凑灵活,保证车辆具有良好的机动性能。

(4) 节能环保,一般采用电力驱动,可通过再生制动回收能源。

(5) 结构符合人机工程学,操纵舒适方便,并实现智能化。

(6) 具有高可靠性,保证低故障率,便于保养和维修。

(7) 起升高度高,保证车辆能适用于多种场合。

(8) 具有多重安全装置,切实保证操作人员的人身安全。

2. 发展趋势

拣选车的产量在仓储车销量里虽然占比比较小,但每年都在逐步递增。中国是一个人口大国,随着人口红利的消失,人力成本开始上升,机器替代人工,将会越来越普遍化,超市、码头、仓库、建筑物层等场所拣选车的应用范围将越来越大。国家最近也在大力提倡碳中和,未来的拣选车将越来越环保化、节能化。随着技术的革新,智能化也是未来的发展趋势,无人自动拣选会有很大的发展空间。国产品牌必须掌握核心技术才能在国际上走得更远。

3. 产品分类

现今市场上的高起升拣选车有许多种,如轻型高起升拣选车、全自动高起升拣选车、高起升驾驶拣选车、半电动高起升拣选车、高空取料机和轻型半电动高起升拣选车,如图 9-49 所示。

轻型高起升拣选车(图 9-49(a))主要用于 5 m 以下低货架库房、窄巷道库房等狭小场所的物资拣选作业,可以减轻人员劳动强度,提高作业安全性和作业效率。其特点是:

(1) 具有升降、行驶、转向和制动功能,整车外形尺寸小,操纵灵活。

(2) 采用蓄电池供电,电机驱动,对环境无污染,振动小,噪声低。

(3) 采用桅柱式升降机构,强度高,导向性和稳定性好,升降平稳。载货平台面积大,回收高度低,便于人员及货物上下。

(4) 行驶和制动系统互联控制,可有效避免误操作引起的危险工况。

图 9-49(b)和(c)所示的高起升拣选车和高起升驾驶拣选车为市场上主流的产品类型。一般采用蓄电池为动力源,以交流电机为动

(a) (b) (c)

(d) (e) (f)

图 9-49 高起升拣选车种类

(a) 轻型高起升拣选车；(b) 全自动高起升拣选车；(c) 高起升驾驶拣选车；
(d) 半电动高起升拣选车；(e) 高空取料机；(f) 轻型半电动高起升拣选车

力，通过齿轮传动驱动车辆行走，货叉的起升靠直流电机和液压传动，推动油缸上下运动，从而实现货叉和货物的起升和下降。由于拣选车的行走与起升都是电动的，驾驶方式为站驾式，转向为转向盘式电转向，所以具有省力、效率高、货物运行平稳、操作简单、安全可靠、噪声小、无污染等特点。

图 9-49(d)～(f)所示的高起升拣选车均为半电动拣选车，其构造及工作原理较简单，本书中不一一赘述。

4. 典型产品结构和工作原理

1) 结构

下面以图 9-49(c)所示的高起升驾驶拣选车为例，介绍高起升拣选车的结构及工作原理。图 9-50 为高起升拣选车的整车构造示意图，主要由车体部分、电气系统、门架和操纵台等部分组成。其中，车体部分包括车架、驱动系统和液压系统等部件；电气系统则包含驱动电机、转向电机、蓄电池和整车线束等部件；门架通过液压缸驱动实现操纵台及货物的升降；操纵台部分由操纵手柄、按钮和脚踏板等部件组成，实现对整车的控制。

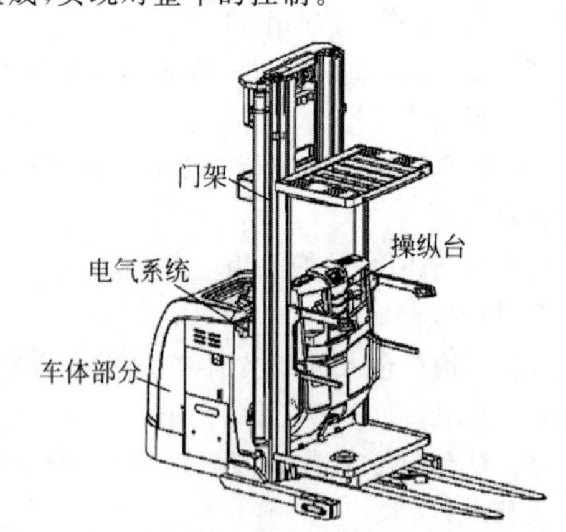

图 9-50 高起升拣选车整车构造示意图

2) 工作原理

为满足工作需求，高起升拣选车要具备 4 大功能：行走功能、转向功能、起升功能和制动功能。图 9-51 为其各功能实现过程示意图。

(1) 行走功能

高起升拣选车一般采用三支点支承，即在

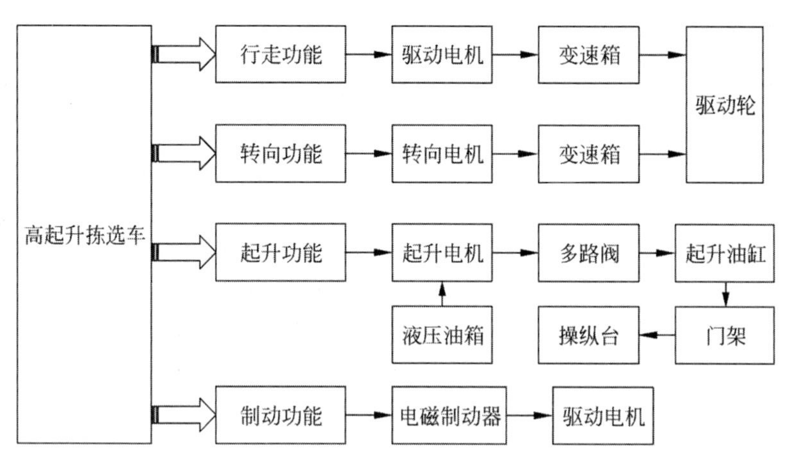

图 9-51　高起升拣选车功能流程

车架正下方有一个驱动轮，两根支腿下方各有一组从动轮，驱动轮和两组从动轮呈“品”字形构成整车的承载支承面。拣选车行走时，操作人员打开钥匙开关，整车通电，转动操纵台手柄上的行走旋钮，整车控制器发送信号控制驱动电机转动，驱动电机输出转速经变速箱减速后带动驱动轮转动，进而驱动整车行走。图 9-52 为整车车体部分的大致结构图。

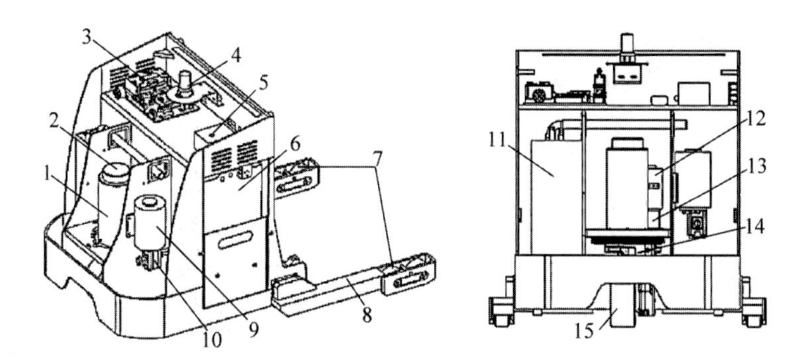

1—驱动电机；2—电磁制动器；3—电控总成；4—警示灯；5—多路阀；6—蓄电池；7—从动轮；8—支承腿；9—起升电机；10—齿轮泵；11—液压油箱；12—转向电机；13—转向行星减速器；14—变速箱；15—驱动轮。

图 9-52　车体结构示意图

(2) 转向功能

高起升拣选车采用电转向方式进行转向，即操纵台的操纵手柄与驱动轮之间无机械连接。当整车需要转向时，操作人员将手柄转动一定的角度，安装在手柄下方的编码器则会输出脉冲信号至电控总成，电控总成根据输入信号和相关算法，输出相应的控制信号驱动转向电机转动，转向电机输出转速经转向行星减速器减速后使驱动轮转向。转向功能实现流程如图 9-53 所示。

(3) 起升功能与制动功能

通常情况下，高起升拣选车的起升高度较高，因此需要高起升门架实现该功能。当拣选车行走至货架下方，需要操纵台升高并拣选物料时，驾驶人员按下手柄的起升按钮，起升电机工作，带动齿轮泵将液压油箱中的液压油吸至多路阀，多路阀将液压油输送至起升油缸，起升油缸工作，将操纵台起升至相应的高度，方便驾驶人员拣选货架高处的货物。车辆在行驶过程中若遇到紧急情况，可按下操纵台上

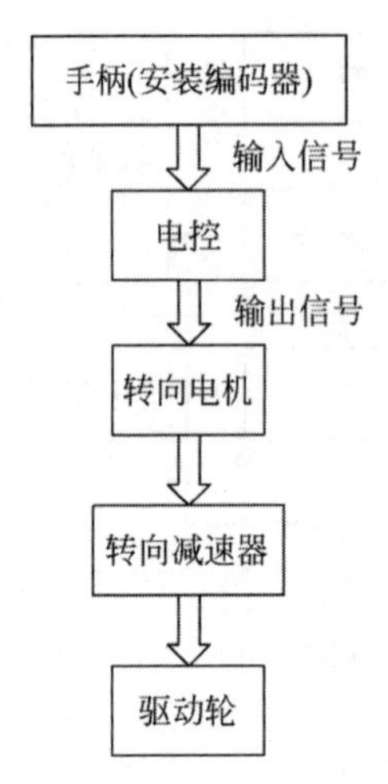

图 9-53　转向功能实现流程

的紧急反向按钮；若车辆正常制动，则按下制动按钮，电磁制动器吸合，驱动电机停止转动，车辆停止行驶，达到制动效果。

(4) 操纵台

与其他仓储车辆对比，操纵台是高起升拣选车的一个特殊结构。操纵台即高起升拣选车的驾驶控制台，拣选车的相关作业均由操作人员在操纵台上控制。如图 9-54 所示，操纵台主要由立柱、站立平台、侧把手、货叉和托盘夹紧装置等部件组成，并配有主操纵手柄、转向操纵手柄、踏板开关、钥匙开关、显示仪表和相关配件(照明灯、风扇)等。其中，主操纵手柄可以控制整车行走、货叉升降，转向操纵手柄用于控制整车转向。

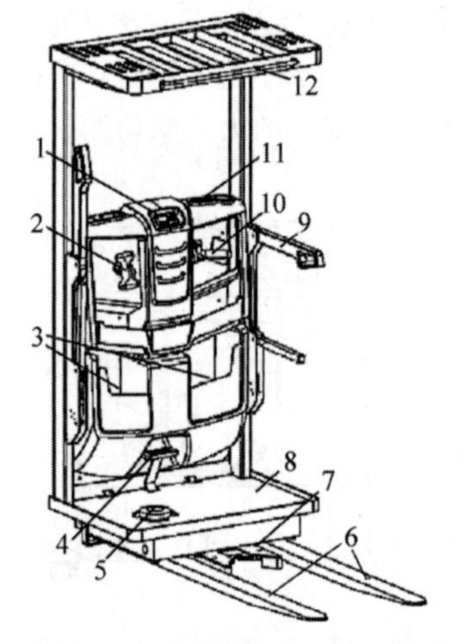

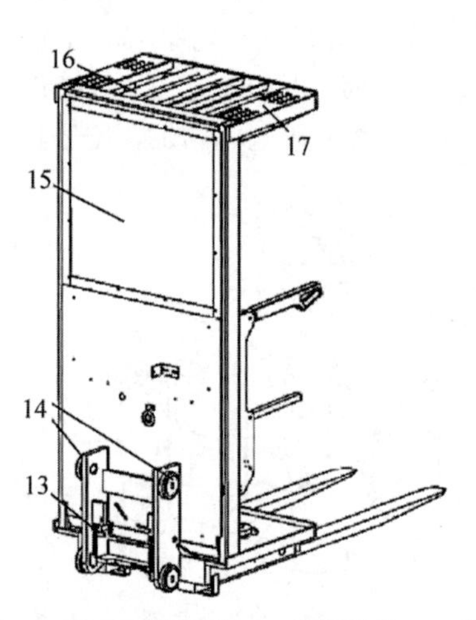

1—显示仪表；2—转向操纵手柄；3—储物仓阁；4—托盘释放踏板；5—踏板开关；6—货叉；7—托盘夹紧装置；8—站立平台；9—侧把手；10—主操纵手柄；11—钥匙开关；12—安全带固定杆；13—链条安装器；14—滚轮；15—有机玻璃板；16—护顶架；17—相关配件。

图 9-54　操纵台结构示意图

操纵台上的托盘夹紧装置用来锁紧装在货叉上的拣选托盘，避免操作人员拣选时托盘松动导致货物掉落的安全事故。托盘上的横梁伸入托盘夹时会被锁紧，当且仅当货叉落到最低位，托盘被地面垫起来，操作人员踩下托盘释放踏板时才可以将托盘卸下。

为保证操作人员的安全，在操纵台左右两侧设置了侧把手，侧把手可折叠收缩。进行拣选作业时，只有在侧把手处于水平位置，操作人员才可以进行整车的行走、升降操作，从而避免操作人员从高处不慎落下，产生安全事故。

(5) 电气系统

电动拣选车一般由图 9-55 所示的几个主要部件组成。电池作为拣选车的动力源，既可以将电池的化学能转换为电能——放电，又可以将电能转换为化学能——充电。它为电控和手柄提供电源。目前电动拣选车用的电池有铅酸蓄电池和锂电池两种。目前市面上以 24 V、48 V、80 V 为主，电池容量的大小根据需

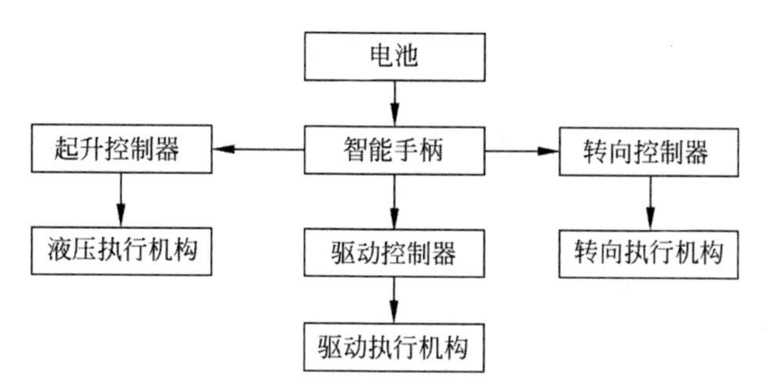

图 9-55　电气系统工作框图

求和工况可以选配。

拣选车控制器一般有3个：行走控制器、转向控制器、起升控制器，它们可以采集手柄开关和传感器的信号，通过运算放大，做出判断，从而驱动执行器工作。同时，控制器可以分析和记录故障代码，监控运行状态。各个控制器通过CAN进行通信。

高起升拣选车的操纵台上集成了手柄，手柄上包括紧急反向按钮、龟爬按钮、行驶加速按钮、喇叭按钮、升降按钮、调速升降按钮的开关，同时集成手柄可以显示电量信息、工作时长等内容。手柄也可以带有CAN通信，实时与控制器进行通信，信号也可以通过CAN进行传输。

5. 主要技术规格

目前，市场上有许多工业车辆企业研发制造高起升拣选车，下面列举几个厂商高起升拣选车的规格参数(见表9-15～表9-17)。

表 9-15　永恒力高起升拣选车规格参数

参数	车型			
	EKS 210Z	**EKS 210L**	**EKS 312Z**	**EKS 312L**
驱动装置	电动			
额定载荷/kg	1 000	1 000	1 200	1 200
载荷中心距/mm	400			
载荷间距/mm	350	350	325	325
轮距/mm	1 325	1 325	1 515	1 515
驱动轮/配重中心/mm	210	210	235	235
自重/kg	2 850	2 950	3 650	3 750
满载轴负荷(前/后)/kg	3 066/864	3 116/914	3 574/1 157	3 624/1 207
空载轴负荷(前/后)/kg	1 390/1 460	1 440/1 510	1 840/1 810	1 890/1 860
叉车轮胎	Vulkollan			
前轮尺寸(直径×轮宽)/(mm×mm)	ϕ150×95			
后轮尺寸(直径×轮宽)/(mm×mm)	ϕ250×80	ϕ250×80	ϕ343×110	ϕ343×110
车轮数量	2/1	2/1	2/1	2/1
前轮轮距/mm	775	775	875	875
闭合门架高度/mm	2 330	2 330	3 330	3 330
起升高度/mm	3 000	3 000	5 000	5 000
门架伸展高度/mm	5 320	5 320	7 320	7 320
护顶架高度/mm	2 320			
总宽度/mm	900/900	900/1 000	1 000/1 000	1 000/1 000
离地间隙/mm	50			

续表

参数	车型			
	EKS 210Z	EKS 210L	EKS 312Z	EKS 312L
转弯半径/mm	1 550	1 550	1 760	1 760
拣选高度/mm	4 845	4 845	6 845	6 845
行驶速度(满载/空载)/(km/h)	9/9	9/9	10.5/10.5	10.5/10.5
起升速度(满载/空载)/(mm/s)	290/310	290/310	350/390	350/390
下降速度(满载/空载)/(mm/s)	340/310	340/310	390/370	390/370
牵引电机功率/(kW)	3	3	6.9	6.9
起升电机功率/(kW)	9.5			
(蓄电池电压/V)/(额定容量/(A·h))	48/465	48/465	48/620	48/620
蓄电池重量/kg	740	740	930	930
转向类型	电转向			

表 9-16 中力叉车高起升拣选车规格参数

参数	车型	
	JX2-3	JX2-4
动力型式	电动	电动
操作类型	站驾式	站驾式
额定载荷/kg	700	1 000
载荷中心距/mm	600	600
前悬距/mm	140	115
轴距/mm	1 330	1 365
自重/kg	1 850	1 965
轮胎类型	聚氨酯	聚氨酯
驱动轮尺寸(直径×轮宽)/(mm×mm)	ϕ230×75	ϕ260×105
承载轮尺寸(直径×轮宽)/(mm×mm)	ϕ150×90	ϕ165×120
门架下降后的最低高度/mm	2 350	2 360
标配门架最大起升高度/mm	2 800	3 597
起升最高时门架高度/mm	5 145	5 975
护顶架高度/mm	2 345	2 270
座椅及站台高度/mm	220	220
站台起升高度/mm	3 020	3 815
货叉最大起升高度/mm	3 600	3 600
货叉下降时高度/mm	63	63
整车长度/mm	2 725	2 750
整车宽度/mm	800	860
转弯半径/mm	1 515	1 600
行走速度/(km/h)	8	8
起升速度(满载/空载)/(mm/s)	130/160	130/160
下降速度(满载/空载)/(mm/s)	160/180	160/180
最大爬坡能力/%	0	0
行车制动类型	电磁	电磁

续表

参数	车型	
	JX2-3	JX2-4
驱动电机功率/kW	2.5	4
起升电机功率/kW	3	3
(电瓶电压/V)/(容量/(A·h))	24/360	24/360
转向类型	电转向	电转向

表 9-17　合力叉车高起升拣选车规格参数

型号	OPS15
驱动方式：电动(蓄电池)、柴油、汽油、燃气	电动(蓄电池)
驾驶方式：手动、步行、站驾、座驾、拣选	拣选
额定载荷/kg	1 500
载荷中心距/mm	600
前悬距/mm	206
轮距/mm	1 236
自重(带电瓶)/kg	3 870
轴负载(满载时前/后轴)/kg	4 320/1 360
轴负载(空载时前/后轴)/kg	1 960/2 220
轮子类型(橡胶轮、高弹性体、气胎轮、聚氨酯轮)	聚氨酯轮
轮子尺寸(前轮)(直径×轮宽)/(mm×mm)	ϕ310×125
轮子尺寸(后轮)(直径×轮宽)/(mm×mm)	ϕ128×73
附加轮(尺寸)(直径×轮宽)/(mm×mm)	ϕ150×47
轮子数量(前+后)	1x+2/4(x表示驱动轮)
后轮轮距/mm	1 236
门架缩回时高度/mm	2 410/3 080/3 750
起升高度/mm	5 000/7 000/9 000
作业时门架最大高度/mm	7 230/9 230/11 230
站台高度/mm	230
降低时高度/mm	80
总体长度/mm	3 200
叉面长度/mm	1 975
车体宽度/mm	1 100/1 352
货叉尺寸(厚度×宽度×长度)/(mm×mm×mm)	45×100×1 220
货叉外宽(长×宽)/(mm×mm)	530×715
护顶架高度/mm	2 290
轴距中心离地间隙/mm	51
通道宽度/mm(托盘1 000mm×1 200mm，1 200mm沿货叉放置)	1 400
转弯半径/mm	1 800
行驶速度(满载/空载)/(km/h)	7.7/8
提升速度(满载/空载)/(m/s)	0～0.15/0～0.25
下降速度(满载/空载)/(m/s)	0～0.28/0～0.30

续表

型号	OPS15
爬坡能力(装载/卸载)/%	5/10
行车制动	电磁制动
驱动电机功率/kW	4.5(AC)
提升电机功率/kW	7.5
(蓄电池电压/V)/(额定容量/(A·h))	24/1 100(770)
蓄电池重量/kg	850(610)
蓄电池尺寸(长×宽×高)/(mm×mm×mm)	982×397×760(561)

6. 选型

仓库内的货物按照货单拣选是一项成本变化相当大的作业。拣选物资时花费的时间和人力越多,拣选成本就越高,因此需要先进的、合适的拣选设备,以降低作业成本,提高拣选效率。

对于高货位仓库中流量低、搬运慢的物资,要求车辆能将拣选工和托盘送至顶端,以实现最大的拣选率。在选用高起升拣选车时,应从以下方面考虑车辆性能及配置的选型:

(1) 根据立体仓库的货架密度、高度选择车辆的相关尺寸和最大起升高度。如果货架密度较高,则货架间通道较窄,这就对拣选车的整车长度、整车宽度以及转弯半径提出了较高的要求。

(2) 根据货物的类型决定高起升拣选车的相关配置。例如,对于散货或者不规则形状的货物,应选用带驾驶室、捆扎式托盘的拣选车,以免货物在拣选过程中落下。

(3) 根据工作强度、工况决定拣选车的性能参数和电瓶容量。

7. 安全使用规范

使用高起升拣选车,应注意以下事项:

(1) 电动车型仅限于在地面平整坚硬的室内使用,严禁在易燃易爆或酸碱等腐蚀性环境中使用。

(2) 只有受过训练的驾驶员方可驾驶拣选车。

(3) 操作车辆前请认真阅读操作手册,并掌握车辆性能;每次使用前仔细检查车辆是否正常,严禁使用有故障的车辆;未经培训,严禁自行修理车辆。

(4) 严禁超载使用。在装载货物前,操作者必须确定货物重量是否在叉车载重量的范围内。

(5) 搬运时,货物的重心必须在两个货叉以内,严禁搬运松散货物。

(6) 当货叉进出托盘时,应缓慢开动车辆。

(7) 严禁在车辆行走时按上升或下降按钮,严禁快速频繁切换上升、下降按钮,急速频繁上升、下降会造成车辆与货物的损坏。

(8) 不许将重物急速加载于货叉上。

(9) 不要将货物长期搁在车体上。

(10) 在狭窄通道上严禁急转弯,应减速缓慢转弯行驶,以保证人员和货物的安全。

(11) 拣选车不用时,应将货叉降到最低位置。

(12) 严禁将身体的任何部位放在重物和货叉下面。

(13) 拣选车适用于在平坦地面或平坦作业平台上使用,严禁在斜坡上长期停放。

(14) 严禁超载或超坡道运行,否则会造成车轮打滑,损坏车轮和电机以及货物,甚至影响人身安全。

(15) 严禁在规定电压 20.4 V 以下使用车辆。

(16) 严禁直接将电源插头与交流电相连充电。

(17) 操作者的头、手和脚严禁伸出操作室外。

(18) 禁止在货叉提升状态下驾车。

8. 维护与保养

定期对拣选车进行全面的检查和维护保

养可以避免产生故障和达不到它应有的使用寿命。维护保养程序中列出的小时数是基于车辆一天工作 8 h,每月工作 200 h 情况而定的。为了安全操作,应按维护保养程序对整车进行维护。

1) 对拣选车进行维护保养前的注意事项

(1) 禁止吸烟、做好自我防护工作。

(2) 及时擦去流出的油。

(3) 在加润滑油时应先用刷子或布将接头上原有的脏油或灰尘清理干净。

(4) 除了有些情况外,应关掉钥匙开关并拔下电源插座。

(5) 进行维护保养时应将货叉放落到最低。

(6) 在拆卸高压油管时必须要保证车上无任何货物,货叉降到最低位置,以释放液压系统中的压力。

(7) 在接触主线路接线柱时须事先对电路进行放电操作,因为电路中有电容器,可能会有少量电能存在。

(8) 用压缩空气清理电气部分,严禁用水冲洗。

(9) 当需要进行高位保养时,要对保养人员进行高空安全保护。

(10) 更换零部件时须采用与原设计有同等安全要求的零部件进行更换,部分零部件应采用拣选车公司的专用零部件,润滑油和液压油也必须是由拣选车公司推荐的牌号。

(11) 维护保养的场所应为指定场所,必须满足地面水平、通风条件良好等条件,且可提供其他起吊等服务机构和安全保护设施。

2) 新车启用前的检查和维护

为遵循有关行业规定及保证车辆在运输中的绝对安全,新出厂的车辆可能在第一次启用前蓄电池内部均未带电解液(除内地销售外)。

车辆在出厂时随车备有配制好的蓄电池电解液。在第一次使用前由专业人员将蓄电池电解液灌入蓄电池内。首先,将车辆置于通风良好的场所,打开蓄电池箱盖,并将蓄电池顶部的塑料盖全部掀开。将装有蓄电池电解液的塑料壶提起,用塑料漏斗慢慢将电解液灌入蓄电池内,直至能看到液面。待全部蓄电池灌满后,按初次充电的操作要求对电瓶及时进行初充电。

3) 日常需求检查

(1) 检查液压油油位:将货叉降到最低位置,加油量为规定值。液压油选用推荐牌号。

(2) 检查蓄电池电量,可参照蓄电池的使用和维护。

4) 检查与维护

(1) 50 h 后的检查与维护(每周),见表 9-18。

表 9-18　50 h 后的检查与维护

项目	检查与维护内容
制动系统	速度控制按钮在行走区和中间制动区之间切换,制动器有咔咔吸合声响
	转向大齿轮上的油污和灰尘要擦拭干净
	制动器间隙应保持在 0.2～0.8 mm
电解液容量	检查电解液液位,液位过低可用纯水补充
电解液密度	在充完电后测验密度,应为 1.28 g/mL
清洁蓄电池	盖好盖子,用自来水冲洗
检查接触器	用砂纸将触点粗糙面磨光

(2) 200 h 后的检查与维护(1 个月)。除了每周的检查与维护外,每工作 200 h 还要对一些系统进行检查与维护,见表 9-19。

(3) 600 h 后的检查与维护(3 个月)。在进行每 3 个月的检查与维护时,重复月检查与维护过程,见表 9-20。

(4) 1 200 h 后的检查与维护(半年)。在进行每半年的检查与维护时,重复 3 个月的检查与维护过程,见表 9-21。

表 9-19 200 h 后的检查与维护

项目	检查点	检查与维护内容
整车	总体情况	有无异常情况
	喇叭	声音
转向系统 制动系统 液压系统 起升系统	操作手柄	速度控制按钮在行走区和中间制动区之间切换，制动器有咔咔吸合声响
	制动器间隙	制动器间隙应保持在 0.2～0.8 mm
	操作舵把	松紧程度和转动的灵活性
	车架、紧固件	功能、有无裂缝、润滑情况、紧固件有无松动
	货叉夹机构	功能、有无裂缝、弯曲变形情况
	油管	油管是否漏油
	液压油	合适的油量
	起升油缸	有否漏油
蓄电池 充电器 电气系统	电解液	液位、密度、清洁度
	插头	功能、有无损坏
	钥匙开关	功能
	接触器	接触性和功能
	微动开关	功能
	控制器	功能
	驱动电机	碳刷和整流子的磨损情况
	起升电机	碳刷和整流子的磨损情况
	转向电机	碳刷和整流子的磨损情况
	保险丝	是否完好
	线束和接线端子	是否松动和损坏

表 9-20 600 h 后的检查维护

项目	检查与维护内容
接触器	用砂纸打磨接触器不平整的触点
	当功能不好时根据情况更换
电机	碳刷和整流子的磨损情况
制动器	清理制动器摩擦片上的污垢、粉尘，检查摩擦片的磨损情况

表 9-21 1200 h 后的检查与维护

项目	检查与维护内容
接触器	用砂纸打磨接触器不平整的触点
	当功能不好时根据情况更换
电机	碳刷和整流子的磨损情况
减速箱	更换齿轮油

续表

项目	检查与维护内容
滤油器	清洗
制动器	清理制动器摩擦片上的污垢、粉尘，检查摩擦片的磨损情况
液压系统	更换液压油，检查起升油缸有无渗漏，必要时更换密封件
叉轮及叉轮轴承	检查磨损情况，功能不好时根据情况更换

9. 常见故障与排除方法(见表9-22)

表 9-22 常见故障与排除方法

序号	故障	原因	排除方法
1	拣选车开不动(接触器也不工作)	① 控制电路熔断丝已烧坏	更换
		② 电源开关接触不良或损坏	修理或更换
		③ 主电路熔断器已熔断	更换
		④ 电锁开关接触不良或损坏	修理或更换
		⑤ 蓄电池连接松动或脱落	拧紧
	拣选车开不动(接触器工作)	① 驱动轮傍磁制动器不吸合，车辆处于制动状态	修理或更换
		② 电位器损坏或螺钉松动	修理或更换
		③ 行走电机励磁线圈断线或线端接触不良	修理或更换
		④ 接触器触头接触不良	修理或更换
		⑤ MOSFET 管式电路板有故障	修理或更换
		⑥ 护栏没放下或护栏行程开关损坏	放下或修理更换
2	拣选车只能前进(或后退)	① 接触器接触不良或烧坏	修理或更换
		② 电路板有故障	修理或更换
3	拣选车行驶中不能停车	接触器触头损坏，动触头不复位	紧急切断电源，更换接触器触头
4	制动失灵	① 傍磁制动器接线松动或傍磁制动器损坏	紧固螺栓或修理傍磁制动器
		② 傍磁制动器制动片磨损	更换制动片
5	转向失效	① 电位器损坏或紧定螺钉松动	修理或更换
		② 转向电机损坏	修理或更换
		③ 电控损坏	修理或更换
6	驱动轮转向沉重，有噪声，电机处于过载状态	① 齿轮及轴承有异物卡死	清洗或更换轴承
		② 轴承安装存在间隙	调整间隙
		③ 前轮轴承损坏	更换轴承

续表

序号	故障	原因	排除方法
7	货叉不上升	① 超载使用	减小载荷
		② 溢流阀压力太低	调高
		③ 起升油缸有非正常的内漏	更换密封件
		④ 液压油不够	加适量经滤洁的液压油
		⑤ 电瓶电压不够	电池充电
		⑥ 电磁阀损坏	修理或更换
		⑦ 油泵电机损坏	修理或更换
		⑧ 油泵损坏	修理或更换
		⑨ 多路阀损坏	修理或更换
		⑩ 电锁未打开或损坏	修理或更换
		⑪ 电池电压严重不足	充电
8	货叉上升后不下降	① 内门架超载变形	修理或更换
		② 外门架超载变形	修理或更换
		③ 门架滚轮卡死	修理或调整
		④ 门架导向杆弯曲	修理或调直
		⑤ 调速阀堵塞	调节
		⑥ 电磁阀失控	排除电磁阀故障
9	蓄电池端电压降低(充电后)	① 个别单路电池损坏	修理或更换
		② 电池液面低	加电解液
		③ 电解液中有杂质	换电解液
10	行走速度不随高度升高而减速	① 编码器损坏	修理或调整
		② 零位行程开关损坏	修理或调整

9.3.6 电动托盘搬运车

1. 概述

电动托盘搬运车又称电动托盘车或电动搬运车，适用于重载及长时间货物转运工况，可大大提高货物搬运效率，减轻劳动强度。

托盘搬运车是随着集装箱运输方式的推广而产生的，标准集装箱催生了标准化托盘，托盘又催生了托盘搬运车，这个时间可以追溯到20世纪60年代末。到现在为止，托盘搬运车已经经历了超过半个多世纪的进化，从手动到电动，从自动化到智能化，起源在欧洲，发展在中国。目前，中国生产的手动托盘搬运车已经占据了此类产品在全球市场份额的90%以上，而且是以各种品牌的形式广泛应用于世界上的每一个角落。国内最早生产电动托盘搬运车的企业是宁波力达物流设备有限公司。但是真正把电动托盘搬运车这款产品发扬光大的是小金刚系列产品。小金刚的横空出世，在全球仓储叉车行业开创了一个新门类，即经济型仓储叉车，充分利用中国供应链和生产成本的巨大优势，把原来价格高高在上的电动托盘搬运车送入了寻常百姓家。目前经济型仓储叉车台量已经占仓储叉车80%的市场份额。

2. 产品分类

1) 经济型托盘搬运车

经济型托盘搬运车一般采用下卧式直流

驱动轮或电动轮毂电机驱动，微型液压单元或手动泵起升，电池采用 10 A 左右的胶体电池或锂电池，车体采用“前 2 后 1”三支点结构。载荷一般在 1～1.5 t 左右。其结构短小轻便，操作灵活，适用于一般低强度物流搬运，特别适用于集装箱或厢式车内物流搬运。

2）普通托盘搬运车

普通托盘搬运车一般采用上卧式直流驱动轮或立式直流驱动轮驱动，微型液压单元起升，电池采用 180 A 左右的铅酸蓄电池或锂电池，车体采用“前 2 后 3”五支点结构或“前 2 后 2”四支点结构。载荷一般为 2～2.5 t。其结构紧凑、移动灵活，适用于一般中等强度物流搬运。

3）站驾式托盘搬运车

站驾式托盘搬运车一般采用上卧式直流驱动轮或立式直流驱动轮驱动，微型液压单元起升，电池采用 180 A 以上的铅酸蓄电池或锂电池，车体采用“前 2 后 3”五支点结构。载荷一般为 2～3 t，时速在 5 km/h 以上。其结构坚固、移动灵活，适用于一般高强度物流搬运。

3. 典型产品结构

1）普通托盘搬运车的结构

普通托盘搬运车的结构如图 9-56 所示，主要组成如下。

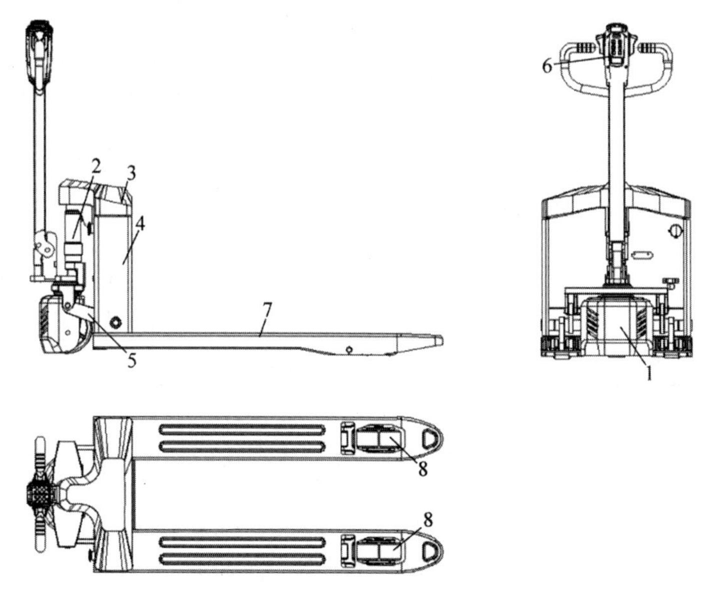

图 9-56　普通托盘搬运车结构

（1）行走动力：电动减速驱动总成。

（2）起升动力：电动液压动力单元。

（3）控制器：MOS 管电控元器件。

（4）电源：铅酸蓄电池或锂电池。

（5）起升结构：四连杆机构货叉起升系统。

（6）操作：操作盒。

（7）支架：整体焊接车架。

（8）行走：聚氨酯包胶轮。

2）站驾式托盘搬运车的结构

站驾式托盘搬运车的结构如图 9-57 所示，主要组成如下。

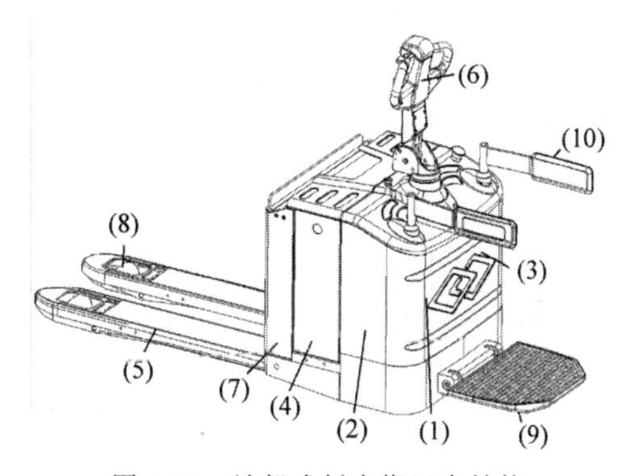

图 9-57　站驾式托盘搬运车结构

(1) 行走动力：电动减速驱动总成(机架内置)。

(2) 起升动力：电动液压动力单元(机架内置)。

(3) 控制器：MOS管电控元器件(机架内置)。

(4) 电源：铅酸蓄电池或锂电池。

(5) 起升结构：四连杆机构货叉起升系统。

(6) 操作：手柄操作盒。

(7) 支架：整体焊接车架。

(8) 行走：聚氨酯包胶轮。

(9) 驾驶：踏板机构。

(10) 防护：保护臂机构。

4. 典型产品主要技术规格

以CBD20/25/30-460和CBD15-170J车型为例，其主要结构分别如图9-58和图9-59所示，主要技术规格见表9-23。

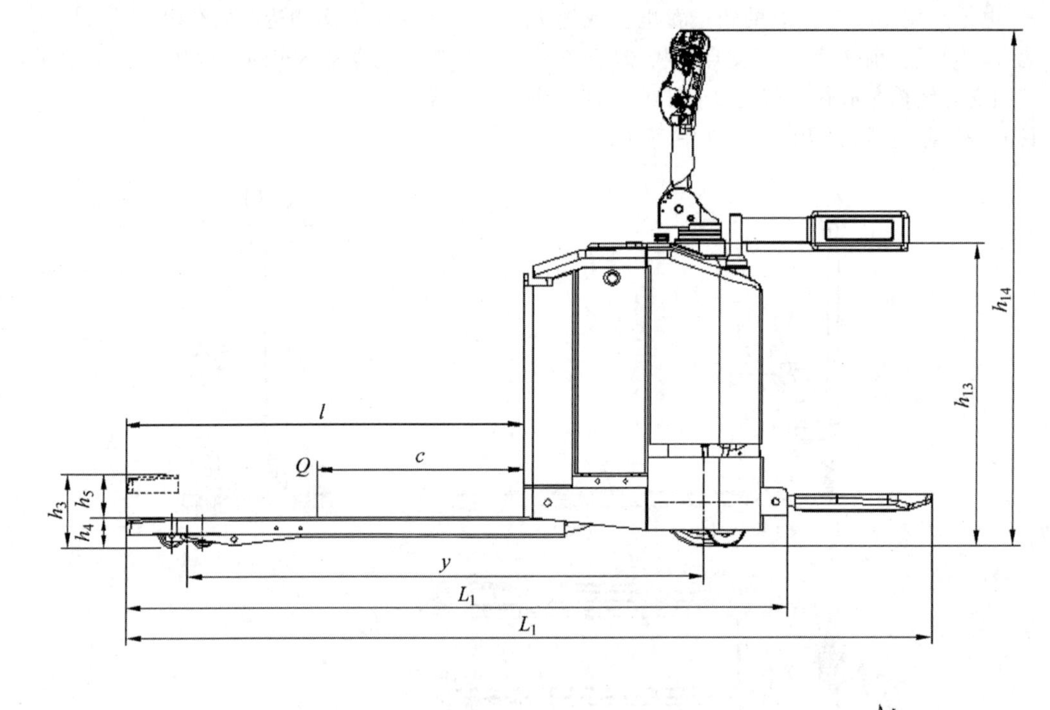

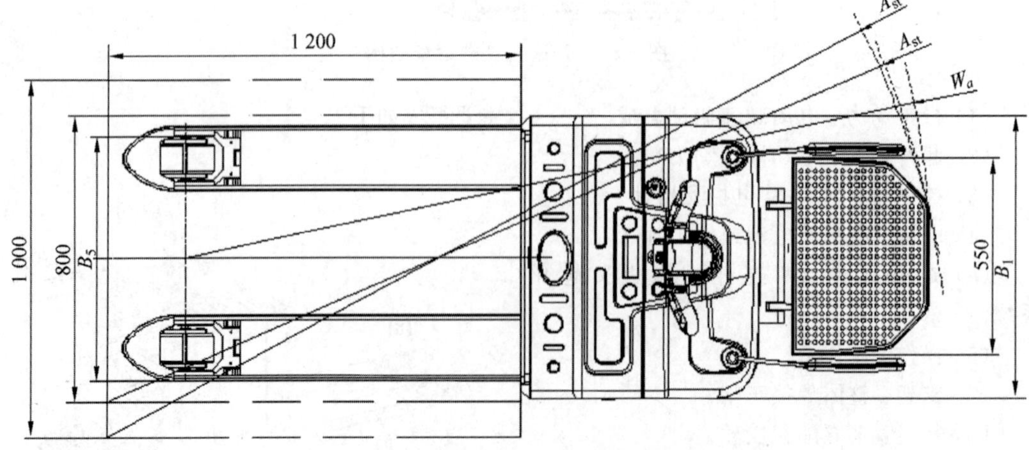

图9-58　CBD20/25/30-460车型结构示意图

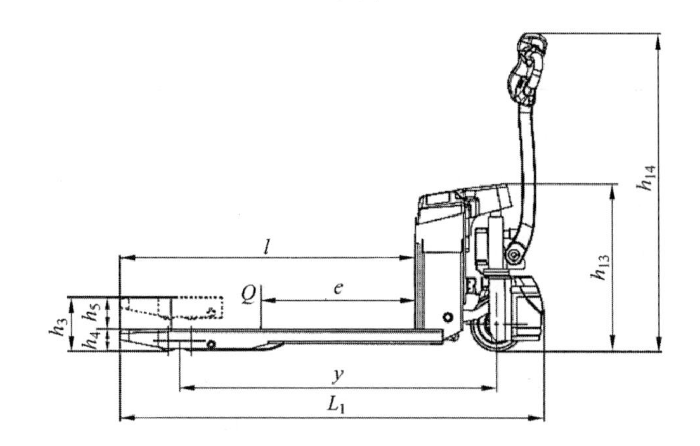

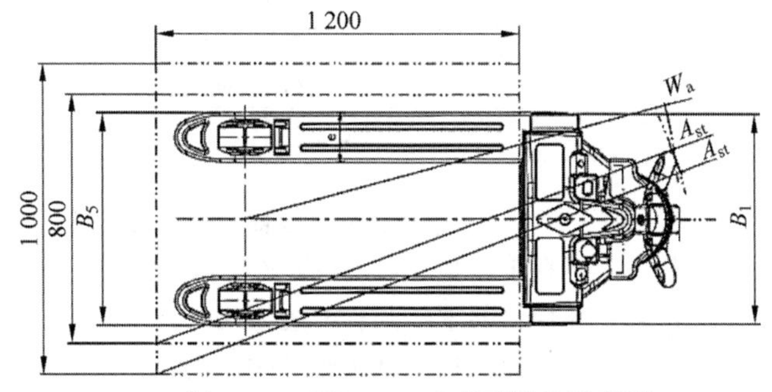

图 9-59　CBD15-170J 车型结构示意图

表 9-23　典型产品主要技术规格

类别	参数	产品型号	
		CBD20/25/30-460	CBD15-170J
性能参数	额定载荷/kg	2 000/2 500/3 000	1 500
	最大行驶速度(满载/空载)/(km/h)	6/6	2.5/4
	最大起升速度(满载/空载)/(mm/s)	30/35	35/40
	最大下降速度(满载/空载)/(mm/s)	40/35	80/75
	爬坡能力(满载/空载)/%	6/16	5/7
尺寸参数	载荷中心距 c/mm	600	600
	轴距 y/mm	1 493	1 285
	货叉最小离地高度 h_4/mm	85	85
	货叉最大起升高度 h_3/mm	205	205
	最大起升行程 h_5/mm	120	120
	货叉外侧间距 B_5/mm	550/685	550/685
	货叉长度 l×宽度 e×厚度 s/(mm×mm×mm)	1 150×170×75	1 200×150×75
	整车全长 L_1(踏板收起/放下)/mm	1 916/2 333	1 702
	车体宽度 B_1/mm	790	685
	整车高度 h_{14}(含手柄)/mm	1 455	1 213
	整车高度 h_{13}(不含手柄)/mm	845	634
	最小转弯半径 W_a(踏板收起/放下)/mm	1 746/2 158	1 435
	最小直角堆垛通道宽度(踏板收起/放下) A_{st}/mm(托盘 800mm×1 200mm,1 200mm 沿货叉放置)	2 046/2 435	1 817
	最小直角堆垛通道宽度(踏板收起/放下) A_{st}/mm(托盘 1 000mm×1 200mm,1 200mm 沿货叉放置)	2 077/2 458	1 855

续表

类别	参数	产品型号	
		CBD20/25/30-460	CBD15-170J
重量	自重(带电瓶)/kg	831	199
	蓄电池重量/kg	247	40
车轮	轮子类型(前/后)	PU	PU
	数量(驱动轮/平衡轮/承重轮)	1/2/4	1/0/4
	驱动轮尺寸(直径×轮宽)/(mm×mm)	ϕ248×75	ϕ210×70
	平衡轮尺寸(直径×轮宽)/(mm×mm)	ϕ115×55	ϕ80×17
	承重轮尺寸(直径×轮宽)/(mm×mm)	ϕ84×80	ϕ84×70
蓄电池	种类	铅酸蓄电池	免维护电池
	(电压/V)/(额定容量/(A·h))	24/270	24/75

5. 选型

(1) 托盘搬运车吨位配置。主要有1.5 t、1.8 t、2 t、2.5 t，选择哪种配置需要看货物的重量。如果搬运重量大于2.5 t，可定做非标大吨位托盘搬运车。

(2) 托盘搬运车驾驶方式配置。主要有步行式、站驾式，选择哪种配置需要看货物的搬运距离和货物的搬运频率。一般低强度搬运选用步行式，高强度搬运选用站驾式。例如，物流公司仓库中一般是特别高强度的搬运，所以宜选用站驾式高速托盘搬运车。

(3) 托盘搬运车货叉宽度配置。主要看货物托盘的标准。现行国际标准有4种：欧标1 200 mm×1 000 mm、欧标1 200 mm×800 mm、澳标1 140 mm×1 140 mm、美标40 in×48 in。目前国内托盘标准非常混乱，规格大概有几十种，这种非标托盘选配搬运车一般要定做非标的货叉宽度方可适用。

(4) 托盘搬运车货叉高度配置。主要看货物托盘的叉口高度。目前国内的叉口高度比较混乱，大部分托盘高度为120～90 mm，少数在80 mm以下，这种情况一般选用货叉低于70 mm的低放托盘搬运车。

(5) 托盘搬运车长度配置。货叉长度一般按托盘长度配置。一般情况下，整车长度可按最小通道宽度来配置；特别情况下，如要上汽车尾板或用于集装箱、厢式车内物流搬运，只能配置短轴距托盘搬运车。

(6) 托盘搬运车轮子配置。有单轮和双轮两种配置方式。其中，单轮一般设计在低放托盘搬运车中，当然也有常规的车型，双轮车行走更加平稳。轮子材料需要根据使用地的地况选用。如果地面好、比较平滑，可以选用聚氨酯的轮子，拉着省力；如果地面不太好，则可以选用橡胶轮子，比较耐磨。一般的搬运车都是采用以上两种轮子材料。

(7) 托盘搬运车电池配置。铅酸蓄电池或胶体电池体积大、价格低、充电慢，一般适用于大型搬运车或低强度搬运场合；锂电池体积小、价格高、充电快，适用于小型搬运车或高强度搬运场合。

(8) 托盘搬运车后续使用的弹性配置问题。考虑到后续库房可能存在的圆柱形、大棉包之类的货物需要作业，既要增加抱具等属具，还要考虑在叉车出厂的时候是否预留液压管路。

(9) 托盘搬运车后续的维护成本问题。电瓶叉车还要考虑是选择直流电机还是交流电机，交流里面还要区分是全交流还是部分交流，因为这涉及后续维护成本问题。

6. 安全使用规范

(1) 驾驶人员要求：必须通过托盘车操作培训。

(2) 驾驶人员的权利、义务和职责：驾驶人员必须明确自己的权利和义务，经过托盘车操作的培训；同时熟知有关操作说明书的内容。如果使用的托盘车是步行控制式的，则驾驶人员在操作时还必须穿安全靴。

(3) 禁止未被授权人员使用：驾驶人员在工作期间对托盘车负责，必须阻止未被授权的人员驾驶或操纵托盘车。严禁用托盘车来运输或提升人员。

(4) 故障和缺陷：托盘车出现故障或缺陷时必须马上通知管理人员。如果不能安全地操作托盘车(例如轮子磨损或制动故障)，就一定要停止使用托盘车，直到它被完全修理好。

(5) 检查和维护操作必须依照电动搬运车维护清单上的时间间隔来执行。

(6) 危险区域：危险区域通常是指以下这些范围，托盘车或它的载荷提升装置(如货叉或附件)在运输货物或进行升降动作时可能给人员带来危险的区域。通常这个范围延伸至载荷降落或车辆附件降落的区域。

(7) 高危环境：在高危环境下工作时，必须要有特殊的设计来加以防护。

(8) 安全装置和警告标志：安全装置、警告标志以及在操作说明书前面介绍的警告注意事项必须引起足够的重视。

(9) 公共场所的驾驶：禁止在特殊区域以外的公共场所驾驶车辆。

(10) 车辆间的距离：请牢记，前方车辆随时可能突然停下，所以请保持适当的距离。

(11) 乘客：严禁运载人员。

(12) 电梯中的使用和装车站台的操纵：如果承载能力足够且不影响车辆的操作，并经车辆使用者同意，那么电梯和装车站台也能用于车辆运输。车辆驾驶人员在进入电梯或装车站台前必须亲自确认。车辆进入电梯时必须将货物放在前面并占据一个适当的位置，这样就不会接触电梯四周的墙壁。人员和车辆一起乘电梯时，必须在车辆安全进入并停稳后人员才能进入，离开时人员必须先于车辆离开。

(13) 狭窄通道的操纵和工作区域：车辆在特别情况下必须通过狭窄通道时，未经认可的人员必须离开工作区域，重物必须存放于专门准备的器具中。

(14) 操作管理：行驶速度必须与当地的条件相适应。当通过弯道、狭窄通道、回转门和处在不通畅的场所时，车辆必须慢速行驶。驾驶人员必须能够目测出托盘车与前方车辆之间有足够的制动距离，同时必须一直控制着他的车辆。突然停车(除非紧急需要)、迅速反向转弯、互相追赶等行为是不允许的，严禁探出身子操作车辆。

(15) 能见度：驾驶人员必须注视行驶的方向，对前面的通道情况清晰可见。当运载的货物挡住了视线时，托盘车必须倒退行驶；如果不能倒退行驶，就必须配有第二个人在托盘车的前面步行，给予相应的指引和警告。

(16) 通过斜坡和斜面：当车辆在被认可的狭窄通道内通过允许的斜坡和斜面时，所处的地面应干净并防滑。允许在托盘车技术规范(说明书)中规定的斜坡或斜面上安全行驶，装载在货叉上的重物必须面向上坡。在斜坡或斜面上U形转弯和在斜坡或斜面上停车是不允许的。通过斜面时必须慢速，同时驾驶人员必须做好随时制动的准备。

(17) 地面的负荷：请注意检查车辆在工作时，车身与载荷的重量或者车轮对地面的压力是否超过了地面的承受能力。

(18) 运输：除了搬运货物时，托盘车在驾驶过程中应保持货叉在最低位置。站立式或者坐式搬运车最好在货叉的反方向驾驶，以获得好的视角和机动性。货叉向前的驾驶方式可能导致不可预料的机动性方面的问题。

(19) 载荷的特性：必须正确地、安全可靠地运载货物。决不能运载堆高高度超过车架顶部或防护装置的货物。

(20) 在装载平台或者引桥上驾驶：在将托盘车驾驶至另一辆货车的装载平台或者引桥前，请注意检查引桥的最大载重，并且必须要有防止引桥滑动的装置。驾驶员也必须检查货车的最大载重，并且也必须要有防止货车移动的装置。

(21) 安全停车：停车时要注意安全，绝对不能将车辆停放在斜面或斜坡上。停车后货叉必须完全降到最低位置。为了避免未经许可的人员操作车辆，必须关闭电锁开关并取走钥匙。

(22) 发信号：可用车载喇叭来发出警告信号。

(23) 劳保鞋：必须穿上符合标准的防护鞋。

(24) 附加装置：任何对车辆功能有干涉或补充的附加装置或装备，只有在获得制造商书面认可后才可安装。如必要的话，须获得当地权威部门的同意。未经许可擅自修改附加装置，将影响车辆的稳定性和车辆的额定载重。

7. 维护与保养

(1) 维修保养人员：托盘车的维修和保养须由制造商培训过的专门人员来进行。

(2) 车辆的举起：当一台托盘车要举起时，吊装装置必须安全可靠，尤其是吊装点的位置必须正确。当车辆被举起时，必须采取适当的措施以防止车辆滑倒或翻倒(可以用楔块、木块)。只有在货叉固定并用强度足够的绳索连接时，才可以用吊装装置来举升。

(3) 清洗操作：清洗托盘车时决不能使用易燃液体。在着手清洗前，一定要采取防止产生火花的安全措施。对车辆蓄电池操作时，蓄电池的插座必须移开。只有用较弱的吸风和压缩空气、不导电并抗静电的刷子，才能清扫电气元件或电子组件。

(4) 如果托盘车是用喷水或高压清洁器进行清洗，那么所有的电气和电子组件必须事先小心地覆盖好。不允许用蒸汽喷嘴来清洗车辆。

(5) 电气系统的操作：车辆电气系统只允许经过专业培训的人员进行操作。在操作任何电气系统前，所有防止电击的措施必须到位。对蓄电池操作时，要通过分开蓄电池接插件来切断车辆的动力。

(6) 焊接操作：为防止损坏电气或电子组件，在采取任何焊接操作前必须将这些电气元件从车辆上移开。

(7) 安装：当维修或更换液压元件、电气/电子元件或组件后，必须保证它们的安装位置正确。

(8) 轮子：轮子质量对托盘车的稳定性和驱动性能影响非常大。必须在与制造商磋商后才能改变轮子。在替换轮子时，必须确保托盘车保持原来的水平(轮子必须成对替换，例如左右轮子一起替换)。

(9) 举升链条：如果没有加润滑油，举升链条就会很快磨损。维护手册上的时间间隔适用于正常的使用情况。如果使用场所的条件比较差(灰尘、温度)，就需要经常加润滑油。

(10) 液压油管：油管必须每隔 6 年更换一次。在更换液压组件时，也要更换这些液压系统的油管。

(11) 电池保养：

① 为保证电池寿命，电池投入使用前应充足电，充电不足的电池不可使用。

② 电池尽量避免过充和过放，否则会严重影响电池性能和寿命。

③ 电池液孔塞和气盖应保持清洁，充电时取下或打开，充电完毕应装上或闭合。电池表面、连接线及螺钉应保持清洁、干燥。如有硫酸，用棉纱蘸上碱液擦去，应注意不要让碱液进入电池内。

④ 充电完成后应检查电池液位，及时补加蒸馏水以保持液面高度。正常情况下严禁补加稀硫酸。

⑤ 电池使用后应及时充电，放置时间一般不超过 24 h。

⑥ 充电时应保持良好的通风，严禁烟火。

⑦ 在下列情况下电池需作均衡充电。

a. 正常使用的电池每 3 个月充一次。

b. 长时间搁置未使用的电池。

c. 电池组中存在“落后电池”(落后电池是指充放电过程中电压值低于其他电池或因故障检修过的电池)，此时均衡充电只对落后电池单独进行。

⑧ 均衡充电办法。

a. 先进行普通充电。

b. 充至充足电状态时停充 1 h，再减半电流充电 1 h。

c. 按b条重复数次，直至充电机一合闸，电池内就有气泡激烈发生。

⑨ 电池不用时，储存期满一个月须按普通充电方法进行一次补充充电。

⑩ 电池应避免阳光直射，离热源的距离不得少于2 m。

⑪ 不要让电池与任何液体和有害物质接触，任何金属杂质不得掉入电池内。

(12) 维修保养后使用车辆：只有在完成了下列操作后才能再使用车辆。

① 对车辆进行清洁。

② 检查制动功能是否恰当。

③ 检查急停开关的功能是否恰当。

④ 检查喇叭的功能是否正确。

(13) 托盘车的存放：如果托盘车存放已超过2个月，必须将其停放在防冻和干燥的场所，在这之前所有的措施要到位，在存放期间和存放之后必须执行防冻和干燥的相关措施。

8. 常见故障与排除方法

随着市场中使用电动托盘搬运车企业的数量越来越多，电动托盘搬运车在使用中出现的故障也越来越频繁。如何有效地避免或排除故障隐患也成了企业需要思考的问题。为此，我们在和公司技术人员的交流和探讨中特意收集和总结了一些电动托盘搬运车在使用过程中的常见故障与排除方法，见表9-24。

表9-24　电动托盘搬运车常见故障及排除方法

序号	故障	原因	排除方法
1	提升时发生颤抖	① 提升油缸内有空气	通过载重多次和升降法排气解决
		② 液压系统漏油	维修，更换油封和液压油缸
2	有载荷时自下降	① 油管或油路接头有漏油	更换密封件
		② 电磁换向阀、手动换向阀、单向阀有污物卡住或者密封圈磨损，产生内漏	清洗阀组，更换密封件
3	起升速度太慢或不能起升	油箱缺油	添补或全部更换液压油
		溢流阀压力不足	重新调节
		油泵过度磨损，产生内漏	更换
		电磁换向阀、手动换向阀、单向阀、安全阀磨损或密封件磨损老化	更换
		液压油温长期过高、液压油变质、黏度下降，从而产生泄漏	更换液压油
4	车辆行走时驱动轮产生不正常的响声	润滑油中混入了硬质杂物	更换润滑油
		轴承过度磨损或损坏	更换
5	制动失灵	控制电路未断开	检查控制系统
		制动摩擦片磨损	更换
6	车辆行驶时完全不动	检查电门锁是否已开或是否已坏	维修更换
		检查电池是否有电，蓄电池电量不足	补充电量
7	车辆不能前进或后退	电瓶电量不足	补充电量
		行走控制微动开关松脱	锁紧螺丝
		直流接触器失灵	维修更换
		电控板损坏	维修更换
		驱动电机故障	检查维修
		制动抱死	调节驱动轮制动片之间的距离

续表

序号	故障	原因	排除方法
8	电池使用时间短和无法充电	电池电溶液不足	补充蒸馏水或铅酸水
		电池老化	更换新电池
		电源插座接触不良	修整接触面
		电池严重亏电，损坏	更换同一型号电池
9	充电器不工作	充电器没有任何的显示，熔断器烧断	更换
		充电器电源灯亮，内部熔断器断路或电阻丝断路，整流管损坏	更换

9.3.7 电动托盘堆垛车

1. 概述

电动托盘堆垛车是指带有动力传动装置和动力起升装置，能进行装卸、堆垛、搬运托盘或成件托盘化货物的工业车辆。它以蓄电池或锂电池为能源，以直流(DC)或交流(AC)电机为动力，以液压工作站提升、操纵手柄集中控制，是站立式驾驶，具有外形小巧、操控灵活、微动性好、低噪声、低污染等特点，适用于狭窄通道和有限空间内的作业，是仓储物流行业的理想作业工具。在进行装卸、堆垛和短距离搬运作业过程中，可以极大地提高工作效率，减轻工人的劳动强度，降低企业的物流成本。

2. 产品分类

1) 按作业方式分类

按作业方式不同，电动托盘堆垛车可分为门架前移式电动托盘堆垛车、货叉前移式电动托盘堆垛车、平衡重式电动托盘堆垛车。

2) 按控制方式分类

按控制方式，电动托盘堆垛车可分为步行式电动托盘堆垛车、站板式电动托盘堆垛车。

3) 按门架类型分类

按门架类型的不同，电动托盘堆垛车可分为单门架电动托盘堆垛车、非全自由两级门架电动托盘堆垛车、全自由两级门架电动托盘堆垛车、全自由三级门架电动托盘堆垛车。

3. 典型产品结构、工作原理

以站板式电动托盘堆垛车为例，其典型产品的结构一般由以下几大系统组成，如图 9-60 所示。

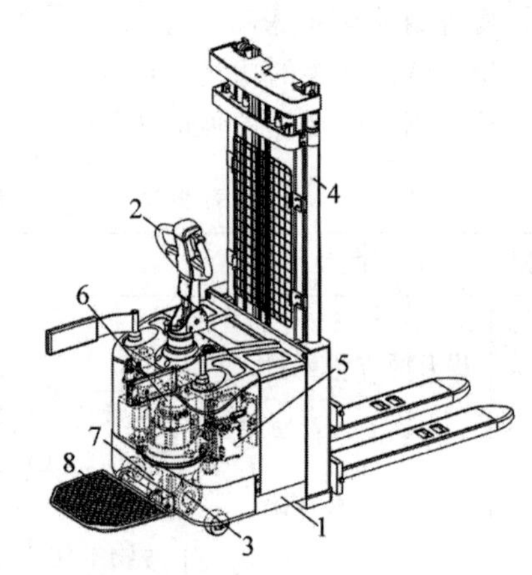

1—车身系统；2—操纵系统；3—驱动系统；4—液压起升系统；5—电气系统；6—制动系统；7—车轮；8—踏板。

图 9-60 站板式电动托盘堆垛车结构示意图

1) 车身系统

车身系统是整个车辆的主要部件，对其有以下 4 个方面的要求：

(1) 结构紧凑牢固，安排维修方便。有的产品为了提高整车的使用性能，在车身中设计了缓冲装置，主要是为了缓解行走电机在行驶中所受的震动和冲击，可以起到延长电机寿命的作用。

(2) 保证驾驶员具有良好的视野，有优良的整车稳定性能，具有较高的操作舒适性。

(3) 尽量减少车身外露部分的锐边尖角，最大限度地保护驾驶员。

(4) 一般采用框架设计，在确保车身强度的前提下最大限度地减少钢材用量，降低制造成本。

2）操纵系统

该电动托盘堆垛车的操纵系统要求有较高的集成性，总的要求是要做到在驾驶员的双手不离开操纵手柄的情况下，能完成大部分操作，如前进后退操作、起升操作、制动操作等。对于下降操纵，基本上可分为两种情况：一种是用电磁阀控制的电下降操纵装置，其优点在于操作简单、省力，动作的响应速度较快，不足之处在于堆垛货物时产生的冲击较大。另外一种是通过拉杆或其他结构对手动阀进行控制，从而实现下降动作。由于大部分的电动托盘堆垛车要求同时能进行步行式操作，因此在操纵手柄上安装了一个紧急反向开关，在车辆后退运行，而驾驶员身后受阻又无法后退的情况下，当紧急反向开关触及驾驶员的身体时，车辆会自动转换成向前行驶，从而保护驾驶员的人身安全。

3）驱动系统

对于驱动装置，大都是由行走电机驱动，根据相关的国家标准，再配以相应减速比的齿轮箱。由于该车的行走速度较低，目前较多采用的是两级减速。对于速度控制方面，分为有级调速和无级调速两种，其中无级调速的应用较为普遍。该车主要是通过操纵手柄对驱动轮进行操作，从而实现手动转向。一般要求转向角度在90°的范围内。现在高端电动托盘堆垛车基本上都配备了EPS电动助力转向装置，大大降低了驾驶员的劳动强度，提高了作业效率。

4）液压起升系统

该车的液压起升系统主要由起升电机驱动，通过油泵给起升油缸提供系统压力，油缸带动门架，通过链条带动货叉，从而实现起升功能。根据系列起升高度的要求，其门架结构大体可分为单级门架、两级门架和三级门架等，这些不同结构的门架型式，基本都要求具有全自由起升功能。另外，应能根据用户使用托盘的具体情况，备有不同的货叉型式供选择，如两货叉之间距离、货叉长度等。由于该车整体外形尺寸的要求，其起升电机和油泵一般采用总成结构（亦称液压工作站或动力单元等），这样可以使结构更加紧凑，大大减小所占空间。同时，对于起升油缸，为了安全起见，都要求带有安全阀，以防由于管路受损造成意外事故。为了保证油缸到顶时货叉不脱出门架轨道，一般都设计有机械限位机构和起升限位开关，当货叉起升到规定高度时限位开关起作用，中止液压电机的工作。如果起升限位开关损坏，机械限位机构就会起作用，从而确保作业的安全。

5）电气系统

该车常用的是24 V电源，但随着技术的进步，现在48 V电源甚至72 V电源也逐步得到了应用。由于电压越高，工作电流越小，对电气元件的要求就相应降低了，这样可以大大提高车辆的可靠性，因此采用48 V电源的设计会成为未来一段时间的主流设计。该车一般采用MOSFET控制驱动装置，实现无级调速，这样有利于提高动作的平稳性和工作效率。有的车辆还安装有电压表、电流表等，向操作者提供电源的使用情况，适时充电，避免过放电情况的发生。该车的行走电机和提升电机以前采用直流电机（DC电机）的比较多，由于直流电机在使用寿命期内碳刷会严重磨损，需要定期维护，目前采用免维护的交流电机（AC电机）和直流永磁无刷电机已经成为主流。另外，双控控制器（同一控制器控制行走电机和提升电机）现在也得到了一定的应用。由于双控控制器取消了起升接触器，有效避免了起升接触器的粘连故障，同时使得起升电机实现无级调速也成为可能，因此双控控制器在将来必将得到广泛的应用。

6）制动系统

该车的制动系统由两套制动装置组成：一套为行走电机附带的机械制动系统（电磁制动）；另一套是通过调速驱动装置，由电子控制反向电流来实施的再生制动。这两套制动装置都要求当操纵手柄处于垂直位置和水平位置的一定范围内（即在操纵手柄活动区域的两端极限位置附近）时，车辆应处于制动状态，在中间区域则为正常行驶状态。

7）车轮

该车较为常见的有三轮、四轮和五轮结

构。三轮结构由两只前轮和一只驱动轮组成，驱动轮位于车体后部中央位置；四轮结构由两只前轮、一只驱动轮和一只平衡轮组成，其中驱动轮位于车体后部的一侧，平衡轮位于车体后部的另一侧；五轮结构由两只前轮、一只驱动轮和两只万向支承轮组成，其中驱动轮位于车体后部中央位置，而两只万向支承轮则分布在车体后部的两侧。车轮普遍采用聚氨酯轮，也有一些特殊工况要求驱动大轮采用橡胶轮。

8）踏板

踏板都要具备收放两用功能。当踏板放下时，驾驶员站立在踏板上进行操作；当踏板收起时，驾驶员则可采用步行式操作。在踏板的两侧应设计护栏（低速电动托盘搬运车对此不作具体要求），保证在车辆转弯时，驾驶员仍然能够平稳操作。

电动托盘堆垛车的基本参数应符合图 9-61 和表 9-25 中的规定。

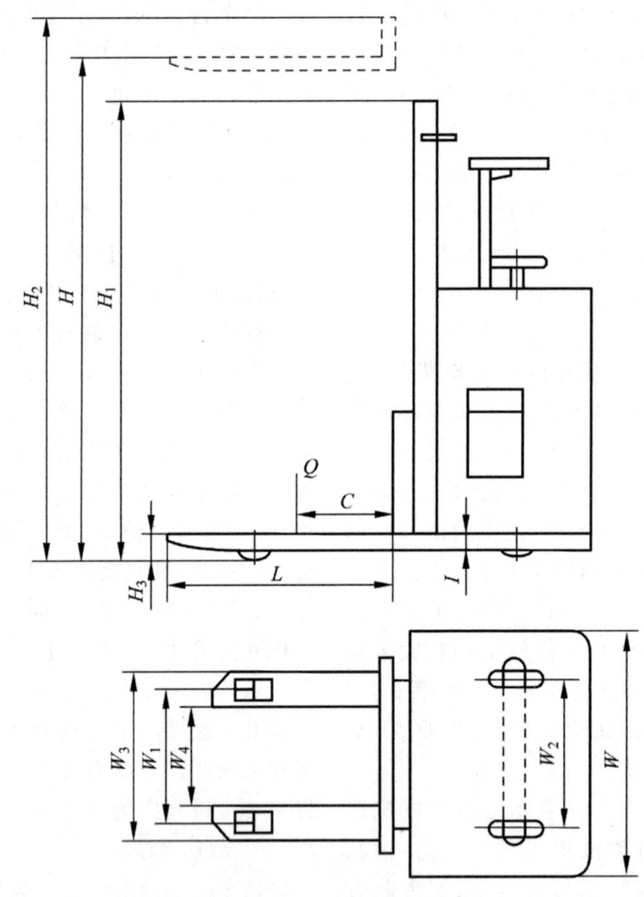

图 9-61 电动托盘堆垛车结构尺寸

表 9-25 电动托盘堆垛车基本参数

参数名称	参数数值	参数名称	参数数值
额定起重量 Q/kg	500、800、1 000、1 250、1 500、1 750、2 000、2 500、3 000	最大起升高度 H/mm	1 000、1 500、2 000、2 500、2 700、3 000、3 150、3 300、3 600、4 000、4 500、5 000
		货叉长度 L/mm	800、900、1 000、1 150、1 200
载荷中心距 c/mm	400、450、500、600	蓄电池额定电压 U/V	12、24、48、72

注：表中数值为优先选用数值。

4. 主要产品技术规格

下面介绍几款合力公司生产的电动托盘堆垛车的性能参数以供参考。

(1) 合力 CDD16/20 蓄电池托盘堆垛车(图 9-62,表 9-26)

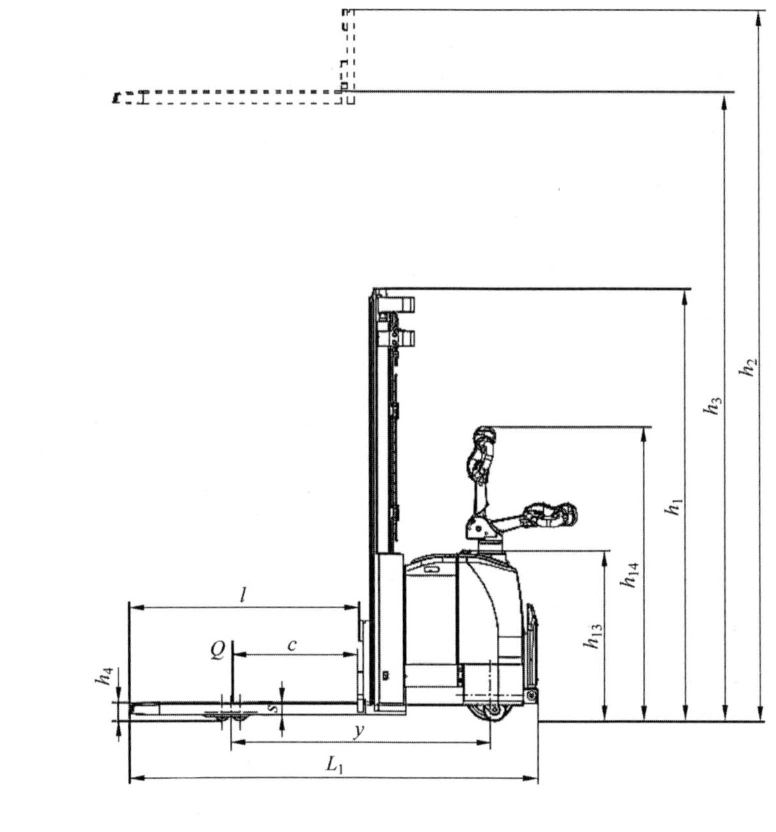

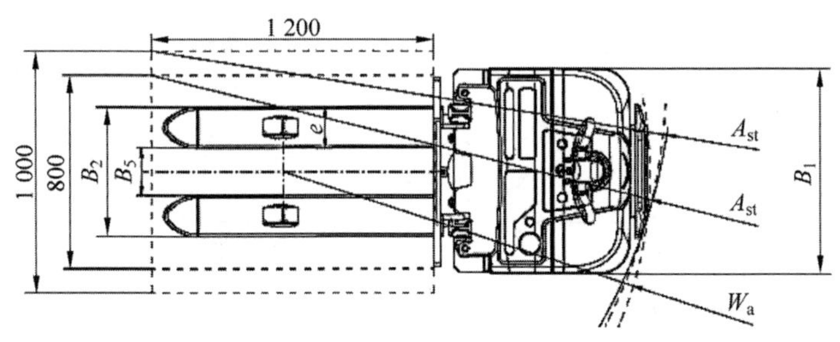

图 9-62 合力 CDD16/20 蓄电池托盘堆垛车

表 9-26 合力 CDD16/20 蓄电池托盘堆垛车主要技术参数

参数	型号			
	CDD16-D930	**CDD20-D930**	**CDD16-950**	**CDD16-350**
额定载重量/kg	1 600	2 000	1 600	1 600
载荷中心距 c/mm	600			
轴距 y/mm	1 375		1 375	

续表

<table>
<tr><th colspan="2" rowspan="2">参数</th><th colspan="4">型号</th></tr>
<tr><th>CDD16-D930</th><th>CDD20-D930</th><th>CDD16-950</th><th>CDD16-350</th></tr>
<tr><td colspan="2">标准门架起升高度 h_3/mm</td><td colspan="2">3 000</td><td>4 500</td><td>5 300</td></tr>
<tr><td colspan="2">门架缩回时整车静态高度 h_1/mm</td><td colspan="2">1 980</td><td>2 085</td><td>2 520</td></tr>
<tr><td colspan="2">门架作业时整车最大高度 h_2/mm</td><td colspan="2">3 500</td><td>5 000</td><td>5 800</td></tr>
<tr><td colspan="2">自由提升高度 h_6/mm</td><td colspan="2">—</td><td>1 620</td><td>2 074</td></tr>
<tr><td colspan="2">下降后货叉最低离地高度 h_4/mm</td><td colspan="4">90</td></tr>
<tr><td colspan="2">货叉外侧间距 B_5/mm</td><td colspan="4">535</td></tr>
<tr><td colspan="2">货叉内侧间距 B_2/mm</td><td colspan="4">195</td></tr>
<tr><td colspan="2">标准货叉规格(长×宽×厚)($l\times e\times s$)/(mm×mm×mm)</td><td colspan="4">1 150×185×55</td></tr>
<tr><td colspan="2">整车全长(踏板收起/放下)L_1/mm</td><td colspan="2">2 050/2 470</td><td colspan="2">2 105/2 525</td></tr>
<tr><td colspan="2">车体宽度 B_1/mm</td><td colspan="2">856</td><td colspan="2">957</td></tr>
<tr><td colspan="2">整车高度(含手柄)h_{14}/mm</td><td colspan="4">1 456</td></tr>
<tr><td colspan="2">整车高度(不含手柄)h_{13}/mm</td><td colspan="4">838</td></tr>
<tr><td colspan="2">最小转弯半径(踏板收起/放下)W_a/mm</td><td colspan="2">1 580/1 990</td><td colspan="2">1 595/2 010</td></tr>
<tr><td colspan="2">最小直角堆垛通道宽度(踏板收起/放下)A_{st}/mm(托盘 800 mm×1 200 mm，1 200 mm 沿货叉放置)</td><td colspan="2">2 180/2 580</td><td colspan="2">2 230/2 625</td></tr>
<tr><td colspan="2">最小直角堆垛通道宽度(踏板收起/放下)A_{st}/mm(托盘 1 000 mm×1 200 mm，1 200 mm 沿货叉放置)</td><td colspan="2">2 210/2 600</td><td colspan="2">2 260/2 650</td></tr>
<tr><td colspan="2">最大行驶速度(满载/空载)/(km/h)</td><td colspan="4">6/6</td></tr>
<tr><td colspan="2">最大起升速度(满载/空载)/(mm/s)</td><td colspan="4">130/180</td></tr>
<tr><td colspan="2">最大下降速度(满载/空载)/(mm/s)</td><td colspan="2">100/200</td><td colspan="2">100/160</td></tr>
<tr><td colspan="2">爬坡能力(满载/空载)/%</td><td colspan="4">6/8</td></tr>
<tr><td rowspan="2">蓄电池</td><td>种类</td><td colspan="4">铅酸蓄电池</td></tr>
<tr><td>(电压/V)/(容量/(A·h))</td><td colspan="4">24/280</td></tr>
<tr><td colspan="2">自重(包含蓄电池)/kg</td><td colspan="2">1 213</td><td>1 585</td><td>1 649</td></tr>
<tr><td colspan="2">蓄电池重量/kg</td><td colspan="4">235</td></tr>
</table>

（2）合力 CTD14/16 插腿式托盘堆垛车（图 9-63，表 9-27）

（3）合力 CDD12/15 步行式托盘堆垛车（图 9-64、表 9-28）

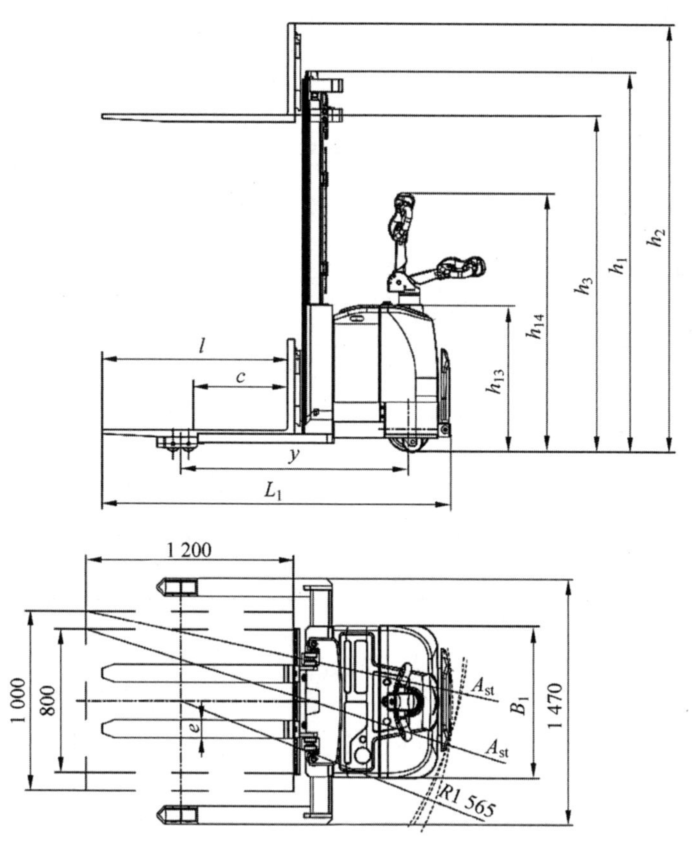

图 9-63　合力 CTD14/16 插腿式托盘堆垛车

表 9-27　合力 CTD14/16 插腿式托盘堆垛车主要技术参数

参数	型号			
	CTD14-920	CTD16-D920	CTD16-960	CTD16-360
额定载重量/kg	1 400	1 600		
门架类型	两级标准		三级全自由	
载荷中心距 c/mm	600			
轴距 y/mm	1 310		1 375	
标准门架起升高度 h_3/mm	3 000		4 500	5 300
门架缩回时整车静态高度 h_1/mm	1 985		2 085	2 520
门架作业时整车最大高度 h_2/mm	3 500		5 000	5 800
自由提升高度/mm	—		1 620	2 074
货叉最低高度 h_4/mm	55			
货叉外侧间距 B_5/mm	200～812			
货叉内侧间距 B_2/mm	0～612			
标准货叉规格(长×宽×厚)($l\times e\times s$)/(mm×mm×mm)	1 070×100×40			
整车全长，踏板收起/放下 L_1/mm	2 005/2 425		2 073/2 493	
车体宽度 B_1/mm	1 470			

续表

参数	型号			
	CTD14-920	CTD16-D920	CTD16-960	CTD16-360
整车高度(含手柄)h_{14}/mm	1 441			
整车高度(不含手柄)h_{13}/mm	814			
最小转弯半径 W_a/mm	1 565/1 975		1 595/2 010	
最小直角堆垛通道宽度(踏板收起/放下)A_{st}/mm(托盘 800 mm×1 200 mm，1 200 mm 沿货叉放置)	2 230/2 560		2 230/2 625	
最小直角堆垛通道宽度(踏板收起/放下)A_{st}/mm(托盘 1 000 mm×1 200 mm，1 200 mm 沿货叉放置)	2 260/2 585		2 260/2 650	
最大行驶速度(满载/空载)/(km/h)	6/6			
最大起升速度(满载/空载)/(mm/s)	130/180			
最大下降速度(满载/空载)/(mm/s)	100/230	130/230	100/200	
爬坡能力(满载/空载)/%	6/8			
蓄电池 种类	铅酸蓄电池(侧拉)			
蓄电池 (电压/V)/(容量/(A·h))	24/280			
自重(包含蓄电池)/kg	1 276	1 336	1 577	1 657
蓄电池重量/kg	235			

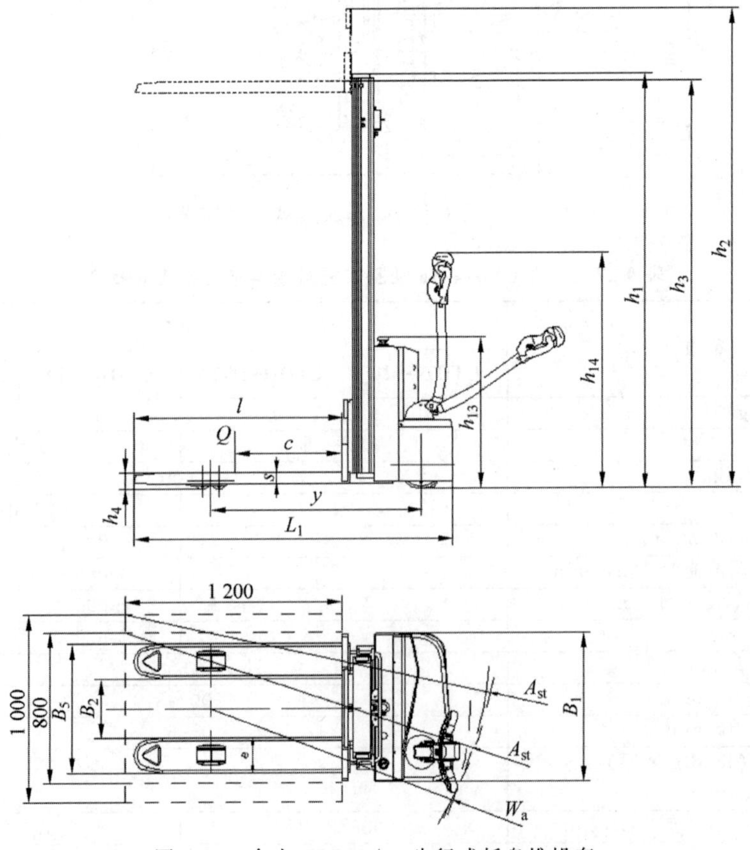

图 9-64 合力 CDD12/15 步行式托盘堆垛车

表 9-28　合力 CDD12/15 步行式托盘堆垛车主要技术参数

参数	型号	
	CDD12-070E	CDD15-070E
额定载重量/kg	1 200	1 500
载荷中心距 c/mm	600	
轴距 y/mm	1 150	1 166
标准门架起升高度 h_3/mm	3 000	
门架缩回时整车静态高度 h_1/mm	2 060	
门架作业时整车最大高度 h_2/mm	3 515	
下降后货叉最低离地高度 h_4/mm	90	
货叉外侧间距 B_5/mm	550/600/650/685	
货叉内侧间距 B_2/mm	210/260/310/345	
标准货叉规格(长×宽×厚)($l\times e\times s$)/(mm×mm×mm)	1 150×185×55	
整车全长 L_1/mm	1 733	1 864
车体宽度 B_1/mm	790	
整车高度(含手柄)h_{14}/mm	1 252	
整车高度(不含手柄)h_{13}/mm	805	
最小转弯半径 W_a/mm	1 350	1 365
最小直角堆垛通道宽度 A_{st}/mm(托盘 800 mm×1 200 mm,1 200 mm 沿货叉放置)	1 914	1 930
最小直角堆垛通道宽度 A_{st}/mm(托盘 1 000 mm×1 200 mm,1 200 mm 沿货叉放置)	1 955	1 970
最大行驶速度(满载/空载)/(km/h)	3.6/4.3	3.5/4.0
最大起升速度(满载/空载)/(mm/s)	120/200	
最大下降速度(满载/空载)/(mm/s)	100/90	105/102
爬坡能力(满载/空载)/%	5/7	
蓄电池　种类	免维护蓄电池	
蓄电池　(电压/V)/(容量/(A·h))	2×12/85(选配 2×12/105)	
自重(包含蓄电池)/kg	616	676
蓄电池重量/kg	48	

(4) 合力 CPD06/12/16 蓄电池托盘堆垛 车(图 9-65,表 9-29)

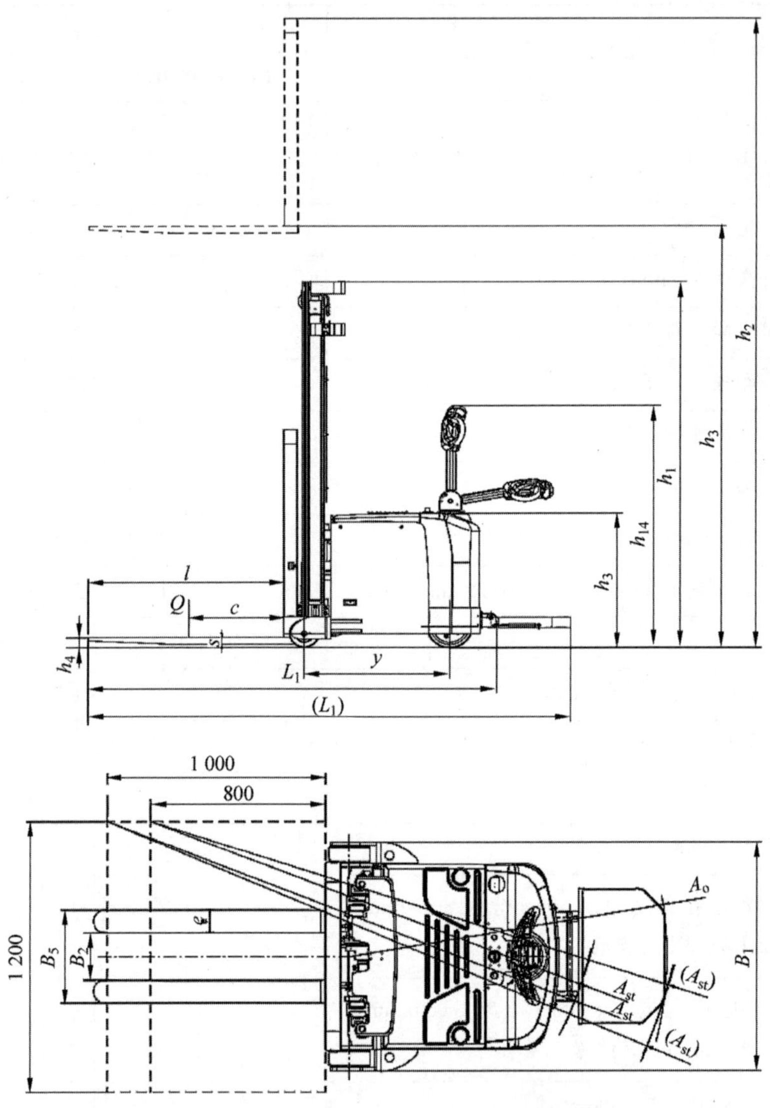

图 9-65 合力 CPD06/12/16 蓄电池托盘堆垛车

表 9-29 合力 CPD06/12/16 蓄电池托盘堆垛车主要技术参数

参数	型号		
	CPD06-970	CPD12-910	CPD16-D970
额定载重量/kg	600	1 200	1 600
载荷中心距 c/mm	500		
轴距 y/mm	794	1 179	1 529
标准门架起升高度 h_3/mm	3 000		
门架缩回时整车静态高度 h_1/mm	2 030	2 080	2 030
门架作业时整车最大高度 h_2/mm	4 000	3 650	4 100
下降后货叉最低离地高度 h_4/mm	55		

续表

参数	型号		
	CPD06-970	CPD12-910	CPD16-D970
货叉外侧间距 B_5/mm	200～660		
货叉内侧间距 B_2/mm	0～460		
标准货叉规格(长×宽×厚)($l\times e\times s$)/(mm×mm×mm)	1 070×100×40		
整车全长(踏板收起/放下)L_1/mm	2 240/2 660	2 502/3 012	2 942/3 362
车体宽度 B_1/mm	1 015		
整车高度(含手柄)h_{14}/mm	1 360		
整车高度(不含手柄)h_{13}/mm	783		
最小转弯半径(踏板收起/放下)W_a/mm	971/1 436	1 352/1 852	1 808/2 200
最小直角堆垛通道宽度(踏板收起/放下)A_{st}/mm(托盘 800 mm×1 200 mm,1 200 mm 沿货叉放置)	2 095/2 474	2 685/3 175	3 140/3 520
最小直角堆垛通道宽度(踏板收起/放下)A_{st}/mm(托盘 1 000 mm×1 200 mm,1 200 mm 沿货叉放置)	2 282/2 662	2 715/3 195	3 160/3 538
最大行驶速度(满载/空载)/(km/h)	5/5.5	5/5	
最大起升速度(满载/空载)/(mm/s)	130/230	130/180	
最大下降速度(满载/空载)/(mm/s)	130/230	100/150	100/230
爬坡能力(满载/空载)/%	5/7		
蓄电池 种类	铅酸蓄电池		
蓄电池 (电压/V)/(容量/(A·h))	24/270		
自重(包含蓄电池)/kg	1 561	1 765	1 869
蓄电池重量/kg	247		

9.3.8　低位拣选车

1. 概述

低位拣选车(见图 9-66)是拣选车的一种,通常用于仓库、超市或大型商场等具有许多货架、高度较低的立体仓储中。其起升高度一般不超过 2.5 m,承载能力为 2～2.5 t。当仓库管理人员需要从货架上拣取货物时,将拣选车放置在相应货架下方,操纵拣选车站驾平台和货叉起升到相应高度,管理人员选取相关货物放置到站驾平台前端的托盘上;当所需拣取货物较多时,可在拣选车起升之前,用货叉叉起托盘,等到管理人员拣取货物时,将货物放在托盘上。如此,可将立体仓储中所需的货物从货架上拣选出,并将其搬运到相应的位置。

图 9-66　低位拣选车示意图

低拉拣选平采用蓄电池为动力源,驱动电机提供动力,通过齿轮传动驱动车辆行走,货叉的起升靠直流电机和液压传动,推动油缸上下运动来起升货叉和货物。由于低位拣选车的行走与起升都采用电动,驾驶方式为站驾式，转向操作为舵把式转向，所以它具有省力、效率高、货物运行平稳、操作简单、安全可靠、噪声小、无污染等特点。

2. 分类

目前市场上的低位拣选车根据站驾平台和货叉的起升分方式为三种：普通式低位拣选车，单起升式低位拣选车，双起升式低位拣选车，如图 9-67 所示。

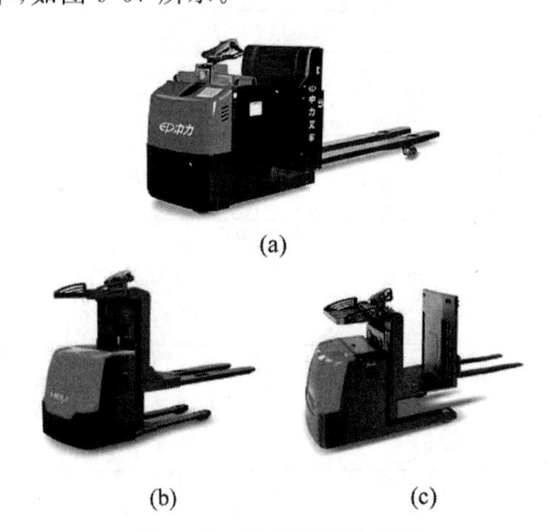

图 9-67 低位拣选车分类
(a) 普通式低位拣选车；(b) 单起升式低位拣选车；(c) 双起升式低位拣选车

图 9-67(a)所示为普通式低位拣选车，其站驾平台不起升，货叉的起升高度较低，在结构上与电动牵引车和托盘搬运车相似。该种车型主要针对仓库货架中低层物料的拣选工作。

图 9-67(b)所示为单起升式低位拣选车，其站驾平台与货叉通过焊接相连接，站驾平台与货叉同步起升，货叉不可单独起升。如果需要拣选货架中 2 m 高度左右的物料，首先需要将拣选车停靠在相应位置，驾驶人员操纵手柄上的起升按钮，站驾平台和货叉起升(货叉上有托盘)，起升至合适位置时，仓库管理人员对所需物料拣选并将其放置在托盘上(手柄前方的小托盘或者货叉上的托盘)，下降站驾平台至地面后，驾驶拣选车驶离货架。

图 9-67(c)所示为双起升式低位拣选车，其与单起升式低位拣选车的主要区别在于：货叉可单独起升。仓库管理人员需要拣选物料时，可将叉起的托盘起升至与站驾平台上端齐平的位置，这样，无须弯腰即可将物料放置在托盘上，人机交互友好。

3. 典型产品结构、工作原理

低位拣选车主要由车架、门架、货叉、起升油缸、操作手柄、转向器、驱动轮、蓄电池组、液压动力单元、电气控制系统等部件组成。

低位拣选车的驱动系统、转向系统、电气系统、起升系统的工作原理与高起升拣选车基本相同，具体可参考 9.3.5 节。

4. 主要技术规格

对于低位拣选车的技术规格，没有相应的国家标准、行业标准和企业标准，表 9-30 列举了部分厂商的产品型号与性能规格。

表 9-30 合力低位拣选车技术参数

分类	参数	型号	
		单起升 OPL10	双起升 OPL10-S
特征	制造商(缩写)	安徽合力	安徽合力
	驱动方式：电动(蓄电池)、柴油、汽油、燃气	电动(蓄电池)	电动(蓄电池)
	驾驶方式：手动、步行、站驾、座驾、拣选	站驾	站驾
	额定载荷/kg	1 000	1 000
	载荷中心距/mm	700	600
	前悬距/mm	515	
	轮距/mm	1 665	1 300
重量	自重(带电瓶)/kg	1 195	1 650
	轴负载(满载时前/后轴)/kg	900/1 295	944/706
	轴负载(空载时前/后轴)/kg	817/379	500/2 150

续表

分类	参数		型号	
			单起升 OPL10	双起升 OPL10-S
轮子底盘	轮子：橡胶轮、高弹性体、气胎轮、聚氨酯轮		聚氨酯轮	聚氨酯轮
	轮子尺寸(前轮)(直径×轮宽)/(mm×mm)		ϕ250×80	ϕ250×80
	轮子尺寸(后轮)(直径×轮宽)/(mm×mm)		ϕ80×84	ϕ128×73
	附加轮尺寸(直径×轮宽)/(mm×mm)		ϕ150×60	
	轮子数量(前+后,x为驱动轮)		1x+1/4	1x/2
	前轮轮距/mm		502	502
	后轮轮距/mm		400	700
基本参数	门架缩回时高度/mm		1 275	1 300
	起升高度/mm		1 140	1 200
	作业时最大高度/mm		2 335	2 360
	降低时高度/mm		90	70
	总体长度/mm		2 885	2 790
	叉面长度/mm		1 383	1 720
	车体宽度/mm		812	812
	货叉尺寸(厚×宽×长)/(mm×mm×mm)		60×180×1 500	35×100×1 070
	货叉外宽/mm		580	200～750
	轴距中心离地间隙/mm		29	35
	通道宽度(托盘 1 000mm × 1 200mm, 1 200mm 跨货叉放置)/mm		2 904	3 157
	通道宽度(托盘 800mm × 1 200mm, 1 200mm 沿货叉放置)/mm		2 904	3 178
	转弯半径/mm		1 920	1 535
性能数据	行驶速度(满载/空载)/(km/h)		7/7.1	7.7/7.8
	提升速度(满载/空载)/(m/s)		0.1/0.15	0.1/0.15
	下降速度(满载/空载)/(m/s)		0.07/0.08	0.07/0.08
	最大爬坡能力(满载/空载)/%		8/15	8/15
	行车制动		电磁制动	电磁制动
电动机	驱动电机功率/kW		1.5	1.5
	提升电机功率/kW		2.2	2.2
	蓄电池	(电压/V)/(额定容量/(A·h))	24/240	24/450
		尺寸(长×宽×高)/(mm×mm×mm)	654×440×254	654×305×705
	驾驶员耳边噪声等级符合 DIN12 053/dB(A)		70	70

5. **选型**

仓库内的货物按照货单拣选是一项成本变化相当大的作业。拣选物资时花费的时间和人力越多，拣选成本就越高，因此需要使用先进、合适的拣选设备，以降低作业成本，提高拣选效率。

对于立体仓库中流量低、搬运慢的物资，要求车辆能实现最大的拣选率。在选用低位拣选车时，应从以下方面考虑车辆性能及配置的选型：

(1) 根据立体仓库的货架密度、高度选择车辆的相关尺寸和最大起升高度。如果货架密度较高，则货架间通道较窄，这就对拣选车的整车长度、整车宽度以及转弯半径提出了较高的要求。如果货架的高度较低,可考虑选用普通的低位拣选车;如果货架高度达到 2 m,则考虑选用可起升的低位拣选车。

(2) 根据仓库管理人员的工作习惯,可确定选用单起升式低位拣选车或者双起升式低位拣选车。例如,对于不希望弯腰放置货物的仓库管理人员,可选用双起升式低位拣选车。

(3) 根据工作强度、工况,决定拣选车的性能参数和电瓶容量。

6. 安全使用规范

低位拣选车安全使用规范的内容与高起升拣选车基本相同,具体详见 9.3.5 节。

7. 维护与保养

低位拣选车维护与保养的内容与高起升拣选车基本相同,具体详见 9.3.5 节。

8. 常见故障与排除

低位拣选车常见故障与排除的内容与高起升拣选车基本相同,具体详见 9.3.5 节。

9.3.9 步行式牵引车

1. 概述

步行式牵引车是一种广泛应用在生产线上的物料搬运设备,由驱动系统、车身系统和电气系统等部件组成。牵引车后方的牵引销上可以增加放置物料的挂车,操作人员通过操纵手柄可以使挂车将物料搬运至相应的生产线上,实现物料的配送和转运。与乘驾式牵引车和站驾式牵引车相比较,步行式牵引车具有以下优点:

(1) 性价比高。相同的牵引性能,步行式牵引车的价格更低。

(2) 操纵简便。操作人员只需在地面上就可以完成操作,无须上车工作。

(3) 体积小,便于存放。步行式牵引车的占地面积小,停放时占用更小的空间,是理想的物料搬运设备。

2. 典型产品结构及功能

步行式牵引车一般为蓄电池牵引车,其结构包括机械部分(包括驱动单元、转向系统、车身系统和牵引座总成)和电气部分(包括仪表、控制器总成、电机、锂电池组、角度传感器、控制开关及线束等)。

目前市场上的步行式牵引车主要有图 9-68 所示的几种,牵引车的驱动轮数量和从动轮数量根据车型的不同而不同。图 9-68(a)、(b)为两种为普通的步行式电动牵引车,图 9-68(c)为步行式可提升牵引车。图 9-68(a)所示的步行式牵引车有 2 个驱动轮和 1 个从动轮;图 9-68(b)所示的步行式牵引车有 2 个驱动轮,2 个从动轮。这两种牵引车的转向盘无法转动,依靠人力实现牵引车的转向。图 9-68(c)所示的牵引车有 1 个驱动轮和 4 个承载轮,这种牵引车的转向为机械转向。

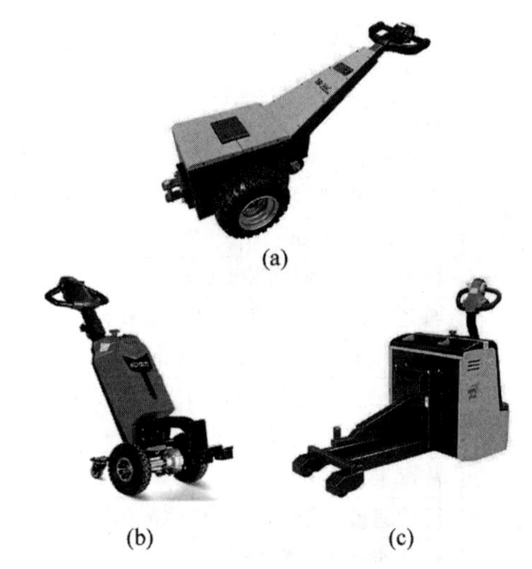

图 9-68 常见的步行式牵引车

1) 驱动单元

普通的步行式电动牵引车具有两个驱动轮和一个驱动电机,其驱动系统结构总成如图 9-69 所示。驱动单元主要由驱动电机、变速箱、驱动桥、制动器和驱动轮组成。驱动电机的一端与变速箱主动齿轮连接,另一端与电磁制

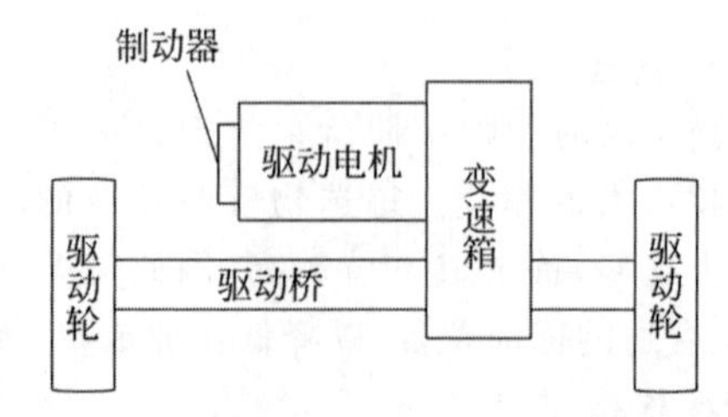

图 9-69 普通的步行式电动牵引车的驱动系统结构总成简图

动器相连，变速箱的输出齿轮与驱动桥相连，通过变速箱与驱动桥的双级减速驱动轮胎转动。

步行式可提升牵引车有一个驱动轮和一个驱动电机。与普通的步行式电动牵引车的驱动单元不同，该类牵引车没有驱动桥，有3种组成结构，如图9-70所示。驱动电机输出轴通过花键与变速箱的主动齿轮相连，用螺栓将电机输出法兰盘固定在变速箱的连接板上，变速箱输出轴与驱动轮相连，通过变速箱的减速驱动轮胎转动。图9-70(a)和(b)中，变速箱的主动齿轮和从动齿轮的啮合方式为外啮合，图9-70(c)中的齿轮啮合方式为内啮合。

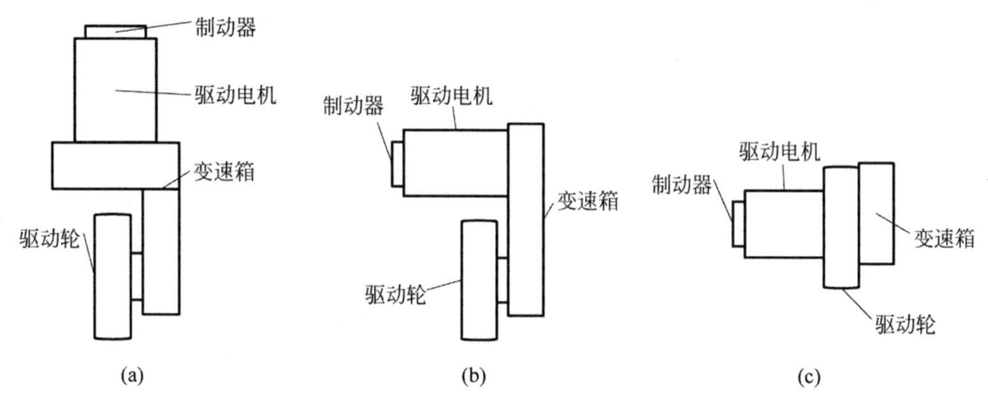

图9-70　步行式可提升牵引车的驱动单元组成结构

2）转向系统

与乘驾式牵引车相比较，步行式牵引车多采用机械转向，牵引车的转向盘与驱动轮直接采用机械连接方式，转向系统由手柄、转向节臂和转向轮(驱动轮)等组成。

3）车身系统与牵引座

步行式牵引车的车身系统即为车架，是整体焊接的框架式结构。牵引座在牵引车的后方，起到牵引挂车(物料车)的作用，如图9-71所示。

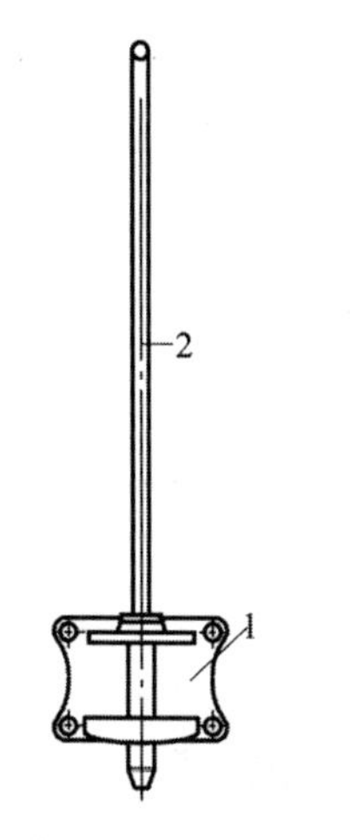

1—牵引座；2—牵引销。

图9-71　步行式牵引车的牵引座总成

4）电池

电池作为牵引车的动力源，既可以将电池的化学能转换为电能——放电，又可以将电能转换为化学能——充电。它为电控和手柄提供电源。目前步行式电动牵引车用的电池有铅酸蓄电池和锂电池两种。常用车型以24 V和48 V为主，电池容量的大小根据需求和工况可以选配。

5）电控

电控是整个牵引系统的核心，它可以采集手柄开关和传感器的信号，通过运算放大，做出判断，从而驱动执行器工作。同时，电控也可以分析和记录故障代码，监控运行状态。

6）手柄

手柄上集成了命令的开关，比如前进、后退、喇叭等。同时，集成手柄可以显示电量信息、工作时长等内容。手柄也可以带有CAN通信，实时与控制器进行联系，信号也可以通过CAN进行传输。

3. 工作原理

步行式电动牵引车的信号传输过程如图9-72所示。电池提供电控、手柄所需的电源，手柄上集成有前进、后退、喇叭、紧急反向开关等，操作人员通过手柄的开关输入信号给控制器，控制器接收到信号后，经过内部的运算输出信号给执行机构——电机，电机开始动作，驱使驱动桥运转，从而牵引货物。

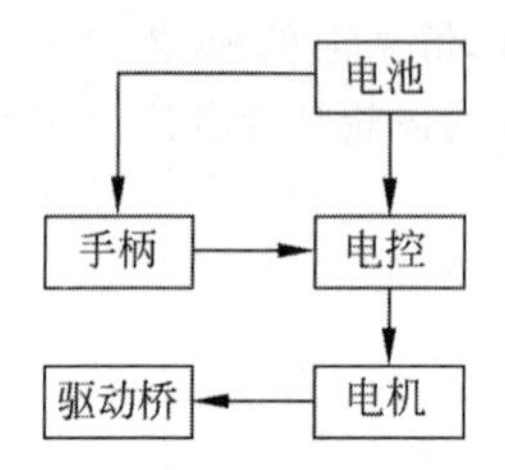

图 9-72　步行式电动牵引车的信号传输示意图

步行式牵引车一般不采用电转向，因此，牵引车只需要一台驱动电机即可。在工作之前，将需要牵引的物料车挂在牵引销上。对于步行式可提升牵引车，操作人员可调节牵引销的上下位置，使物料车的挂钩更方便地挂在牵引销上。对于部分挂钩不可调节的物料车来说，可提升式牵引车更适用，如图 9-73 所示。

图 9-73　可提升式牵引车

操作人员开启车钥匙开关，旋转操纵手柄上的前进按钮，手柄发出电信号至驱动控制器，控制器依据相应算法控制电机转动，驱动电机输出轴与变速箱的主动齿轮通过花键连接，靠花键上端的圆周面定心，通过螺栓将电机法兰盘固定于变速箱的连接板上。

对于图 9-70(a)中的直立式电机，主动齿轮通过轴承固定于壳体上，主动齿轮与被动齿轮啮合传动实现一级减速；通过输入轴与螺旋伞齿轮啮合传动实现二级减速，传递方向改变 90°将动力传至输出轴，从而带动驱动轮转动。

对于图 9-70(b)中的横置式电机，齿轮箱的主动齿轮与从动齿轮通过外啮合实现减速，而在图 9-70(c)中，主动齿轮和从动齿轮是通过内啮合实现减速。

步行式可提升牵引车的转向，通常由操作人员直接转动手柄即可实现；对于普通的步行式牵引车，由于手柄无法转动，只能直接通过人力拉动牵引车实现转向，如图 9-74 所示。

图 9-74　步行式牵引车转向

4. 主要技术规格

步行式牵引车的技术规格没有相应的国家标准、行业标准和企业标准，表 9-31 列举了部分厂商的型号与性能规格。

表 9-31　步行式牵引车相关产品规格

项目	型号				
	中力 QDD10	中力 EPT20-30TW	诺力 TE10	西林 QDD15W	西林 QDD25W
外观					

续表

项目	型号				
	中力 QDD10	中力 EPT20-30TW	诺力 TE10	西林 QDD15W	西林 QDD25W
动力形式	电动	电动	电动	电动	电动
操作类型	步行式	步行式	步行式	步行式	步行式
额定载荷/kg	1 000	3 000	1 000	1 500	2 500
额定牵引力/N	200	600	200	300	750
轴距/mm	315	1 050	278	395	1 303
自重(含电瓶)/kg	98	580	62	150	580
轮胎类型	橡胶	聚氨酯	橡胶+聚氨酯	橡胶+聚氨酯	聚氨酯
驱动轮尺寸(直径×轮宽)/(mm×mm)	2×ϕ250×85	ϕ230×75	2×ϕ250×80	2×16×6.5-8.00	2×ϕ250
从动轮尺寸(直径×轮宽)/(mm×mm)	2×ϕ75×32	2×ϕ178×73	2×ϕ75×32	2×ϕ127	2×ϕ98
操作手柄高度(最小/最大)/mm	835～930/1 010	715/1 200	750/1 250	890	495/1 185
牵引耦合器高度/mm	—	195/310	—	178/218/258	—
整车长度/mm	1 255/1 315/1 345	1 315	770	1 695	1 532
整车宽度/mm	520	710	460	722	775
转弯半径/mm	—	1 235	475	1 290	1 515
行驶速度(满载/空载)/(km/h)	4.5/5	4/5.5	4.2/4.5	4.8/5.5	4.5/5
牵引力(满载/空载)/N	200	600		300/—	—
最大牵引力(满载/空载)/N	650	1 000	450/—	1 000	
爬坡能力(满载/空载)/%	3/16	1/16	—	—	—
行车制动类型	机械式	电磁式	电磁式	电磁式	电磁式
驱动电机额定功率/kW(S2-60 min)	4	1.1	—	—	—
起升电机额定功率/kW(S3 15%)	—	0.84	—	—	—
(电瓶电压/V)/(标称容量/(A·h))	2×12/50	24/210	2×12/24	24/80	24/165
驱动控制类型	DC	AC	DC	DC	AC
转向类型	机械	机械	机械	机械	机械
噪声等级/dB(A)	74	74	70	70	65

5. 选型

选择步行式牵引车的原则是满足客户的搬运需求。

普通的步行式牵引车体积质量比较小，额定牵引质量较低，转弯半径也较低，适合牵引质量较低、体积较小的物料车，可应用在超市、商场和展览馆等活动空间较小的场所。

步行式可提升牵引车的额定牵引质量较大(一般为 2～3 t)，体积大，转弯半径较大，同时具有调节牵引销高度的功能，适合牵引挂钩高度不同、牵引体积较大或质量较大的可移动设备，例如机床。可应用在汽车装配车间和大型企业车间内部。

现今，国内外市场上有许多工业车辆企业开发生产步行式牵引车，给客户提供了更多的选择余地。一般在选购步行式牵引车时，应该从以下几个方面考虑：

(1) 牵引车的额定牵引质量。客户在选购步行式牵引车时，首先应考虑所需牵引货物的最大质量，应保证牵引车的额定牵引质量不小于货物的最大质量。

(2) 牵引车的转弯半径。对于某些活动空间狭窄的场地，需要考虑牵引车的转弯半径是否满足工作条件，保证牵引车具有充足的工作空间。

(3) 牵引车蓄电池。客户需根据工作环境和工作时间的不同，确定蓄电池的类型和容量。例如，在低温环境下，考虑到电池的稳定性，最好选用锂电池。如果是两班工作制，需选用蓄电池容量较大、续航能力较强的牵引车。

(4) 行驶速度和爬坡度等动力性能。

(5) 轮胎类型。

(6) 其他参数。针对某些特殊工况，需要针对性地考虑牵引车的部分参数。例如，若要求牵引车的使用场合是在导轨上方，则需考虑牵引车的最小离地间隙，需保证离地间隙大于导轨的高度，否则牵引车不能使用。

6. 安全使用规范

(1) 经培训并持有驾驶执照的人员方可开车。

(2) 操作人员操作时应佩戴可作安全防护用的鞋、帽、服装。

(3) 在开车前检查各控制件和报警装置，如发现损坏或有缺陷应在修理后操作。

(4) 车辆启动顺序。车辆在启动时驾驶员首先将钥匙开关打开，此时电气系统电源接通，主接触器吸合，然后将操纵手柄调整在操作区域范围内，此时驱动电机电磁制动器已松闸，驾驶员按下加速开关即可驱动车辆按所需方向行驶。

(5) 行驶方向及操作。操作车辆时，驾驶员必须站在防滑平台上，用手握住操纵手柄来实现正常的行驶，并可靠在靠背上以确保身体平衡；行驶过程中，驾驶员应始终保持视线与行进方向一致。车辆起步、停车时应控制速度，避免高速行驶，以免造成不必要的伤害；行驶时应注意行人、障碍物和坑洼路面；行驶过程中不可忽快忽慢，应尽量保持匀速直线行驶。起步、停车要慢，以免牵引车和挂车发生碰撞，损坏牵引销机构。

(6) 车辆转向。转向由操纵手柄控制，转向角度可以在左右各 90°范围内任意位置。向左转向时，将控制手柄绕中心点向左转动；向右转向时，将控制手柄绕中心点向右转动。转向时，应提前减速，适当加大转弯半径，尽量避免急转弯，以免挂车内轮驶出道外。

(7) 车辆制动，分为停车制动和行车制动。

① 停车制动：此牵引车的停车制动方法为电磁制动，即车辆需要停车制动时，驾驶员必须松开加速开关，同时将操纵手柄置于制动区域内使电磁制动器工作。

② 行车制动：此牵引车的行车制动方法为交流电机的再生制动，驾驶员松开加速开关，牵引车的牵引电机就进入制动状态。

(8) 装车时不准人货同装；牵挂平板车行驶时，不准在平板车上坐人；严禁在牵引杆上乘人。

(9) 牵挂拖车时，要用低速倒车，并时刻做好停车的准备。

(10) 不准从驾驶员座椅以外的位置上操纵车辆。

(11) 离车停车时间较长时需用楔块垫住车轮。

(12) 电动牵引车车外最大噪声值不大于70 dB(A),测试方法按JB/T 3300。

(13) 当车辆故障不能行驶或在特殊工况下不能行驶,需要用外力移动车辆时,必须将钥匙开关关闭,使整车线路处于无电状态,并使车辆的驱动轮悬空。

(14) 当车辆正常行驶时,行车制动通过释放手柄加速开关后的再生制动完成,当需要紧急停车时,驾驶员应立即按下紧急断电开关使电磁制动器制动。

7. 维护与保养

1) 日常维护

(1) 检查触点上的磨损状况:若触点已磨损就要更换。接触器触点应3个月检查一次。

(2) 检查踏板或手柄微动开关:测量微动开关两端的电压降,微动开关闭合时应没有电阻,释放时应有清脆的声音。每隔3个月检查一次。

(3) 检查主电路:电瓶-逆变器-电机的连接电缆要确保绝缘良好,电路连接紧固。每3个月检查一次。

(4) 检查踏板或手柄的机械运动:看弹簧是否能正常变形,电位器弹簧是否能伸缩至最大水平或设定水平。每3个月检查一次。

(5) 检查接触器机械运动:接触器应当活动自如且不粘连,每3个月检查一次。检查时若发现任何可能会产生损坏或危害安全的状况,应立即通知代理商,由代理商决定车辆的操作安全性。

2) 日常保养

为了延长牵引车的寿命,在使用过程中应按下述程序进行保养工作。

(1) 每日保养

① 检查锂电池电量:打开钥匙开关,主接触器吸合整车通电后,检查指示器上显示的电量。

② 检查各个控制件操作的正确性和安全性。

③ 检查蓄电池状况。

④ 检查操纵系统的转向及制动功能及多功能显示器的功能。

⑤ 检查灯光、喇叭、仪表是否正常。

⑥ 检查车轮紧固情况。

⑦ 检查电磁制动器制动间隙中的灰尘,并及时清理干净。

(2) 每行驶250 h后的保养

① 检查各种电器的线接头是否松动。

② 检查蓄电池有无裂纹及漏电现象。

③ 检查牵引钩部分是否有异常或不灵活现象。

④ 检查驱动单元的变速箱是否漏油。

⑤ 给操纵系统中的转臂销轴加3#锂基润滑脂。

(3) 每行驶1 000 h后的保养

① 检查电机和蓄电池电缆的状况和紧固性:有氧化锈斑的连接和电缆破损会导致电压下降,从而使牵引车出现故障。因此,要除去、润滑氧化的锈斑,更换破损的电缆。

② 电机驱动单元的变速箱换油及润滑保养,每1 200 h更换一次油品。

第10章

手动和半动力仓储车辆

10.1 手动和半动力托盘搬运车

10.1.1 概述

托盘搬运车是一种轻小型搬运设备,它有两个货叉似的插腿,可插入托盘自由叉孔内,由人力驱动液压系统来实现托盘货物的起升和下降,并由人力拉动或电力驱动完成搬运作业,它是托盘运输中最简便、最有效、最常见的装卸和搬运工具。

10.1.2 分类

手动托盘搬运车按照动力形式分为手动的和半动力的两大类型。其中,半动力的又细分为手动行走电动起升、电动行走手动起升等类型。如果按照使用场合,手动托盘搬运车则分为以下类型。

(1) 标准型手动搬运车:货叉外宽有 550 mm 和 685 mm 两种规格。采用整体式铸造油缸,油缸下降速度不受载重影响。车架采用高强度钢板,设计更合理,受力更可靠。

(2) 低放型手动搬运车:适用于托盘低矮、空间狭窄及其他受限的工作场合。

(3) 快起升手动搬运车:采用独特的双层密封设计,可靠耐用,快速起升,与标准型相比可以节省一半的时间。

(4) 镀锌手动搬运车:采用防漏设计,车架、手把、油缸等裸露在外的部件全部经过镀锌处理,配置不锈钢轴承和耐磨尼龙轮,抗腐能力强。这种搬运车适用于冷库机及洁净度要求比较高的场合,如肉类加工、奶制品加工、食品加工行业等。

(5) 不锈钢手动液压搬运车:油缸、车架、轴承、销子及螺栓等部件均由 304 不锈钢材质制造,适用于肉制品加工行业、食品加工行业、奶制品行业等,真正地做到抗腐蚀、不生锈。

(6) 称重型搬运车:采用最新设计的仪表,精度达到 0.1%,最小刻度 1 kg,具有毛重、去皮、累计功能,密封要求符合 IP65 标准,冲洗方便。

10.1.3 典型产品结构

手动托盘搬运车包括手柄、油缸、车架、曲臂轴、曲臂、推杆、前轮架、前轮、后轮等,如图 10-1 所示。

手柄、车轮、油缸与柱塞应运动轻快,不允许有卡滞现象。在额定载荷或无负荷状态下,起升油缸柱塞在全行程内应平稳上升和下降,特别是在无负荷时,货叉应能从最高处自由下降至最低位置。

油缸与活塞、活塞杆,泵体与泵芯等处的运动配合表面及其密封元件不允许有影响密

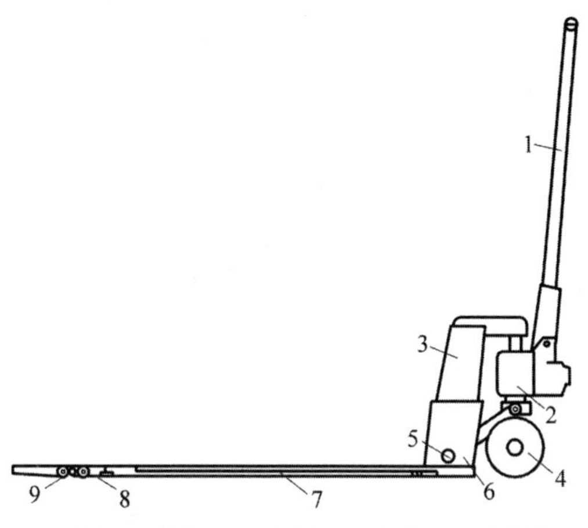

1—手柄；2—油缸；3—车架；4—后轮；5—曲臂轴；6—曲臂；7—推杆；8—前轮架；9—前轮。

图 10-1　手动托盘搬运车结构示意图

封工作性能的伤痕和缺陷。无负荷快升机构的动作必须可靠。快升机构的抓钩不能限制分油卸载时手柄的工作位置。

货叉应做强度试验，其试验载荷为货叉设计起重量的 3 倍。货叉下降至最低位置时，货叉前端水平高度应比货叉根部低 3～5 mm。货叉最大起升高度误差不大于－5 mm。

液压系统的技术要求：起升机构泵系的容积效率应不低于 92%。在额定载荷状态下，10 min 内货叉的自然下降值不得大于 1 mm。在额定载荷及超载 25%的状态下，液压系统不得有渗油、漏油现象。产品出厂前，安全阀必须调整至当超载 20%时全开启的位置。

10.1.4　工作原理

手动托盘搬运车以油缸作为执行部件，将原动机的机械能转换为油液的压力能(液压能)，即液压传动原理，以油液作为工作介质，通过密封容积的变化来传递运动，通过油液内部的压力来传递动力。

10.1.5　主要技术规格

手动托盘搬运车的结构尺寸及参数代号见图 10-2 和表 10-1。

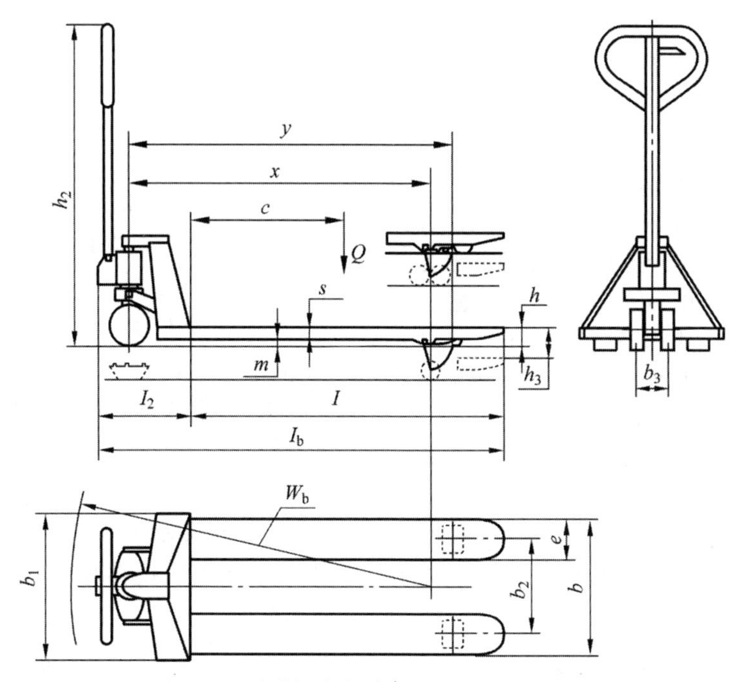

图 10-2　手动托盘搬动车的结构尺寸示意图

表 10-1 手动托盘搬运车的结构参数代号

结构参数代号	结构参数代号	结构参数代号
额定载荷 Q	货叉最低高度 h	货叉最大外侧间距 b
载荷中心距 c	货叉最大起升距离 h_1	装置宽度 b_1
初始轴距 y	手柄高度 h_2	货叉宽度 e
工作轴距 x	货叉长度 l	货叉厚度 s
前轮轮距 b_3	总体长度 l_1	货叉最小离地距离 m
后轮轮距 b_2	装置长度 l_2	最小转弯半径 W_a

注：① 载荷中心距——货叉长度的 1/2(圆整至 50 mm)；
② 初始轴距——货叉最低高度时的轴距；
③ 工作轴距——货叉最大起升距离时的轴距。

10.1.6 选型

手动托盘搬运车的标准载重量有 5 种：2 t、2.5 t、3 t、3.5 t、5 t。一般 800～1 000 kg 的货物，可以选用 2 t 的车辆，以此类推，用户可以按货物重量来选择适合的液压车。

货叉的宽度取决于日常使用托盘的尺寸，一般的手动液压车的标准尺寸分宽车和窄车，宽车 650～685 mm，窄车 540～600 mm。常规的尺寸有 550 mm 和 685 mm 两种。

一般的托盘搬运车放到最低点时的高度是 85 mm、75 mm，当然也有特殊的低放型手动液压搬运车，其最低高度甚至能达到 35 mm。低放车一般价格稍贵，没有特殊需求不建议采购。而且低放到 35 mm 的手动搬运车钢板相对较薄，所以载重量最多只有 1.5 t。

手动托盘搬运车的车轮材料要根据作业地面的状况来选择。地面状况平滑的可以选择尼龙轮子，价格便宜，而且省力。如果工厂地面是地平面，就选择聚氨酯轮子，因为相对软一些。

10.1.7 安全使用规范

(1) 只能一人操作，多人操作时须由一人统一指挥。

(2) 在装载时，严禁超载、偏载及单叉作业，所载物品重量必须在搬运车允许负载范围内。要确保货叉长度大于等于货盘的长度。

(3) 禁止车辆重载、长时间静置停放物品。

(4) 严禁将货物从高处落到车辆上。

(5) 必须将货叉完全放入货架下面，将货物叉起，保持货物的平稳后才能进行拉运。

(6) 严禁装载不稳定的或松散包装的货物。如必要，须安排人员扶持。

(7) 在搬运过程中应将货叉放到尽量低的位置，以免货物摔落。

(8) 请勿将身体的任何部位放置于车辆的机械提升部件附近、所载货物上以及货叉下方。

(9) 操作时严禁速度过快(不超过 3 km/h，成年人正常行走速度 5 km/h)，转弯时减速。

(10) 严禁在斜面或陡坡上操作车辆。若必须在斜坡上使用，操作者不得站在车辆正前方，以避免车辆因惯性导致速度过快而失控撞人。

10.1.8 维护与保养

(1) 加油。每月检查一次油量，建议使用 32＃液压油。

(2) 排气。由于运输或泵体的倒置，空气很可能会进入液压泵中。可按以下的方法排气：把手柄扳到下降位置，上下往复运动数次。

(3) 日常检查与维修。日常检修是必不可少的，应重点检修轮子、芯轴线和破布等。当搬运完毕后，应卸下货叉上的物品，并将叉架降到最低位置。

(4) 润滑油。在使用中，所有的轴承及轴已被加上了长寿命的润滑油，只需在每月的间歇时，或每次彻底检查时，向所有的运动部件加入润滑油。

10.1.9 常见故障及排除方法

托盘搬运车的常见故障与排除方法见表 10-2。

表 10-2　托盘搬运车的常见故障与排除方法

序号	故障	原因分析	排除方法
1	货叉升不到最高位置	液压油不够	添加液压油
2	货叉不上升	液压油中有杂质 放压阀没有调好 液压油中有空气	更换清洁的液压油 调节紧定螺钉 排除空气
3	货叉不下降	油缸活塞杆因偏载而变形 因偏载而造成零件损坏或变形 放压阀没调好	更换活塞杆或油缸 修理或更换相关零件 调节紧定螺钉
4	渗漏	密封件磨损或损坏 零件开裂或磨损	更换新的密封件 检查并更换新零件

10.2　手动托盘堆垛车

10.2.1　概述

手动托盘堆垛车是指对成件托盘货物进行装卸、堆高、堆垛和短距离运输作业的各种轮式搬运车辆。它具有以下特点：

（1）适用范围广，对环境无污染，运输灵巧，微动性好、操作灵活，转弯半径小；

（2）泄压方式采取脚踩式，升降速度平稳，安全性高；

（3）可配合托盘货箱、集装箱等实现单元化运输，大大提高工作效率。

手动托盘堆垛车适合在狭窄通道和有限空间内作业，是高架仓库、车间装卸托盘化的理想设备，可广泛应用于石油、化工、制药、轻纺、军工、油漆、颜料、煤炭等工业，以及港口、铁路、货场、仓库等含有爆炸性混合物的场所，并可进入船舱、车厢和集装箱内进行托盘货物的装卸、堆码和搬运作业。

10.2.2　分类

手动液压托盘堆垛车是利用人力推拉运行的简易式叉车。按照动力形式的不同，可分为手动的和半动力的两大类型。按照起升机构的不同，分为手摇机械式（图 10-3(a)）、手动液压式（图 10-3(b)）和电动液压式（图 10-3(c)）3 种。

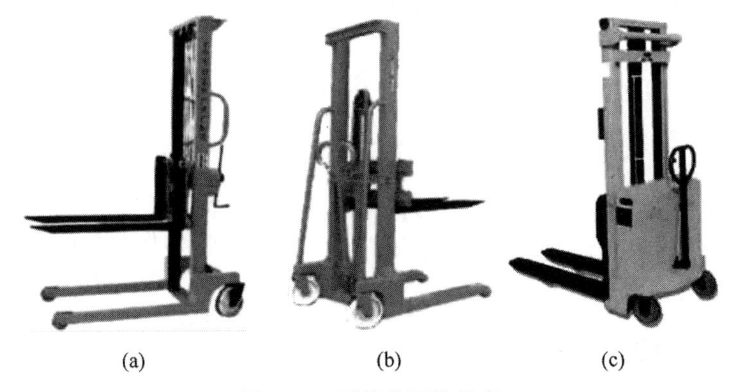

(a)　(b)　(c)

图 10-3　手推液压堆垛车

(a) 手摇机械式；(b) 手动液压式；(c) 电动液压式

10.2.3　典型产品结构

手动托盘堆垛车的结构如图 10-4 所示。

10.2.4　工作原理

手动托盘堆垛车以手动液压千斤顶（即液压装置）为动力提升重物，人力推拉搬运重物。液压装置设回油阀，通过手柄控制货叉的下降速度，并使液压系统动作正确、安全可靠。门架采用优质型钢焊接而成，刚性好，强度高。后轮使用带制动装置的万向轮，可自由旋转，前后轮均以滚珠轴承安装于轮轴上，转动灵

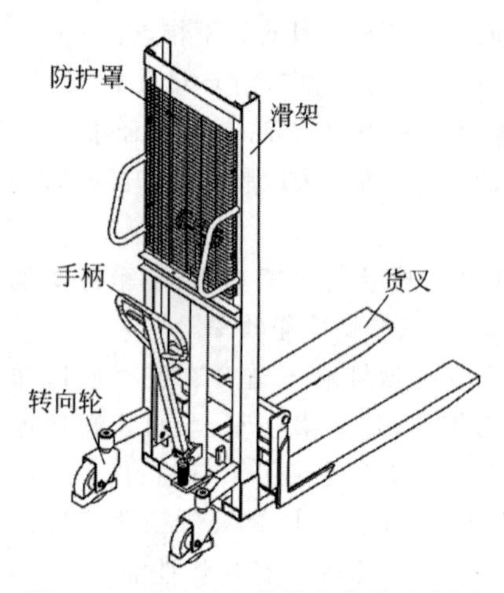

图 10-4　手动托盘堆垛车结构示意图

活。车轮为尼龙轮，耐磨，耐用，且不易损坏工作地面。

起升货物时，将货叉插入货物托盘下面，必要时可将后轮制动，扳动手柄。手柄下方压轮压迫泵芯，使泵缸中的油进入活塞缸内部，推动活塞杆向上运动，并通过链条使货叉向上提升 2 倍行程。往复扳动手柄即可使货物提升，达到起重的目的。当货叉升到最高位置时，压力油经过泄油孔流回油箱，即使扳动手柄，货叉也不再上升，可避免因冲顶而损坏机件。

搬运重物时，可通过人力推（拉）堆垛车行走。

卸载时，扳动卸载手柄，回油阀开通，在重物及货叉自重作用下，活塞缸中的工作油经回油阀回到油箱中，活塞杆及货叉下降到最低位置时，卸下重物，抽出货叉。

10.2.5　主要技术参数

手动托盘堆垛车的结构参数见表 10-3 和图 10-5。

表 10-3　托盘堆垛车的结构参数

名称	数值
额定起重量 Q/kg	500、800、1 000、1 250、1 500、1 750、2 000、2 500、3 000
载荷中心距 c/mm	400、450、500、600
最大起升高度 H/mm	1 000、1 500、2 000、2 500、2 700、3 000、3 150、3 300、3 600、4 000、4 500、5 000
货叉长度 l/mm	800、900、1 000、1 150、1 200
蓄电池额定电压 U/V	12、24、48、72

注：表中数值为优先选用数值。

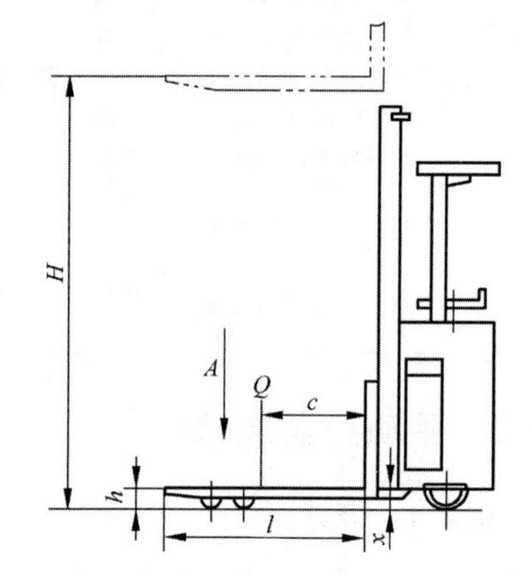

图 10-5　手动托盘堆垛车的结构尺寸示意图

10.2.6　选型

1）根据作业功能选择

手动托盘堆垛车的基本作业功能分为水平搬运、堆垛/取货、装货/卸货、拣选。用户可根据自身需求，在产品分类中初步确定车辆类别。另外，特殊的作业需求会影响到车辆的具体配置，如搬运的是纸卷、铁水等，这就需要通过给堆垛车安装属具来完成特殊功能。

2）根据作业要求选择

作业要求包括托盘或货物规格、提升高度、作业通道宽度、爬坡能力等一般要求，同时还需要考虑作业习惯（如习惯座驾还是站驾）、作业效率（不同的车型其效率不同）等方面的要求。

3）根据作业环境选择

如果用户需要搬运的货物或仓库环境对噪声等环保方面有要求，在选择车型和配置时应有所考虑；如果是在冷库中或是在有防爆要求的环境中,堆垛车的配置也应是冷库型或防爆型的。要仔细考察堆垛车作业时的流程、需要经过的地点,设想可能的问题。例如,出入库门的高度对车辆是否有影响;进出电梯时,电梯的高度和承载力对车辆是否有影响;在楼上作业时,楼面的承载力是否达到了相应要求。最后综合考虑所有因素,决定最终的手动托盘堆垛车型号和技术要求。

10.2.7　常规操作流程

手动托盘堆垛车常规操作流程图如图 10-6 所示。

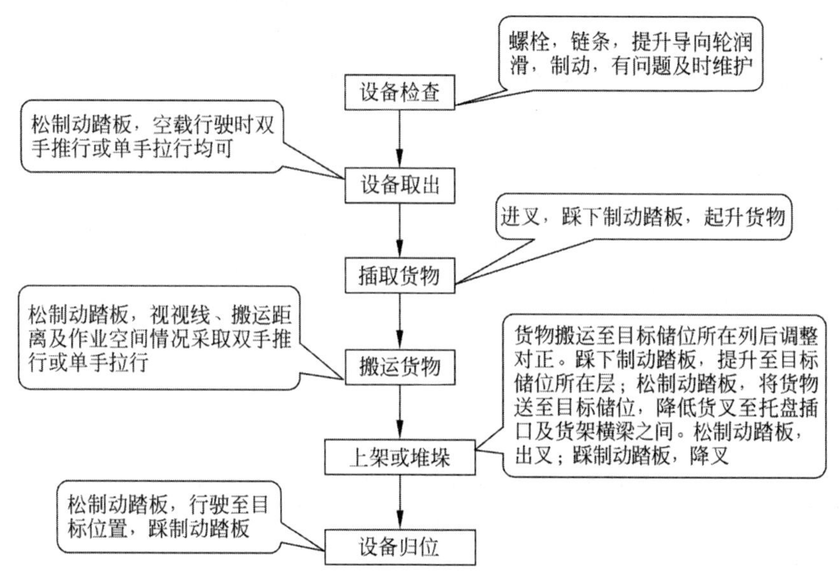

图 10-6　手动托盘堆垛车常规操作流程

操作注意事项:

(1) 严禁超载或偏载,严格按载荷特性曲线负载作业。

(2) 严禁刚蹭、碰撞,维修和调整时应在空载状态。

(3) 严格按规定对液压缸、各转动关节及轴承进行维护。

(4) 作业中注意避开空洞、不平的路面,以防托底、翻车发生。

(5) 卸载前应先固定好车辆,防止在搬运货物过程中车辆溜滑失控。

(6) 严禁作业人员站在堆垛车上作业。

(7) 在搬运货物行走时,尽可能降低货叉高度,以托盘不刚蹭地面为宜。

(8) 尤其注意,人车分离时务必踩下制动踏板。制动踏板的作用是防止溜车,而非减速所用。不当使用会严重影响其使用寿命。

10.2.8　维护与保养

车辆的维护和保养,对于车辆的使用效率和使用寿命是至关重要的。因此要求在车辆运行 500 h 后,对其进行一次常规保养,在保养中对于需要更换的零部件,原则上建议使用生产厂家的产品,以确保质量要求。

从维护工作的安全角度出发,要求维护工作必须由受过系统训练的人员进行。在维护保养过程中,为了保护人员和车辆的安全,需要注意以下事项:

(1) 充分保持维修现场的清洁。

(2) 保养维修时,身上不要带松散或贵重物品,特别是手表、耳环等金属物品。

(3) 车辆在维修前,须拔掉电源插座,断开电源。

(4) 在打开车辆的车箱盖板或电气系统前,应关闭车辆的钥匙开关。

(5) 在检查液压系统前，应使货叉下降到位，释放液压系统中的压力。

(6) 检查车身的漏油状况时，应用纸或硬纸板揩拭，切勿用手直接接触，以免烫伤。

(7) 由于驱动系统或液压系统中的油温可能较高，应先使车辆冷却后，再更换齿轮油或液压油，以防油温过高导致燃烧。

(8) 液压系统中应加注清洁的、牌号正确的液压油。

(9) 车体焊接时，要断开蓄电池电源，以防焊接电流进入蓄电池。

(10) 当需要在车辆下方操作时，一定要用起重设备或支架将车辆撑牢，以防车辆倾翻损坏或危及操作人员的人身安全。

(11) 正常使用后，叉车应按表 10-4 进行定期维护保养。

表 10-4　定期维护保养　　单位：h

序号	项目	保养内容	保养周期	备注
1	驱动齿轮箱	更换齿轮油	1 200	
2	转向齿轮箱	更换润滑脂	1 200	
3	前移油缸销轴	加润滑脂	100	
4	倾斜油缸销轴	加润滑脂	100	
5	液压油箱和滤网	清洗	1 000	
6	液压油箱	更换	1 000	
7	起重链条	更换	3 000	发现损坏及时更换
8	高压胶管	更换	3 000	发现损坏及时更换

10.2.9 常见故障及排除方法

手动托盘堆垛车常见的故障分析及排除方法见表 10-5。

表 10-5　手动托盘堆垛车常见故障及排除方法

序号	故障	原因分析	排除方法
1	起升油缸动作慢，起升下降不顺畅	油缸中油量不足	添加油
		密封不良，油管渗漏油，油管破裂	更换密封件，更换油管
		油泵故障，供油不足	修理或更换油泵
		保险安全阀调整不当或损坏	调整或修理安全阀
		液压过滤器堵塞	疏通滤清器
		油缸内有空气	将空气排出
2	空载不能起升	供油量不足	添加油
3	起升架下滑量大	换向阀内漏大	更换密封件
4	油缸柱塞或活塞杆带油	油缸液压油泄漏，油封磨损	更换油缸密封件

第3篇

牵引车(Ⅵ类)

根据中国工程机械工业协会《工业车辆产品分类》，牵引车属工业车辆第Ⅵ类产品。根据配置动力不同，主要有电动牵引车与内燃牵引车。

牵引车属于区域物流技术领域，是集机械、电子、液压等技术为一体的复杂产品，是用来牵引挂车或其他非机动车辆的专用工业车辆。牵引车广泛应用于机场、铁路、港口、冶金、船舶、邮政、仓库、工厂车间等各类平面运输物流场所的牵引作业。

第11章

牵引车概论

11.1 概述

牵引车的工作特点是：工作场地选择范围较广，既可在机场、港口等开阔空间内工作，也可在仓库、工厂车间等狭窄空间内工作；最长可满足三班工作制，整机持续工作时间长，散热性能良好；工作时，一般重载和空载的时间接近相等。

牵引车的一个重要特点是没有承载货物的平台，必须与全挂车或半挂车配合使用，或直接牵引设备，只能作为牵引工具，不能单独运输货物。因此牵引车只在牵引挂车时才和挂车连接在一起，当挂车被拖到指定地点进行装卸货物时，牵引车就可脱开挂车而去和别的挂车连接，继续做牵引工作，充分发挥牵引车的作用，提高运输效率。采用牵引车-挂车方式搬运货物，在一定的条件下往往比采用其他搬运车辆能获得更好的经济效益，因而牵引车和挂车在工作中得到较为广泛的应用。

图 11-1 所示为合力公司生产的电动牵引车和内燃牵引车的图片。

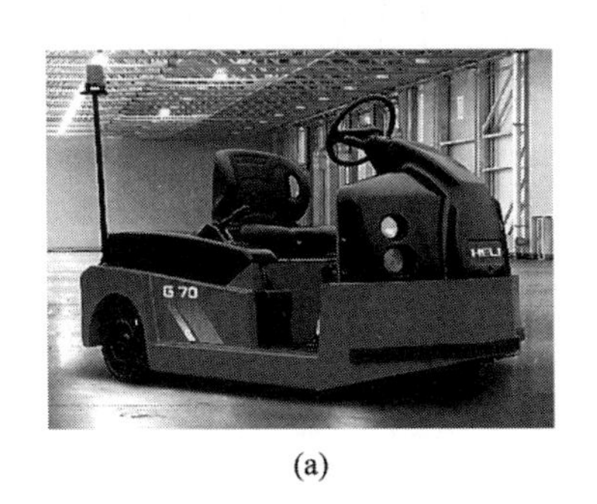

(a)

(b)

图 11-1　牵引车图片

(a) 电动牵引车；(b) 内燃牵引车

11.1.1 术语定义

(1) 电动牵引车：以电动机为动力源，装有牵引连接装置，专门用于在地面上牵引其他车辆的工业车辆。

(2) 内燃牵引车：以内燃机为动力源，装有牵引连接装置，专门用于在地面上牵引其他车辆的工业车辆。

(3) 混合动力牵引车：电动机及内燃机并存，同时或单独为动力源，装有牵引连接装置，专门用于在地面上牵引其他车辆的工业车辆。

(4) 最大挂钩牵引力：在平坦、干燥的混凝土地面上，牵引车以牵引栓的固定高度水平牵引负荷测试车行驶，电动牵引车在牵引电动机达到 5 min 工作制最大允许电流或调速器过电流保护、牵引电动机堵转、驱动轮滑转时，作用在固定高度挂钩上的水平拉力；内燃牵引车直至发动机熄火(液力传动牵引车为液力变矩器失速状态)或驱动轮完全滑转为止，作用在固定高度挂钩上的水平拉力。

(5) 额定挂钩牵引力：在平坦、干燥的混凝土地面上，牵引车以牵引栓的固定高度水平牵引负荷测试车行驶，电动牵引车在牵引电动机达到 1h 工作制额定电流时，作用在固定高度挂钩上的水平拉力；内燃牵引车在速度达到不低于 10%最高运行速度(牵引车无拖挂)时，作用在固定高度挂钩上的水平拉力。

(6) 额定牵引质量：牵引车以额定挂钩牵引力牵引的单节挂车及所载货物的质量之和。

(7) 空载质量：车辆无载且无操作者时，可立即投入使用的全部质量。

注：空载质量不包括可拆卸属具的质量，蓄电池牵引车不包括牵引蓄电池，内燃牵引车油箱中应加注规定燃油。

(8) 列车：一辆牵引车与铰接一辆以上挂车组成的车辆总和。

(9) 再生制动：将一部分能量转换为电能储存在储能装置内的制动过程。

(10) 续驶里程：牵引车在规定使用的动力电池完全充满电状态下，在规定的作业工况和路面条件下，以最大车速行驶至电池放电使用允许值时，能连续行驶的最大距离。

11.1.2 分类

牵引车可按以下几种方式进行分类。

1) 按牵引挂车形式分类

(1) 全挂牵引车：荷载由挂车自身全部承担，与牵引车仅用挂钩连接。牵引车不需要承担挂车荷载，只是提供动力帮助挂车克服路面摩擦阻力。

(2) 半挂牵引车：其挂车需要牵引车提供一个支承点，牵引车负责提供动力之外，还需负担一部分挂车荷载。

2) 按动力源分类

(1) 电动牵引车：以电动机为动力源的牵引车。

(2) 内燃牵引车：以内燃机为动力源的牵引车。

(3) 混合动力牵引车：驱动系统由两个或多个能同时运转的单个动力源联合组成的牵引车，主要有燃油/电动混合动力和燃油/液化气混合动力系统。

3) 按传动方式分类

(1) 机械传动牵引车。

(2) 液力传动牵引车。

(3) 静压传动牵引车。

(4) 电传动牵引车。

4) 按操作方式分类

(1) 人工驾驶牵引车。

(2) 无人驾驶(AGV 自动导引)牵引车。

5) 按驱动形式分类

(1) 4×2 牵引车：共 4 轮，其中 2 轮驱动，主要用于 40 t 以下集装箱或件杂货的转运。

(2) 6×4 牵引车：共 6 轮，其中 4 轮驱动，主要用于大型集装箱或件杂货的转运。

11.2 发展历程

长期以来，牵引车使用范围较窄，而且有很多可以替代的产品(如拖拉机、叉车等)，需求量不到叉车的 5%，由于受到规模的限制，国产牵引车的主要零部件以借用叉车或汽车的资源为主，但是由于主功能的差异，借用的某些零部件会出现寿命较短或早期损坏等现象，造成用户认可度差，从而导致了牵引车长期依赖日本的丰田(TOYOTA)、尼桑(NISSAN)，德国的林德(Linde)等国外知名品牌的局面。

国内牵引车的发展较为缓慢，生产厂家少。1987年以前，国产牵引车的牵引力一般为8～35 kN。随着广州港机厂研制出牵引力为45 kN的牵引车，开启了国内制造厂对较大牵引力牵引车的研发。

随后，国内以安徽合力股份有限公司为代表的各个叉车制造厂和港口机修厂专业制造商，先后开发了适合牵引车作业工况的变速箱、驱动桥、转向桥等核心零部件，同时在研发能力、制造工艺、试制试验等方面均提供了大量的保障手段。通过这些措施的实施，国内牵引车产品技术逐步趋于成熟，性能稳定性得到很大提高，形成了系列化、大型化、多品种的牵引车产品。

11.3　发展趋势

受国家政策及持续升温的物流热的影响，新技术、新工艺在牵引车上的应用越来越得到制造商和使用企业的重视，节能减排、电子智能化、高安全性和良好的人机工程将是牵引车的必然发展趋势。

1. 节能环保

“环境保护”与“可持续发展”已被世界上越来越多的国家所认识和重视。牵引车产品将以环保为中心，在新型动力开发、原材料选用、零部件模块生产、整车装配以及使用等环节中充分体现牵引车与环境的和谐。目前，电动牵引车凭借零排放、无污染、噪声小等优点已被越来越多的客户接受。随着新能源技术的发展，未来氢气以及混合动力牵引车等将得到极大发展，制动能量回收系统、尾气净化技术等也必将在牵引车上得到快速应用。与此同时，绿色设计、产品的全寿命设计等先进设计思想也将得到广泛应用。

2. 电子智能化

高可靠性、性能优越以及装备先进电子技术的机电一体化牵引车市场前景看好。以仓储发展为依托，在牵引车上推广应用计算机技术，纳入信息化控制，沿着“车辆安全—辅助驾驶—人车交互—智能交通—车联网”的路径是牵引车的发展趋势。

3. 高安全性

高安全性是保证使用者安全、提高作业效率和物流业国际化发展的必然趋势。传统牵引车的方、尖外观正被流线圆弧形外观所取代，这改善了驾驶员的视野，提高了操作安全性；湿式制动驱动桥、双回路制动系统、防抱死制动系统等技术正得到快速应用；自动避撞系统、防疲劳预警系统、轮胎压力检测系统、前照灯电子互控系统等技术将会在牵引车上得到研究和逐步应用。

4. 良好的人机工程

随着现代化工业的发展，用户对牵引车的需求已不仅限于功能、可靠性、安全性等方面，对良好的人机工程需求越来越迫切。这就要求牵引车制造商必须把人-机-环境系统作为一个统一的整体来研究，以改善驾驶员的劳动条件和车内人员的舒适性为核心，以人的安全、健康、舒适为目标，力求使整个系统总体性能达到最优。

第12章

电动牵引车

12.1 典型产品结构、组成和工作原理

12.1.1 工作原理

电动牵引车用电池提供能量，通过电动机将电能转换为机械能来驱动牵引车行走，从而实现牵引或推顶作业。

12.1.2 系统组成

电动牵引车主要由车身系统、转向系统、驱动系统、液压系统、制动系统、牵引机构、电气系统等组成(见图 12-1)。

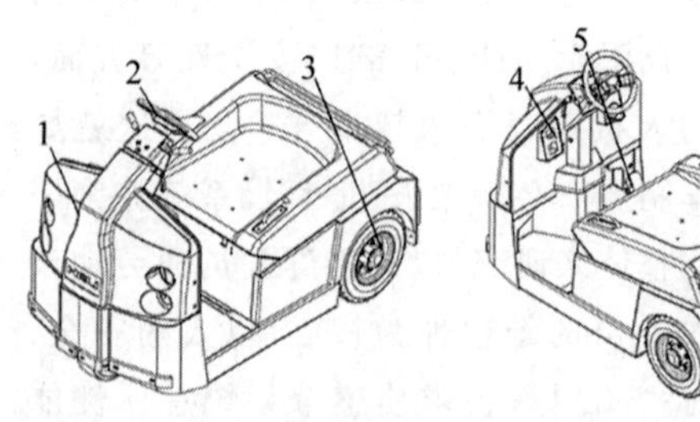

1—车身系统；2—转向系统；3—驱动系统；4—电气系统；5—液压系统；6—制动系统；7—牵引机构。

图 12-1 电动牵引车系统组成示意图

1. 车身系统

1) 车身组成

车身系统由车架、机罩类、底板类、平衡重及座椅等组成。

2) 结构特点

电动牵引车的车架是支承牵引车各部件并传递工作载荷的承载结构。电动牵引车上所有零部件都直接或间接地装在车架上，使整台牵引车成为一个整体。车架支承着牵引车的大部分重量，而且在牵引车行驶或作业时，它还承受由各部件传来的力、力矩及冲击载荷。因此，要保证车架有足够的强度和刚度。

电动牵引车的车架主要采用梁式结构。梁式车架是由钢板和型钢焊成的纵梁，置于牵引车电池箱体的前后，它是车架承载的主体，根据部件位置的需要，在纵梁之间焊接若干横梁，以增加车架的刚度(见图 12-2)。

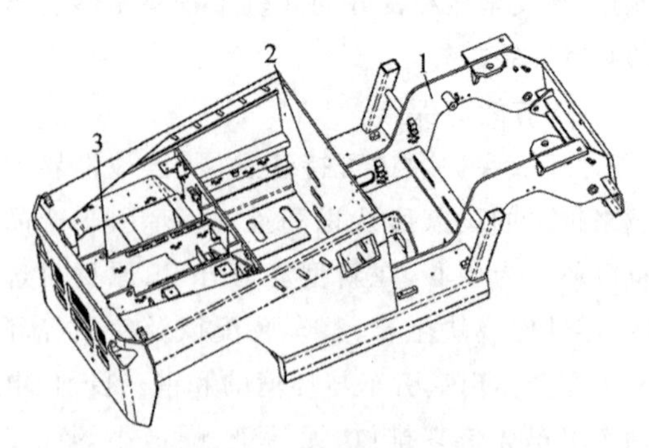

1—后纵梁；2—电池箱体；3—前纵梁。

图 12-2 电动牵引车车架

一般在车架后部的适当位置布置一定质量的平衡重，以保证运行时牵引车驱动轮能产生足够的地面附着力。

2. 转向系统

电动牵引车的转向系统按照转向所用动力可分为机械转向系统和动力转向系统两大类。

1) 机械转向系统

机械转向系统完全依靠驾驶员的体能克服转向时产生的阻力矩,因此主要用于转向桥负荷较轻、作业强度不大的电动牵引车。该系统的优点在于成本低、结构简单;缺点是操纵时舒适性差、作业强度高。

机械转向系统的实现方式、方法有很多,但目前普遍应用的有以下几种结构:链条传动式转向系统、齿轮传动式转向系统、拉杆式转向系统。

(1) 链条传动式转向系统

链条传动式转向系统(见图 12-3)的工作原理是通过转动转向盘,带动转向管柱,转向管柱与链轮轴通过花键连接,从而带动链轮轴转动。

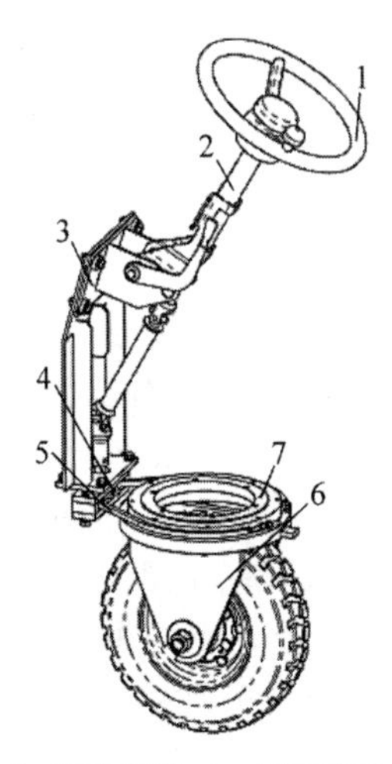

1—转向盘;2—转向管柱;3—固定支架;4—链轮轴;5—链条;6—转向轮总成;7—回转轴承。

图 12-3 链条传动式转向系统

链条两端以及回转轴承分别安装在转向轮总成上,通过链轮轴带动链条实现车轮的左右转动,达到车辆转向的目的。

(2) 齿轮传动式转向系统

齿轮传动式转向系统(见图 12-4)的工作原理与链条传动式转向系统相同,只是传动方式由链条传动变为齿轮传动,其中惰轮的作用是保持车轮的转动方向与转向盘的转动方向一致。

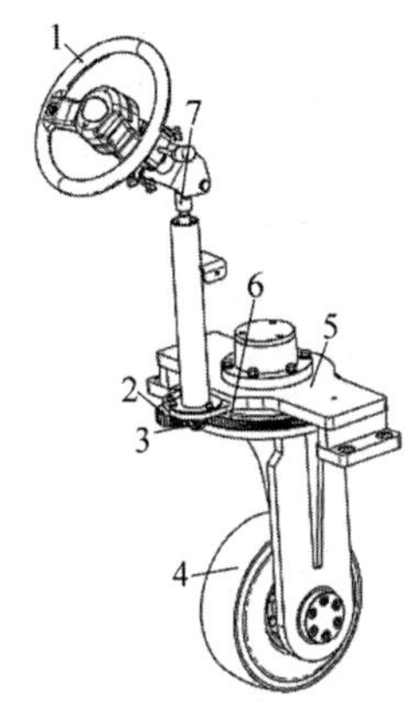

1—转向盘;2—惰轮;3—主动齿轮;4—转向轮总成;5—固定支架;6—转向齿轮;7—转向管柱。

图 12-4 齿轮传动式转向系统

(3) 拉杆式转向系统

拉杆式转向系统(见图 12-5)的工作原理是驾驶员转动转向盘,力矩通过转向管柱、转向万向节和转向传动轴输入给转向器,经转向器降速增矩后,又经转向摇臂、转向直拉杆传给固定在左转向节上的转向节臂,使左转向节及装于其上的左转向轮绕主销偏转,同时,经左转向梯形臂、转向横拉杆和右转向梯形臂的传递,右转向节及装于其上的右转向轮随之绕

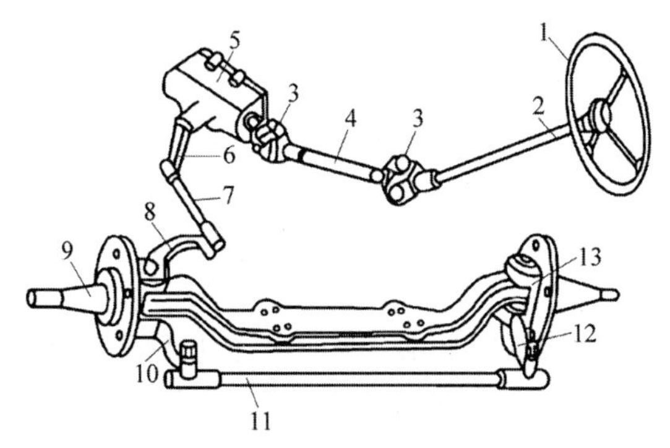

1—转向盘;2—转向管柱;3—转向万向节;4—转向传动轴;5—转向器;6—转向摇臂;7—转向直拉杆;8—转向节臂;9—左转向节;10—左转向梯形臂;11—转向横拉杆;12—右转向梯形臂;13—右转向节。

图 12-5 拉杆式转向系统

主销同向偏转相同的角度。

转向梯形机构由左、右转向梯形臂和转向横拉杆构成。左、右转向梯形臂的一端分别固定在左、右转向节上，另一端则与转向横拉杆以球铰链连接。其功用是在牵引车转向时，使左、右转向轮按一定规律进行偏转。

2）动力转向系统

动力转向系统是通过辅助动力克服转向时产生的阻力矩，主要用于转向桥负荷较重、作业效率较高的电动牵引车。该系统可分为电转向系统和全液压转向系统。

（1）电转向系统

电转向系统（见图 12-6）是利用电机作为动力源，通过减速箱降速增矩，推动转向轮工作。

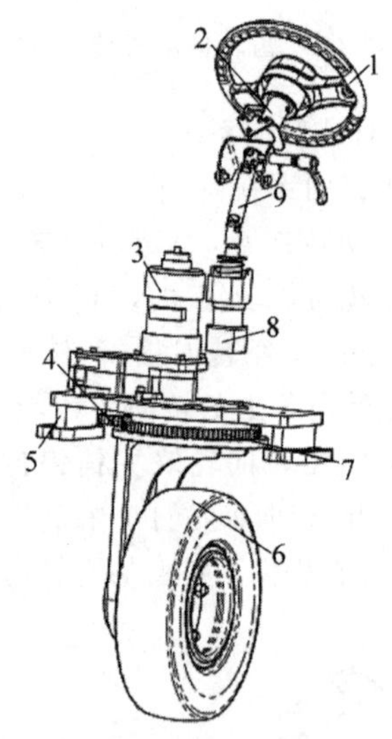

1—转向盘；2—转向管柱；3—转向电机；4—转向齿轮箱；5—固定支架；6—转向轮总成；7—转向齿轮；8—传感器；9—万向节。

图 12-6 电转向系统

当驾驶员转动转向盘时，转向管柱、万向节带动传感器转动，传感器将转向信息反馈至转向控制器，转向控制器根据传感器的反馈控制转向电机的转动方向和转速，使转向轮进行相应的工作。

（2）全液压转向系统

全液压转向系统利用电机作为动力源，以液压油为工作介质，通过执行元件油缸推动转向轮转动。

电动牵引车全液压转向系统（见图 12-7）一般由转向盘、转向管柱、万向节、全液压转向器、转向电机、齿轮泵、转向油缸、转向桥总成等部件组成。转向电机驱动齿轮泵工作、齿轮泵输出高压油到全液压转向器，全液压转向器上装有一个安全阀，以调定转向系统压力，高压油推动转向油缸活塞杆左右移动，转向轮随活塞杆左右转动，实现电动牵引车转向。

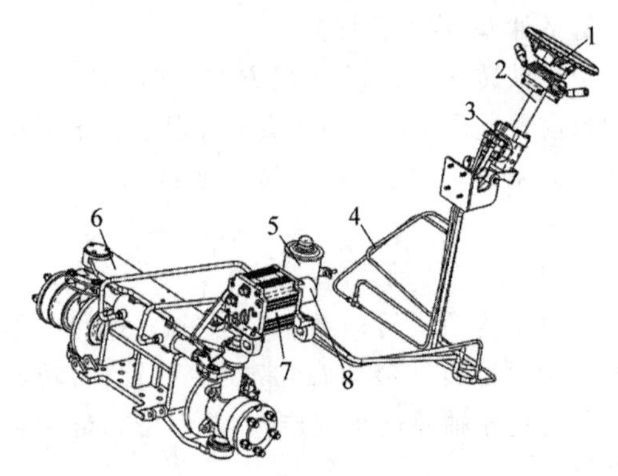

1—转向盘；2—转向管柱；3—全液压转向器；4—液压油管；5—液压油壶；6—转向桥总成；7—转向电机；8—齿轮泵。

图 12-7 全液压转向系统

3. 驱动系统

电动牵引车驱动系统的传动方式一般有单电机集中驱动和双电机分别驱动。

1）单电机集中驱动系统

单电机集中驱动系统一般由减速箱总成、差速器总成及驱动桥（见图 12-8）组成，驱动电机与减速器主动齿轮直接相连。通过一级或两级减速，将扭矩传送到左右两个驱动轮。

图 12-8 单电机驱动桥

单电机集中驱动在布置形式上又有 T 形布置和平行布置。电机轴与驱动桥轴线垂直的为T形布置(见图12-9);电机轴与驱动桥轴线平行的为平行布置(见图12-10),平行布置结构更为紧凑。

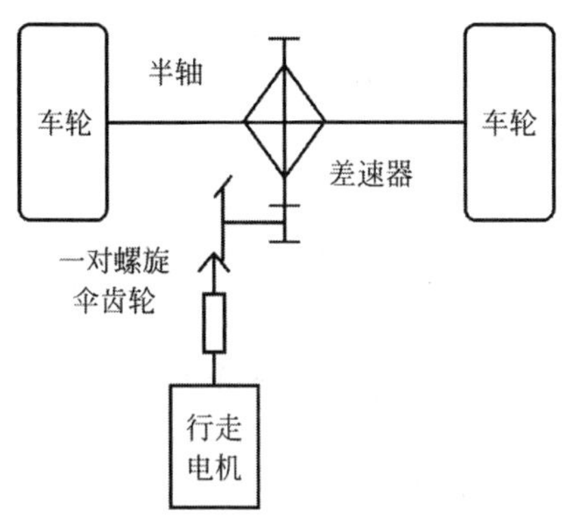

图12-9 T形布置

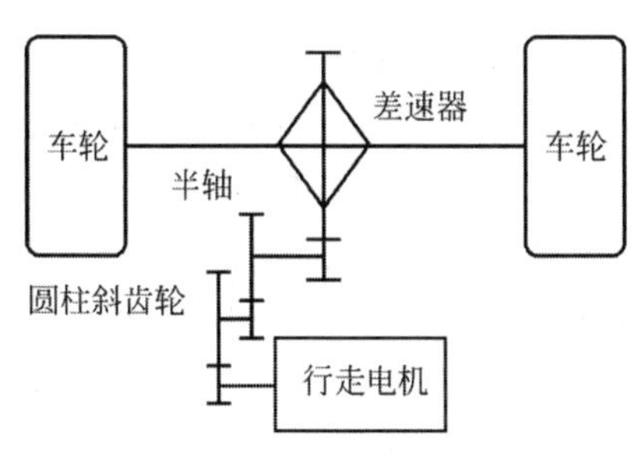

图12-10 平行布置

随着驱动技术的发展,传动系统的布置方式也在突破。目前也有部分电动牵引车采用整体集成电桥(见图12-11),即将电机、差速器、湿式制动、轮边行星齿轮减速器集成一体,使结构更紧凑。

图12-11 集成式驱动桥

2) 双电机分别驱动系统

双电机分别驱动系统是将两个电机分别与两轮边减速器相连(见图12-12),驱动两个驱动轮。双电机分别驱动具有差速性能。与单电机集中驱动比较,双电机分别驱动加速和爬坡性能好,牵引力大,采用了电子调速系统,替代原来的机械差速系统,能获得较小的转弯半径等。

图12-12 双电机驱动桥

4. **液压系统**

液压系统是通过动力元件,将机械能转换成液体的压力能,再通过管路系统输送到执行元件,执行元件把液体的压力能转换为机械能输出(见图12-13)。而液压系统工作介质的压力、流量(速度)及方向的控制和调节是由控制元件来完成的,从而满足系统工作性能的要求,实现各种不同的功能。

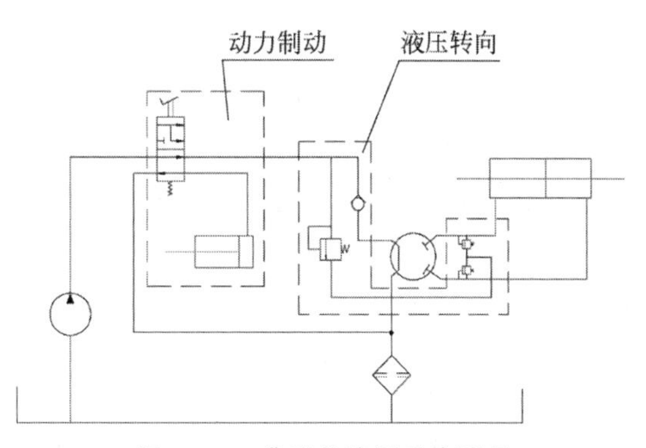

图12-13 典型的液压系统原理

电动牵引车的液压系统主要用于转向及制动,一般包括以下5个部分:

(1) 动力元件,即各类液压泵,它将原动机的机械能转换成压力能。

(2) 执行元件,即液压缸,它把液体的压力能转换为机械能,输出到工作装置。

(3) 控制元件,包括转向器、制动阀等,通过它们来控制和调节液流的压力、流量(速度)、方向。

(4) 辅助装置,包括油箱、油管、管接头、滤油器、储能器等。

(5) 工作介质,指各类液压传动中的液压油,它经过动力元件和执行元件实现能量转换。

5. 制动系统

电动牵引车主要采用机械式停车制动和液压式行车制动,停车采用手制动,行车采用踏板制动。由于交流电控的使用,电制动的效果非常显著,因此电制动已成为电动牵引车行车制动的重要组成部分。

电制动可以在以下3种情况下产生:①改变行驶方向;②松开加速器踏板;③踩下制动踏板。

交流电机的制动能力是等同于其加速能力的。交流电机的电制动效果要比直流电机强得多。这一特点使交流电动牵引车具有更高的安全性。高效的电制动意味着传统的制动系统可被大大简化。行车制动可以被停车制动取代。无论驾驶者通过制动踏板实施制动,还是转换行驶方向制动,电机均会停转并且产生类似发电机的作用,也就是制动能量再生。这种制动系统的优点是延长了每次充电后的工作时间,减少了制动系统及传动元件的磨损,也减少了维修的停工时间。

目前,有些采用湿式制动器的电动牵引车的停车制动采用了负制动(negative brake),也称被动制动。当整车断电时,负制动起作用,压紧制动摩擦片,使整车处于制动状态。整车通电后,电磁阀接通,负制动在压力作用下解除制动状态。负制动装置可以使电动牵引车停车制动更安全可靠。

6. 牵引机构

为适应牵引与顶推挂车的需要,电动牵引车的车体前面装有坚固的护板,尾部装有半自动挂钩装置。该挂钩装置有一喇叭形张开口,当平板车的拖挂杆伸入其中时,驾驶员则可在驾驶室内通过操纵杠杆,将销轴插入拖挂杆孔中,从而完成与平板车的挂钩组合动作;当牵引车与平板车分离时,同样只需驾驶员操纵杠杆,把插销拔出,牵引车往前开动则可使两者脱钩分离。牵引车拖挂装置牵引挂钩的设计应保证结合和脱开安全、简便,能防止使用中突然脱钩。

7. 电气系统

1) 电气系统工作原理

电动牵引车的电气系统主要由电控(牵引电控、转向电控)、电池(铅酸蓄电池或者锂电池)、电机(牵引电机、泵电机)、加速器、仪表、接触器、线束、灯具、开关、报警装置、传感器等组成。核心部件为“三电”——电池、电机、电控。

电动牵引车的主要工作原理为:以车载电池为动力,将储存在电池中的电能通过电流形式释放。系统上电自检后,主接触器吸合,交流控制器功率单元上电,交流控制器将直流电源从车辆电池转换成频率和电流可变的三相交流电源,驱动相应的感应电机,通过电机带动动力传动系统,驱动牵引车行驶。牵引电机的运行方向由方向开关选择,分前进、后退两种状态。信号传递给牵引电控,牵引电控控制牵引电机正反转,并根据加速器给定的速度信号控制牵引电机转速,从而实现整车的速度变化。

2) 电气系统结构原理及组成

(1) 牵引系统

电动牵引车的电气控制牵引系统主要由牵引电控、牵引电机和加速器等电气部件组成。钥匙开关闭合后,牵引控制器的逻辑电源端口即得电源,通过自检后,主接触器闭合,B+电源供电有效。在座位开关信号、手制动信号有效的情况下,由方向开关选择牵引车运行方向,有前进、后退两种状态,信号传递给牵引电控,牵引电控控制牵引电机正反转,并根据加速器给定的速度信号控制牵引电机转速,从而实现整车的速度变化,达到操作者的操作意图。对于配置了转角电位器的驱动系统,牵引电控接收到转向轮转角信号,控制牵引电机转速,通过降低转速,实现转弯减速。

(2) 转向系统

目前电动牵引车的转向系统可分为3类:电转向系统、液压转向系统、机械转向系统。

① 电转向系统:电转向系统具有转向操纵灵活、轻便的特点,已在三支点牵引车上得到广泛应用。转向轮带自动回中功能,在转向控制器上电后,控制器根据接近开关的状态判断转向轮的偏置方向,然后控制转向电机往偏置方向反向运动,直到接近开关感应状态变化时停止驱动,此时转向轮回中。转向轮由独立的转向电机带动,转向电机受转向控制器单独控制,在转向盘下方安装有角度传感器,当转向盘转动时,角度传感器输出信号给转向控制器,控制器根据角度传感器的信号值控制转向电机转到对应的角度。

② 液压转向系统:液压转向系统利用电机作为动力源,以液压油为工作介质,采用转向电控控制电机工作,通过执行元件油缸推动转向轮转动。当操作者踩制动踏板或者加速器的时候,制动信号或者加速器信号传给牵引控制器,控制器的一个驱动端口驱动转向电控的控制端,转向电控工作,电机开始工作,带动齿轮泵旋转。

③ 机械转向系统:机械转向系统采用回转轴承实现前轮转向,该转向系统具有效率高、使用寿命长等特点,转向灵活、轻便。该系统包括转向盘、转向管柱、万向节、转向驱动装置。转向驱动装置包括链轮机构、通过链轮机构与万向节连接的转向盘,车架包括竖直部分和连接于竖直部分底端的水平部分,车架竖直部分的顶端与转向盘端面固定连接,车架水平部分上设置有转向轮。驾驶者在转弯过程中,需要根据路面弯度变化、车速变化等因素,不断通过转动转向盘来调整转向轮的角度,维持驾驶者要求达到的转向轨迹,其转向可靠、故障率低等。

(3) 制动系统

电动牵引车可以通过控制电机运行实现行车制动并通过电气控制参与车辆的停车制动。

在行车制动工况中,电机制动有两种形式,即再生制动和反接制动。电动牵引车制动状态的机电特性可以划区为3个区域。如图12-14所示,区域Ⓐ描述感应电机的驱动工作状态;区域Ⓑ对应电机的再生发电状态,此时感应电机轴输入的机械能转换为电能,感应电机再生的电能经续流二极管全波整流后反馈给蓄电池;区域Ⓒ对应反接制动状态。操作者在行驶过程中松开加速器踏板,或踩下制动踏板就可以达到整车制动的效果。此过程可以实现能量再生。

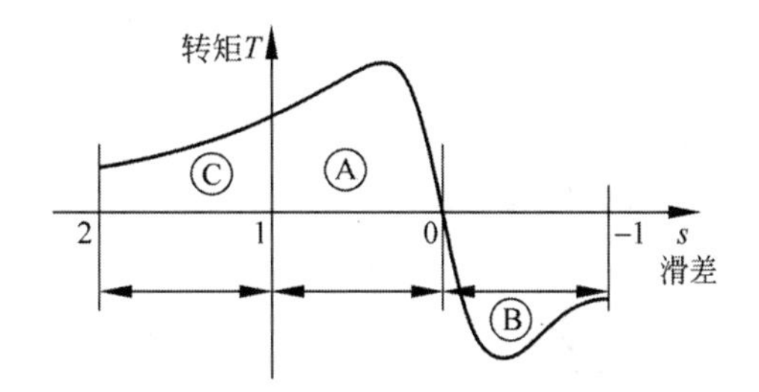

图12-14　制动状态的电机特性

国内企业生产的牵引车普遍采用手制动手柄配合制动器实现停车制动的功能。这种方式会设置一个常闭的制动微动开关,并将其固定在制动手柄安装支架上。牵引车停车后,拉动制动手柄随着手柄体绕着销轴转动,固定在手柄体上的挡板随后触发微动开关,微动开关断开后,将制动信号发送到控制器中,控制器发出指令使驱动电机停转,从而实现对牵引车的停车制动控制。

12.2　技术参数

12.2.1　基本参数

电动牵引车的基本参数应优先选用表12-1中规定的数值。

表 12-1 电动牵引车的基本参数

额定牵引质量 Q/100kg	10、15、20、25、30、40、50、60、70、80、90、100、120、150、200、250、300、350、400、500、650、800
额定挂钩牵引力 F/kN	0.25、0.38、0.50、0.63、0.75、1.00、1.25、1.5、1.8、2.0、2.2、2.5、3.0、3.8、5.0、6.3、7.5、8.8、10、12.5、16、20.0
挂钩中心离地高度 H_1/mm	175、220、250、280、300、320、350、400、450、500、550、750
蓄电池额定电压 U/V	24、36、48、72、80、96、120、144、160、192、240、288

12.2.2 技术要求

1. 基本要求

(1) 电动牵引车主要结构尺寸(见图 12-15)的制造要求应符合表 12-2 中的规定，主要技术性能参数的要求应符合表 12-3 中的规定。

表 12-2 电动牵引车主要结构尺寸的制造要求

参数名称	制造要求
长度 L	$(1\pm1\%)L$
宽度 W	$(1\pm1\%)W$
高度 H	$(1\pm1\%)H$
轴距 L_1	$(1\pm1\%)L_1$
前轮距 W_1	$(1\pm2\%)W_1$
后轮距 W_2	$(1\pm2\%)W_2$
接近角 α_1	$\geqslant\alpha_1$
离去角 α_2	$\geqslant\alpha_2$
最小离地间隙 x	$\geqslant0.95x$
前悬距 L_2	$(1\pm3\%)L_2$
后悬距 L_3	$(1\pm3\%)L_3$
挂钩中心离地高度 H_1	$(1\pm4\%)H_1$

表 12-3 电动牵引车主要技术性能参数的要求

参数名称		技术要求
空载质量 G_0		$(1\pm5\%)G_0$
前轴荷 G_f		$(1\pm3\%)G_f$
后轴荷 G_h		$(1\pm3\%)G_h$
最小转弯半径 r		$\geqslant1.05r$
最大运行速度	无载 V_{max}	$(1\pm10\%)V_{max}$
	满载 V'_{max}	$(1\pm10\%)V'_{max}$
最大挂钩牵引力 F_{max}		$\geqslant F_{max}$
额定挂钩牵引力 F		$\geqslant F$
续驶里程 S		$\geqslant S$

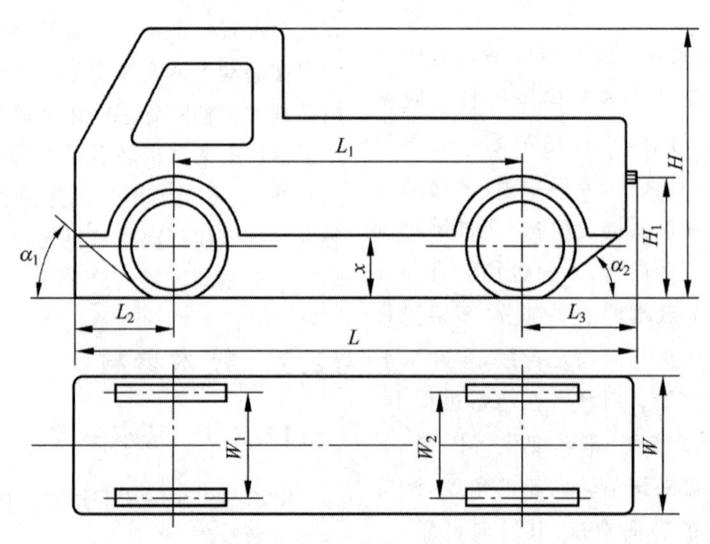

图 12-15 电动牵引车结构尺寸

(2) 对开式轮辋上装有充气轮胎时，结构上应保证车轮从车上拆下后，方能松动轮辋螺栓。

(3) 牵引车设计上应有起吊点或叉运位置，并应在使用维护说明书中指明。

(4) 传动系统不应有异响。

(5) 牵引车信号和照明装置应符合 GB/T 10827.1 和 GB 4785 的规定。座驾式牵引车至少应包括前照灯、制动灯、转向灯。

(6) 所有液压系统应装有能防止系统内压力超过预定值的装置。该装置的设计和安装应能避免意外的松动或调节，调整压力需要有工具或钥匙。

(7) 在操作者正常驾驶位置和出入操作台的范围内不应有锐边和棱角。

(8) 牵引车外露表面应光洁、美观，油漆应均匀，不应有裂纹、起皮、堆积及起泡等缺陷。

(9) 牵引车按 GB/T 9286 的规定进行试验，漆膜附着力不应低于二级质量要求。

2. 使用性能要求

1) 转向性能

(1) 转向盘原地转向力：

① 转向应轻便灵活。采用动力转向的牵引车转向时，作用在转向盘上的转向力应为 8～25 N，左、右转向相差不得大于 10 N；当牵引车以最大运行速度直线行驶时，不应有明显的蛇行现象。

② 无动力转向或无助力转向的牵引车在停车状态下，转向轮处于直线行驶位置，操作转向盘向左(或右)转动头半圈的转向力应不大于 177 N，其后至左(或右)极限位置转动过程中的转向力不得大于 355 N，转向盘向左(或右)最大自由转角不得大于 15°，转向盘向左(或右)最大转角不得大于 10°。

(2) 直角通道转弯性能：牵引车向左、向右通过规定的直角通道时，应一次顺利通过；在转弯过程中不应倒车。若牵引车未顺利通过直角通道转弯，允许重新进行，但不应超过 3 次。

2) 牵引性能

实测电动牵引车的牵引力-电机工作电流特性曲线与设计曲线相比较，在相同牵引电机工作电流下的牵引力相差应不超出±10%。

3) 制动性能

电动牵引车所用制动器的性能应符合 GB/T 18849 的规定。当列车在大于 10%的坡道上运行时，在设计上应考虑拖车具有制动性能。

4) 能量消耗

电动牵引车连续行驶时间和一次充电续驶里程不应小于设计值。

5) 防雨密封性能

有驾驶室的牵引车淋雨试验结束后，根据 QC/T 476 计分应不小于 80 分，操作者立即操作车辆应能正常运行，所有系统及部件功能应正常；敞开式牵引车淋雨试验结束后，操作者立即操作车辆应能正常运行，所有系统及部件功能应正常。

3. 电气要求

(1) 电动牵引车的电气系统应符合 GB/T 27544 的要求。

(2) 电机的绝缘等级不低于 F 级。

(3) 电动牵引车设计应保证充电时牵引车不能起步。

(4) 牵引电机优先采用 S2-60 min 或 S1 工作制；牵引电机的防护等级应不低于 GB/T 4208—2017 的中的 IP54 等级。

(5) 若选用转向电机，优先采用 S2-30 min、S2-60 min 或 S1 工作制；转向电机的防护等级应不低于 GB/T 4208 中的 IP54 等级。

(6) 耐电压试验：电动牵引车的带电部分和车架之间应能经受表 12-4 中规定的 50～60Hz 交流电压，历时不少于 1 min，无击穿、飞弧现象，不应有明显熔焊和不完整迹象，引线绝缘层不应有烧毁等征兆。

表 12-4　试验电压

牵引车蓄电池额定电压 U(DC)/V	交变试验电压/V	最大漏电流/mA
$U \leqslant 60$	500	150
$60 < U \leqslant 120$	1 000	150
$U > 120$	1 500	50

4. 安全环保要求

(1) 牵引车应装备喇叭、倒车蜂鸣器等警示装置，制动系统蓄能器应有欠电压警示装置，还应装备蓄电池欠电压警示装置。

(2) 安全和警示标志应粘贴在牵引车有可能发生危险位置附近，应符合 GB/T 26560 的规定。

(3) 在牵引车上应标出充气轮胎的压力符号、运输牵引车用的起吊点符号、液压油注油位符号；控制装置标志应附有图形符号以指示该装置的功能，除非该装置的功能很明显，如加速踏板。每个图形符号应清晰和永久地紧紧贴在控制部位上或其附近。电动牵引车上的符号标志应符合 GB/T 7593 的规定。

(4) 座椅的设计应能使驾驶员保持舒适性，座椅应减轻传递到驾驶员身体上的振动。座椅应装备符合 GB/T 26948.1 规定的安全带。

(5) 处于正常操作位置的驾驶员应受到保护，以避免与车轮接触以及被车轮甩出的物体(如泥浆、砂砾和杂物等)击中。对于转向轮，只需对其直线行驶状态进行保护。

(6) 用踏板操作运行和制动控制装置的牵引车应符合 GB/T 26562 的规定。

(7) 牵引车拖挂装置或牵引挂钩应保证结合和脱开安全、简便，能防止在使用过程中突然脱钩。

(8) 软管、硬管和接头应能承受相应液压回路 3 倍的工作压力而不破裂。

(9) 电动牵引车应装备紧急断电装置。

(10) 电源、控制电路和辅助电路应有过电流保护，过电流保护元件应能承受最大过载电流，而不产生火险。

(11) 牵引车从“电源切断”状态到“可行驶”状态，应先进行行驶方向复位后才能进行正常的操作。

(12) 牵引车应配备一种装置(如钥匙、密码、磁卡)，以防止在没有使用该装置时牵引车启动。

(13) 驱动系统经自动或手动关闭后，只能通过正常的电源接通程序才能重新启动。

(14) 再生制动系统应能调整最大反充电流，以避免对蓄电池或其他电气设备造成损坏。

(15) 蓄电池的绝缘电阻应不小于 50 Ω 与蓄电池组额定电压的乘积，例如：48 V 蓄电池组，其绝缘电阻应大于 2 400 Ω(48×50＝2 400)；其他电气设备的绝缘电阻应不小于 1 kΩ 与蓄电池组额定电压的乘积。例如：48 V 系统车辆内部的灯具绝缘电阻应大于 48 000 Ω(48×1 000＝48 000)。

(16) 电动牵引车驾驶员位置处的辐射噪声值应按声压级计，其值不应大于 75 dB(A)。

(17) 电动牵引车其他安全要求应满足 GB/T 10827.1 的规定。

5. 可靠性强化

电动牵引车要经过 150 h 可靠性强化试验，平均无故障工作时间不少于 50 h，试验中不应出现致命故障。

12.3 选型

12.3.1 选型原则

(1) 根据所牵引货物的重量、行驶路线、环境等，选定电动牵引车吨位级别。

(2) 查看电动牵引车电机、电池、控制器等核心部件参数，一般大型工业车辆制造企业在产品质量方面更有保证。

(3) 根据实际需求，确定电动牵引车的其他配置，如空调、暖风机、行车记录仪、倒车影像等，档次越高的产品价格往往也越高。

(4) 公司规模越大、实力越雄厚，其产品配置往往越合理，售后更方便、快捷，让客户购买后越放心。

12.3.2 用户案例

下面以某机场使用的 QYD250 型电动牵引车为例(见图 12-16)，介绍用户使用情况。

机场建筑面积大，转运距离长，且有一坡

图 12-16 某机场客户使用场景

度为8%～10%、长度为80 m的坡道，机场从各种车辆运行安全的角度出发，又布置了很多减速带。该机场由于吞吐量较大，常载货物10.5 t，日均工作7 h以上。

根据以上信息，用户选择QYD250型锂电池牵引车，配置28.7 kW交流驱动电机，选用进口Curtis控制器，80 V/813(A·h)锂电池组，可双枪充电，满足各种复杂工况的使用需求，客户反馈良好。

12.4 安全使用规程

12.4.1 工作场所与使用环境

1. 应用场合

电动牵引车一般应用于汽车、家电、机场、邮政、铁路、化工、电子、食品等行业进行物料转运作业，特别适合具有一定的规模及物流量、运输距离较长的场合，能有效提升企业物流转运效率。

2. 气候条件

电动牵引车一般在气温－20～40℃、风速不大于5 m/s、空气最大相对湿度不大于90%、海拔不超过2 000 m的环境下使用，过于恶劣的使用环境会影响电动牵引车的使用性能。

3. 长期存放要注意的事项

(1) 拔下蓄电池电源接插件，使整车与蓄电池电源断开。

(2) 蓄电池应储存在5～40℃的干燥、清洁、通风良好的仓库内，距离热源不少于2 m。

(3) 在储存期内，每月须按蓄电池普通充电法进行一次普通充电。

(4) 各电气部件要保持干燥。

(5) 在未油漆件表面涂防锈油。

(6) 拉起手制动，使牵引车处于停车制动状态。

(7) 车轮前后用锲块垫好。

(8) 当离开电动牵引车时，需取走钥匙。

12.4.2 拆装与运输

电动牵引车均有起吊或铲运标识，需严格按照起吊或铲运的标识部位进行相应工作。起吊或铲运时，必须使用具有足够提升力的吊绳、起重器或叉车，牵引车的自身重量可从牵引车铭牌查询。为防止牵引车损坏，可在吊绳与牵引车之间垫上橡胶垫等物品。

用集装箱或汽车装运牵引车时必须注意如下事项：

(1) 拉起手制动，使牵引车处于停车制动状态。

(2) 整车应使用钢丝固定好，前后轮胎相应位置用锲块垫好锲牢。

(3) 拔下电源接插件，使整车与电池电源断开。

(4) 要保证电池竖直放置，铅酸蓄电池加液孔盖扣紧。

(5) 根据运输要求进行妥善保护，以保证产品不受损坏和腐蚀。

(6) 牵引车在运输过程中，应能承受相当于三级公路汽车运输所产生的机械振动和冲击。

(7) 对所有随行附件和工具应有防锈或其他防护措施。

(8) 对所有润滑部分应注入足够的润滑油。

12.4.3 安全使用规范

1. 使用前的安全规范

(1) 获得操作资格。只有经过培训并且得到认可的操作人员才能允许操作牵引车。

(2) 驾驶牵引车时的穿戴。驾驶车辆时请穿上工作服、劳保鞋并戴上安全帽。为了安全,请不要穿宽松的衣服,以免被挂住而导致不可预料的危险。

(3) 严禁酒后驾驶。用过麻醉剂或喝过酒后,请勿驾驶牵引车。

(4) 工作场所的安全。保持良好的路况,道路应通畅。因安全需要,工作场所必须有充足的光源。在平台或码头跳板上操作时,牵引车有倾翻的危险,请采用垫块或其他防护措施。

(5) 保持驾驶区域的清洁。驾驶室应始终保持清洁。当手湿滑或有油污时,请不要操作牵引车。驾驶区域内不要放工具或其他金属物体,以免妨碍操纵踏板的动作。

(6) 牵引车的完整性。未经生产制造公司的书面认可,不允许对牵引车进行改造或添加任何工作装置,否则可能会影响额定载荷或安全操作。

(7) 定期检修。进行每天检修和定期检修,当发现牵引车有损坏或故障时,停止操作牵引车并及时将牵引车的状况通知维修人员。牵引车被彻底检修前,不能操作。

(8) 避免火灾。为了防止火灾事故或其他不可预测事态的发生,设置好灭火器,并应按灭火器使用要求操作。

(9) 禁止超载。不要超载,遵守牵引车的牵引能力和重量要求,并将货物正确地放置于牵引拖车上。

2. 使用和操作中的安全规范

(1) 车辆起步时的注意事项。拉上手制动,前进、后退操纵手柄置于空挡。踩下制动踏板,调整座椅以便手、脚操纵,确保电动牵引车上、下、前、后无人。

(2) 牵引车周围的安全状况检查:

① 车辆行驶过程中,要注意路边行人的位置,保持车距,当接近行人时应按喇叭警示。当运载庞大货物,视线不好时,请由他人引导。倒车行驶时,脸要朝向后方,在对后方直接进行确认后行驶。后视镜和倒车蜂鸣器是辅助装置。

② 在狭小通道中驾驶电动牵引车时,应有人引导。驾驶员应在十字路口或其他视线受阻的地方停车,确信车辆左右无人时再开车。确保车辆与路边或平台边缘有足够的安全距离,以防车辆跌落。

(3) 禁止野蛮驾驶。不要在踩下加速踏板的情况下,打开钥匙开关;不要突然地起动、制动或转向,突然的起动或制动会使拖车上的货物坠落,突然的转向会使电动牵引车倾翻并导致严重的事故;不要辗过散落在路面上的挡板或障碍物;当行驶经过其他牵引车、叉车等车辆时,降低行驶速度并鸣喇叭;不要驶入软地面,在潮湿、滑溜、不平或倾斜等路面上行驶时,请降低行驶速度,确保车身与屋顶以及出入口之间具有一定的间隙。

(4) 在坡道上驾驶牵引车时,要遵循下列规则:牵引车下坡时要带着制动行驶并谨慎驾驶,不要在坡道上进行转向,否则有倾翻的危险。

(5) 禁止偏载牵引。牵引车在牵引货物时必须确保货物摆放得安全和稳固,同时使货物重心与车辆中心保持一致。牵引偏载货物时,易引起货物坠落,导致车辆倾翻。

(6) 禁止牵引车上、下有人。严禁牵引机构、拖车上带人,不允许标准乘员以外的人乘车。禁止站在货物上以及在货物周围穿越。

(7) 禁止跳上、跳下牵引车。上下牵引车时,手抓住把手,脚踩在踏板上,不能抓转向盘或操纵杆。

(8) 禁止货物超高。牵引拖车上货物应靠着挡板。货物高度不能超过挡板,否则易引起货物向操作人员方向滑落。对于重叠堆放的货物,为了防止倒塌,用绳子固定好后再牵引。

(9) 搬运超长、超宽货物时,驾驶要特别小心。转向时要慢速,以免货物移动,同时要注意四周安全。搬运超宽货物时,牵引车需配备适当的加宽、加长挡板，并将货物可靠固定。

(10) 故障车的停放。应在车上作警示或“发生故障”的标记，拔下钥匙并断开电源总开关。

(11) 工作结束后，离开牵引车前，要将方向手柄放在空挡位置，拉上停车制动手柄，关闭钥匙开关并取下钥匙，断开电源总开关。

(12) 停车。请在指定的地方停车。停车处必须有足够的强度并且不妨碍交通安全。禁止在有易燃物的地方或附近停车。禁止在斜坡上停车，以免牵引车发生难以预测的移动。如万不得已必须在坡道上停车，除了执行通常的停车程序外，还要在轮胎处加上止动块以防止车辆移动。

12.4.4　维护与保养

正确的维护与保养可以有效延长电动牵引车的使用寿命。在使用过程中应按照以下程序对电动牵引车进行维护和保养工作。

1. 日常保养

1) 每日保养

(1) 检查油液是否充足，有无渗漏现象。

(2) 检查轮胎状况和车轮紧固情况。

(3) 检查启动、运转是否正常。

(4) 检查电池电量是否充足。

(5) 检查灯光、喇叭、仪表是否正常。

(6) 擦洗车辆外表面。

2) 每行驶 50 h 后的保养

(1) 按每日保养项目进行保养。

(2) 检查铅酸蓄电池电解液的液面高度及密度。

(3) 检查转向系统的连接情况，是否有松动。

3) 每行驶 150 h 后的保养

(1) 检查各种电器的线接头是否松动。

(2) 检查制动踏板的自由行程。

(3) 检查铅酸蓄电池，清除电极接头的氧化物，装好电瓶线后，在接头部分涂上凡士林。

(4) 检查牵引钩部分是否有异常或不灵活现象。

4) 每行驶 300 h 后的保养

(1) 检查各部分紧固件。

(2) 检查轮壳轴承间隙，必要时进行调整。

5) 每行驶 600 h 后的保养

(1) 清洗油路管道。

(2) 检查电池有无裂纹及漏电现象。

(3) 清洁电控及电机等电气系统。

(4) 清洗转向器壳内部，调整转向盘活动量。

(5) 清洗并检查转向轮总成。

(6) 按制动系统放气方法，放掉制动总泵和制动分泵中的部分脏油，并补充油液。

2. 电池保养

1) 铅酸蓄电池的使用维护及注意事项

(1) 电池的表面、连接线及螺栓应保持清洁和干燥。如有酸液，应用棉纱蘸上碱溶液擦去，然后再用清水冲洗并擦干。在清理过程中，绝对不允许碱溶液进入电池。

(2) 电池的连接必须保证接触良好，以免引起火花使极柱烧坏或者电池爆炸。

(3) 电池应避免过充电、过放电、强充电及充电不足，否则会缩短电池的使用寿命。

(4) 电池内不准落入任何有害物质。测量电解液密度、温度和液面用的仪器及用具应保持清洁，以免将杂质带入电池内。

(5) 电池盖上不准放置任何导电物品，以免造成电池短路。

(6) 电池放电后，应及时给予补充电，最长间隔时间不得超过 24 h。

(7) 电池在使用过程中若出现落后电池，应及时查明原因并立即修复。若无法修复，应更换新电池。

(8) 注入电池的水及硫酸溶液，其温度应为 10～35℃，不宜过高或过低。

(9) 充电室严禁烟火，以免发生氢气爆炸事故。充电室内应有良好的通风设施，且室温不得低于 15℃。

(10) 蓄电池应在满电状态下储存，且放置在5～40℃、干燥、清洁、通风良好的地方。

2）锂电池的使用注意事项及保养注意事项

（1）锂电池使用注意事项

① 充电温度范围为0～40℃。在0℃以下低温环境下充电会给电池造成不可逆的损害。车辆在0℃以下低温环境中使用后请立即充电。

② 放电温度范围为－25～50℃。低温下(－25～0℃)的放电容量和常温条件下相比可能会有所降低，这是正常现象。电池可以在40～50℃环境温度下使用，但电池的环境温度过高(尤其电池长期处在高温环境下)，会加速电池内部材料的老化，缩短电池的使用寿命，因此不推荐长期在此温度下使用。

③ 严禁在－25℃以下或55℃以上条件下存放锂电池及长时间进行作业。

④ 锂电池长期不用应充入40%～60%的电量，存放在干燥阴凉的环境中，并按电池使用说明进行补充电。如果电池存放时间长，电池因自放电导致电量过低，会造成不可逆的容量损失。

⑤ 锂电池的自放电受环境温度及湿度的影响，高温及潮湿环境会加速电池的自放电，建议将电池存放在－10～45℃的干燥环境中。

⑥ 非专业人士请勿触碰、移动、拆解电池组及相应的高压电缆线，或其他带有高压警示标识的部件。

⑦ 如果车辆在行驶过程中受到了强烈碰撞，请立即在安全区域停车并检查电池组区域是否受损。

⑧ 如发现电池泄漏(液体或烟雾)、破损，请远离至安全距离，并联系厂家售后人员。

⑨ 当发生电解液泄漏时，请勿接触。若不慎接触到了电解液，请迅速使用大量清水清洗；若眼睛接触到了，必须迅速使用大量硼酸溶液清洗，并迅速就医。

⑩ 当车辆或电池起火时，迅速离开车辆至安全距离，并使用黄沙及干粉灭火器进行处理。严禁用水或不正确的灭火器进行灭火。

（2）锂电池保养注意事项

① 当电池电量低于20%时，应及时补充电，严禁电池过放电。

② 电池使用后应立即充电，充电应充满，但严禁过充电。

③ 车辆需要长时间存放时，应保存40%～60%的电量，请勿满电；使用前请将电池充满电。

④ 请定期检查锂电池充电插座，确保支架无松动，插座盖板密封性良好，插座内部端子未锈蚀且无粉尘、雨水等杂物。

⑤ 锂电池表面应保持干燥清洁，严禁用水冲洗锂电池。

⑥ 应保证电池一个月以内至少完全充放电一次。

12.5 常见故障及排除方法

电动牵引车的常见故障及排除方法见表12-5。

表12-5 常见故障及排除方法

序号	故障描述	排除方法
1	打开电源，仪表无显示，车辆不行驶	检查保险丝是否正常
		检查电源插头或电池插座是否正常
2	打开电源，整车无电	检查电池插头是否松动，使劲按一下
		检查电池是否有输出电压，可能是电池内部线路断开
		检查电源线，是否断开，可以并联
		检查电源线，从电池到电源是否断开，如果断开，按住即可
3	接通电源，仪表显示正常，不行驶	检查电量是否充足
		检查调速手柄
		检查断电开关
		检查控制器、电机
		检查接触器或继电器

续表

序号	故障描述	排除方法	序号	故障描述	排除方法
4	一次充电后续行里程不足	检查电量是否充足或充电器插头是否接触不良	7	有电不走（大灯和喇叭正常）	查看制动是否抱死
		检查轮胎气压是否正常			检查控制器电机线是否松动，电动牵引车各部位的插件线路是否松动
		尽量减少启动次数，严禁超载	8	整车有异响	检查前后轮安装可靠性
		检查是否存在抱刹			检查悬挂部分有无接触
		维修或更换蓄电池			检查固定电机的支架与车架连接处的螺栓是否松动
		对转动、传动部件润滑	9	行驶费力，速度慢	检查制动是否抱死
5	行驶途中自动断电	确认是否因为行驶时间过长或整车过载导致控制器高温自我保护			检查轮胎气压是否合适
		按整车无电检修方法排除电源线路虚接现象			检查蓄电池电量是否充足
		检查方向开关			查看是否超过限制坡度或逆风
6	电池充不进电	检查插头或插座			
		焊接连接线			
		检查充电器			

第13章

内燃牵引车

13.1 典型产品结构、组成和工作原理

13.1.1 工作原理

牵引车作业时，发动机的动力传递给变速箱，再通过变速箱将动力经传动轴传递到驱动桥(后桥)，以驱动车轮转动，从而实现牵引或推顶作业。

13.1.2 系统组成

内燃牵引车主要由车身系统、转向系统、动力系统、传动系统、液压系统、燃油系统、进排气系统、冷却系统、电气系统、制动系统和牵引机构等组成(见图 13-1)。

1. **车身系统**

车身系统由车架、机罩、底板、平衡重及座椅等组成(见图 13-2)。

车架是支承牵引车各个部件并传递工作载荷的承载结构，主要有边梁式和箱型两种。边梁式车架有两根由钢板和型钢焊成的纵梁，分置于牵引车的两边，它是车架承载的主体。根据部件的需要，在纵梁之间焊接若干横梁，以增加车架的刚度。箱型车架是以纵梁隔板焊成左右两个箱型结构，其特点是刚度大、箱体可兼作油箱。内燃牵引车的车架多采用箱型车架。

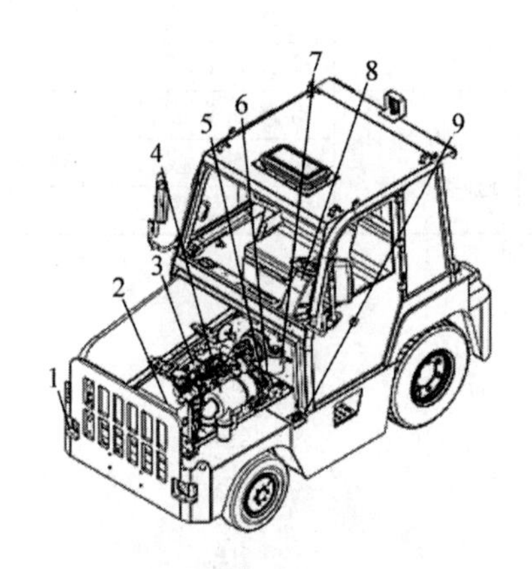

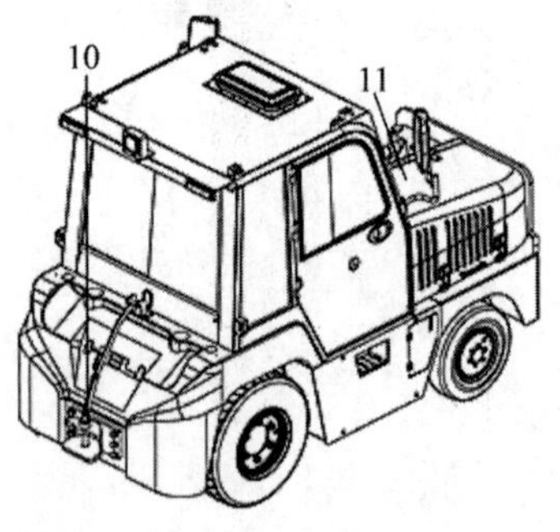

1—电气系统；2—冷却系统；3—进排气系统；4—动力系统；5—传动系统；6—制动系统；7—液压系统；8—转向系统；9—燃油系统；10—牵引机构；11—车身系统。

图 13-1 内燃牵引车系统组成示意图

一般在车架前后适当位置上布置一定质量的铸铁平衡重，以保证运行时牵引车驱动桥有足够的负荷来产生地面附着力和保证转向

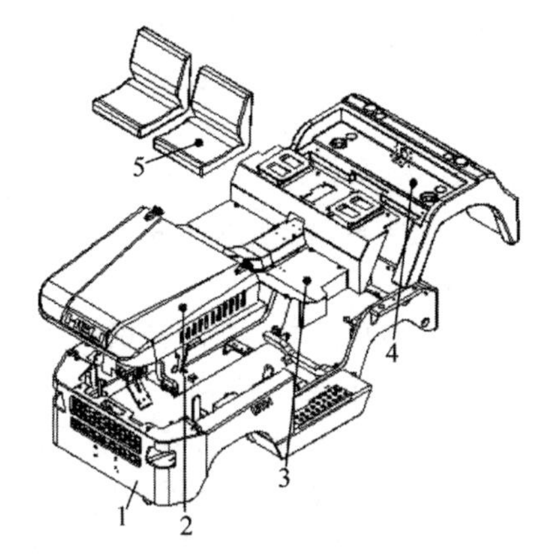

1—车架；2—机罩；3—底板；4—平衡重；5—座椅。

图 13-2　车身系统

桥工作平稳。

2. 转向系统

内燃牵引车多采用动力转向，动力转向系统主要由转向盘、转向管柱总成、转向器、安装支架和转向桥等组成(见图 13-3、图 13-4)。通过调节手柄，可以将转向盘前后倾斜到适当的位置。

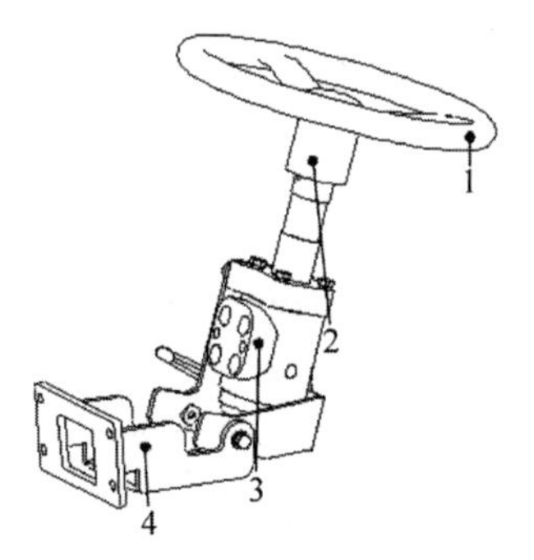

1—转向盘；2—转向管柱总成；3—转向器；4—安装支架。

图 13-3　转向系统

驾驶员转动转向盘，打开全液压转向器相应油路，根据转向盘转角的大小，来自转向泵的定量压力油通过全液压转向器流入转向油缸，在转向梯形传递力的作用下，转向轮偏转相应角度，实现转向。

全液压转向器可根据转向盘回转角度的大小定量地将压力油通过管道传递给转向油缸。当发动机熄火时，油泵不供油，可由人力实施转向。

转向桥一般采用箱形横断面的焊接结构形式，由转向桥体、转向油缸、连杆、转向节、轮毂和转向轮等组成(见图 13-4)。转向梯形采用曲柄滑块机构，压力油由油缸活塞杆通过连杆推动转向节转向，使转向轮偏转，从而实现转向。

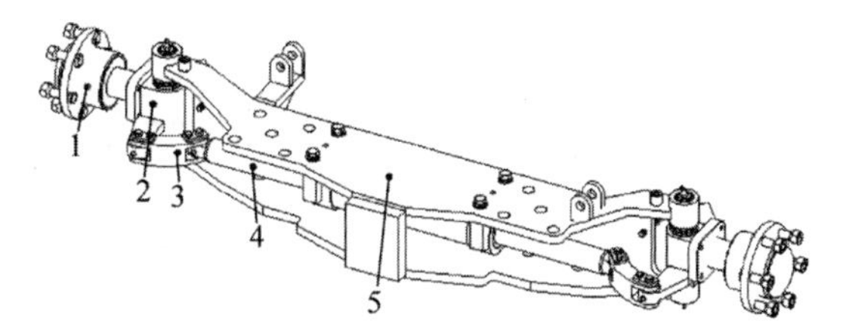

1—轮毂；2—转向节；3—连杆；4—转向油缸；5—转向桥体。

图 13-4　转向桥

3. 动力系统

内燃牵引车动力系统的结构及组成见 2.3.2 节。

4. 传动系统

由于牵引车发动机的转速高、扭矩小，而牵引车的行驶速度较低，驱动轮的扭矩较大，因此在发动机和驱动轮之间必须有减速增矩作业的传动装置。当牵引车在不同负荷和不同作业条件下工作时，传动装置必须保证牵引车具有良好的牵引性能。对于内燃牵引车，由于内燃机不能反转，牵引车倒退行驶必须依靠传动装置实现。

1) 内燃牵引车的传动方式

内燃牵引车的传动方式有 3 种：机械传动、液力传动和静压传动。

(1) 机械传动

图 13-5 是内燃牵引车机械传动示意图。它由摩擦式离合器、变速箱、传动轴和驱动桥(主传动、差速器和半轴)组成。发动机传给驱动轮的扭矩的改变，牵引车行驶方向的改变，都是依靠手动换挡的变速箱实现的。变速箱排挡数目主要视牵引车的牵引重量、行驶速度和发动机的功率而定。机械式传动只具有有限数目的传动比，因此只能实现有级变速。

机械传动的优点是传动效率高、构造简单、工作可靠。

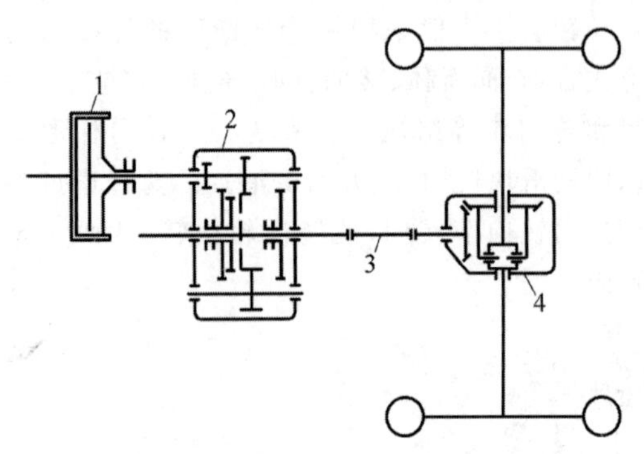

1—摩擦式离合器；2—变速箱；3—传动轴；4—驱动桥。

图 13-5 内燃牵引车机械传动示意图

(2) 液力传动

图 13-6 是内燃牵引车液力传动(或称动液压传动)示意图。它与机械传动装置在构造上的主要不同之处是用液力变矩器代替了机械摩擦式离合器(甚至变速箱)。液力变矩器能在较广的范围内和在有负荷的条件下,无级地改变传动比和变矩比(或称变矩系数)。

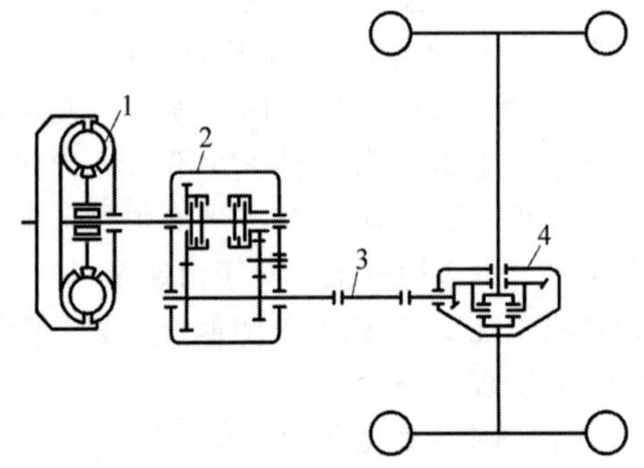

1—变矩器；2—变速箱；3—传动轴；4—驱动桥。

图 13-6 内燃牵引车液力传动示意图

液力传动具有以下优点：

① 变矩器输出扭矩的变化曲线与理想的牵引车牵引特性甚为接近。

② 由于发动机曲轴与驱动轮之间不是刚性联系,在外载荷突然增大时,可以保护发动机不致过载或熄火。

③ 变矩器能使发动机不在燃料经济性差的低转速、低功率的工况下工作。

④ 采用变矩器能在牵引力不中断的情况下实现平稳的自动换挡,这对作业时需要经常停车起步、频繁换挡的工况来说,提高了作业效率,简化了操作,减轻了驾驶员的劳动强度,降低了对驾驶员操作熟练程度的要求。

液力传动的缺点是传动效率较机械式的低。采用液力变矩器以后,牵引车起步时不能利用飞轮的动能,降低了用发动机制动的效果。

(3) 静压传动

牵引车的静压传动(或称容积式传动)主要由油泵和马达组成。根据不同的油泵和马达的组合,可以使牵引车获得各种不同的牵引特性。最理想的情况是采用变量泵和变量马达。目前,在静压传动的牵引车上,较多地使用变量泵和定量马达。静压式传动十分接近理想的无级传动。

内燃牵引车机械式、液力式和静压式 3 种传动方式的比较见表 13-1。

表 13-1 内燃牵引车 3 种传动方式比较

项目	机械传动	液力传动	静压传动
效率	高	较低	较低
变速性能	差	好	好
操纵难易	较难	易	易
零件数目	较少	多	少
加工精度	低	较低	高
重量	较重	重	轻
维修方便性	好	较好	差
寿命	较长	长	短

液力传动和机械传动是目前内燃牵引车主要的传动方式。为了改善牵引车的牵引性能、简化操作、提高牵引效率,牵引车多采用液力传动。

2) 常用的液力传动系统

液力传动系统由变速箱、驱动桥和车轮等组成。

(1) 变速箱

液力传动牵引车的变速箱由变矩器、动力换挡变速箱和操纵阀组合而成,具有以下特点：

① 液力离合器具有较好的耐久性。

② 所采用的变矩器带有单向离合器,因此传动效率较高。

③ 在变矩器油路中装有滤油器,提高了油的清洁度,延长了变矩器的使用寿命。

与叉车不同的是,牵引车一般不装微动阀。

传动装置不应有异常噪声，变速箱不允许有自动脱挡、串挡、滞排现象，动力换挡应平稳无冲击。

（2）驱动桥

内燃牵引车一般为前桥转向、后桥驱动。

驱动桥由差速器、终端减速器、行车制动器和车轮等组成。驱动桥通过钢板弹簧与车架相连，而钢板弹簧通过骑马螺栓与驱动桥相连。

（3）车轮

车轮由轮辋和轮胎构成。轮胎一般为充气轮胎。对开式轮辋上装有充气轮胎时，结构上应保证车轮从车上拆下后，方能松动轮辋螺栓。

5. 液压系统

液压系统由油泵、动力转向油罐、油管等组成(见图 13-7)。油泵由发动机或变速箱上的 PTO 动力输出口驱动，给转向和制动系统提供动力。

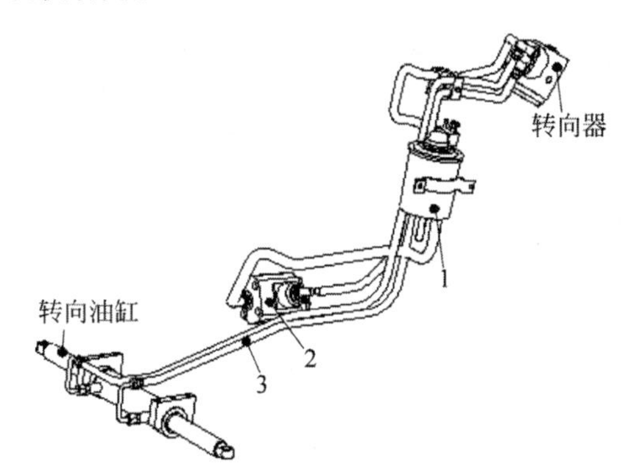

1—动力转向油罐；2—油泵；3—油管和接头。

图 13-7　液压系统

6. 燃油系统

燃油系统由燃料箱(罐)、油管、燃油滤清器等组成(见图 13-8)。发动机启动后，储存在燃料箱(罐)内的燃料通过油管进入到发动机内部。

7. 进排气系统

内燃牵引车进排气系统的结构及组成见 2.3.2 节第 4、5 部分。

8. 冷却系统

内燃牵引车冷却系统的结构及组成见 2.3.2 节第 3 部分。

9. 电气系统

内燃牵引车电气系统的工作原理、结构原

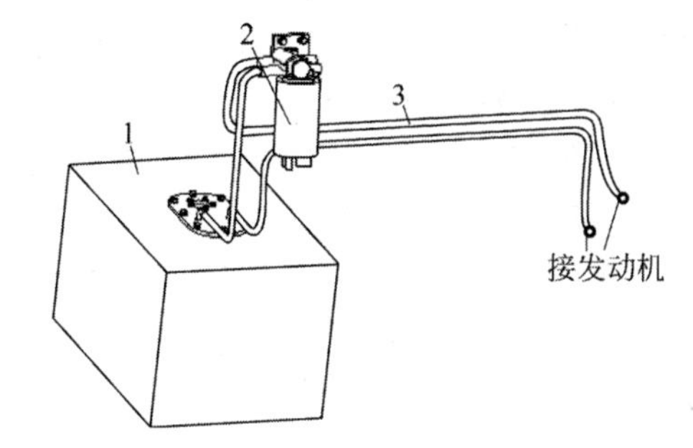

1—燃料箱(罐)；2—燃油滤清器；3—油管。

图 13-8　燃油系统

理及组成见 2.3.5 节。

10. 制动系统

牵引车的制动系统分为行车制动系统和驻车制动系统。

牵引车行车制动系统按助力形式分为全液压动力制动、真空助力制动和气顶油制动 3 大类；按油路回路方式分为单回路制动和多回路制动两大类。随着物流工况的多样性和安全性要求的提高，多回路湿式制动是未来的发展趋势。

现有牵引车多采用动力单回路制动方式(见图 13-9)，可以是两轮制动，也可以是四轮制动。

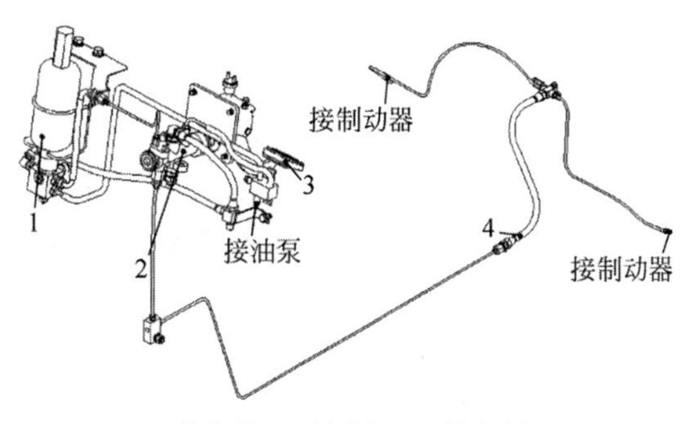

1—蓄能器；2—制动阀；3—制动踏板；
4—管路；5—油泵删除。

图 13-9　动力单回路制动方式

动力单回路制动系统由制动踏板、制动阀、蓄能器、管路及行车制动器等组成。供给制动泵的油压，根据制动踏板的踏板力进行交换，传递到制动器的分泵，从而进行制动。

蓄能器作为在发动机或油泵出现问题时的辅助动力源，多采用弹簧式和气囊式两种。

蓄能器的主要功能是实现系统保压、补充泄漏、缓和冲击及吸收压力脉动，保证正常行车状态制动可靠性及发动机或油泵出现问题时有多次全行程有效制动，提高重载行车安全性。

行车制动器又叫车轮制动器，分为鼓式制动器、盘式制动器和湿式制动器。为维护调整方便，一般选用带间隙自动调整装置的制动器或对称平衡式制动器。

牵引车在驱动桥的输入端或变速箱的输出端装有驻车制动器，满足在坡道上驻车的需要。当牵引列车在大于10%的坡道上运行时，应考虑挂车具有制动功能。

11. 牵引机构

内燃牵引车的牵引机构见12.3.2节。

13.2 技术参数

13.2.1 基本参数

内燃牵引车的基本参数应优先选用表13-2中规定的数值。

表13-2 内燃牵引车的基本参数

额定牵引质量 Q/100 kg	140、160、200、250、300、350、400、450、500、560、600、700、800、900、1 000
额定挂钩牵引力 F/kN	10.0、12.5、16.0、20.0、24.0、28.0、31.5、35.5、40.0、45.0、48.2、55.0、65.0、75.0、80.0
最大挂钩牵引力 F_{max}/kN	10.0、12.5、16.0、20.0、24.0、28.0、31.5、35.5、40.0、45.0、48.2、55.0、65.0、75.0、80.0
挂钩中心离地高度 H_1/mm	280、320、350、400、450、450、500、550

13.2.2 技术要求

1. 基本要求

(1) 内燃牵引车主要结构尺寸(见图13-10)的制造要求应符合表13-3中的规定，主要技术性能的要求应符合表13-4中的规定。

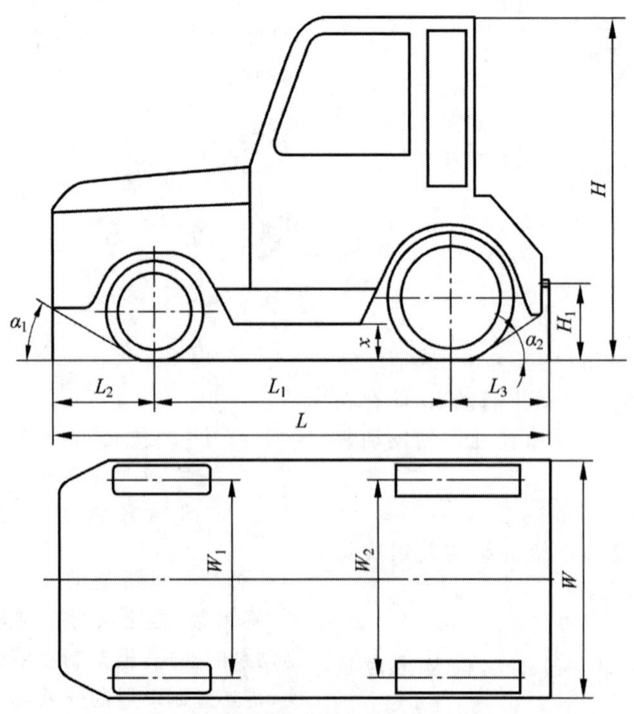

图13-10 内燃牵引车结构尺寸

表 13-3 主要结构尺寸的制造要求

参数名称	技术要求
长度 L	$(1\pm1\%)L$
宽度 W	$(1\pm1\%)W$
高度 H	$(1\pm1\%)H$
轴距 L_1	$(1\pm1\%)L_1$
前轮距 W_1	$(1\pm2\%)W_1$
后轮距 W_2	$(1\pm2\%)W_2$
接近角 a_1	$\geqslant a_1$
离去角 a_2	$\geqslant a_2$
最小离地间隙 x	$\geqslant 0.95x$
前悬距 L_2	$(1\pm3\%)L_2$
后悬距 L_3	$(1\pm3\%)L_3$
挂钩中心离地高度 H_1	$(1\pm4\%)H_1$

表 13-4 主要技术性能参数的要求

参数名称		技术要求
空载质量 G_0		$(1\pm5\%)G_0$
前轴荷 G_f		$(1\pm3\%)G_f$
后轴荷 G_h		$(1\pm3\%)G_h$
最小转弯半径 r		$\geqslant 1.05r$
最大运行速度	无载 V_{max}	$(1\pm10\%)V_{max}$
	满载 V'_{max}	$(1\pm10\%)V'_{max}$
最大挂钩牵引力 F_{max}		$\geqslant F_{max}$
额定挂钩牵引力 F		$\geqslant F$
续驶里程 S		$\geqslant S$

(2) 发动机的功率应采用 1 h 标定功率。

(3) 传动系统不应有异常响声，变速器不应有自动脱挡、串挡和滞后现象。动力换挡应平稳，无冲击。机械传动前进挡应有同步器。

2. 使用性能要求

实测内燃牵引车的牵引力-运行速度特性曲线与设计曲线相比较，在相同运行速度下的牵引力相差应不超过±10%。

3. 安全、环保要求

(1) 牵引车用柴油机排气污染物排放限值应符合 GB/T 20891 的规定。

(2) 牵引车用柴油机排气烟度限值应符合 GB 36886 的规定。

(3) 内燃牵引车外辐射噪声值应按声功率级计，其值应符合表 13-5 的规定。

表 13-5 噪声要求

标定功率 P/kW	声功率级/dB(A)
≤55	104
>55	$85+11\times\lg P$

4. 液化石油气牵引车安全要求

液化石油气的容器、管路、设备应符合 GB/T 10827.1 的规定。

5. 天然气牵引车安全要求

1) 容器

(1) 钢瓶应可靠地固定在车上，安装钢瓶的固定座应具有阻止钢瓶旋转、移动的能力，固定座应便于拆装。钢瓶安装在车上后，钢瓶编号应易见，钢瓶的强度和刚度不得下降，车架(车身)结构强度也不应受影响。

(2) 钢瓶与固定座之间应垫厚度不小于 2 mm 的橡胶垫，固定螺栓应有放松装置。

(3) 钢瓶安装应布置合理，排列整齐。钢瓶安装后不得超出车辆的外轮廓边缘，与牵引车排气管的距离应不小于 200 mm，当距离小于 200 mm 时，应设置可靠的隔热装置；钢瓶瓶口阀门与车辆两侧最大外轮廓边缘的距离应不小于 200 mm。

(4) 钢瓶不能直接安装在驾驶室内。

(5) 钢瓶应安装在通风位置或采取有效的通风措施，阀门泄漏的气体不应直接排入驾驶室或载人车厢。

2) 管路

(1) 管路应排列整齐、布置合理，管路、电路应分离，管路应在电路下方，不应与相邻部件碰撞或摩擦，不应安装在高温易磨损或易冲击的位置。

(2) 高压胶管的特殊部位(如相对移动的部件之间)应采用柔性管线，其余部位应采用刚性连接。

(3) 刚性管路固定卡间距不大于 600 mm。柔性管路固定卡间距不大于 300 mm，如管路与相邻部件接触或穿越孔板，应采用橡胶管套进行保护。管路应采取抗振的措施以消除热胀冷缩的影响。软管中心曲率半径不应小于管路外径的 5 倍。

(4) 高压燃料管与接头连接处不应有泄漏，气密性按发泡液试验法规定的试验方法进行试验。

(5) 压缩天然气牵引车高压软管和所有接头应能承受 30 MPa 的试验压力，保压 10 min，软管不渗漏；试验压力为 45 MPa 时，软管不爆破。

(6) 液化天然气牵引车低压软管及循环水软管应能适用于 2 倍的工作压力，并能承受 4 倍的工作压力不爆破。

(7) 刚性燃料管路应采用无缝不锈钢钢管或铜管。

3) 设备

(1) 压力表应安装在易于观察的位置，压力表及气压(量)传感器不得直接安装在驾驶室内。

(2) 液化天然气牵引车液位指示器应安装在易于观察的位置，液位指示器电气接头应做防水、放松处理，搭铁应良好，确保供电及信号正常。

(3) 气体燃料的供给系统应具备有效的安全保护结构措施，以防止气体泄漏，每一个钢瓶出口都应安装高压过流保护装置。

(4) 若牵引车由两个或两个以上的容器提供燃料，应设置燃料转换系统并安装燃料转换开关；在燃料控制上，应具有当发动机突然停止运转时，即使点火开关打开也能自动切断气体燃料供给的功能。

(5) 手动截止阀应安装在钢瓶到调压器之间易于操作的位置，阀体不应直接安装在驾驶室内。

(6) 天然气牵引车应安装泄漏报警装置，在车辆使用过程中发生天然气泄漏时，保证操作者可在驾驶室内收到泄漏报警信息。

(7) 压缩天然气牵引车钢瓶至调压器之间应安装滤清装置，且易于检查、清洗和更换。

(8) 当减压调节器和汽化器采用发动机冷热加热时，应安装在振动较小的位置，高度应低于散热器顶部，且宜安装在节温器以下。

注：除以上技术要求外，其余与电动牵引车的技术要求相同，见 12.2.2 节。

13.3 选型

13.3.1 选型原则

内燃牵引车选型时应注意以下几点：

(1) 不要仅将厂家标明的最大牵引力作为选择用车的技术依据，还要看发动机的功率、整机空载质量等重要技术参数。

(2) 在相同的牵引力下，发动机的功率越大，牵引车的动力性越好，但也要考虑到功率过大会造成发动机功率利用率降低和燃油经济性下降。

(3) 要选择经济车速。牵引车一般用于码头与货场之间的中、短途运输。速度太慢会降低效率，速度太快又会产生一些不良后果，如大部分挂车为刚性悬挂，速度快，振动大，剧烈的振动冲击会影响挂车的使用寿命。此外，大部分挂车为全挂式无制动型，速度太快对车辆行驶和制动均不利。

(4) 要考虑车辆使用场地的条件。根据场地条件选用适宜的牵引车作业。

(5) 还应注意产品的外观、机动性、舒适性、节能环保性、性价比等。

13.3.2 车型介绍

根据内燃牵引车所牵引货物的重量及工作场地的路面最大坡度，选择适合的吨位车型。

1. 2～2.5 t 牵引车(见图 13-11)

图 13-11　2～2.5 t 牵引车

最大牵引力：20 kN/25 kN。

使用场合：工厂、机场、车站、邮政等。

2. 3～3.5 t 牵引车(见图 13-12)

最大牵引力：30 kN/35 kN。

图 13-12　3～3.5 t 牵引车

使用场合：工厂、港口、码头等。

3. 4～5 t 牵引车(见图 13-13)

图 13-13　4～5 t 牵引车

最大牵引力：40 kN/45 kN/50 kN。

使用场合：工厂、港口、码头等，也可改制后在铁轨上使用。

4. 6～8 t 牵引车(见图 13-14)

图 13-14　6～8 t 牵引车

最大牵引力：60 kN/70 kN/80 kN。

使用场合：工厂、港口、码头等。

13.3.3　用户案例

国内某工厂用户需牵引 20 t 的货物(含拖车)从厂区到指定地点，厂区到指定地点的距离为 5 km，两班制，路面平坦，有坡道(斜长 30 m，高度 0.3 m)(见图 13-15)。

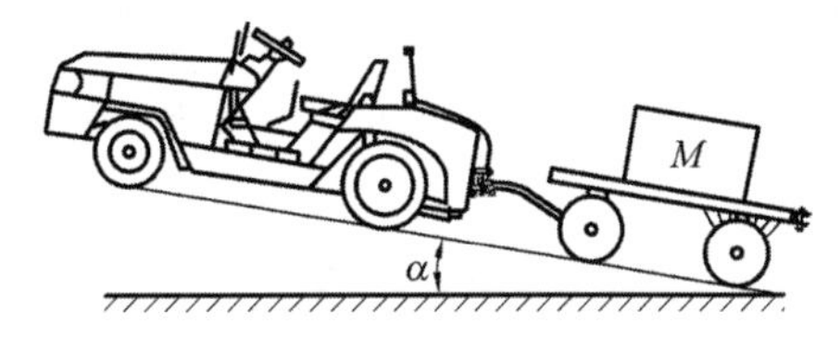

图 13-15　坡道牵引

已知：货物(含拖车)总质量 $M=20$ t，坡道斜长 30 m，高度 $h=0.3$ m，静摩擦阻力系数 $\mu_0=0.1$；

根据已知条件，推荐使用牵引力 F 为 25 kN 的内燃牵引车，整车质量 M_0 约为 4 t。

因坡道高度值较小，故坡道水平长度 l 近似等于坡道斜长，即 30 m；

坡度 $i=\frac{h}{l}\times 100\%=\frac{0.3}{30}\times 100\%=1\%$，

角度 $a=0.571°$；

车辆运行阻力 $F_r=M_0 g\ \sin\alpha=(4\times 10^3\times 9.8\times \sin 0.571°)\text{N}\approx 400\ \text{N}$；

在此工况下半坡起步最大牵引质量 M_1 为

$$M_1=\frac{F-F_r}{1\,000g(\mu_0\cos\alpha+\sin\alpha)}$$

$$=\frac{25\times 10^3-400}{1\,000\times 9.8(0.1\cos 0.571°+\sin 0.571°)}\ \text{t}$$

$$=22.83\ \text{t}>20\ \text{t}$$

满足要求

13.4　安全操作规程

13.4.1　工作场所与使用环境

(1) 在开始操作使用牵引车之前，须先排除路面的水、油、沙、冰或雪等引起滑溜的条件。因为这样的路面很可能使驾驶员失去对牵引车的控制。

(2) 不要让牵引车行驶在凹凸不平，或有车辙坑沟，或有尖物的路面上，因为任何这样的路面都可能损伤牵引车或造成牵引车倾翻。必须让牵引车行驶在平整的路面上以免发生危险。

(3) 工作环境如果噪声太大,将困扰驾驶员并使其容易疲劳。行人也将没法注意到牵引车警示声而发生危险。因此,在有噪声的环境中使用牵引车时,驾驶员必须加倍注意周围安全。

(4) 因安全需要,工作场所必须有充足的光源。

(5) 在平台或码头跳板上操作时,牵引车有倾翻的危险,请采用垫块或其他防护措施。

13.4.2 拆装与运输

用集装箱或汽车装运内燃牵引车时必须注意如下事项:

(1) 拉起手制动,使牵引车处于停车制动状态。

(2) 配重应使用钢丝固定好,前后轮胎相应位置用锲块垫好锲牢。

(3) 根据运输要求进行妥善保护,以保证产品不受损坏和腐蚀。

(4) 牵引车在运输过程中,应能承受相当于三级公路汽车运输所产生的机械振动和冲击。

(5) 对所有随行附件和工具应有防锈或其他防护措施。

(6) 对所有润滑部分应注入足够的润滑油。

13.4.3 安全使用规范

内燃牵引车驾驶员要把安全驾驶操作放在首位,树立安全作业意识,自觉遵守牵引车安全操作规范,熟练掌握驾驶操作技术,提高维护保养能力,使车辆处于良好的技术状态,确保驾驶作业中人身、车辆和货物的安全。

(1) 靠站台边行驶时,车轮离站台边的距离必须在 0.3 m 以上,防止牵引车跌落站台。

(2) 倒车行驶时,必须向后瞭望,行驶速度要慢,注意路面有无障碍。因为车轮碰到障碍物,如小石子等,很容易改变行驶方向。

(3) 牵引车转向速度不能过快,否则可能造成拖车因惯性推顶牵引车,翻下站台。

(4) 停放牵引车时,一定要施加驻车制动,不得与线路垂直停放在站台上。在坡道上长时间停车时,须使用垫块抵住轮胎。

(5) 查找故障或修理牵引车时,要注意防止因短路发生的灼烧伤,及摔坏的蓄电池溅流的电解液引起的灼烧伤。

(6) 牵引车牵引货物时,超高货物应在拖车上增加高于货物的挡板,避免引起货物向前滑落砸伤驾驶员,重叠堆放的货物须用绳子固定好;超长、超宽货物应配备适当的拖车,慢速转向,避免货物移动。

(7) 操作牵引车时应按规定穿戴工作服装和防护用品,禁止赤膊、赤足或穿凉鞋。

(8) 驾驶员进行作业之前要保证充足睡眠;作业过程中要精神集中,禁止打闹和进食;禁止在货物、库房内吸烟。

(9) 禁止在货垛上休息。

(10) 为防止人员过度疲劳,保证作业效率和安全,应保证每车作业的人数,并在连续工作 2 h 后,进行不少于 10 min 的休息。

(11) 牵引车行走过程中的颠簸摇晃和转弯时车速过高,是导致货物倒塌的主要原因,因此要严格遵守牵引车行驶时的安全操作规定。

(12) 启动牵引车前,应检查冷却液、燃油、机油、液压油、轮胎气压和蓄电池电量等是否符合要求,风扇传动带张紧度、关键零部件紧固等是否正常,电路、仪表、喇叭、开关及各种指示灯是否能正常工作,换挡手柄是否置于空挡位置,牵引车四周是否有人。上述检查发现问题应及时排除,一切正常后,方可启动。

(13) 启动时,发动机连续启动时间不能超过 5 s;发动机启动后,应立刻松开钥匙开关,使其返回到工作位置。如经 3 次启动,每次启动的时间间隔必须在 20 s 以上,如果仍然启动不了，则需对牵引车进行检查或找专业人员维修。

(14) 冬季启动困难时，可采取加热水和预热机油等方法，但切忌用火烘烤。

(15) 车辆启动后应低速运转，逐渐提高发动机温度，并进行低、中、高速运转检查，待声响、排烟、冷却液温度、机油压力等正常，且无漏水、漏油现象后，方可起步。

(16) 起步时，用低速挡逐渐加速，严禁猛踩加速踏板。起步后，要检查转向和制动性能，符合使用要求后，方可行车。

(17) 行车中，应根据不同情况和速度及时换挡，不可长时间使用高速挡行车，不允许把脚放在离合踏板上，以免离合器打滑或烧毁摩擦片。转弯时，要鸣笛、减速；前后换向时，应使车辆安全停稳后再进行操作。

(18) 下坡时，离合器应结合，挂上低速挡，并断续踩制动踏板，严禁分离离合器或变速器挂空挡滑坡，不允许用单边制动急转弯。

(19) 牵引车作业时，负载不得超过最大牵引重量，如有异响、异味时，应立即停车检查，不得带故障作业。禁止在大坡道上停放牵引车。

(20) 作业结束后，车辆要按规定检查、保养；变速杆置于空挡，拉紧驻车制动器，关闭电源，取下钥匙。冬季作业后，放尽冷却液，防止冻裂气缸和水箱。

(21) 牵引车行驶中需要换向时，必须待车停稳后方能进行，以免传动系统受到损伤。

(22) 禁止牵引车上、下有人，禁止牵引机构、拖车上带人，禁止站在货物上以及在货物周围穿越。

(23) 上下牵引车时，手抓住把手，脚踩在踏板上，不能抓转向盘或操纵杆，禁止跳上、跳下牵引车。

(24) 请在指定地点停车，停车处必须有足够的强度并且不妨碍交通安全。禁止在有易燃易爆物的地方或附近停车。

13.4.4 维护与保养

内燃牵引车在使用和保管的过程中，由于机件磨损、老化和自然腐蚀等原因，其技术性能将逐渐变差。因此，必须及时进行保养和修理。保养的目的是：恢复牵引车的正常技术状态，保证良好的使用性能和可靠性，延长使用寿命；减少油料和器材消耗；防止事故，保证行驶和作业安全，提高经济效益和社会效益。

1. 保养内容

保养的主要内容包括清洁、检查、紧固、调整和润滑等。

(1) 清洁。清洁是提高保养质量、减轻机件磨损和降低油料、材料消耗的基础，并为检查、紧固、调整和润滑做好准备。清洁的要求是整车外观整洁，发动机和随车工具无污垢，各滤清器工作正常，液压油、机油无污染，各管路畅通无阻。

(2) 检查。检查是通过检视、测量、试验和其他方法，确定各总成、部件的技术性能是否正常，工作是否可靠，机件有无变异和损坏，为正常使用、保管和维修提供可靠依据。检查的要求是发动机正常，机件齐全可靠，各连接件、紧固件完好。

(3) 紧固。由于车辆在运行过程中的颠簸、振动、机件热胀冷缩等原因，各紧固件的紧固程度会发生变化，甚至松动、损坏和丢失，所以需确定各紧固件齐全无损坏，安装牢靠，紧固程度符合要求。

(4) 调整。调整是恢复车辆良好技术性能和确保正常配合间隙的重要工作。调整的好坏直接影响牵引车的经济性和可靠性。因此，调整必须根据实际情况及时进行。调整的要求是熟悉各部件的技术要求，按照调整的方法、步骤，认真细致地进行调整。

(5) 润滑。润滑是延长车辆使用寿命的重要工作，主要包括发动机、齿轮箱、液压油缸和传动部件关节等。按照不同地区和季节，正确选择润滑剂品种，加注的油品和工具应清洁，加油口和油嘴应擦拭干净，加注量应符合要求。

2. 保养种类

内燃牵引车的保养分为磨合期保养、日常保养、换季保养、封存保养和定期保养5类。

1) 磨合期保养

新出厂或大修后的牵引车，在规定作业时间内的使用磨合，称为磨合期。内燃牵引车磨合期工作的特点是零件加工表面较粗糙，润滑效果不良，磨损加剧，紧固件易松动，因此必须按照内燃牵引车磨合期的规定进行使用和保养。

内燃牵引车的磨合期是指开始使用50～200 h的阶段。

内燃牵引车在磨合期使用的规定如下：

(1) 限载。磨合期内，内燃牵引车需半载工作，即使用最大牵引质量的一半。例如，最大牵引质量为20 t的牵引车，半载质量即为10 t。

(2) 限速。发动机不得高速运转，车速应经常保持在12 km/h以下，避免紧急加速和紧急制动。

(3) 限时。运行前发动机需空转约5 min，发动机冷天启动必须预热，适当减少空转时间。

(4) 正确使用油料。按要求正确加注油料；检查冷却液温度是否过高。

(5) 正确驾驶和操作。正确启动，发动机预热到40℃以上才能起步；起步要平稳，待温度正常后再换高速挡；适时换挡，避免猛烈撞击；优先选择平坦路面行驶；时刻关注变速器、驱动桥、车轮轮毂和制动器的温度。

磨合期保养的主要项目包括磨合期前保养、磨合期中保养和磨合期后保养，见表13-6。

表13-6 磨合期保养

项目	保养节点	保养内容
磨合期前保养	主要是对牵引车进行检查，做好使用前的准备工作	① 清洁整车； ② 检查、紧固全车各总成外部的螺栓、螺母、管路接头、卡箍等； ③ 检查全车油、液有无渗漏现象； ④ 检查机油、齿轮油、液压油、传动油和冷却液液面/油面高度； ⑤ 润滑全车各润滑点； ⑥ 检查轮胎气压和轮毂轴承张紧度； ⑦ 检查转向轮前束、转向角和转向系统各机件的连接情况； ⑧ 检查、调整离合器及制动器踏板自由行程和驻车制动器操纵杆行程，检查制动装置的制动能力； ⑨ 检查、调整发动机皮带张紧度； ⑩ 检查电瓶指示灯； ⑪ 检查各仪表、照明、信号、开关按钮及随车附属设备工作情况； ⑫ 检查液压系统分配阀操纵杆行程及各工作油缸行程； ⑬ 检查操纵牵引机构工作是否灵活
磨合期中保养	一般在工作25 h后进行	① 检查、紧固发动机气缸盖和进、排气歧管的螺栓、螺母； ② 检查、调整气门间隙； ③ 润滑全车各润滑点； ④ 更换发动机机油； ⑤ 检查转向油缸密封情况； ⑥ 检查传动轴

续表

项目	保养节点	保养内容
磨合期后保养	一般在工作 50 h 后进行	① 清洁整车； ② 清洗发动机润滑系统，更换发动机机油和机油滤清器滤芯，清洗全车各通气口； ③ 清洗变速器、变矩器、驱动桥和转向系统，更换润滑油、液压油和传动油，清洗各油箱滤芯； ④ 清洁空气滤清器； ⑤ 清洗燃油滤清器和汽油泵沉淀杯及滤网，放出燃油箱中的沉淀物； ⑥ 检查轮毂轴承的张紧度和润滑情况； ⑦ 检查、紧固全车各总成外部的螺栓、螺母、管路接头、卡箍等； ⑧ 检查制动能力； ⑨ 检查、调整发动机皮带的张紧度； ⑩ 检查电瓶指示灯； ⑪ 润滑全车各润滑点

2）日常保养

日常保养是以清洁车辆和外部检查为主要内容的保养，包括使用前保养、工作中检查和回库后保养，见表 13-7。

表 13-7　日常保养

项目	保养节点	保养内容
使用前保养		(1) 检查燃油、润滑油、液压油和冷却液是否加足； (2) 检查全车油、液有无渗漏现象； (3) 检查各仪表、照明、信号、开关按钮及随车附属设备的工作情况； (4) 检查发动机有无异响、工作是否正常； (5) 检查转向、制动、轮胎和牵引机构的技术状况和紧固情况； (6) 检查传动系统的技术状况和紧固情况； (7) 检查随车工具及附件是否齐全
工作中检查	工作后 2 h 左右进行	(1) 检查发动机、传动系统、液压系统、仪表及信号装置的工作情况； (2) 检查轮毂、制动器、变速器、变矩器、齿轮泵和驱动桥的温度是否正常； (3) 检查轮胎、转向和制动装置的技术状况和紧固情况； (4) 检查机油、冷却液、液压油的液面高度和温度及全车油、液有无渗漏情况

续表

项目	保养节点	保养内容
回库后保养		(1) 清洁整车； (2) 添加燃油，检查润滑油、冷却液、液压油、传动油，北方冬季若未加防冻液或没有暖库应放尽冷却液； (3) 检查发动机皮带的完好情况和张紧度； (4) 检查轮胎气压； (5) 检查操纵牵引机构螺栓的紧固情况； (6) 检查转向油缸和各管接头的密封情况； (7) 排除工作中发现的故障； (8) 检查、整理随车工具及附件； (9) 每工作 40～50 h 应增加下列保养项目： ① 清洁空气滤清器； ② 清洁电瓶外部，检查指示灯，检查连接线的清洁和紧固情况； ③ 检查分电器触点，润滑分电器轴和凸轮； ④ 检查、紧固全车各部件外部易松动的螺栓； ⑤ 对水泵轴承，转向节主销，横、直拉杆球头销，传动轴等易缺油的部位加注润滑脂和润滑油

3）封存保养

凡预计 3 个月以上不使用的牵引车，均应进行封存。封存的牵引车技术状态须良好。封存前应根据不同车况进行相应种类和级别的保养，达到技术状态良好的标准。新车、大修车或发动机大修后的牵引车，一般应完成磨合期后再封存。

4）换季保养

凡全年最低气温在－5℃以下的地区，在入夏和入冬前必须对牵引车进行换季保养。换季保养的内容包括：

（1）清洗燃油箱，检查防冻液状况。

（2）按地区、季节要求更换润滑油、燃油、液压油和传动油。

（3）清洁电瓶，调整电解液密度并进行充电。

（4）检查放水开关的完好情况。

（5）检查发动机冷启动装置。

5）定期保养

定期保养是牵引车在使用一段时间后所进行的保养工作，分为一级保养和二级保养。一级保养以清洁、润滑和紧固为主，并检查有关制动、操纵等部件的安全。二级保养以检查、调整为主要内容，并拆检轮胎，进行轮胎换位。为了解和掌握牵引车的技术状况和磨损情况，必须对牵引车进行检测诊断和技术评定，并根据诊断结果确定小修项目。

内燃牵引车一级保养的间隔时间为发动机累积运转 150 h，每年工作时间不足 150 h 的内燃牵引车，每年进行一次一级保养；二级保养的时间间隔为 450 h，每 3 年工作时间不足 450 h 的内燃牵引车，每 3 年进行一次二级保养。

牵引车的定期保养需由牵引车制造商的专业维修人员开展。

3. 大修规程

牵引车大修必须完成的项目如下：

（1）全车分解到每一个零部件。

（2）清洗、除锈和刷底漆。

（3）加润滑油、冷却液、液压油、传动油和制动液。

（4）根据各部件的技术要求和磨损情况进行修理。

牵引车的大修需由牵引车制造商的专业维修人员开展。

4. 油料的选择与使用

正确选择和使用好牵引车的油料，对提高牵引车使用效率、延长使用寿命至关重要。因此必须学习油料的选择方法，懂得油料使用常识，提高牵引车的养护质量。

牵引车所用的油料主要包括燃料(汽油、柴油和液化天然气)、润滑剂(发动机机油、齿轮油、液力传动油、液压油和润滑脂)、冷却液和制动液4大类。用户在使用油料的时候要根据发动机的不同进行选择，许多发动机都需要使用符合某些标准的特殊油料，请用户根据发动机说明书上的要求进行选择和使用。

1) 燃料

(1) 柴油。牵引车通常要根据不同的外界气温来选择不同牌号的柴油，并正确使用。柴油的浊点应低于当地全年气温3～5℃，而凝点必须低于使用地区最低平均气温5℃左右，才能保证发动机顺利工作，见表13-8。

表13-8 轻柴油的选择和使用注意事项

牌号	适用条件	地区范围
10#	适于有预热设备的柴油机，在夏季或最低气温在12℃以上的地区使用	全国各地区5—8月及长江以南地区3—11月均可使用
5#	适于最低气温在8℃以上的地区使用	全国各地区4—9月及长江以南地区全年均可使用
0#	适于最低气温在4℃以上的地区使用	
-10#	适于最低气温在-5℃以上的地区使用	长城以南地区冬季和长江以北、黄河以南地区严冬使用
-20#	适于最低气温在-14～-5℃以上的地区使用	长城以北地区冬季和长城以南、黄河以北地区严冬使用
-35#	适于最低气温在-29～-14℃以上的地区使用	东北、华北、西北等严寒地区使用
-50#	适于最低气温在-44～-29℃以上的地区使用	

(2) 汽油。汽油应根据发动机或牵引车说明书推荐的牌号使用。如没有明确推荐，可以根据汽油机的压缩比来选择牌号。压缩比高的汽油机，应使用辛烷值高的汽油；压缩比低的汽油机，应使用辛烷值低的汽油。牵引车使用的汽油牌号见表13-9。

表13-9 牵引车汽油牌号的选择

发动机压缩比	汽油牌号
7.0以下	92#车用汽油
7.0～8.0	92#、95#车用汽油
8.0以上	95#等更高牌号车用汽油

(3) 液化石油气。简称LPG，是一种无毒、无色、无味气体，具有辛烷值高、抗爆性好、热值高、储运压力低等优点。液化石油气的主要成分为丙烷和丁烷。

2) 润滑剂

内燃牵引车使用的润滑剂有发动机机油、齿轮油、液力传动油、液压油和润滑脂。

(1) 发动机机油。发动机机油的选择：一是质量等级，如柴油机机油的CD、CF-4，汽油机机油的SF等，发动机制造商或工程机械制造商的推荐，以及牵引车的使用工况等实际情况，相应提高用油等级；二是黏度等级，如SAE15/40、30和40等，综合考虑发动机工作的环境温度、载荷和磨损状况等，见表13-10。

表13-10 机油黏度等级选择

黏度等级	使用环境气温/℃	黏度等级	使用环境气温/℃
5W	-30～10	15W/30	-15～30
5W/20	-30～15	15W/40	-15～40
5W/30	-30～15	20	-10～20
10W	-25～20	30	0～30
10W/30	-25～30	40	10～40

(2) 齿轮油。牵引车用的车辆齿轮油只用于牵引车的机械换挡变速器、减速器及驱动桥等传动机构的润滑。牵引车的驱动桥和减速器一般采用重负荷车辆齿轮油，牌号为80W/90、85W/90；机械换挡变速器可以采用普通车辆齿轮油，但为减少牵引车上油品的种类，也可采用重负荷车辆齿轮油。

我国的车辆齿轮油分为普通、中负荷和重负荷车辆齿轮油 3 类，主要有 7 种黏度牌号：70 W、75 W、80 W、85 W、90、140 和 250。其中，W 表示冬季齿轮油。车辆齿轮油的选择包括质量级别和黏度牌号。质量级别根据齿轮类型和工作条件进行选择，黏度牌号根据最低环境温度和传动装置的运行最高温度选择，见表 13-11。

表 13-11　齿轮油黏度牌号的选择与使用

型号	最低工作温度/℃	适用地区
75W	－40	黑龙江、内蒙古、新疆等严寒地区
80W	－26	长江以北及其他冬季最低气温不低于－26℃的寒冷地区
85W	－12	长江以北及其他冬季最低气温不低于－12℃的寒冷地区
90	－10	长江流域及其他冬季最低气温不低于－10℃的地区全年使用
140	10	南方炎热地区夏用或负荷特别重的车辆用
80W/90	－26	气温在－26℃以上的地区冬夏通用
85W/90	－12	气温在－12℃以上的地区冬夏通用

(3) 液力传动油。液力传动油用于车辆液力变矩器和液力变速器的润滑、动力传递及控制。我国有 6 号和 8 号两种液力传动油。选用液力传动油时，应按照牵引车使用说明书的规定，选择适当的规格。牵引车上多用 6 号液力传动油。

(4) 液压油。选取液压油时主要考虑系统压力和使用温度，一般常选择黏度牌号为 32 和 46 的液压油。同时，还要考虑液压系统的主要元件，即齿轮泵、液压阀等不加大磨损的最低黏度及车辆停机停放时间较长的最低起动黏度。

(5) 润滑脂。在牵引车上，润滑脂主要用于传动系统、行驶系统和转向系统等低速、高温、高载、高湿、密封条件差和相对运动的销轴等部位，如万向节、球头销、轮毂轴承。目前，牵引车多用锂基润滑脂。锂基润滑脂具有良好的抗水性、极压性、机械安定性、防锈性和氧化安定性，适应温度范围(－30～120℃)更广，但价格偏高。

3) 冷却液

冷却液是发动机冷却系统的传热介质，具有冷却、防腐、防冻和防垢等作用。选择牵引车冷却液时，首先要求选择类型，再根据当地冬季最低气温选择适当冰点牌号的冷却液，冰点应至少比最低气温低 10℃。冷却液适用范围见表 13-12。

表 13-12　冷却液适用范围

代号	牌号	适用范围
FD-1	－25 号	我国一般地区，如长江以北、华北，环境最低气温在－15℃以上的地区均可使用
FD-2	－35 号	东北、西北大部分地区、华北，环境最低气温在－25℃以上的寒冷地区可以使用
FD-2A	－45 号	东北、西北、华北，环境最低气温在－35℃以上的严寒地区可以使用

4) 制动液

制动液俗称刹车油，在液压制动系统中主要起传递能量、散热、防锈、防腐和润滑的作用。目前，牵引车所用制动液均为合成型。合成型制动液的优点是性能稳定，可在－53～190℃范围内使用；缺点是易吸水，易溶解油漆，且吸水后沸点下降，低温性能差，建议 1～2 年更换新制动液。

13.5　常见故障及排除方法

1. 变速箱常见故障及排除方法

牵引车变速箱的结构与原理和内燃叉车变速箱基本相同，其常见故障及排除方法见表 2-2。

2. 制动系统常见故障及排除方法

牵引车制动系统的结构与原理和内燃叉车制动系统基本相同，其常见故障及排除方法见 4.5.6 节。

3. 液压及转向系统常见故障及排除方法（见表 13-13）

表 13-13　液压及转向系统常见故障及排除方法

故障	故障原因	排除方法
齿轮泵故障	齿轮泵泵体或齿轮磨损	检查并更换齿轮泵
	密封件损坏	检查并更换密封件
液压油温度过高	油位低	检查油位，油位过低时加油
	混入了空气	检查接头和油管有无松动或破裂处理并更换
	油流量低	检查管路是否有变形和损坏处理并更换
转向沉重	转向轮胎气不足	补气
	转向油缸活塞杆变形	检查并更换
	转向油缸内漏	检查活塞油封并更换破损油封
	转向支架变形	检查并更换
	油路中有空气	排除空气
转向器故障	转向器、管接头漏油	修理或更换
	空载转向重，满载转向轻，转向溢流阀有问题	维修或更换转向溢流阀
	慢转转向盘轻，快转转向盘沉，转向流量不够	维修或更换转向器
	快转与慢转转向盘均沉重且转向无力，转向阀体内单向阀失效	维修或更换单向阀
	转向有爬行且发出不规则声音，现象为油液中有泡沫，转向器发出不规则的响声，转向盘转动而油缸时动时不动	转向系统中有空气，若有漏气，紧固吸油管卡箍，检查液压油油液是否在刻度“L”和“H”之间，若油液不足，补足油液
	转向无力、空行程过大，转向转不动，可能的主要原因是转向油缸内漏或转向器内漏、失效	由专业厂家或专业维修人员进行判断、维修

4. 驱动桥常见故障及排除方法

牵引车驱动桥的结构与原理和内燃叉车驱动桥基本相同，其常见故障及排除方法见 4.6.5 节。

5. 电气系统常见故障及排除方法（见表 13-14）

表 13-14　电气系统常见故障及排除方法

故障	故障原因	排除方法
无法启动	启动开关内触电接触不良，或启动继电器触电烧蚀，或零挡开关损坏，齿轮泵泵体或齿轮磨损	检查零挡开关是否置于“零”位，各个导线的接头是否松动，并进行相应处理
	起动机故障	维修起动机

续表

故障	故障原因	排除方法
发电机不发电	发电机内部烧坏	更换
	电刷接触不良	调整
无法熄火	燃油切断阀接线不良	调整

参考文献

[1] 中华人民共和国工业和信息化部.牵引车:JB/T 10750—2018[S].北京:机械工业出版社,2018.

[2] 中华人民共和国工业和信息化部.电动固定平台搬运车:JB/T 3811—2013[S].北京:机械工业出版社,2014.

[3] 陶德馨.港口装卸机械[M].北京:清华大学出版社,2016.

[4] 尹祖德.叉车构造使用维修一本通[M].北京:机械工业出版社,2017.

[5] 李百华.汽车发动机电控技术[M].北京:人民邮电出版社,2009.

[6] 黄斌.汽车车身电气设备系统及附属电气设备检修[M].北京:中国劳动社会保障出版社,2009.

第4篇

越野叉车(Ⅶ类)

第14章

普通越野叉车

14.1 概述

14.1.1 定义

目前国内外使用的内燃叉车、电瓶叉车等一般叉车的特点是结构紧凑、转弯半径小、离地间隙小,适用于平整和有坚实路面的场所。对于一般的工厂企业来说是合适的选择,但是在泥泞、山岭等特殊路面环境下作业就十分困难,越野叉车就应运而生。

国家标准GB/T 6104—2018《工业车辆 术语和分类》中对越野叉车的定义为:"主要在未经平整的地面或表层被破坏的场地(如建筑工地)上作业的轮式平衡重车辆。"

越野叉车是可以在坡地和不平整地面上安全高效地进行物料装、卸、堆垛及搬运作业的工业车辆。作为特种叉车的一种,与普通叉车虽然在外形上差不多,但从技术和应用角度来看,却是两种完全不同的产品,不能相互替代。和平衡重式叉车一样,越野叉车上可装配货叉或更多种属具(悬挂式工作装置)以提高其作业效率。越野叉车有多种结构形式,但其最大特点就在于具有良好的通过性和越野性能。

14.1.2 用途

普通越野叉车主要用于城镇、建筑工地、管道敷设、油田开发、山地林区作业等野外工程,和随车装卸搬运作业以及码头货场集装箱的装卸搬运作业。当然,在普通内燃叉车能够使用的各种场合越野叉车也完全能够使用。

14.1.3 功能

普通越野叉车的功能和普通叉车基本相同,能够加装各种属具,进行各种作业。另外,由于越野叉车的通过性高、车速高、爬坡能力强,具有越野能力,因此越野叉车能够在各种复杂工况下使用。

14.1.4 发展历程

1. 国外普通越野叉车的发展历程

第二次世界大战后,世界各国开始尝试在野外环境下以机械替代人力的物料转运模式,因而争先开发越野叉车产品,使越野叉车得到了长足发展,其发展过程可分为3个阶段。

1) 20世纪50年代初期到70年代中期

这是国外越野叉车发展的第一阶段,主要解决了越野叉车有无的问题。1957年,世界上第1台越野叉车在法国曼尼通(Manitou)集团诞生,从此越野叉车得到飞速发展和广泛应用。

以美国为代表的发达国家,野外物资搬运于20世纪50年代基本实现了机械化,其主要标志为:库内物资装卸、堆码、搬运等主要作业采用机械设备进行,主要有起重量为1 812 kg、

2 718 kg、4 530 kg 等几类越野叉车。这些车性能比较低，但比起人搬肩扛已经有很大进步。到 20 世纪 60 年代初，美国研制和生产了一批性能更高的越野叉车，如提升能力为 2 721 kg、起升高度为 3.657 m 的越野叉车有安东尼公司的 MLT-6 和 MHE-200 型、克利斯靳公司的 MLT-60ht 和 MHE-202 型；提升能力为 4 535 kg、提升高度为 3.657 m 的越野叉车有克拉克公司的 MHE-165 和 MHE-173 型。其中较典型的有 TEREX72-31 系列越野叉车，该车于 60 年代初开始研制，1967 年开始批量生产，一直持续到 1972 年，1977 年后又进行了改进。

2) 20 世纪 70 年代中期到 80 年代末

这是国外越野叉车发展的第二阶段。随着汽车技术的发展，以及对越野叉车使用的经验总结，国外使用群体普遍认识到了越野叉车使用和转移的复杂性，迫切需要提高越野叉车的机动性，因此进行了新一代越野叉车的研发并陆续投入使用。

美国在这个阶段也研发了一大批越野叉车。其中，CASE 越野叉车系列 M4ktMC4000 和 MW20BFL 等产品于 80 年代初开始研制，其时速设计为 30～50 km/h；在 80 年代后期研制了 VSDCH 越野叉车，1989 年进行了样车的试验及评估，90 年代开始批量销售，该车设计时速达到 85 km/h，能够高速行驶。德国于这个阶段开发研制的较典型的越野叉车是 FUG 全地形越野叉车，该车于 70 年代末 80 年代初开始研制，1982 年生产，直到 1992 年升级换代，该车公路速度可达到 50 km/h，起升能力为 2 500 kg。在这个阶段，越野叉车无论是技术性能还是机动性能均有很大提高，大部分越野叉车能像汽车一样高速行驶(见图 14-1)。

图 14-1　国外越野叉车

3) 20 世纪 90 年代以后

这是国外越野叉车发展的第三阶段。步入 90 年代以后，少数发达国家着手研制新的越野叉车，主要是朝着重装化方向发展。这方面，美国走在了前面。美国在发展 5 000 lb 越野叉车后，由于该车在使用上存在一些问题，决定发展名为“全地形起重系统(AT-LAS)”的 10 000 lb 越野叉车，该车具有良好的技术性能和机动性，于 90 年代初研制，1995 年开始生产，1997 年开始批量销售。

总体来看，国外越野叉车发展的思路是多型号、成系列、高低搭配，适应不同作业需求。国外普遍提高了越野叉车的行驶速度和通过能力，以适应野外使用的转移的需要，传动装置普遍采用液力传动和液力变矩全动力换挡。图 14-2 所示为法国曼尼通公司生产的一款越野叉车。

图 14-2　曼尼通越野叉车

2. 国内普通越野叉车的发展历程

近几年，随着社会的发展，野外搬运物资情况越来越多，人力资源成本越来越高，细分市场的需求加大，越野叉车得到快速发展。

到目前为止，国内开发较早、销量较大的越野型叉车有 1.25 t 静压四驱越野叉车和 5 t 静压四驱越野叉车。其中，1.25 t 静压四驱越野叉车(见图 14-3)为小型越野叉车，采用四轮驱动，静压传动，其底盘可在复杂路面行驶，最高车速可以达到 18 km/h，具备两驱和四驱切换功能；5 t 静压四驱越野叉车(见图 14-4)为铰接式车身系统，具有高大的车身、宽大的越野轮胎，采用静压传动系统，四轮驱动，具有深涉水、爬陡坡的能力，同时还具有前车架调平功能，保证在崎岖路面工作时驾驶员的舒适性和载荷的安全性，最高车速可以达到 36 km/h。

图 14-3 1.25 t 静压四驱越野叉车

图 14-4 5 t 静压四驱越野叉车

国内越野叉车的制造企业比较多，大体上可以分成以合力、杭叉、美科斯等公司为代表的传统叉车制造企业，以及以山东部分企业为代表的在装载机底盘基础上改装的全四驱越野叉车制造企业。

从技术路线上看，传统叉车生产企业生产的越野叉车继承了传统叉车机动灵活、安全可靠的优点，主要手段是采用满足越野工况的两驱或者四驱专用变速箱，配带有差速锁的前后驱动桥、越野叉车专用变速箱、宽基大花纹轮胎等。根据越野程度的不同，产品有两轮驱动的和四轮驱动的。经过不断研发改进，国产越野叉车在通过性、最大行驶速度、爬坡能力等方面都取得了进步。比如，合力公司开发的 2～3.5 t 两驱和四驱越野叉车(见图 14 5、图 14-6)，其他叉车企业生产的越野叉车基本也都是 2～3.5 t 两驱的，部分企业也有四驱的，功能上基本与传统叉车无异，具有一定的全地形适应能力，机动性、安全性、稳定性都较好。从吨位上看，国产越野叉车大多数集中在 2.5～3.5 t 区间。

图 14-5 2～3.5 t 两驱越野叉车

图 14-6 2～3.5 t 四驱越野叉车

14.1.5 国内外发展趋势

随着社会的不断发展进步，社会分工的逐步完善，越野叉车发展市场看好。根据驾驶习惯的不同，发达国家偏重于静压传动的高性能越野叉车，对叉车的车速和爬坡能力要求较高，吨位也必将细分。发展中国家受经济水平和驾驶习惯的影响，比较喜欢液力传动的越野叉车。随着环保问题日益突出，绿色节能设计成为未来发展趋势。在国外，越野叉车使用较多，建筑工地、农田、农场、果园、林场等各种场合都在使用。国内随着劳动力成本的不断增加，人们已经开始慢慢习惯用越野叉车去替代人工的各种野外作业，建筑工地、农田、果园等各种野外场合已开始使用越野叉车。

今后越野叉车将主要朝绿色环保、系列化、多功能化及高性能方向发展。

14.2 分类

普通越野叉车按以下几种方法进行分类，一般产品都是以下分类的组合体。

14.2.1 按吨位分类

就目前的市场来看，普通越野叉车的主要吨位为1～7.5 t，如表14-1所示。3～3.5 t越野叉车和普通叉车一样占市场主流，销售量最大。

表14-1 越野叉车常见吨位

系列	10	15	20	25	30	35	40	45	50	60	70	75
吨位/t	1	1.5	2	2.5	3	3.5	4	4.5	5	6	7	7.5

14.2.2 按动力形式分类

越野叉车的动力来源和普通叉车的基本一样，也是内燃发动机和电动机。

内燃发动机的燃料主要以柴油为主，使用汽油和LNG、CNG、LPG的很少，在市场上很少见。

以电动机为动力的也很少见，主要原因是野外充电不太方便，电动的续航能力较差，而柴油机的加油相对容易些。再者，柴油机动力强劲，性能稳定，质量可靠，因此目前市场上的越野叉车大多以柴油机为动力。相信随着电瓶技术的进一步发展，再加上环保要求的逐步提高，电动越野叉车也会逐渐发展壮大。

14.2.3 按传动形式分类

越野叉车的传动形式有静压传动、液力传动、机械传动、电传动等，各有特点。

静压传动具有调速和调矩范围宽的优良特性，故可灵活控制车辆的速度和爬坡能力，整机性能较好。但制造精度要求高，关键件技术难度大，成本较高，大部分用在高端客户，一般客户使用的较少。

液力传动操作舒适，技术成熟，随着科学技术的不断发展和机加工技术的提高，液力传动发展迅速。通过挡位的增加，实现了车辆的高车速和高爬坡能力要求，性能可达到或优于静压传动车辆，经济和可靠性较好，为目前市场主流配置。

机械传动由于本身所具有的高效率、低成本，在经济欠发达区域仍然有一定市场。

14.2.4 按驱动轮数量分类

越野叉车也可按驱动轮数量分为两驱越野叉车和四驱越野叉车。两驱越野叉车由前桥的两个轮子驱动，后轮转向。而四驱越野叉车为4个轮子驱动，一般为普通路况下前桥两个轮子驱动，复杂路况下前后桥4个轮子驱动。也有部分越野叉车如装载机改的越野叉车，为4个轮子同时驱动，无法实现两驱/四驱切换。

两驱越野叉车一般用在地面不平、坑坑洼洼，但比较坚硬的路况下。如果路况比较复杂，且比较松软，使用四驱越野叉车效果较好。

14.2.5 按底盘结构分类

越野叉车按底盘结构可分为整体式、铰接式、滑移式等。

整体式越野叉车车架结构强度较好，具备普通叉车的灵活性和机动性，操纵舒适，为当前市场主流结构，见图14-7。

图14-7 整体式越野叉车

装载机生产厂家改装的越野叉车中铰接式的比较多。铰接式越野叉车就是前后车架折腰转向，有前后两个车架，两个车架靠铰接轴连接，靠两根转向油缸实现前后车架折腰，进而实现车辆转向功能，和装载机底盘基本一样，见图 14-8。

图 14-8　铰接式越野叉车

滑移式越野叉车在工程领域有少量在使用，大多是借鉴滑移装载机结构来设计的，最大特点是没有转向桥，靠左右两边的轮胎速度差来实现滑移转向，见图 14-9。

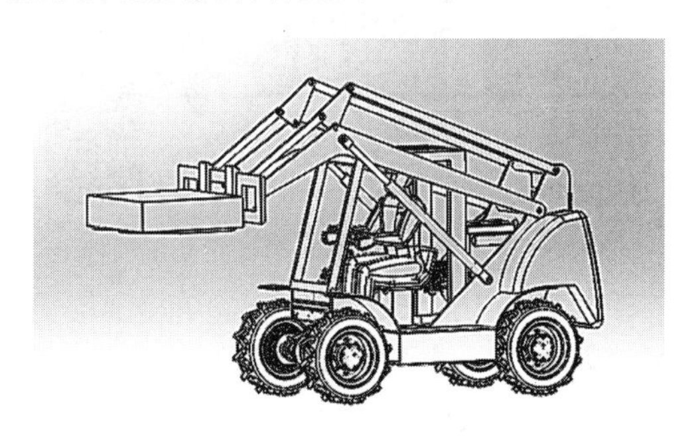

图 14-9　滑移式越野叉车

14.2.6　按工作装置分类

越野叉车按工作装置分为门架式和连杆式。

门架式越野叉车的品种较多，又分为两级门架式、两级全自由门架式、三级全自由门架式、四级门架式等形式。这些门架除货叉和货叉架外，和普通叉车的结构基本一样。

需要注意的是，由于越野叉车离地间隙比较高，门架中的货叉或者货叉架需要特制，以保证车辆有足够的离地间隙，从而保证车辆的通过性。目前常用以下两种方法：

(1) 加长货叉后背。图 14-10 所示的货叉与普通货叉相比，后背较长，可以在保证门架离地间隙大的同时，货叉能够接触到地面。

图 14-10　门架式越野叉车的专用货叉

(2) 改变货叉架的结构。图 14-11 所示的结构通过加长货叉架竖板、降低货叉架上下横梁的办法，来实现使用普通货叉达到门架高离地间隙的效果。由于越野车的市场需求比较小，使用普通货叉能够极大地方便主机厂的生产组织，保证零部件的通用性。

图 14-11　门架式越野叉车的特殊结构货叉架

连杆式工作装置(见图 14-12)借鉴滑移装载机结构，通过四连杆机构来实现货物的起升和倾斜。其特点是结构高度较小，能够进入狭小空间作业。

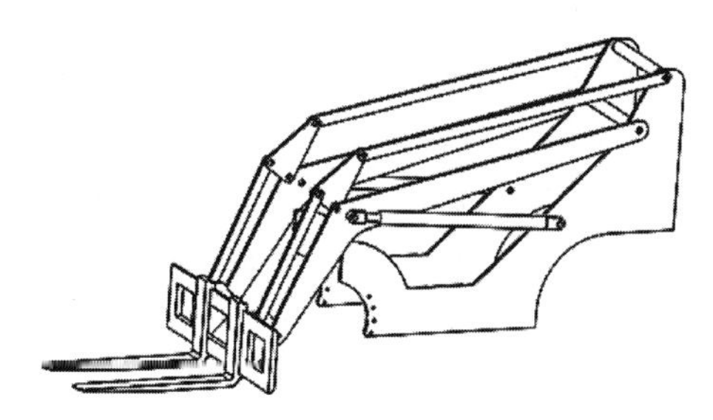

图 14-12　连杆式工作装置

14.3 典型普通越野叉车的总体结构组成、工作原理及主要构成部件

14.3.1 总体结构组成

典型普通越野叉车总体结构组成见图14-13。其工作原理及主要构成部件与普通平衡重式叉车基本相同,但也有一些区别。

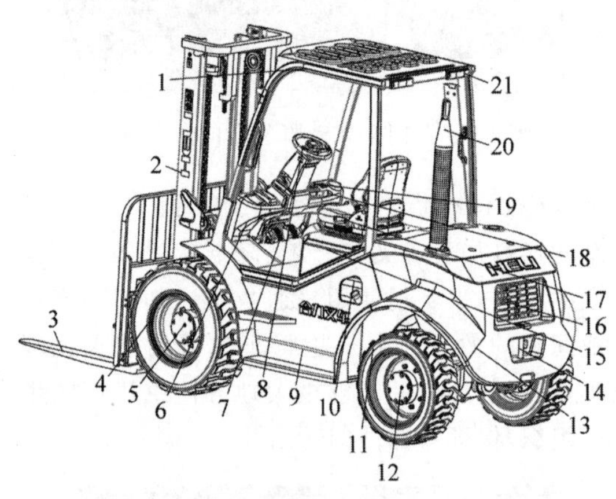

1—护顶架;2—起重系统;3—货叉;4—前轮总成;5—前桥总成;6—仪表台及覆盖件;7—脚操纵;8—转向系统;9—车身系统;10—传动系统;11—后轮总成;12—后桥总成;13—平衡重;14—牵引栓;15—机罩类;16—动力系统;17—座椅;18—仪表;19—液压及操纵部分;20—高排气系统;21—电气及灯具系统。

图14-13 普通越野叉车结构组成示意图

14.3.2 工作原理

普通越野叉车使用发动机或者电动机驱动变速箱,变速箱驱动驱动桥来实现车辆的行走。发动机或变速箱的PTO口驱动齿轮泵,齿轮泵出来的高压油通过多路阀和转向器来实现工作装置的各种动作,如倾斜、起升、侧移、调距、倾翻、旋转、夹持等动作。转向器控制转向油缸左右伸缩,进而实现车辆转向轮的左右摆动,实现车辆转向。

与普通叉车不同的是,四驱越野叉车的转向桥有驱动功能。整体式越野叉车一般为分时四驱,即可通过开关控制车辆前桥驱动或前后桥同时驱动。整体式越野叉车的前驱动桥一般都有差速锁;四驱的铰接式越野叉车一般使用装载机的传动系统,全四驱运行,且前后轮直径一样,一般不配差速锁。

滑移式越野叉车(见图14-14)由于特殊的转向方式,一般为链条或齿轮传动,不存在打滑问题,因此不需要配差速锁。

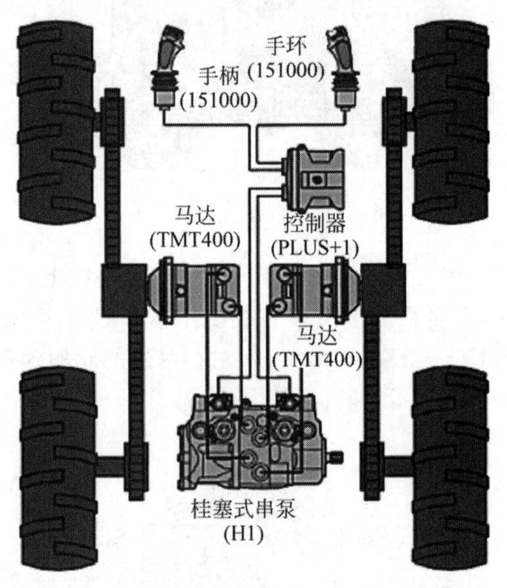

图14-14 滑移式越野叉车行走系统简图

14.3.3 主要构成部件

越野叉车主要由动力系统、传动系统、转向系统、制动系统、车身系统、工作装置、液压系统、电气系统等组成,见图14-15。

图14-15 越野叉车总体构成

1. 动力系统

越野叉车的动力系统主要由发动机、进气系统、冷却系统、排气系统、燃油系统等组成，如图 14-16 所示。

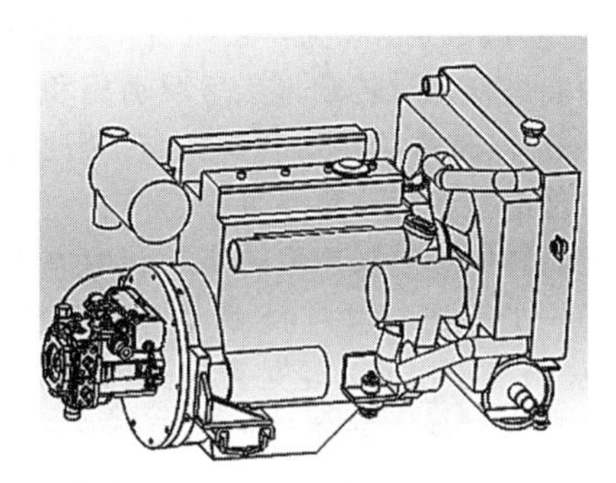

图 14-16　越野叉车动力系统简图

越野叉车由于工作环境比较恶劣，对发动机功率的要求比普通叉车偏高；由于工作强度高，对冷却系统的要求也比普通叉车高；由于在野外工作，加油不太方便，燃油箱也普遍偏大。

2. 传动系统

越野叉车的传动系统主要由驱动桥、变速箱等组成。

机械传动和液力传动(见图 14-17)基本相同，不同的是将液力变矩器换成了离合器，来实现发动机到变速箱的动力转换。

图 14-17　四驱液力传动系统简图

静压传动的布置比较方便，一般有两种方式：一种是一泵一马达布置方式(见图 14-18)，其结构简单；另一种是轮驱/桥驱布置方式，图 14-19 所示为两驱的情况。如果是四驱，轮驱是在后边两个轮子上各装一个马达，桥驱是在后桥上装一个马达。即四驱的布置方式为一泵四马达或一泵两马达加两个驱动桥。

电传动布置方式和静压传动的基本一样。

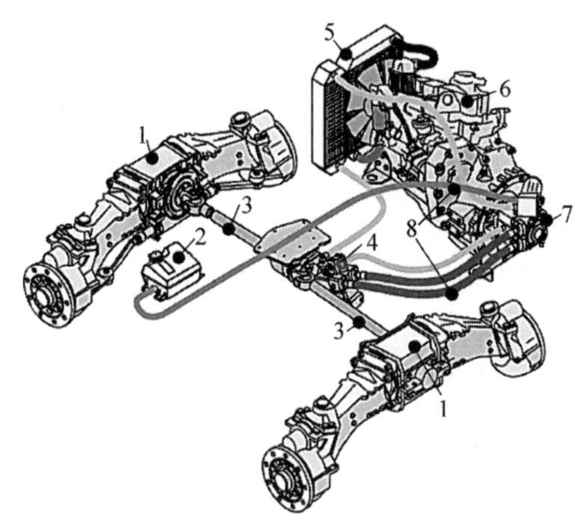

1—驱动桥；2—液压油箱；3—传动轴；4—液压马达；5—散热器；6—发动机；7—液压泵；8—液压管路。

图 14-18　静压传动一泵一马达布置方式

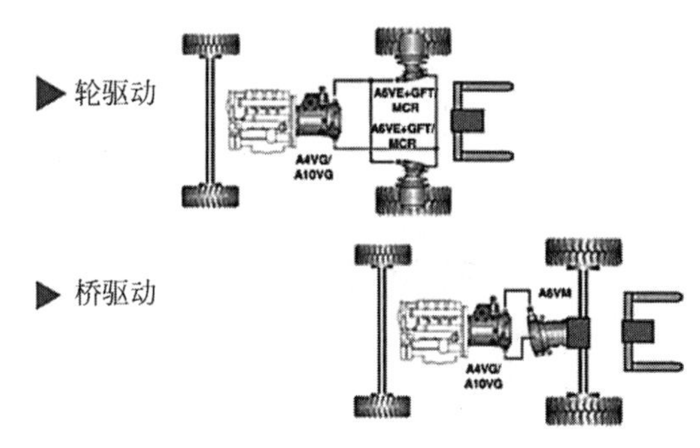

图 14-19　静压传动轮驱/桥驱布置方式

两驱为两电机或一电机一驱动桥；四驱为四电机或两电机两驱动桥。

越野叉车对传动系统的总体要求是高车速、高爬坡能力，二者本身就是矛盾的存在。为了兼顾二者，一般驱动桥都带轮边减速，变速箱有多个档位，以实现车辆高速时的机动性和低速时的高爬坡能力，确保能够适应各种路况。

3. 转向系统

越野叉车的转向系统主要由转向盘、转向管柱总成、全液压转向器等组成(见图 14-20)。其中转向管柱总成由转向轴和转向管柱组成。转向轴下端与转向器连接，转向轴上端与转向盘连接，转向管柱套在转向轴外侧，转向管柱总成可以根据需要前后调整到适当的位置。转向器一般选用全液压转向器，使转向轻便灵活，安全可靠。

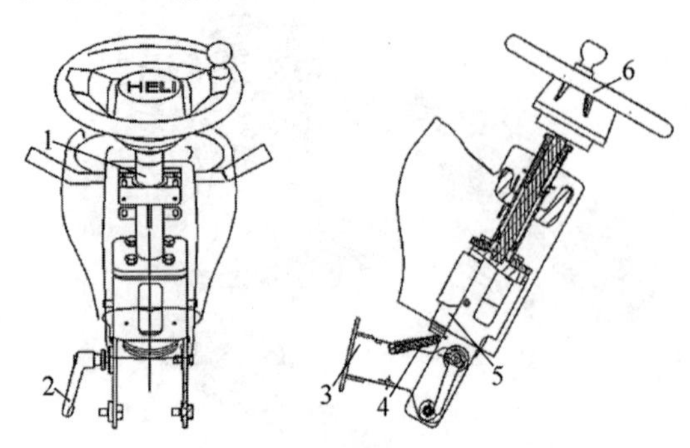

1—转向管柱总成；2—手柄总成；3—支架；4—回位弹簧；5—摆线全液压转向器；6—转向盘总成。

图 14-20 转向系统结构示意图

转向器为摆线式全液压转向器，可以根据转向盘回转角度大小计量地将分流阀流出来的压力油通过油管输送到转向油缸，以实现后轮转向。当发动机熄火时，油泵不能供油，可由人力实现转向。全液压转向系统见图 14-21。

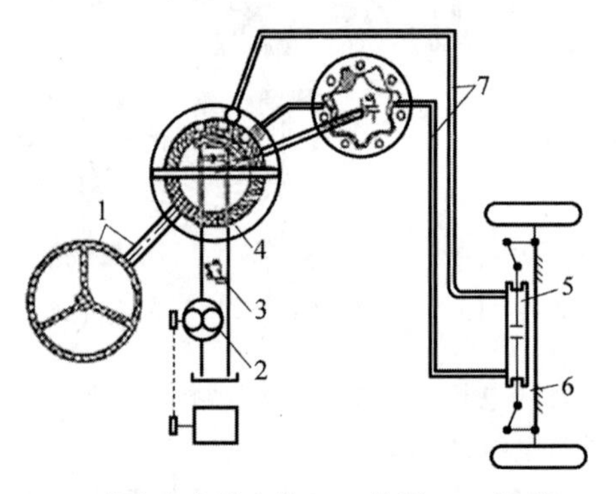

1—转向盘和转向轴；2—油泵；3—流量控制阀；4—全液压转向器；5—转向油缸；6—转向桥；7—软管。

图 14-21 全液压转向系统示意图

转向油缸是双作用贯通式的，活塞杆两端通过连杆与转向节相连，来自全液压转向器的压力油通过转向油缸使活塞杆左右移动，从而实现左右转向。

铰接式越野叉车的转向系统与整体式越野叉车基本相同，但也有不同。当叉车需要转向时，转动转向盘，全液压转向器的阀芯相对阀套转动，使系统建立起足够的压力，压力油经串联在油路中的计量马达进入转向油缸的一侧，推动转向油缸的活塞，同时也驱动计量马达的转子旋转；若转向盘连续转动，转向器以和转向盘转速成正比的流量连续地供油给转向油缸，推动转向负载。转向油缸的两腔分别与全液压转向器的两个口连通，在压力油作用下，转向油缸运动，前车架与后车架以铰接轴为中心进行相对转动，前、后驱动桥和前、后轮随前、后车架进行相对转动，在转向过程中，轮胎与地面存在滚动和滑动。

前轮转向一般采用偏转车轮转向方式，此时前外轮的弯道行驶半径最大。在弯道行驶时，驾驶员易于用前外轮是否避过障碍来判断整机的行驶路线。四轮转向主要用于对机动性有特殊要求的机械或车架过长又要求弯道行驶半径不太大时。蟹行转向是全部车轮基本向相同的方向偏转，转向时能从斜向靠近或离开作业面。

4. 制动系统

制动系统是车辆安全行驶的重要装置。它必须具备以下基本功能：

(1) 在车辆行驶过程中，能以适当的减速度使车辆降速行驶直至停车。

(2) 在车辆下坡时，为避免车辆本身在重力分力作用下不断加速，应进行制动，使之保持适当的稳定车速。

(3) 车辆停放时，使车辆在原地(包括在斜坡上)可靠地停住。

为此，车辆一般具有两套制动系统：行车制动系统和停车(驻车)制动系统。

1) 行车制动系统

行车制动系统用以实现上述第(1)(2)项功能。由驾驶员通过制动踏板来操纵，当踩下制动踏板时起制动作用，松开制动踏板后，制动作用即行消失，故也称为脚制动系统，可以确保叉车在以 20 km/h 的速度行驶时，在 6 m 距离内完全制动。

行车制动系统一般有以下几种结构：

(1) 蹄式制动器(见图 14-22)。蹄式制动器以内圆柱面作为摩擦工作面，旋转元件是制动鼓，装在车轮内侧；固定元件是两侧的蹄形制动蹄，安装于固定在桥壳上的制动底板上，不能随车轮转动。制动蹄的外圆弧面上铆有摩擦衬片，当制动蹄向外张开时，压紧制动鼓的内圆柱面，即产生摩擦制动作用。促使制动蹄张开的装置，称为制动蹄促动装置，它有液压缸（称为制动分泵）、转动凸轮或楔块等形式，其中制动分泵用得最多，分泵的活塞直接推动制动蹄张开。液压制动操纵系统、气压综合制动系统中都是采用制动分泵。

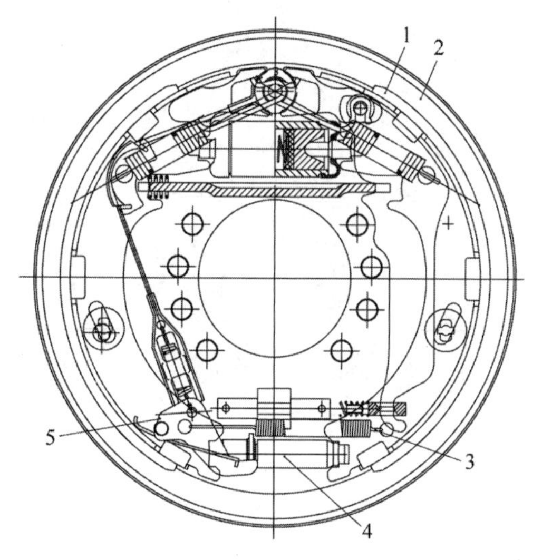

1—摩擦片；2—制动底板；3—回位弹簧；
4—间隙调整器；5—棘爪。

图 14-22　蹄式制动器

（2）钳盘式制动器（见图 14-23）。钳盘式制动器的旋转元件是以端面为工作表面的圆盘，称为制动盘。钳盘式制动器不旋转的元件是位于制动盘两侧的一对或数对带摩擦片的制动块，这些制动块及其压紧机构都装在类似夹钳形的支架上，统称为制动钳。

图 14-23　钳盘式制动器

（3）湿式制动器（见图 14-24）。湿式制动器具有制动力矩大、使用寿命长、抗衰退能力强、免维修等诸多特点。它为全封闭结构，环形工作面积大，能防止泥、水、油的侵入，制动稳定；采用多片结构，可在较小衬片压力下获得较大的制动力矩，而元件承受压力降低，摩擦片单位比压小，制动效果理想。

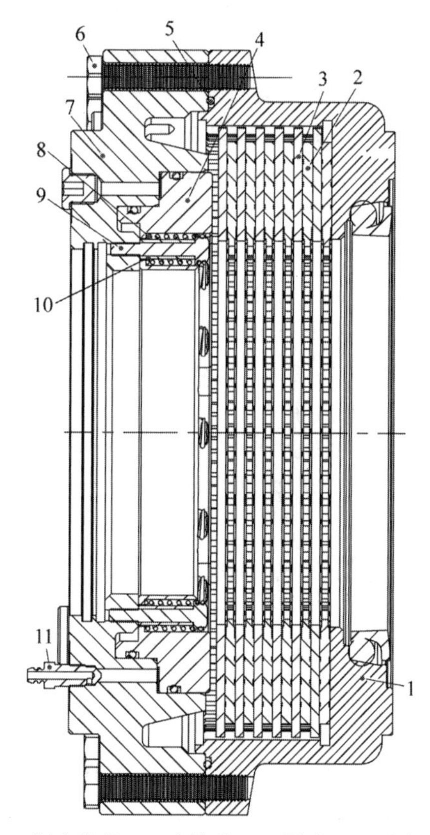

1—制动器壳；2—摩擦片；3—隔片；4—活塞总成；5—密封圈；6—螺栓；7—制动器壳 2；8—压缩弹簧；9—螺栓；10—套管；11—放气塞。

图 14-24　湿式制动器

2）停车（驻车）制动系统

停车（驻车）制动系统主要用来实现上述第（3）项功能，并有助于车辆在坡道上起步，以防止车辆向下滑溜。这套系统通常用制动手柄操纵，并可锁止在制动位置上，当驾驶员离开车辆后仍能使车辆可靠地保持在制动状态，故也称为手制动系统。

停车制动器是机械的、内胀式的，并内置于车轮制动器上，它与脚制动共用制动蹄与制动鼓。当拉动停车制动手柄时，闸把通过制动拉索带动手动拉杆，该拉杆借助起转轴作用的销钉推动手制动推杆，使制动蹄压向制动鼓。

带轮边减速驱动桥的车辆，其停车制动结构一般布置在传动轴上，也叫中央停车制动。这种结构的停车制动器是专门一个制动器，装在传动轴上，需要的制动力一般比较小。常见的有内胀式和钳盘式。静压传动闭式系统带轮边驱动马达的，由于是闭式系统，一般不需要停车制动，松开油门后，车辆自动制动。鼓式制动比较常用，其制动方式还有钳盘制动、湿式制动等。工作条件比较差的环境下，湿式制动由于是封闭的，不容易被污染，制动效果较好，越野车选用的比较多。

由于越野叉车的车速高，行驶路况复杂，对车辆制动系统要求较高，特别是在恶劣路况下，湿式制动器使用的比较多。

5. 车身系统

越野叉车的车身系统由车架、机罩类、底板类、护顶架(驾驶室)、座椅、平衡重等部分组成。

鉴于使用工况，越野叉车的车架比普通叉车更加宽大，结构强度更高，以保证其在崎岖路面行驶时具有更好的纵向和横向稳定性。车身架构强度加强，耐冲击，使用可靠性要求更高。机罩类一般采用 2 mm 及以上加厚钢板加工，不易变形，可以使车辆长久保持良好的外观。座椅一般装于机罩之上。

车身系统起承上启下作用，下边装有前后桥；里边装有传动系统、发动机及相关附件、电气系统、液压系统等；上边装有机罩、护顶架/驾驶室等；前边装有工作装置、斜斜油缸等；后边装有平衡重、散热器、消音器等。总之，车身系统承载了除车轮之外的大部分部件。

6. 工作装置

越野叉车的工作装置与普通叉车相同，是实现对货物进行叉取、升降、码垛等作业的装置。为了解决装卸作业过程所需的大起升高度与运行时所要求的最低结构高度之间的矛盾，工作装置一般由多级门架组成(见图 14-25)，通过适当的门架组合，加上起升油缸及全自由油缸，共同组成叉车的门架系统。

图 14-25　三级全自由带整体侧移器工作装置

越野叉车铲取的货物一般不太规则，路况比较差，对工作装置的要求比较高，要求其具有高强度和高可靠性。

也有部分越野叉车的工作装置为伸缩臂式，其变幅范围比较大，载荷能力变化也比较大。

7. 液压系统

越野叉车的液压系统主要包括油泵、多路阀(分流阀与多路阀装在一起)、起升油缸、倾斜油缸、转向油缸、高压油管、低压油管和接头等。油泵是齿轮泵，用于转向、升降和倾斜及其他属具附件的工作，装在发动机侧面。当发动机运转时，带动齿轮油泵，从液压油箱吸出液压油并输送到多路阀，多路阀内的安全阀用来保持油路油压在规定值的范围内，而通过对多路阀杆的操纵，改变多路阀体内的油路通道和方向，来控制油缸动作。通过分流阀分到转向器去的液压油，用来控制转向油缸动作。

多路阀手动的比较常见，也有部分高档车辆采用电液比例多路阀，可通过集中控制手柄进行控制。这些手柄目前比较流行的为拇指开关结构，操纵舒适性高，美观大方，一般装在座椅上，见图 14-26。

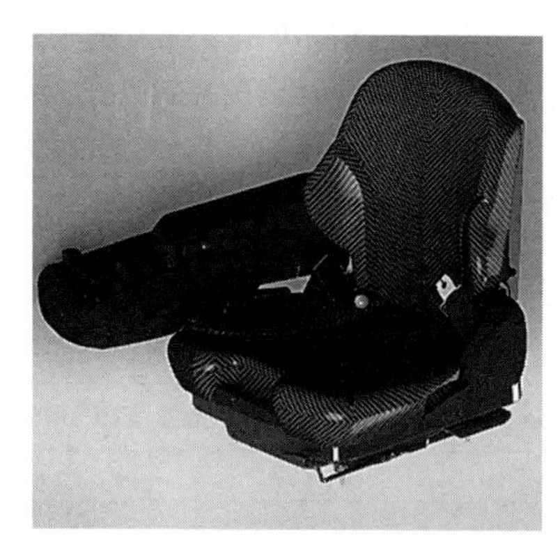

图 14-26　带拇指开关的座椅

8. **电气系统**

越野叉车的电气系统由电源系统、启动系统、集成控制盒系统等组成，实现叉车的供电、充电、启动、行走、预热及各种辅助功能。

电源系统主要由发电机和蓄电池组成，给整机电气元件提供电能。越野叉车有 12 V 和 24 V 两种电源系统，4 t 以下的越野叉车使用 12 V 系统，4 t 及 4 t 以上的越野叉车使用 24 V 系统。一般来说，发动机怠速状况下，发电机的输出电压高于蓄电池的电压，发电机对蓄电池充电或者给用电器提供电能。越野叉车发电机的功率一般在 350～500 W。蓄电池是一种将化学能转换为电能或者将电能转换为化学能的装置。发电机的发出功率超过用电器的使用功率时，发电机对蓄电池充电，蓄电池将电能转换为化学能；发电机的发出功率低于用电器的使用功率时，蓄电池将化学能转换为电能，供用电器使用。蓄电池的选用取决于发动机的冷启动电流和启动时间。一般情况下，发动机厂家会提出蓄电池的容量要求。

启动系统主要由起动机、蓄电池、启动继电器和点火开关等组成。起动机作为发动机附件由发动机厂家提供，其作用是启动发动机。

集成控制盒系统包括行走控制、预热控制、闪光电源和保险电源控制等功能。行走控制，当集成控制盒接收到前进或后退信号后，打开对应的前进或后退电磁阀，接通相应的油路，使车辆处于前进或后退行驶状态。预热控制通过时间控制器和预热继电器实现定时预热。闪光电源给转向灯提供转向电源。保险电源控制给各路用电线路提供电源，并起到熔断保护作用。

14.4　技术参数

14.4.1　性能参数

国内某越野叉车 2～3.5 t 四驱越野叉车主要性能参数见表 14-2。

表 14-2　国内某越野叉车 2～3.5 t 四驱越野叉车主要性能参数

项目	型号			
	CPCD20Y-XC2	CPCD25Y-XC2	CPCD30Y-XC2	CPCD35Y-XC2
最高行驶速度（满载/空载）/(km/h)	19/20	19/20	19/20	19/20
起升速度（满载/空载）/(mm/s)	420/440	420/440	410/430	400/420
下降速度（满载/空载）/(mm/s)	360/320	360/320	360/320	360/320
最大牵引力（满载）/kN	38	38	38	38
最大爬坡能力（满载）/%	45	43	40	36

由表 14-2 可以看出，越野叉车的性能参数主要体现在行驶速度、起升速度、下降速度、最大牵引力和最大爬坡能力等方面，这些参数直接影响越野叉车的使用效率和使用范围，客户都比较关注。

最大爬坡能力直接决定了能不能用的问

题，客户对最大爬坡能力这项参数较为关注。

14.4.2 结构参数

结构参数指叉车的相关外形参数，如长、宽、高等。其中，最大起升高度决定了货物能铲多高，门架全高决定了叉车的作业场合障碍物高度，最小离地间隙决定了叉车的通过性问题。这3项参数客户比较关注。

国内某越野叉车 2～3.5 t 四驱越野叉车主要结构参数见表14-3。

表 14-3 国内某越野叉车 2～3.5 t 四驱越野叉车主要结构参数

项目	型号			
	CPCD20Y-XC2	CPCD25Y-XC2	CPCD30Y-XC2	CPCD35Y-XC2
货叉起升后最大高度(带挡货架、空载)/mm	4 040	4 040	4 227	4 227
货叉最大起升高度/mm	3 000	3 000	3 000	3 000
门架全高(货叉落地、门架垂直)/mm	2 325	2 325	2 325	2 325
自由提升高度/mm	150	150	150	150
挡货架高(门架货叉面算起)/mm	995	995	1 182	1 177
座椅面至护顶架的距离/mm	985	985	985	985
全高(护顶架)/mm	2 250	2 250	2 250	2 250
全长(货叉/不带货叉)/mm	3 934/3 014	4 084/3 014	4 084/3 014	4 134/3 064
前悬距/mm	585	585	585	585
后悬距/mm	530	530	530	580
轴距/mm	1 900	1 900	1 900	1 900
牵引销高度/mm	650	650	650	650
最小离地间隙(门架处)/mm	280	280	280	280
全宽/mm	1 550	1 550	1 550	1 550
叉距(外侧)(最大/最小)/mm	1 392/244	1 392/244	1 395/250	1 395/250
轮距(前轮距/后轮距)/mm	1 200/1 220	1 200/1 220	1 200/1 220	1 200/1 220
最小转弯半径(内侧)/mm	1 110	1 110	1 110	1 110
最小转弯半径(外侧)/mm	3 365	3 365	3 365	3 415
最小直角通道宽度/mm	3 090	3 090	3 090	3 150
门架倾角(前/后)/(°)	10/12	10/12	10/12	10/12
货叉尺寸(长×宽×厚)/(mm×mm×mm)	920×122×40	1 070×122×40	1 070×125×45	1 070×125×50

14.4.3 动力参数

动力参数主要体现在车辆的发动机参数、变速箱情况、液压系统参数、蓄电池参数等，是为车辆提供动力源的关键参数。国内某四驱越野叉车动力参数见表14-4。

表 14-4 国内某四驱越野叉车动力参数

项目	型号		
	CPCD25Y-XC2	CPCD30Y-XC2	CPCD35Y-XC2
(蓄电池电压/V)/(容量/(A·h))	12/80	12/80	12/80
发动机制造商(型号)	新柴 4D32G31	新柴 4D32G31	新柴 4D32G31
(发动机额定功率/kW)/(转速/(r/min))	36.8/2 500	36.8/2 500	36.8/2 500

续表

项目	型号		
	CPCD25Y-XC2	CPCD30Y-XC2	CPCD35Y-XC2
(发动机额定扭矩/(N·m))/(转速/(r/min))	186/1 600	186/1 600	186/1 600
发动机燃油箱容量/L	60	60	60
换向形式	电液换向	电液换向	电液换向
挡位数(前/后型)	2-1 动力换挡 T/M	2-1 动力换挡 T/M	2-1 动力换挡 T/M
变矩器型号	265	265	265
系统压力/MPa	17.5	17.5	17.5
液压油箱容量/L	60	60	60

14.5　选用原则

市场上的越野叉车种类繁多,价格也千差万别,要选择一款合适的越野叉车,也并非易事,需要考虑以下几个方面。

1. 车型确定

根据使用场合情况,决定选择什么样的越野叉车产品,定好吨位等。

2. 零部件选型

根据需要铲运货物的重量选择合适吨位的叉车。需要注意的是,如果选高门架或加装属具,需要找专业人员咨询。

3. 选型原则

越野叉车选型需要考虑吨位、发动机型号、门架高度、门架形式、门架承载能力、轮胎情况等。叉车销售人员为客户推荐越野叉车时,应对吨位进行计算,根据实际情况、作业场合路况、最大坡度等信息,确认选择四驱还是两驱越野叉车,以及相关配置。

14.6　安全操作规程

14.6.1　安全使用规范

越野叉车由于使用环境恶劣,路况差,使用安全尤为重要。

1. 工作范围

越野叉车主要用来铲装、堆垛货物。使用前,必须看车辆上的综合承载能力铭牌,即工作范围。确保货物重量和载荷中心在允许范围内,避免出现安全隐患。

2. 环境条件

不准人站在货叉上,车上不准载人;不准人站在货叉下或在货叉下行走;加燃油时,驾驶员不要在车上,并使发动机熄火,在检查蓄电池或者油箱液位时,不要点火;在发动机很热的情况下,不能轻易打开水箱盖;叉车在载物行驶时,禁止紧急制动和高速转弯;运送影响视线的货物时应倒车,低速行驶。

车辆要在允许环境下作业,不得在陡坡和侧坡停车。另外,还要注意车辆涉水深度,避免车辆在水太深的区域熄火,造成不必要的损失。

3. 拆装与运输

1) 越野叉车的拆装

用户在使用越野叉车时,一般不允许私自对整车进行拆装,只有取得资格的人员才能对整车进行拆装,并需注意以下事项:

(1) 不要在有明火的地方拆装。

(2) 正确使用各类吊具及专用扳手等工具。

(3) 点火前检查轮胎气压。

(4) 点火前检查前进、倒退挡手柄,它们应在中间位置、空挡位置。

(5) 检查各手柄及踏板情况。

(6) 检查各仪表指示、信号、灯具,均正常后才能点火。

2) 越野叉车的运输

越野叉车用集装箱或汽车装运时须注意

以下事项：

（1）刹住停车制动。

（2）门架与配重前后应用钢丝固定好，前后轮胎相应位置用楔块垫好楔牢。

（3）将门架落到最低位置，固定好货叉，整理并保存好车辆随车工具及资料。

（4）起吊时按照叉车的“起吊标牌”所注位置进行起吊。

4. 安全使用须知

（1）经培训并持有驾驶执照的人员方可开车。

（2）操作人员操作时应佩戴可作安全防护用的鞋、帽、服装及手套。

（3）在开车前检查各控制和报警装置，如发现损坏或有缺陷，应在修理后操作。

（4）铲运时负荷不应超过规定值，货叉须全部插入货物下面，并使货物均匀地放在货叉上，不许用单个叉尖挑物。

（5）顺利地进行启动、转向、行驶、制动和停止，在潮湿或光滑的路面转向时须减速。

（6）装货行驶时应把货物尽量放低，门架后倾。

（7）坡道行驶应小心。在大于1/10的坡道上行驶时，上坡应向前行驶，下坡应倒着行驶，上下坡切忌转向。叉车下坡行驶时，请勿进行装卸作业。

（8）行驶时应注意行人、障碍物和坑洼路面，并注意叉车上方的间隙。

（9）不准人站在货叉上，车上不准载人。

（10）不准人站在货叉下面，或在货叉下行走。

（11）不准从驾驶员座椅以外的位置上操纵车辆和属具。

（12）起升高度大于3 m的高起升叉车应注意上方货物不要掉下，必要时，须采取防护措施。

（13）对于高升程叉车，工作时应使门架后倾，装卸作业时应在最小范围内做前后倾。

（14）在码头或临时铺板上行驶时应倍加小心，缓慢行驶。

（15）加燃油时，驾驶员不要在车上，并使发动机熄火。在检查电瓶或油箱液位时，不要点火。

（16）带属具的叉车空车运行时应当作有载叉车操作。

（17）不要搬运未固定或松散堆垛的货物，小心搬运尺寸较大的货物。

（18）离车时，将货叉下降着地，并将挡位手柄放到空挡，发动机熄火或断开电源。在坡道停车时，将停车制动装置拉好。若停车较长时间，须用楔块垫住车轮。

（19）在发动机很热的情况下，不能轻易打开水箱盖。

（20）叉车出厂前多路阀、安全阀压力已调整好，用户在使用中不要随意调整，以免调压过高造成整个液压系统和液压元件破坏。

（21）轮胎充气压力要与“轮胎气压”标牌规定的气压值相符。

5. 常见安全标识说明

越野叉车的安全标识和危险图示符合GB/T 26560的规定。图14-27展示了部分标识。

门架防夹手标识

严禁站人标识

门架安全标识（左，右）

图14-27 安全标识示意图

14.6.2　维护与保养

1. 每班出车前检查

(1) 检查燃油的储存量。

(2) 检查油量、水管、排气管及液压件有无渗漏现象。

(3) 检查液压油箱的储量是否达到规定的容量。

(4) 检查车轮螺栓的坚固程度及传动系统螺栓有无松动现象。

(5) 检查轮胎气压是否达到规定值。

(6) 检查转向及传动系统是否灵活可靠。

(7) 检查电气线路是否搭铁,接头是否有松动现象,各种灯具及仪表工作是否正常。

2. 定期检查

(1) 检查液压系统的密封性和工作可靠性。

(2) 检查转向及制动系统的工作可靠性。

(3) 检查蓄电池电液的密度及液面高度,要保证液面高度距离顶端 12 mm,需要时添加蒸馏水。

(4) 检查门架、驱动桥及转向桥与车架连接的可靠性。

(5) 检查车轮的坚固程度是否可靠。

(6) 叉车工作 500 h 后应更换变速箱油液(变矩器油)。

(7) 叉车工作 1 000 h 后,工作油箱、驱动桥应更换新油。

3. 不定期检查

(1) 检查门架、车架各焊接处的可靠性。

(2) 检查转向油缸、连接板、万向节等各连接处是否坚固可靠。

(3) 检查全部输出油管有无漏油和渗油现象,所有软管有无破损现象。

(4) 检查行车制动及停车制动性能是否达到标准。

4. 润滑系统表(见表 14-5)

表 14-5　润滑系统表

序号	加油位置	加油处(点)	加油牌号	加油时间/h			
				50	100	500	1 000
1	转向装置支架	2	钙基润滑脂		+		
2	转向油缸两端连接处	2	钙基润滑脂	+			
3	转向节轴承	4	钙基润滑脂		+		
4	转向桥轴承座	2	钙基润滑脂		+		
5	斜斜油缸铰轴	2	钙基润滑脂	+			
6	斜斜油缸拉杆头	2	钙基润滑脂	+			
7	门架支承轴瓦	2	钙基润滑脂		+		
8	门架叉架起升滚轮	8	钙基润滑脂		+		

14.6.3　产品报废与翻新

越野叉车达到一定使用年限,已经无法继续使用时就需要报废或翻新。找专业厂家或机构进行评估后,没有利用价值的立即报废;有利用价值的委托专业厂家或机构进行翻新改造,以达到废物再利用,使其产生最大社会效益。

14.7 常见故障及排除方法

1. 传动部分常见故障及排除方法(见表 14-6)

2. 驱动桥部分常见故障及排除方法(见表 14-7、表 14-8)

3. 转向系统常见故障及排除方法(见表 14-9)

4. 制动系统常见故障及排除方法(见表 14-10)

5. 液压系统常见故障及排除方法(见表 14-11)

6. 电气系统常见故障及排除方法(见表 14-12)

表 14-6 传动部分常见故障及排除方法

故障表现	原因分析	排除方法
效率下降及油温过高	摩擦片卡死或磨损	检查摩擦片是否有胶合、不均匀接触或翘曲,并进行处理
	变矩器供油不足	检查油泵是否磨损及油位是否在正常位置,并进行处理
	轴承损坏	更换轴承
	润滑油路堵塞	检查并清洗
	变矩器单向轮卡死	调整
漏油	密封垫破损	更换密封垫
	橡胶零件老化或损坏	更换零件
	零件损坏,有裂纹	更换零件
离合器压力低及摆动过大	油位偏低	检查油位,将油量加至正常油位
	输入轴总成及活塞上的密封环磨损或搭口处装配时楔紧	更换密封环及装配时应注意
	油泵磨损	更换油泵
	微动阀杆没复位	调整

表 14-7 转向驱动桥常见故障及排除方法

故障表现	原因分析	排除办法
轮毂轴承滞涩	轴承缺乏润滑或使用的润滑油不正确	加齿轮油或更换齿轮油
	轴承被灰尘弄脏	清洗或加强润滑
转向操作沉重,转向摆振	转向节臂和衬套的间隙过大	检查并更换零件来调整间隙
	下支销处关节轴承磨损或损坏	检查并更换
	连杆销磨损或损坏	更换
	连杆销处关节轴承磨损或损坏	更换
	后转向驱动桥部件缺乏润滑	添加润滑脂
	轮胎压力过低	补充到规定压力
	轮胎过多磨损	更换轮胎
	轮毂轴承磨损	更换轴承
	转向油缸漏油	更换转向油缸
	转向油缸油压过低	调整油压
	齿圈总成压紧双头螺栓松动	拧紧双头螺栓
	齿圈总成压紧螺母松动	拧紧压紧螺母

表 14-8　驱动桥常见故障及排除

故障表现	原因分析	排除方法
主传动非正常声音	差速器齿轮间隙不当	更换垫片或齿轮
	主被动齿轮之间的齿隙过大	更换垫片或齿轮
	主动齿轮轴承预紧力过小	调整预紧力
	半轴齿轮、行星齿轮、十字轴止推垫片等有磨损或损伤	校正或更换有故障的零件
	油平面过低	加足润滑油
润滑油泄漏	油封磨损、松动或损伤	更换油封
	减速器紧固螺栓松动或密封胶损坏	按规定力矩拧紧螺栓,重涂密封胶
	轴承座紧固螺栓松动	按规定力矩拧紧螺栓
	放油螺塞松动或衬垫有损伤	按规定力矩拧紧螺塞,或更换衬垫
	由于超载使桥壳变形	校正或更换桥壳
	通气塞被堵或损伤	清洁或更换通气塞
轮毂轴承滞涩	轮毂轴承预紧力过大	调整预紧力
	轴承缺乏润滑或使用的润滑脂不正确	加强润滑或更换润滑脂
	轴承被灰尘弄脏	清洁或加强润滑
制动器制动力不足	制动分泵损坏	更换制动分泵
	制动压力不够或不足	检查管路及制动总泵
	制动摩擦片过热或变质	更换摩擦片
	制动器摩擦片与制动鼓之间间隙过大	检查、调整摩擦片与制动鼓之间的间隙
	制动摩擦片贴合不当	校正摩擦片贴合位置或磨合
	在摩擦片或制动鼓上有润滑油	清洗油迹和更换摩擦片
	制动鼓进水	行驶过程中轻轻地踩下踏板,使水排干
	制动器连接螺栓松动或损坏	拧紧制动器连接螺栓或更换连接螺栓

表 14-9　转向系统常见故障及排除方法

故障表现	原因分析	排除方法
转向盘转不动	油泵损坏或出故障	更换
	分流阀堵塞或损坏	清洗或更换
	胶管接头损坏或堵塞	更换或清洗
转向操作费力	分流阀压力过低	调整压力
	油路中有空气	排除空气
	转向器复位失灵,定位弹簧片折断或弹性不足	更换弹簧片
	转向油缸内漏太大	检查活塞密封,必要时更换密封垫
叉车蛇行或摆动	转向流量过大	调整分流阀流量

续表

故障表现	原因分析	排除方法
非正常噪声	油箱油位低了	加油
	吸入管或滤油器堵塞	清洗或更换
漏油	转向油缸导向套密封损坏或管路或接头损坏	更换

表 14-10 制动系统常见故障及排除方法

故障表现	原因分析	排除方法
制动不良	制动系统漏油	修理
	制动蹄间隙未调好	调节间隙调整器
	制动器过热	检查是否打滑,并进行处理
	制动鼓与摩擦片接触不良	重调
	杂质附在摩擦片上	修理或更换
	杂质混入制动油液中	检查制动油液,更换或清洗
	制动踏板调整不良	调整
制动器有噪声	摩擦片表面硬化或杂质附着其上	修理或更换
	底板变形或螺栓松动	修理或更换
	制动蹄片变形或安装不当	修理或更换
	摩擦片磨损	更换
	轴承松动	修理
制动不均	摩擦片表面有油污	修理或更换
	制动蹄间隙未调好	调节间隙调整器
	分泵失灵	修理或更换
	制动蹄回位弹簧损坏	更换
	制动鼓偏斜	修理或更换
	轮胎气压不符合要求	调节
制动不力	制动系统漏油	修理或更换
	制动蹄间隙未调好	调节间隙调整器
	制动系统中混有空气	放气
	制动踏板调整不对	重调

表 14-11 液压系统常见故障及排除方法

故障表现	原因分析	排除方法
油泵不来油	油箱中油位偏低	将油加到规定的油位
	吸油管路或滤油器堵塞	清洗,如油脏,换油
高压油压力不足	油泵内轴承磨损,密封填料损坏	更换
	溢流阀压力调整不合适	重调
	空气混入泵中	重新拧紧吸油管侧接头,给油箱加油,检查泵的油封,直至油箱气泡没有时才能开动泵

续表

故障表现	原因分析	排除方法
齿轮泵噪声大	吸油管侧接头松动使空气吸入	重新拧紧每个接头
	由于油黏度过高引起空穴	使用黏度适当的油,油温正常时才工作
	不同心	调整,使其同心
	液压油有气泡	检查气泡产生的原因并修理
泵漏油	泵的油封和密封圈有毛病,滑动面磨损(内漏增加)	更换
工作装置起升无力或不能起升	油泵齿轮损坏或内漏严重	更换损坏件或换新泵
	起升油缸油封损坏	更换油封
	多路换向阀的安全阀失效	检修
	油温过高	更换变质油,检查油温过高的原因并进行处理

表 14-12　电气系统常见故障及排除方法

故障表现	原因分析	排除方法
启动无力或不启动	电瓶缺电	充电或更换
	电瓶损坏	更换
	线路脱落或接触不良	重新连接或清理
	启动电机损坏	更换
灯光不亮	灯泡损坏	更换
	灯光控制开关损坏	更换
	线路接触不良	重新连接或清理
喇叭或倒车蜂鸣器不响	线路接触不良	重新连接或清理
	控制开关损坏	更换
	喇叭损坏	更换
车辆无行走	换向电磁阀损坏或堵塞	清洗或更换
	电液控制盒损坏	更换
	方向开关损坏	更换
	制动未解除	调整或维修
	线路接触不良	重新连接或清理
无预热	预热继电器触点或线圈损坏	更换
	线路接触不良	重新连接或清理

第15章

伸缩臂越野叉车

15.1 概述

15.1.1 定义

伸缩臂越野叉车(简称叉装车)是在传统叉车基础上不断发展起来的,它将汽车起重机的伸缩臂式结构与传统叉车的叉装功能、装载机快速移动及铲装物料的装卸功能有机地结合到一起。叉装车的取物装置布置在伸缩式工作臂的最前端,利用伸缩臂式结构伸得高、伸得远的特点,可跨越障碍、穿越孔口等进行叉装作业,并能在复杂工况下进行多排货物的堆垛、拆垛及搬运作业,作业场地的适应性强。

越野叉车在国外应用较广,在国内处于发展阶段。随着劳动力成本的不断提高,建筑工地、农田、果园和农场等场合对越野叉车的需求越来越强烈,相关的配套件生产企业越来越多,相关标准逐步完善,发展势头良好。

15.1.2 功能及应用

伸缩臂越野叉车与普通越野叉车相比是一款具有更大的提升高度和前伸距离的产品,不但可以将货物装卸到高处,而且可以在底盘不动的情况下越过前方的障碍物取放货物。其叉取物装置主要是货叉,可配置多种属具,以扩大作业功能和作业范围。

伸缩臂越野叉车是一种多功能、多用途的工业车辆,机动性好,具有良好的越野性能,广泛用于农畜牧业、物流行业、码头作业、高空作业、城市基建、工矿企业、仓库和其他野外复杂场地上起升、搬运、装卸、堆垛作业等,已成为现代工业、建筑业及农业理想的高效装卸搬运工具。随着经济建设的发展,对其需求越来越大,对其性能的要求也越来越高。

15.1.3 发展历程

1. 国外伸缩臂越野叉车的发展历程与现状

国外伸缩臂越野叉车的历史从1977年英国JCB工程机械公司推出JCB 520伸缩臂越野叉车开始,这是一款引领行业发展的全新设计和作业理念,颠覆了行业既有理念。JCB Loadall伸缩臂越野叉车,仅在1981年就卖出了1 000台。2016年,JCB发布了JCB AGRI Pro伸缩臂越野叉车,该系列集成了静液压和动力换挡变速箱技术优势于一体,将静液压传动的低速操控性和易驱动性与动力换挡高速时的驱动高效率完美地结合到了一起。同年,JCB第20万台伸缩臂越野叉车下线。

法国曼尼通(Manitou)集团于1981年将第一辆四轮驱动伸缩臂越野叉车投放市场,1989年首批农用型伸缩臂越野叉车投放市场,1993年首批旋转伸缩臂越野叉车MRT系列投放市场，2016年全新农业伸缩臂越野叉车系列MLT New Ag发布。2018年全球第一台电动伸缩臂越野叉车在曼尼通问世。

美国捷尔杰(JLG)有限公司(JLG Industries, Inc.)1999年收购了Gradall(美国格瑞道公司)。Gradall曾是一家领先的伸缩臂式叉车制造商，被JLG收购后为JLG的产品线增加了伸缩式物料装卸机。2002年，JLG扩展产品线，增加了全轮转向伸缩臂越野叉车。2003年，JLG又收购了OmniQuip，成为美国领先的伸缩臂叉车制造商和销售商，其产品的额定提升能力范围为6 600～10 000 lb，最大起升高度从23 ft提高到55 ft。2005年，JLG与Caterpillart(卡特彼勒)签订协议，合作生产伸缩臂越野叉车，并于2007年推出了TH360B系列产品，该系列产品的起重量为3.5～5 t，起升高度为6.1～17 m。JLG伸缩臂越野叉车家族中分JLG、SkyTrak®和Lull®伸缩臂越野叉车等几个系列。

国外伸缩臂越野叉车自20世纪70年代末开始发展至今，品种繁多，制造商也越来越多，除了前面提到的几家公司，目前生产伸缩臂越野叉车的主要厂家还有美国的吉尼(Genie)公司、特雷克斯(Terex)公司、凯斯(Case)公司、山猫(Bobcat)公司，意大利的默罗(Merlo)叉车公司、Faresin集团，法国的欧历胜(Haulotte)集团，西班牙的奥萨(AUSA)公司等。

2. 国内伸缩臂越野叉车的发展历程与现状

1989年，厦门嘉丰机械厂与同济大学联合设计生产出国内第一台伸缩臂越野叉车，但因产品技术、价格及市场接受程度等原因制约了伸缩臂越野叉车的发展。

2000年，四川长江起重机厂与西安建筑工程研究所合作，根据引进技术研制出了可蟹行的伸缩臂越野叉车。

2007年，在CONEXPO亚洲工程机械博览会上，厦门嘉丰、山河智能、厦门三家乐工程机械等公司首次展出了伸缩臂越野叉车。

徐工集团在2007年12月的上海BAUMA展上，展出了伸缩臂越野叉车；2010年，XT680-170伸缩臂越野叉车通过欧盟CE认证；2012年，徐工伸缩臂越野叉车已批量出口海外市场；2013年，徐工伸缩臂越野叉车实现租赁，首开国内租赁市场。2020年11月，在上海BAUMA展上展出的XTF23010K重型伸缩臂越野叉车，最大起重量为23 t，最大起升高度可达9.65 m。

詹阳动力重工公司的前身是贵阳矿山机器厂，始建于1936年，于2010年研发出高速伸缩臂越野叉车。

国机重工(洛阳)有限公司(原一拖(洛阳)工程机械销售有限公司)于2012年研制成功LTH3060伸缩臂越野叉车。

华南重工2012年收购厦门嘉丰机械厂。2016年HNTR4015旋转型伸缩臂越野叉车型式性能试验顺利完成；2017年华南重工第一台带履带侧移11 t级HNBZ8512型伸缩臂扒渣叉车顺利交付用户；同年，华南重工伸缩臂叉车出口海外市场。

三一集团于2014年研发的SCPS320重型伸缩臂越野叉车下线，最大起重量为32 t，最大起升高度可达6.2 m，可将满载20 ft集装箱堆垛3层。2020年11月，在上海BAUMA展上展出的STH1056A、STH1256A型伸缩臂越野叉车，最大起重量分别为4.54 t、5.44 t，最大起升高度达到17.1 m。

安徽好运机械有限公司于2016年与意大利设计公司合作开发3.5 t、4 t伸缩臂越野叉车，拥有完全知识产权。该系列产品设计起点高，技术先进，2019年通过欧盟CE认证，现已批量出口海外市场。自主研发的5 t全地形伸缩臂越野叉车，采用静压传动、全电控制技术，具有离机遥控整机行走及完成作业的功能。

图15-1所示为合力公司生产的一款伸缩臂越野叉车。

图 15-1 合力公司生产的一款伸缩臂越野叉车

15.1.4 国内外发展趋势

我国伸缩臂越野叉车起步较晚，但经过十几年的发展，部分机型的主要性能已接近或达到国际先进水平，目前 2.5～5.5 t 中小型越野叉车已有多款车型可供选择，重型越野叉车也有部分车型可供选择。

今后伸缩臂越野叉车主要朝绿色环保、智能化、系列化及多功能化方向发展。

(1) 绿色环保设计是伸缩臂越野叉车未来发展的方向。环境污染、资源短缺已成为全球性的问题，工程机械在生产使用过程中，与环保也息息相关。伸缩臂越野叉车的外观设计应遵循实用、经济、美观的原则，充分体现功能与形态、色彩的和谐，与工作环境的协调，重视材料和工艺的选择，获得良好的外观质量。绿色设计还包括控制废气的排放、对清洁能源的研发等。

(2) 伸缩臂越野叉车控制向智能化方向发展。通过智能化检测手段，达到对越野叉车各运行部件的在线监控、故障诊断。

(3) 完善伸缩臂越野叉车的系列化设计。国外伸缩臂越野叉车经过几十年的发展，各大型生产厂家都形成了系列化、专业化的产品，既有针对小作业场所和一般重量货物的转载运输产品，也有最大举升能力达到 13 m、40 t 的曼尼通 MHT-X13400。

(4) 注重属具研发，越野叉车向多功能化方向发展。如曼尼通伸缩臂越野叉车可以快速更换货叉为铲斗，使叉车变为装载机，还可以配抱叉、载人平台、平地装置、农场作业升降装置等，且各种装置的更换非常方便。山猫的伸缩臂越野叉车可以搭配土钻、搬运叉、铲斗、斜角清扫器、播种机、割草机等 20 多种属具。属具的开发大大拓展了越野叉车的使用范围。

15.2 分类

伸缩臂越野叉车可以按不同方式进行分类。各产品形式可以是下述分类中的一种，也可以是下述分类中的不同组合。

15.2.1 按工作对象分类

伸缩臂越野叉车按工作对象分为普通型和农业型。普通型广泛用于建筑、租赁、场地维护、工业、矿业、港口及其他复杂野外工况的作业；农业型主要用于农畜牧业，一般需要配置专用属具。

15.2.2 按规格大小分类

额定载荷是伸缩臂越野叉车的主要参数。一般额定载荷小于 6 t 的称为中小型越野叉车，大于或等于 6 t 的称为重载型越野叉车。

15.2.3 按载荷吨位大小分类

伸缩臂越野叉车按额定载荷吨位大小，可分为 2 t、2.5 t、3 t、3.5 t、4 t、4.5 t、5 t、5.5 t、6 t、9 t、13 t、18 t、23 t、32 t、35 t、40 t 等产品。

15.2.4 按动力装置分类

伸缩臂越野叉车按动力装置不同分为内燃叉车和电动叉车。

15.2.5 按传动方式分类

伸缩臂越野叉车按传动装置不同主要分为静压传动和液力传动。

15.2.6 按车体结构分类

伸缩臂越野叉车按车体结构分为非旋转型和旋转型。非旋转型越野叉车的工作臂不能绕车体旋转；旋转型越野叉车的车体分上下两部分，驾驶室、工作臂布置在车体上半部分，车体上半部分可360°旋转。

15.3 伸缩臂越野叉车的总体结构组成、工作原理及主要构成部件

15.3.1 总体结构组成

伸缩臂越野叉车主要由动力系统、行走系统、车架及附件、转向系统、液压系统、伸缩臂总成、电气系统和驾驶室等组成。

15.3.2 工作原理

伸缩臂越野叉车的工作原理与普通越野叉车基本相同,见14.3.2节。

15.3.3 主要构成部件

1. 动力系统

伸缩臂越野叉车的动力系统主要由发动机、进排气系统、冷却系统和燃油系统等组成。发动机根据结构需要可布置在车体侧面或车体中后部。伸缩臂越野叉车由于工作环境恶劣、多变,负荷较重,发动机配置要求较高。

2. 行走系统

伸缩臂越野叉车的行走系统主要有静压传动和液力传动两种技术方案。静压传动系统主要由液压泵和液压马达组成,是一种无级变速的传动装置。具有低速性能好、总体布置方便、操作省力、可靠性高和维护简便等优点。

静压传动系统根据元件选择的不同分为高速方案和低速方案。高速方案由轴向柱塞马达通过变速箱、传动轴、驱动桥或减速机等中间传动元件驱动车轮。某型越野叉车的静压传动(高速方案)布置方案见图15-2。低速方案采用低速大扭矩的轮边马达直接驱动车轮,中间几乎不需要任何传动元件,马达直接与车轮连接,可以带有制动器,因此结构简单,使用方便。某型越野叉车的静压传动系统(低速方案)原理如图15-3所示。

液力传动系统主要由动力换挡变速箱(含变矩器)、传动轴和驱动桥等组成。某型叉装车液力传动布置如图15-4所示。

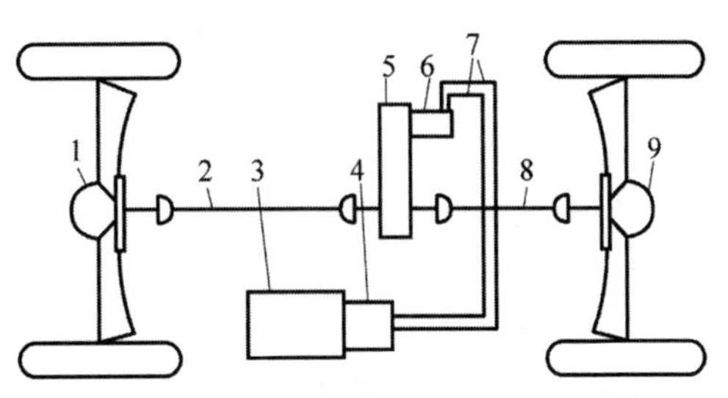

1—驱动转向后桥;2—后传动轴;3—发动机;4—驱动泵;5—变速箱;6—驱动马达;7—高压胶管;8—前传动轴;9—驱动转向前桥。

图15-2　静压传动(高速方案)布置方案

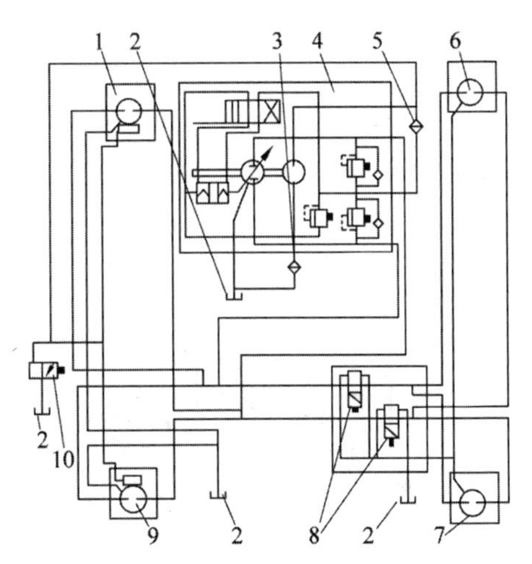

1—右前液压马达;2—油箱;3—冷却器;4—变量泵;5—补油滤油器;6—右后液压马达;7—左后液压马达;8—后轮摘断阀;9—左前液压马达;10—制动阀。

图15-3　静压传动系统(低速方案)原理

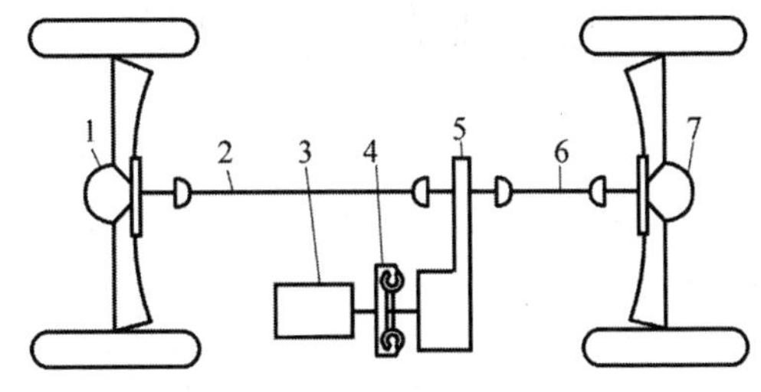

1—驱动转向后桥;2—后传动轴;3—发动机;4—液力变矩器;5—变速箱;6—前传动轴;7—驱动转向前桥。

图15-4　液力传动系统布置简图

目前伸缩臂越野叉车的前、后驱动桥大都采用驱动转向桥,满足越野叉车两轮转向、四

轮转向、蟹行转向3种转向模式功能需求。

3. 车架及附件

伸缩臂越野叉车的车架及附件主要包括车架、油箱、挡泥板、平衡重等。

1）车架

伸缩臂越野叉车的车架设计要考虑各种结构形状的合理规划和材料所受应力应变情况。这是因为车架是整个设备的基础，是发动机、变速箱、工作装置等各个部件的承重体，它支承着叉车的大部分重量，而且在叉车行驶或作业时，它还承受由各部件传来的力、力矩及冲击载荷，要保证车架有足够的强度和刚度。因此，要重点考虑车架的选用材料、车架的结构形状优化和整体车架受力分析情况。

伸缩臂越野叉车的车架按有无回转支承装置分为标准型（见图15-5）和旋转型（见图15-6）。

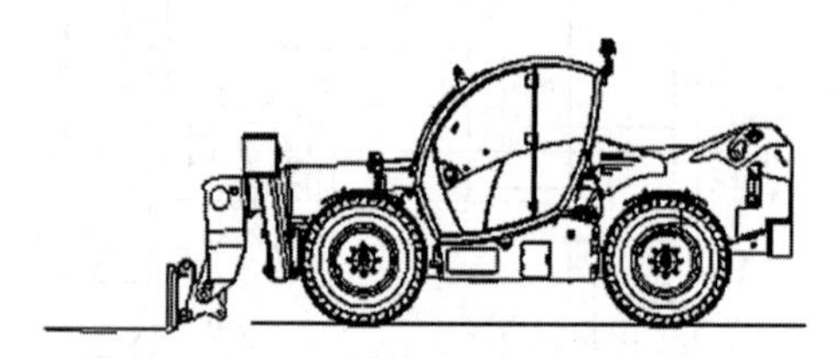

图15-5 标准型车架越野叉车

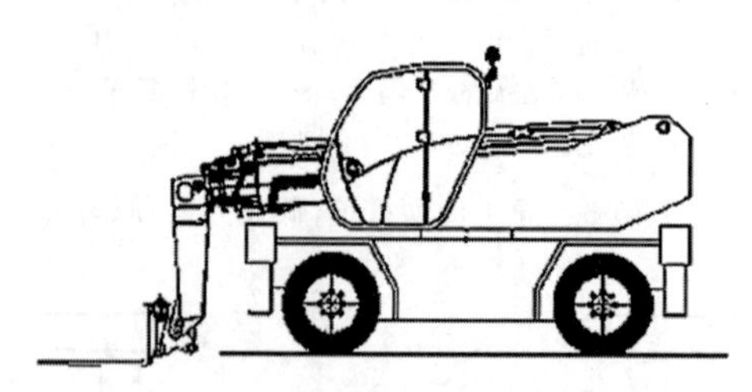

图15-6 旋转型车架越野叉车

标准型车架与行走驱动桥之间一般采用铰接方式，可以通过连接在车身与桥之间的左、右调平油缸对车身进行调平。根据整车车架有无调平功能，车架又可分为无调平功能车架（见图15-7）和有调平功能车架（见图15-8）。

其中，标准型车架按有无前支腿支承又分为无前支腿支承车架（见图15-9）和有前支腿支承车架（见图15-10）。一般的中大型标准型伸缩臂越野叉车为了尽可能延伸作业范围，提高整车的稳定性，在车架前部设有左右两条支腿，通过调节支腿油缸的长度来调整车身状态。

图15-7 无调平功能车架

图15-8 有调平功能车架

图15-9 无前支腿支承车架

旋转型车架为提高整车的稳定性，在车架前部、后部各设有左右两条支腿，如图15-11所示。

图 15-10　有前支腿支承车架

图 15-11　前后均有支腿的旋转型车架

2）油箱

内燃机伸缩臂越野叉车的油箱包括燃油箱和液压油箱，油箱可根据其材质属性分为金属油箱和塑料油箱两种。材料学的发展使得塑料油箱得到越来越多的认可和推广，但金属油箱因其金属特性仍在很多场合上有着广泛的应用，市场需求量依旧很大。

（1）燃油箱

燃油箱使用中要求既能密封，必要时又能开启。为防止燃油在行驶中因振荡而溅出和箱内燃油蒸气的泄出，燃油箱必须是密闭的。燃油箱及油管接口等处不得有松动漏油现象；燃油箱外形不得有较大的凹陷；油箱盖应与加油口紧密吻合，以免行车途中燃油溅出；加油延伸管中的滤网应完好，以免加油时杂质进入燃油箱。伸缩臂越野叉车的燃油箱应满足以下要求：

① 安全性。由于安装在叉车上的燃油箱要考虑叉车运行、振动甚至被冲撞等情况，所以，要求叉车的燃油箱应固定牢靠，具有较高的强度安全系数，它是保证燃油箱在使用中安全的必要条件。

② 密封性。要保证燃油箱不渗漏，它的密封必须可靠。为了使燃油箱的密封有一定的可靠性，在制造过程中有严格的密封检验，一般都用足够的压力检验是否存在渗漏。

③ 压力平衡。发动机在运转时，燃油箱的燃油不断地供给发动机，油面不断下降，压力逐渐减少，当压力降低到与油泵出口压力相等时，油泵无法泵出燃油，致使发动机熄火。为了解决燃油箱密封和供油的矛盾，燃油箱必须配有压力平衡装置，即油箱盖上的空气阀。当燃油箱与大气接通时，可保证供油正常。另外，燃油箱内还存在压力过高的问题。当外界温度升高时，燃油挥发将加剧，这会使燃油箱内的压力升高，出现隐患。为此，燃油箱上必须安装空气呼吸器，使箱内气压与外界大气压保持平衡。

（2）液压油箱

在伸缩臂越野叉车的液压系统中，液压油箱作为很重要的辅助部件，用来储存液压系统的工作介质，同时兼有散热和分离油液中的水、气体以及杂质等作用。液压油箱采用开式油箱结构，箱中液面与大气相通，在油箱盖上装有空气过滤器。开式油箱结构简单，安装维护方便，同时要满足以下要求：

① 油箱必须有足够大的容积。一方面尽可能满足散热的要求；另一方面满足工作装置、行走系统等各液压系统停止工作时应能容纳系统中的所有工作介质，而工作时又能保持适当的液位。

② 为了保持油液清洁，油箱应有周边密封的盖板，盖板上装有空气过滤器，用来防止油箱外空气中的污染物进入油箱，污染油液，注

油及通气一般都由一个空气过滤器来完成。为便于放油和清理，箱底要有一定的斜度，并在最低处设置放油阀。对于不易开盖的油箱，要设置清洗孔，以便于油箱内部的清理。

③ 油箱底部应距地面 150 mm 以上，以便于放油和散热。

液压油箱一般设计有液位镜，以便于观察油液位置，如图 15-12 所示。

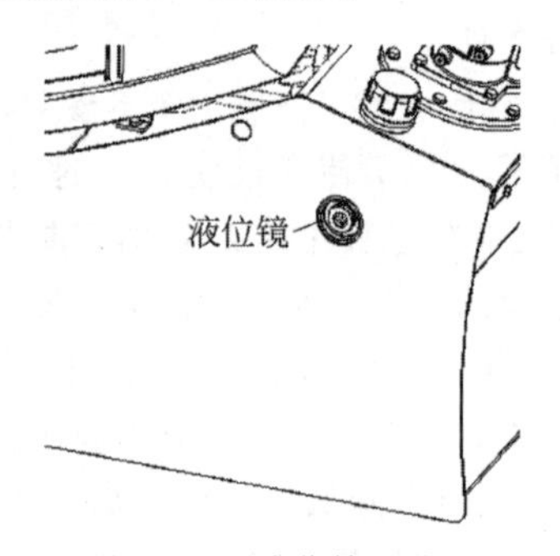

图 15-12 液位镜的位置

3）挡泥板

伸缩臂越野叉车的挡泥板按是否随着车轮的转向（摆动）而改变分为固定式挡泥板和悬浮式挡泥板。

固定式挡泥板（见图 15-13）：挡泥板固定在车体上，不随着车轮的转向（摆动）而改变。

悬浮式挡泥板（见图 15-14）：挡泥板固定在车轮上，随着车轮的转向（摆动）而改变。

图 15-13 固定式挡泥板

4）平衡重

伸缩臂越野叉车的尾部设计了平衡重，除了可以起到增加整车纵向稳定性的作用，还可以起到装饰作用。平衡重可以是焊接件（见图 15-15），也可以是铸件（见图 15-16）。

图 15-14 悬浮式挡泥板

图 15-15 焊接式平衡重

图 15-16 铸造式平衡重

4. 转向系统

对转向系统的基本要求是操作轻便灵活、工作稳定可靠、使用经济耐用。转向性能是保证机械安全行驶、减轻驾驶人员的劳动强度、提高作业生产率的重要因素。

伸缩臂越野叉车的转向系统主要由转向盘、转向柱、转向器、转向液压缸和转向阀等组成。驾驶员通过转动转向盘控制转向器，转向器控制转向油缸来实现整车的转向。伸缩臂越野叉车要求满足前轮转向、四轮转向和蟹行转向3种方式，如图15-17所示。

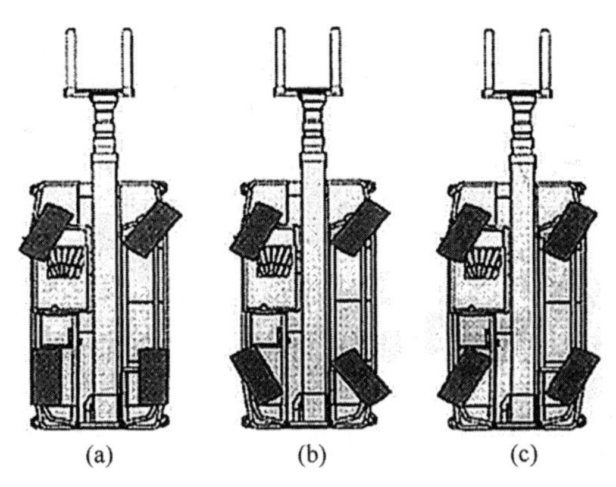

图15-17　伸缩臂越野叉车转向示意图

(a) 前轮转向；(b) 四轮转向；(c) 蟹行转向

5．液压系统

伸缩臂越野叉车是将汽车起重机伸缩臂结构与传统叉车装卸功能有机结合的装卸机械。它可以改变伸缩臂的长度，以达到所要求的作业高度和距离，具有作业距离大、作业高度高、能越障装卸货物和具有宽广的视野及较好的作业安全性能等优点。

伸缩臂越野叉车的液压系统一般由工作液压系统、行走液压系统、制动液压系统和转向液压系统等组成。工作液压系统包括举升、倾翻、伸缩、属具动作、支腿伸缩5个主要动作，每个动作都应满足正常工作的要求。举升、倾翻、伸缩液压系统的要求是：具有规定的举升、倾翻、伸缩能力和举升、倾翻、伸缩速度，同时有限速措施。属具动作液压系统的要求是：属具动作平稳、拆装便捷。支腿伸缩液压系统的要求是：支腿液压缸需要具有足够的支承力和速度，在不平整的工况下可以调整车架角度，保证水平作业，避免车身倾斜作业而导致侧翻。

举升、倾翻、伸缩、属具动作、支腿伸缩5个主要动作实现的原理：由发动机带动工作泵，为工作液压系统提供高压油液，通过操控手柄控制主油路液压油来实现不同油缸的动作。

伸缩臂越野叉车多种作业是通过伸缩臂的举升来实现的，而在伸缩臂举升过程中，其前端货叉的水平角度随之改变，常会发生货物滑落事故，因此，货叉调平机构是安全作业的重要保证。

货叉调平主要有两种形式，即机械调平和电子调平。电子调平方法是在伸缩臂和货叉架处安装角位移传感器，并与控制器和液压系统组成一个闭环控制系统，通过传感器采集角位移信息并传送至控制器，控制器根据该信息自动调整对倾翻液压缸的补油流速，从而在伸缩臂变幅过程中使货叉始终保持水平或预先调定的角度。

机械调平是根据液压补偿原理达到自动调平的目的。该方法的优点是结构简单，通过把控制倾翻货物的油缸与补偿油缸的连接，倾翻油缸与补偿油缸的有杆腔和有杆腔相连，无杆腔和无杆腔相连，在大臂举升过程中倾翻的油液和补偿油缸的油液互补，实现随大臂举升的货叉自适应调平功能。

目前市场上部分伸缩臂越野叉车的行走传动系统、制动系统和转向系统采用了液压控制系统。其中，行走传动系统往往采用液力传动和液压传动。液力传动是将发动机的输出扭矩通过液力变矩器传递给变速箱，再经过驱动桥和减速器等装置传递给车轮。液压传动是以液压泵为动力装置，通过控制阀或者直接由泵控制驱动马达达到行走目的。制动系统通过控制注入的油液量，来控制摩擦片的挤压力度，从而获得所需的制动力。转向系统多采用全液压系统转向，其原理为通过转向盘手动操作方向控制伺服阀和壳体内马达，使分配到转向油缸的油液与操作转向盘的角度成比例，实现转向。转向盘的方向和转速控制进入转向油缸的油液方向和速度，转向盘的转角或圈数决定了进入转向油缸的油液体积。

6．伸缩臂总成

1）伸缩臂的组成和分类

伸缩臂装置(见图15-18)是伸缩臂越野叉车的主要工作装置，是不同于其他车辆的主要特征，由固定臂、移动臂、伸缩油缸、伸缩链条、举升油缸、补偿油缸、工作装置等组成，各臂体为嵌入式结构，即第一段为固定臂，其根部与车架铰接，其余为移动臂，所有的移动臂都装在固定臂内，一段接二段、二段接三段……再通过行程油缸来使其伸出或缩回。

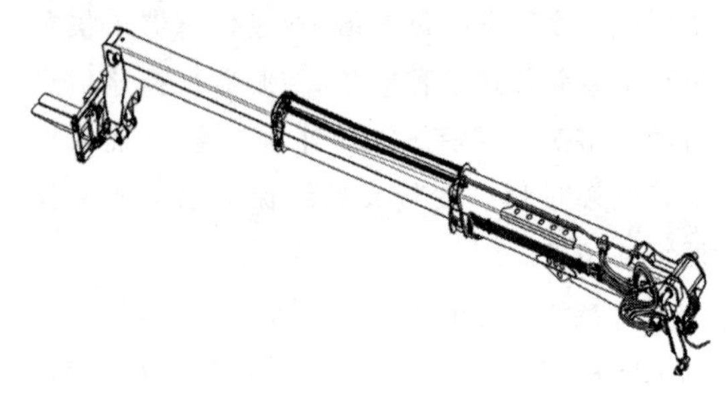

图 15-18　伸缩臂装置

伸缩臂按载荷吨位大小，可分为 2 t、3 t、3.5 t、4 t、5 t、5.5 t、6 t、9 t、13 t、18 t、23 t、32 t、35 t、40 t 等型式；按油缸布置形式，可分为油缸内置式和油缸外置式；按伸缩臂节数，可分为两节臂、三节臂、四节臂等。

2）伸缩臂的主要结构

（1）伸缩臂截面形状

伸缩臂截面形状直接影响整机的性能与制造成本，现阶段常见的伸缩臂截面形状有 5 种形式，如图 15-19 所示。

四边形截面是伸缩臂最广泛采用的结构，原因是其制造简单，而且具有较好的抗弯扭强度，但是四边形截面的布局稳定性较差，所以只能用在小吨位伸缩臂上。为了增强伸缩臂强度、刚度和稳定性，四边形截面形状逐渐发展为六边形、八边形和十二边形。由于多边形截面形式减小了钢板的宽厚比，可以提高受压板的局部稳定性和伸缩臂的整体稳定性，而且在相同的刚度和强度要求下，多边形截面的钢板厚度薄，可以减小伸缩臂的自重。随着边数的增多，其性能逐渐提高，所以多边形截面逐步发展为 U 形截面，由于 U 形截面的加工工艺要求较高，成本较高，所以 U 形截面主要用在大吨位伸缩臂上。

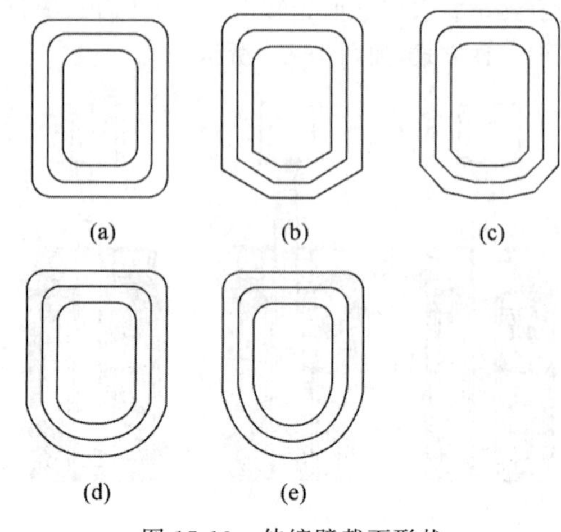

图 15-19　伸缩臂截面形状

(a) 四边形；(b) 六边形；(c) 八边形；(d) 十二边形；(e) U 形

（2）伸缩臂油缸布置形式

伸缩臂油缸的布置形式直接影响伸缩臂的外观及装配工艺，目前有油缸内置式和油缸外置式。

油缸内置式结构如图 15-20 所示，其伸缩油缸布置在伸缩臂内部。在液压系统作用下，伸缩油缸直接控制中臂的伸缩，中臂与内臂之间通过伸缩链条实现同步运动。这种布置形式能有效保护油缸不受外界物体损伤，但装配工艺比较复杂。

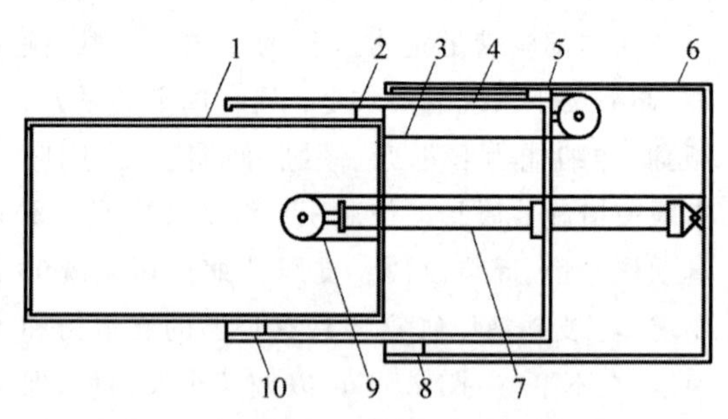

1—内臂；2—内臂滑块；3—内臂缩回链条；4—中臂；5,10—中臂滑块；6—固定臂；7—伸缩油缸；8—固定臂滑块；9—内臂伸出链条。

图 15-20　油缸内置式结构

油缸外置式结构如图 15-21 所示，其伸缩油缸布置在伸缩臂外部。在液压系统作用下，伸缩油缸直接控制中臂的伸缩，中臂与内臂之

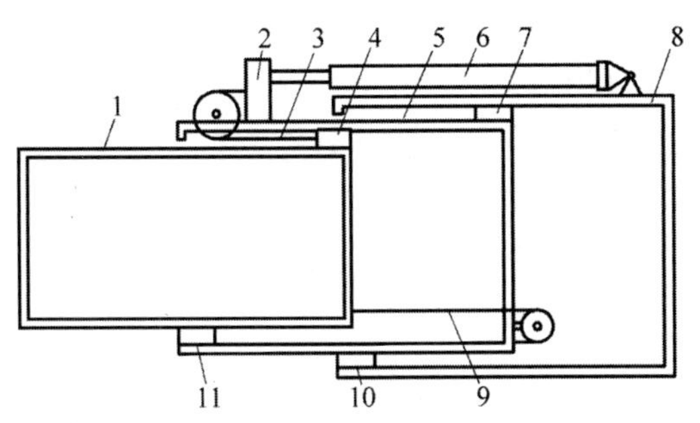

1—内臂；2—中臂油缸支承块；3—内臂伸出链条；4,7,11—中臂滑块；5—中臂；6—伸缩油缸；8—固定臂；9—内臂缩回链条；10—固定臂滑块。

图 15-21　油缸外置式结构

间通过伸缩链条实现同步运动。这种布置形式装配工艺比较简单，但对伸缩油缸的保护效果较差。

3）伸缩臂的工作原理

以三节臂为例，如图 15-22 所示，固定臂 1 与车架之间在 O 轴处用销轴连接，依次将中臂 2 套入固定臂 1、内臂 3 套入中臂 2，臂与臂之间的上下左右间隙均通过尼龙滑块来调整。伸缩油缸 7 连接固定臂 1 和中臂 2，举升油缸 10 连接车架和固定臂 1，倾翻架 4 与内臂 3 之间在 P 轴处用销轴连接，货叉架 5 安装在倾翻架 4 上。伸缩臂的主要工作原理如下。

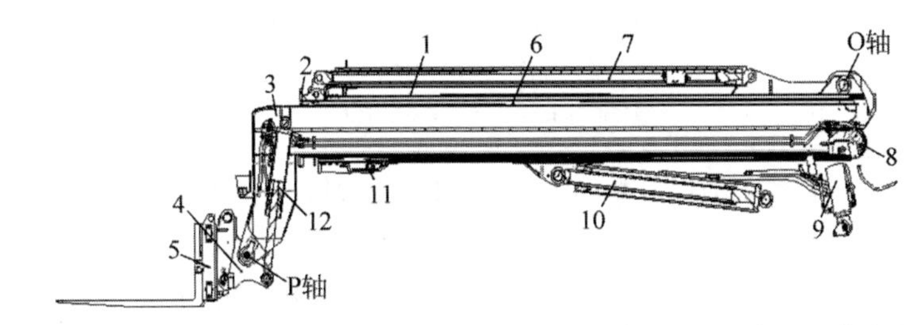

1—固定臂；2—中臂；3—内臂；4—倾翻架；5—货叉架；6—起升链条；7—伸缩油缸；8—胶管滑轮；9—补偿油缸；10—举升油缸；11—回缩链条；12—倾翻油缸。

图 15-22　三节臂结构

（1）举升运动：在液压系统作用下举升油缸 10 的活塞杆伸出或回缩，推动固定臂 1 绕 O 轴旋转，实现大臂的举升或下降。

（2）伸缩运动：在液压系统作用下伸缩油缸 7 的活塞杆伸出或回缩，控制中臂 2 运动，中臂 2 与内臂 3 通过链条连接同步运动，实现大臂的伸出或缩回。

（3）货叉自动调平：如图 15-23 所示，倾翻油缸与补偿油缸差动连接，当大臂举升或下降时，带动补偿油缸动作，补偿油缸将液压油反向挤压到倾翻油缸，实现货叉自动调平。

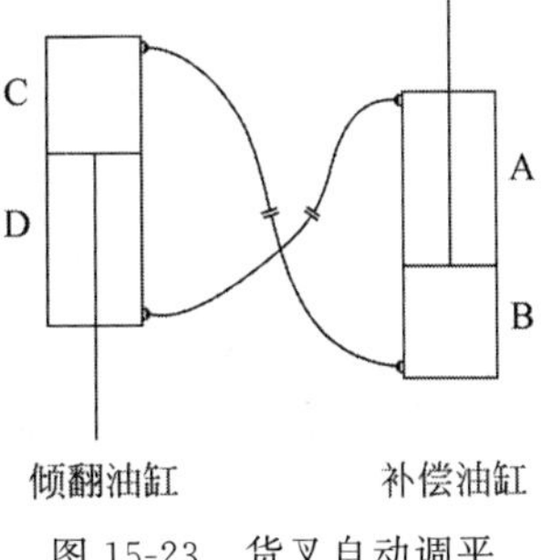

图 15-23　货叉自动调平

（4）属具运动：属具管路在伸缩臂上的布置方式如图 15-24 所示。固定臂外侧以钢管形式固定，内侧以高压胶管形式通过固定在中臂上的胶管滑轮连接到内臂的固定钢管上，钢管前方用高压胶管分别连接到内臂前端右侧的两个快换接头上。当属具带管路时，快换接头与属具之间用高压胶管连接，在液压系统作用下可单独控制属具运动；当属具不带管路时，快换接头用堵头堵住，不与属具连接。

4）伸缩臂常用属具

伸缩臂可以配备多种属具（见图 15-25），如铲斗、吊臂、调距叉、高空作业平台等，以提高对各种作业对象的适应性。伸缩臂前端的挂接装置可方便快捷地完成属具的更换。

更换方式（见图 15-25(c)）：拔掉弹性销 2，

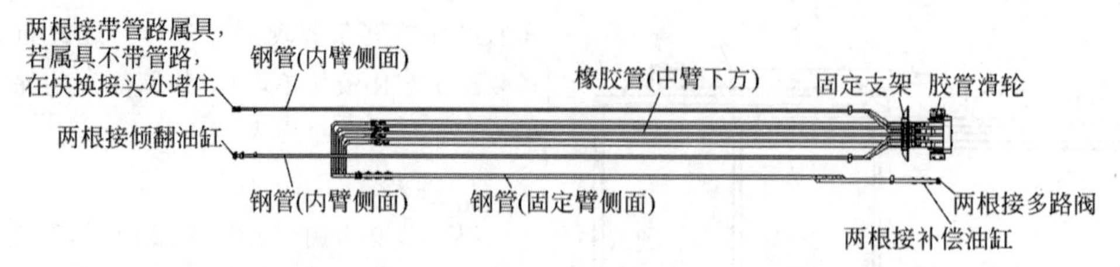

图 15-24 属具管路在伸缩臂上的布置方式

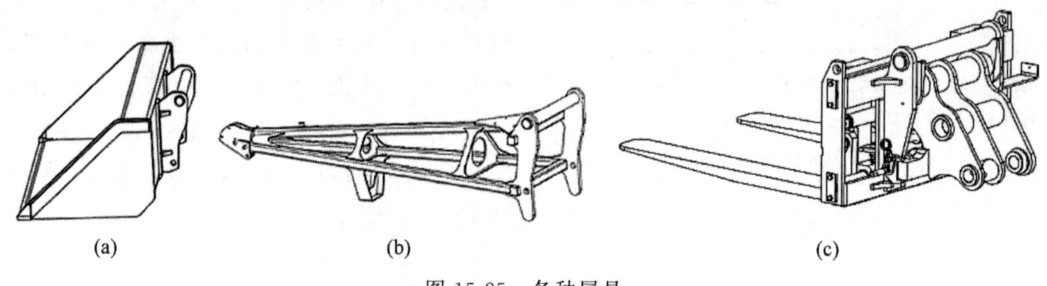

图 15-25 各种属具

(a) 铲斗；(b) 吊臂；(c) 调距叉

抽出货叉架销轴 3，将属具 1 抬离倾翻架即可。

7. 电气系统

伸缩臂越野叉车的电气系统多采用电液比例控制和负荷传感技术，包括工作部分的叉装、载人、吊运等动作控制，车辆的行走、转向、制动等基本功能实现，对发动机及控制系统本身的状态检测，超载报警与自动紧急停止等功能。主要由行走控制器、工作控制器、仪表、传感器、灯具、开关、负载保护等部分组成，实现整车启动、行走、伸缩臂工作等功能。

1）整车启动控制装置

整车启动控制装置部分主要包括电源系统和启动系统。

电源系统主要由发电机和蓄电池组成，给整机电气元件提供电能。越野叉车有 12 V 和 24 V 两种电源系统，4 t 及以上越野叉车一般使用 24 V 系统。一般情况下，发动机启动后发电机开始工作，当发电机的发出功率超过用电器的使用功率时，发电机对蓄电池充电，蓄电池将电能转换为化学能；发电机的发出功率低于用电器的使用功率时，蓄电池将化学能转换为电能，供用电器使用。蓄电池的选用取决于发动机上起动马达的冷启动电流和启动时间。一般情况下，发动机厂家提出蓄电池的容量要求。

启动系统主要由起动机、蓄电池、起动继电器、ECU 启动保护控制器、点火开关等组成，启动机作为发动机附件由发动机厂家提供，该系统的作用是启动发动机。

2）照明及显示装置

照明及显示装置包括照明灯具、控制开关、组合仪表等。

照明灯具包括前后照明灯、工作灯、雾灯、驾驶室内顶灯等。

信号灯具包括示宽灯、行车制动灯、倒车灯、左右转向灯、警示灯等。

组合仪表包括发动机转速表、水温指示表、车速表、燃油指示表，见图 15-26。在组合仪表上面可以显示出车辆工作的各种状态，如发动机工作时间、行驶里程、行驶方向、挡位、制动状态、转向模式、发动机故障等信号。

3）伸缩臂整车控制系统

伸缩臂控制系统包括行走控制、工作装置控制以及辅助功能控制等。控制系统的核心是控制器，其工作原理如图 15-27 所示。控制

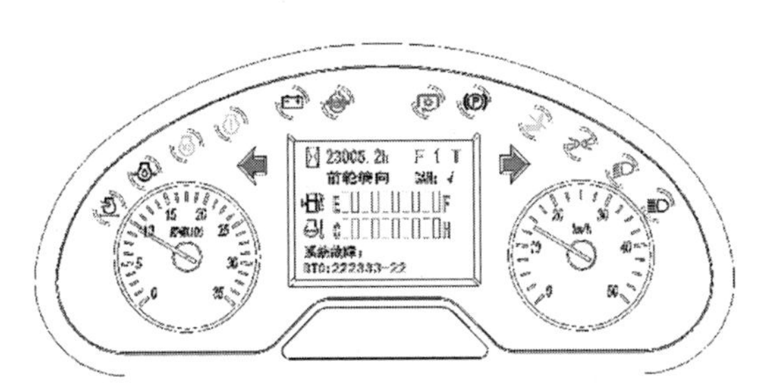

图 15-26　组合仪表

器通过接收受控对象的开关信号、检测信号和控制信号,按照整车控制程序输出信号去控制相应执行器(电磁阀、比例阀等)工作。

(1) 行走控制：控制器在接收到前进或后退信号后输出相应信号,控制变速箱上的前进或后退阀接通相应的油路,使车辆处于前进或后退行驶状态。

(2) 工作装置控制：驾驶员操纵工作手柄,输入相应的信号至控制器,控制器输出信号控制多路阀相应的阀组,实现工作装置的工作。

(3) 辅助功能控制：包含油门加速、停车制动、行车制动、转向模式、OPS控制等功能。

4) 负载安全控制系统

伸缩臂越野叉车的力矩控制系统(见

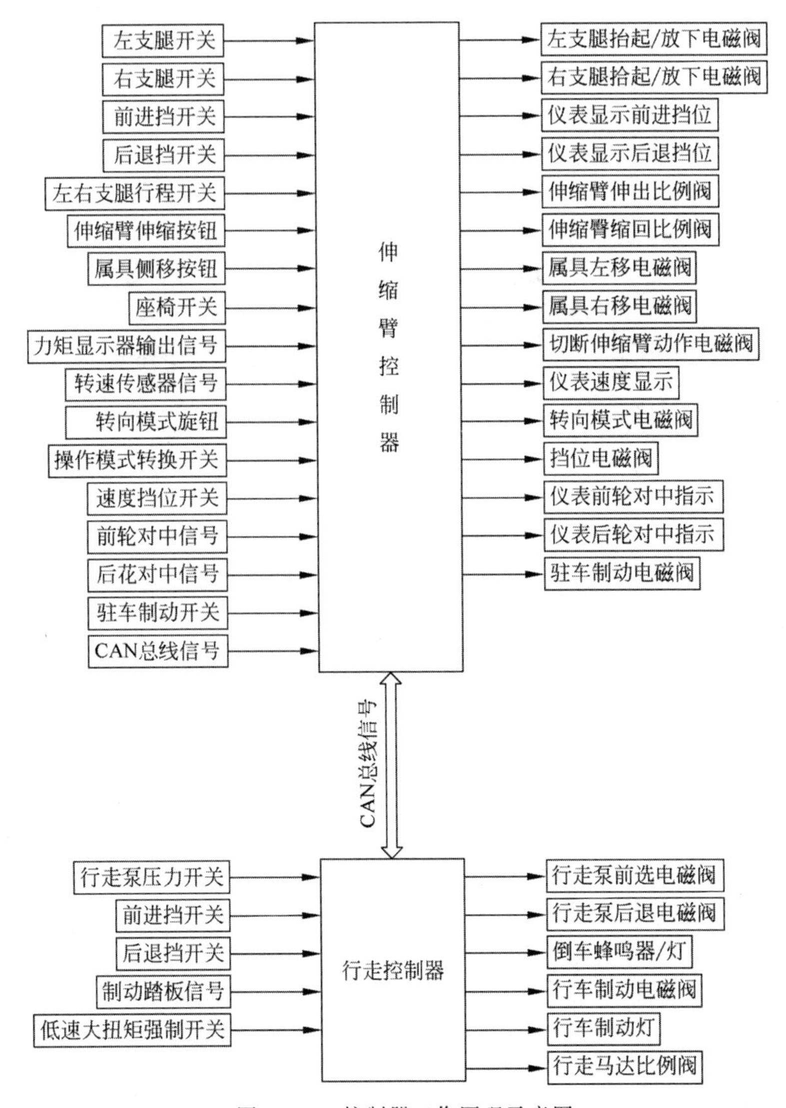

图 15-27　控制器工作原理示意图

图 15-28)能够在负载产生的倾翻力矩使叉车纵向稳定性出现危险时,通过声音和显示信号向操作人员发出警示。当倾翻力矩达到标定的极限值时,系统限制伸缩臂伸出或下降,只能将伸缩臂举升或缩回,否则不能解除液压操作锁定,从而保证在极限操作时的安全性。

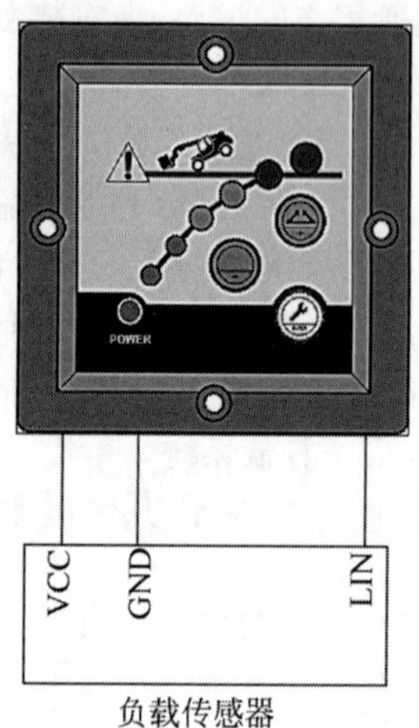

图 15-28 力矩控制系统

8. 驾驶室

伸缩臂越野叉车的驾驶室一般采用四支点悬浮安装,起到减震作用。驾驶室要达到 ROPS 和 FOPS 认证要求;驾驶室的总体布置要符合人机工程学要求,符合国家或国际相关标准对驾驶室设计的基本要求;要保证室内外空气流通,温度可调节,要有隔震降噪的合理措施,其指标应符合国家或国际相关标准规定。

图 15-29 所示为一款伸缩臂越野叉车驾驶室结构简图。

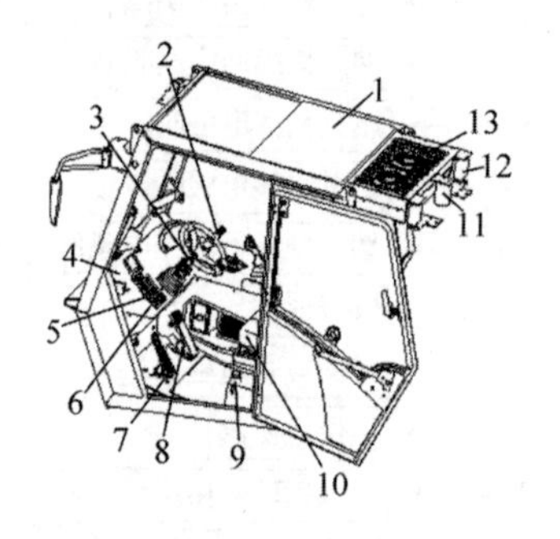

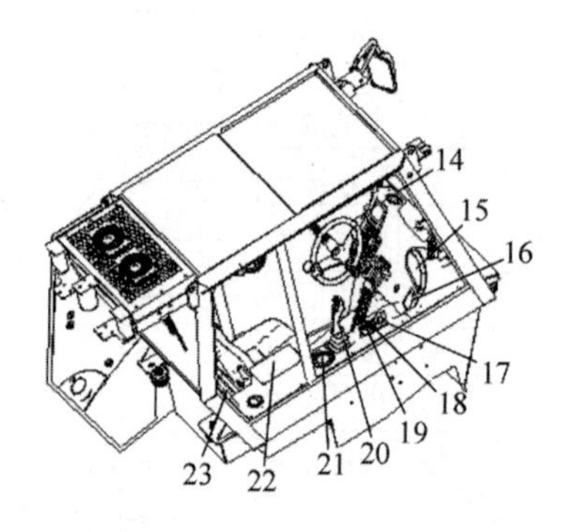

1—驾驶室;2—右组合手柄;3—左组合手柄;4—覆盖件;5—控制开关;6—开关面板;7—制动踏板;8—油门踏板;9—制动油壶;10—座椅;11—警示灯;12—工作灯;13—空调冷凝器;14—转向盘;15—集成显示仪表;16—力矩状态显示器;17—空调控制按钮;18—急停按钮;19—转向模式按钮;20—操作手柄;21—水平仪;22—胳膊枕;23—空调蒸发器。

图 15-29 伸缩臂越野叉车驾驶室结构简图

15.4 技术参数

伸缩臂越野叉车作为工业车辆,有许多参数,参数项目和普通叉车差不多,也分为性能参数、结构参数、动力参数。

伸缩臂越野叉车的基本参数包括全长、全高、额定起重量、载荷中心距、最大起升高度、最远前伸距离、臂变幅时间、臂伸缩时间、载荷曲线图等,下面以图 15-30 为例进行介绍。

(1) 全长(L 和 L'):伸缩臂越野叉车位于水平坚实的路面上,大臂全缩且货叉落地时的整车长度,分含货叉长度 L 与不含货叉长度 L'。

(2) 全高(H_4):伸缩臂越野叉车位于水平坚实的路面上,大臂全缩且货叉落地时的整车高度。

(3) 额定起重量(G):伸缩臂越野叉车位于水平坚实的路面上,大臂全缩且载荷质心位于规定的载荷中心距时,允许货叉举起的载荷最大质量。

(4) 载荷中心距(Q):伸缩臂货叉载荷质心到货叉垂直端前端面的水平距离。对小吨

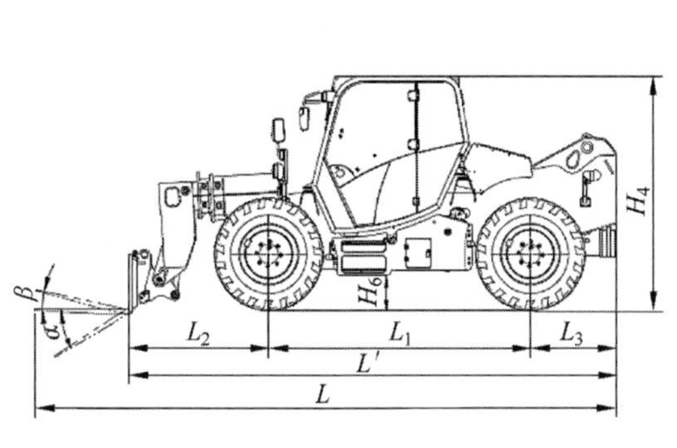

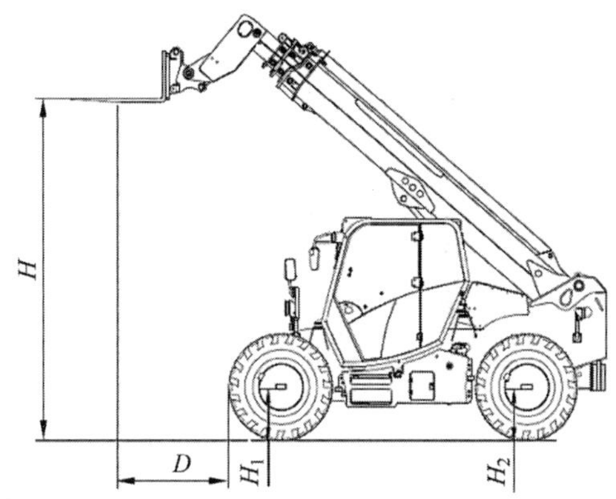

图 15-30　伸缩臂越野叉车的基本参数

位叉车(1～3.5 t),Q=500 mm;对大吨位叉车(5～10 t),Q=600 mm。

(5) 最大起升高度(H):伸缩臂越野叉车位于水平坚实的路面上,大臂全伸且仰角最大时,货叉水平段上表面至地面的垂直距离。

(6) 最远前伸距离(D):伸缩臂越野叉车位于水平坚实的路面上,大臂保持水平状态,臂全部伸出时载荷质心到叉车前轮最前端的水平距离。

(7) 臂变幅时间:伸缩臂越野叉车位于水平坚实的路面上,大臂缩回,大臂从初始位置抬起到最大仰角,再从最大仰角下降到初始位置所用的时间。

(8) 臂伸缩时间:伸缩臂越野叉车位于水平坚实的路面上,大臂仰角 60°,大臂从初始位置伸出至最远距离,再收缩至初始位置所用的时间。

(9) 车辆载荷曲线图:表示大臂在不同状态下允许货叉举起的载荷最大质量,如图 15-31 所示。

某伸缩臂越野叉车主要技术参数见表 15-1。

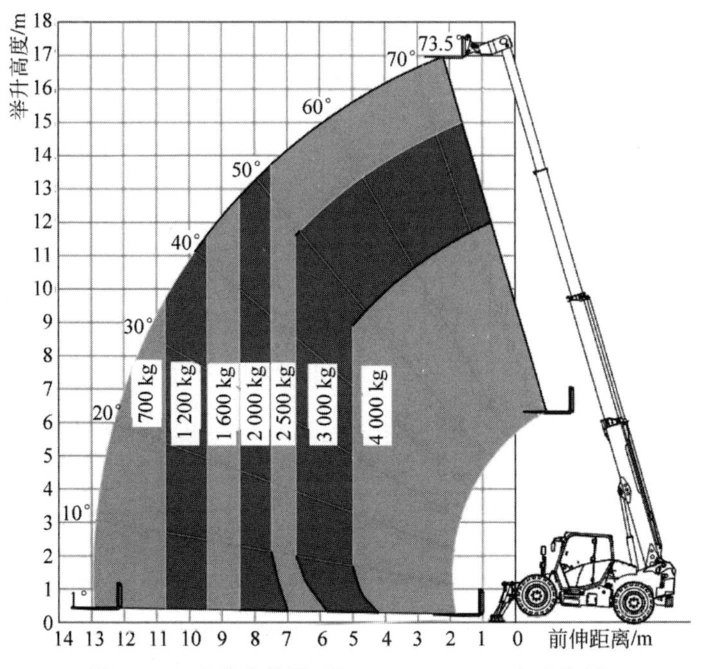

图 15-31　载荷曲线图(以 40H130-170-P1 车型为例)

表 15-1　伸缩臂越野叉车参数

（以安徽好运机械有限公司生产的伸缩臂越野叉车主要技术参数为例）

序号	项目	型号											
		35H46-84	35H77-113	35H77-116S 前支腿支承	35H77-116S 前支腿抬起	35H112-150S 前支腿支承	35H112-150S 前支腿抬起	40H51-90	40H88-125	40H88-128S 前支腿支承	40H88-128S 前支腿抬起	40H130-170S 前支腿支承	40H130-170S 前支腿抬起
1	额定起重量/kg	3 500	3 500	3 500	3 500	3 500	3 500	4 000	4 000	4 000	4 000	4 000	4 000
2	载荷中心距/mm	500	500	500	500	500	500	500	500	500	500	500	500
3	臂节数	2	3	3	3	4	4	2	3	3	3	4	4
4	最大起升高度/m	8.4	11.3	11.6	11.3	15	14	9	12.5	12.8	12.5	17	16
5	最大前伸距离/m	4.6	7.7	7.6	7.7	11.2	6.9	5.1	8.8	8.8	8.8	13	8.7
6	最大起升高度负载/kg	3 000	3 000	3 500	3 000	2 500	1 500	3 500	2 500	3 500	2 500	2 500	1 000
7	最大前伸距离负载/kg	1 100	400	1 200	400	800	400	1 000	400	1 500	400	700	250
8	最小转弯半径(R/R_1)/mm	4 300	4 300	4 300	4 300	4 300	4 300	4 300	4 300	4 300	4 300	4 300/5 600	4 300/5 600
9	前悬/后悬(L_2/L_3)/mm	1 480/990	1 530/990			2 030/990		1 670/1 230	1 920/1 230			1 996/1 230	
10	轴距 L_1/mm	3 000											
11	最小离地间隙 H_6/mm	360											
12	轮距 W_3/mm	1 990											
13	驾驶室外部宽度/mm	940											
14	纵向通过角度 γ_1/(°)	19											
15	车辆离去角度 γ_2/(°)	38						29					
16	货叉倾翻角度(上翻/下倾)(β/α)/(°)	12/110											
17	货叉倾翻时间(上翻/下倾)/s	5/6						6/8					
18	臂变幅时间(起/落)/s		11/11						17/14				
19	臂伸缩时间(伸/缩)/s		14/14			15/15			19/18			20/19	

续表

序号	项目	型号											
		35H46-84	35H77-113	35H77-116S 前支腿支承	35H77-116S 前支腿抬起	35H112-150S 前支腿支承	35H112-150S 前支腿抬起	40H51-90	40H88-125	40H88-128S 前支腿支承	40H88-128S 前支腿抬起	40H130-170S 前支腿支承	40H130-170S 前支腿抬起
20	支腿稳定油缸时间(抬起/下降)/s			5/3.5						5/3.5			
21	最大行驶速度(空载)/(km/h)	36	36	36	36	36	36	36	36	36	36	36	36
22	制动距离(空载)/m	≤13.1	≤13.1	≤13.1	≤13.1	≤13.1	≤13.1	≤13.1	≤13.1	≤13.1	≤13.1	≤13.1	≤13.1
23	最大牵引力/kN	65	65	65	65	65	65	65	65	65	65	65	65
24	爬坡能力(满载)/%	35											
25	臂变幅总角度/(°)	71	71	72	71	72.5	72.5	71	71	71	71	72.5	72.5
26	总长度(无货叉)L'/mm	5 470	5 520	5 520	5 520	6 020	6 020	5 900	6 150	6 150	6 150	6 226	6 226
27	总宽度(W_1,轮胎)/(W_2,车体)/mm	2 430/2 400											
28	总高度(驾驶室)H_4/mm	2 820											
29	发动机型号	1104D-E44TA											
30	(发动机功率/kW)/(转速/(r/min))	87.5/2 200											
31	(最大扭矩/(N·m))/(转速/(r/min))	516/1 400											
32	轮胎型号	15.5-25-16TL											
33	整备质量/kg											11 600	11 600

15.5 选型原则

伸缩臂越野叉车的选型包括选择堆垛物料的重量、发动机的类型、堆垛的高度、配置要求、作业环境等。叉车销售人员为客户推荐越野叉车时，应对吨位进行计算，根据实际情况、作业场合路况、最大坡度等信息确认选择四驱还是两驱越野叉车，以及相关配置。

15.6 安全操作规程

15.6.1 安全使用规范

1. 操作和安全手册

在阅读并理解操作和安全手册之前，操作者不得操作车辆。车辆操作者经培训合格后，须在经验丰富且合格的操作员的监督下方可操作车辆。

2. 请勿操作标签

在准备任何维修或保养之前，请在点火钥匙开关和转向盘上贴上"请勿操作"标签，拔下钥匙并断开蓄电池开关。

3. 安全信息

为避免可能的伤害，请仔细阅读、理解并遵守所有安全信息。

如果发生事故，要知道在哪里能获得医疗救助，以及如何使用急救箱和灭火器/灭火系统。保留紧急电话号码(消防部门、救护车、救援队/医护人员、警察部门等)。如果单独工作，应定期与他人联系，以确保人身安全。

4. 安全指导

以下是对伸缩臂越野叉车执行维护程序前要考虑的一般安全声明，与特定任务和程序相关的附加说明在任何工作说明之前列出，以便在潜在危险发生之前提供安全信息。

1) 人身危险

驾驶员要穿戴好安全作业所需的所有防护服和个人安全装备，包括但不限于重型手套、安全眼镜或护目镜、过滤面罩或呼吸器、安全鞋或安全帽。

2) 设备危险

(1) 设备的提升：在使用任何提升工具(链条、吊索、支架、挂钩等)之前，确认其具有适当的体积大小、良好的工作状态和正确的连接。

(2) 绝不能站在悬吊的货物或提起的设备下面，因为货物或设备有可能坠落或倾翻。

(3) 不要使用起重机、千斤顶或千斤顶支架来支承设备。始终使用适当体积大小的垫块或支架支承设备。

(4) 手动工具：在工作中始终使用合适的工具，保持工具清洁和良好的工作状态，仅使用推荐的专用维修工具。

3) 一般危险

(1) 溶剂：只能使用已知安全的认可溶剂。

(2) 保洁：保持工作区域和驾驶室清洁，清除所有杂物(碎屑、油、工具等)。

(3) 急救：立即清洁、包扎并报告所有伤害(割伤、擦伤、烧伤等)，无论伤害看起来多么轻微。

(4) 清洁：在尝试维修之前，请戴上眼睛保护装置，并用高压或蒸汽清洁剂清洁所有部件。

(5) 拆卸液压部件时，塞住软管端部和接头，以防过度泄漏和污染。在机器下方放置一个合适的收集盒，以收集流出的液体。避免对电气/电子部件进行压力清洗。

(6) 了解并遵守所在国家或地方有关废物储存、处置和回收的所有法规。

4) 操作危险

(1) 发动机：除非另有特别说明，否则在执行任何维修之前，应停止发动机。

(2) 通风：避免发动机在没有足够通风的封闭区域长时间运转。

(3) 软路面和斜坡：车辆切勿停放在松软地面或斜坡上，必须停在坚硬的水平地面上。在进行任何维修之前，车轮必须被挡住。

(4) 流体温度：当发动机、冷却系统或液压系统很热时，切勿在机器上工作，因为高温部件和液体会导致人员严重烧伤。在进行任何维修之前，先让系统冷却。

（5）液压：在松开任何液压或柴油部件、软管或管路之前，先关闭发动机。戴上厚重的防护手套和眼睛保护装置。千万不要用身体的任何部位检查是否有泄漏。如果受伤，立即就医。在压力下泄漏的柴油会爆炸。液压油和柴油在压力下泄漏会穿透皮肤，造成感染、坏疽等严重的人身伤害。在断开任何部件、零件、管路或软管之前，释放所有压力。在拆卸任何零件或部件之前，缓慢松开零件并释放残余压力。在启动发动机或施加压力之前，要确保使用状况良好、连接正确并拧紧至适当扭矩的部件、零件、软管和管道。将液体收集在合适的容器中，并按照现行环保法规进行处理。

（6）散热器盖：冷却系统中有压力会使冷却液溢出，导致严重烧伤和眼睛受伤。为防止人身伤害，当冷却系统很热时，不要打开水箱盖子。戴上安全眼镜，将散热器盖转到第一个止动位置，并在完全拆下盖子之前释放压力。不遵守安全规程可能导致死亡或重伤。

（7）液体可燃性：不要在明火、火花或冒烟材料附近维修燃油或液压系统。切勿将液体排放或储存在打开的容器中。发动机燃油和液压油易燃，可能导致火灾或爆炸。不要将汽油或酒精与柴油混合，这种混合物会引起爆炸。

（8）压力试验：进行任何试验时，只能使用经过正确校准且状况良好的试验设备。以正确的方式使用正确的设备，并按照测试程序的指导进行更改或维修，以达到预期的结果。

（9）离开车辆：离开车辆前，将伸缩臂上的货叉或属具降到地面上。

（10）轮胎：始终保持轮胎充气到合适的压力，不要给轮胎过度充气。切勿使用不匹配的轮胎类型、尺寸或层级数。务必根据车辆规格使用匹配的轮胎。

（11）主要部件：不得更改、移除或替换任何可能降低或影响车辆整体重量或稳定性的部件，如平衡重、轮胎、电池或其他部件。

（12）电池：不要给冻结的蓄电池充电，否则可能导致蓄电池爆炸。在启动或连接蓄电池充电器之前，要先让蓄电池解冻。

15.6.2　维护与保养

1. 车辆维护指导

1）基本指导

（1）启动叉车前确保该区域通风良好。

（2）穿适合于叉车维修的衣服，避免戴首饰和宽松的衣服。必要时系好并保护你的头发。

（3）当需要查看车辆时，让发动机熄火，并拔掉点火钥匙。

（4）仔细阅读操作手册。

（5）即使相关维修是次要的，也要立即进行车辆维修。

（6）即使相关泄漏是次要的，也要立即修复所有的泄漏。

（7）确保用绝对安全和生态的方式处理材料和备件。

（8）注意燃烧和溅水的风险（排气、散热器、发动机等）。

2）放置伸缩臂保护架（见图15-32）

图15-32　伸缩臂保护架

（1）当在伸缩臂下工作时，车辆举升油缸的活塞杆上必须装有一个伸缩臂保护架。

（2）放置保护架。完全抬起伸缩臂，将保护架放在举升油缸活塞杆上，装好螺杆和螺母。慢慢地降低伸缩臂直到举升油缸活塞杆销轴与保护架间距很小。

（3）拿走保护架。完全抬起伸缩臂；拆下螺杆和螺母，拿下保护架；将保护架装回车架的放置位置。

3）维修

（1）执行定期维修，使叉车处于良好的工作状态。

（2）改变设置和拆卸安装在叉车液压缸上平衡阀或安全阀是危险的。

（3）叉车上安装的液压蓄能器是高压装

置,拆卸这些蓄能器及其管道是一项危险的操作,必须由专业人员操作。

4) 润滑油与燃油

(1) 使用推荐的润滑剂(不要使用被污染的润滑剂)。

(2) 当发动机运转时,不要往油箱加油。

(3) 只在指定的区域添加油。

(4) 不要把油箱装满到最大程度。

(5) 当燃油箱打开或正在加油时,禁止吸烟和明火靠近。

(6) 禁止在车辆负载状态下检修液压管路和电气线路。

5) 电

(1) 禁止用短接启动马达的方式来启动发动机。否则当前进/后退挡不在空挡,并且没有应用停车制动时,叉车可能会突然开始移动。

(2) 不要把金属物品放在电池上。检修电气线路时必须断开电源。

6) 焊接

(1) 在叉车上进行任何焊接操作之前,先断开电源。

(2) 当在叉车上进行电焊工作时,将设备电缆负极直接连接到焊接部件上,以避免高压电流通过交流发电机。

(3) 不要进行任何使轮胎发热的焊接或工作,因为高温会增加压力,从而导致轮胎爆炸。

(4) 如果叉车装有电子控制装置,在开始焊接前应断开连接,以避免对电子元件造成不可弥补的损坏。

7) 清洗车辆

(1) 关闭车辆的所有进出口(车门、车窗、顶窗……)。

(2) 在清洗过程中,应避开结合处、电气部件和连接处。如有必要,可防止水、蒸汽或清洗剂的渗透,否则易受影响的部件将受到损坏,特别是电气部件及连接处、柱塞泵和马达。

2. 车辆长时间不使用前的保养

当叉车很长时间不再使用时,为了防止叉车受到损坏,建议进行以下操作。对于这些操作,我们建议使用厂家指定的产品。

1) 车辆准备

(1) 系统地清洗叉车。

(2) 检查和修理任何燃料、油、水等泄漏。

(3) 更换或修理任何磨损或损坏的部件。

(4) 用清水清洗油漆过的叉车表面,然后将它们擦干净。

(5) 确保所有的伸缩臂油缸活塞杆都处于回缩位置。

(6) 释放液压回路中的压力。

2) 发动机保护

(1) 给油箱加注适量油。

(2) 清空并替换冷却液。

(3) 让发动机空转几分钟,然后关闭发动机。

(4) 更换机油和滤油器。

(5) 在短时间内运行发动机,使油和冷却液在里面循环。

(6) 将电池断开,将其储存在远离寒冷的安全地方,并将其充电至最大限度。

(7) 发动机的其他相关保护可参阅发动机的维护保养手册。

3) 车辆保护

(1) 保护没有缩回的油缸活塞杆,防止被腐蚀。

(2) 包裹轮胎。

(3) 如果把叉车放在室外,用防水油布盖住它。

15.6.3 拆装与运输

1. 伸缩臂越野叉车上装载平台前

在没有进行以下检查情况下,伸缩臂越野叉车不要移动到装载平台上。

(1) 位置是否合适及能否拴紧。

(2) 与装载平台连接的货车或卡车等是否固定牢靠。

(3) 装载平台是否满足伸缩臂越野叉车的总重量要求。

(4) 装载平台是否满足伸缩臂越野叉车的尺寸要求。

2. 伸缩臂越野叉车的吊装

吊装时要考虑伸缩臂越野叉车的重心位置这个重要因素(见图 15-33)。

图 15-33　吊装示意

（1）在装运伸缩臂越野叉车之前，确保遵守与运载平台相关的安全说明，并将伸缩臂越野叉车的尺寸和重量告知运载车辆的驾驶员。

（2）确保运载平台具有足够的尺寸和承载能力，还应确保运载平台在装载上伸缩臂越野叉车后地面有足够的支承。

（3）对于匹配涡轮增压发动机的伸缩臂越野叉车，在运输车辆时，需要堵住排气口，以避免涡轮轴在没有润滑的情况下转动。

3. 伸缩臂越野叉车上装载平台

（1）用楔形挡块挡住固定装载平台的车轮。

（2）将装载坡道安装到平台上，使伸缩臂越野叉车能有一个尽可能小的斜坡角度。

（3）将伸缩臂越野叉车平行停放在装载平台上。

（4）伸缩臂越野叉车熄火，关闭电源总开关。

4. 伸缩臂越野叉车装运前的固定（见图 15-34）

（1）用楔形挡块挡住伸缩臂越野叉车的每个车轮前侧、后侧。

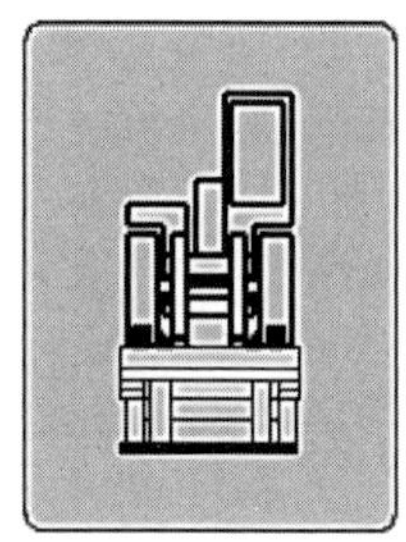

图 15-34　固定示意

（2）用楔形挡块挡住伸缩臂越野叉车的每个车轮内侧。

（3）用足够结实的绳索将伸缩臂越野叉车固定在装载平台上的锚点上。

（4）拉紧绳索。

15.7　常见故障及排除方法

伸缩臂越野叉车常见故障及排除方法见表 15-2。

表 15-2　伸缩臂越野叉车常见故障及排除方法

故障表现	产生原因	排除方法
伸缩臂总成不能伸出/缩回	① 液压软管断裂或油管、接头漏油； ② 伸出/缩回液压或电气系统工作不正常； ③ 伸缩油缸故障； ④ 操纵手柄接插件脱落； ⑤ 控制器接插件或端子脱落； ⑥ 多路阀第三片电磁阀短路； ⑦ 座椅开关损坏； ⑧ 使能开关损坏； ⑨ 操纵手柄保险丝无电	① 更换损坏的油管，拧紧接头； ② 检查液压或电气系统并进行修复； ③ 维修油缸； ④ 检查接插件端子和护套，重新接插好护套； ⑤ 检查控制器接插件和端子，重新接好； ⑥ 操纵手柄检查电磁阀接插件是否有电压，如有电压，检查电磁阀； ⑦ 如果座椅开关灯亮，大臂无法伸缩； ⑧ 如果使能开关损坏，大臂无法工作； ⑨ 检查保险丝是否完好

续表

故障表现	产生原因	排除方法
伸缩臂伸出时左右摆动	伸缩臂侧滑块磨损或间隙不合理	增加垫片调整滑块间隙，如有需要，更换滑块
伸缩臂总成与车架连接主轴异响或磨损	① 缺少润滑； ② 衬套损坏	① 定期润滑； ② 更换衬套并定期润滑
伸缩臂总成不能抬起或下降	① 液压油缸断裂或接头漏油； ② 抬起/下降液压系统工作不正常； ③ 举升油缸故障； ④ 伸缩臂总成与车架连接主轴被卡住	① 更换损坏的油管，拧紧接头； ② 检查液压系统； ③ 维修油缸； ④ 更换衬套
伸缩臂滑块磨损快	① 滑块间隙不合理； ② 重载下频繁工作； ③ 滑块滑过的表面被污染、腐蚀或磨损； ④ 环境工作恶劣	① 检查间隙，如有需要则调整； ② 减少工作频次； ③ 清理表面并润滑，如果伸缩臂损坏严重，则更换伸缩臂； ④ 频繁清洁车辆
驾驶时车桥噪声过大	① 油位太低； ② 油的型号错误或油位低； ③ 轴承配合过紧； ④ 轴承磨损或损坏； ⑤ 齿轮磨损或损坏； ⑥ 车桥油品污染； ⑦ 轴套损坏	① 把油加到正常高度； ② 选用正确的油品并保证油位； ③ 根据需要增加或移除垫片，以修正轴承预紧力； ④ 根据需要更换轴承； ⑤ 根据需要更换齿轮； ⑥ 将油排放干净后注入正确的油品； ⑦ 更换损坏的部件
行车时有断断续续的噪声	① 万向节磨损或损坏； ② 振动或齿轮损坏	① 根据需要修理或更换万向节； ② 确定原因并根据需要进行修复
行车时振动过大或有断断续续的噪声	① 传动轴万向节总成未拧紧； ② 传动轴万向节磨损或损坏； ③ 传动轴损坏/不平衡	① 拧紧以修正扭矩； ② 根据需要修理或更换万向节； ③ 根据需要更换传动轴
桥(差速器壳体或桥箱)漏油	① O形密封圈损坏或丢失； ② 油软管未紧固； ③ 轴封损坏或磨损； ④ 输入轴密封环损坏； ⑤ 桥壳的O形密封圈、密封圈磨损或损坏； ⑥ 桥壳的螺母和螺钉松动； ⑦ 桥壳损坏	① 根据需要更换O形密封圈，并将插头拧紧； ② 紧固油管接头； ③ 更换轴封或接头连接的叉轴； ④ 更换密封环； ⑤ 更换O形密封圈或密封圈； ⑥ 拧紧外壳螺母和螺钉； ⑦ 根据需要更换桥壳
车轮端部壳体漏油	① 油位塞松脱，O形密封圈损坏或丢失； ② 轮毂和壳体(行星托架)之间的O形密封圈损坏或丢失； ③ 桥密封件损坏； ④ 壳体螺栓松动； ⑤ 外壳损坏	① 根据需要更换O形密封圈，并将插头拧紧； ② 更换O形密封圈； ③ 更换密封件； ④ 将外壳螺栓旋紧； ⑤ 更换外壳

续表

故障表现	产生原因	排除方法
油缸漏油	① 软管未紧固； ② 转向油缸O形密封圈或密封圈磨损或损坏； ③ 活塞杆密封件磨损或损坏； ④ 缸筒磨损或损坏	① 紧固油管接头； ② 更换O形密封圈或密封圈； ③ 更换活塞杆密封件； ④ 更换缸筒
桥过热	① 油位太高或太低； ② 加入了错误的油或油污染	① 调整至正确的油位； ② 加注正确的油品到指定液位
转向过重	① 转向(液压)系统运转不正常； ② 轴承配合过紧； ③ 旋转轴承磨损或损坏	① 检查转向系统； ② 根据需要增加或移除垫片，以修正轴承预紧力； ③ 根据需要更换旋转轴承
转向反应滞后	① 转向(液压)系统运转不正常； ② 转向油缸内部泄漏	① 检查转向系统； ② 根据需要修理或更换转向油缸
制动时噪声过大	① 制动盘磨损； ② 制动盘损坏	① 检查制动盘是否磨损； ② 更换制动盘
制动失灵	① 制动(液压)系统运转不正常； ② O形密封圈或密封圈损坏(泄漏)	① 检查制动系统； ② 更换O形密封圈或密封圈
制动不稳或制动力差	① 制动盘磨损； ② 制动(液压)系统运转不正常； ③ O形密封圈或密封圈损坏(泄漏)	① 检查制动盘是否磨损； ② 检查制动系统； ③ 更换O形密封圈或密封圈
变速箱异响	① 机油油位过高或过低； ② 离合器接合不正确； ③ 轴承、齿轮等内部零部件损坏	① 放出多余的油或添加润滑油至正确油位； ② 查看换挡电磁阀并排除故障； ③ 根据需要修理或更换零件
变速箱漏油	① 放油塞松动，O形密封圈损坏或丢失； ② 软管接头松动； ③ 阀体漏油(可能是阀体垫圈损坏、丢失或安装螺钉松动)； ④ 壳体连接松动； ⑤ 输出轴漏油(输出轴密封件损坏)； ⑥ 外壳损坏	① 根据需要更换O形密封圈或将油塞拧紧； ② 拧紧接头； ③ 更换垫圈和/或将带帽螺钉拧紧； ④ 将螺钉拧紧； ⑤ 更换输出轴密封件； ⑥ 根据需要更换壳体
整机无电	① 电源总开关未合上； ② 继电器盒断开	① 合上电源总开关； ② 更换保险
整机无法启动	① 保险断开； ② 燃油泵不工作； ③ 启动继电器未工作； ④ 仪表显示挡位开关有误； ⑤ 急停开关处于闭合状态	① 更换保险； ② 检查燃油泵控制电路； ③ 检查车辆启动电路； ④ 按规定的仪表显示状态显示，检查W/T开关的工作状态； ⑤ 松开急停开关按钮
行驶速度不显示	① 速度传感器损坏； ② 速度传感器的距离太远	① 更换速度传感器； ② 调整速度传感器与传动轴之间的间隙

续表

故障表现	产生原因	排除方法
前/后桥中位仪表不显示	① 前/后桥对中光电开关损坏； ② 线路短路或断路	① 更换前/后桥对中光电开关； ② 检查传感器线路在车辆上与高压胶管是否有磨损现象
前后雨刮器不工作	① 雨刮器电机损坏； ② 雨刮器控制线路保险断	① 更换雨刮器电机； ② 检查控制线路，更换保险
车辆无法行走	① 急停开关处于闭合状态； ② 工作模式选择有误； ③ 支腿未完全抬起或支腿开关损坏； ④ 制动阀未打开； ⑤ 行走泵电磁阀未工作； ⑥ OPS座椅开关未合上	① 松开急停开关按钮； ② 按操作要求正确选择操作模式； ③ 将左右支腿完全抬起或检查（必要时更换）支腿行程开关； ④ 按下停车制动按钮，松开制动阀； ⑤ 检查行走泵电磁阀工作电路； ⑥ 检查座椅开关是否损坏，线路是否断开
支腿无法工作	① 翘板开关未按下； ② 支腿工作电磁阀未上电； ③ 支腿两边的行程开关损坏	① 检查翘板工作使能开关和单个翘板开关，要求先按下使能开关，否则操作无效； ② 检查支腿工作电磁阀控制线路； ③ 更换支腿损坏的行程开关
车辆灯光不工作	① 控制线路保险断开； ② 按钮开关损坏； ③ 线路出现短路或断路	① 更换保险； ② 更换按钮开关； ③ 按原理图检查线路
仪表显示发动机故障	查看仪表显示故障代码号	对照发动机 ECU 故障代码表，根据代码提示内容逐项排查

参考文献

[1] 黄定政,马军磊.野战装卸搬运快手-越野叉车[J].卡车文化,2011(5):108-111.

[2] 张莉.国内外叉车技术发展趋势[J].工程机械与维修,2008(6):88-90.

[3] 肖艳.市场前景看好的越野叉车[J].叉车技术,2014(2):1-3.

[4] 张莉.1吨越野叉车概述[J].叉车技术,2012(4):12-14.

[5] 梁庆宇.内燃平衡重叉车选型指导[J].工程机械与维修,2020(4):68-69.

[6] 陶元芳,卫良保.叉车构造与设计[M].北京:机械工业出版社,2010.

第5篇

其他车辆(Ⅸ类)

第16章

固定平台搬运车

16.1 固定平台搬运车概述

16.1.1 固定平台搬运车的定义、功用和特点

固定平台搬运车指载货平台不能起升的搬运车辆，通常在车间、厂内码头、车站、机场及仓库等场所进行货物的短途搬运。这类车辆一般以蓄电池和内燃机为动力源，额定承载能力为1～30 t。

固定平台搬运车具有体积小、自重轻、载重量大、操作简单的特点，配合适当的托盘进行搬运和转运物料，可减少装卸次数，提高装卸搬运效率，是现代物流企业不可缺少的装卸和搬运工具。

典型通用固定平台搬运车见图16-1。

图16-1 典型通用固定平台搬运车

16.1.2 术语定义

(1) 额定载重量：固定平台搬运车在平坦、干燥和水平混凝土地面上行驶时台面所承载货物的最大重量。

(2) 自重：包括辅助设备和属具，指车辆无载及无驾驶员时，车辆可立即投入使用的全部质量。

(3) 再生制动：将一部分能量转换为电能储存在储能装置内的制动过程。

(4) 续驶里程：车辆在规定使用的动力蓄电池完全充满电状态下，在规定的作业工况和路面条件下，以最大车速行驶至蓄电池放电使用允许值时，能连续行驶的最大距离。

(5) 最大行驶速度：车辆在试验条件下无载荷时行驶的最大速度。

(6) 轴距：车辆前轮轴至后轮轴的间距。

(7) 轮距：车辆同一轴两端轮子的接地中心间的水平距离。其中，前轴处的轮距为前轮距，后轴处的轮距为后轮距。

(8) 最小转弯半径：车辆的转向盘向左或向右打足，以最低运行速度运行时，车体的最外侧到回转中心的距离。在测定最小转弯半径时，可测得左转前进、左转后退、右转前进、右转后退共4个转弯半径，这时应取其最大者作为最小转弯半径。凡是大于最小转弯半径的通道，搬运车在任何情况下都可以通过，否

则会有实际上通不过的情况。

(9) 离地间隙：车体(除车轮以及车轮很近处以外)下部到地面的垂直距离。通常，最小离地距离是指车体最低处的垂直离地距离。

(10) 爬坡能力：车辆在额定载重量条件下，以牵引电动机工作 5 min 所允许的最大电流工作，能爬上的坡度。

(11) 载货平台尺寸：可容纳货物的平台面积，以长×宽表示。

(12) 承载面的高度：载货平台的上平面到地面的垂直距离。

16.1.3 基本参数

固定平台搬运车的基本参数应优先选用表 16-1 中规定的数值。

表 16-1 固定平台搬运车的基本参数

额定载重量 Q/kg		500～5 000，以 500 为间隔；5 000～10 000，以 1 000 为间隔；10 000 以上，以 5 000 为间隔
载货平台尺寸	长 L_1/mm	900，1 250，1 400，1 470，1 600，1 800，1 830，2 000，2 240，2 500，2 600，2 800，3 200，4 000，4 200，4 350，5 000
	宽 W_1/mm	600，710，730，800，900，1 000，1 120，1 250，1 400，1 500，1 600，2 050，2 400

16.1.4 发展历程

固定平台搬运车的发展历程可以概括为以下 3 个阶段。

第一个阶段：以发动机为动力源，动力强劲，但有废气排放，效能低。

第二个阶段：以蓄电池为动力源，整体性能显著提高，其自动化程度和内燃车相当，具备节能、无废气排放、噪声小等优点。

第三个阶段：以自动无人搬运车为代表，由计算机控制，发出搬运指令，控制车辆搬运路线。

16.1.5 发展趋势

近几年来我国经济发展较快，物流行业在提高社会效益方面起到了巨大作用。搬运车作为物流搬运行业的主力军，在我国已有 10 多年的发展历史，但是由于中国物流起步较晚，所以还有很大的发展空间，这说明中国的搬运车市场潜力还很大。

固定平台搬运车未来的发展主要有以下趋势：

(1) 系列化、大型化。系列化是固定平台搬运车发展的重要趋势，各生产厂家会逐步实现其产品系列化，形成从微型到特大型不同规格的产品。与此同时，产品更新换代的周期将明显缩短。由于电动固定平台搬运车与内燃固定平台搬运车相比，科技含量高，维护方便，清洁环保，可操作性更强，显示、故障诊断系统也更加完善。因此，电动固定平台搬运车越来越得到用户青睐。

(2) 专业化、多品种。随着物流业的迅速发展，为满足不同工况的使用需求，各生产企业会通过细分市场进行搬运车的定制化设计，以适应各种场合物料的搬运。

(3) 电子化、智能化。以物流运输发展为依托，发展新品种。近年来计算机技术和 5G 等高科技技术已广泛应用在固定平台搬运车上。

(4) 安全性、舒适性。随着国际化进程的加快，固定平台搬运车已经逐步迈向国际市场。新型固定平台搬运车更加注重人机工程，极大地开拓了驾驶员的视野，提高了操作安全性和操纵舒适性。

16.1.6 技术要求

1. 主要结构尺寸要求

固定平台搬运车的外形尺寸如图 16-2 所示，其制造要求应符合表 16-2 中的规定。

2. 主要技术性能参数要求

固定平台搬运车主要技术性能参数的要求应符合表 16-3 中的规定。此外，牵引电动机应采用 S2-60 min 或 S2-30 min 工作制，电动机的绝缘等级应不低于 F 级。

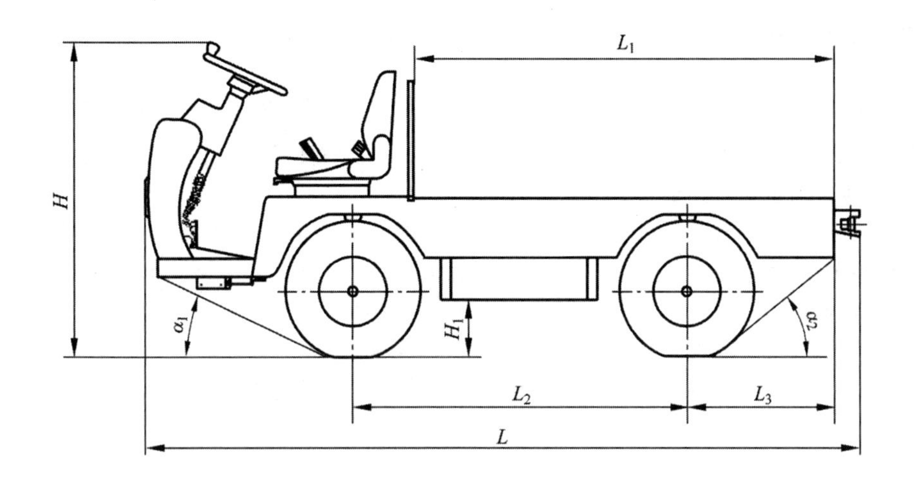

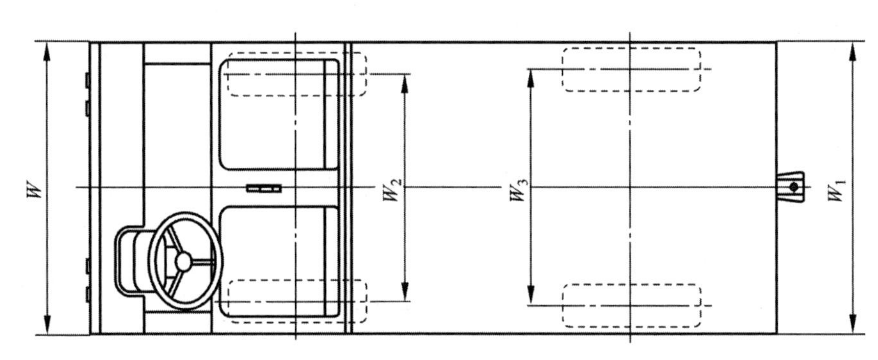

图 16-2　固定平台搬运车外形尺寸图

表 16-2　固定平台搬运车主要结构尺寸的制造要求

参数		要求
长度 L		$(1\pm1\%)L$
宽度 W		$(1\pm1\%)W$
高度 H		$(1\pm1\%)H$
载货平台尺寸	长 L_1	$(1\pm1\%)L_1$
	宽 W_1	$(1\pm1\%)W_1$
轴距 L_2		$(1\pm1\%)L_2$
轮距	前轮 W_2	$(1\pm2\%)W_2$
	后轮 W_3	$(1\pm2\%)W_3$
最小离地间隙 H_1		$\geqslant0.95H_1$
接近角 α_1		$\geqslant\alpha_1$
离去角 α_2		$\geqslant\alpha_2$
后悬距 L_3		$(1\pm3\%)L_3$

表 16-3　固定平台搬运车主要技术性能参数的要求

参数		要求
最大行驶速度	无载 v_1	$(1\pm10\%)v_1$
	满载 v_1'	$(1\pm10\%)v_1'$
最小转弯半径 r		$\leqslant1.05r$
满载最大爬坡能力 a_m		$\geqslant a_m$
自重 G_0		$(1\pm3\%)G_0$

16.2　固定平台搬运车的分类

固定平台搬运车的分类方法很多，可以按以下几种方式进行分类。

1. 按动力源方式分类

(1) 内燃机固定平台搬运车；

(2) 电动机固定平台搬运车。

2. 按照配送物料分类

(1) 普通型固定平台搬运车；

(2) 长料型固定平台搬运车。

3. 按照安装驾驶室分类

(1) 敞篷式固定平台搬运车；

(2) 驾驶室式固定平台搬运车。

4. 按照转向形式分类

(1) 机械转向固定平台搬运车；

(2) 液压转向固定平台搬运车。

5. 按照车轮形式分类

(1) 充气轮胎式固定平台搬运车；

(2) 实心轮胎式固定平台搬运车。

16.3 典型固定平台搬运车的结构组成和工作原理

图 16-3 为 1～2 t 机械转向电动固定平台原理图；图 16-4 为 2～30 t 液压转向电动固定平台原理图。

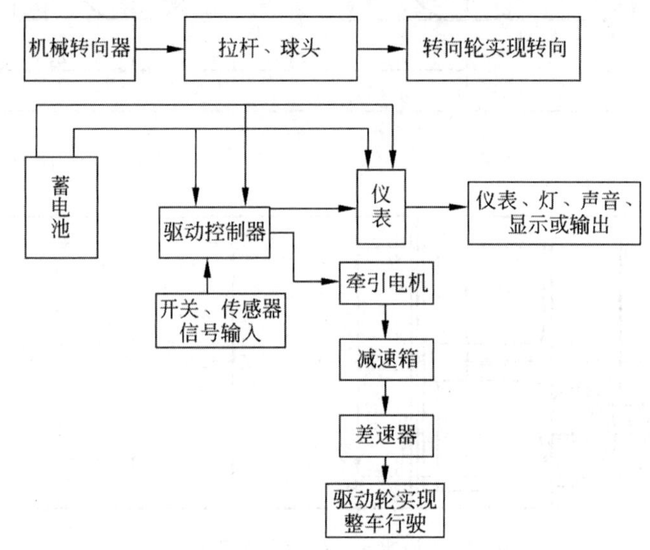

图 16-3 1～2 t 电动固定平台搬运车(机械转向)原理图

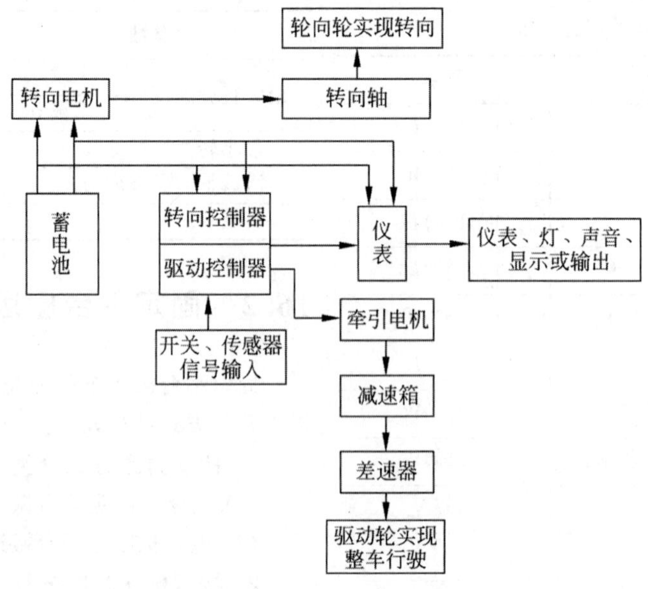

图 16-4 2～30 t 电动固定平台搬运车(液压转向)原理图

国内的固定平台搬运车以电动车为主流趋势，下面详细介绍电动固定平台搬运车。

电动固定平台搬运车是以电机替代传统的燃油机，以电池蓄能方式替代油箱储油的方式，通过交流电控装置将动力传送到驱动桥(后桥)，以驱动车轮转动，从而实现搬运货物的物流设备。因此，电动固定平台搬运车具有结构简单、技术成熟、运行可靠等特点。

电动固定平台搬运车主要由车身系统、转向系统、驱动系统、液压系统、制动系统、电气系统、前悬挂系统和后悬挂系统等部分组成，如图 16-5 所示。下面分别介绍各组成部件的结构及其工作原理。

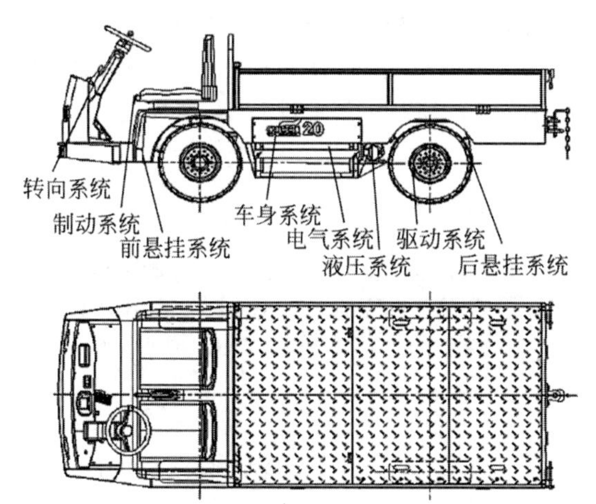

图 16-5　电动固定平台搬运车结构组成示意图

1. 车身系统

车身系统是用于给固定平台搬运车提供安装及支承的单元总成，包含车架、机罩覆盖件、座椅、盖板类(见图 16-6)。其作用是乘坐驾驶员和安装货物。

车架是各系统总成的安装主体(见图 16-7)，它将电池、电机、覆盖件、前后桥等连成一个有机整体，管路和电气等线路以车架为依托而连接。车架一般采用全框架结构形式。

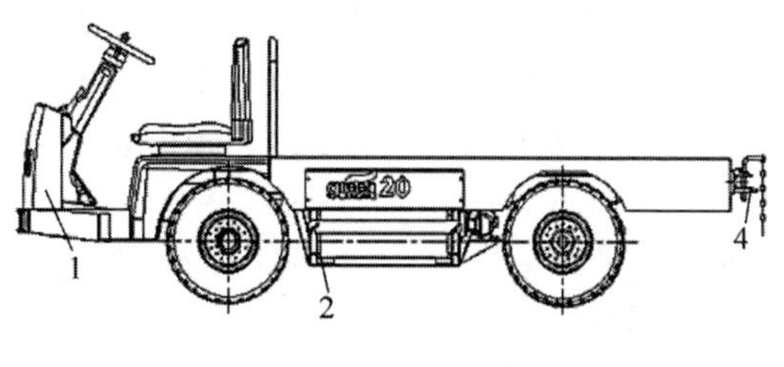

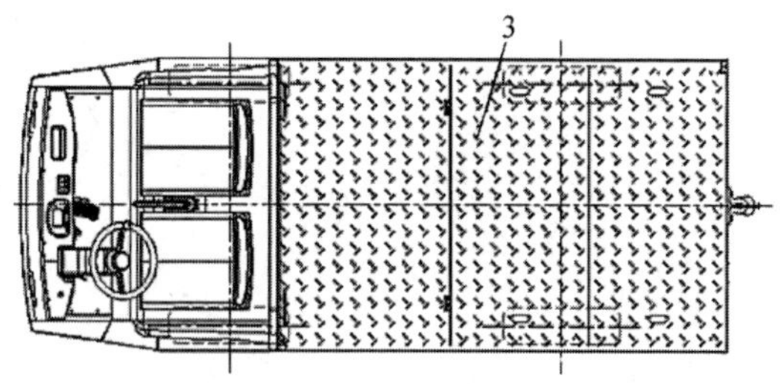

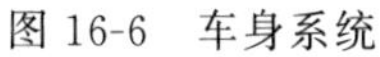
1—机罩类；2—盖板类；3—车架；4—牵引机构。

图 16-6　车身系统

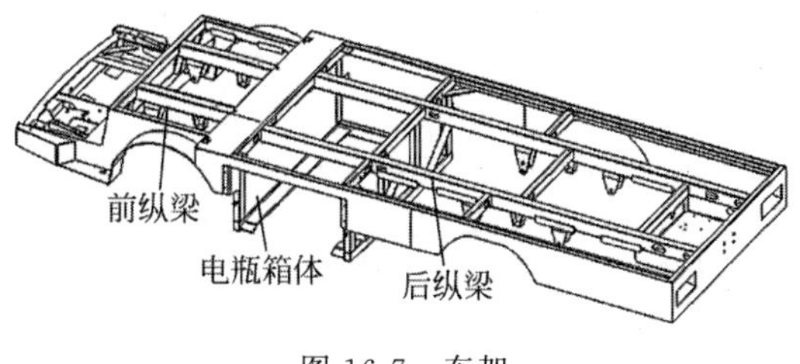

图 16-7　车架

近年来，固定平台搬运车外形方面追求高端时尚的流线型造型，由于玻璃钢成形容易，生产周期短，成本低，耐冲击力，电动搬运车的机罩类包括前罩、座椅机罩等外观件通常采用玻璃钢制品，提高了整车的刚性，外观美观大方。

固定平台搬运车具有搬运和牵引货物的双重功能。车辆通过牵引机构牵引后面平板车的货物，实现物流转运。

2. 转向系统

固定平台搬运车的转向系统按照转向所用动力可分为机械转向系统和动力转向系统两大类。

1) 机械转向系统

机械转向系统以驾驶员的体力作为转向能源，其中所有传力件都是机械的。机械转向系统由转向操纵机构、转向器和转向传动机构 3 大部分组成。

如图 16-8 所示，当车辆转向时，驾驶员对转向盘 1 施加一个转向力矩。该力矩通过转向管柱 2、转向万向节 3 和转向传动轴 4 输入转向器 5。经转向器放大后的力矩和减速后的运动传到转向摇臂 6，再经过转向直拉杆 7 传给固定于左转向节9上的转向节臂8,使左转向节和它所支承的左转向轮偏转。为使右转向节13及其支承的右转向轮随之偏转相应角度,还设置了转向梯形。转向梯形由固定在左、右转向节上的梯形臂10、12和两端与梯形臂作球铰链连接的转向横拉杆11组成。

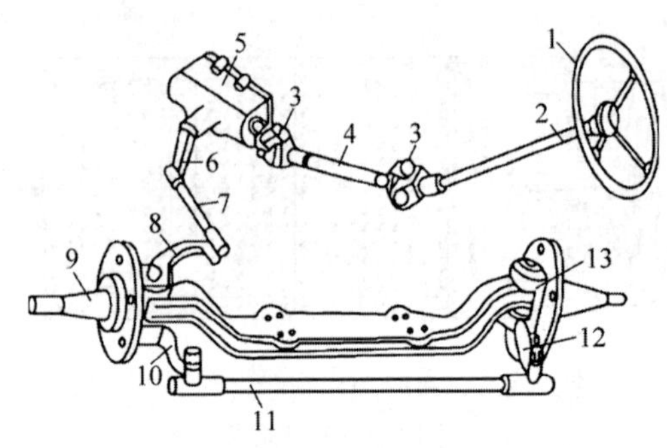

1—转向盘;2—转向管柱;3—转向万向节;4—转向传动轴;5—转向器;6—转向摇臂;7—转向直拉杆;8—转向节臂;9—左转向节;10,12—转向梯形臂;11—转向横拉杆;13—右转向节。

图 16-8 拉杆式转向系统

从转向盘到转向传动轴这一系列部件和零件属于转向操纵机构;由转向摇臂至转向梯形这一系列部件和零件(不含转向节)均属于转向传动机构。

2) 动力转向系统

固定平台搬运车的动力转向系统采用横置油缸转向桥(见图16-9)。动力转向系统为液力转向,此系统包括转向盘总成、转向管柱总成、调节手柄总成、全液压转向器、横置油缸

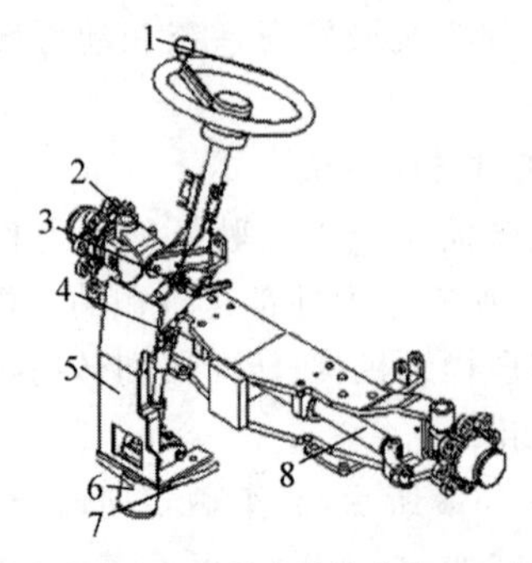

1—转向盘总成;2—转向管柱总成;3—调节手柄总成;4—万向节总成;5—转向支架;6—全液压转向器;7—油管;8—横置油缸总桥。

图 16-9 动力转向系统

总桥、油管、万向节总成、转向支架等。动力转向系统是兼用驾驶员体力和转向电机动力为转向能源的转向系统。在正常情况下,固定平台搬运车转向所需能量,只有一小部分由驾驶员提供,而大部分是由转向电机动力转向装置提供的。

全液压转向器可根据转向盘回转角度大小定量地将稳流阀来的压力油通过管道传递给转向油缸。不踩加速踏板时,油泵不供油,则可由人力转向。

转向桥一般采用箱形横断面的焊接结构形式,由转向桥体、转向油缸、连杆、转向节、轮毂和转向轮等组成(见图16-10)。转向梯形采用曲柄滑块机构,压力油由油缸活塞杆通过连杆推动转向节转向,使转向轮偏转,从而实现车辆转向。转向桥通过钢板弹簧连接到车架上。

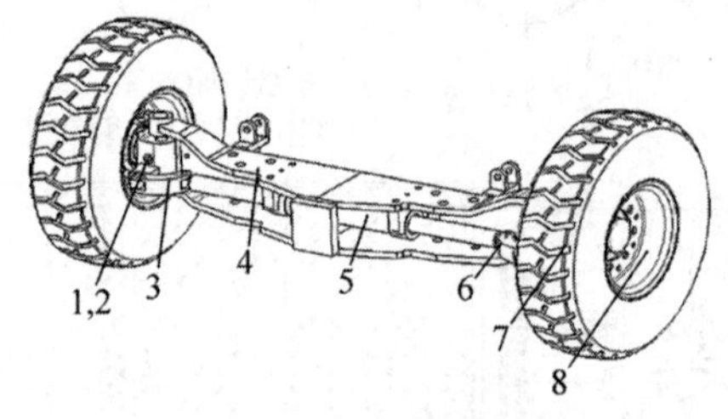

1—左转向节总成;2—右转向节总成;3—连杆(左);4—转向桥体;5—转向油缸;6—连杆(右);7—轮胎;8—轮辋总成。

图 16-10 横置油缸转向桥总成

3. 驱动系统

1) 1~5 t固定平台搬运车驱动桥

1~5 t固定平台搬运车驱动桥由差速器、减速箱总成,左、右桥轴总成等组成(见图16-11)。减速箱主动齿轮直接与行走电机连接,行走的速度随着电机转速增大而增大,行驶方向的改变是以改变电机旋转方向而实现的。其工作原理如下:

(1) 将传动装置传来的发动机转矩通过主减速轮胎、差速器、半轴等传到驱动车轮,实现降速、增大转矩。

(2) 通过主减速器圆锥齿轮副改变转矩的传递方向。

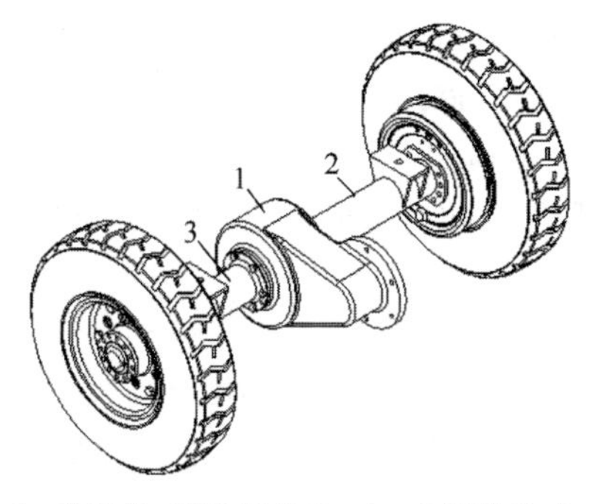

1—差速器、减速箱总成；2—右桥轴总成；
3—左桥轴总成。

图 16-11　1～5 t 固定平台搬运车的驱动桥总成

（3）通过差速器实现两侧车轮差速作用，保证内、外侧车轮以不同转速转向。

2）15～30 t 固定平台搬运车驱动桥

15～30 t 大吨位电动固定平台搬运车采用整体式驱动桥，该驱动桥主要由驱动电桥总成、扇形板总成、柱状弹簧、限位机构和轮胎等组成（见图 16-12）。

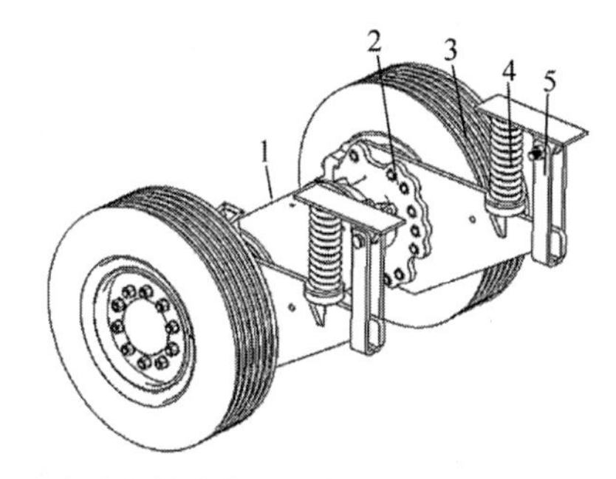

1—驱动电桥总成；2—扇形板总成；3—轮胎；
4—柱状弹簧；5—限位机构。

图 16-12　15～30 t 电动固定平台搬运车的驱动桥总成

减速器的主动齿轮直接与驱动电机连接，使车辆的行走速度随着电机转速的变化而变化。行驶方向的改变是通过改变电机的旋转方向而实现的。

该驱动桥的两个制动器分布在桥的左右两侧，制动器的结构采用油冷摩擦片式，这种油浴式多摩擦片制动器安装在驱动桥壳内，消除了外界的污染，大大延长了制动器的寿命，降低了使用维护成本。当使用制动时，减速器的主动齿轮被锁住，从而达到制动的目的。停车安全及紧急制动通常可采用手制动来实现。

4. 液压系统

1）工作原理（见图 16-13）

液压系统通过动力元件，将机械能转换成液体的压力能，再通过管路系统输送到执行元件，执行元件把液体的压力能转换为机械能输出。液压系统工作介质的压力、流量（速度）及方向的控制和调节是由控制元件来完成的，从而满足系统工作性能的要求，实现各种不同的功能。

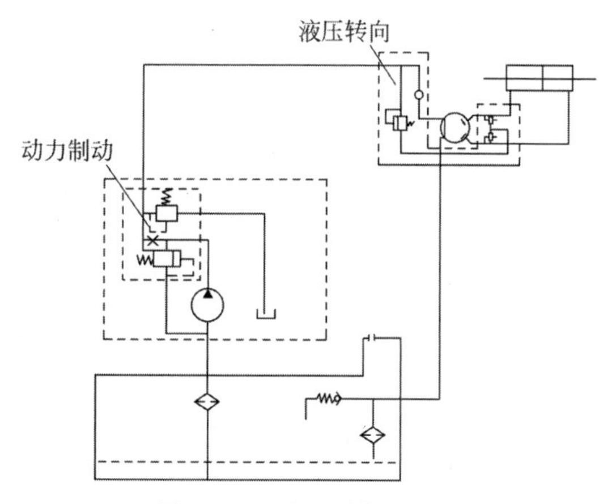

图 16-13　液压系统原理图

2）液压系统组成

液压系统主要由动力机构、执行元件、控制元件、辅助装置及工作介质 5 个部分组成。

（1）动力机构：为机械的液压系统提供高压液压油的动力元件部分。如固定平台搬运车通常会采用齿轮泵作为液压动力元件，它是将机械能转换为液压能，为液压系统提供动力源的元件。

（2）执行元件：包括油马达或油缸。其功能与油泵相反，它们将液体的压力能转换为机械能，使工作装置产生旋转运动或线性位移。

（3）控制元件：包括各种操作阀，如方向控制阀、节流阀、安全阀和其他原件，通过它们来控制和调节液体的压力、流量和方向，以满足机构的工作性能要求。

（4）辅助装置：包括油箱、油管、油接头、滤油器等。通过这些元件才能把上述 3 部分连成系统，构成一个液压装置，实现车辆液压油的储存、净化、输送、密封、冷却等。辅助装置并非不主要，缺少辅助装置，车辆液压系统将无法正常工作。

(5) 工作介质：即液压系统用的液压油，其作用是传递压力能、散热及润滑。

5. 制动系统

制动系统的作用是使车辆行驶中，按照工作需要减速或停车。制动系统由脚制动和手制动两部分组成。一般情况下使用脚制动，而在紧急制动或脚制动失效时使用手制动。此外，为了保持停放的车辆在原地不动，也使用手制动。固定平台搬运车一般采用液压传动(用于脚制动中)和机械传动(用于手制动中)两种方式。

1) 行车制动系统

行车制动一般采用脚制动方式。行车制动系统由制动踏板、制动总泵、油管等组成(见图 16-14)。

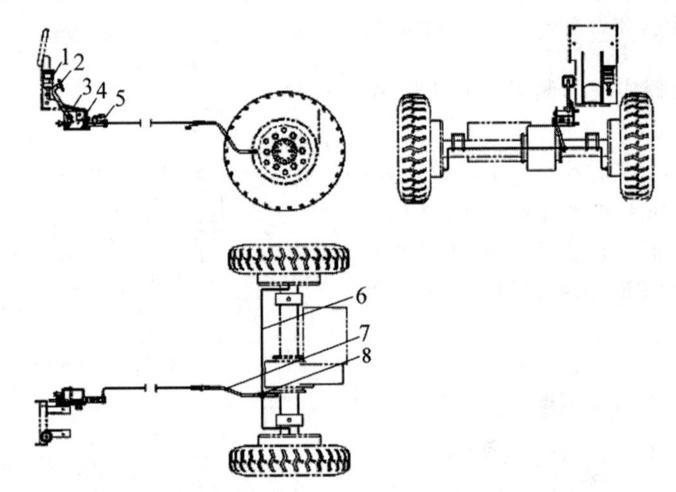

1—制动油壶；2—制动踏板；3—主回弹簧；4—制动支架；5—制动总泵；6—油管总成；7—高压胶管；8—三通接头。

图 16-14 行车制动系统

驾驶员踏下制动踏板，连接于制动总泵的推杆向右推移，使总泵中的油液产生压力，并经过油管和三通接头分别流入制动分泵。在油压的作用下，分泵的活塞及推杆向外推移，使制动蹄与制动鼓接触，从而产生制动作用。若放松踏板，总泵活塞借回位弹簧的弹力而回行，此时制动系统中的油压降低，于是制动蹄的回位弹簧拉回制动蹄片，迫使分泵内的油液流向总泵，从而解除制动作用。

2) 停车制动系统

停车制动一般采用手制动方式。停车制动系统由停车制动手柄和拉索等部件组成(见图 16-15)。

停车制动手柄为棘轮式，它与驱动轮上的鼓式制动器拉索机械连接，可用位于制动手柄底部的调节螺母调整制动力的大小，即通过调节图 16-15 中的 L 的大小来调整手制动力的大小。制动力以 20～30 kg 为宜。

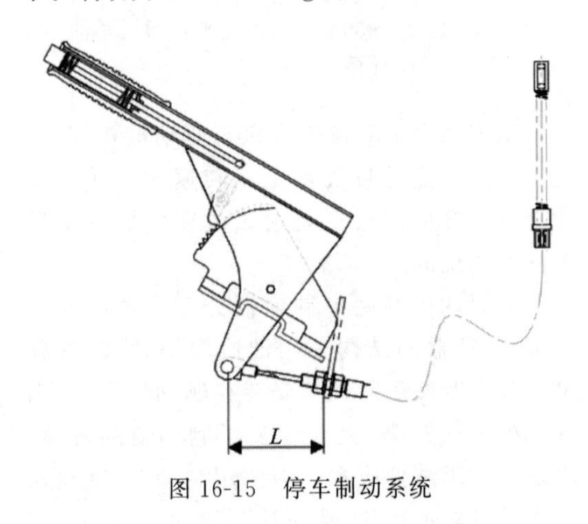

图 16-15 停车制动系统

6. 电气系统

1）电气系统工作原理

固定平台搬运车的电气系统主要由电控（牵引电控、转向泵控）、电池（铅酸蓄电池或者锂电池）、电机（牵引电机、泵电机）、加速器、仪表、接触器、线束、灯具、开关、报警装置、传感器等组成。核心部件为“三电”——电池、电机、电控。

主要工作原理为以车载电池为动力，将储存在电池中的电能通过电流形式释放，经过牵引电机控制器将直流电逆变为交流电来驱动牵引电机，通过电机带动动力传动系统来驱动搬运车行驶。牵引电机的运行方向由方向开关选择，分前进、后退两种状态。信号传递给牵引电控，牵引电控控制牵引电机正反转，并根据加速器给定的速度信号控制牵引电机转速，从而实现整车的速度变化。转向时，由脚制动或者加速器信号到牵引控制器，由控制器驱动转向泵控来带动泵电机工作，从而实现整车的转向作业。

2）电气系统结构原理及组成

（1）牵引系统

固定平台搬运车的电气控制牵引系统主要由牵引控制器、交流电机和加速器等电气部件组成。钥匙开关闭合后，牵引控制器逻辑电源端口即得电源，通过自检后，主接触器闭合，B+电源供电有效。在座位开关信号、手制动信号有效情况下，由方向开关选择固定平台搬运车运行方向，有前进、后退两种状态，信号传递给驱动电控，驱动电控控制牵引电机正反转，并根据加速器给定的速度信号控制牵引电机转速，从而实现整车的速度变化，达到操作者操作意图。

（2）转向系统

液压转向系统利用电机作为动力源，以液压油为工作介质，通过执行元件油缸推动转向轮转动。目前中大吨位固定平台搬运车普遍采用液压转向系统，利用电机作为动力源，采用转向泵控控制电机工作。此种控制方式结构简单，成本较低，性价比较高。当操作者脚踩制动或者加速器的时候，制动信号或者加速器信号传给牵引电控，牵引电控控制转向泵控工作，转向泵控控制泵电机按照设定转速工作，带动齿轮泵旋转。

（3）制动系统

固定平台搬运车可以通过控制电机运行实现行车制动并通过电气控制参与车辆的停车制动。

在行车制动工况中，电机制动有两种形式，即再生制动和反接制动。固定平台搬运车制动状态的电机特性可以划区为3个区域。如图16-16所示，区域Ⓐ描述感应电机的驱动工作状态；区域Ⓑ对应电机的再生制动状态，此时感应电机轴输入机械能转换为电能，感应电机再生的电能经续流二极管全波整流后反馈给蓄电池；区域Ⓒ对应反接制动状态。操作者在行驶过程中松开加速器踏板，或踩踏制动踏板就可以达到整车制动的效果。此过程可以实现能量再生。

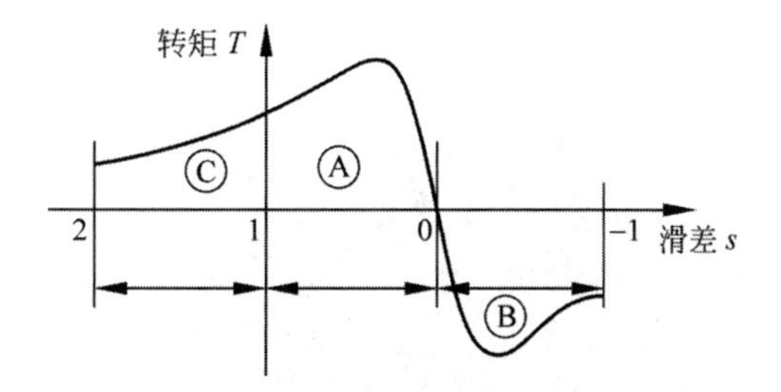

图16-16　电制动原理图

国内固定平台搬运车普遍采用手制动手柄配合制动器实现停车制动的功能。这种方式会设置一个常闭的制动微动开关，并将其固定在制动手柄安装支架上。固定平台搬运车停车后，拉动制动手柄，随着手柄体绕着销轴转动，固定在手柄体上的挡板随后触发微动开关，微动开关断开后，将制动信号发送到控制器中，控制器发出指令使驱动电机停转，从而实现对牵引车的停车制动控制。

16.4 选型

16.4.1 选型原则

固定平台搬运车选型时应注意以下几点：

(1) 不要仅将货物的外形尺寸和承载吨位作为选择用车的技术依据，还要看电机的功率、整机空载质量等重要技术参数。

(2) 要考虑车辆使用场地的条件，了解用户需要搬运货物的尺寸和类型，根据场地条件选用适宜的搬运作业。

(3) 要选择经济车速。速度太慢会降低效率，速度太快又会产生一些不良后果。

(4) 还应注意产品的外观、机动性、舒适性、节能环保性、性价比等。

16.4.2 用户案例

国内某工厂用户需将 20 t 货物从厂区运到指定地点，搬运距离为 20 km，两班制，路面平坦无坡道，根据用户要求，选用 20 t 电动搬运车，同时在车架上面安装工装和护栏，满足工件运输，见图 16-17。

图 16-17 用户案例(1)

国内某工厂用户需在厂区内部搬运 15 t 铝卷，车辆满载速度 6 km/h，路面平整，见图 16-18。

国内某工厂用户需在厂区内部运输 2 t 发动机部件，要求车架中间下沉。车辆满载速度 12 km/h，搬运距离 20 km，路面平整，见图 16-19。

图 16-18 用户案例(2)

图 16-19 用户案例(3)

16.5 使用与维护

16.5.1 工作场所与使用环境

固定平台搬运车一般应用于汽车、家电、机场、邮政、铁路、化工、电子、食品等行业进行物料转运作业，特别适合具有一定的规模及物流量、运输距离较长的场合，能有效提升企业物流转运效率。

16.5.2 拆装与运输

用集装箱或汽车装运固定平台搬运车时必须注意如下事项：

(1) 拉起手制动手柄，使固定平台搬运车处于停车制动状态。

(2) 将车辆用钢丝固定好，前后轮胎相应位置用锲块垫好锲牢；拔下蓄电池电源接插件，使整车与蓄电池电源断开；将蓄电池的加液孔盖扣紧，蓄电池竖直放置。

16.5.3　安全使用规范

(1) 获得操作资格。只有经过培训并且得到认可的人员才能操作固定平台搬运车。驾驶员在驾驶车辆前要认真阅读车辆使用手册和车辆上的标牌，熟悉各项操作后才能驾驶。

(2) 驾驶车辆时的穿戴。驾驶车辆时请穿上工作服、劳保鞋并戴上安全帽。为了安全，请不要穿宽松的衣服，以免被挂住而导致不可预料的危险。

(3) 工作场所的安全。保持良好的路况，道路应通畅。因安全需要，工作场所必须有充足的光源。在平台或码头跳板上操作时，固定平台搬运车有倾翻的危险，请采用垫块或其他防护措施。

(4) 定期检修。车辆要进行每天检修和定期检修，当发现有损坏或故障时，要停止操作并及时将车辆的状况通知维修人员。故障车辆在被彻底检修前不能操作。

(5) 禁止超载。要遵守固定平台搬运车的牵引能力和承载重量要求，并将货物正确放置在车辆上面。

16.5.4　维护与保养

1. 每日保养

(1) 检查油液是否充足，有无渗漏现象。
(2) 检查轮胎状况，检查车轮紧固情况。
(3) 检查启动、运转是否正常。
(4) 检查电池电量是否充足。
(5) 检查灯光、喇叭、仪表是否正常。
(6) 擦洗车辆外表面。

2. 每行驶 50 h 后的保养

(1) 按每日保养项目进行保养。
(2) 检查铅酸蓄电池电解液液面高度及密度。
(3) 检查转向系统的连接情况，是否有松动。

3. 每行驶 150 h 后的保养

(1) 检查各种电器的线接头是否松动。
(2) 检查制动踏板的自由行程。
(3) 检查铅酸蓄电池，清除电极接头的氧化物，装好电瓶线后，在接头部分涂上凡士林。
(4) 检查牵引钩部分是否有异常或不灵活现象。

4. 每行驶 300 h 后的保养

(1) 检查各部分紧固件。
(2) 检查轮壳轴承间隙，必要时进行调整。

5. 每行驶 600 h 后的保养

(1) 清洗油路管道。
(2) 清洗、检查电池有无裂纹及漏电现象。
(3) 清洁电控及电机等电气系统。
(4) 清洗转向器壳内部，调整转向盘活动量。
(5) 清洗并检查转向轮总成。
(6) 按制动系统放气方法，放掉制动总泵和制动分泵中的部分脏油，并补充清洁的油液。

16.6　常见故障与排除方法

1) 仪表显示故障及排除方法

配置了 CAN(控制器局域网)总线技术以及交互式液晶仪表后，大部分电气故障都可以通过故障代码形式显示在仪表上。查阅故障代码表，然后处理故障，非常快捷。

2) 蓄电池常见故障与排除方法(见表 16-4)

3) 常见的车辆故障与排除方法(见表 16-5)

表 16-4　蓄电池常见故障与排除方法

故障	特征	产生原因	排除方法
极板不可逆硫酸盐化	① 电池容量降低； ② 电解液密度低于正常值； ③ 开始充电和充电完毕时电池端电压过高； ④ 充电时过早产生气泡或开始充电时就产生气泡； ⑤ 充电时电解液温度上升过快	① 初充电不足； ② 已放电或半放电状态放置时间过久； ③ 长期充电不足； ④ 经常过量放电； ⑤ 电解液密度超过规定值； ⑥ 电解液液面过低，导致极板上部露出液面	① 轻者采用均衡充电的方法处理，重者采用“水疗法”； ② 不能过放电； ③ 电解液密度不能超过规定数值； ④ 电解液液面高度和杂质含量应在规定范围内

续表

故障	特征	产生原因	排除方法
电池内部短路	① 充电时电池端电压很低，甚至接近于零； ② 充电末期气泡少或无气泡； ③ 充电时电解液温度上升快，密度上升慢甚至不上升； ④ 电池开路电压低，放电时过早降至终止电压； ⑤ 自放电严重	① 极板弯曲、活性物质膨胀或脱落，导致隔板损坏，造成短路； ② 沉淀物质过多，导致短路； ③ 电池内落入导电物造成短路	① 更换隔板； ② 清除沉淀物和导电物； ③ 更换极板
极板活性物质过早过量脱落	① 电池容量减小； ② 电解液浑浊； ③ 沉淀物过多	① 电解液不符合质量标准； ② 充放电过于频繁或过充、过放； ③ 充电时电解液温度过高； ④ 放电时外电路发生短路	轻者清除沉淀物，重者报废

表 16-5　常见的车辆故障与排除方法

序号	故障描述	排除方法
1	打开电源，仪表无显示，车辆不行驶	检查保险丝是否正常，若损坏请及时更换
		检查电源插头和电池插座是否连接，若未连接请插紧
2	打开电源，整车无电	检查电池插头是否松动，若松动请使劲按一下
		检查电池是否有输出电压，若无电压请更换电池或充电
		检查电源线，是否断开，可以并联
3	接通电源，仪表显示正常，车辆不行驶	检查加速器信号，若无信号更换加速器
		检查手柄开关信号，若无挡位信号更换手柄开关
		检查控制器、电机，若异常及时更换
		检查接触器或继电器，若异常及时更换
4	一次充电后续航里程不足	检查电量是否充足或充电器插头是否接触不良，保证安全
		检查轮胎气压，保证气压充足
		尽量减少启动次数，严禁出现超载现象
		检查制动是否抱死；通过松手刹，调节驱动轮制动器摩擦片距离
		维修或更换蓄电池，保证电池的电量
		对转动、传动部件润滑，降低摩擦阻力和减轻磨损
5	行驶途中自动断电	确认是否因为行驶时间过长或整车过载导致控制器高温自我保护，停止行驶一段时间后再工作
		按整车无电检修方法排除电源线路虚接现象，保证线路通顺
		检查方向开关，保证开关接触灵敏
6	有电不走（大灯和喇叭正常）	查看制动是否抱死，通过松手刹，检查轮胎是否转动
		检查控制器电机线是否松动，可通过紧固安装的电机线来解决
7	整车有异响	检查前后轮安装可靠性，调整轮辋螺栓的扭矩
		检查悬挂部分有无与车架接触；如有接触，可通过增加调整垫片和橡胶垫来解决
		检查固定电机的支架与车架连接处的螺栓是否松动，可通过紧固螺栓来解决
8	行驶费力，速度慢	检查制动是否抱死，通过松手刹，检查轮胎是否转动
		检查轮胎气压是否合适，通过定期充气来解决

第17章

电动游览车

17.1 概述

17.1.1 功用

电动游览车也称为电动旅游观光车，属于区域用电动车的一种，是专门为旅游景区、公园、大型游乐园、封闭社区、校园、花园式酒店、度假村、别墅区、城市步行街、港口等区域开发的自驾游、区域巡逻、代步专用的环保型电动乘用车辆。

随着社会的发展，人们的消费观念也发生了转变，旅游业蓬勃发展，将成为经济发展的支柱产业；同时，随着社会的进步，外出休闲养身、旅游将成为消费必需品。由此可见，发展电动游览车具有十分重要的意义。

17.1.2 术语定义和基本参数

1. 术语定义

(1) 非道路用电动游览车：在指定区域内行驶，以电机驱动，具有4个或4个以上车轮的非轨道无架线的6座以上(含)、23座以下(含)的非封闭型乘用车辆。

(2) 非道路用电动游览列车：一辆电动游览车与一节或多节车厢的组合，其使用区域与游览车相同。

(3) 坡道起步能力：电动游览车在最大爬坡度的坡道上能够起动且1 min内向上行驶至少10 m(且电动游览车电机电流不大于许用电流时)的能力。

(4) 能量消耗率：电动游览车经过规定的等速行驶条件下试验循环后对动力蓄电池重新充电至试验前的容量，从电网中得到的电能除以行驶里程所得的值，单位为W·h/km。

(5) 续驶里程：电动游览车的蓄电池重新充满电，经过规定的试验条件下行驶至蓄电池放电到使用允许值时，电动游览车行驶的里程，单位为km。

2. 基本参数

1) 尺寸参数

电动游览车的主要结构尺寸应符合表17-1中的规定，整车结构尺寸参数见图17-1。

表17-1 电动游览车的主要结构尺寸要求

单位：mm

参数名称		允许范围值
全长 L		$(1\pm1\%)L$
全宽(不包括后视镜)W		$(1\pm2\%)W$
座椅宽度 W_2		$\geqslant400$
全高 H		$(1\pm2\%)H$
最小离地间隙 H_1		$\geqslant H_1$
坐垫靠背高度 H_3		$\geqslant450$
乘员座椅面到顶棚之间的距离 H_4		$\geqslant1\,000$
同向乘员座椅距离 L_3		$\geqslant650$
同向坐垫至前靠背距离 L_2		$\geqslant250$
相向乘员座椅间距 L_4		$\geqslant1\,200$
轴距 L_1		$(1\pm1\%)L_1$
轮距	前轮 W_1	$(1\pm2\%)W_1$
	后轮 W_2	$(1\pm2\%)W_2$

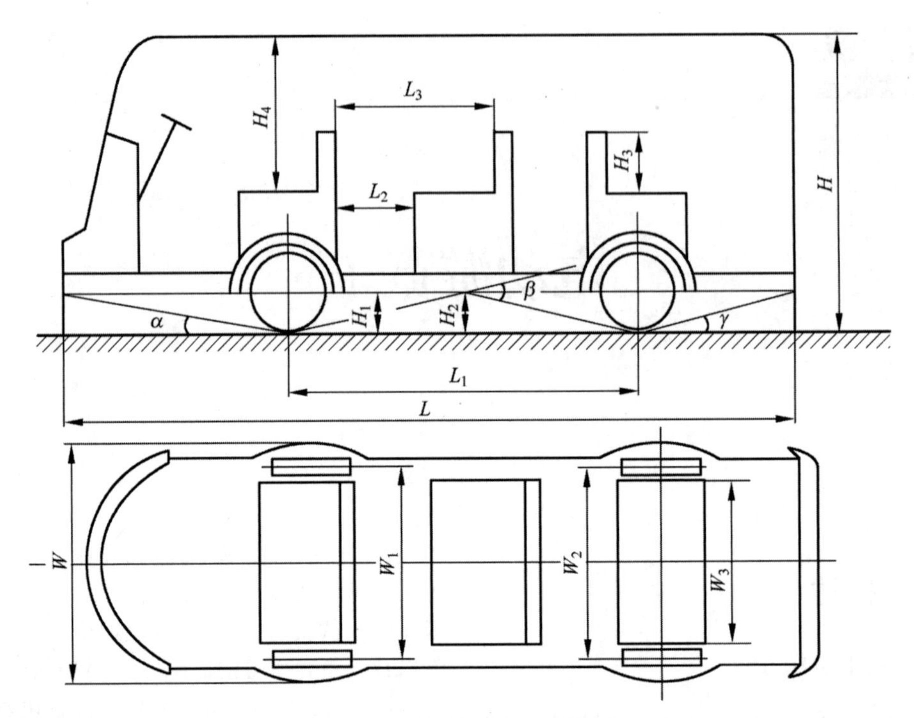

图 17-1　整车结构尺寸参数图示

2）性能参数

电动游览车的主要技术性能参数应符合表 17-2 中的规定。

表 17-2　电动游览车的主要技术性能参数要求

参数名称		允许值范围
最大行驶速度/(km/h)	无载	(1±10%)设计值
	满载	
最小外侧转弯半径/mm		≤设计值
满载最大爬坡能力/%		≥设计值，牵引电机工作电流≤5 min(S2)制工作电流
整体质量/kg		(1±3%)设计值

3）整车速度

应对电动游览车的整车速度加以限制。

(1) 游览车的最高车速不应超过表 17-3 中规定的限值。

(2) 应在设计及技术特性上确保空载及满载状态下的游览车实际最大行驶速度不超过其最高车速，且用户无法自行调整限速，同时不应造成驾驶员正常驾驶习惯的改变。

表 17-3　游览车最高车速限制

单位：km/h

车辆类型	最高车速限制
游览车	30
游览列车	20
具有牵引功能的游览车的最高车速限制与游览列车相应限制相同	

注：实际最大行驶速度是指游览车在平坦良好路面行驶时能达到的最大速度。

3. 技术要求

(1) 游览车应按照经规定程序批准的图样和技术文件制造。

(2) 游览车在明显位置以耐久的材料、清晰的字体在标牌上标明以下内容。

① 制造厂商名称。

② 产品名称和型号。

③ 制造日期和产品编号。

④ 整车整备质量。

⑤ 最大能力：额定载空人数(含驾驶员)。

⑥ 满载最大运行速度。

⑦ 制造许可证编号。

⑧ 特种设备编号。

⑨ 蓄电池额定电压、容量。

⑩ 电机功率。

(3) 游览车辆车身的技术状况应能保证驾驶员有正常的工作条件和乘客安全，并能提供良好的观光视野。

(4) 使用路况应当平坦硬实。存在陡坡、长坡、急弯、窄道、深沟等特殊路况时，应当采取保护措施，设置保护装置、警示标志和限速提示等。

(5) 游览车辆外露表面应美观、光洁。

(6) 游览车辆操纵件、指示器及信号装置的标志设计参照GB/T 4094。

(7) 每位乘员的质量按75 kg计，每位乘员的手提物及随身行李的平均质量之和按10 kg计。

(8) 游览车辆应进行可靠性强化试验。试验时间为200 h，平均故障间隔时间(MTBF)大于或等于100 h，故障类型判断见GB/T 21268。

(9) 特殊规定。游览车应当同时符合以下要求：

① 最大运行速度不得大于30 km/h。

② 额定载客人数(含驾驶员)大于或者等于4人，但不得大于23人。

③ 最大行驶坡度不得大于10%(坡长小于20 m的短坡除外)。

游览列车应当同时符合以下要求：

① 最大运行速度不得大于20 km/h。

② 额定载客人数(含驾驶员和安全员)不得大于72人，并且牵引车头座位数小于或者等于2个，车厢总节数不得大于3节，每节车厢座位数为20～35个(含)。

③ 最大行驶坡度不得大于4%(坡长小于20 m的短坡除外)。

17.1.3 发展历程和发展趋势

1. 发展历程

在20世纪90年代前我国电动汽车基本都是依靠进口，包括电动旅游观光车、电动观光老爷车等。直到1992年我国才有了自行研制和生产的电动车产品，通过十几年的发展，形成了珠三角、长三角、京津冀三大产业集聚区。这些企业现已在国内市场推出电动游览观光车、高尔夫球车、电动巡逻车等。

国内电动游览车的发展史可以分为3个阶段：初级阶段、初现生产规模化阶段、超速发展阶段。

(1) 初级阶段：也称为早期试验性生产阶段。这个阶段主要是对电动游览车的4大件(电机、电池、充电器和控制器)的关键技术进行摸索研究，产品小批量地进入市场试用。

(2) 初现生产规模化阶段：在日益增长的市场需求中，先前研发生产的企业迅速崛起，一些新的企业也开始进入，这些企业对电动游览车的投入也不断加大，使得产能迅速扩展。

(3) 超速发展阶段：这个阶段是中国电动游览车的“井喷阶段”。随着时代的发展与技术进步，电动游览车行业的技术水平大幅提高，电机从单一的有刷有齿电机发展成为无刷高效电机，控制器系统和充电系统的技术水平、电池技术和电机技术也飞速提高，产品在性能提高的同时，制造成本也大幅下降。电池也由单一的铅酸蓄电池演进出多类型的高性能电池，而且锂电池的出现，更加带动了电动游览车，特别是简易款电动游览车的发展。

经历了20多年的发展，国内电动游览观光车产业迅速增长，从弱逐渐到强，在中国众多的产业中独树一帜。

2. 发展趋势

随着旅游业的发展，景区作为旅游的主要活动场所，景区内的交通成为旅游业发展的基础，是贯穿旅游全程的重要一环。电动游览观光车配置高效的信息化管理、智能化体验，在提高游客满意度的同时，更能提升景区企业的核心竞争力。随着旅游产业的不断转型升级，景区规模不断扩大，不仅旅游景区车辆的数量需求不断增加，而且对游览车产品的功能需求也必然会越来越多，越来越细化。

总之，从目前来看，景区旅游观光车市场增长迅速；从未来看，景区旅游观光车市场发展潜力巨大。

17.2 分类

1. 按用途及使用场合分类

电动游览车按用途及使用场合，可分为旅游观光车、巡逻车、高尔夫球车、老爷车(贵宾游览车)等(见图 17-2)。

2. 按结构形式分类

通常所说的电动游览车按结构形式，可分为电动游览车和电动游览列车(见图 17-2)。

(a)

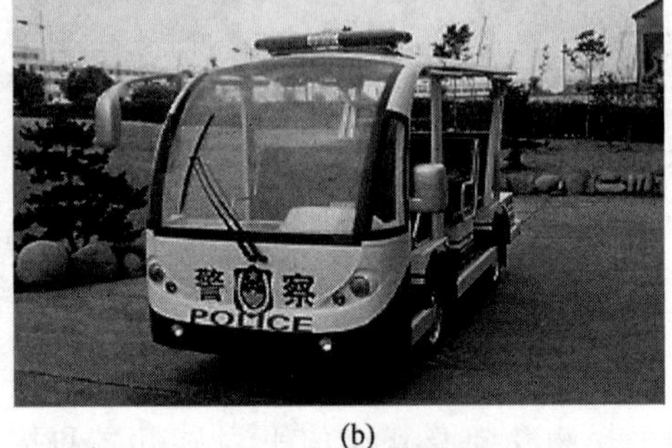

(b)

(c)

(d)

图 17-2 电动游览车

(a) 旅游观光车；(b) 巡逻车；(c) 电动游览列车；(d) 高尔夫球车

这里所说的电动游览车是狭义的电动游览车，指具有 4 个以上(含)车轮的非轨道无架线的非封闭型自行式乘用车辆。电动游览列车是指具有 8 个以上(含)车轮的非轨道无架线的，由一个牵引车头与一节或者多节车厢组合的非封闭型自行式乘用车辆。

下文描述的电动游览车为上述两种车型的统称。

17.3 典型电动游览车的结构组成和工作原理

17.3.1 结构组成

图 17-3 为某电动游览车的结构组成图，它由车身系统、转向系统、驱动系统、传动系统、制动系统、悬挂系统、电气系统等组成。

17.3.2 工作原理

电动游览车是以蓄电池为动力源，用电机驱动车轮行驶的车辆，具有结构简单、技术成熟、运行可靠等特点。

电机驱动控制系统是电动车辆行驶中的主要执行结构，驱动电机及其控制系统是电动车辆的核心部件(电池、电机、电控)之一，其驱动特性决定了车辆行驶的主要性能指标，它是电动车辆的重要部件。

电动车和燃油式车辆的主要区别就在于电动车有电机、调速控制器、动力电池等零部件，且电动车的启动速度取决于驱动电机的功率和性能。

电动游览车的转向方式分为机械转向和

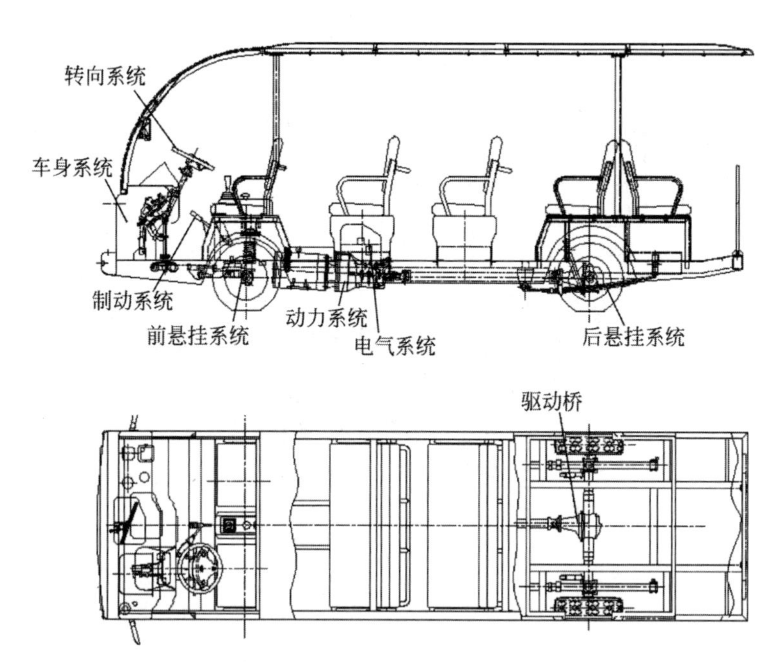

图 17-3　电动游览车结构组成图

助力转向两种，其工作原理与电动固定平台搬运车类似，可以根据驾驶舒适性、性价比等因素进行选择。图 17-4、图 17-5 用图框的形式介绍了电动游览车的工作原理。

1. 车身系统

电动游览车的车身系统用于乘坐驾驶员、乘客，同时支承或安装其他系统部件，包括车架、覆盖件、护顶架、座椅等。

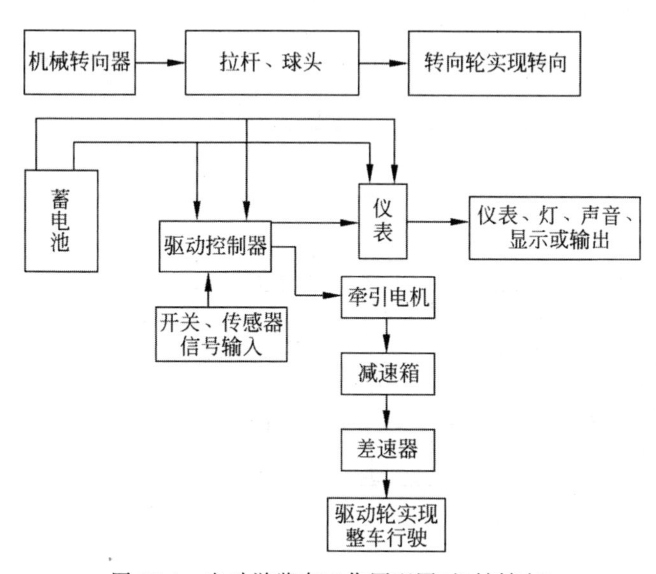

图 17-4　电动游览车工作原理图(机械转向)

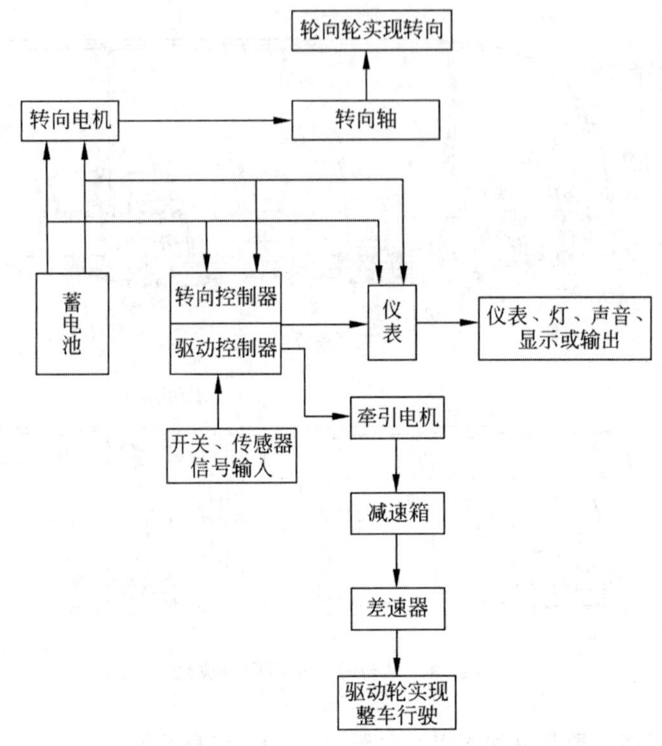

图 17-5 电动游览车工作原理图(助力转向)

1）车架

车架是电动游览车各系统总成、零部件的安装基体，它将电池、电机、覆盖件、前后桥等连成一个有机整体，制动管路、电气线路也以车架为依托进行布局。

电动游览车的车架基本上采用组合框式结构，见图 17-6，其主要结构尺寸及其确定依据见表 17-4。

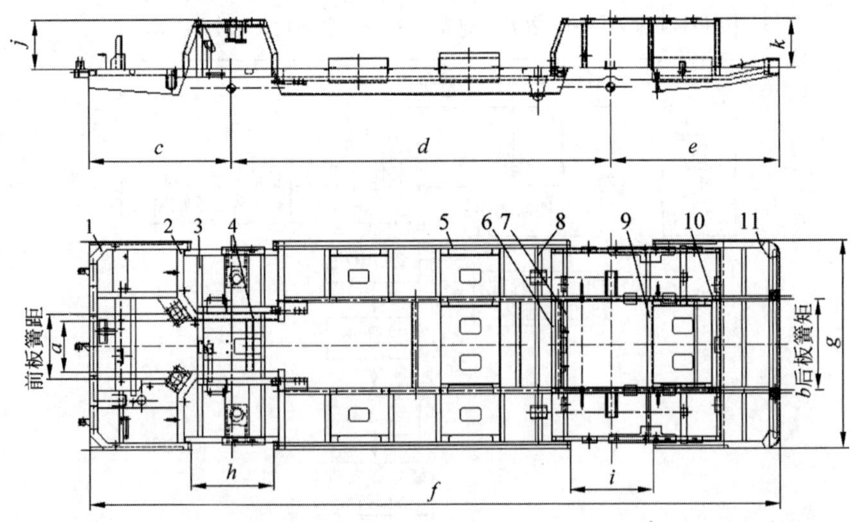

1—前悬总成；2—前轮支架总成；3—前主梁内横梁；4—前主梁；5—边梁；6—主梁过渡前梁；7—主梁过渡后梁；8—边横梁；9—后主梁内横梁；10—后主梁；11—后轮支架总成。

图 17-6 电动游览车的车架结构图

表 17-4　电动游览车的主要结构尺寸及其确定依据

尺寸编号	结构尺寸	确定依据
a	前主梁距	前桥板簧距或前转向轮极限位
b	后主梁距	后桥板簧距或后桥轮系内侧距
c	前悬	驾驶员座位及操作空间、转向轮活动空间
d	轴距	座位排数及排间距、前后桥上轮室尺寸
e	后悬	后桥结构尺寸(如板簧跨度)及后设的座位、载货平台等
f	总长	前悬、轴距、后悬
g	总宽	前后桥外侧距离或座位数
h	前轮室宽	转向轮极限位置,前后活动量
i	后轮室宽	后轮尺寸,前后活动量
j	前轮支架高	车架与前轴相对高度
k	后轮支架高	车架与后轴相对高度关系或板簧布局形式

2) 覆盖件

电动游览车的覆盖件包含车顶、前脸、座椅罩、裙边等零部件,因为要求成型美观、质量轻及成本低,同时需要较高的强度,通常采用聚合物复合材料制成,目前使用较多的为玻璃钢。

2. 转向系统

电动游览车的转向系统包含转向盘、转向器和转向管柱等。

电动游览车由于车速较慢,制造成本低,一般会采用机械式的蜗杆曲柄指销式、齿轮齿条式转向器等形式,结构简单,维护方便,但转向操纵稍有点费力。若采用电动助力转向系统,则转向轻松,但成本高,系统复杂。

本节以机械式转向为例进行说明,见图 17-7。

机械式转向采用齿轮齿条式转向器,使转向摇臂轴转动,带动摇臂摆动,使其末端获得所需要的位移,从而实现前轮的转向。机械式转向具有正效率高、能自动消除磨损间隙、工作可靠、转向操纵轻便、灵活等优点。

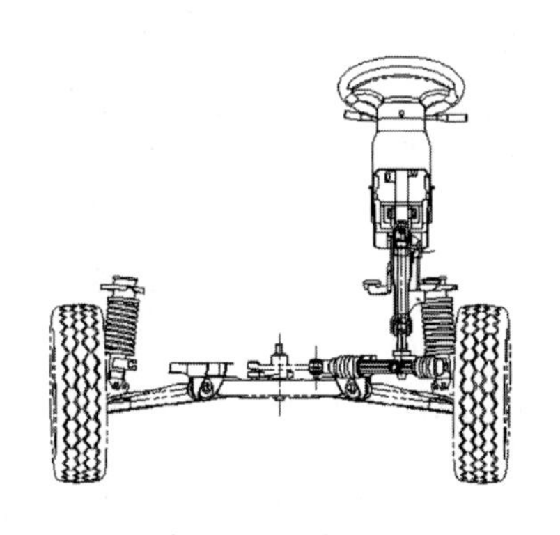

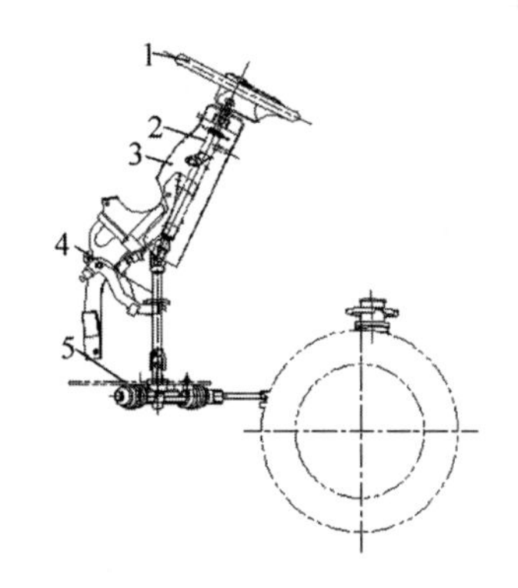

1—转向盘;2—转向管柱;3—罩壳;4—万向节;5—齿轮齿条式转向器。

图 17-7　机械转向结构图

3. 驱动系统

电动游览车的驱动桥包含减速器、差速器、半轴、后轮、制动器等,见图 17-8、图 17-9。

驱动桥通常采用单电机集中驱动,由减速箱总成、差速器总成及驱动桥总成组成。驱动电机与减速器主动齿轮直接或间接相连,通过一级或两级减速,将扭矩传送至左右两个驱动轮,电机轴线与车轮轴线垂直或平行,因此减速器采用一级锥齿轮或两级圆柱齿轮。

一级减速驱动桥的结构简单,重量轻,常应用于小型电动游览车;如果应用在重载及大吨位电动游览车,则需要通过传动轴与驱动电机换挡变速箱连接,以实现驱动扭矩放大。

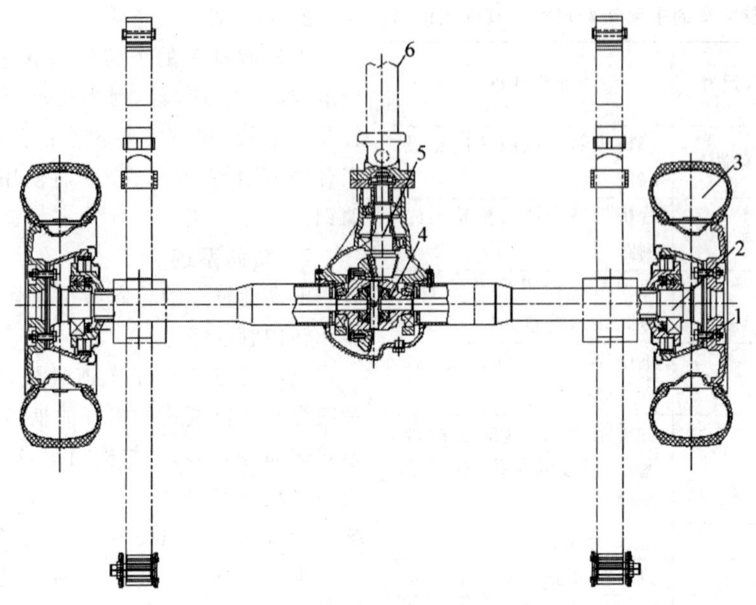

1—制动器；2—半轴；3—轮胎；4—差速器；5—减速器；6—传动轴。

图 17-8 一级减速驱动桥结构图

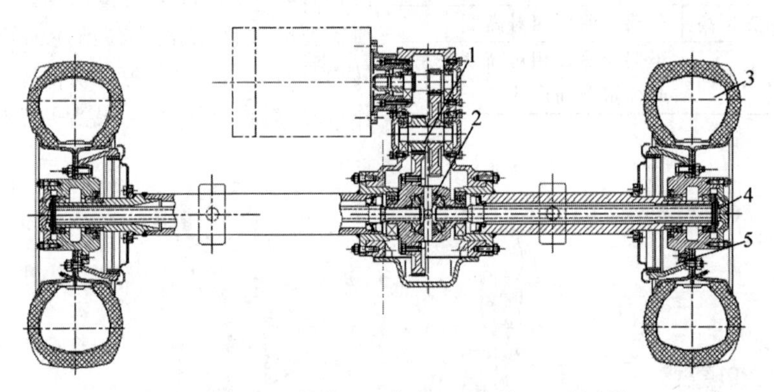

1—减速器；2—差速器；3—轮胎；4—半轴；5—制动器。

图 17-9 两级减速驱动桥结构图

对两级减速器驱动桥，由于驱动电机扭矩两次减速增扭，通常应用于大型、重载电动游览车。

4. 传动系统

电动游览车的传动系统分为机械变速传动和无级变速传动两种。其中，机械变速传动与传统汽车的动力传动方式类似，采用离合器、变速箱、万向传动轴装置，实现机械变速；另一种是电机与驱动桥连接，实现无级变速。

两种变速方式各有优点。机械变速传动比丰富、动力分配广泛，提高了车辆的行驶速度和不同坡道的适用性，减少了电池耗电量，增加了续航里程。无级变速取消了离合器、变速箱、万向传动装置等部件，简化了整车结构，操作也简单，减少了用户维护保养的工作量，但其动力分配范围较小，在8座以上车辆中采用无级变速对坡道的适用性较差。

由于机械变速传动具有爬坡能力强、速度调整范围大等特点，目前已得到广泛应用。其动力传动的原理是变速箱与电机通过法兰盘连接，电机输出扭矩通过一根传动轴与驱动桥连接，变速箱采用成熟的微型客车变速箱，实现车辆换挡变速及前后方向调整。

图17-10为某车型电动游览车的机械变速传动结构示意图。

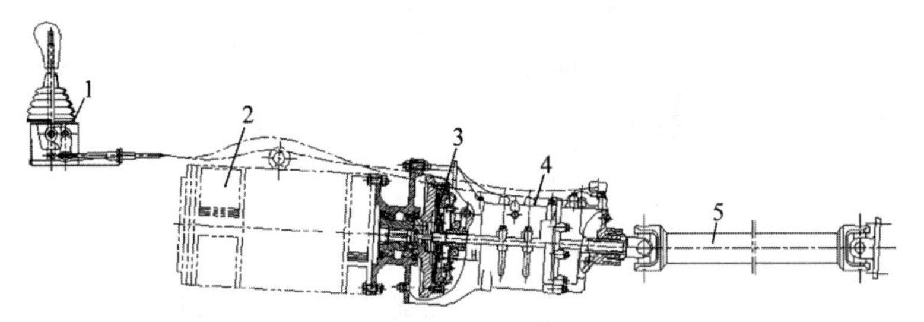

1—变速操纵杆；2—电机；3—离合器；4—变速箱；5—万向传动轴装置。

图17-10　机械变速传动结构示意图

5. 制动系统

电动游览车的制动系统是车辆的重要组成部分，它直接影响车辆与乘坐人员的安全，通常具有以下特点：

（1）有足够的制动力。

（2）任何速度制动时，整车不会丧失操纵性和方向稳定性。

（3）水和污泥不容易进入制动器工作表面。

（4）制动器的热稳定性好。

（5）操作轻便。

（6）作用滞后性（包括产生制动和解除制动的滞后时间）短。

某车型电动游览车液压双回路行车制动系统结构如图17-11所示，某车型电动游览车驻车制动系统结构如图17-12所示。

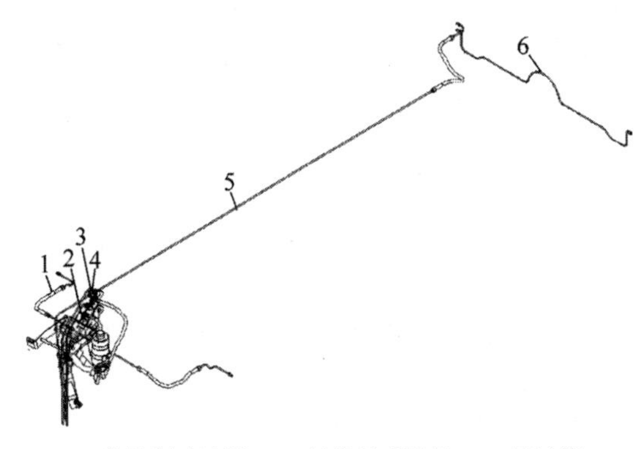

1—前轮制动油管；2—行车制动踏板；3—储油罐；4—制动泵；5—车身制动油管；6—后轮制动油管。

图17-11　行车制动系统结构示意图

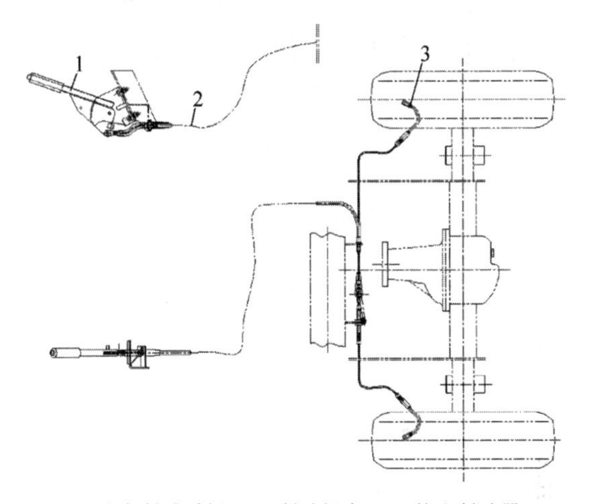

1—驻车制动手柄；2—制动钢索；3—轮边制动器。

图17-12　驻车制动系统结构示意图

6. 悬挂系统

电动游览车的悬挂系统分为前悬挂系统和后悬挂系统。其中，前悬挂系统多采用麦弗逊式独立悬挂，主要由横摆臂、横摆臂支承杆、双向作用筒式减振器、螺旋弹簧等部分组成；后悬挂系统采用渐变式钢板弹簧结构。

某车型电动游览车前悬挂结构如图17-13所示，采用的是麦弗逊式悬挂结构。

麦弗逊式悬挂结构主要由螺旋弹簧套在减振器上组成，减振器可以避免螺旋弹簧受力时向前、后、左、右偏移的现象，限制弹簧只能做上下方向的振动，并可以用减振器的行程长短及松紧，来设定悬挂的软硬及性能。麦弗逊式悬挂结构简单、重量轻、响应速度快，并且在

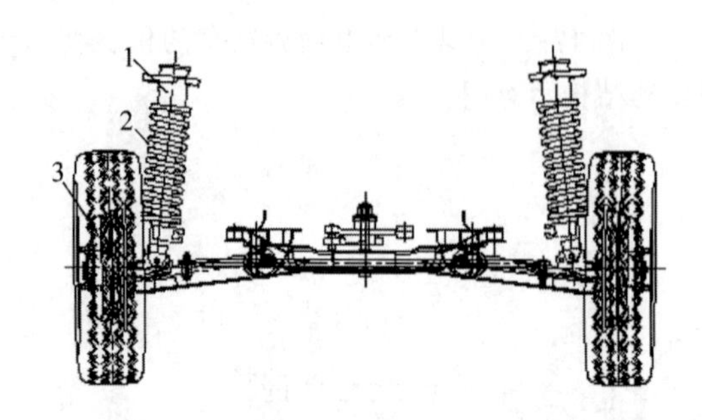

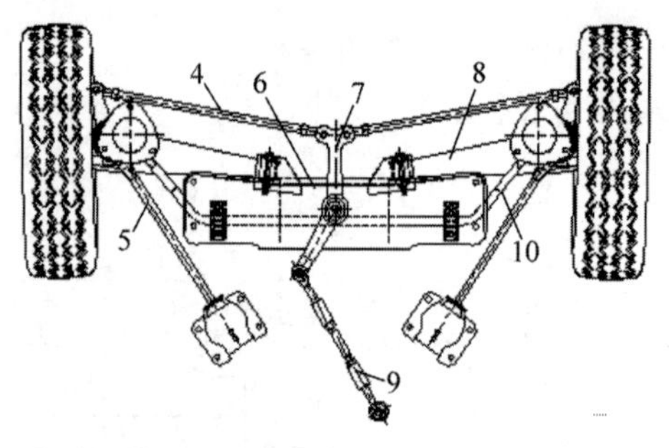

1—减振器；2—螺旋弹簧；3—转向节；4—横拉杆；5—斜拉杆；6—前梁总成；7—摇臂；8—横摆臂；9—摇臂拉杆；10—横摆臂支承杆。

图 17-13　前悬挂结构示意图

一个下摇臂和支柱的几何结构下能自动调整车轮外倾角，使其能在车辆转弯时自适应路面，使轮胎的接地面积最大化。虽然麦弗逊式悬架并不是技术含量很高的悬架结构，但其在行车舒适性上的表现还是令人满意的。不过由于其构造为直筒式，对左右方向的冲击缺乏阻挡力，抗制动点头作用较差，悬挂刚度较弱，稳定性差，转弯侧倾明显。

某车型电动游览车后悬挂结构如图 17-14 所示。

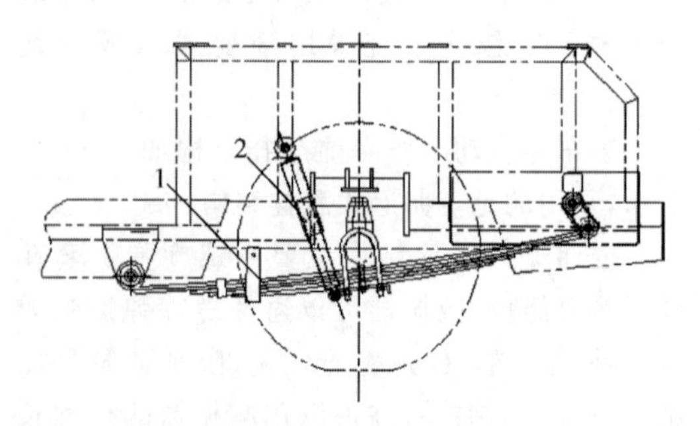

1—多片钢板弹簧；2—双向筒式液压减振器。

图 17-14　后悬挂结构示意图

后悬挂系统采用钢板弹簧悬挂方式，是目前常用的形式，结构简单，成本低，工作可靠。钢板弹簧悬架可分为多片钢板弹簧悬架和少片钢板弹簧悬架。

7. 电气系统

电动旅游观光车与传统的燃油汽车有本质上的不同，不仅要求安全耐用，而且要求价格低廉。首先，能量系统一般采用高性能的铅酸蓄电池，采用车载充电机的直流电控系统，可以为整车提供足够的能量。其次，驱动电机的选择上突破了传统能量系统的局限，采用直流电机，不仅成本较低，而且控制操作简单，相对成熟的技术既减少了燃油发动机对环境的污染，又保证了旅游观光车在行驶过程中的稳定性、制动性、动力性等，提高了车辆的使用性能。

1）电源系统

（1）动力电池组

目前，在电动游览车、观光车上使用的电源基本上都是动力型蓄电池。

动力型蓄电池由正负极柱、正负极板、隔板、防护板、加液口、蓄电池盖、蓄电池壳等组成。正极板一般采用管式极板，负极板是涂膏式极板。动力型蓄电池的特点是容量大，连续放电时间长，每节蓄电池的电压为 6 V。一般 8～11 座观光车的电压为 48 V，由 8 节蓄电池串联而成。11 座以上观光车的电压等级为 72 V，由 12 节蓄电池串联而成。受玻璃纤维的保护，管内的活性物质不易脱落，因此管式极板寿命相对较长。

（2）充电机

充电机内部集成有源功率因素校正(PEC)，可以实现对电网零污染，避免大电流冲击电网；充电过程的智能温度补偿处理功能，可以避免蓄电池出现过充或者欠充等原因引起的损坏，从而延长了蓄电池的使用寿命。同时，充电机还具有以下保护特性：

① 过热保护。当充电机内部温度超过 75℃时，充电电流自动减少；超过 85℃时，充电机保护性关机；温度下降时，自动恢复充电。

② 短路保护。当充电机输出发生意外短

路时，充电机自动关闭输出，故障排除后，延时 10 s 重新启动充电。

③ 反接保护。当电池反接时，充电机会切断内部电路与电池的连接，不会启动充电，且不会有任何损坏。

④ 输入低压保护。当输入交流电压低于指定电压时，充电机保护性关机，电压正常后自动恢复工作。

车载充电机需要做防水、抗振设计，防护等级需要达到 IP65，抗振等级需要达到 SAE J1378。充电机的参数根据蓄电池的参数进行调整，由图 17-15 可以看到，充电过程可以分为 5 个阶段。

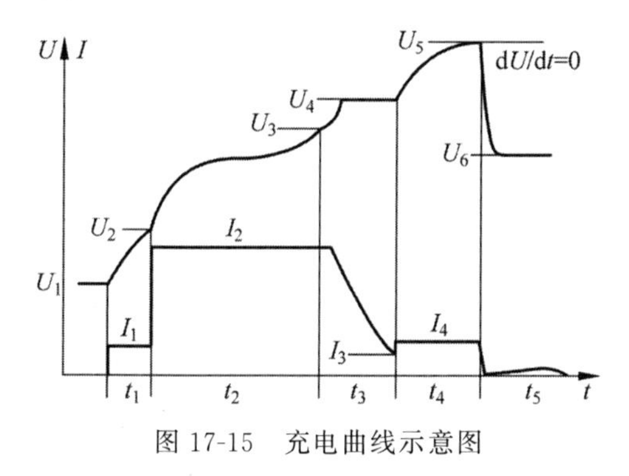

图 17-15　充电曲线示意图

① 预充电阶段。蓄电池接入充电器后，检测蓄电池电压，对于电压在 $U_1 \sim U_2$ 的蓄电池，以 I_1 的电流进行恒流预充电，在蓄电池电压达到 U_2（或者充电时间达到 t_1）时转入下一阶段充电。

② 恒流充电阶段。充电电流为 I_2；在充电电流达到 U_3 时，进入下一阶段充电。

③ 恒压限流充电（恒功率充电）阶段。充电电流分阶段逐步上升至最高恒压充电电压 U_4，在恒压充电电流下降到 I_3（或充电时间达到 t_3）时转入下一阶段。

④ 涓流充电阶段。充电电流为 I_4，充电最高电压限制为 U_5，充电限制时间为 t_4。

⑤ 浮充充电阶段。充电电压为 U_6，充电时间为 t_5。

车辆充电时间为 8 h 左右，充电时会产生易燃气体，产生热量。因此，需要注意以下几点：

① 充电场地应该保持清洁、干燥、通风，远离热源不得少于 2 m，远离火花、烟头等。

② 电源插座必须接漏电保护开关，搭铁线必须接好。

③ 接电源插座的电线直径必须在 4 mm^2 以上，插座电流需要 16 A 以上，1 个插座单独供 1 台车充电使用。

④ 电源总线应根据充电车辆数量加大对应的线径。

⑤ 充电插座的引线长度需要在 8 m 以内，如超过，则需加大线径。

(3) DC-DC 转换器

为确保车辆的电气安全性，一般采用隔离式 DC-DC 转换器。其工作原理为：通过“直流—交流—直流”的方式进行变压，再由变压器将输入与输出隔离。基本参数为：输入电压范围为 35～65 V，额定输入电压 48 V，输出电压范围 11.5～12.5 V，额定功率 280 W，电源形式为隔离式。

2）牵引系统

电动游览车的电气控制牵引系统与电动牵引车基本相同，具体见第 12 章。

3）制动系统

电动游览车可以通过控制电机运行实现行车制动并通过电气控制参与车辆的停车制动。制动系统与电动牵引车基本相同，具体见第 12 章。

17.4　选型

17.4.1　选型原则

首先，根据电动游览车的使用工况、环境等，选定游览车应达到的吨位及行驶性能等。

其次，选定电机、电池、制动系统、减振系统、电控等核心部件。一般国外品牌厂商的价格相对贵些，但质量方面更有保证。

再次，选择轮胎、遮阳帘、播放器、座椅（公交座椅、软皮座椅和玻璃钢座椅）、座位（4 座、6 座、8 座）等部件，这些主要是外形美观上的区别。但档次越高的产品，价格也会略高一些。

最后，由规模大、实力越雄厚的公司生产的车辆，配置往往更合理，售后更方便、快捷，客户购买越放心。

17.4.2 用户案例

本节以某野生动物园使用的 YLD08 型电动游览车为例（见图 17-16），介绍用户选型和产品使用情况。

图 17-16 某野生动物园使用的 YLD08 型电动游览车

该野生动物园建在山区，路况复杂，有大量崎岖陡峭的山坡，经过测量，坡度达到 20%，长度 100 m，客流量较大，日均工作 6 h 以上。

根据以上信息，用户选择 YLD08 型电动游览车，配置大功率 6 kW 交流驱动电机，选用进口 Curtis 控制器，48 V/404（A・h）蓄电池组，满足复杂工况、产品稳定可靠、充电方便快捷、性价比高的要求，经过 5 年多的使用，反馈良好。

17.5 使用与维护

17.5.1 工作场所与使用环境

1. 地面状况

（1）电动游览车的使用场所应是平坦而坚固的路面或地面，且通风条件良好。

（2）电动游览车的性能取决于地面状况，运行速度应调整适当，在斜道或粗糙路面上行驶时要特别小心。

① 运行在泥路上的车辆，确保能及时停下。

② 绕开石块和树桩，不可避免时，减速慢行。注意不要损坏车辆底盘。

③ 在冰雪路面运行时，使用防滑链，避免急加速、急停车、急转弯，应通过加速踏板力来控制行驶速度。

④ 装防滑链后可以增大驱动力，但侧滑性能会降低，应特别引起注意。

⑤ 需要通过坡道时，注意整车减速慢行，避免坡道突然加速、减速等；禁止坡道转弯，避免危险！

2. 环境条件

（1）电动游览车应在规定的环境下使用。工作温度：－35～55℃；相对湿度：≤85%；海拔高度：≤3 000 m。

（2）在风力很大的情况下，尽量避免让电动牵引车在室外工作，以防止给驾驶员造成意外伤害。

（3）不允许在易爆环境中使用电动游览车。

3. 灭火器的设置

为了防止火灾的发生，要设置好灭火器，事先一定要确认其保管场所和正确理解其使用方法。

17.5.2 拆装与运输

在有坡道的情况下，游览车可直接驶上运输车辆。

如要起吊游览车，必须使用有足够提升力的吊绳和起重机，车重参见车辆铭牌。在前后左右起吊点上各放置一个吊钩。吊钩位置为车架内侧起吊环。

为防止游览车损坏，可在吊绳与游览车之间垫上橡胶垫等物品。

整车运输时，所有轮胎前后均应放置楔块且拉起手制动器，防止车辆移动；在长途运输时还要增加辅助拉索，将游览车从 4 个方向拉牢，避免在运输过程中损坏车辆。

17.5.3 安全使用规范

旅游观光车是人们休闲、观光的代步工具，承载着游客穿梭于山区、巷道、景点，因此车辆安全、人身安全问题是旅游观光车特别要关注的。国家把非公路用旅游观光车纳入了场(厂)内机动车辆中进行管理,对基础条件提出了强制性要求。制造商必须获得国家质检总局颁发的制造许可证,方能进入市场。

在日常使用过程中,须遵循以下安全规范:

(1) 使用前应注意检查车况是否良好,确保车辆的安全可靠。

(2) 在车辆刚起步时应该缓慢加速,避免由于瞬间急加速而造成有关元器件的损伤。

(3) 在保证安全的前提下,行驶中应尽量减少频繁启动、制动。

(4) 在充电时应该使用配套的充电器,尽量不要使用其他品牌的充电器,只有专用充电器,才能达到最佳充电效果。

17.5.4　维护与保养

1. 严禁亏电

电动游览车的蓄电池在存放时严禁处于亏电状态。亏电状态是指电动游览车使用后长时间(一个月以后)没有及时充电。在亏电状态下存放电池,很容易出现硫酸盐化,硫酸铅结晶物附着在极板上,从而堵塞电离子通道,造成充电不足、电池容量下降。亏电状态闲置时间越长,电池损坏越严重。因此,观光车闲置不用时,应每月补充电一次,这样能较好地避免电池容量下降状态。

2. 定期检查

在使用过程中,如果游览车的续行里程在短时间内突然大幅下降,则很有可能是电池组中至少有一块电池出现了问题,车辆需停止使用,进行检查修复。

3. 避免大电流放电

电动游览车在起步、载人、上坡时,尽量避免猛踩加速踏板,以免形成瞬间大电流放电。大电流放电容易导致产生硫酸铅结晶,从而损害电池极板的物理性能。

4. 把握充电时间

在使用过程中,应根据实际情况准确把握充电时间,参考平时使用频率及行驶里程情况,把握充电频次。过度充电、过度放电和充电不足都会缩短电瓶寿命。

5. 避免插头过热

电源插头或充电器输出插头松动、接触面氧化等现象都会导致插头发热,发热时间过长会导致插头短路或接触不良,损害充电器和电瓶。所以发现上述情况时,应及时清除氧化物或更换接插件。

6. 经常检查轮胎气压

要将轮胎气压保持在正确的压力,每两星期或至少每个月检查一次轮胎气压。

不正确的轮胎气压会造成耗电、行驶里程短,降低驾驶的舒适性,缩短轮胎寿命并降低行车安全性。

7. 其他注意事项

(1) 每天出车前先检查电量是否充足,制动性能是否良好,螺丝是否松动等,有故障应及时修理排除,检查完成确定没有故障后才能出车。

(2) 充电应在儿童无法接触到的地方进行。

(3) 每次停车都必须关闭电源开关,拔出钥匙,将挡位开关扳至空挡位置,并将手制动拉起。

(4) 维修或更换电瓶、电器时,须关闭电源总开关后再进行操作。

(5) 儿童在车内玩耍时要拔掉钥匙开关,以免造成危险。

(6) 电动车行驶前,须检查车门是否关紧。

(7) 因事故或其他原因造成起火时应立即关闭电源总开关。

8. 变速器的定期保养

(1) 在长期使用过程中,变速器操纵结构件可能产生磨损,造成操作不灵活。若操作时存在挂不上挡、换挡不到位现象,应调整软轴长度,使各挡位均处于正确位置。调整前,应确保软轴长度有一定的自由行程,有缺陷的衬套必须更换。

(2) 调整时,将变速器操纵杆置于空挡位置,松开变速器端软轴接头的锁紧螺母,进行长度调整,同时使变速器选挡轴臂和换挡轴臂处于理想的中间位置。

(3) 要经常检查变速器润滑油面的高度，发现低于规定油面时要及时补油，每半年必须更换润滑油。

9. 轮胎及前束的调整

1) 轮胎的调整

车辆行驶一定里程后，轮胎会出现磨损现象，由于轮胎的磨损位置与程度不同，为了延长轮胎的使用寿命，应该进行轮胎换位。轮胎换位原则如下(见图 17-17)：

(1) 前轮应安装相同型号、均衡、磨损少的轮胎。

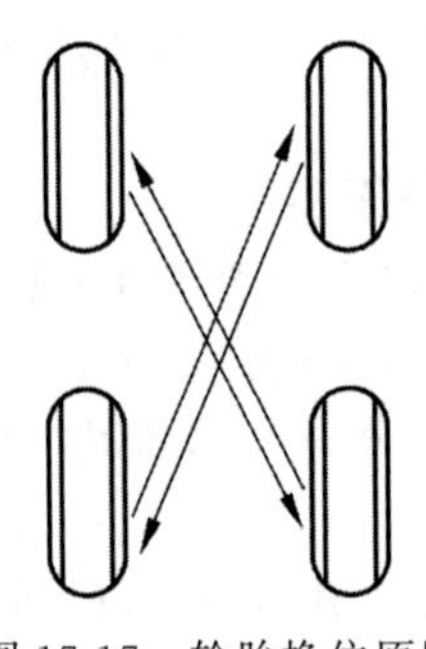

图 17-17 轮胎换位原则

(2) 换位后，轮胎的传动方向应与换位方向相反。

(3) 新轮胎必须成对使用。

(4) 检查车轮轮辋，如果有裂纹则应更换。

2) 前束的调整

在左右前轮的轴线高度处各做一测量标记，用卷尺测量左右标记之间的距离 A，将车辆前轮向前滚动半圈，使测量标记处于后方与车轮轴线等高的位置，用卷尺测量左右标记之间的距离 B，前轮前束值即为 $B-A$，正常应保持在 5～8 mm。

前轮前束调整时，松开左右横拉杆两端球销的锁紧螺母，对称地转动调节左右横拉杆的长度以调整前束，要保证左右拉杆的长度相等。调整完成后，将锁紧螺母拼紧。

17.6 常见故障与排除方法

电动游览车的常见故障与排除方法见表 17-5。

表 17-5 电动游览车的常见故障与排除方法

序号	故障描述	排除方法
1	打开电源，仪表无显示，不行驶	查明原因并更换保险丝
		更换电源插头或电池插座
		更换电源锁或接插件
2	打开电源，整车无电	看电池插头是否松动，使劲按一下
		看电池是否有输出电压，可能是电池内部线路断开了
		看电源线是否断开，可以并联
		看电源线，从电池到电源是否断开，如果断开，按住即可
3	接通电源，仪表显示正常，但车辆不行驶	充足电
		更换调速手柄
		更换断电开关
		修理或更换控制器、电机
		更换继电器
4	一次充电后续航里程不足	充足电或排除充电器插头接触不良
		检查轮胎气压，若不符合要求，进行调整
		尽量减少频繁制动、启动次数和载重工况
		维修或更换蓄电池，保证电池充满电
		调整制动状态
		给转动、传动部件润滑

续表

序号	故障描述	排除方法
5	行驶途中自动断电	确认是否因为行驶时间过长或整车过载导致控制器高温自我保护
		按整车无电检修方法排除电源线路虚接现象
		更换新方向开关
6	蓄电池充不进电	更换插头或插座
		焊接连接线
		修理或更换充电器
7	有电不走(大灯和喇叭正常)	检查制动开关是否未回位,若未回位按要求调整
		然后观察控制器电机线是否松动,电动车各部位的插件线路是否松动,若有松动及时紧固
8	整车有异响	检查前后轮安装可靠性,紧固轮辋螺栓
		检查前后轮挡泥板是否松动而导致行驶时贴合轮胎,紧固螺栓或增加调整垫片
		检查减振弹簧部分有无接触并摩擦减振内筒,通过增加调整垫片来避免
		检查固定电机的支架与车架连接处的螺栓是否松动,定期紧固螺栓
9	行驶费力,速度慢	检查制动是否抱死,通过调节轮胎制动器刹车片距离来解决
		检查轮胎气压是否合适,定期给轮胎充气
		检查蓄电池电压是否充足,定期充电
		检查是否超过了限制坡度或顶风,通过降载或者在合适坡度及风量小的状况下安全行驶

第18章

站式电动牵引车

18.1 概述

18.1.1 定义和功用

站式电动牵引车主要是为场地较小的场所货物运输而设计的车辆。它用电机驱动，靠蓄电池提供能源。因其车体紧凑、移动灵活、自重轻和环保性能好等特点，在汽车零部件、短途运输等行业得到普遍应用。在多班作业时，需要配备备用电池。

18.1.2 发展历程及现状

我国站式电动牵引车的发展经历了从纯进口，到学习和技术引进阶段，再到自主开发阶段(直流铅酸、交流铅酸、交流锂电)，以及到现在的智能交流站式电动车开发阶段。

尤其是近年来，随着物流业的发展和环保要求的提高，电动牵引车的市场需求量越来越大，用电动牵引车代替内燃牵引车是未来发展的必然趋势。随着社会的发展与技术的快速进步，三电(电机、电控、电池)技术水平快速提高，给站式电动牵引车的发展带来了巨大商机。

经历了多年的发展，国内站式电动牵引车产业迅速增长，从无到有，从弱逐渐到强，在中国众多产业中独树一帜。

18.1.3 发展趋势

由于中国物流行业起步较晚，目前站式电动牵引车的市场还不是很大，但可以预见，随着国家日益发展，站式电动牵引车的市场潜力巨大。

未来站式电动牵引车的发展将面临两个趋势：系统化和专业化。系统化是站式电动牵引车发展的最重要的部分，国外的站式电动牵引车发展技术明显比国内高，从产品更新换代的周期就可以看出来。中国在这样的背景环境下要脱颖而出，就务必要实现站式电动牵引车的系统化。

专业化是让产品成为主流的主要因素。近年来，中国工业发展迅速，各大工厂、自动仓储中心和物流配送中心的建立，使得站式电动牵引车的需求越来越大。巨大的竞争导致各品牌争相降低成本，促成产品的大量销售。要想在众多品牌中脱颖而出，占据主导位置，就一定要利用专业化的技术。除此之外，智能化、节能化也是站式电动牵引车发展的趋势所在。

18.1.4 技术要求

站式电动牵引车主要结构尺寸(见图18-1)的制造要求应符合表18-1中的规定。

站式电动牵引车主要技术性能参数的要求应符合表18-2中的规定。

牵引电机应采用S2-60 min或S2-30 min工作制。电动机的绝缘等级应不低于F级。

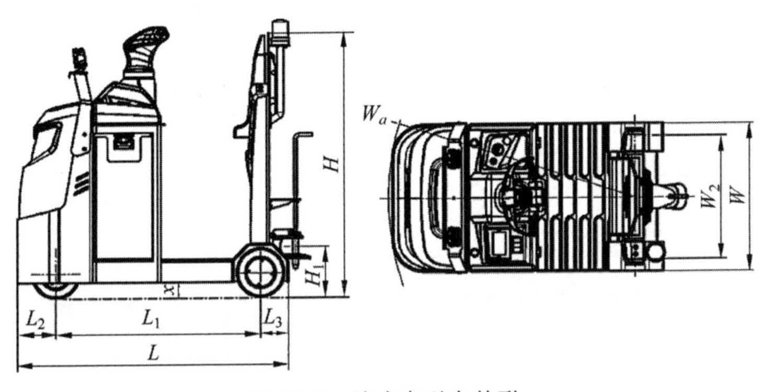

图 18-1 站式牵引车外形

表 18-1 站式牵引车主要结构尺寸的制造要求

参数		要求
长度 L		$(1\pm1\%)L$
宽度 W		$(1\pm1\%)W$
高度 H		$(1\pm1\%)H$
轴距 L_1		$(1\pm1\%)L_1$
轮距	后轮 W_2	$(1\pm2\%)W_2$
最小离地间隙 x		$\geqslant0.95x$
前悬距 L_2		$(1\pm3\%)L_2$
后悬距 L_3		$(1\pm3\%)L_3$
挂钩中心离地高度 H_1		$(1\pm4\%)H_1$

表 18-2 站式牵引车主要技术性能参数的要求

参数名称		技术要求
空载质量 G_0		$(1\pm5\%)G_0$
前轴荷 G_f		$(1\pm3\%)G_f$
后轴荷 G_h		$(1\pm3\%)G_h$
最小转弯半径 W_a		$\geqslant1.05W_a$
最大运行速度	无载 V_{max}	$(1\pm10\%)V_{max}$
	满载 V'_{max}	$(1\pm10\%)V'_{max}$
最大挂钩牵引力 F_{max}		$\geqslant F_{max}$
额定挂钩牵引力 F		$\geqslant F$
续航里程 S		$\geqslant S$

18.2 分类

站式电动牵引车一般按转向方式分成以下两种：

(1) 机械转向站式电动牵引车；

(2) 电转向站式电动牵引车。

18.3 系统结构及工作原理

站式电动牵引车由驱动单元、转向系统、车身系统、牵引机构、电气系统等组成，下面分别予以介绍。

1. 驱动单元

站式电动牵引车的驱动系统结构如图 18-2 所示。其工作原理为：电机输出轴与主动齿轮通过花键连接，靠花键上端圆周面定心，通过螺栓将电机法兰盘固定于连接板上。主动齿轮通过轴承固定于壳体上，主动齿轮与被动齿轮啮合传动实现一级减速；通过输入轴与螺旋伞齿轮啮合传动实现二级减速，传递方向改变90°将动力传至输出轴，从而带动驱动轮转动。整个驱动装置的转向方式为电转向，即通过转向电机带动一对啮合的齿轮副，转向方式简洁、轻松、方便。

2. 转向系统

站式电动牵引车的转向系统主要由转向盘操纵总成、电转向控制器、转向电机、转向减速机构等组成。其工作原理为：转向盘转动时产生转角信号，转角传感器检测转向盘的给定信号并把信号送入电转向控制器，电转向控制器对这些信号进行处理后得到控制电压 U，然后通过控制 PWM 信号的占空比把控制电压加到电机两端，对转向电机进行控制，经过转向减速机构减速，使转向轮按规定的方向转动规定的角度，左右 90°转角通过安装在转向齿轮箱上的转向接近开关控制。

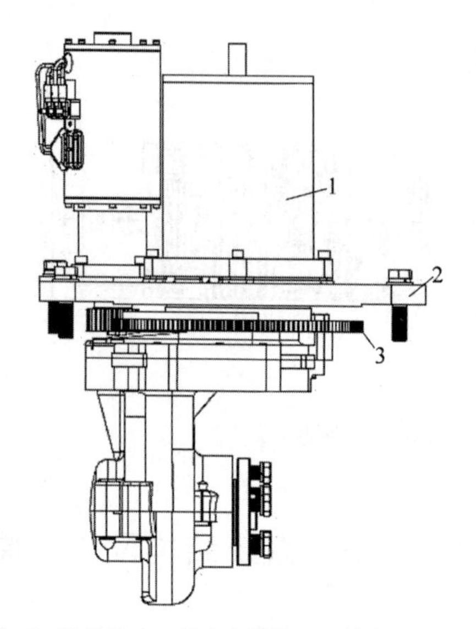

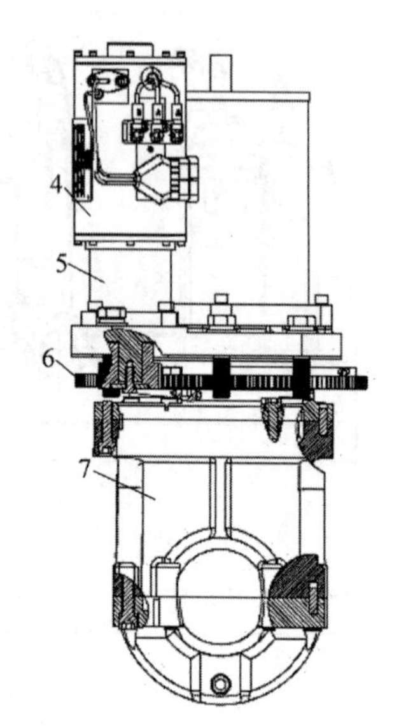

1—驱动电机；2—连接盘；3—转向大齿轮；4—转向电机；5—转向减速箱；6—转向小齿轮；7—驱动减速箱总成。

图 18-2 驱动系统结构示意图

3. 车身系统

站式电动牵引车的车身系统由车架、机罩类等组成(见图 18-3)。车架为框架式结构，支承牵引车各个部件并传递工作载荷的承载结构。一般在车架适当位置(驱动单元附近)布置一定质量的附加配重，以保证运行时牵引车驱动桥有足够的负荷来产生地面附着力和保证转向桥工作平稳。

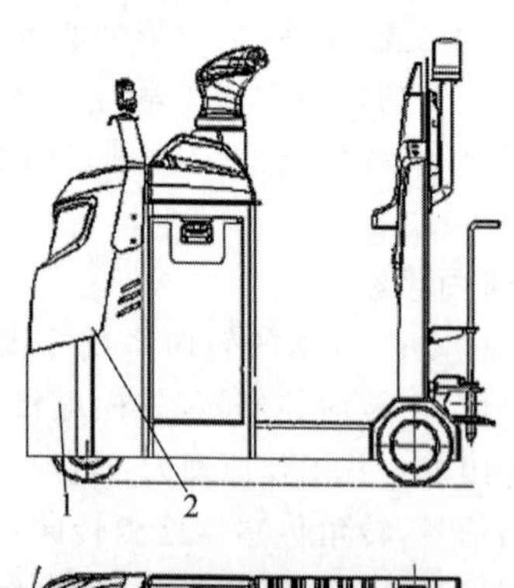

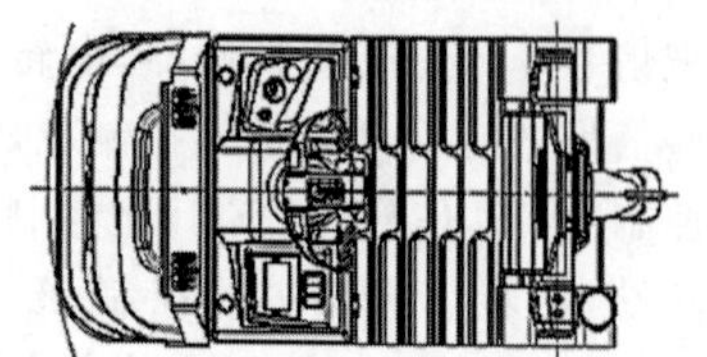

1—车架；2—机罩类。

图 18-3 车身系统

机罩类主要为车身覆盖件，主要包含前罩、仪表罩壳、转向罩壳以及其余罩壳等，起保护电气元件、安装仪表以及储物等作用。

4. 牵引机构总成

站式电动牵引车的牵引机构总成主要由牵引座、牵引销总成等组成(见图 18-4)。在牵引货物前，请注意额定牵引力和重量；在车辆起步或停止时请慢慢踩下或松开加速踏板，避免货物移动或使拖车偏向一边。

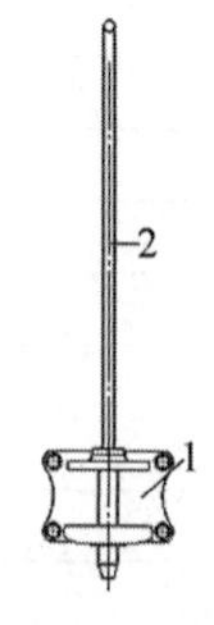

1—牵引座；2—牵引销总成。

图 18-4 牵引机构总成

5. 电气系统

1) 电气系统的工作原理

站式电动牵引车的电气系统主要由电控(牵引电控、转向电控)、电池(铅酸蓄电池或者锂电池)、电机(牵引电机、泵电机)、加速器、仪表、接触器、线束、灯具、开关、报警装置、传感器等组成。其核心部件为“三电”——电池、电机、电控。

电气系统的工作原理为：以车载电池为动力，将储存在电池中的电能通过电流形式释放。系统上电自检后，主接触器吸合，交流控制器功率单元上电，交流控制器将直流电源从车辆电池转换成频率和电流可变的三相交流电源，驱动相应的感应电机，通过电机带动动力传动系统，驱动牵引车行驶。牵引电机的运行方向由方向开关选择，分前进、后退两种状态。信号传递给牵引电控，牵引电控控制牵引电机正反转，并根据加速器给定的速度信号控制牵引电机的转速，从而实现整车的速度变化。

2）电气系统的结构组成

（1）牵引系统

站式电动牵引车的电气控制牵引系统与电动牵引车基本相同，具体见12.3节。

（2）转向系统

目前站式电动牵引车的转向系统主要为电转向系统。

电转向系统具有转向操纵灵活、轻便的特点，已在站式电动牵引车上得到广泛运用。转向轮带自动回中功能，在转向控制器上电后，控制器根据接近开关的感应状态判断转向轮的偏置方向，然后控制转向电机往偏置方向反向运动，直到接近开关感应状态变化时停止驱动，此时转向轮回中。转向轮由独立的转向电机带动，转向电机受转向控制器单独控制。在转向盘下方安装有角度传感器，当转向盘转动时，角度传感器输出信号给转向控制器，控制器根据角度传感器的信号值控制转向电机转到对应的角度。当转向电机转到一定角度时，转向控制器给牵引控制器一个信号，牵引控制器接收到信号后开始减速。

（3）制动系统

站式电动牵引车的制动系统与电动牵引车基本相同，具体见12.3节。

18.4　用户案例

本节以某品牌汽车制造企业内部的物料转运场景为例(见图18-5)，介绍站式电动牵引车的用户选型和使用情况。用户综合考虑自身企业的特点和产品的各项性能，选择了3～4.5 t站式电动牵引车。这款车型满足工况复杂、产品稳定可靠、充电方便快捷、性价比高的要求，经过3年多的使用，反馈良好。

图18-5　用户案例

18.5　驾驶、操作和日常维护

站式电动牵引车的驾驶人员和管理人员必须牢记“安全第一”，严格按照车辆的使用维护说明书进行安全操作、规范操作。

18.5.1　牵引车的运输

用集装箱或汽车装运站式电动牵引车时必须注意如下事项：

（1）整车前后都应用钢丝固定好。

（2）前后轮相应位置用楔块垫好楔牢。

18.5.2　牵引车的存放

（1）彻底清洁牵引车。

（2）检查电机驱动单元减速箱的液位，必要时进行添加油液。

（3）未漆件表面涂以防锈油，润滑牵引车。

（4）前后轮用楔块垫好。

（5）用布覆盖牵引车，防止灰尘侵入。

18.5.3 牵引车的吊装

(1) 在吊装前应将牵引车进行包裹，避免与吊具接触时造成损伤。

(2) 吊装牵引车时应确保没有任何人在起重机的工作范围内。

(3) 使用有足够承载能力的吊具和起重设备。

18.5.4 新车的走合

新车使用正确与否，对牵引车的使用寿命、工作的可靠性和经济性有很大影响。

(1) 走合前，清洁车辆，检查各部件的连接及紧固情况。

(2) 走合前，检查电机驱动单元减速箱的油面，不足时添加油液，并检查各部位有无漏油现象。

(3) 走合前，检查电机驱动单元各部位有无松动、卡滞现象。

(4) 走合前，检查电气设备工作是否正常。

(5) 走合期内，应在平坦良好的路面上行驶。

(6) 走合期内，牵引销上的牵引力应在额定负荷的50%以下。

(7) 走合期内，检查各仪表所示的牵引车状况，注意有无不正常的声音和响动。

(8) 走合期内，注意润滑等系统的连接及密封情况。

(9) 走合期内，检查蓄电池及电气设备的工作状况。

(10) 走合期内，检查电机驱动单元电机及减速箱使用后的温度是否正常。

(11) 走合期内，检查电机驱动单元减速箱各部位有无漏油现象。

(12) 走合期满，进行一次走合保养。

18.5.5 使用前的准备

(1) 不要在有明火的地方检查液压油、蓄电池液位以及电气仪表。

(2) 检查蓄电池连接、电解液液位及其密度。

(3) 检查电磁制动系统、操纵系统的功能是否正常。

(4) 检查所有的控制件及其操作功能。

(5) 在检查电瓶时不要吸烟。

(6) 做好运行前的准备工作。

18.5.6 牵引车的操作

(1) 经培训并持有驾驶执照的人员方可开车。

(2) 操作人员操作时应佩戴可作安全防护用的鞋、帽、服装。

(3) 在开车前检查各控制件和报警装置，如发现损坏或有缺陷，应在修理后再进行操作。

(4) 车辆启动顺序：首先将钥匙开关打开，此时电气系统电源接通，主接触器吸合；然后将操纵手柄(见图18-6)调整在操作区域范围内，此时驱动电机电磁制动器已松闸，驾驶员按下加速开关即可驱动车辆按所需方向行驶。

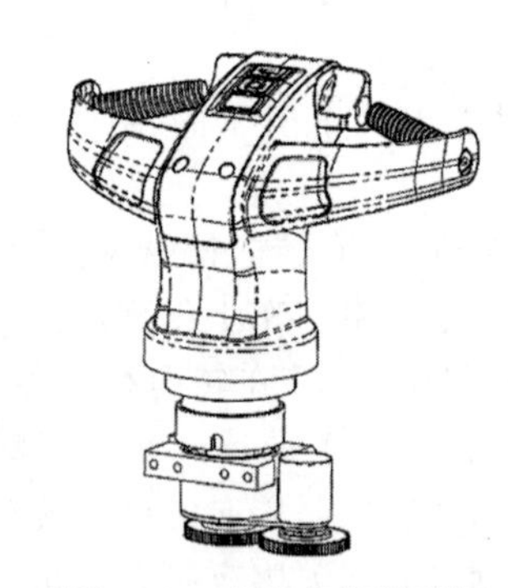

图18-6 牵引车操纵手柄

(5) 行驶方向及操作。因转向结构的特殊性，站式电动牵引车作业时的行驶方向有别于其他类型的牵引车，其正确的行驶方向如图18-7所示(反向行驶仅限于低速)。操作车辆时，驾驶员必须站在防滑平台上，用手握住操纵手柄来实现正常的行驶，并可靠在靠背上以确保身体的平衡；行驶过程中，驾驶员应始终保持视线与行进方向一致。车辆起步、停车时应控制速度，避免高速行驶，以免造成不必要的伤害；车辆顺利起步后行驶时应注意行人、障碍物和坑洼路面；行驶速度不可忽快忽慢，应尽量保持匀速直线行驶。起步、停车要慢，以免牵引车和挂车发生碰撞，损坏牵引销机构。

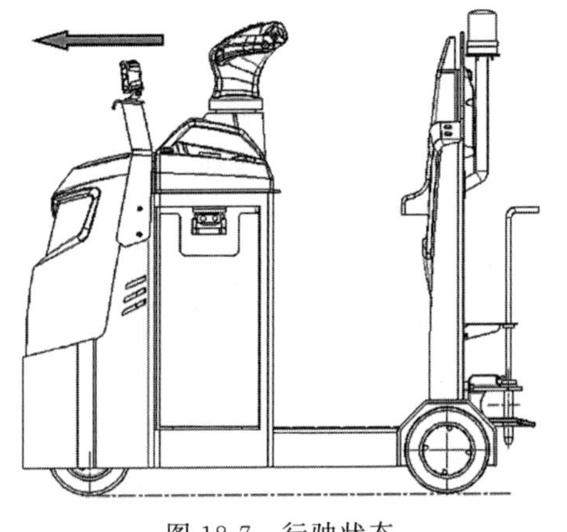

图 18-7　行驶状态

(6) 车辆转向。转向由操纵手柄控制，转向角度可以在左右各 90°范围内任意位置。向左转向时，将操纵手柄绕中心点向左转动；向右转向时，将操纵手柄绕中心点向右转动；转向时，应提前减速，适当加大转弯半径，尽量避免急转弯，以免挂车内轮驶出道外。

(7) 车辆制动。站式电动牵引车的制动分为停车制动和行车制动。

① 停车制动：牵引车的停车制动方法为电磁制动，即车辆需要停车制动时，驾驶员必须松开加速开关，同时将操纵手柄置于制动区域内使电磁制动器工作。

② 行车制动：牵引车的行车制动方法为交流电机的再生制动，即驾驶员松开加速开关后，牵引车的牵引电机就进入制动状态。

(8) 装车时不准人货同装；牵挂平板车行驶时，不准在平板车上坐人；严禁在牵引杆上乘人。

(9) 牵挂拖车时，要用低速倒车，并时刻做好停车的准备。

(10) 不准在驾驶员座椅以外的位置上操纵车辆。

(11) 离车停车时间较长时，需用楔块垫住车轮。

(12) 电动牵引车车外最大噪声值不大于 70 dB(A)，测试方法按照 JB/T 3300。

(13) 当车辆故障不能行驶或在特殊工况下不能行驶，需要用外力移动车辆时，必须将钥匙开关关闭，使整车线路处于无电状态，并使车辆的驱动轮悬空。长时间不用时，需要将急停开关关闭。

(14) 当车辆在正常行驶时，行车制动通过释放手柄加速开关后的再生制动完成。当需要紧急停车时，驾驶员应立即按下紧急断电开关，使电磁制动器制动。

18.5.7　牵引车的润滑

站式电动牵引车的正确润滑，可以大大减少车轮的摩擦阻力和零部件的磨损。在润滑工作中，要求使用洁净、正确的润滑油和润滑脂。

18.5.8　日常保养

为了延长站式电动牵引车的寿命，在使用过程中应按下述程序进行保养工作。

1. 每日保养

(1) 检查蓄电池电量。操作：打开钥匙开关，主接触器吸合、整车通电后，检查指示器上显示的电量。

(2) 检查电解液的密度，至少为 1.13 g/cm^3(铅酸蓄电池)。

(3) 检查蓄电池状况、电解液液位和密度(铅酸蓄电池)。具体检查与维护内容如下：

① 检查蓄电池是否破裂，极板是否翘起，以及电解液是否泄漏。

② 旋出电池盖，检查电解液液位(电解液液面必须高于极板 10～15 mm)。

③ 清除蓄电池顶部和电极上的沉积物。

④ 用非酸性润滑脂润滑电极。

(4) 检查各个控制件操作的正确性和安全性。

(5) 检查操纵系统的转向及制动功能及多功能显示器的功能。

(6) 检查灯光、喇叭、仪表是否正常。

(7) 检查车轮紧固情况。

(8) 检查电磁制动器制动间隙中是否存在灰尘，并及时清理干净。

2. 每行驶 250 h 后的保养

(1) 检查各种电器的线接头是否松动。

(2) 清洁、检查蓄电池有无裂纹及漏电现象。

(3) 检查牵引钩部分是否有异常或不灵活现象。

(4) 检查驱动单元的减速箱是否漏油。

(5) 给操纵系统中的转臂销轴加 3# 锂基润滑脂。

3. 每行驶 1 000 h 后的保养

(1) 检查电机和蓄电池电缆的状况和紧固性。有氧化锈斑的连接和电缆破损会导致电压下降,从而使牵引车出现故障。因此要求除去、润滑氧化的锈斑,更换破损的电缆。具体操作如下:

① 拔下电池插头,检查接头的紧固性,取出所有的氧化锈斑;检查蓄电池电缆是否失效、绝缘是否损坏以及连接是否紧固。

② 打开前护罩,检查电机电缆连接是否紧固,确保没有氧化锈斑;检查电机电缆是否失效、绝缘是否损坏。

(2) 电机驱动单元的减速箱换油及润滑保养(具体见电机驱动单元减速箱的维修保养时间见表 18-3)。

表 18-3 电机驱动单元减速箱的维修保养时间

维修保养时间	操作步骤
50～100 h	更换油液
150～200 h	对关键零件,如齿轮润滑操作
每月一次	检查、调整油位线

注:经过培训的人员方可进行操作。

标准的润滑间隔是为了科学标准的使用,但如在恶劣的操作工况下,需要缩短润滑时间间隔。

第19章

自动导引车

19.1 概述

自动导引车(automated guided vehicle, AGV)是一种装备有电磁或光学等自动导引装置,由计算机控制,以轮式移动为特征,自带动力或动力转换装置,并且能够沿规定的导引路径自动行驶的运输工具,一般具有安全防护、移载等多种功能。

19.2 分类

1. 按导引方式分类

自动导引车按导引方式,可分为电磁自动导引车、磁带自动导引车、坐标自动导引车、光学自动导引车、激光自动导引车、惯性自动导引车、视觉自动导引车、GPS自动导引车、复合导引自动导引车。

2. 按驱动方式分类

自动导引车按驱动方式,可分为单轮驱动自动导引车、双轮驱动自动导引车、多轮驱动自动导引车。

3. 按移载方式分类

自动导引车按移载方式,可分为搬运型自动导引车、装配型自动导引车和牵引式自动导引车。

19.3 典型自动导引车的结构和工作原理

19.3.1 结构

典型自动导引车的结构如图19-1所示。

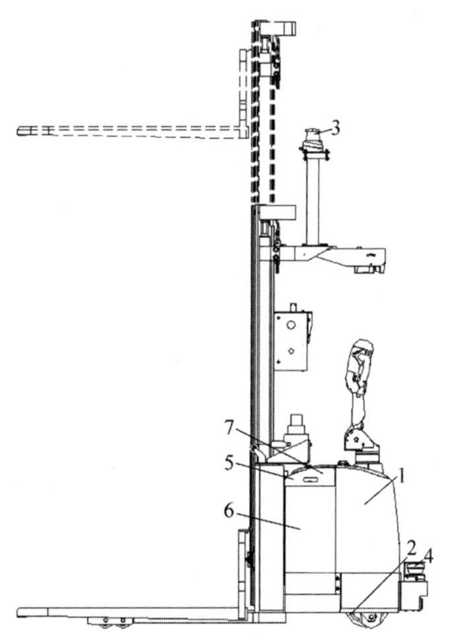

1—车体;2—驱动及转向部件;3—导引装置;4—安全装置;5—供电装置;6—车载控制系统;7—通信装置。

图19-1 自动导引车结构示意图

车体是自动导引车支承各部件的基础，需要能满足物料特征的要求，不能有可能对外界人或物等造成伤害的结构，如尖角、锐边等。车体上能够稳定可靠地安装各部件且维修方便。带有移载装置时，应明确移载装置的安装方式和位置，确保物料在搬运过程中的安全性，必要时应设置防滑落装置。能够释放运动时产生的静电，对主要控制器件减振。

驱动及转向部件在设计时应考虑车轮荷重、驱动力、行驶速度、转向角速度、使用环境、制动力等内容。

导引方式需根据系统的运行环境确定。依据工艺流程和运行路径设计结果，计算出导引介质(金属线、磁带、激光反射板、二维码、反光材料等)的数量，并确定其布置方法。

移载装置主要用于承载物料，实现物料的转移，应根据物料特征的要求以及系统工艺流程来选择移载方式。当移载过程需与外围设备合作完成时，应考虑两者之间的接口方式及关联尺寸。为防止货物意外坠落，应设置必要的安全装置。

自动导引车上要设计多级安全装置及警示标志，应具备以下内容：安全标志和警示标志；转向指示灯、行驶指示灯以及相应的声光报警装置；在行驶及移载过程中出现异常时，具有能保持安全状态的装置或措施；紧急停止装置，应安装于醒目位置，便于操作；非接触式防撞装置；接触式防撞装置；自动移载时，确保移载装置与外围设备互锁联动。

19.3.2 工作原理

自动导引车的导引是指根据自动导引车导向传感器所得到的位置信息，按自动导引车的路径所提供的目标值计算出自动导引车的实际控制命令值，即给出自动导引车的设定速度和转向角，这是自动导引车控制技术的关键。简言之，自动导引车的导引控制就是自动导引车轨迹跟踪。自动导引车的控制目标就是通过检测参考点与虚拟点的相对位置，修正驱动轮的转速以改变自动导引车的行进方向，尽力让参考点位于虚拟点的上方。这样自动导引车就能始终跟踪引导线运行。

当接收到物料搬运指令后，控制器系统就根据所存储的运行地图和自动导引车当前位置及行驶方向进行计算、规划分析，选择最佳的行驶路线，自动控制自动导引车的行驶和转向，当自动导引车到达装载货物位置并准确停位后，移载机构动作，完成装货过程。然后自动导引车起动，驶向目标卸货点，准确停位后，移载机构动作，完成卸货过程，并向控制系统报告其位置和状态。随之自动导引车起动，驶向待命区域。待接到新的指令后再进行下一次搬运。

19.4 主要技术规格

自动导引车的结构参数代号见图 19-2 和表 19-1。

表 19-1 自动导引车的结构参数

结构参数代号	结构参数代号	结构参数代号
额定载荷 Q	标准门架起升高度 H_1	最小转弯半径 A_1
载荷中心 C	货叉最低高度 H_2	最小直角堆垛通道宽度 A_{st}
轴距 Y	门架作业时整车最大高度 H_3	货叉长度 l
整车全长 L_1	门架缩回时整车静态高度 H_4	货叉宽度 e
车体宽度 L_2	最小离地距离 m_2	货叉厚度 s

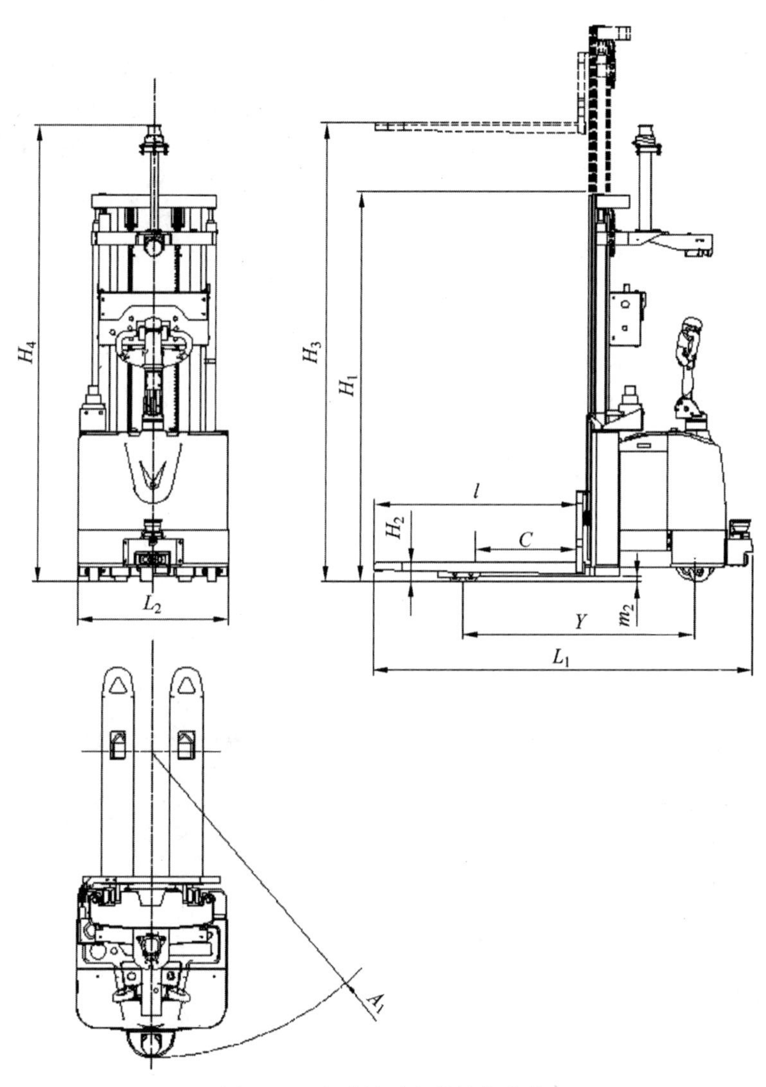

图 19-2　自动导引车的结构参数

19.5　选型

19.5.1　选型原则

自动导引车的选型可以从导航方式和移载方式两个方面进行。选型时需要注意运输环境、物料特点等事项。

1. 按导航方式选型

（1）磁导航：成本较低，实现较为简单；灵活性差，自动导引车只能沿磁条、磁钉行走。

（2）二维码导航：自动导引车定位准确，铺设、改变路径较容易；路径需要定期维护，如果场地复杂，则需要频繁更换二维码。

（3）反光板激光导航：定位精准，可在无光环境下运行；激光反射器成本较高，反光板与自动导引车激光传感器之间不能有障碍物，不适合空中有物流影响的场合。

（4）SLAM 激光导航：SLAM 即同步定位与建图，是指采用先进的激光场景导航，实时创建地图并修正机器人位置，无须二维码、色带、磁条等人工布设标志物，能够真正实现对作业环境的零改造，可直接用在任何环境里。

2. 按移载方式选型

（1）叉车式：能代替传统的人工＋叉车搬运，适用于货运量大的码头、仓库、工厂等环境的物料搬运及装卸，能提高仓储搬运效率。

(2) 潜伏式：物料车可像火车箱一样进行替换，但需对现场物料车进行改造，使潜伏式自动导引车可潜入到物料车底部。

(3) 牵引式：无须对物料车进行任何改动，只需在自动导引车上增加牵引装置即可，适合用挂斗和拖车运送物料的场合，如化学品运送、废料收集等。

(4) 背负式：物料或物料箱可直接放在自动导引车上，将物料对多个站点进行输送，适用于运输频繁、物料供应周期长的生产体系。

(5) 滚筒式：上下料站点只需有接驳平台，即可实现自动上下料，适用于工厂车间的物品搬运，也可作为移动的装配台、加工台使用，自动化周转物料。

19.5.2 用户案例

1. 某物流仓库使用的 1.6 t 前移式自动导引车(见图 19-3)

图 19-3 某室内物流仓库使用场景

室内高架仓库建筑面积大，库位多且高，最高库位高达 7 m，高位作业较频繁；仓库内 24 h 作业，劳动强度大，仓库管理复杂，作业风险高，人员流失频繁；地面较平整。

根据以上信息，用户选择 CQD16 型前移式自动导引车，配置进口的 NDC 驱动器，选用 NDC 激光反光桶导航，整车配置各种安全传感器，满足各种复杂工况的使用需求，客户反馈良好。

2. 某铸锻厂使用的 25 t 牵引式自动导引车(见图 19-4)

铸锻厂区建筑面积大，单次转用物料较多，转运距离长，室外路面多为水泥路面，有一定坡度，转运环境复杂。该铸锻厂吞吐量较大，常载货物 20 t 左右，日均工作 7 h 以上。

图 19-4 某铸锻厂区使用场景

根据以上信息，用户选择 QYD250 型锂电池自动导引车，配置国产驱动器，选用可用于室外的 3D 激光导航，整车配置多种安全装置，满足各种复杂工况的使用需求，客户反馈良好。

3. 某家具厂使用的 2 t 托盘堆垛式自动导引车(见图 19-5)

图 19-5 某家具厂使用场景

某家具厂主要制造 PVC 塑料地板，厂区内粉尘大、异味重，制造的加工品大且重，批量生产搬运作业频繁。厂区为室内工厂，路面较平整。

根据以上信息，用户选择 CBD20 型托盘搬运自动导引车，配置进口的 NDC 驱动器，选用 NDC 激光反光桶导航，整车配置多种安全装置，满足各种复杂工况的使用需求，客户反馈良好。

19.6 安全使用规范

19.6.1 人员安全要求

(1) 作业人员必须具备相关从业资质，经过必要的培训，熟悉自动导引车及相关的操作规程，特别应熟悉设备安全条款及安全装置。严禁违章操作。

(2) 作业人员必须认真阅读自动导引车相

关使用教程材料。

(3) 作业人员着装要符合安全作业要求。

(4) 作业人员交接班时应将系统、车辆当前状态告知接班人员。

(5) 自动导引车工作时严禁任何人站立和登上自动导引车,无关人员不得进行操作、触碰和攀爬自动导引车。

19.6.2　环境安全要求

(1) 确保自动导引车行驶路径地面无坑洼、斜坡、台阶现象。

(2) 严禁在自动导引车行驶区域内摆放杂物或其他无关物品。保持自动导引车行驶区域中无悬挂、横拉物体,以免影响自动导引车正常运行。

(3) 严禁触摸、污染、破坏、遮挡导航标志物表面,严禁擅自调整、改变现场导航标志物位置。

(4) 严禁改变现场自动充电桩位置,严禁将现场充电机挪作他用,严禁改变充电线路,严禁违反充电安全操作要求。

(5) 严禁毁坏地面托盘位及附属装置,严禁改变托盘位及附属装置的线路和功能。

(6) 严禁在高空落物、落水、大量扬尘等有害环境下作业。

(7) 自动导引车工作区域应有醒目完整的安全标识、标志、标牌等。

19.6.3　安全作业要求

(1) 摆放货物时严禁超高、超宽、超长、超重。

(2) 严禁违规占用入、出库托盘位。当自动导引车进行叉取和放置托盘时,严禁穿越托盘位或占用自动导引车行驶通道,以免发生安全事故。

(3) 系统运行时,严禁无关人员进入自动导引车作业区域;如遇特殊情况,经许可后的受训人员方可进入作业区域。进入作业区域的人员要小心避让车辆,严禁长时间停留。

(4) 严禁采用非正常方式停止自动导引车,如遮挡或触碰自动导引车安全传感器或防撞开关等。

(5) 保证自动导引车运行通道通畅,严禁任何人、物、车辆在自动导引车倒车、侧移、转弯等路段走动(行驶)或停留,以免发生安全事故。

(6) 严禁任何车辆和行人与自动导引车抢道,以免发生碰撞事故。

(7) 自动导引车的维护、检修、运输、吊装必须遵守相关操作安全规程。

(8) 维护人员长时间维护车辆、设备,应在指定维护区做好安全标示。

19.6.4　车辆及系统软件安全要求

(1) 严禁破坏自动导引车安全防护系统及车辆部件。

(2) 严禁对自动导引车调度系统软件进行删改,严禁随意开启和关闭服务器和路由器。

(3) 严禁随意改变配置自动导引车和系统的IP地址。自动导引车系统无线网络未经许可不得随意登录、使用。

19.7　维护与保养

1. 安全传感器、激光导航头

需定期(1个月)和弄脏时,清洁光学元件外罩。用干净的光学元件清洁布沾上抗静电塑料清洁剂,擦净光学元件外罩的光射出窗口。注意:不能使用腐蚀性和磨损性清洁剂。推荐使用抗静电塑料清洁剂和光学元件清洁布。切忌使用干布擦拭。

2. 叉尖传感器、载荷传感器

需定期(1个月)和弄脏时,清洁传感器感应面。检查感应面表面,若有异物阻挡要及时清理;使用干净的软布或镜头布擦拭叉尖传感器感应面的灰尘。

3. 自动充电装置

需定期(1个月)和弄脏时,清洁自动充电装置的感应面。检查自动充电装置铜电极的表面,若有异物要及时清理;使用干净的软布或镜头布擦拭铜电极的灰尘。

4. 更换齿轮油

新车使用满100 h后首次进行齿轮油更换,以后每使用1 000 h或每满1年更换一次,齿轮油加至上放油栓塞处。松掉图19-6所示的件9螺塞,放掉齿轮油;松掉图19-6所示的件10螺塞,添加齿轮油。

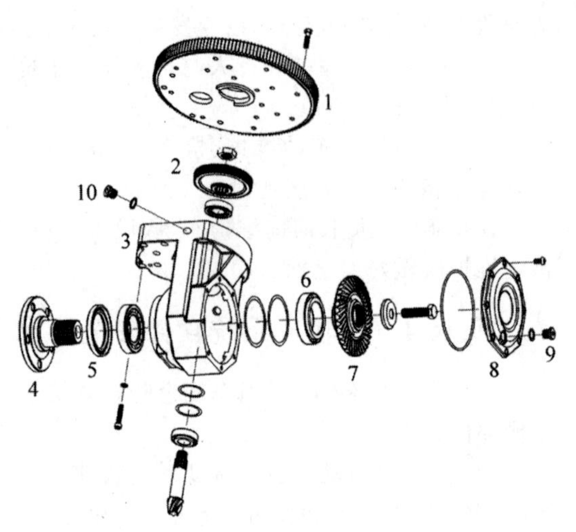

1—齿轮一；2—齿轮二；3—齿轮箱体；4—花键轴；5—密封圈；6—轴承；7—齿轮三；8—箱体侧盖；9—螺塞一；10—螺塞二。

图 19-6 齿轮油更换

5. 液压油箱及滤网

液压油箱每 1 000 h 清洗一次。如图 19-7 所示，更换液压油时，需将液压动力单元 1 拆下后拿出液压油箱，放掉液压油并清洗油箱，清洗完毕后将液压油箱 2 及液压动力单元 1 合装后通过加油口加注适量的液压油。

6. 锂电池

当锂电池电量低于 20%时，应及时补充充电，严禁锂电池过放电；锂电池使用后应立即充电，充电应充满，但严禁过充电；车辆需要长时间存放时，锂电池应保存 40%～60%的电量，请勿满电；使用前请将锂电池充满电；定期检查锂电池充电插座，确保支架无松动，插座盖板密封性良好，插座内部端子未锈蚀且无粉尘、雨水等异物；锂电池表面应保持干燥清洁，严禁用水冲洗锂电池；应保证电池 1 个月内至少完全充放电一次。

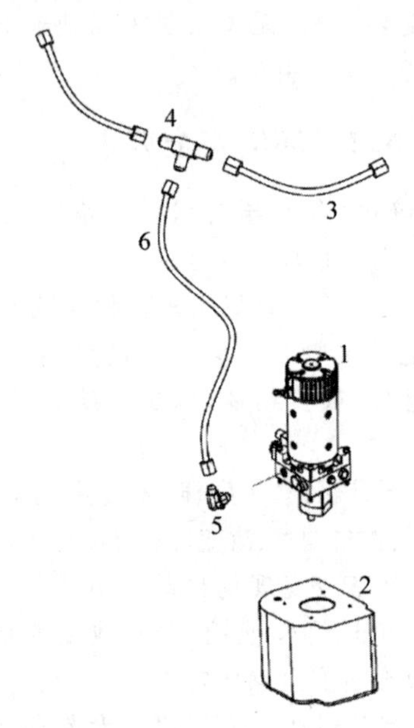

1—液压动力单元；2—液压油箱；3—油管；4—特殊接头；5—接头；6—油管。

图 19-7 液压油箱及滤网清洗

19.8 常见故障与排除方法

自动导引车的常见故障与排除方法见表 19-2。

表 19-2 自动导引车的常见故障与排除方法

序号	故障	原因分析	排除方法
1	自动导引车防撞保护故障	自动导引车行驶中保险杠发生碰撞	移开被撞物体，选择显示屏发生碰撞对话框中“确认”按钮
2	自动导引车通信中断的保护故障	自动导引车在自动运行过程中 3 s 未收到控制台的信号	将该自动导引车关电，重新启动。检查自动导引车天线接线是否松动
3	频繁死机	风扇旋转不良或主板、电源故障	检查风扇、主板、电源，并更换损坏的部件
4	行走中地标丢失	地标损坏或位置不当	修理、更换破损的地标，合理调整地标位置
5	自动导引车启动程序不执行	电子盘损坏或键盘扫描板损坏	更换电子盘并重新上传自动导引车参数文件；更换自动导引车扫描控制板

附录A

工业车辆标准汇编

序号	标准编号	标准名称	采标情况	代替标准
1	GB/T 5140—2005	叉车　挂钩型货叉　术语	ISO 2331：1974,IDT	GB/T 5140—1985
2	GB/T 5143—2008	工业车辆　护顶架　技术要求和试验方法	ISO 6055：2004,IDT	GB/T 5143—2001
3	GB/T 5182—2008	叉车　货叉　技术要求和试验方法	ISO 2330：2002,IDT	GB/T 5182—1996
4	GB/T 5183—2005	叉车　货叉　尺寸	—	GB/T 5183—1985
5	GB/T 5184—2016	叉车　挂钩型货叉和货叉架　安装尺寸	ISO 2328：2011,IDT	GB/T 5184—2008
6	GB/T 6104—2005	机动工业车辆　术语	ISO 5053：1987,IDT	GB/T 6104—1985
7	GB/T 6104.1—2018	工业车辆　术语和分类　第1部分：工业车辆类型	ISO 5053—1：2015,IDT	部分替代 GB/T 6104—2005
8	GB/T 7593—2008	机动工业车辆　驾驶员控制装置及其他显示装置用符号	ISO 3287：1999,IDT	GB/T 7593—1987
9	GB/T 10827.1—2014	工业车辆　安全要求和验证　第1部分：自行式工业车辆(除无人驾驶车辆、伸缩臂式叉车和载运车)	ISO 3691—1：2011,IDT	GB 10827—1999
10	GB/T 10827.2—2021	工业车辆　安全要求和验证　第2部分：自行式伸缩臂式叉车	ISO 3691—2：2016,IDT	—
11	GB/T 10827.5—2013	工业车辆　安全要求和验证　第5部分：步行式车辆	ISO 3691—5：2009,IDT	—
12	GB/T 14687—2011	工业脚轮和车辆	—	GB/T 14687—1993 GB/T 14688—1993
13	GB/T 17910—1999	工业车辆　叉车货叉在使用中的检查和修复	ISO 5057：1993,IDT	—

续表

序号	标准编号	标准名称	采标情况	代替标准
14	GB/T 17938—1999	工业车辆　电动车辆牵引用铅酸蓄电池　优先选用的电压	ISO 1044：1993,IDT	—
15	GB/T 18849—2011	机动工业车辆　制动器性能和零件强度	ISO 6292：2008,IDT	GB/T 18849—2002
16	GB/T 22417—2008	叉车　货叉叉套和伸缩式货叉技术性能和强度要求	ISO 13284：2003,IDT	—
17	GB/T 22418—2008	工业车辆　车辆自动功能的附加要求	ISO 24134：2006,IDT	—
18	GB/T 22419—2008	工业车辆　集装箱吊具和抓臂操作用指示灯技术要求	ISO 15871：2000,IDT	—
19	GB/T 26560—2011	机动工业车辆　安全标志和危险图示通则	ISO 15870：2000,IDT	—
20	GB/T 26562—2011	自行式座驾工业车辆踏板的结构与布置　踏板的结构与布置原则	ISO 21281：2005,IDT	—
21	GB/T 26945—2011	集装箱空箱堆高机	—	—
22	GB/T 26946.2—2011	侧面式叉车　第 2 部分：搬运 6 m 及其以上长度货运集装箱叉车的附加稳定性试验	ISO 13563—2：2011,IDT	—
23	GB/T 26947—2011	手动托盘搬运车	—	—
24	GB/T 26948.1—2011	工业车辆驾驶员约束系统技术要求及试验方法　第 1 部分：腰部安全带	ISO 24135—1：2006,IDT	—
25	GB/T 26949.1—2020	工业车辆　稳定性验证　第 1 部分：总则	ISO 22915—1：2016,IDT	GB/T 26949.1—2012
26	GB/T 26949.2—2013	工业车辆　稳定性验证　第 2 部分：平衡重式叉车	ISO 22915—2：2008,IDT	GB/T 5141—2005
27	GB/T 26949.3—2013	工业车辆　稳定性验证　第 3 部分：前移式和插腿式叉车	ISO 22915—3：2008,IDT	GB/T 5142—2005
28	GB/T 26949.4—2016	工业车辆　稳定性验证　第 4 部分：托盘堆垛车、双层堆垛车和操作者位置起升高度不大于 1 200 mm 的拣选车	ISO 22915—4：2009,IDT	GB/T 21468—2008
29	GB/T 26949.5—2018	工业车辆　稳定性验证　第 5 部分：侧面式叉车（单侧）	ISO 22915—5：2014,IDT	GB/T 26946.1—2011

续表

序号	标准编号	标准名称	采标情况	代替标准
30	GB/T 26949.7—2016	工业车辆 稳定性验证 第7部分：两向和多向运行叉车	ISO 22915—7：2009,IDT	GB/T 22420—2008
31	GB/T 26949.8—2016	工业车辆 稳定性验证 第8部分：在门架前倾和载荷起升条件下堆垛作业的附加稳定性试验	ISO 22915—8：2008,IDT	GB/T 21467—2008
32	GB/T 26949.9—2018	工业车辆 稳定性验证 第9部分：搬运6 m及以上长度货运集装箱的平衡重式叉车	ISO 22915—9：2014,IDT	GB/T 26561—2011
33	GB/T 26949.10—2011	工业车辆 稳定性验证 第10部分：在由动力装置侧移载荷条件下堆垛作业的附加稳定性试验	ISO 22915—10：2008,IDT	—
34	GB/T 26949.11—2016	工业车辆 稳定性验证 第11部分：伸缩臂式叉车	ISO 22915—11：2011,IDT	—
35	GB/T 26949.12—2021	工业车辆 稳定性验证 第12部分：搬运6 m及其以上长度货运集装箱的伸缩臂式叉车	ISO 22915—12：2015,IDT	—
36	GB/T 26949.13—2017	工业车辆 稳定性验证 第13部分：带门架的越野型叉车	ISO 22915—13：2012,IDT	—
37	GB/T 26949.14—2016	工业车辆 稳定性验证 第14部分：越野型伸缩臂式叉车	ISO 22915—14：2010,IDT	—
38	GB/T 26949.15—2017	工业车辆 稳定性验证 第15部分：带铰接转向的平衡重式叉车	ISO 22915—15：2013,IDT	—
39	GB/T 26949.16—2018	工业车辆 稳定性验证 第16部分：步行式车辆	ISO 22915—16：2014,IDT	—
40	GB/T 26949.20—2016	工业车辆 稳定性验证 第20部分：在载荷偏置条件下作业的附加稳定性试验	ISO 22915—20：2008,IDT	—
41	GB/T 26949.21—2016	工业车辆 稳定性验证 第21部分：操作者位置起升高度大于1 200 mm的拣选车	ISO 22915—21：2009,IDT	—

续表

序号	标准编号	标准名称	采标情况	代替标准
42	GB/T 26949.22—2019	工业车辆　稳定性验证　第22部分：操作者位置可或不可起升的三向堆垛式叉车	ISO 22915—22：2014,IDT	—
43	GB/T 26950.1—2011	防爆工业车辆　第1部分：蓄电池工业车辆	—	—
44	GB/T 26950.2—2015	防爆工业车辆　第2部分：内燃工业车辆	—	—
45	GB/T 27542—2019	蓄电池托盘搬运车	—	GB/T 27542—2011
46	GB/T 27543—2011	手推升降平台搬运车	—	—
47	GB/T 27544—2011	工业车辆　电气要求	ISO 20898：2008,IDT	—
48	GB/T 27693—2011	工业车辆安全　噪声辐射的测量方法	—	—
49	GB/T 27694—2011	工业车辆安全　振动的测量方法	—	—
50	GB/T 30031—2021	工业车辆　电磁兼容性	—	GB/T 30031—2013
51	GB/T 32272.1—2015	机动工业车辆　验证视野的试验方法　第1部分：起重量不大于10 t的座驾式、站驾式车辆和伸缩臂式叉车	ISO 13564—1：2012,IDT	—
52	GB/T 35205.1—2017	越野叉车　安全要求及验证　第1部分：伸缩臂式叉车	ISO 10896—1：2012,IDT	—
53	GB/T 35205.5—2021	越野叉车　安全要求及验证　第5部分：伸缩臂式叉车和集成式人员工作平台的连接装置	ISO 10896—5：2015,IDT	—
54	GB/T 35205.7—2021	越野叉车　安全要求及验证　第7部分：纵向载荷力矩系统	ISO 10896—7：2016,IDT	—
55	GB/T 36507—2018	工业车辆　使用、操作与维护安全规范	—	—
56	GB/T 38055.1—2019	越野叉车　对用户的要求　第1部分：通用要求	ISO 11525—1：2012	—
57	GB/T 38055.4—2021	越野叉车　对用户的要求　第4部分：悬吊可自由摆动载荷伸缩臂式叉车的附加要求	ISO 11525—4：2016	—

续表

序号	标准编号	标准名称	采标情况	代替标准
58	GB/T 38055.5—2021	越野叉车　对用户的要求　第5部分：越野叉车和整体式人员工作平台的接口	ISO 11525—5：2015	—
59	GB/T 38893—2020	工业车辆　安全监控管理系统	—	—
60	JB/T 2391—2017	500 kg—1 000 kg 乘驾式平衡重式叉车	—	JB/T 2390—2005 JB/T 2391—2007
61	JB/T 3244—2005	蓄电池前移式叉车	—	JB　3244—1999
62	JB/T 3299—2012	手动插腿式液压叉车	—	JB　3299—1999
63	JB/T 3300—2010	平衡重式叉车　整机试验方法	—	JB/T 3300—1992
64	JB/T 3340—2005	插腿式叉车	—	JB/T 3340—1999
65	JB/T 3341—2005	托盘堆垛车	—	JB/T 3341—1999
66	JB/T 3811—2013	电动固定平台搬运车	—	JB/T 3811.1—1999 JB/T 3811.2—1999
67	JB/T 6127—2010	电动平车　技术条件	—	JB/T 6127—1992
68	JB/T 9012—2011	侧面式叉车	—	JB/T 9012—1999
69	JB/T 10750—2018	牵引车	—	JB/T 10750—2007 JB/T 10751—2007
70	JB/T 11037—2010	10 000 kg—45 000 kg 内燃平衡重式叉车　技术条件	—	—
71	JB/T 11764—2018	内燃平衡重式叉车　能效限额	—	—
72	JB/T 11840—2014	叉车　侧移器	—	—
73	JB/T 11988—2014	内燃平衡重式叉车　能效测试方法	—	—
74	JB/T 12388—2015	自行式轮胎平板搬运车	—	—
75	JB/T 12574—2015	叉车属具　术语	—	—
76	JB/T 12575—2015	叉车属具　纸卷夹	—	—
77	JB/T 13367—2018	叉车属具　倾翻架	—	—
78	JB/T 13368—2018	叉车属具　软包夹	—	—
79	JB/T 13692—2019	工业车辆　排气消声器	—	—
80	JB/T 13693—2019	工业车辆　司机座椅	—	—
81	JB/T 13694—2019	叉车属具　推拉器	—	
82	JB/T 13695—2019	工业车辆　制动器	—	—
83	JB/T 13696—2019	无人驾驶工业车辆	—	—
84	YB/T 4237—2018	叉车用热轧门架型钢	—	—
85	T/CCMA 0060—2018	牵引用铅酸蓄电池电源装置箱体	—	—
86	T/CCMA 0099—2020	工业车辆　排气烟度　平衡重式叉车测量方法	—	—

续表

序号	标准编号	标准名称	采标情况	代替标准
87	T/CCMA 0111—2020	工业车辆用锂离子电池及其系统	—	—
88	T/CCMA 0110—2020	工业车辆　非车载传导式充电机	—	—
89	T/CMIF 48—2019	绿色设计产品评价技术规范　叉车	—	—
90	T/CMIF 154—2021	导轮式公铁牵引车	—	—
91	T/CMIF 155—2021	500 kg~10 000 kg 乘驾式平衡重式叉车质量分级规范	—	—

注：1. "—"表示不适用；

2. 以上标准统计截至 2022 年 5 月。

附录B

工业车辆典型产品（以HELI产品为示例）

>>3~3.5 t G3系列内燃平衡重式叉车

整车特点

- 动力强劲的发动机带来更高性能，整车起升、下降速度显著提升，行驶速度和牵引性能更好，高位承载稳定性能优化；
- 满足最新欧标的OPS控制系统、坡道主动驻车等功能有效保障驾驶安全性；
- 智能仪表，全面监控整车状态，可实现刷卡、密码启动，维保信息提醒，配合合力专业的车队管理系统，车辆的管理更加高效灵活。

应用场合

- 广泛用于工厂、仓库、车站、码头、港口等进行成件包装货物的装卸和搬运，在配备其他工作属具以后，还能用于散堆状货物和非包装的其他成件货物的装卸作业。

>>4~5.5 t G3系列内燃平衡重式叉车

整车特点

- 导轮变矩器变速箱，实现无级变速；
- 湿式制动桥，提升制动可靠性；
- 智能化车联网及车队管理系统，实现在线监测和人机互动。

应用场合

- 广泛用于工厂、仓库、车站、码头、港口等进行成件包装货物的装卸和搬运，在配备其他工作属具以后，还能用于散堆状货物和非包装的其他成件货物的装卸作业。

>>5~10 t G3系列内燃平衡重式叉车

整车特点

- 康明斯QSF3.8 欧Ⅴ动力，满足最苛刻排放要求，后处理技术路线：DOC+DPF+SCR；
- 液压系统采用电液比例阀，智能控制，实现精准操控；标配液压变量系统，整机节能效果明显；
- 湿式制动，提升制动性能的稳定性及可靠性。

应用场合

- 广泛用于工厂、仓库、车站、码头、港口等进行成件包装货物的装卸和搬运，在配备其他工作属具以后，还能用于散堆状货物和非包装的其他成件货物的装卸作业。

>>1~3.5 t G系列内燃平衡重式叉车

整车特点

- 配备高品质发动机，排放符合欧美现行标准；
- 变速箱、驱动桥等核心部件合力自制，关键部件采用进口件，故障率低，质量可靠；
- 配装发动机自动监控系统、驾驶员在位感应系统、停车制动安全保护装置，提高整车的操作风险防控能力和安全性能。

应用场合

- 广泛应用于工厂、仓库、车站、码头、机场、港口等进行成件包装货物的装卸和搬运，在配备其他工作属具以后，还能用于散堆状货物和非包装的其他成件货物的装卸作业。

>>5~10 t G系列内燃平衡重式叉车

整车特点

- 散热系统合理优化，冷却性能大幅提升，从而提高变速箱、发动机等关键零部件的可靠性、耐久性；
- 采用优化设计的液压系统，凸显节能高效，有效降低整车的燃油消耗；
- 整车标配电液换向系统，操作省力、方便；升级全新智能换挡系统，防止二挡起步，提高变速箱的工作可靠性。

应用场合

- 广泛用于工厂、仓库、车站、码头、港口等进行成件包装货物的装卸和搬运，在配备其他工作属具以后，还能用于散堆状货物和非包装的其他成件货物的装卸作业。

>>1~3.5 t H3系列内燃平衡重式叉车

整车特点

- 变速箱、驱动桥等核心部件合力自制，关键部件采用进口件，故障率低，质量可靠；
- 配置负荷传感液压系统，提高作业效率，降低整车油耗；
- 仪表台高度下沉，平衡重尾部优化，有效增大驾驶员前方、后方视野。

应用场合

- 广泛应用于工厂、仓库、车站、码头、机场、港口等进行成件包装货物的装卸和搬运，在配备其他工作属具以后，还能用于散堆状货物和非包装的其他成件货物的装卸作业。

>>4~5 t H3系列内燃平衡重式叉车

整车特点

- 优化散热系统结构及配置，提升整机散热性能，确保发动机工作可靠，高温环境作业更具优势；
- 棘齿式停车制动实现坡道和平地不同的制动力，安全可靠；
- 定量负荷传感转向系统提高起升速度，降低液压油温，大大延长密封件使用寿命。

应用场合

- 广泛应用于工厂、仓库、车站、码头、机场、港口等进行成件包装货物的装卸和搬运，在配备其他工作属具以后，还能用于散堆状货物和非包装的其他成件货物的装卸作业。

>>4~5 t K2系列内燃平衡重式叉车

整车特点

- 发动机配置更丰富，匹配多款强劲低排放发动机；
- 标配合力自制驱动桥，铸造精度高，桥体强度更强，安全有保障；
- 大液晶屏的CAN总线仪表全面监控整车状态，标配电源主接触器实现断电保护。

应用场合

- 广泛应用于工厂、仓库、车站、码头、机场、港口等进行成件包装货物的装卸和搬运，在配备其他工作属具以后，还能用于散堆状货物和非包装的其他成件货物的装卸作业。

>>2~3.8 t K2系列内燃平衡重式叉车

整车特点

- 变速箱、驱动桥等核心部件合力自制，关键部件采用进口件，故障率低，质量可靠；
- 配备铸造转向桥，结构紧凑，受载变形小，防尘防水，提高寿命和可靠性；
- 起重系统标配缓冲功能，货物下降平稳，作业更加安全。

应用场合

- 广泛应用于工厂、仓库、车站、码头、机场、港口等进行成件包装货物的装卸和搬运，在配备其他工作属具以后，还能用于散堆状货物和非包装的其他成件货物的装卸作业。

>>2~3.5 t G2系列锂电池平衡重式叉车（专用车）

整车特点

- 全新构架，打造锂电专用车型，舒适度提升；
- 性能全面提升，媲美内燃车型；
- 标配转弯减速与方向盘启动转向，安全智能。

应用场合

- 广泛应用于烟草、食品、纺织、电子、印染、仓储物流等行业成件货物的装卸和搬运，在配备其他属具后还能用于散堆状货物和其他非包装货物的装卸作业。

>>3~3.5 t G3系列前轮双驱电动平衡重式叉车（铅酸/锂电）

整车特点

- 前轮双电机驱动，动力强劲；
- 配备双充口，实现快速充电；
- 湿式盘式制动器，性能可靠、免维护。

应用场合

- 广泛应用于烟草、食品、纺织、电子、印染、仓储物流等行业成件货物的装卸和搬运，在配备其他属具后还能用于散堆状货物和其他非包装货物的装卸作业。

>>4~5 t G3系列电动平衡重式叉车（铅酸/锂电）

整车特点

- 兼容托盘车和叉车两种侧铲方式更换电池，方便、快捷、高效；
- 标配转弯限速，防止侧翻；
- 集成式电桥安全可靠，湿式制动免维护。

应用场合

- 广泛应用于烟草、食品、纺织、电子、印染、仓储物流等行业成件货物的装卸和搬运，在配备其他属具后还能用于散堆状货物和其他非包装货物的装卸作业。

>>6~7 t G3系列电动平衡重式叉车（铅酸/锂电）

整车特点

- 前轮双驱、双胎，动力强劲，稳定性高；减速器、电机、电控等采用成熟可靠、性能卓越的国际一线品牌；
- 标配转弯主动减速、多点温度监测、门架起升终端缓冲等主动安全保护；
- 采用LED灯光系统、双泵合流节能型液压系统、锂电池双枪充电，更加节能高效。

应用场合

- 广泛应用于烟草、食品、纺织、电子、印染、仓储物流等行业成件货物的装卸和搬运，在配备其他属具后还能用于散堆状货物和其他非包装货物的装卸作业。

>>1~3.5 t G系列电动平衡重式叉车（铅酸/锂电）

整车特点

- 长臂棘齿式手制动，操作安全省力；后延式阀操纵，操作方便、舒适；
- 小轮胎设计，分段式驱动桥，结构紧凑，前悬小，整车稳定性提高；
- 全交流系统结合CAN总线技术，多充保护功能，安全可靠。

应用场合

- 广泛应用于烟草、食品、纺织、电子、印染、仓储物流等行业成件货物的装卸和搬运，在配备其他属具后还能用于散堆状货物和其他非包装货物的装卸作业。

>>8.5~10 t G系列电动平衡重式叉车（铅酸/锂电）

整车特点

- 成熟可靠、性能卓越的原装进口核心部件以及免维护的湿式制动系统，保障整车稳定可靠；
- 遇故障主动降速停车并驻车、弯道智能限速、驾驶者存在感应系统多方位保障作业安全；
- 节能型液压系统、全液压同步转向系统以及基于多点温度智能控制的循环冷却系统多方位保障车辆高效节作业。

应用场合

- 广泛应用于烟草、食品、纺织、电子、印染、仓储物流等行业成件货物的装卸和搬运，在配备其他属具后还能用于散堆状货物和其他非包装货物的装卸作业。

>>1~3.5 t H3系列电动平衡重式叉车（铅酸/锂电）

整车特点

- 超低扭矩转向器，转向更加轻便；
- 采用棘齿式手制动，实现坡道和平地不同的制动力，减轻司机操作疲劳度；
- 高置式后桥结构，整车横向稳定性大幅提升。

应用场合

- 广泛应用于烟草、食品、纺织、电子、印染、仓储物流等行业成件货物的装卸和搬运，在配备其他属具后还能用于散堆状货物和其他非包装货物的装卸作业。

>>1.6~2 t G2系列座式前移锂电池叉车

整车特点

- 采用进口电机及控制器，自保护、免维护、性能可靠；
- EPS电子动力转向系统，转向轻便；具备自动对中功能，180°/360°转向模式实时切换；
- 电磁多路阀控制所有的液压动作，实现输出流量定量供给。

应用场合

- 广泛应用于烟草、食品、纺织、电子、超市等行业成件货物的装卸和搬运，特别适用于狭小工作场地及频繁上下车拣选的作业场合。

>>1.5~2.5 t G2系列站式前移锂电池叉车

整车特点

- 三相交流电机技术，强大的加速性，减速时进行能量回收，操作时间更长；
- 全新的液压设计，新型无侧隙齿轮技术低噪声齿轮泵，工作效率高，使用寿命长；
- 优化的智能型设计：坡道停车自制动，操作顺序保护、EPS电子动力转向，转向自动限速，保障整车作业安全。

应用场合

- 广泛应用于烟草、食品、纺织、电子、超市等行业成件货物的装卸和搬运，特别适用于狭小工作场地及频繁上下车拣选的作业场合。

>>12~18 t G系列锂电池平衡重式叉车

整车特点

- 高压锂电池系统，充电快捷高效，续航时间长，动力强劲；
- 负载敏感变量电控液压系统，系统压损小、油温控制优、效率高、更节能；
- 智能泵马达集成多通道散热系统，保证整机液压、传动及动力系统高可靠性。

应用场合

- 广泛应用于港口、码头等重型货物的装卸和搬运场景。

>>14~16 t G系列内燃平衡重式叉车

整车特点

- 原装进口康明斯QSB6.7发动机，符合国三/EU StageIIIA排放标准，动力强劲，耐候性强；
- 原装进口德国ZF变速箱，平顺、智能、高效；
- 原装进口德国Kessler驱动桥，满足恶劣工况下连续作业的诉求。

应用场合

- 广泛应用于港口、码头等重型货物的装卸和搬运场景。

>>20~46 t G系列内燃平衡重式叉车

整车特点

- 选用VOLVO原装进口发动机，发动机总线控制，低速扭矩大，响应快；
- 选用原装进口德国ZF变速箱，操纵轻便、准确，带有故障码显示器，通过故障码可以快速地查询发生故障的原因，大大简化维护与保养；
- 选用原装进口德国KESSLER驱动桥，该驱动桥桥荷与制动扭矩大,安全可靠，制动器为多片全封闭式湿式制动器,防尘防水好，免维护。

应用场合

- 广泛应用于港口、码头等重型货物的装卸和搬运场景。

>>7~8 层 混合动力堆高机

整车特点

- 600V高压电气平台，降低整车电流，减小部件尺寸，提高能量传递效率；
- 发动机和发电机耦合为增程器结构，系统自动选择在低油耗区工作，在高效区发电；
- 采用高压锂离子超级电容作为储能装置，瞬间充放电电流大，循环寿命达30万次，不需更换。

应用场合

- 广泛应用于港口、码头等大型集装箱货物的装卸和搬运。

>>45 t 标准型正面吊

整车特点

- 对标欧洲同类同期产品技术水平，设计标准高，不仅满足国家标准（GB/T 26474—2011），同时满足欧盟标准（EN1459）及国际标准（ISO15018）；
- 发动机、变速箱及驱动桥等主要零部件采用进口品牌，安全可靠；
- 吊具采用专门为正面吊运机特殊的作业工况而设计的产品，整体采用优质钢制造，单筒式结构，强度高，视野好。

应用场合

- 广泛应用于港口、码头等大型集装箱货物的装卸和搬运。

>>CQD16/20-AGV11A/B/CLI 高举升叉车式AGV

整车特点

- 起升高度高、承载能力强、通道宽度小;
- 激光导航控制系统，配合AI视觉、高精度编码器和比例控制电磁阀，实现水平方向和高度方向立体空间的高精度定位;
- 全方位多重安全防护，确保人、车、物安全;
- 全新结构设计，外观流线化造型，人机交互友好。

应用场合

- 高货架仓库的自动化出、入库作业。

>>CDD16-AGV11/41ALI、CDD16-AGV11CLI、CDD20/30-AGV 堆垛型叉车式AGV

整车特点

- 车身更紧凑、通道宽度小、作业灵活,多场景适应，既能满足线边仓到生产线的物料转运，也能满足在仓库内的物料堆垛作业;
- 激光导航控制系统，作业精度高，辅助以物料识别系统可以实现物料的精准搬运;
- 全方位多重安全防护，确保人、车、物安全;
- 全新结构设计，外观流线化造型，人机交互友好。

应用场合

- 广泛应用于物流、电商、制造、家居等行业的托盘化物料搬运和堆垛。

>>CPD10 全向平衡重型叉车式AGV

整车特点

- 全方位运动模式：前行、横移、斜行、旋转；窄体设计，满足狭窄空间转运及堆垛，作业效率高，增大厂房空间利用率;
- 精密的全向行走运动控制算法，自研车载控制系统，保证车辆运动精准、高效;
- 全方位多重安全防护，确保人、车、物安全;
- 全新结构设计，外观流线化造型，人机交互友好。

应用场合

- 广泛用于仓库、工厂、电商等场合各种物料的装卸与搬运，特别适合狭窄空间、长物料的转运工作。

>>3~3.5 t H3系列防爆蓄电池平衡重式叉车

整车特点

- 采用光电耦合本安专利技术设计，大量应用本质安全型防爆开关，维护更方便，使用更安全；
- LED制动温度检测仪，实时监测制动蹄片温度和磨损情况，具有超温报警、停机及蹄片磨损过量报警功能，安全可靠；
- 防爆电动雨刮器、防爆灯具等多项配置，高效节能、安全可靠。

应用场合

- 适用于石油、化工、军工、油漆、制漆、油库等可燃气体、蒸汽和可燃性粉尘符合危险场所的物料装卸搬运作业；适用于易燃气体IIA、IIB，危险区域1区、21区，温度组别T1~T4的气体、粉尘复合环境。

>>2~3.5 t H3系列防爆内燃平衡重式叉车

整车特点

- 智能温度监控系统，实时监控整车表面温度、冷却水温度、排气温度，确保安全运行；
- 刹车片监测装置，实时反馈和监测制动蹄片温度和磨损量，确保作业安全；
- 货叉包不锈钢、新型无触点防爆喇叭、防爆LED灯具、防爆发电机及启动马达等部件，经久耐用、安全可靠。

应用场合

- 适用于石油、化工、军工、油漆、制漆、油库等可燃气体、蒸汽和可燃性粉尘符合危险场所的物料装卸搬运作业；适用于易燃气体IIA、IIB，危险区域1区、21区，温度组别T1~T4的气体、粉尘复合环境。

>>2~3.5 t G系列四驱越野叉车

整车特点

- 配置国内外知名品牌发动机，动力强劲；超宽越野轮胎，越野性能好；
- 前后桥加装限滑差速锁，提升户外作业能力；
- 两驱/四驱自由切换，操作便捷。

应用场合

- 广泛适用于建筑、矿场、农田、果园等野外复杂工况作业场合。

>>40H130-170S 伸缩臂越野叉车

整车特点

- 静液压行走系统，四轮驱动，高效节能，能实现自行驶和防憋车控制，合理分配工作行走功率；
- 道依茨发动机，欧四排放标准；
- 三种转向模式：前轮转向、四轮转向和蟹行（横向移动），适应更复杂工况。

应用场合

- 广泛适用于建筑、矿场、农田、果园等野外复杂工况作业场合。

>>2~7 t G2系列电动牵引车

整车特点

- 采用交流驱动和转向控制系统，高效率，低能耗；
- 带自锁功能的便携式牵引机构，驾驶员在座椅上能便捷地操纵牵引销；
- 高效的传动系统设计，爬坡强劲，动力充沛。

应用场合

- 广泛应用于车站、机场成批量物品的场地间转移，工厂、商场物料转移等。

>>20~30 t G2系列锂电池牵引车

整车特点

- 高品质集成驱动系统，行走速度高，爬坡性能强；
- 锂电池动力源，充电快捷，高效节能，续航时间长；
- 转弯自动减速，驾驶更安全，更舒适。

应用场合

- 广泛应用于车站、机场成批量物品的场地间转移，工厂、商场物料转移等。

>>CBD15-170H2(Li) 电动托盘搬运车

整车特点

- 整车简洁灵巧，适合狭窄空间作业；
- 可翻盖式金属罩壳，坚固耐用，方便维修；
- 标配急停开关、紧急反向安全装置及内置充电器，安全便捷。

应用场合

- 广泛应用于烟草、食品、纺织、电子、超市等行业成件货物的装卸和搬运。

>>CDD15-070E 电动托盘堆垛车

整车特点

- 他励驱动电机，爬坡能力强；
- 紧急反向装置/紧急制动开关，多重保护、内置充电机，安全便捷；
- 交流驱动，无碳刷、免维护。

应用场合

- 广泛应用于烟草、食品、纺织、电子、超市等行业成件货物的装卸和搬运。